U0891484

中国科学技术经典文库

工程传热传质学(上册)

(第二版)

王补宣　著

科学出版社
北　京

内 容 简 介

本书是为满足研究生培养需要而撰写的，全书共16章，分上、下两册。

上册为第1～7章。第1章为全书总纲性导论，第2～7章系统深入地阐明传热基本方式的导热、辐射传热和对流传热，包括对流分析的理论基础。注重明确的物理概念，并且严格地由过程的物理模型建立起相应的数学模型，着重启示工程应用、分析研究的基本观点和演习数理方程的解法。

下册为第8～16章。第8～15章主要介绍自然对流受迫对流换热，相变传热传质，多孔介质热、湿迁移，换热器的热计算，高速气流与稀薄气体的传热传质，微尺度传热传质。第16章对现代传热领域中一些专题进行介绍，着重考虑传热基本方式有机组合的分析原理。前后呼应，力求达到全书风格的统一。注意求实地介绍当前高新技术发展中的前沿性研究动态，以开阔视野。

本书可供从事传热传质研究和高新技术开发研究的工程设计人员参考，也可供高等院校师生，从事交叉学科领域及需要充实传热传质基础知识及其运用者参考。

图书在版编目(CIP)数据

工程传热传质学. 上册/王补宣著. —2版. —北京：科学出版社，2015.4
(中国科学技术经典文库)

ISBN 978-7-03-044158-4

Ⅰ.①工… Ⅱ.①王… Ⅲ.①工程传热学 Ⅳ.①TK124

中国版本图书馆CIP数据核字(2015)第080841号

责任编辑：刘宝莉 张艳芬 / 责任校对：郭瑞芝
责任印制：赵 博 / 封面设计：陈 敬

科学出版社出版
北京东黄城根北街16号
邮政编码：100717
http://www.sciencep.com
北京富资园科技发展有限公司印刷
科学出版社发行 各地新华书店经销
*
1982年8月第 一 版 开本：720×1000 1/16
2015年4月第 二 版 印张：22 1/4
2025年2月第八次印刷 字数：436 000

定价：128.00元

(如有印装质量问题，我社负责调换)

第二版前言

改革开放后，邓小平同志提出科学技术是第一生产力。我国在国际竞争中不断解放思想，自强不息地改变落后被动的处境，面对工业化、农业现代化、城市化和信息化取得持续的进展，激发了社会经济发展的巨变。进入 21 世纪后，出现了争夺能源资源和全球气候变换的生存环境危机。在和平崛起中建设和谐社会，我国必须转型采取低能耗、低污染、低排放、节约自然资源的低碳经济和可持续发展模式。全球范围内掀起了“能源与环境技术”（EET）的新竞争热潮。近几十年来，工程传热传质学的基础性探索和高技术创新开发萌生出一些新的动向。例如，设备的小型和微型化引起微尺度传热传质研究的迅猛展开；利用可视化技术的进展深化对传热传质过程细观层次的观测与模拟计算；热管理和控制的精致化促发了溶液和胶体传质和传热的研究等。

第一版（下册）（1998 年版）前言重申全书是为适应我国研究生培养的需要，也为从事传热传质研究的科学工作者和涉及传热传质新技术开发研究的工程技术人员启示思路而撰写，书名取为《工程传热传质学》。与第一版相比，第二版不仅做了通常的修改和增删，包括文字的精炼化，还与时俱进地反映了 15 年来新的发展动向与进展，展示清华团队和同事们的研究成果。对第一版第 10 章以后的各章顺序作了调整，将参考文献分章专列。在基本不增加篇幅的前提下提高了全书的科学启示性和前瞻性。列入讨论的演算示例为 46 例。

第二版分为上、下两册，上册为第 1～7 章，下册为第 8～16 章。清华大学化学系王如骥教授参与了第二版的策划和校改，并承科学出版社工程技术分社刘宝莉同志予以鼓励协作，谨一并表示感谢。稿成时，时值清华大学热工学教研室建立 60 周年，创办工理结合的热物理专业（后改称“工程热物理”专业）55 周年和成立热能工程与热物理研究所 28 周年。本书收进了更多清华团队研究和探索的成果，以表我对共同奋进集体的深切眷念。

恳切期望同行、学者不吝指正，以使本书在不断修订中充实提高，对我国现代化建设有所贡献。

王补宣

第一版(上册)前言

传热是一种最常见的自然现象。几乎所有的工程领域都会遇到一些在特定条件下的传热问题,包括有传质同时发生的复杂传热问题。现代科学技术突飞猛进,像核动力的大型化、空间技术的深入发展、电子器件的微型化与密集化、环境污染的治理、低温超导、磁流体发电、红外和激光等新技术的应用等,要求传热分析细致化和传热计算精准化。20 世纪 70 年代出现的能源危机,加快了对新能源开发利用的步伐,给传热传质的研究以新的推动。传热传质学的应用研究还正在渗入到农业、生物、医学、地质、气象等更为广泛的领域。与此同时,电子计算机的日益普及,计算方法和测试技术的不断改进,充实了传热传质研究的手段,使传热传质学成为当代技术科学中比较活跃的主要基础学科之一。

本书是为了适应研究生扩大培养的需要而编写,在总的深度和广度上都已远超出国内现有高等学校《传热学》教科书的要求。本书将深入地阐明传热传质学的基础理论,注重明确的物理概念。并且严格遵循过程的物理模型,建立相应的数学模型,着重启示工程应用和分析研究的基本观点和方法,根据著者三十多年来从事传热学教学和科研实践所积累的经验和体会,尽可能以有限的篇幅提供较新的研究报道和有关的资料线索。希望本书能对从事传热和涉及传热传质的新技术研究与工程设计人员起工作参考书的作用。根据这种编写的意图,本书取名为《工程传热传质学》。

按照教育学的原则,本书采用"由浅入深,循序渐进"的编列方式,注意预留伏笔,前呼后应,相互补充。讲解力求深入浅出,顺理成章,包括指明某些尚待研究的趋向和设想,但又保持科学严谨性,而不是牵强附会。凡在通常教科书里所易见的,尽量避免简单的重复。所收编的例题,也主要限于能用来阐明较深入的典型分析示例。本书用脚注指出所引资料的来源或介绍可以参阅的有关资料,并不想提供全部重要的参考文献。近年来,国际上公开发表的传热传质方面的文献每年已超过一万篇,可以从国际传热传质杂志(IJHMT,月刊)上找到对前一年文献的综述和主要文献的目录。

除了第 1 章作为全书导论,最后一章扼要介绍一些比较重要的个别专题以外,本书基本上遵循传统的体系,分别讨论导热理论(第 2 章至第 4 章)、热辐射理论(第 5 章至第 6 章)和对流换热理论(第 7 章至第 9 章)。但在具体编排上,努力做到加强前后的连贯性,防止截然的割裂开来。例如,早在第 3 章就提出了导热积分方程近似解，第4章用以解半无限大物体的不稳定导热，这为对流换热边界层理论的讲解作了预先的准备。再例如，第7章的篇幅相对比较庞大，不仅引述了所必需的流体动力学基础，还结合不可压流体顺平板流动时的对流传热分析，着重阐述层流与湍流边界层理论，具体指明热量传递与动量传递的比拟理论，以及相似原理和量纲分析的实际意义，为后面的有关各章奠定牢固的理论基础。本书把凝固和熔化、亦即具有移动边界面的固体导热与沸腾和凝结合并成第10章（“有相变时传热”）。紧接着讨论换热器的计算（第11章），以及回热器与固定床和流化床的传热（第12章）。把多孔固体的传质冷却（发散和发汗冷却）也放在第12章里处理。高速气流与稀薄气体的传热，本可以归属于比较特殊的个别专题，却被单列成第13章，同时介绍宇宙航行器重回大气层的传热和烧蚀过程的分析。然后集中讨论传质（第14章），确立传热、传质、动量传递三者之间相互比拟的联系，对自然环境中的蒸发过程和工业上的加湿和减湿过程都作了适当的论述。

本书对数值解法已给予足够的重视，可是对电子计算机作为计算工具的使用，只提供参考资料，未写进专用的计算机程序。著者认为：计算机的算法语言还未统一，每种计算装置的输入设备、输出设备和子程序能力也不尽相同，受全书篇幅的限制，与其介绍计算机的程序编制方法，不如多讲点传热传质的本门知识和基本分析方法。同样的理由，本书只引用数学知识，避免或者尽少牵涉对整体来说尚非必要的那些比较特殊的数学内容，例如拉普拉斯变换和变分法等。传热传质学的不少方面、包括实验方法在内都能编写成为专著，本书没有打算要囊括一切地全部包罗进去。

本书坚持理论和实际相结合，强调理论的发展要接受实践的检验，务求不抱成见地正确对待精确和近似的分析解、数值解、图解、模拟解、经验公式和工程图表的使用。全书统一使用国际单位制（SI），但温度容许同时使用摄氏温度（℃），而压力暂先沿用工程上所习惯采用的[巴]和[气压]。

本书在编写过程中，曾得到同事们和许多同行的鼓励和支持，也得到了科学出版社编辑同志的帮助和协作。试用初稿的研究生还曾提出过不少可取的意见和建议。对所有这些同志，著者愿在此一并向他们表示诚挚的谢意。编写这样的一本内容广泛而又要求比较系统深入的书，缺点和谬误在所难免。恳切地希望使用本书的同志们对所发现的缺陷不吝指正，让本书能在不断修改和充实提高的过程中发挥作用，对我国现代化进程有所贡献。

王补宣

于清华大学热能工程系

1980年9月

目　　录

第1章 导 论

§1-1 传热传质学的研究对象和方法

传热传质学是研究由于有温度差异所引起的能量传递过程、包括有“相变”时的相际传递和多组分物系因组分分布不均匀的浓度差异伴随发生物质迁移现象的一门科学。

差异就是矛盾，当物体内部或物系之间出现温度差异，或者温度不相同的物体彼此接触时，就有了相对比较“热”和“冷”的矛盾双方，总会发生热量从温度较高区传往温度较低区的传递过程，常称之为“传热”。所传递的热量，无法直接看到，但所产生的效应是可被观察和测定的。体积不变时的物体得到或传出热量，将引起“内能”的增减，反映为温度的升降，或者产生“相”和凝聚态的变化。自发的传热，永远使对立的冷、热双方各自向自己的反面转化：原先温度比较高的，因传走热量而逐渐被冷却；原先温度比较低的，则因得到热量而逐渐被加热。这样，随着相互之间温度差异的缩小，最终将建立起温度一致的“平衡”状态。如果想维持某部分的温度高于另一部分的温度，就必须从外界不断向温度高的那部分补充所传走的热量，并从温度低的那部分取走所传入的热量。

传热，当然包括热量传递同时，出现能量形式之间转化的更复杂的过程。例如，高速气流对固体表面的“气动加热”效应，电机电器的通电发热，电光源在白炽高温下的辐射热，化学反应总伴随着吸热或者放热等，所传递的热量就来源于机械能、电能、光能、化学能等其他形式的能量转化为内部分子随机“热运动”形式的热能。因此，广义的传热学可被看做是“能量传递学”。而研究热和其他形式能量之间相互转化的科学分支是“热力学”。这表明：传热过程必须遵守热力学第一定律和热力学第二定律这两个自然规律。热力学第一定律所阐明的，是运动不灭、能量守恒和可转化的自然法则，任何传热过程决不能违背能量收支平衡的原则。热力学第二定律指出自然界的过程总是有条件进行的，传热只能从温度较高处传往温度较低处，引起“熵”增和能量可用性的损失[1,2]。热力学把传热量和功量（包括机械功、电功等）作为“转移能”而与宏观的位能、动能、内能的作为“储存能”明确区别开来。转移能是由过程前后储存能的改变转化来的。但是，经典热力学只限于研究“平衡态”和保持动平衡的“可逆过程”。而热量传递的过程是温度不平衡的结果，是典型的不可逆过程，必须由另一个学科分支对传热的快慢程度进行定量分析和计算，这个学科分支就是“传热学”。具体地说，如果不发生能量形式的转化，单纯传热过程的外传热量将是过程前后的内能差与功量的代数和。这种热力学分析，既不涉及传热的机理，也不涉及外传热量所需时间的长短。温差越大，传热越快，引起能量可用性的损失越多。专门研究传热的规律，计算给定条件下的传热速率和“热流量”①的大小，是传热学的任务。传热学和热力学，是理解各种热物理现象的理论基础，也是创新热利用和热管理技术及其经济性分析的重要依据。

在现代工程设计和运行中，经常遇到有关加热/冷却、蒸发/凝结、熔化/凝固、隔热保温等各种各样的实际问题。例如，热工和化工技术人员在评价锅炉、制冷机、换热器和反应器的设备大小、能力和技术经济指标时，就必须进行详尽的传热分析。一些工作在高温气氛下的部件，如燃气轮机的透平叶片和燃烧室壁，能否在设计工况下长期正常运行，取决于保护金属结构材料的冷却措施是否合适可靠，还需重视热应力和由此引起的形变等问题。许多新兴技术装备，如原子反应堆的堆芯、大功率火箭的喷管、紧密的电子器件、重返地面的宇宙飞行器等，要使设计和运行安全可靠，必须严密控制传热情况以维持合理的预期工作温度。而对连续工作的电机、变压器和轴承，同样要防止因超温过热而损伤设备。在机械制造工艺方面，不仅热加工直接牵涉到温度分布和随时间变动速率的控制问题，精密机床的切削速度也会引起刀具和加工件的发热并影响加工精度和刀具寿命。建筑部门将遇到围护结构的隔热保温、大型混凝土结构在快速浇灌中出现热应力等技术问题。列举的所有传热问题可归纳为两种类型：一类着眼于传热速率的大小及其控制问题，或者增强传热以缩小设备尺寸或提高生产能力，或者削弱传热以避免散热损失或保持设备内部低于周围环境温度；另一类着眼于温度分布及其控制问题。控制传热，必须按照客观规律，分析传热的具体情况，找出有效的控制措施。有关高温部件保护性冷却的进展，使传热与传质紧密地结合起来，传热学逐渐引申为传热传质学。

像其他工程科学一样，工程传热传质学也需要在解决实际问题时作出适当的假定和简化条件。对工程研究来说，通常不可能完全确切地描写实际现象的一切方面，总要扬弃某些次要方面，作出近似化的处理。这可以运用“数量级”分析的方法，暂时先忽略那些影响程度相对很小的因素，使复杂的问题基本得到解决而又保证必要的准确性。当然，在表达这种最后的解答时，一定要强调所依据的假定和近似假设条件。物质的热力学性质和传递性质（或叫“迁移性质”），往往随温度改变，

① “热流量”这个名词沿用已久，带有浓厚的“热素说”（或“热质说”）的烙印。错误的“热素说”统治了物理学近两个世纪，把热量当做一种没有重量的物质“热素”从温度较高处流往温度较低处，于是，单位时间传递的热量被称为“热流量”。至今通用的热量的计量单位“卡”本身，也就是“热素”（calorie）音译的简称。直到19世纪中叶，才公认传热量是一种转移能，并正式建立起热力学理论。

如果选定适宜的平均值并取作常量处理，传热速率的计算将大为简化，不会引起最终结果的明显误差。例如，固体受热时，体积膨胀所做的功，相对于内能的增加，总可被忽略不计；气体分子的间距虽比固体和液体的都大，除非压力太低，气体过于稀薄，分子相互碰撞的“自由径”长度比起传热分析所考虑对象的几何尺寸来，仍然小到可以看做是“连续”介质。再例如，长期连续运行后，会使锅炉、换热器和反应器的受热面上结垢而削弱传热速率，需要在设计时引进合理的安全系数或预估垢层影响，免得运行一段时间后达不到铭牌出力。这种解决问题的简化和近似，需要从事设计和运行改进的科技人员具有一定的工作经验和细致考虑问题的能力。

自然界到处存在着温度差异，传热是一种非常普遍的自然现象。但是，传热又有它复杂的一面，可以有不同的基本方式；传热速率并不由单一的关系式所决定，而是不同的方式分别受不同物理定律的制约。所以，尽管人们基于对热与冷的现象本质的追究，很早就开始摸索传热的规律性，但传热学单独形成一门系统的科学，却只有一个世纪的历史。理论的基础是实践，又转过来为实践服务。随着科学技术的日新月异，特别在原子能和其他新能源的开发利用、宇宙航行等尖端技术方面不断出现新的传热和隔热等关键问题，促使传热学得到越来越迅速的发展。电子计算机的逐步普及，计算和测试技术的继续改进，也正在丰富传热传质研究的手段，从而加速传热传质研究的进展。

本章作为全书的总纲性导论，在随后几节中将扼要介绍传热的基本方式，给出有关的定义和最基本的概念，以便由浅入深、由简单到复杂，相互联系地分章讨论时，不会看不到全局而损害对整体的考虑。既重视本质性的基础分析，也适当展示应用的发展趋势性，提供相关的资料信息。

§1-2 传热的基本方式

在传热文献里，通常认为传热可有三种不同的基本方式：“热传导”、“热对流”和“热辐射”。

“**热传导**”简称“导热”，是指温度不同的各部分物质仅仅由于直接接触，没有相对宏观运动时所发生的能量传递现象。导热是物质的本能。如果追根究底，根据分子运动论，温度是物质热运动激烈程度的衡量，只要物体内部温度分布不均匀，不同地点微观粒子的动能就不会相等，通过气体中分子或原子彼此碰撞、液体和不导电固体（介电质）中弹性波的作用，或者在金属中还依靠自由电子从温度较高区向较低区的扩散而引起能量的传播。

“**热对流**”是指流体（气体或液体）中温度不同部分相互混合的宏观对流运动引起热量传递的现象。流体温度分布不均匀时，也将本能地产生导热。因此，热对流总和流体的导热同时发生，原则上可以看做是流体流动时的导热。工程上最具有实际意义的是相对运动着的流体与所接触的固体壁面之间的热量交换，一般称为“对流换热”，简称“放热”或“给热”过程。无论“放热”或“给热”都不过是一种技术名词，用来泛指流体与壁面之间温度较高的一方把热量传给温度较低的另一方。此时，流体的运动情况将主要影响热对流作用的有效性。研究对流传热，总离不开流体的导热和流体力学的基础性考虑。

“热辐射”是指物质对外发射波长 0.1～100μm 的“热射线”在空间传递能量的现象。波长从单色紫光的 0.38μm 到单色红光的 0.76μm 的部分热射线是人眼能分辨的可见光，波长超过 0.76μm 的射线是红外线，而波长短于 0.38μm 的则是紫外线。习惯上，“辐射”常被用来概括电磁波的发射，电磁波所载运的能量就称为“辐射能”，是以光速推进、依靠光(量)子传递的能量，可以更形象地把发射电磁波当做对外发射射线的“能束”。热射线载运的辐射能则称为“辐射热”。太阳向地球表面辐射热量，就是典型的热辐射过程。其实，任何可见的物体都在连续向外发射辐射热，温度越高，不仅热辐射越强，而且辐射能量按波长分布的比重将越多地从红外转向可见光部分。例如，工程上最常遇到的是温度低于 1500℃ 的热辐射，辐射能量绝大部分集中在红外部分，可见光和紫外部分所占的份额小到可忽略不计。正由于这个缘故，往往把热辐射看做是红外辐射。但是，太阳表面温度高达 6000K 左右，太阳辐射热总量 1/3 集中分布在可见光部分。可见光的辐射可直接观察，所以常用光辐射来对比理解热辐射现象。当热射线穿过空间，落在固体或流体表面时除了一部分能量将被表面反射以外，都将被表面薄层里密集的分子所吸收。金属的这个表面薄层厚度只有零点几微米，非导电体也不过零点几毫米。玻璃、石英之类的固体和多数液体对于可见光具有一定的透明性，对红外辐射同样表现为强烈的吸收性。可以认为：在一般密实固体内部和液体中不会有辐射热的传播。气体分子的自由径较大，容许热射线在分子之间的空隙里穿行，而热辐射可透过相当厚的气体层。

热辐射不同于导热和热对流，是不接触的传热方式，不依赖常规物质的中间媒介作用，是高度真空中唯一能传递能量的方式。两个不接触的物体表面，或者固体或液体表面与周围气体间的相互辐射和吸收，就构成“辐射换热”或“辐射传热”过程，引起净热量从温度较高的一方向温度较低的另一方转移。

除非存在空气夹层或者气隙，在不透明的密实固体内部只能由导热传递热量。液体和气体各处的温度不一致时，除了流体(液体或气体)层非常薄以外，总会在发生导热的同时，因密度的差异出现“自然对流”。气体中，还可以有热辐射起作用。无论导热、对流换热或辐射换热，都需要有传热温差，这是它们的共性。工程上常遇到的传热过程，往往是导热、热对流和热辐射三种方式的具体组合。例如，对于现代工业企业里最常见的各种换热器，让温度不同的两种流体(气体或液体)在器内流过时，为了防止它们彼此混杂而用固体壁隔开，这样，从进口到出口，热流体传热给冷流体的结果是热流体被冷却，而冷流体则被加热。在图1-2-1示意的热流体传热给冷流体的整个过程中，实际上包含三个串联的阶段：热流体与固体壁面左侧表面之间的对流换热；固体壁内部的导热；固体壁右侧表面与冷流体之间的对流换热。当流体不是液体而是气体时，壁面和气体之间既可以依靠对流换热，还可以因壁面发射和吸收热射线而出现辐射换热。若热流量 Q①不随时间改变，则称换热的工况“稳定”。此时，热流量 Q 也必须沿途成为常量。因为左侧传给壁面的热流量 Q_1 若与右侧从壁面传走的热流量 Q_2 不相等时，固体壁就会蓄积或者损失热量，表现为壁温的升降，从而改变壁和两侧流体之间的温差，不可能保持原有的热流量 Q_1 和 Q_2 稳定不变。

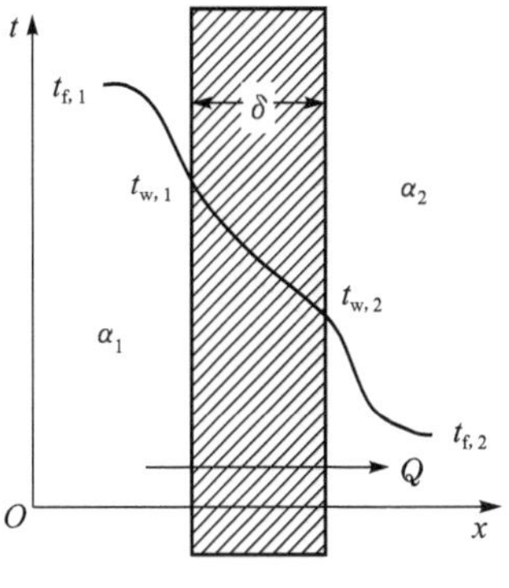

图1-2-1 通过平壁的稳定传热

分析实际传热问题，不仅需要弄清楚哪些基本方式在起作用，还应搞清传热过程属于“稳定”还是“不稳定”②。工程传热问题很多属于工况“稳定”的类型。调节换热器的工况，改变热流体/冷流体的进口温度和流量时，或者把热处理件投入炉中加热升温所经历的是不稳定传热过程。这种随时间变动的热现象总是比稳定传热的现象复杂得多。一种特殊的情况是环境温度重复周期性地变化，当每一个周期都与前一个周期或后一个周期的发展过程完全相同时，就称其为“周期性传热”或“准稳定传热”过程。

参看图1-2-1，经验表明：在稳定工况下，每单位时间通过平壁所传递的“热流量”Q 将正比于平壁两侧流体的温差 $(t_{f,1}-t_{f,2})$（℃）和平壁表面积 F（m^2），或

$$Q = kF(t_{f,1} - t_{f,2}) \qquad (W) \qquad (1\text{-}2\text{-}1)$$

式中，比例系数 k 以 $W/(m^2 \cdot ℃)$③计，称为“传热系数”，代表两侧流体温度相差1℃时，单位时间每平方米传热面积所能传递的热量。若引进单位面积的“热流密度”（或“热流通量”，也可称为“热流强度”）q（W/m^2），即 $q=Q/F$，代表每平方米传热面积所负担的热流量，则

$$q = k(t_{f,1} - t_{f,2}) \qquad (W/m^2) \qquad (1\text{-}2\text{-}2)$$

换热器所需承担的总热流量 Q 可以看做是换热器的“总热负荷”，而 q 则是“面积热负荷”。很明显，传热系数 k 越大，传热越强烈，换热器能够承担更大的“面积热

① 采用工程单位制时，热量的计量单位为卡(cal)或千卡(kcal)，1cal=4.186J；热流量 Q 的单位是W；1W=1J/s≈0.24cal/s(详见§1-8)。

② 我国力学界常把“稳定”和“不稳定”命名为“定常”和“不定常”。

③ 采用工程单位制时，热流密度 q 的单位是 $kcal/(m^2 \cdot h)$，传热系数 k 的单位是 $kcal/(m^2 \cdot h \cdot ℃)$。$1W/m^2 = 0.86kcal/(m^2 \cdot h)$(详见§1-8)。

负荷”，具备更大的传热能力。但是，k 值只表征过程进行强弱的数字鉴定，并未揭示出过程的实质。如果两个结构完全相同的换热器，试验的结果指出一个换热器的传热系数 k_1 高于另一个换热器的传热系数 k_2，那么仅从这两个数值 k_1 和 k_2 还不能确定第二个换热器工作不好的原因。图 1-2-1 所示意的通过平壁的稳定传热过程实际上有着广泛的代表性，如冬季的室内空气向室外大气的散热、各种工业炉和锅炉炉墙的对外散热等，都是这方面的典型实例。此时，和换热器相反，k 值越大，说明热损失越多，要想维持适宜的室温和炉内温度，就需要增加供热设备的负担。

任何有意义的工程分析，总包含两个方面：定性判断和定量计算。举例来说，要改进换热器的工作，提高它的传热能力，需要具体进行定性分析，判断增大传热速率的各种可能途径，通过定量计算以确定传热速率究竟能增大到多大。事实上，传热系数 k 的大小将取决于两种流体的各自性质和流动情况以及固体壁的材料、形状和大小等许多因素。作出这种影响 k 值的定性和定量分析，必须研究各种不同的传热方式所受控的物理定律和关系式，弄清楚各不同传热方式同时起作用的并联或串联的性质。

§1-3　导热的基本定律和导热系数

导热属于接触传热，是连续介质就地传递热量，并无各部分物质之间宏观的相对位移。在密实、不透明的固体内部，只能依靠导热的方式传递热量。导热永远和温度分布不均匀联系在一起，是热运动的扩散传播。

在(x,y,z)直角坐标系中，连续介质各个地点在同一时刻 τ 的温度分布，亦即“温度场”最一般的数学表达式为

$$t = f(x, y, z, \tau) \tag{a}$$

温度场不随时间变动时称为“稳定温度场”，由此产生的导热为“稳定导热”。温度只沿 x 一个坐标轴发生变化的“一维”稳定温度场具有最简单的数学表达式：$t=f(x)$。t 为常量时就变成温度均匀一致的平衡态，不会再有导热现象存在。

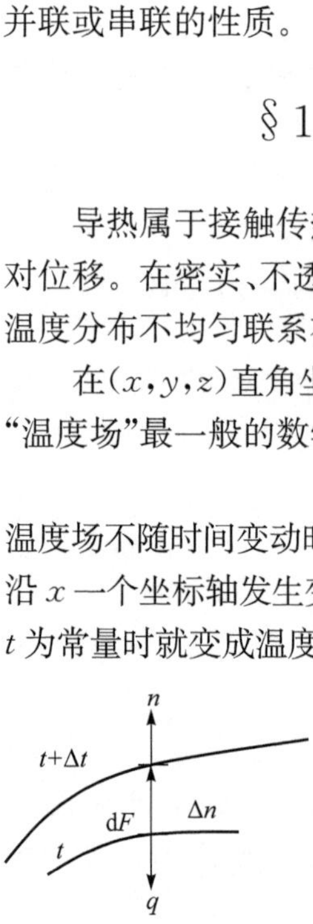

图 1-3-1　温度梯度定义的示意图

任何给定地点的温度不可能在同一时刻 τ 具有一个以上的不同值，所以两个不同温度的等温面或两条等温线绝不会彼此相交。参看图 1-3-1，在等温面上，不存在温度差异，也就不可能有热量的传递。导热只能沿着等温面的法线方向，并且朝着温度降低的方向进行。令

$$\text{grad}\, t = \lim_{\Delta n \to 0} \frac{\Delta t}{\Delta n} = \frac{\partial t}{\partial n}$$

表示 τ 时刻、在某个地点朝着温度增加方向的温度变化率，称为“温度梯度”。如果是稳定温度场，那么温度梯度仅仅决定于地点，不跟随时间而变动。此时

$$\text{grad}\ t = \frac{\text{d}t}{\text{d}n}$$

温度梯度是一种沿等温面法线方向、朝着温度增加方向的矢量。负的温度梯度称为“温度降度”，表示朝着温度降低方向的温度变化率。在任意时刻 τ，均匀连续介质各个地点就地传递的“热流密度”q(W/m²)正比于当地的温度降度，即

$$q = \lambda(-\text{grad}\ t) = -\lambda \text{grad}\ t \quad (\text{W/m}^2) \tag{1-3-1}$$

负号表明导热的方向与温度梯度的方向相反，永远顺着温度降低的方向，如图 1-3-1 所示。式(1-3-1)就是傅里叶①于 1822 年提出的导热基本定律[3]——傅里叶定律的数学表达式。式中引进以 W/(m·℃)计量的比例系数 λ，称为“导热系数”。λ 是物质的宏观性质，表明物质导热能力的热物理量，代表每单位温度降度所能容许通过的热流密度。稳定导热时，任何地点 q 都决不会随时间发生变化。

实质上，可以认为式(1-3-1)提供了表征物质导热能力的 λ 的定义式。不同物质的 λ 值可以相差很大，从高真空(压力低于 10^{-4}mmHg 时)气体的导热能力将近于零，到天然铜晶体在极低温－253℃出现超导性时约为 1.2×10^4W/(m·℃)。同一种物质的 λ 值则取决于它的化学纯度、物理状态[温度、压力、成分、容积重量(简称容重)、吸湿性等]和结构情况。一般来说，从微观角度，气体分子的间距远比液体和固体的大，分子自由程长，分子的运动又是随机运动，沿给定方向由分子碰撞引起扩散传播能量的宏观能力必然比较小。同样是气体，分子量越小和温度越高时，分子运动速度越快，也就越容易导热。例如，空气在 0℃ 和 500℃ 时的 λ 值分别为 0.024W/(m·℃)和 0.058 W/(m·℃)，而氢的 λ 值相应地为 0.175W/(m·℃)和 0.39W/(m·℃)。氢的导热系数是气体中最高的，几乎是同温度下空气 λ 值的 7 倍。除液态金属之外，液体以水在 120℃时的导热系数最大，约为 0.69W/(m·℃)；油类的 λ 值在 0.1～0.15W/(m·℃)。液体的 λ 值随温度升高而减小，但 0～120℃的水、甘油是例外。常温下有机液体的 $\lambda\approx0.175$W/(m·℃)，变动范围很少超过±20%[4]。在液体和不导电固体中，分子密集，能量的传递将依靠弹性振荡，λ 值通常比气体大。不过，在液体和非结晶固体中，这种弹性波的作用多少受分子和原子不规则排列的阻碍。晶体由于增加了晶格振动的传递形式，导热系数比非晶体高。金属，还由于主要依靠分子间自由电子的扩散和碰撞作用，导热系数远高于非金属。

在各种工业用纯金属中，银的导热系数就像它的导电能力一样，是最好的②，在常温下 $\lambda=410$W/(m·℃)；然后依次为紫铜、黄金和铝，在常温下 λ 值分别为

---

① J. B. J. Fourier(1768—1830)，也曾音译为傅里叶或富里埃，法国数学物理学家，在 1822 年所著《导热的解析理论》一书中，为了对实际场求解式(1-3-1)，第一次提出了现代数学中所熟知的傅里叶级数。

② G. Wiedeman 和 R. Franz 首先在 1853 年提出假定，经 L. Lorenz 在 1872 年证明：金属的导热系数 λ 正比于同温度 T 下的导电系数 λ_e，并且 $\lambda/(\lambda_e T)$＝常数。这个关系式称为“韦德曼-弗朗茨-洛伦茨式”，实测到的 0℃时不同纯金属的值为$(22.4\sim24.4)\times10^{-9}\text{V}^2/℃^2$。

385W/(m·℃)、303W/(m·℃)和204W/(m·℃)。加入任何杂质，都将破坏晶格的整齐性而干扰自由电子的运动，使金属导热系数减小。例如，黄铜、钢铁和不锈钢的λ值分别降低到88W/(m·℃)、45W/(m·℃)和16W/(m·℃)左右。纯金属的导热系数也和导电系数一样，随着温度升高而有所减小；不过在高温下，除黑色金属以外，λ值近乎不变。合金和高合金钢则随温度上升而λ值增大。金属加工所残留的应力，将造成晶格扭曲而使λ值下降。研究物质的导热系数等各种热物理性质在不同状态下的变化规律，包括宏观定值的整理和微观机理的解释，属于仍在发展中的"热物性学"的范畴①。

固体中，λ值最小的是保温材料，其次是建筑材料。通常把室温下$\lambda<0.2$ W/(m·℃)的材料称为"热绝缘材料"。这些材料和筑炉用的耐火材料，照例都是多孔或纤维性材料，利用空隙中的静止空气得到隔热效果。严格地说，这类材料不再是均匀的连续介质，只能有"表观的导热系数"或当做连续介质折算的"当量导热系数"λ。容重减小时，表示气隙增多，λ值下降；但容重小到一定程度后，孔隙会连通成沟道，引起空气对流，同时出现内部辐射，反而使表观的导热系数升高。因此，对隔热保温来说，存在着"最佳容重"。毛细多孔体容易吸湿，水分的渗入替代了相当一部分空气，使λ值显著升高。例如，干燥的红砖在常温下的λ值为0.46 W/(m·℃)；在营造状态下，同样是常温，红砖的λ值却升高为0.86W/(m·℃)。作为热绝缘材料，应力求保持干燥，避免与潮湿的环境直接接触，常在表面增加防潮保护层。建筑材料、保温材料和耐火材料，往往随温度升高而λ值增大，少数例外，如镁砖从200℃时的$\lambda\approx3.5$W/(m·℃)降低到高温范围的$\lambda\approx2.4$ W/(m·℃)；受湿后，λ值变大，但水分的影响程度常随含湿量的增加而减小。

注意：式(1-3-1)是从稳定导热的大量实验归纳得出的物理定律，1822年由傅里叶通过数学演绎而被引申到同样适用于非稳态的"瞬态导热"的导热基本定律。这已被广泛证实和使用，详见第4章。但从物理观点来看，温度场突然受到干扰时，在(x,y,z)地点，q的被动变化必滞后于该地点温度降度的变化，重建正常关系需经历弛豫时间τ_0，即

$$\dot{q}(x,y,z,\tau+\tau_0)=-\lambda\mathrm{grad}t(x,y,z,\tau)$$

Cattoneo(1958)和Vernotte(1961)提出了现被公认的、以两人的姓氏首个字母命名为"C-V式"[6]：

$$\tau_0\frac{\partial\dot{q}}{\partial\tau}+\dot{q}(x,y,z,\tau+\tau_0)=\lambda\mathrm{grad}t(x,y,z,\tau)\tag{1-3-2}$$

式(1-3-2)比式(1-3-1)增加了非傅里叶项$\tau_0\dfrac{\partial\dot{q}}{\partial\tau}$，代表$\tau$至$\tau+\tau_0$期间$\dot{q}$的过渡性增

---

① 从物质微观结构出发，以量子统计力学为基础，探索物质宏观热物理性质的有效计算方法的学问，也被归纳为力学的一个分支，钱学森[5]曾称之为"物理力学"。

量。式(1-3-2)被称为“非傅里叶导热式”[7]或“滞热导热方程式”。流体和绝大多数常规材料的 τ_0 为 $10^{-8} \sim 10^{-14}$ s。已达稳定的导热过程，$\dfrac{\partial \dot{q}}{\partial \tau}=0$，式(1-3-2)自然退化为式(1-3-1)。对不稳定导热过程，除非是超快速的大干扰，如强激光加热和存疑的某些活体生物材料的导热，τ_0 的量级小到使非傅里叶项可被忽略(另见文献[8]和§16-1)。所以，本书仍将以式(1-3-1)作为导热的理论基础。

导热系数各个方向相同的均匀物质，称为“各向同性体”。有些固体材料，如木材具有纤维性，木材沿纤维方向的 λ 值可比垂直纤维方向的 λ 值高一倍；变压器层叠的硅钢片芯，沿层叠方向的 λ 值小于层叠垂直方向的 λ 值；核反应堆的堆用石墨，沿压实方向的 λ 值比垂直方向的 λ 值可高约 50%；又例如，用纤维、树脂等增强、黏合的复合材料等，也都是“各向异性体”。如果坐标轴正好与异性各向主轴相一致，即沿所选择的 x、y、z 轴向可以分别看做 x、y、z 轴向的分量，相应地有

$$q_x=-\lambda_x \frac{\partial t}{\partial x}, \quad q_y=-\lambda_y \frac{\partial t}{\partial y}, \quad q_z=-\lambda_z \frac{\partial t}{\partial z}$$

其中，$\dfrac{\partial t}{\partial x}$、$\dfrac{\partial t}{\partial y}$、$\dfrac{\partial t}{\partial z}$是温度梯度$\dfrac{\partial t}{\partial n}$沿 x、y、z 轴向分量。q_x 与 $-\dfrac{\partial t}{\partial x}$、$q_y$ 与 $-\dfrac{\partial t}{\partial y}$、$q_z$ 与 $-\dfrac{\partial t}{\partial z}$各保持同方向。于是

$$q=q_x+q_y+q_z \tag{b}$$

亦即

$$q=\left(-\lambda_x \frac{\partial t}{\partial x}\right)+\left(-\lambda_y \frac{\partial t}{\partial y}\right)+\left(-\lambda_z \frac{\partial t}{\partial z}\right) \tag{1-3-3}$$

不难看到，$\lambda_x=\lambda_y=\lambda_z$ 时，式(1-3-3)才简化为式(1-3-1)，即

$$q=-\lambda \frac{\partial t}{\partial n}$$

矢量 grad$t$ 可记作∇t，∇称为“汉弥尔登”算子。各向异性体，由于同一地点各轴向的导热能力不等，在该地点的热流密度 q 就不再与当地的温度降度同方向[9]。

参看图 1-3-2，如果两表面各保持为等温面，可得到简单的一维稳定温度场，即 $t=f(y)$，$\dfrac{\partial t}{\partial x}=0$。但是，如图 1-3-2 所示，所保持的层叠面与表面成 ϕ 角，各向异性的主轴 ξ 和 η 与 $x-y$ 坐标轴不一致，而

$$\frac{\partial t}{\partial \xi} \equiv \frac{\partial t}{\partial x}\cos\phi+\frac{\partial t}{\partial y}\sin\phi \tag{c}$$

$$\frac{\partial t}{\partial \eta} \equiv -\frac{\partial t}{\partial x}\sin\phi+\frac{\partial t}{\partial y}\cos\phi \tag{d}$$

$$q_\xi=-\lambda_\xi \frac{\partial t}{\partial \xi}, q_\eta=-\lambda_\eta \frac{\partial t}{\partial \eta}$$

由图 1-3-2 可知

$$\tan\gamma = \frac{q_\xi}{q_\eta} = \frac{\lambda_\eta}{\lambda_\xi}\frac{\dfrac{\partial t}{\partial y}\cos\phi - \dfrac{\partial t}{\partial x}\sin\phi}{\dfrac{\partial t}{\partial y}\sin\phi + \dfrac{\partial t}{\partial x}\cos\phi} \tag{e}$$

尽管

$$\frac{\partial t}{\partial x} = 0, \tan\gamma = \frac{\lambda_\eta}{\lambda_\xi}\text{ctan}\phi = \frac{\lambda_\eta}{\lambda_\xi}\tan(90° - \phi) \tag{f}$$

除非:①$\phi=0$,即各向异性的主轴与 x-y 坐标轴相一致,或者②$\lambda_\eta=\lambda_\xi$,否则,$\gamma\neq(90°-\phi)$,或 $\gamma+\phi\neq 90°$,q 不会与温度降度同方向。只有各向同性体,$\lambda_\eta\equiv\lambda_\xi$,也不存在异性主轴,即 $\phi\equiv 0$,此时,式(e)可被化简为

$$\tan\gamma\left(=\frac{q_\eta}{q_\xi}\right) = \frac{\partial t}{\partial y}\frac{\partial t}{\partial x}$$

或 q 永远和当地温度降度同方向。

导热时,沿途温度不一样,所以分析计算总要牵涉到温度对导热系数的影响问题。经验表明,在有限的温度范围内,总能取作

$$\lambda = \lambda_0(1+\beta_\lambda t) \tag{1-3-4}$$

参看图 1-3-3,图中"×"点为实验点,可以看作 $\lambda(t)$ 在 $t<t_a$ 和 $t_a<t<t_b$ 时各呈线性关系,β_λ 是 λ 的温度系数(1/℃),即图中直线的斜率。显然,在 $t_c<t<t_d$ 时的 $\lambda=f(t)$,也同样可以取作另一个线性关系式。处在这种线性函数关系的温度范围内,从 t_1 到 t_2,永远可取 λ 的平均值 λ_m,当做 λ=常量来计算热流量 Q 或热流密度 q(详见第 2 章 § 2-3 等各节)。根据定义,

$$\lambda_m \equiv \frac{1}{t_2-t_1}\int_{t_1}^{t_2}\lambda \mathrm{d}t \tag{1-3-5}$$

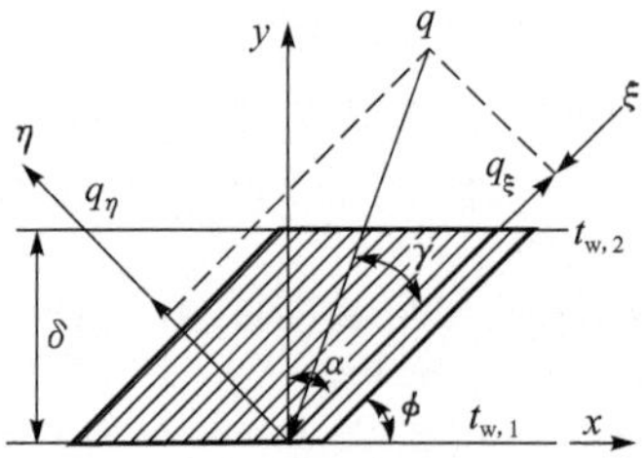

图 1-3-2 层叠复合材料的热流密度

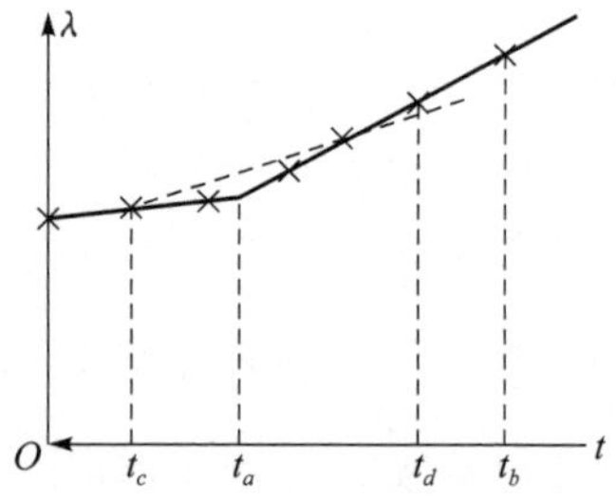

图 1-3-3 导热系数随温度变化的关系:$\lambda=f(t)$

若将式(1-3-3)代入式(1-3-5),则

$$\lambda_m = \lambda_0\left[1+\beta_\lambda\left(\frac{t_1+t_2}{2}\right)\right] \tag{1-3-6}$$

λ_m 正好就是 $t_m=\frac{1}{2}(t_1+t_2)$时的 λ 值，或

$$\lambda_m = \frac{1}{2}(\lambda_{t_1} + \lambda_{t_2}) \tag{1-3-7}$$

图 1-2-1 中，平壁稳定导热的热流方向是 x 轴向，导热面积沿途不变时，$q=Q/F$ 也将和 Q 一样，沿途保持常量。如果 λ 取作常量，根据式(1-3-1)，$-\frac{\partial t}{\partial x}$也应沿途维持不变，亦即厚度为 δ(m)的壁内温度分布线是一条直线。此时，$-\frac{dt}{dx}=\frac{t_{w,1}-t_{w,2}}{\delta}$（℃/m）。于是，平壁稳定导热的热流密度为

$$q = \lambda \frac{t_{w,1} - t_{w,2}}{\delta} \qquad (W/m^2) \tag{1-3-8}$$

或平壁稳定导热的热流量为

$$Q = qF = \lambda F \frac{t_{w,1} - t_{w,2}}{\delta} \quad (W)$$

(1-3-9)①

若令

$$\left.\begin{aligned} Q &= \frac{\Delta t}{R_t} \\ R_t &= \frac{\Delta t}{Q} \end{aligned}\right\} \tag{1-3-10}$$

相应地可有

$$r_t = \frac{\Delta t}{q} \qquad (℃ \cdot m^2/W) \tag{1-3-11}$$

这和电工学中电路分析的“欧姆定律”完全类似②：温差 Δt 可比作电位差，热流量 Q 可比作电流，热流密度 q 可比作电流密度；于是，R_t 可比作电阻，称为“热阻”。R_t 是单位面积的热阻，简称“单位热阻”。由式(1-3-8)，平壁的导热热阻为

$$R_t = \frac{\delta}{\lambda F} \qquad (℃/W) \tag{1-3-12}$$

---

① 式(1-3-8)由法国物理学家比奥(J. B. Biot，译作毕渥)作为实验事实，首先于 1804 年提出，即：平壁单位时间的导热量 Q 正比于 F 和两侧表面温差，反比于壁厚，比例系数是材料的物理性质。后来发现，同样的材料，λ 值还与温度范围有关。傅里叶运用数学物理的方法，推导出更基本的式(1-3-1)。所以，也有把导热基本定律称为“比奥-傅里叶定律”的。

② 在科学史上，欧姆定律是根据导电与导热现象相类似，对比傅里叶定律，把它推广到导电现象而在 1827 年正式提出的；并由实验证明了导线的电阻 R_e 正比例于导线长度 l，反比例于导线截面积 f，或 $R_e=\frac{l}{\lambda_e f}$，这在形式上和式(1-3-11)完全一样，比例系数 λ_e 称为“导电系数”，它的倒数$\frac{1}{\lambda_e}$称为“电阻系数”。也有把$\frac{1}{\lambda_e}$称为“电阻率”、λ_e 称为“导电率”的，于是，对应地称 λ 为“导热率”。

由式(1-3-7),平壁导热的单位热阻为

$$r_t = \frac{\delta}{\lambda} \qquad (℃ \cdot m^2/W) \tag{1-3-13}$$

热阻的倒数称为“热导”,单位热阻的倒数称为“单位热导”。引进“热阻”和“热导”这两个术语,将有助于不同传热方式同时起作用时,一些复杂传热问题的解剖分析(详见§1-6)。正是在这个意义上,有时把式(1-3-9)提高到“传热速率方程”的地位,以 Δt 作为导热、对流换热、辐射换热过程的“推动力”,以 R_t 作为传热过程的“阻力”。然而,式(1-3-9)只不过是一种形式上的概括,丝毫没有揭示任何传热过程的机理本质,起不到基本定律和基本方程的指导作用。

平壁以外,其他形状固体的稳定导热将在第 2 章和第 3 章里讨论。不稳定导热则是第 4 章的主题。十分明显,要进行任何导热计算,总要有导热系数的数据资料。由于影响因素很多,重要的工程计算应该对所用的物质在特定条件下的导热系数进行专门的测定[10,11]。至于一般的工程计算,常根据具体情况,直接从工程手册,包括专业性的传热学手册或有关书籍的数据图表[12,13]选取 λ 值。

§1-4 对流换热和放热系数

固体壁面和流体之间的对流换热,依靠流体的导热和热对流方式相结合进行,是流动的流体与接触的固体表面之间热运动的扩散传播,由温度高的一方传热给温度低的另一方。

流体也和固体一样具有导热的本能。不过,只有在流体静止不动时,亦即不发生宏观位移的情况下,才能出现单纯的导热。除非是高度稀薄的气体(将在第 14 章中另行讨论),可把流体看做是连续介质。实际的流体总有黏性,流动时,受黏性和壁面摩擦的影响,流体将在靠近壁面处降低流速,在壁面上完全被滞止,不可能出现滑移。参看图 1-4-1,$y=0$ 时,$u=0$。因此,热量从壁面传给贴壁的那部分流体,就只能依靠导热。由式(1-3-1),流体和固体壁接触面上的热流密度为

$$q_{w_c} = -\lambda_f \left.\frac{\partial t}{\partial y}\right|_{y=+0} \tag{1-4-1}$$

式中,t 为流体温度;λ_f 为流体的导热系数。热流的方向,当然朝着温度降低的方向。液体的导热性较差,气体的导热系数更小,所以受热时,贴壁处的流体温度势必沿着 y 轴的反向剧烈升高,或者说,在 y 轴向出现很大的温度降度。随着离壁面的距离 y 的增加,流体的流动将陆续带走更多的热量,减少沿 y 轴向的热流密度,使 y 轴向的温度降度连续下降,温度分布趋向于平坦化。正是这种导热和热对流的共同作用,使热量在流体内部得到传播。越临近壁面,导热越起主导作用。

如果像图 1-4-1 中所指出的那样，设想厚度为 δ' 的贴壁静止膜，膜内温度线性地从壁面温度 t_w 降到远离壁面、尚未被加热的流体温度 t_∞，则

$$-\left.\frac{\partial t}{\partial y}\right|_{y=+0}=\frac{t_w-t_\infty}{\delta'}$$

或

$$q_{w_0}=\frac{\lambda_f}{\delta'}(t_w-t_\infty) \qquad (1\text{-}4\text{-}2)$$

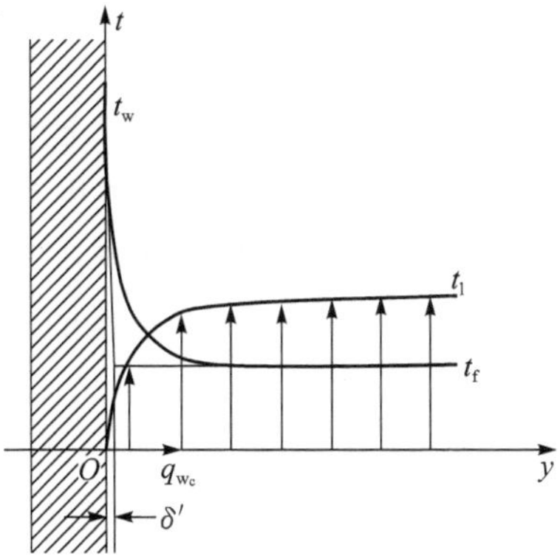

图 1-4-1　邻近壁面的流体速度分布和温度分布

图 1-4-1 所表示是壁面之外流体“无界”对流时壁面与流体的换热。流体在管和槽道内部流动的“有界”对流，不存在 t_∞。在这种情况下，照例采用截面平均温度代替无界对流时的 t_∞，作为流体的特征温度 t_f，把式(1-4-1)改写为

$$q_{w_0}=\alpha_c(t_w-t_f) \qquad (\mathrm{W/m^2}) \qquad (1\text{-}4\text{-}3)$$

这就是历史上沿传下来的所谓“牛顿冷却定律”[14]的数学表达式①，实际上应被看做是“对流换热系数”或“放热系数”α_c 的定义式，并不表达对流换热现象本质的物理定律。非常明显，凡能影响流体流动的各种因素，包括流体的种类和状态、运动速度、流道的形状和大小、表面光洁度等，都会对 α_c 值产生影响。式(1-4-3)只不过形式地把放热过程的一切复杂性和计算上的困难，都转移到“放热系数”这样一个笼统的物理量上罢了。作为计算的手段，式(1-4-3)中引进的 α_c 代表流体和所接触的固体表面之间温度每相差 1℃，该流体与表面之间的热流密度。放热系数的大小表明流体与固体表面之间换热能力的强弱。根据定义式(1-3-6)和式(1-3-7)，$\frac{1}{\alpha_c F}$和$\frac{1}{\alpha_c}$也就分别是放热过程的热阻和单位热阻，$\alpha_c F$ 和 α_c 则分别是放热过程的热导和单位热导。这里的 F 指流体与固体接触的表面积。

联解式(1-4-1)和式(1-4-3)，可知

$$\alpha_c=-\frac{\lambda_f}{t_w-t_f}\left.\frac{\partial t}{\partial y}\right|_{y=+0} \qquad [\mathrm{W/(m^2\cdot ℃)}] \qquad (1\text{-}4\text{-}4)$$

流体的特征温度 t_f，无界对流时取作 t_∞，有界对流时取作流体在管和槽道的截面平均温度。

若对比式(1-4-3)和式(1-4-2)，则

① 经典力学的奠基者牛顿(I. Newton，1642—1727)，早在 1701 年就推荐用式(1-4-3)描述物体在空气中冷却的现象，认为单位面积的表面散热速率正比于表面与周围空气的温差，并把引进的比例系数命名为“放热系数”。

$$\alpha_c = \frac{\lambda_f}{\delta'} \quad [W/(m^2 \cdot ℃)] \tag{1-4-5}$$

$\delta'/\lambda_f = 1/\alpha_c$ 恰好就是假想静止膜导热的单位热阻，α_c 则是假想膜的单位热导。所以，α_c 又常被称为“膜传热系数”，简称“膜系数”。这当然把问题过于简单化了，在实际求解液体和固体壁面之间的对流换热课题时，流体的温度分布是尚待确定的方面，无法得到准确的 δ' 值。但是，利用这个简单的物理模型，不难看到：流体的温度场取决于流体的运动情况和流体的性质。流体的流速越高对流越强烈，假想膜的厚度 δ' 就越薄，α_c 越大。运动情况相同时，流体的导热系数 λ_f 越大，α_c 值越高，所以气体的放热系数低于液体，液体中水的放热系数高于油类，液态金属又比水的放热系数高。这些定性的判断，都比较显而易见。流体的对流所携带的热量正比于流体的质量流量 ρw 和比定压热容 c_p，在相同流速 w 下，流体的密度 ρ 和比定压热容 c_p① 越大，图 1-4-1 中 y 轴向的流体温度降度越大，δ' 越薄，α_c 也就越大。水的 λ、ρ 和 c_p 都是液体中比较高的，表明水是液态金属之外很好的对流传热介质。

按照发生的原因，流体的运动可以划分为自由运动和受迫运动两大类。凡由固体表面对流体局部加热或者冷却，造成流体冷、热各部分密度不同引起的升沉对流，都是自由运动，也称为“自然对流”。室内利用暖气片供暖和各种热工设备的外壳对外散热是自然对流的典型实例。给定的流体自然对流的速度将完全取决于流体局部受热或被冷却时所产生的温差大小以及流动空间的尺寸和形状。凡是在外力作用下，包括工程上常见的利用泵或风机的机械力，或者自然风力和烟囱等设备的自然通风力所产生的流体流动，属于受迫对流，也称为“强制对流”。由机械力促成的流体受迫流过通道的流速，可以大大超过自然对流速度，放热系数的值比自然对流时高得多。原则上，在与流道壁面有换热的情况下，流体受迫流动的同时，也难免会发生自然对流的干扰，出现所谓“混合对流”的复杂情况。不过，受迫流动的流速越大，自然对流的相对影响就越小，甚至完全不必加以考虑。

参看图 1-4-2，只有大气完全不动时才单纯地依靠导热散热，如图中曲线(a)所表示，由于筑墙材料的 λ 值大约是空气的 30 倍，从墙的内侧温度到大气温度 t_a，温度的降落主要发生在室外大气层里。(b)、(c)、(d)为有对流时，随着对流的加强，室外壁面温度将明显下降。冬季供暖期间，为了维持一定的室温，需要弥补更大的散热损失。

---

① 在工程单位制中，kgf 和 kcal 都是基本单位，“定压容积比热容”ρc_p 的单位是 kcal/(m³ · ℃)；在国际单位制(见 § 1-7)中，kg 是质量的基本单位，功率的单位是 1W=1J/s，或 1kW · s=1kJ，ρc_p 的单位是 kJ/(m³ · ℃)，1kcal=4.186kJ。

固体表面上各个地点的流体运动情况不一定相同，因此，放热系数的局部值 $\bar{\alpha}_{c_x}$ 也不是一个常量。此时

$$Q=\bar{\alpha}_c F(t_w-t_f) \qquad (W) \quad (1\text{-}4\text{-}6)$$

式中，引进整个表面积 F 的平均放热系数 $\bar{\alpha}_c$ 为

$$\bar{\alpha}_c=\frac{1}{F}\int_F \alpha_{c_x}\,dF \qquad [W/(m^2\cdot ℃)] \qquad (1\text{-}4\text{-}7)①$$

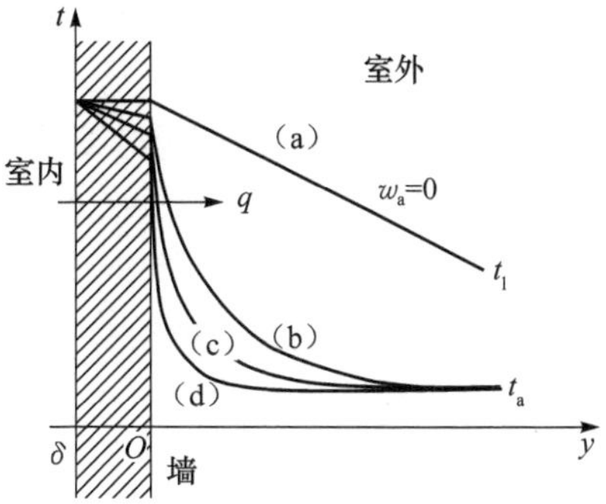

图 1-4-2　大气对流对墙壁散热的影响

绝大多数的工程计算往往注重 $\bar{\alpha}_c$ 值。当然，这种平均值势必掩盖具体的局部特殊性。表 1-4-1 提供了通常情况下 $\bar{\alpha}_c$ 的取值范围。

表 1-4-1　工程上 $\bar{\alpha}_c$[W/(m² · ℃)]的数量级范围

自然对流	空气	1～10
	水	10～250
受迫流动	空气，过热蒸汽	10～250
	油	50～1500
	水	500～10 000
沸腾	水	2500～25 000
凝结	蒸汽	5000～100 000
	有机蒸气	500～2500

相关对流换热的原理，将在第 7 章进一步深入讨论，并在随后各章中分别研究流体自然对流(第 8 章)、受迫流动(第 9 章)、有相变(第 10 章)和气体高速流动(第 14 章)时的放热过程。

§1-5　热辐射的基本定律和辐射换热

辐射是物质固有的属性。在现代物理学中，辐射具有横波(电磁波)和粒子(光子)的二象性。原子内部电子的振动或激发，将产生交替变化的电场和磁场，实现电磁波的发射和传播，或者说释放光子，光子依辐射方向直线(射线)传播，直至被所遇到的其他原子吸收为止。“热辐射”是以温度高低标志激烈程度的热运动，产

① 严格地讲，式(1-4-7)只正确适用于 $\vartheta=(t_w-t_f)$ 为常量的情况。否则，式(1-4-6)就表示成 $Q=\overline{\alpha_c\vartheta}F$，而 $\overline{\alpha_c\vartheta}=\frac{1}{F}\int_F \alpha_c\vartheta dF$。如果把式(1-4-6)改写成 $Q=\bar{\alpha}_c\bar{\vartheta}F$，式(1-4-7)所提供的 $\bar{\alpha}_c$ 还将与 $\bar{\vartheta}$ 的平均方法有关。

生的辐射能将取决于物质的温度，所以也被直觉地称为“温度辐射”。只要温度高于热力学温度，0K，任何明物质都将随时向周围空间发射射线，但辐射的能力相差很大。热辐射现象与依靠微观粒子碰撞或弹性波作用的导热以及依靠宏观物质运动的对流传热有本质上的不同，热辐射不依赖常规物质的媒介作用产生能量的转移，且在能量转移时还伴随能量形式之间的转化。通过热辐射，辐射体的一部分内能转化为射线携带的辐射能。而在热射线前进过程中，辐射能量又将沿途部分地被空间介质所吸收，转化为介质内能的一部分。

有关光的投射、反射、折射的概念和规律，同样适用于热射线。参看图 1-5-1，辐射能流 Q_e 投射到另一物体上时，一部分辐射能 Q_A 被吸收而转化为受照射物体的内能；一部分 Q_R 被反射；还可能有一部分 Q_D 被折射和透射。这种吸收、反射、透射份额的大小是物质的性质，称为该物体对外来辐射能流的“吸收率”A_r、“反射率”R_r 和“穿透率”D_r，或

$$A_r = \frac{Q_A}{Q_e}, R_r = \frac{Q_R}{Q_e}, D_r = \frac{Q_D}{Q_e} \tag{a}$$

自然，根据能量守恒的原则

$$A_r + R_r + D_r = 1 \tag{b}$$

同时，从物理意义可知，A_r、R_r、D_r 都不能为负值，所以每一个量值只能处在 0～1 的范围以内。被反射或透射的辐射能流，除部分被空间介质沿途吸收以外，又将落在周围其他一些物体上，依次被吸收。这样，被辐射出去的能量将部分地散布到周围空间介质中去，部分地被分配到周围各个物体上。由此可见，每个物体在不断发射辐射能的同时，还在不断吸收来自其他物体的辐射能。

凡能全部吸收外来投射辐射，即 $A_r=1$（相应地 $R_r=0$ 和 $D_r=0$）的物体，称为“绝对黑体”，简称“黑体”。$R_r=1$（相应的 $A_r=0$ 和 $D_r=0$）的反射体，如果是高度磨光的平整表面，将出现遵守几何光学的入射角 ψ_i 等于反射角 ψ_0 的“正反射”称为“镜（反射）体”；如果不遵守这种规则，例如粗糙表面所引起的弥漫性的乱反射——“漫反射”，$R_r=1$ 的则称为“绝对白体”，或简称“白体”。$D_r=1$（相应的 $A_r=0$ 和 $R_r=0$）的物体，称为“绝对透明体”或称为“透热体”。对于红外辐射，固体和液体实际上都是不透明体，窗玻璃和石英也只是对可见光才成为透明体。因此，工程材料的 $D_r\approx0$，亦即 $A_r+R_r\approx1$，善于反射的，就不能很好地吸收辐射能。注意：这里所谓“黑体”、“白体”，都是从可见光的感性承袭来的；对红外辐射的吸收和反射具有重大影响的，不是表面的颜色，而是表面的光洁度。例如，冰、雪对人眼来说是白色的，却能几乎全部吸收红外长波辐射（$A_r\approx0.96$），而对可见光则是极好的反射体。不管什么颜色，平整磨光面的反射率要比粗糙面高好几倍。气体几乎不存在反射性，$R_r\approx0$，于是，$A_r+D_r\approx1$；吸收性越大，透明性就越小，单原子气体和对称性双原子气体如氧、氮和干空气等的 $D_r\approx1$，这

类气体基本不吸收辐射能，称为“透明介质”。空气中混杂蒸汽、CO_2 和尘埃时，就变成具有吸收性的介质，透射时往往发生折射现象，即图 1-5-1 中的射线由介质 1 传入介质 2 时，在交界面上射线方向发生折转性的突变，或者说射线的折射角 ψ_i 不相等，而且

$$\frac{\sin\psi_i}{\sin\psi_d}=\frac{n_{r_1}}{n_{r_2}} \tag{c}$$①

n_r 也是物质的性质，称为介质的“折射系数”（见 §5-1）。真空的折射系数 $n_{r_0}=1$，于是，介质的折射系数就同时代表“相对折射系数”或称为“折射指数”（n_r/n_{r_0}）。如果介质 1 的“折射系数”记作 n_{r_1}，真空的“折射指数”记作 $n_{r_{10}}$，则在数值上，$n_{r_1}=n_{r_{10}}$。依此类推，$n_{r_{12}}$ 代表介质 1 和介质 2 的“相对折射系数”或从介质 1 到介质 2 的折射指数为

$$n_{r_{12}}=\frac{n_{r_1}}{n_{r_2}}=\frac{n_{r_{10}}}{n_{r_{20}}} \tag{d}$$

空气和气体的折射系数常与 1 仅相差小数点后面第四位数，而水和玻璃、石英一类透光固体对可见光的折射系数大约为 1.5。

自然界，并不存在绝对黑体，像黑丝绒和煤烟炱，吸收率也只是 0.96。但是，基尔霍夫（曾译作克希荷夫）[15]早在 1860 年就指出，可以用人工的方法制备出这种绝对黑体的模型，参看图 1-5-2，小孔的面积相对越小，吸收率越接近 1；并且利用这种空腔论证了：在相同温度下，各种物体的辐射能力以“黑体”的最大。为了便于制造，人造黑体空腔常做成圆柱形，并且底部成锥形［详见图 1-5-2(b)］，以防止外界射线直射到底面，随即又反射出孔口。

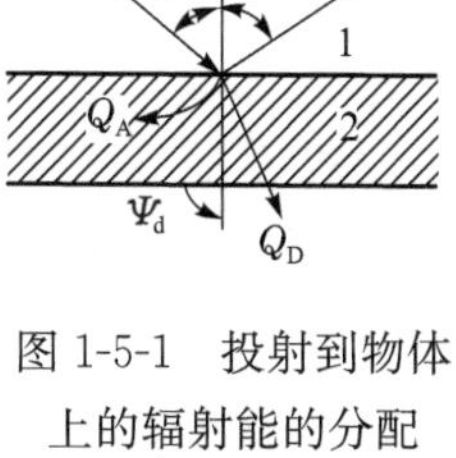

图 1-5-1　投射到物体上的辐射能的分配

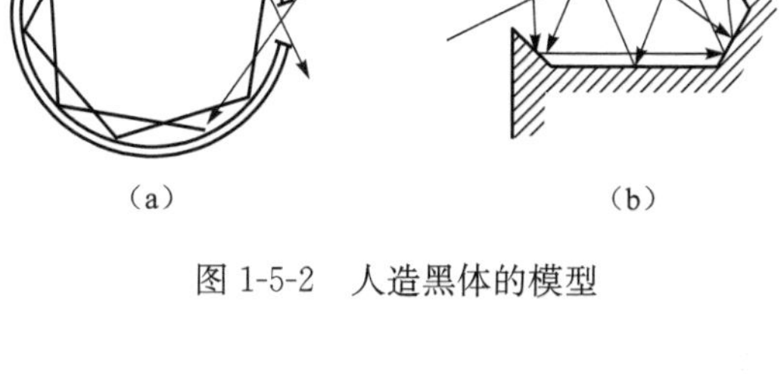

图 1-5-2　人造黑体的模型

如果每单位表面积在单位时间内沿各个方向发射的能流密度为 E（W/m²），称为物体的“全辐射力”，简称“辐射力”。可用绝对黑体在相同温度下的辐射力 E_0 作对比标准，引进 $\varepsilon=\frac{E}{E_0}$，称为物体的“辐射率”或“黑度”，表明该物体的辐射力接

① 此式俗称斯涅尔定律（Snell's Law）。

近于“黑体”的程度。根据基尔霍夫定律(见§5-1),物体的吸收率与同温度下的黑度在数值上彼此相等,或$\varepsilon=A_r$。物体的黑度在0~1,还跟温度有关,而并非常量。只有“黑体”的黑度$\varepsilon_0\equiv1$。工程上常用材料的黑度,照例要由实验测定,其值可以查有关手册资料。“镜体”、“白体”和“透明体”的$\varepsilon=0$。可见,“透明”介质不吸收、不反射、也不发射辐射能,容许热射线就像在真空中那样畅通无阻。当然,完全不参与辐射的绝对化的透明体,实际上不存在。

“黑体”就像热力学里的“理想气体”一样,也是一个源自实际的理想化概念,在热辐射理论体系中占有重要地位。“黑体”的$A_r=1,R_r=0,D_r=0$,与构成“黑体”,如图1-5-2中空腔的具体物质无关,“黑体”的辐射力将仅仅取决于黑体的热力学温度。黑体热辐射的定律,可由热力学的方法(“辐射热力学”)从理论上导得[1,16,17]。1879年,斯蒂芬[18]由实验发现,不同物体的辐射力E与表面的热力学温度T(K)的四次方成正比。1884年,玻耳兹曼[19]用热力学方法证明“黑体”的辐射力为

$$E_0=\sigma_0T^4\qquad(\mathrm{W/m^2})\tag{1-5-1}$$

或黑度为ε的物体辐射力为

$$E_0=\varepsilon\sigma_0T^4\qquad(\mathrm{W/m^2})\tag{1-5-2}$$

这就是俗称“斯蒂芬-玻耳兹曼四次方定律”的数学表达式,σ_0为“斯蒂芬-玻耳兹曼常数”或称绝对黑体的辐射常数,直接测定值为$5.76\times10^{-8}\,\mathrm{W/(m^2\cdot K^4)}$或$4.96\times10^{-8}\,\mathrm{kcal/(m^2\cdot h\cdot K^4)}$。热力学的宏观定律确认“热力学0K是达不到的”,宏观物质的热力学温度总大于0K,因此,除非是理想化了的镜体、白体和透明体,任何实际物体原则上总具有一定的辐射力。

1900年,普朗克[20]运用量子统计热力学理论,研究了绝对黑体的辐射能流按波谱各个波长的分布规律,推导出波长从Λ到$(\Lambda+\mathrm{d}\Lambda)$之间绝对黑体的“**能谱辐射力**”(也称为“单色力”)为

$$E_{0,\Lambda}=\frac{c_1\Lambda^{-5}}{\mathrm{e}^{c_2/\Lambda T}-1}\tag{1-5-3}$$

式中,常数$c_1=3.743\times10^8\,\mathrm{W\cdot(\mu m)^4/m^2}$或$3.743\times10^{-16}\,\mathrm{W\cdot m^2}$;常数$c_2=1.4387\times10^4\,\mu\mathrm{m\cdot K}$。于是,参看图1-5-3,绝对黑体的辐射力将是$E_0=\int_0^\infty E_{0,\Lambda}\mathrm{d}\Lambda=\sigma_0T^4$,从理论上计算出

$$\sigma_0=5.67\times10^{-8}\,\mathrm{W/(m^2\cdot K^4)}\text{或}4.88\times10^{-8}\,\mathrm{kcal/(m^2\cdot h\cdot K^4)}$$

比最可靠的测定值小1.5%[17]。可以认为,在工程计算中,采用σ_0值为$5.7\times10^{-8}\,\mathrm{W/(m^2\cdot K^4)}$已足够精确。式(1-5-3)还证实了维恩[21]在1896年用经典热力学方法提出的“维恩位移定律”:绝对黑体辐射能量按波长分布的高峰值将随温度的升高而移向波长较短的一边,如同图1-5-3中虚线所指出的那样,并且

$$\Lambda^*T=\text{常量}=2.9\mathrm{m^2\cdot K}\tag{1-5-4}$$

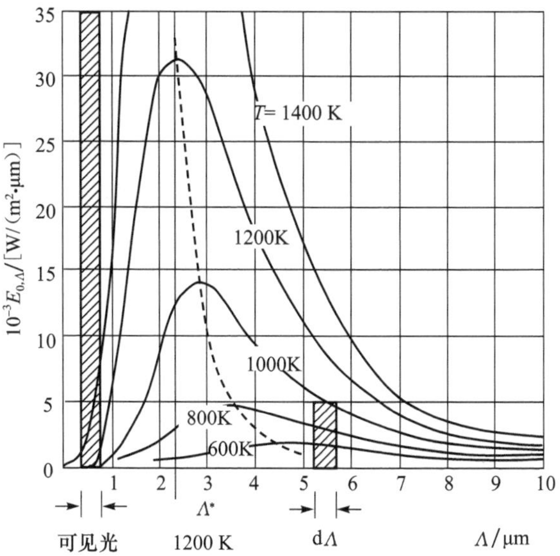

图 1-5-3 普朗克定律的图示

随着温度 T 的升高，所发射的能谱中可见光部分的份额越来越多，最大单色辐射力向短波方面移动，因而感觉到辐射体的“亮度”依次从暗红、黄色、亮黄色逐步变为亮白色。但在工业上的高温，如达到 2500℃或将近 2800K 的温度下，可见光部分的能量所占总量的百分比仍很小(详见§5-1)。所有这些热辐射的基本性质，将在第 5 章作更详细的深入分析。

如果处在真空里，或者由温度为 T_f 的透明介质如干空气所隔开，两个物体表面温度不同，$T_1>T_2$ 时，相互辐射的结果，表面温度为 T_1 的物体发射的辐射热超过了吸收来自表面温度为 T_2 的物体辐射热，引起辐射换热的热流量为

$$Q_{1-2}=\varepsilon_{12}\sigma_0(T_1^4-T_2^4)F_1\varphi_{1,2} \quad (\mathrm{W}) \tag{1-5-5}$$

亦即

$$q_{1-2}=\frac{Q_{1-2}}{F_1}=\varepsilon_{12}\sigma_0(T_1^4-T_2^4)\varphi_{1,2} \quad (\mathrm{W/m^2}) \tag{1-5-6}$$

ε_{12}是两物体黑度的函数，称为物体 1 与物体 2 的“综合黑度”，通常取 $\varepsilon_{12}=\varepsilon_1\varepsilon_2$；$\varphi_{1,2}$代表物体 1 的表面向外发射出去的辐射热量中，能投射到物体 2 表面上的份额，称为“角系数”，是一个只与两物体的相对位置、形状及大小有关的几何参量，相当于从物体 1 的表面到物体 2 表面可见领域的“视域系数”(详见§6-2)。

如果参与辐射换热的只是由透明的气体介质所隔开的表面 1 和 2，不牵涉第三者，那么，热流量 Q_{1-2} 显然是从表面 1 传出的净辐射热流量 Q_{r_1}，同时也是传给表面 2 的净辐射热流量 Q_{r_2}，如果记作

$$Q_r=\alpha_r F(t_w-t_f) \quad (\mathrm{W})$$

或

$$q_{w_r} = \alpha_r(t_w - t_f) \qquad (W/m^2) \tag{1-5-7}$$

α_r 具有放热系数 α_c 同样的形式，可称之为“辐射放热系数”，并把 α_c 称为“对流放热系数”，以便于区别。这样，考虑到壁面与气体之间还存在着对流换热，热流密度为 $q_{w_c}=\alpha_c(t_w-t_f)$ 时，由壁面传走的总热流密度 q_w 应是 q_{w_c} 和 q_{w_r} 两者之和，或

$$q_w = \alpha_c(t_w - t_f) + \alpha_r(t_w - t_f)$$

令

$$\alpha_0 = \alpha_c + \alpha_r \qquad [W/(m^2 \cdot ℃)] \tag{1-5-8}$$

则

$$q_w = \alpha_0(t_w - t_f) \qquad (W/m^2) \tag{1-5-9}$$

引用辐射放热系数 α_r，可以在形式上把计算的辐射换热折合成对流换热，用总放热系数 α_0 兼顾辐射换热的影响，从而有利于简化复杂传热的解剖分析。仍以表面 1 为例，注意到 $\Delta t \equiv \Delta T$，则

$$\alpha_{r_1} = \frac{q_{1-2}}{t_1 - t_f} = \frac{\varepsilon_{12}\sigma_0(T_1^4 - T_2^4)\varphi_{1,2}}{T_1 - T_2}\frac{t_1 - t_2}{t_1 - t_f} \tag{1-5-10}$$

如果令

$$T_m = \frac{1}{2}(T_1 + T_2)$$

亦即

$$T_1 = T_m + \frac{1}{2}(T_1 - T_2), T_2 = T_m - \frac{1}{2}(T_1 - T_2)$$

则

$$T_1^4 - T_2^4 = 4T_m^3(T_1 - T_2) + T_m(T_1 - T_2)^3$$

$$\frac{T_1^4 - T_2^4}{T_1 - T_2} = 4T_m^3\left[1 + \left(\frac{T_1 - T_2}{2T_m}\right)^2\right] \tag{e}$$

除非 $(t_1-t_2)=0$ 才能取作

$$\frac{T_1^4 - T_2^4}{T_1 - T_2} = 4T_m^3 \tag{f}$$

随着温度差 (t_1-t_2) 的加大，把式(e)简化为式(f)的误差增大。不过，只要 $\frac{T_1-T_2}{2T_m} \leqslant 0.2$，按式(f)计算 α_{r_1} 的值，偏差不会超出 4%。这对许多工程计算来说，已够准确，这样

$$\alpha_{r_1} \approx 4\varepsilon_{12}\sigma_0 T_m^3 \varphi_{1,2}\frac{t_1 - t_2}{t_1 - t_f} \qquad [W/(m^2 \cdot ℃)] \tag{1-5-11}$$

一种简单的情况，例如远离表面 1 的外界表面温度趋近于环境温度 t_f，并且 $\varphi_{1,2}=1$ 时，式(1-5-11)简化为

$$\alpha_{r_1} \approx 4\varepsilon_{12}\sigma_0 T_m^3 \tag{1-5-12}$$

这就清楚地指明：$t_w - t_f$ 降为零，即 $t_w \to t_f$ 时，α_r 并非零值，而是以 $4\varepsilon_{12}\sigma_0 T_m^3$ 为极限。随着温度差的扩大和平均温度 T_m 的升高，α_r 值将迅速增加。由于 α_c 随温度差的变化较小(详见第 7 章和以后相关章节)，在高温范围内和大温差情况下，α_r 有可能成为 α_0 的主要组成部分。另一方面，α_r 与气体的运动状况无关，α_c 却随气体运动速度的降低而减小，气体自然对流时的 $\alpha_c \approx 5\text{W}/(\text{m}^2 \cdot ℃)$(见表 1-4-1)。即使 T_m 只有 300K，α_r 也能占 α_0 的一半左右。有关辐射换热，包括吸收性气体和外壳之间辐射换热的计算方法，将在第 6 章进行更详细的分析和讨论。

§1-6 稳定传热与电路模拟分析法

前三节的介绍可用来对图 1-2-1 中关于通过平壁的稳定传热进行传热系数 k 值的计算。图 1-2-1 中平壁厚度为 δ，材料导热系数为 λ，两侧表面积各为 F；平壁左侧表面温度为 $t_{w,1}$，右侧表面温度为 $t_{w,2}$，$t_{w,1} > t_{w,2}$；平壁左侧热流体温度为 $t_{f,1}$，放热系数为 α_1；平壁右侧冷流体温度为 $t_{f,2}$，放热系数为 α_2。根据§1-5，如果流体是液体，液体内部不能出现热射线的传递，那么放热系数就只能指对流放热系数 α_c；如果流体是气体，那么 α 应取作“总放热系数”$\alpha_0 = \alpha_c + \alpha_r$ 以兼顾辐射换热的影响。既然是稳定传热，热流量 Q 将沿途成为常量。由式(1-3-8)，有

$$Q = \lambda F \frac{t_{w,1} - t_{w,2}}{\delta} \tag{a}$$

由式(1-4-3)或式(1-5-9)，则

$$Q = \alpha_1 F(t_{f,1} - t_{w,1}) \tag{b}$$

$$Q = \alpha_2 F(t_{f,2} - t_{w,2}) \tag{c}$$

式(a)、式(b)和式(c)联解，消去原始数据中未知的 $t_{w,1}$ 和 $t_{w,2}$，则

$$Q = \frac{t_{f,1} - t_{f,2}}{\dfrac{1}{\alpha_1 F} + \dfrac{\delta}{\lambda F} + \dfrac{1}{\alpha_2 F}} \tag{1-6-1}$$

对比式(1-6-1)和式(1-2-1)，在稳定工况下，通过平壁的传热系数将是

$$k = \frac{1}{\dfrac{1}{\alpha_1} + \dfrac{\delta}{\lambda} + \dfrac{1}{\alpha_2}} \tag{1-6-2}$$

如果改写为

$$\frac{1}{kF} = \frac{1}{\alpha_1 F} + \frac{\delta}{\lambda F} + \frac{1}{\alpha_2 F} \tag{d}$$

那么，十分明显，由热流体通过隔墙传热给冷流体的沿途总热阻恰好就是三个阶段串联热阻的总和，这和“电路”的分析完全类似。注意，平壁的导热面积 F 沿途保

持不变，在这种特殊情况下，热流密度 q 沿途成为常量，总“单位热阻”也将是三个分阶段串联“单位热阻”的总和。

由于电路比较直感，可相应地运用“热路”帮助建立传热分析的思路，这种方法称为电热“模拟”或“比拟”。参看图 1-6-1，温度对应于电位（所以，温度也可以称为“热位”），温度差对应于电位差（温降对应于“电压”，所以也称为“温压”），热流量对应于电流量，热流密度对应于电流密度，热阻对应于电阻。串联时，热阻相加；并联时，热导相加。总放热系数 $\alpha_0=\alpha_c+\alpha_r$，正代表同一个表面上相并联的对流换热和辐射换热两个“单位热导”相加规律的具体应用。在第 3 章中，还将看到在定量计算方面，用简单的电模拟求解二维或三维稳定导热问题，将是极为有效的。

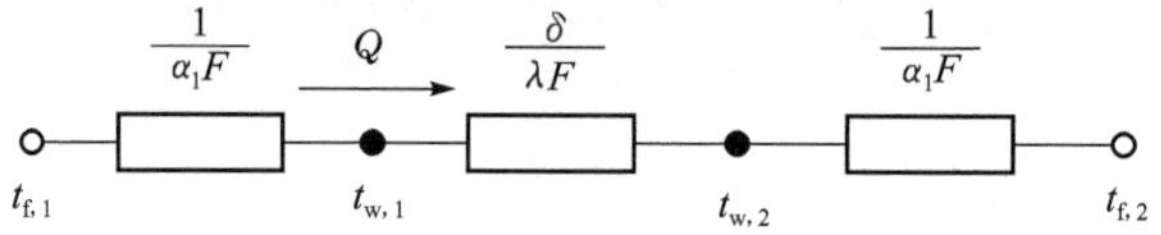

图 1-6-1　通过平壁稳定传热的“热路”

利用图 1-6-1 中的热路图，不仅可以直接写出 Q 的计算式(1-6-1)，也很容易计算未知的壁面温度。由于 Q 沿途不变，各个热阻引起的温降与热阻成正比。例如：

$$\frac{t_{f,1}-t_{w,1}}{t_{w,1}-t_{w,2}}=\frac{1/\alpha_1 F}{\delta/\lambda F}=\frac{1}{\alpha_1\delta/\lambda}$$

亦即

$$t_{f,1}-t_{w,1}=\frac{t_{w,1}-t_{w,2}}{\alpha_1\delta/\lambda} \tag{1-6-3}$$

$\frac{\alpha_1\delta}{\lambda}$代表平壁内部热阻与平壁外部放热热阻之比，是一个没有单位的“无量纲数”，常被记作 $Bi=\frac{\alpha\delta}{\lambda}$，称为“比奥数”，以 δ 作为热路的代表性尺寸 l。Bi_1 越大，温降比 $(t_{f,1}-t_{w,1})/(t_{w,1}-t_{w,2})$就越小。$Bi_1\geqslant 100$ 时，$(t_{f,1}-t_{w,1})\leqslant 0.01(t_{w,1}-t_{w,2})$，在工程计算中可略去不计，看作 $t_{f,1}\approx t_{w,1}$。这从热阻的观点也很容易理解，可以把外部放热热阻折算成相当于壁加厚 $\delta_e=\frac{\lambda}{\alpha}$ 所具有的热阻，意即假想壁面向外延伸一个“当量厚度”$\delta_e=\frac{\delta}{Bi}$而使假想的壁面温度正好是 t_f。$Bi\geqslant 100$ 时，当量厚度$\delta_e\leqslant$壁厚 δ 的 1%。

实际上，常常只给定冷、热两种流体的温度和流量（或流速），α_1 和 α_2 在这里被当做已知条件，是把问题简单化了。计算 α_1 和 α_2，包括流体为气体时的 α_r，都需要涉及壁面温度。严格地说，就连壁的导热系数 λ 值也与两侧壁面温度的平均值有关。因此，要运用试算法或“迭代法”求解。如想强化传热、提高传热系数 k 值，原则上须设法减小某一个或几个串联热阻；或者增添热绝缘（保温层），采用外加大串联热阻的办法。当有几个串联热阻相差悬殊时，应尽可能改变原先很大的热阻，把它减小（或加大），才会使传热明显增强（或减弱）。

例 1-6-1 某冷油器的油侧和水侧放热系数分别为 $\alpha_1=200$W/(m^2·℃)和 $\alpha_2=4000$W/(m^2·℃)，钢壁厚 $\delta=2$mm，$\lambda=45$W/(m·℃)。试计算传热系数 k，并探讨增强传热可能的有效途径。

［**解**］ 钢壁导热的单位热阻为

$$\frac{\delta}{\lambda}=4.44\times10^{-5}\text{m}^2\cdot\text{℃/W}$$

水侧放热系数的单位热阻 $\frac{1}{\alpha_2}=2.5\times10^{-5}\text{m}^2\cdot\text{℃/W}$。

两者属于相同的数量级，都比油侧放热的单位热阻 $\frac{1}{\alpha_1}=5\times10^{-3}\text{m}^2\cdot\text{℃/W}$ 小两个数量级，都可相对略去不计，即 $\frac{1}{k}=5.07\times10^{-3}\text{m}^2\cdot\text{℃/W}\approx\frac{1}{\alpha_1}$，或 $k\approx197.3$W/(m^2·℃)。

如果加大冷却水流量，提高水的流速，完全能使 α_2 增大一倍，达到 8000W/(m^2·℃)，可是几乎不影响 k 值，$k\approx197.7$W/(m^2·℃)。

如果加大油速，使 α_1 提高 10%而达到 220W/(m^2·℃)，则 $k\approx216.7$W/(m^2·℃)，即提高 9.83%。

如果将钢壁换成同样厚度的铜壁，铜的导热系数为 $\lambda=385$W/(m·℃)，$\frac{\delta}{\lambda}$ 将减小为 $5.2\times10^{-6}\text{m}^2\cdot\text{℃/W}$，相应地使 $k\approx198.8$W/(m^2·℃)，只增强了 0.7%，原因还是导热热阻在热阻的组成中所占的比重很小。

在阐明各种不同情况下导热、辐射换热、对流换热的具体计算方法以后，将在第 12 章和第 13 章进一步讨论换热器传热性能的分析方法和强化传热的途径及其有效性。

§1-7 传质与质扩散系数

物质世界是复杂多变的，很难找到化学纯物质的自然存在。就连净空气也是混合气体，宜居空间需要调控合适的空气湿度。净水也非化学纯水，可通过理化测试出微量的溶入物质。土壤是天生多孔介质，孔隙中吸附着空气和地下水。物质提纯需要清除杂分，工程材料有待合理配方和制备。“传质”是指不同物质组分间相互扩散迁移过程的专用术语。传质无论在自然界或者工程技术中都是常见的自然现象，包括被加热或者冷却引起组分相变和相际“浓度”（浓集程度）差异促成的相际传质。常把单位体积中组分的含量 c_i 称为该组分的浓度，单位取作 kmol/m^3。物系中不同地点在不同时刻各组分的浓度差异，就构成相对浓、稀之间的矛盾，促使组分 i 从较浓地点向较稀处扩散迁移。例如，江湖和海洋的水面蒸发，在潮湿大气层中形成云、雨、雾；生物组织对营养成分的吸收；油池的起火和火焰在空气中的扩散传播；喷淋增湿和干燥减湿等。这些都是典型的水(油)-空气(烟气)间的传质过程，传质的速率又与当时当地的温度有关。

认知及其深化总有一个循序渐进的过程，存在着“比拟”类推，由此及彼、触类旁通的可能性。导热是分子随机碰撞引起温度传播的热扩散，组分 i 的分子在介质 j 中的随机渗透则引起浓度 c_i 传播的质扩散，两者都是由分子随机运动引起的扩散效应，导热和传质各指热量迁移和物质迁移。1855 年，菲克(Fick)类比于导热基本定律，亦即傅里叶定律的表述式(1-3-1)，提出组分 i 的质流密度 J_i 将正比于该组分的浓度梯度，并朝向浓度梯度减小的方向，亦即

$$J_i = -D_{ij}\mathrm{grad}(c_i) = -D_{ij}\frac{\partial c_i}{\partial n} \tag{1-7-1}$$

J_i 为组分 i 的质流密度，负号表示质流与浓度梯度[$\mathrm{grad}(c_i)$]的方向相反，质流沿等浓度面的法线 n 朝向浓度梯度减小的方向；D_{ij} 为组分 i 的“质扩散系数”，显然是组分的性质，但与所扩散的环境介质有关。这个环境介质 j 应是多组分物系中除组分 i 以外的所有其他组分的总计。式(1-7-1)就是质扩散的基本定律——菲克定律的经典表达式。必须注意：菲克定律只限于浓度梯度这个驱动势引起的传质。温度梯度会使双组分或者多组分物系出现附加的浓度变化而造成传质效应，为前提及的 1880 年由索里特(Soret)所指明的“热质扩散效应”[22]。其实，1873 年杜弗尔(Dufour)就已揭示出“质扩散的热效应”[22]。这些都属于传热传质的复合相互作用。

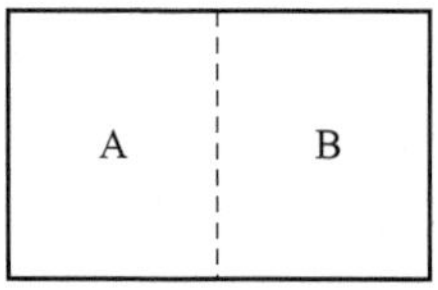

图 1-7-1 两种气体的分子扩散

参见图 1-7-1，压力相等、温度也相同的两种不同气体或者彼此互溶的液体 A 和 B，原先由隔板分开，各占体积 V_A 和 V_B。如果平衡而且缓慢地抽掉隔板，显然不会发生流动混合，然而两种气体将彼此扩散，直到建立起最终的平衡状态，压力和温度都未改变，两种气体的浓度将分布均匀，都占有(V_A+V_B)或(c_A+c_B)=1 到处相同，亦即

$$\frac{\partial c_A}{\partial x}+\frac{\partial c_B}{\partial x}=0 \tag{a}$$

这意味着 $J_{AB}+J_{BA}=0$。由菲克定律式(1-7-1)，有

$$\left.\begin{aligned} J_{AB} &= -D_{AB}\frac{\partial c_A}{\partial x} \\ J_{BA} &= -D_{BA}\frac{\partial c_A}{\partial x} \end{aligned}\right\} \tag{b}$$

未达到平衡以前，c_A 和 c_B 的分布在变，$J_{AB}\neq J_{BA}$，不同地点有不同的净质流。但达到稳定的平衡态，不再出现净质流时，$J_{AB}+J_{BA}=0$，由此得出

$$D_{AB} = -D_{BA} \tag{1-7-2}$$

J_{AB}和 J_{BA}保持等值、方向相反，D_{AB}和 D_{BA}同值，或 $D_{AB}=D_{BA}=D$。D 与平衡态的

压力 p 和温度 T 有关。

液体和气体同属流体，都有流动性，但气体混合后总保持为均匀气相。如果 A 为气体，B 为另一种液体，抽去隔板后，气体将在液体中扩散和上窜，最终形成气、液两相共存，在重力下出现分层：气体在上方、液体在下方，液面蒸发将使气相中出现液体的蒸气组分。达到平衡时，在气、液界面上，式(1-7-2)将同样适用，而有 $D_{AB}=D_{BA}=D$。某些气体质扩散系数和气-液的质扩散系数的实验值如表 1-7-1 所列。其中，液相质扩散系数 D 比气相的低 4 个数量级，这是由于液体中分子间的作用力强烈地束缚了分子活动的自由程。

表 1-7-1　气-气质扩散系数和气体在液体中的质扩散系数 D(m^2/s)

气体在空气中的 D，25℃，p=1atm			
氨-空气	2.81×10^{-5}	苯蒸气-空气	0.84×10^{-5}
水蒸气-空气	2.55×10^{-5}	甲苯蒸气-空气	0.88×10^{-5}
CO_2-空气	1.64×10^{-5}	乙醚蒸气-空气	0.93×10^{-5}
O_2-空气	2.05×10^{-5}	甲醇蒸气-空气	1.59×10^{-5}
H_2-空气	4.11×10^{-5}	乙醇蒸气-空气	1.19×10^{-5}
液相，20℃，稀溶液			
氨-水	1.75×10^{-9}	氯化氢-水	2.58×10^{-9}
CO_2-水	1.78×10^{-9}	氯化钠-水	2.58×10^{-9}
O_2-水	1.81×10^{-9}	乙烯醇-水	0.97×10^{-9}
H_2-水	5.19×10^{-9}	CO_2-乙烯醇	3.42×10^{-9}

流体的本质是具有流动性，流体维持宏观的平静是恰处在平衡状态。流动中的双组分和多组分流体，组分 i 在流区环境 j 中的扩散将主要依靠对流扩散，不再局限于就地的分子自由行程。只有出现组分浓度梯度时，才会有该组分的质扩散，且朝向浓度梯度的反方向。受迫流动中对流扩散将比自然对流扩散时快速得多，这将在第 11 章专章讨论。

依靠分子扩散的传质同样可在固相中进行，如渗碳炼钢、材料纯化和表面改性等。固相中的质扩散，受分子力和晶格束缚，还将比液相中的质扩散低一个数量级。同属于分子扩散的传质常远慢于导热。

§1-8　单　位　制

传热计算中，往往包含有复杂的单位组合，也常采取无量纲数的形式，或者称为“无因次量”(如 Bi，详见以后各章)，这些无量纲数，只有采用一致的单位制，才能真正消除单位，成为无量纲的纯数。

第 11 届(1960 年)和第 14 届(1971 年)国际计量会议正式推荐使用“国际单位制”,英文简写为 SI[23]。如表 1-8-1 所示,SI 由 6 个基本单位①和两个辅助单位所组成。容许时间的单位为“小时”,代号为“h”。SI 的力和重力的单位可由质量与加速度的单位导得,即“牛顿”(N);能量的单位由力的单位和距离的单位导得,即“焦耳”(J);功率的单位为“瓦”(W),1W=1J/s 等。单位的十进冠词按表 1-8-2 统一书写,如“kW”表示“千瓦”;“MW”表示“兆瓦”或“千千瓦”等。这种单位制的优点在于把热量、内能、电功和机械功的单位统一了起来,把力和质量的单位一致化,不需要引进转换常数。因此,近年来,更多的国家在加速向 SI 过渡,以利于国际间科学技术的相互交流。

表 1-8-1　SI

单位量	物理量名称	单位名称	单位符号
基本单位量	长度	米	m
	质量	公斤,千克	kg
	时间	秒	s,sec
	电流(强度)	安培	A
	温度	开尔文或摄氏度	K 或℃
	光强	烛光	cd
辅助单位量	平面角	弧度,弪	rad
	立体角	球面度	sr
导出单位量	力	牛顿	$1N=1kg\times1m/s^2$
	能量	焦耳	$1J=1N\times1m$
	功率	瓦	1W=1J/s
	电荷	库仑	$1C=1A\times1s$
	电位	伏特	1V=1J/(A·s)
	电阻	欧姆	1Ω=1V/A
	电容	法拉	1F=1C/V
	磁通(量)	韦伯	1Wb=1V·s
	电感	亨利	1H=1V·s/A
	光通(量)	流明	1lm=1cd·sr
	频率	赫兹	1Hz=1 周/s
	黏度(黏性系数)	牛顿·秒/米^2	N·s/m^2

① 还规定另一个基本单位是物质的量的单位“摩尔”,记作 mol。

表 1-8-2 SI 单位十进冠词名称和写法

乘数	冠词		代号	乘数	冠词		代号
	中文	英文			中文	英文	
10^{12}	太[拉]	tera	T	10^{-1}	分	deci	d
10^{9}	吉[咖]	giga	G	10^{-2}	厘	centi	c
10^{6}	兆(百万)	mega	M	10^{-3}	毫	milli	m
10^{3}	千	kilo	k	10^{-6}	微	micro	μ
10^{2}	百	hecto	h	10^{-9}	纳[诺]	nano	n
10^{1}	十	deca	da	10^{-12}	皮[可]	pico	p
				10^{-15}	飞[母托]	femto	f
				10^{-18}	阿[托]	atto	a

我国早已法定采用公制，并明文规定使用 SI，但尚在沿用工程单位制，采用重力的单位 kgf。热量的单位为 kcal，而电功率的单位为 kW，换算时总要出现转换常数。例如，在工程单位制里，引进转换常数 $g_c=9.81\dfrac{\text{kg}\cdot\text{m/s}^2}{\text{kgf}}$，把 m(kg)质量的物体在重力加速度 g(m/s^2)的重力场中的重力 W 表示成 $W=m\dfrac{g}{g_c}$；这样，在标准重力场中，$g=9.81\text{m/s}^2$ 时，1kg 质量的重量也正好就是 1kg。再例如，"电热当量"和"热功当量"为 1J=860kcal/(kW·h)，或 1J=427kg·m/kcal。

为了适合我国科学技术现代化的需要，1977 年，国务院《关于加强计量管理工作的通知》中就已明确提出了向 SI 逐步过渡。本书统一使用 SI。但在传热计算中，温度差 1K 同时就是 1℃，如果用 t 代表摄氏温度(℃)，用 T 代表热力学温度(K)，$\Delta T\equiv\Delta t$，凡涉及温度差的量，一律沿用习惯表示为℃。还需要指明的是，压力("压强")和应力的单位在 SI 中应是 1N/m^2，称为"帕斯卡"，符号为 Pa。考虑到通用 SI 以前的过渡时期，工程上广泛采用的"工程大气压"(记作 at)还将继续使用；SI 与 at 相近的是"巴"，符号为 bar，$1\text{bar}=10^5\text{N/m}^2=10^5\text{Pa}=1.01972\text{at}$。

参 考 文 献

[1] 王补宣. 工程热力学. 北京：高等教育出版社，2011.
[2] H. Herwig. 传热词汇 A Z. 彭晓峰，张扬，译. 北京：机械工业出版社，2007.
[3] J. B. J. Fourier. Théorie Analytic de la Chaleur. Translated by A. Freeman. New York: Dover Pub. ,1955.
[4] M. Jakob and G. A. Hawkins. Elements of Heat Transfer. 3rd ed. New York: John Wiley, 1957.
[5] 钱学森. 物理力学讲义. 北京：科学出版社，1962.
[6] C. Cattoneo. Compute. Randus, 1958, 247: 431-433; P. Vernotte, Compute. Randus, 1961,

252:2190-2191.

[7] 王立秋,周学圣. 双相滞热传导过程. 济南:山东大学出版社,2000.

[8] D. Y. Tzou (周学圣). Macro-to Micro-scale Heat Transfer——The Lagging Behavior. Washington DC:Taylor & Francis,1997.

[9] H. S. Carslaw and J. C. Jaeger. Conduction of Heats in Solids. 2nd ed. Oxford:Oxford Univ. Press,1959.

[10] R. P. Tye. Thermal Conductivity. New York:Academic Press,1969.

[11] M. Jakob,Heat Transfer. New York:John Wiley,1949.

[12] J. P. Hartnett and W. M. Rohsenow. Handbook of Heat Transfer. New York: McGraw-Hill,1973.

[13] Y. S. Touloukian. Thermo-physical Properties of Matter. Vol. I-III——Thermal Conductivity,Plenum Pub. Corp. ,1970.

[14] J. Newton. Phil. Trans Roy. Soc. ,London,22:824,1701.

[15] G. Kirchhoff,Poggendorffs Annalen,109:275 (1860).

[16] 福瑞德里许·洪德. 热学理论. 黄席棠,译. 北京:科学出版社,1956.

[17] M. Jakob. Heat Transfer. New York:John Wiley,1949.

[18] J. Stefan,Wien. Berichte,1879,79:391.

[19] L. Boltzmann,Wiedemanns Annalen,1884,22:291.

[20] M. Plank,D. Physik Ges. Verhandlungen,1900,2:202,237.

[21] W. Wein,Annalen. d. Physik,58:662(1896).

[22] R. B. Bird,W. E. Stewart and E. N. Lightfoot. Transport Phenomena. New York:John Wiley,1960.

[23] Système International d'Unités. Comptes Rendus des Siences de la Onxième Conference Générale des Poides of Mesures,Gouthier-Villars,Paris,1960.

第 2 章　导热理论及其在一维稳定导热解析中的应用

§2-1　导热微分方程

§1-3 已指出：导热是物体内部温度场不均匀分布的必然结果，式(1-3-1)是傅里叶导热定律的数学表达式。只要知道任何时刻物体各部分温度分布式

$$t = f(x, y, z, \tau) \tag{2-1-1}$$

在任何地点(x, y, z)和任何时刻τ的热流密度$q(x, y, z, \tau)$将是

$$q = q_x + q_y + q_z = \left(-\lambda_x \frac{\partial t}{\partial x}\right) + \left(-\lambda_y \frac{\partial t}{\partial y}\right) + \left(-\lambda_z \frac{\partial t}{\partial z}\right)$$

对于各向同性体，$\lambda_x = \lambda_y = \lambda_z = \lambda$，则

$$q = -\lambda \operatorname{grad} t = -\lambda \nabla t$$

导热理论就是要找出在所给定条件下式(2-1-1)的具体函数。像其他数学物理问题一样，首先要找到式(2-1-1)的微分方程，把邻近各个地点的温度关联起来。这可借助能量守恒的自然法则，建立起温度场的通用微分方程，称为“导热微分方程”。

参看图 2-1-1，设想在物体内部分割出一个微元体积 $dV = dxdydz$，在 $d\tau$ 时间内，沿 x 轴向经 x 面(图中虚线阴影表示的那个面)传入的热量为

$$Q_x d\tau = q_x dydzd\tau$$

经$(x + dx)$面(图中实阴线表示的那个面)传出的热量为

$$Q_{x+dx} d\tau = q_{x+dx} dydzd\tau$$

而

$$q_{x+dx} = q_x + \frac{\partial q_x}{\partial x} dx$$

在 $d\tau$ 时间间隔内，沿 x 轴向传入微元体积中的净热量为

$$dQ_x d\tau = Q_x d\tau - Q_{x+dx} d\tau$$

或

$$dQ_x d\tau = -\frac{\partial q_x}{\partial x} dxdydzd\tau \tag{a}$$

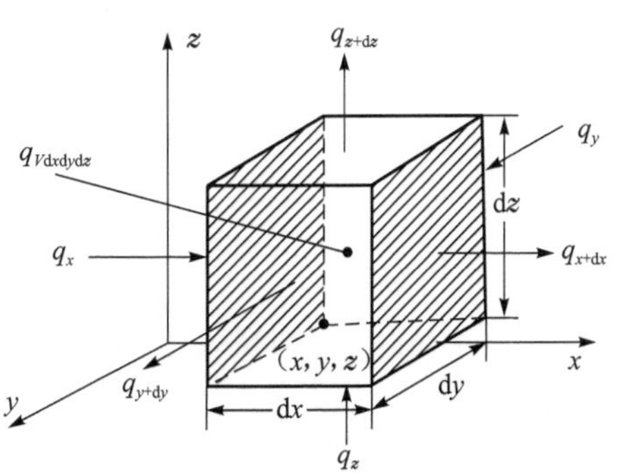

图 2-1-1　关于导热微分方程的推导

同理，在 $d\tau$ 期间，沿 y 轴和 z 轴向传入

微元体积中的净热量分别为

$$\mathrm{d}Q_y \mathrm{d}\tau = -\frac{\partial q_y}{\partial y}\mathrm{d}x\mathrm{d}y\mathrm{d}z\mathrm{d}\tau \tag{b}$$

$$\mathrm{d}Q_z \mathrm{d}\tau = -\frac{\partial q_z}{\partial z}\mathrm{d}x\mathrm{d}y\mathrm{d}z\mathrm{d}\tau \tag{c}$$

$\mathrm{d}\tau$ 期间通过导热所传入微元体积 $\mathrm{d}V$ 的总热量为

$$(\mathrm{d}Q_x + \mathrm{d}Q_y + \mathrm{d}Q_z)\mathrm{d}\tau = -\left(\frac{\partial q_x}{\partial x} + \frac{\partial q_y}{\partial y} + \frac{\partial q_z}{\partial z}\right)\mathrm{d}V\mathrm{d}\tau \tag{d}$$

如果考虑物体有内热源(如凝固或冻结时的释放潜热,混凝土浇筑后放出的水化热,锅炉炉床燃烧时的化学反应热,原子反应堆元件的核反应热,电热器的电阻通电发热等),或者有吸热源(如熔化、融解所需物理潜热,固定床反应器吸收化学反应热等),单位体积、单位时间所发出的热量 q_v 以($\mathrm{W/m^2}$)计量,称为"内热源发热率"。吸热源的 q_v 为负值。在 $\mathrm{d}\tau$ 期间,微元体积 $\mathrm{d}V$ 内部将发出的热量为 $q_v\mathrm{d}V\mathrm{d}\tau$。

单位质量的物质在定容和定压下每升温 1℃所需吸收的热量称为该物质的"定容比热容"c_V 和"比定压热容"c_p[kJ/(kg·℃)]。对于固体,$c_V \approx c_p$。对于流体,如果处在流动状态,或者受热引起密度变化而产生自然对流,都可忽略微小的压力变化,看做是定压受热。由式(2-1-1),根据全微分的概念,

$$\mathrm{d}t = \frac{\partial t}{\partial \tau}\mathrm{d}\tau + \frac{\partial t}{\partial x}\mathrm{d}x + \frac{\partial t}{\partial y}\mathrm{d}y + \frac{\partial t}{\partial z}\mathrm{d}z$$

或

$$\frac{\mathrm{d}t}{\mathrm{d}\tau} = \frac{\partial t}{\partial \tau} + \frac{\partial t}{\partial x}\frac{\mathrm{d}x}{\mathrm{d}\tau} + \frac{\partial t}{\partial y}\frac{\mathrm{d}y}{\mathrm{d}\tau} + \frac{\partial t}{\partial z}\frac{\mathrm{d}z}{\mathrm{d}\tau}$$

这里,$\frac{\mathrm{d}x}{\mathrm{d}\tau}$、$\frac{\mathrm{d}y}{\mathrm{d}\tau}$、$\frac{\mathrm{d}z}{\mathrm{d}\tau}$分别具有分速度 w_x、w_y、w_z 的意义。可专门记作

$$\frac{\mathrm{D}t}{\mathrm{D}\tau} = \frac{\mathrm{d}t}{\mathrm{d}\tau} + \left(w_x\frac{\partial t}{\partial x} + w_y\frac{\partial t}{\partial y} + w_z\frac{\partial t}{\partial z}\right) \tag{2-1-2}$$

以表示流动物质的温度随时间的总变化率。这个总变化率包含两个方面的内容:$\frac{\partial t}{\partial \tau}$代表温度随时间的局部变化,而 $w_x\frac{\partial t}{\partial x} + w_y\frac{\partial t}{\partial y} + w_z\frac{\partial \mathrm{t}}{\partial z}$代表由于位置迁移引起的对流变化。如果物质密度为 ρ($\mathrm{kg/m^3}$),ρc_p[$\mathrm{J/(m^3 \cdot ℃)}$]代表 $1\mathrm{m^3}$ 的物质平均每升高温度 1℃的"蓄热能力"。微元体积 $\mathrm{d}V$ 经历 $\mathrm{d}\tau$ 时间由于升温 $\mathrm{d}t\left(=\frac{\mathrm{D}t}{\mathrm{D}\tau}\mathrm{d}\tau\right)$所储存的热量应是"焓"的增值 $\mathrm{d}h(\rho\mathrm{d}V) = \rho c_p\left(\frac{\mathrm{D}t}{\mathrm{D}\tau}\mathrm{d}\tau\right)\mathrm{d}V$。热量收支平衡的必然结果为

$$\rho c_p\frac{\mathrm{D}t}{\mathrm{D}\tau}\mathrm{d}\tau\mathrm{d}V = -\left(\frac{\partial q_x}{\partial x} + \frac{\partial q_y}{\partial y} + \frac{\partial q_z}{\partial z}\right)\mathrm{d}V\mathrm{d}\tau + q_V\mathrm{d}V\mathrm{d}\tau$$

或

$$\rho c_p \frac{\mathrm{D}t}{\mathrm{D}\tau} = -\left(\frac{\partial q_x}{\partial x} + \frac{\partial q_y}{\partial y} + \frac{\partial q_z}{\partial z}\right) + q_V \tag{2-1-3}$$

式(2-1-3)可被概括记作

$$\rho c_p \frac{\mathrm{D}t}{\mathrm{D}\tau} = -\operatorname{div}q + q_V \tag{2-1-4}$$

其中

$$\operatorname{div}q \equiv \frac{\partial q_x}{\partial x} + \frac{\partial q_y}{\partial y} + \frac{\partial q_z}{\partial z} \tag{e}$$

表示热流密度 q 矢量场的“散度”。根据式(1-3-1)：

$$q_x = -\lambda_x \frac{\partial t}{\partial x},\quad q_y = -\lambda_y \frac{\partial t}{\partial y},\quad q_z = -\lambda_z \frac{\partial t}{\partial z}$$

整理后得到

$$\rho c_p \frac{\mathrm{D}t}{\mathrm{D}\tau} = \frac{\partial}{\partial x}\left(\lambda_x \frac{\partial t}{\partial x}\right) + \frac{\partial}{\partial y}\left(\lambda_y \frac{\partial t}{\partial y}\right) + \frac{\partial}{\partial z}\left(\lambda_z \frac{\partial t}{\partial z}\right) + q_V \tag{2-1-5}$$

式(2-1-5)是基于傅里叶定律的导热微分方程①,实质上是导热的能量方程。

利用数学“场论”的高斯“散度定理”,亦即奥斯特罗格拉得斯基公式[1],有

$$\int_V \operatorname{div}q\,\mathrm{d}V \equiv \oint_F q_n\,\mathrm{d}F \tag{f}$$

q_n 为热流密度矢量 q 沿封闭曲面法线方向朝外的分量。可见,$\int_V \operatorname{div}q\mathrm{d}V$ 也就代表任意体积 V 从整个表面传出的净热量,连同单位时间内由于温升所蓄积的热量 $\int_V \rho c_p \frac{\mathrm{D}t}{\mathrm{D}\tau}\mathrm{d}V$,都要由单位时间内的内部发热量 $\int_V q_V\,\mathrm{d}V$ 供给。于是,

$$\int_V \operatorname{div}q\mathrm{d}V + \int_V \rho c_p \frac{\mathrm{D}t}{\mathrm{D}\tau}\mathrm{d}V = \int_V q_V\,\mathrm{d}V$$

或

$$\rho c_p \frac{\mathrm{D}t}{\mathrm{D}\tau} = -\operatorname{div}q + q_V$$

从而直接导得式(2-1-4),可展开成抛物线型的微分方程式(2-1-5)。

如果是流体或者各向同性固体,$\lambda_x = \lambda_y = \lambda_z = \lambda$,则

$$\rho c_p \frac{\mathrm{D}t}{\mathrm{D}\tau} = \frac{\partial}{\partial x}\left(\lambda \frac{\partial t}{\partial x}\right) + \frac{\partial}{\partial y}\left(\lambda \frac{\partial t}{\partial y}\right) + \frac{\partial}{\partial z}\left(\lambda \frac{\partial t}{\partial z}\right) + q_V$$

记作

$$\rho c_p \frac{\mathrm{D}t}{\mathrm{D}\tau} = \operatorname{div}(\lambda \operatorname{grad} t) + q_V \tag{2-1-6}$$

---

① 作为流动介质的导热方程,式(2-1-5)只严格适用于不可压流体,详见 § 7-2 中对“能量方程”的进一步论述。

各个地点的温度不同时，各个地点的 λ 值也不同。当 λ 可被当做常量处理，即考虑常物性的条件下，式(2-1-6)才能进一步简化成：

$$\rho c_V \frac{\mathrm{D}t}{\mathrm{D}\tau} = \lambda\left(\frac{\partial^2 t}{\partial x^2} + \frac{\partial^2 t}{\partial y^2} + \frac{\partial^2 t}{\partial z^2}\right) + q_V \tag{2-1-7}$$

对于固体内部的导热过程，或者不出现对流时($w_x=0, w_y=0, w_z=0$)流体的纯导热过程，$\frac{\mathrm{D}t}{\mathrm{D}\tau}=\frac{\partial t}{\partial \tau}$。此时，各向同性体的导热方程将是

$$\rho c_p \frac{\partial t}{\partial \tau} = \frac{\partial}{\partial x}\left(\lambda \frac{\partial t}{\partial x}\right) + \frac{\partial}{\partial y}\left(\lambda \frac{\partial t}{\partial y}\right) + \frac{\partial}{\partial z}\left(\lambda \frac{\partial t}{\partial z}\right) + q_V \tag{2-1-8}$$

在常物性情况下，而且没有内部热源($q_V=0$)时，就演变为通常的"傅里叶方程"：

$$\frac{\partial t}{\partial \tau} = \frac{\lambda}{\rho c_p}\left(\frac{\partial^2 t}{\partial x^2} + \frac{\partial^2 t}{\partial y^2} + \frac{\partial^2 t}{\partial z^2}\right)$$

记作

$$\frac{\partial t}{\partial \tau} = a\, \nabla^2 t \tag{2-1-9}$$

$\nabla^2=\nabla\cdot\nabla$ 为"拉普拉斯算子"。$a=\frac{\lambda}{\rho c_p}$ 以 $\mathrm{m^2/s}$① 计，称为"导温系数"。a、λ、ρ 和 c_p 也都是物质的性质。a 值的范围可从油的 $1\times10^{-7}\ \mathrm{m^2/s}$ 直到银的大约 $2\times10^{-4}\ \mathrm{m^2/s}$。

导温系数 a 说明了在被加热或冷却时，物体内部温度趋向于均等的建立。导温系数 a 值越大，表明物体内部温度传播的速率越高，在相同的外部条件下，物体内部各处所能出现的温度差异就越小。例如，干木材、钢铁和铝的导温系数大约是 $1.5\times10^{-7}\ \mathrm{m^2/s}$、$1.25\times10^{-5}\ \mathrm{m^2/s}$ 和 $9\times10^{-5}\ \mathrm{m^2/s}$。木材的 a 值大约是钢铁的 1/100，木柄的一端已着火燃烧，达到很高的温度，另一端基本上保持不烫手。导温系数还可以有其他的意义。从导热的基本定律表达式(1-3-1)可知，固体和不可压流体(详见§7-1)的 ρ 是常量，c_p 随温度的变化也相对很小，因此式(1-3-1)可被写成

$$q = -\frac{\lambda}{\rho c_p}\mathrm{grad}(\rho c_p t) \tag{2-1-10}$$

$\mathrm{grad}(\rho c_p t)$ 代表单位体积的焓("焓浓度")的梯度；在这个意义上，导热热流是依靠分子的迁移运动引起热量从焓浓度比较高向比较低的方向扩散的结果。所以 $\frac{\lambda}{\rho c_p}=a$ 又称为"热(量)扩散系数"，是物质所具有的这种热量扩散的能力，即 $a=q/-\mathrm{grad}(\rho c_p t)\ (\mathrm{m^2/s})$。

如果是稳定导热，$\frac{\partial t}{\partial \tau}\equiv 0$。对于各向同性体，在常物性条件下的纯导热过程，

① 采用 SI，取作 $\rho(\mathrm{kg/m^3})$、$c_p[\mathrm{J/(kg\cdot ℃)}]$、$\lambda[\mathrm{W/(m\cdot ℃)}]$ 时，$a=\frac{\lambda}{\rho c_p}(\mathrm{m^2/s})$。

式(2-1-8)演变为“泊松方程”，即

$$\nabla^2 t + \frac{q_V}{\lambda} = 0 \tag{2-1-11}$$

没有内热源时，式(2-1-11)将进一步简化为“拉普拉斯方程”，或

$$\nabla^2 t = 0 \tag{2-1-12}$$

最简单的情况是 λ 为常量、没有内热源时各向同性体的一维稳定导热过程。此时，t 是单变量 x 的函数

$$\frac{d^2 t}{dx^2} = 0 \tag{2-1-13}$$

通过坐标转换，式(2-1-8)可以改写为圆柱坐标(r,ϕ,z)和球坐标(r,ϕ,θ)时的如下形式：

$$\rho c_p \frac{\partial t}{\partial \tau} = \frac{1}{r}\frac{\partial}{\partial r}\left(r\lambda\frac{\partial t}{\partial r}\right) + \frac{1}{r^2}\frac{\partial}{\partial \phi}\left(\lambda\frac{\partial t}{\partial \phi}\right) + \frac{\partial}{\partial z}\left(\lambda\frac{\partial t}{\partial z}\right) + q_V \tag{2-1-14}$$

$$\rho c_p \frac{\partial t}{\partial \tau} = \frac{1}{r^2}\frac{\partial}{\partial r}\left(r^2\lambda\frac{\partial t}{\partial r}\right) + \frac{1}{r^2\sin^2\phi}\frac{\partial}{\partial \phi}\left(\lambda\frac{\partial t}{\partial \phi}\right) + \frac{1}{r^2\sin\theta}\frac{\partial}{\partial \theta}\left(\lambda\sin\theta\frac{\partial t}{\partial \theta}\right) + q_V \tag{2-1-15}$$

参看图 2-1-2(a)，式(2-1-14)也可直接按内、外两个圆弧面和其他四个平面组成的微元体积，由热量必须收支平衡的原则导得。此时，微元体积为

$$dV = (r d\phi) dz dr$$

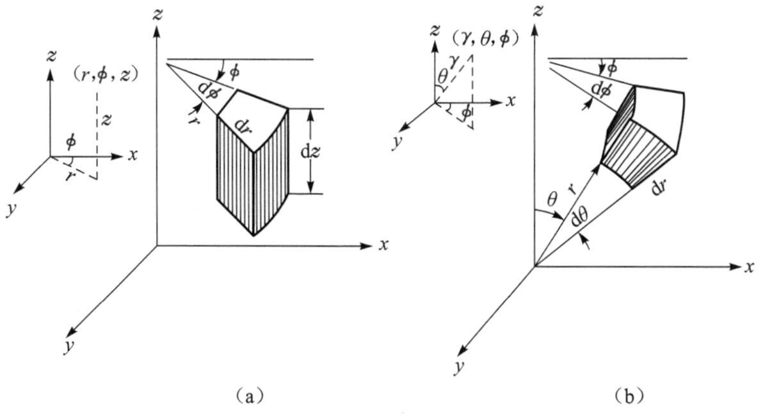

图 2-1-2　圆柱坐标和球坐标的导热微分方程的推导示意图

沿圆弧面法线方向传入微元体积的净热流量为

$$dQ_r = \frac{\partial}{\partial r}[(r d\phi) dz q_r] dr = -\frac{\partial}{\partial r}\left(r\lambda\frac{\partial t}{\partial r}\right) d\phi dz dr = -\frac{1}{r}\frac{\partial}{\partial r}\left(r\lambda\frac{\partial t}{\partial r}\right) dV \tag{g}$$

沿 ϕ 和 $\phi + d\phi$ 两平面法线方向传入微元体积的净热流量为

$$dQ_\phi = \frac{\partial}{\partial \phi}(\mathrm{d}r\mathrm{d}x q_\phi) = \frac{1}{r}\frac{\partial}{\partial \phi}(q_\phi)\mathrm{d}V$$

注意，ϕ 和 $\phi+\mathrm{d}\phi$ 两平面法线方向的间距为 $\mathrm{d}n=r\mathrm{d}\phi$，因此

$$q_\phi = -\lambda\frac{\partial t}{r\partial \phi} \tag{h}$$

于是

$$\mathrm{d}Q_\phi = -\frac{1}{r^2}\frac{\partial}{\partial \phi}\left(\lambda\frac{\partial t}{\partial \phi}\right)\mathrm{d}V \tag{i}$$

最后整理成式(2-1-14)。

同理，参看图 2-1-2(b)，由内、外两个球面和其他四个平面所组成的微元体积为

$$\mathrm{d}V = (r\mathrm{d}\theta)(r\sin\theta\mathrm{d}\phi)\mathrm{d}r$$

沿球面法线方向传入微元体的净热流量为

$$\mathrm{d}Q_r = \frac{\partial}{\partial r}[(r\sin\theta\mathrm{d}\phi)(r\mathrm{d}\theta)q_r]\mathrm{d}r = -\frac{1}{r^2}\frac{\partial}{\partial r}\left(r^2\lambda\frac{\partial t}{\partial r}\right)\mathrm{d}V \tag{j}$$

沿 ϕ 和 $\phi+\mathrm{d}\phi$ 两平面法线方向的间距为$(r\sin\theta)\mathrm{d}\phi$：

$$\mathrm{d}Q_\phi = -\frac{1}{r^2\sin^2\theta}\frac{\partial}{\partial \phi}\left(\lambda\frac{\partial t}{\partial \phi}\right) \tag{k}$$

沿 θ 和 $\theta+\mathrm{d}\theta$ 两平面法线方向的间距为 $r\mathrm{d}\theta$，因此

$$\mathrm{d}Q_\theta = \frac{\partial}{\partial \theta}[(r\sin\theta\mathrm{d}\phi)\mathrm{d}r q_\theta]\mathrm{d}\theta = -\frac{1}{r^2\sin^2\theta}\frac{\partial}{\partial \theta}\left(\lambda\sin\theta\frac{\partial t}{\partial \theta}\right)\mathrm{d}V \tag{l}$$

最后整理成式(2-1-15)。

§2-2　导热过程的单值性条件

导热微分方程是用数学的形式表达出导热过程的共性——不均匀温度场的内在规律性(内因)，抓住了导热过程的本质。彼此具有不同特点的导热过程，都能用式(2-1-5)表示。然而，每一个具体的导热过程，都有它的个性，总要在特定的物质、时间、容积空间里进行。把式(2-1-5)简化成式(2-1-9)时，就已考虑一系列具体的物理条件：固体；或者不出现对流的流体，没有内热源($q_V=0$)，各向同性体，常物性。即便如此，不同的物质具有不同的导温系数 a 值；在相同的外界条件下，过程开始时内部温度分布的实际情况以及参与过程的物体几何条件(形状和大小)都会影响导热过程的积分解。要单值地确定这个解，必须充分表示出有关过程特点的“单值性条件”。

概括起来，单值性条件可包括下列各项：

(1) 几何条件——说明参与过程的物体大小和形状：如果是向异性体，还应规定异性各向主轴方向(见图 1-3-2)。

(2) 物理条件——说明外界和物体各物性量的值，包括随温度改变时的函数关系，如 $\lambda=\lambda(t)$、$\rho=\rho(t)$、$c_p=c_p(t)$等。如有内热源，还应指明“热源发热率”q_V 的

大小与分布情况。

(3) 时间条件——说明在时间上进行的特点。稳定过程没有时间的限制，如果是不稳定过程，就需要给出初始温度分布的情况。

(4) 边界条件——说明在物体边界上过程进行的特点，反映所研究的过程与对它有影响的外界过程的相互作用。

初始条件和边界条件是导热微分方程积分的“区域条件”。初始条件是时间上的区域条件，边界条件则是空间的区域条件。无论稳定或不稳定导热，都必须有明确的边界条件。不稳定过程还有给定的初始条件。否则，就不能确定积分后出现的各积分常数的值。

初始温度分布可以各种各样。库存的原材料在放进炉内被加热的初始温度分布均匀时，可表示为

$$\tau = 0 \text{ 时}, \quad t(x,y,z) = t_i = \text{常量}$$

这是最简单的初始条件。图 1-2-1 中处在稳定工况下的平壁内部温度呈线性分布。调节热流体或冷流体的流量，平壁被加热或冷却，向新的另一种稳定工况过渡时的初始条件将由原先稳定工况下的线性温度分布表示。初始温度的线性分布仍是一种比较简单的初始条件。在第 4 章分析不稳定导热过程时，将对初始条件作出不同的具体处理。

边界条件体现“外因”控制。在边界上，可以是固体和流体接触，也可以是固体和固体接触。原则上，边界条件可有四类不同的情况：第一类边界条件是直接给定表面温度 t_w 在表面上的分布及其随时间变动的情况；第二类边界条件直接给定热流密度 q_w 在边界上的分布及其随时间变动的情况；第三类边界条件规定流体温度 t_f 和流体对流换热系数 α_c（见§1-6），t_f 可以稳定不变或者随时间变动，放热系数也可以是局部值或是平均值；第四类边界条件给出相互紧密接触的两固体的导热系数 λ_{I} 和 λ_{II} 值，参看图 2-2-1，在交接面上不仅两物体的温度在任何时刻必须相同，热流密度也应相同，即

$$t_{\mathrm{I}}\big|_w = t_{\mathrm{II}}\big|_w, \quad -\lambda_{\mathrm{I}}\left.\frac{\partial t_{\mathrm{I}}}{\partial n}\right|_w = -\lambda_{\mathrm{II}}\left.\frac{\partial t_{\mathrm{II}}}{\partial n}\right|_w \tag{2-2-1}$$

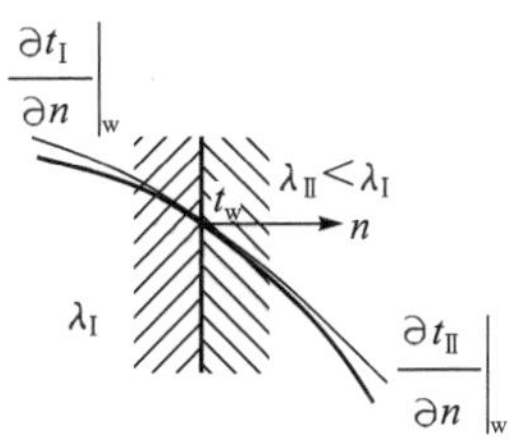

图 2-2-1　第四类边界条件的含义

交接面两侧的温度梯度与导热系数互成反比，两侧温度梯度也相互制约。

导热微分方程和所有给出的单值性条件，提供了导热过程的共性和个性、内因和外因完整的数学模型，可运用数学方法求定温度场，计算出不同地点的温度和热流密度及其方向。本章随后三节将首先分析无内热源时直角坐标、圆柱坐标、球坐标的一维稳定导热，然后在§2-6 中讨论有内热源时的一维稳定导热，阐明运用导

热理论分析一维稳定导热的基本原理。

§2-3 直角坐标的一维稳定导热

最简单的一维稳定导热是“大平壁”在没有内热源情况下的稳定导热。平壁的长和宽各超过10倍厚度时，平壁的“边效应”已减小到可在工程计算里当做“大平壁”（“薄平板”）处理。参看图2-3-1，平壁两侧表面各维持稳定的均匀温度，壁内凡与表面平行的每个平面都成为等温面，温度只能沿 x 轴向，亦即垂直于表面的厚度方向改变。无论各向同性体，还是各向异性体的异性主轴与 x 坐标轴相一致（图1-3-2中 $\phi=0$）时，热流量 Q 必然沿途成为常量，或 $\frac{\mathrm{d}Q}{\mathrm{d}x}=0$。由于 $Q=qF$，只要导热面积 F 沿途不变，则 $\frac{\mathrm{d}q}{\mathrm{d}x}=0$，亦即

$$q=\left(-\lambda\frac{\mathrm{d}t}{\mathrm{d}x}\right)=\text{常量}$$

或

$$\frac{\mathrm{d}}{\mathrm{d}x}\left(-\lambda\frac{\mathrm{d}t}{\mathrm{d}x}\right)=0 \tag{2-3-1}$$

由式(2-1-8)，$\frac{\partial t}{\partial\tau}=0$ 和 $q_V=0$，而且是一维时，可直接得到式(2-3-1)。

§1-3已指出，工程材料的导热系数 λ 在有限的温度范围内总可取作

$$\lambda=\lambda_0(1+\beta_\lambda t)$$

图2-3-1定性地示出，壁内温度分布可有三种不同情况：①λ 的温度系数 $\beta_\lambda=0$ 时，在不同温度下，$\lambda=\lambda_0$ 保持常量，温度降度 $\left(-\frac{\mathrm{d}t}{\mathrm{d}x}\right)=\frac{q}{\lambda}$ 也将沿途不变，壁内温度分布是一条直线；②$\beta_\lambda>0$ 时，λ 值随温度下降而减小，因此，温度降度 $\left(-\frac{\mathrm{d}t}{\mathrm{d}x}\right)$ 将沿途加大，壁内温度分布线呈向下弯曲的趋势；③$\beta_\lambda<0$ 时，λ 值反而随温度降低而增大，壁内温度分布线将表现为向上弯曲的趋势。定量计算时可概括为 $\lambda=$常量和变导热系数两类典型的情况。工程实践中经常遇到的，往往在所涉及的温度变化范围从 t_1 到 t_2，材料导热系数的变化相对很小，即 $\frac{\lambda_{t_1}-\lambda_{t_2}}{\lambda_m}\ll 1$，如在0.05以内，就可以当做 $\lambda_{t_1}\approx\lambda_{t_2}\approx\lambda_m$，按 λ 为常量处理。

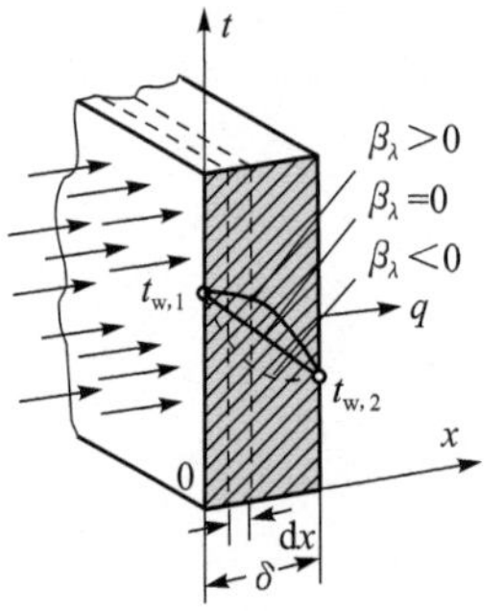

图2-3-1 大平壁的壁内温度分布

1. λ=常量

式(2-3-1)将简化为式(2-1-12),或

$$\frac{\partial^2 t}{\partial x^2}=0$$

积分的解是

$$t=C_1x+C_2 \tag{a}$$

相应的

$$\frac{\mathrm{d}t}{\mathrm{d}x}=C_1$$

或

$$q=-\lambda\frac{\mathrm{d}t}{\mathrm{d}x}=-C_1\lambda \tag{b}$$

可见,x 轴向的温度分布线是条直线。至于待定的积分常量 C_1 和 C_2,要由所给出的具体边界条件确定。

(1) 两个边界面都给出第一类边界条件,即已知

$$x=0,\quad t=t_{\mathrm{w},1} \tag{c}$$

$$x=\delta,\quad t=t_{\mathrm{w},2} \tag{d}$$

不难确定

$$C_2=t_{\mathrm{w},1};\quad C_1=\frac{t_{\mathrm{w},1}-t_{\mathrm{w},2}}{\delta}$$

最终的解为

$$t=t_{\mathrm{w},1}-\frac{t_{\mathrm{w},1}-t_{\mathrm{w},2}}{\delta}x \tag{2-3-2}$$

由式(b),则

$$q=\lambda\frac{t_{\mathrm{w},1}-t_{\mathrm{w},2}}{\delta}\quad (\mathrm{W/m^2}) \tag{2-3-3}$$

这正是§1-3 中已经提出的大平壁稳定导热的计算式(1-3-7)。

如果以 $t_{\mathrm{w},1}$ 作为参考温度,以 δ 作为大平壁的特征尺寸,采用"无量纲数"的形式,记作"无量纲温降"$\Theta=\frac{t_{\mathrm{w},1}-t}{t_{\mathrm{w},1}-t_{\mathrm{w},2}}$和"无因次几何参量"$X=\frac{x}{\delta}$,则 λ=常量时,单层平壁稳定导热的壁内温度分布式(2-3-2)将简化为

$$\Theta=X \tag{2-3-4}$$

或者以 $t_{\mathrm{w},2}$ 作为参考温度,引进"无量纲温降"或"无量纲过余温度"①$\vartheta=\frac{t-t_{\mathrm{w},2}}{t_{\mathrm{w},1}-t_{\mathrm{w},2}}$,

① 如以 t_0 代表参考温度,$t-t_0$ 常被称为"过余温度"ϑ;t_0-t 则表示"不足温度",负的过余温度实际上代表"不足温度"。

则 $\vartheta \equiv 1-\Theta$，或

$$\vartheta = 1 - X \tag{2-3-5}$$

参看图 2-3-2，在新的 $\Theta \sim X$ 坐标图中成为一条通过原点的 45°斜线，并且能够适用于所给定的 q、λ、δ、$t_{w,1}$ 和 $t_{w,2}$ 值的不同组合的情况。这种运用量纲分析的无因次量整理方法，特别对于复杂的多变量情况，可使变量明显地减少，还具有不受单位制（见§1-7）变换影响的优点，所以在工程计算中常被用来制作通用图表和导得通用公式（详见第 4 章和第 7 章）。

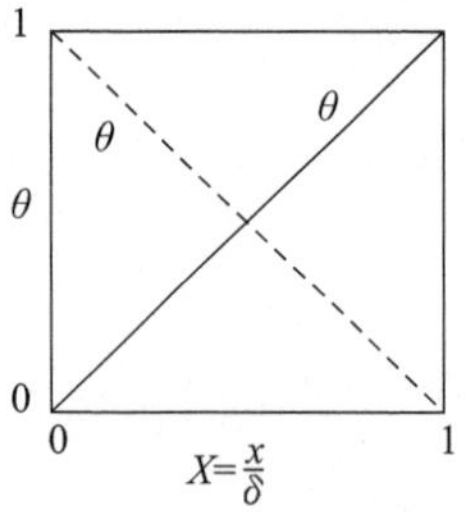

图 2-3-2　λ＝常量时，平壁稳定导热的通用温度分布

(2) 两个边界面都给出第二类边界条件时，因在稳定工况下两侧热流量恒等，$q_1 = q_2 = q$，只提供一个独立的区域条件式，可以由式(b)确定 $C_1 = -\dfrac{q}{\lambda}$；根据式(a)，$C_2 = t_{w,1}$ 仍未定。或者由式(2-3-3)只能计算出温差 $t_{w,1} - t_{w,2} = \dfrac{q\delta}{\lambda}$，还无从求定 $t_{w,1}$ 和 $t_{w,2}$ 本身的确切值。如果再给出两个边界面任何一个温度，整个问题就只有唯一的解。

(3) 两个边界面都给出第三类边界条件，即已知左侧流体温度 $t_{f,1}$ 与放热系数 α_1 和右侧流体温度 $t_{f,2}$ 与放热系数 α_2 时

$$x = 0,\quad q = -\lambda \left.\frac{dt}{dx}\right|_{x=0} = \alpha_1 (t_{f,1} - t_{w,1}) \tag{e}$$

$$x = \delta,\quad q = -\lambda \left.\frac{dt}{dx}\right|_{x=\delta} = \alpha_2 (t_{w,2} - t_{f,2}) \tag{f}$$

这里，对于液体，“放热系数”α 取作 α_c；对于气体，“放热系数”α 取作 $\alpha_0 = \alpha_c + \alpha_r$。联解式(b)、式(e)和式(f)，消去未知的 $t_{w,1}$ 和 $t_{w,2}$，可求得通过大平壁的稳定导热热流密度为

$$q = \frac{t_{f,1} - t_{f,2}}{\dfrac{1}{\alpha_1} + \dfrac{\delta}{\lambda} + \dfrac{1}{\alpha_2}} \quad (\text{W/m}^2) \tag{2-3-6}$$

这也正是§1-6 中已经提出的式(1-6-2)，即由热流体通过隔墙传热给冷流体的“单位热阻”为

$$\frac{1}{k} = \frac{1}{\alpha_1} + \frac{\delta}{\lambda} + \frac{1}{\alpha_2}$$

可以快捷地由图 2-3-3 所示意的串联热阻相加原则直接导出。有了 q 值，就不难从式(b)确定式(a)中待定常数 C_1，并由式(f)求得 $t_{w,1} = C_2$。

传热速率总是有限的，对于一定的热流密度，无论式(e)或式(f)都表明：α 越大，流体温度将越接近于所接触的表面温度；$\alpha = \infty$ 时，$t_f = t_w$，给出第三类边界条件

实质上就相当于给出第一类边界条件。应该看到，第三类边界条件式(e)和式(f)无量纲化的结果，将出现无量纲的"比奥数"$Bi=\frac{\alpha l_0}{\lambda}$；$l_0$ 为特征尺寸，对于大平壁则照例取作厚度 δ。$Bi\geqslant 100$，t_w 就非常逼近 t_f(见§1-6 和第 4 章)。

(4) 工程上也常遇到多层密接的平壁，例如图 2-3-3 中炉墙内层用耐火砖砌筑，外加保温层。如果已知：$t_{w,1}$、$t_{w,2}$、λ_{I} 和 λ_{II}，以及两层的厚度 δ_{I} 和 δ_{II}，即在 $x=\delta_{\mathrm{I}}$ 交接面上给出第四类边界条件，见图 2-3-4。根据式(2-2-1)，有

$x=\delta_{\mathrm{I}}$ 时，
$$t_{\mathrm{I}}=t_{\mathrm{II}}=t_{\mathrm{I}} \tag{g}$$
$$-\lambda_{\mathrm{I}}\frac{\mathrm{d}t_{\mathrm{I}}}{\mathrm{d}x}\bigg|_{x=\delta_{\mathrm{I}}}=-\lambda\frac{\mathrm{d}t_{\mathrm{II}}}{\mathrm{d}x}\bigg|_{x=\delta_{\mathrm{II}}} \tag{h}$$

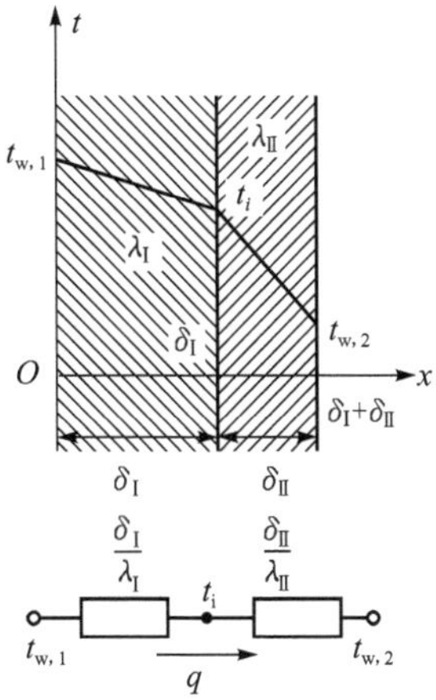

图 2-3-3　双层平壁相接触的第四类边界条件

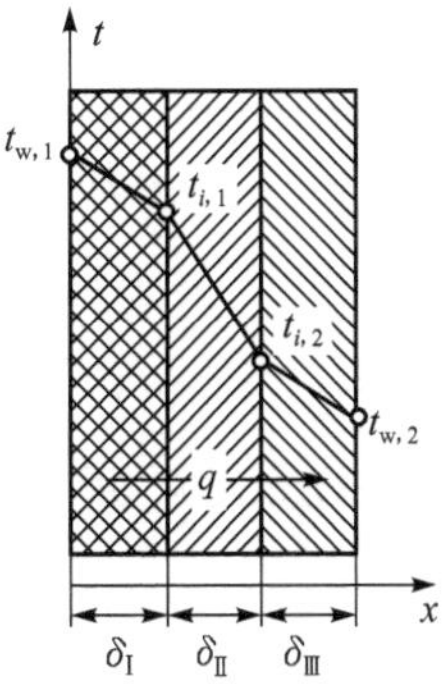

图 2-3-4　多层平壁

自然，交接面温度 t_{I} 是一个待定的未知温度。若第Ⅰ层的内侧面和第Ⅱ层的外侧面都给出第一类边界条件式，则

$x=0$ 时，
$$t_{\mathrm{I}}=t_{w,1} \tag{i}$$
$x=\delta_{\mathrm{I}}+\delta_{\mathrm{II}}$ 时，
$$t_{\mathrm{II}}=t_{w,2} \tag{j}$$

而由式(a)，第Ⅰ层和第Ⅱ层各自的温度分布为

$0\leqslant x\leqslant\delta_{\mathrm{I}}$ 时，
$$t_{\mathrm{I}}=C_{1_{\mathrm{I}}}x+C_{2_{\mathrm{I}}} \tag{k}$$
$\delta_{\mathrm{I}}\leqslant x\leqslant\delta_{\mathrm{I}}+\delta_{\mathrm{II}}$ 时，
$$t_{\mathrm{II}}=C_{1_{\mathrm{II}}}x+C_{2_{\mathrm{II}}} \tag{l}$$

联解式(g)～式(l),可求得待定的积分常量为

$$\begin{cases} C_{2_{\mathrm{I}}} = t_{\mathrm{w},1} \\ C_{1_{\mathrm{I}}} = -\dfrac{t_{\mathrm{w},1}-t_{\mathrm{w},2}}{\lambda_{\mathrm{I}}\left(\dfrac{\delta_{\mathrm{I}}}{\lambda_{\mathrm{I}}}+\dfrac{\delta_{\mathrm{II}}}{\lambda_{\mathrm{II}}}\right)} \\ C_{2_{\mathrm{II}}} = t_{\mathrm{w},1} - \delta_{\mathrm{I}}\left(\dfrac{\lambda_{\mathrm{II}}}{\lambda_{\mathrm{I}}}-1\right)\left[\dfrac{t_{\mathrm{w},1}-t_{\mathrm{w},2}}{\lambda_{\mathrm{II}}\left(\dfrac{\delta_{\mathrm{I}}}{\lambda_{\mathrm{I}}}+\dfrac{\delta_{\mathrm{II}}}{\lambda_{\mathrm{II}}}\right)}\right] \\ C_{1_{\mathrm{II}}} = -\dfrac{t_{\mathrm{w},1}-t_{\mathrm{w},2}}{\lambda_{\mathrm{II}}\left(\dfrac{\delta_{\mathrm{I}}}{\lambda_{\mathrm{I}}}+\dfrac{\delta_{\mathrm{II}}}{\lambda_{\mathrm{II}}}\right)} \end{cases} \tag{m}$$

于是

$$q = -\lambda_{\mathrm{I}}\frac{\mathrm{d}t_{\mathrm{I}}}{\mathrm{d}x} = \frac{t_{\mathrm{w},1}-t_{\mathrm{w},2}}{\dfrac{\delta_{\mathrm{I}}}{\lambda_{\mathrm{I}}}+\dfrac{\delta_{\mathrm{II}}}{\lambda_{\mathrm{II}}}} \quad (\mathrm{W/m^2}) \tag{2-3-7}$$

就像图 2-3-3 中所示出的“热路”那样,式(2-3-7)可直接由串联热阻相加原则迅速导出,对于有 n 层组成的多层平壁,则

$$q = \frac{t_{\mathrm{w},1}-t_{\mathrm{w},2}}{\sum\limits_{i=1}^{n}\dfrac{\delta_i}{\lambda_i}} \quad (\mathrm{W/m^2}) \tag{2-3-8}$$

交接面上的未知温度 $t_{i_1}, t_{i_2}, \cdots, t_{i_{n-1}}$ 可按图 2-3-5 的方式进行图解:以温度为纵坐标轴,在横坐标轴上顺序截取各层的单位热阻$\dfrac{\delta_i}{\lambda_i}$,根据已知的 $t_{\mathrm{w},1}$ 和 $t_{\mathrm{w},2}$ 连成直线,其斜率$\dfrac{\Delta t}{r_t}$正好代表 q,每层都必须相同。其实,从热阻的观点,第 i 层相当于用第Ⅰ层同样的材料的“当量厚度”为 $\delta_{\mathrm{e}_i} = \delta_i\dfrac{\lambda_{\mathrm{I}}}{\lambda_i}$。因此,图 2-3-5 的横坐标轴上所截取的各段长度的比例正好相应于 $\delta_{\mathrm{I}} : \delta_{\mathrm{II}}\dfrac{\lambda_{\mathrm{I}}}{\lambda_{\mathrm{II}}} : \delta_n\dfrac{\lambda_{\mathrm{I}}}{\lambda_n}$。在这种假想的折合单层壁里,温度分布不再是一条折线,而是一条直线。在已知第三类边界条件的情况下,外部放热热阻可折算成当量厚度为 $\delta_{\mathrm{e}} = \lambda/\alpha$ 的假想壁导热热阻(见§1-6),只要把图 2-3-5 的横坐标各向左、右两边延伸,并且相应地截取两侧放热热阻,就不难根据已知的 $t_{\mathrm{f},1}$ 和 $t_{\mathrm{f},2}$ 连成直线的办

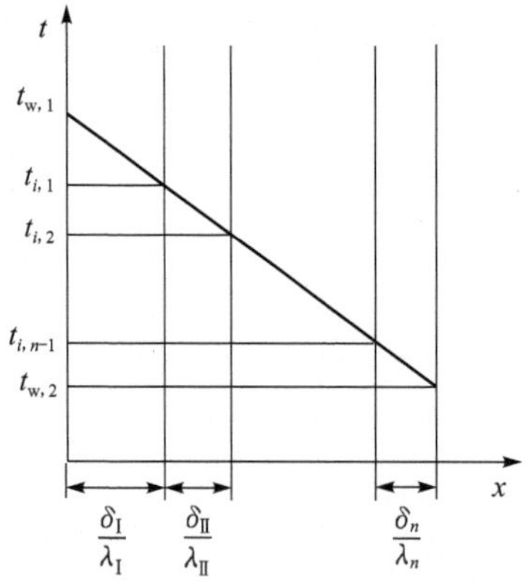

图 2-3-5 λ=常量的稳定导热时,多层平壁交接面温度的图解法

法，同时确定未知的 $t_{w,1}$ 和 $t_{w,2}$。

§1-3 早已指出，保温材料的导热系数小。外加保温层将通过串联额外热阻这个原则（§1-6），显著加大式(2-3-6)中的分母，从而大幅减小 q，起到隔热保温的效果。在这种情况下，从 $t_{w,1}$ 到 $t_{w,2}$，温度的落差必然主要发生在保温层里。

应当看到，假定层与层之间互相紧贴在一起时，相接触的两表面温度相同，见式(g)。如果表面不光滑，挤压又不够，不能密接，层与层之间就会形成薄薄的气隙层，由于空气的导热系数很小，将出现附加的“**接触热阻**”（见§2-9）。特别在金属与金属接触时，因金属层本身导热热阻很小，这种接触热阻的影响就尤其突出。金属表面氧化薄层亦发生类似影响而使传热性能明显下降。

工程上还会遇到图 2-3-6 示出的复合多壁层，包括桁架加固结构和分格充填低熔物质的“夹心”热保护结构。严格地说，只要图Ⅱ、Ⅲ、Ⅳ的物质导热系数不等，就不会是一维的导热，而要当做两维来处理，Ⅱ和Ⅲ、Ⅲ和Ⅳ也将产生导热，2、3 两个平面不会是真正的等温面。如果是不密接的填料，还将出现隙缝中气体的复杂换热和“接触热阻”。但当Ⅰ、Ⅴ都是良导体，Ⅱ、Ⅲ、Ⅳ的物质导热系数并不相差悬殊时，2、3 两个平面将相当接近于等温面，可以近似地当做一维导热，使问题简化。λ_{I} 和 λ_{V} 的值越高，这种近似性越好。此时，根据“热路”串联时热阻相加、并联时热导（即热阻的倒数）相加的原则，则

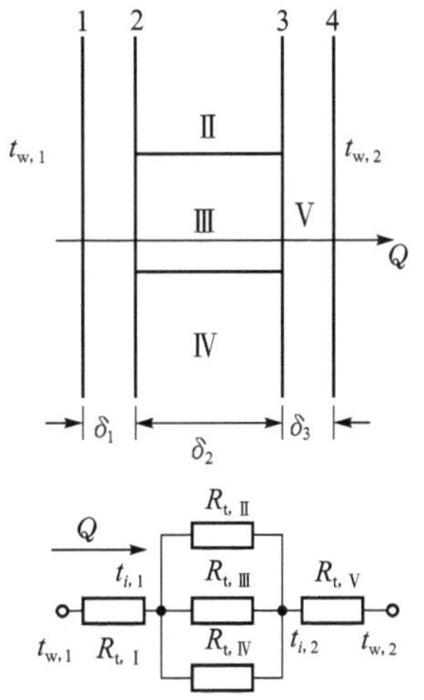

图 2-3-6　复合多层平壁的稳定导热

$$Q = \frac{t_{w,1} - t_{w,2}}{R_{t_{\mathrm{I}}} + \dfrac{1}{\dfrac{1}{R_{t_{\mathrm{II}}}} + \dfrac{1}{R_{t_{\mathrm{III}}}} + \dfrac{1}{R_{t_{\mathrm{IV}}}}} + R_{t_{\mathrm{V}}}}$$

或

$$Q = \frac{t_{w,1} - t_{w,2}}{\dfrac{\delta_1}{\lambda_{\mathrm{I}} F_{\mathrm{I}}} + \dfrac{\delta_2}{\lambda_{\mathrm{II}} F_{\mathrm{II}} + \lambda_{\mathrm{III}} F_{\mathrm{III}} + \lambda_{\mathrm{IV}} F_{\mathrm{IV}}} + \dfrac{\delta_3}{\lambda_{\mathrm{V}} F_{\mathrm{V}}}} \tag{2-3-9}$$

其中，$F_{\mathrm{I}} = F_{\mathrm{II}} = F_{\mathrm{III}} = F_{\mathrm{IV}} = F_{\mathrm{V}} = F$。

从上举实例也可联想到许多实际场合下的 $t_{w,1}$ 和 $t_{w,2}$ 不一定都能严格地控制为真正的等温面。只要表面上的温度将近分布均匀，在工程计算里，容许取平均温度当做等温面，按近似的一维问题处理。此时，表面的平均温度可取作

$$t_F = \frac{\sum_{i=1}^{n} t_{F,i} F_i}{\sum_{i=1}^{n} F_i}$$

式中，$t_{F,i}$为第 i 个分区的温度；F_i 为该分区的面积。

2. λ随温度改变

由式(2-3-1)，有

$$-\lambda \frac{\mathrm{d}t}{\mathrm{d}x} - C_1 = q$$

分离变量

$$-\int_{t_{w,1}}^{t_{w,2}} \lambda \mathrm{d}t = q \int_0^{\delta} \mathrm{d}x \tag{n}$$

根据§1-3中的定义式(1-3-4)，有

$$-\int_{t_{w,1}}^{t_{w,2}} \lambda \mathrm{d}t \equiv \lambda_m (t_{w,1} - t_{w,2})$$

于是

$$q\delta = \lambda_m (t_{w,1} - t_{w,2})$$

或

$$q = \lambda_m \frac{t_{w,1} - t_{w,2}}{\delta} \qquad (\mathrm{W/m^2}) \tag{2-3-10}$$

这和式(2-3-3)的形式相同，只不过 λ 改取 λ_m。至于 λ_m 的值，通常可取作 $t_m = \frac{1}{2}(t_{w,1} - t_{w,2})$时的 λ 值，或 $\lambda_m = \frac{1}{2}(\lambda_{t_{w,1}} + \lambda_{t_{w,2}})$，亦即

$$\lambda_m = \lambda_0 \left[1 + \beta_\lambda \left(\frac{t_{w,1} + t_{w,2}}{2}\right)\right] \tag{o}$$

因此

$$q = \lambda_0 \left[1 + \beta_\lambda \left(\frac{t_{w,1} + t_{w,2}}{2}\right)\right] \frac{t_{w,1} - t_{w,2}}{\delta} \tag{2-3-11}$$

如果温度范围大，或者在液氦、液氢的极低温下(另见§16-1)，因材料的 λ 变化，不符合式(1-3-3)的线性关系时，可由定义式(1-3-4)严格计算 λ_m 值。

对比式(2-3-10)和式(2-3-3)，就像§1-3中指出的那样，λ 为变量时，计算热流密度仍可取所涉及的温度范围内的平均值 λ_m，当做 λ=常量处理。自然，如果已知的不是第一类边界条件，$t_{w,1}$和 $t_{w,2}$尚待确定时，需要运用试算法，先假设 λ_m 的值，按 λ=常量时计算 q、$t_{w,1}$和 $t_{w,2}$，然后校核计算 λ_m，如果与假定值出入比较大，就需要重复迭代计算，直到 q 值近乎不变，满足工程计算的精度为止。

λ 为变量时，壁内温度分布线无论如何不再是一条直线，这与 λ=常量时有本

质的不同。把式(1-3-3)的线性函数 $\lambda=\lambda_0(1+\beta_\lambda t)$ 代入式(n)，可以求得任何 x 截面上的温度 t，即

$$-\lambda_0\int_{t_{w,1}}^{t}(1+\beta_\lambda t)\mathrm{d}t = q\int_0^x \mathrm{d}x$$

于是

$$qx = \lambda_0(t_{w,1}-t)\left[1+\beta_\lambda\left(\frac{t_{w,1}+t}{2}\right)\right] \tag{p}$$

这是温度 t 的二次方程，可最后整理成

$$t=\sqrt{\left(\frac{1}{\beta_\lambda}+t_{w,1}\right)^2-\frac{2qx}{\lambda_0\beta_\lambda}}-\frac{1}{\beta_\lambda}$$

或

$$t=\frac{1}{\beta_\lambda}\left[\sqrt{\left(\frac{\lambda_{t_{w,1}}}{\lambda_0}\right)^2-\frac{2\beta_\lambda q}{\lambda_0}x}-1\right] \tag{2-3-12}$$

如果把式(2-3-11)代入式(p)以消去 q，那么得到无量纲化的温度分布式为

$$\frac{x}{\delta}=\frac{t_{w,1}-t}{t_{w,1}-t_{w,2}}\frac{1+\dfrac{\beta_\lambda}{2}(t_{w,1}+t)}{1+\dfrac{\beta_\lambda}{2}(t_{w,1}+t_{w,2})}$$

亦即

$$X=\Theta\frac{1+\dfrac{\beta_\lambda}{2}(t_{w,1}+t)}{1+\dfrac{\beta_\lambda}{2}(t_{w,1}+t_{w,2})} \tag{2-3-13}$$

式(2-3-13)也可以记作更普遍的如下关系：

$$X=\Theta\frac{\lambda_{\mathrm{m}t_{m,1}-t}}{\lambda_{\mathrm{m}t_{w,1}-t_{w,2}}} \tag{2-3-14}$$

根据所标志的温度范围，可由严格的定义式(1-3-1)计算 λ_m，不再局限于 λ 随温度线性地变化。$\beta_\lambda=0$ 或者 $\lambda_{\mathrm{m}t_{w,1}-t}=\lambda_{\mathrm{m}t_{w,1}-t_{w,2}}$ 时，式(2-3-13)和式(2-3-14)都将简化为 λ=常量时的式(2-3-4)。

§ 2-4　圆柱坐标的一维稳定导热

工程上，常遇见圆筒结构，包括圆管道。如果圆筒壁内、外直径各为 $d_1=2r_1$ 和 $d_2=2r_2$，长度 l 超过 r_2 的 10 倍时，在工程计算中，就可以看做是 $l\gg r_2$、接近于“无限长”的圆筒壁。当内、外壁面温度各维持等温 $t_{w,1}$ 和 $t_{w,2}$，“无限长”圆筒壁的各个等温面都将是彼此同心的圆柱面，这些圆柱面的表面积 $F(=2\pi rl)$，随半径 r

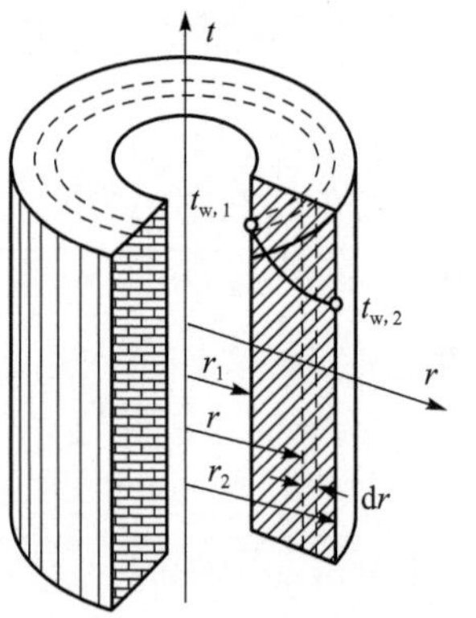

图 2-4-1　圆筒壁的稳定导热

增大而加大。参看图 2-4-1，长圆筒壁的壁内稳定温度分布成为轴对称的一维温度场，热流朝着径向，而且在没有内热源的稳定工况下，Q 沿途不变。

1. *单层圆筒壁*

根据导热基本定律，

$$Q = -\lambda F \frac{dt}{dr} \tag{a}$$

或

$$Q = -2\pi r l \lambda \frac{dt}{dr} \tag{2-4-1}$$

由式(2-1-14)，既然$\dfrac{\partial t}{\partial \tau}=0$，$q_V=0$，且是径向一维，就可简化为

$$\frac{d}{dr}\left(r\lambda \frac{dt}{dr}\right) = 0 \tag{b}$$

亦即

$$r\lambda \frac{dt}{dr} = C_1 \tag{c}$$

对比式(c)和式(a)，可知 $C_1=-\dfrac{Q}{2\pi l}$，同样会得到式(2-4-1)。分离变量，积分，则

$$\frac{Q}{2\pi l}\int_{r_1}^{r_2} \frac{dr}{r} = -\int_{t_{w,1}}^{t_{w,2}} \lambda dt \equiv \lambda_m (t_{w,1} - t_{w,2}) \tag{d}$$

$$Q = \frac{2\pi\lambda_m l(t_{w,1} - t_{w,2})}{\ln \dfrac{r_1}{r_2}} \quad (W) \tag{2-4-2}$$

λ=常量时，式中 $\lambda_m=\lambda$；$\lambda=f(t)$时，和 § 2-3 一样，式中 λ_m 将是所涉及温度范围内的导热系数平均值。

对于长圆管，根据式(2-4-2)，通过每米长管壁的热流量为

$$q_l = \frac{Q}{l} = \frac{2\pi\lambda}{\ln \dfrac{r_2}{r_1}}(t_{w,1} - t_{w,2}) \quad (W/m) \tag{2-4-3}$$

对于工程设备来说，如管式换热器的 q_l 可称为“长度热负荷”。作为“面积热负荷” q，由于管壁导热面积沿径向改变，从内表面积 $F_1=2\pi r_1 l$ 增加到外表面积$F_2=2\pi r_2 l$，热流密度将从内表面的 q_1 降低到外表面的 q_2，很明显，

$$q_1 = \frac{Q}{2\pi r_1 l} = \frac{\lambda}{r_1 \ln \dfrac{r_2}{r_1}}(t_{w,1} - t_{w,2}) \quad (W/m^2)$$

$$q_2 = \frac{Q}{2\pi r_2 l} = \frac{\lambda}{r_2 \ln \dfrac{r_2}{r_1}}(t_{w,1} - t_{w,2}) \quad (W/m^2)$$

$$q_t = 2\pi r_1 q_1 = 2\pi r_2 q_2 \tag{2-4-4}$$

如果改写式(2-4-2),注意圆筒壁的厚度 $\delta=(r_2-r_1)$,

$$Q = \frac{2\pi(r_2-r_1)l\lambda(t_{w,1}-t_{w,2})}{\ln\frac{2\pi r_2}{2\pi r_1}(r_2-r_1)}$$

或

$$Q = \frac{F_2-F_1}{\ln\frac{F_2}{F_1}}\frac{\lambda(t_{w,1}-t_{w,2})}{\delta} \tag{e}$$

引进平均导热面积 F_m,那么

$$Q = F_m\lambda\frac{t_{w,1}-t_{w,2}}{\delta} \tag{2-4-5}$$

这就从形式上转化为大平壁的稳定导热式,唯一的不同是把导热面积取作内、外表面积的对数平均值,即

$$F_m = \frac{F_2-F_1}{\ln\frac{F_2}{F_1}} \tag{2-4-6}$$

对于 $F_2\neq F_1$、但 F_2/F_1 将近 1 的大平壁来说,永远可取 $F_m=\frac{1}{2}(F_1+F_2)$。如果是圆筒壁,$\frac{F_2}{F_1}=\frac{r_2}{r_1}>1$,$F_1$ 和 F_2 的对数平均值总比简单的算术平均值$\frac{1}{2}(F_1+F_2)$要小,不过计算表明:$\frac{r_2}{r_1}\leqslant 1.4$ 时,当做展开的平壁而用算术平均值取代对数平均值所引起的误差不超过 1%;$\frac{F_2}{F_1}=\frac{r_2}{r_1}\leqslant 2$ 时,在工程计算中就常用简单的算术平均值代替对数平均值,误差不超过 4%。

若式(d)改由 r_1 积分到 r,相应的温度由 $t_{w,1}$ 积分到 t,则 $\lambda=$常量时,

$$t = t_{w,1} - \frac{Q}{2\pi\lambda l}\ln\frac{r}{r_1} \tag{2-4-7}$$

与式(2-4-2)联解以消去 Q,得到

$$t = t_{w,1} - \frac{t_{w,1}-t_{w,2}}{\ln\frac{r_2}{r_1}}\ln\frac{r}{r_1} \tag{2-4-8}$$

这表明,长圆筒壁内的稳定温度分布线不是一条直线,而是一条对数曲线。

如果引进变量 $\xi=\ln r$,则

$$\xi_2-\xi_1 = \ln\frac{r_2}{r_1},\quad d\xi = \frac{dr}{r}$$

式(b)将可被转化为式(2-3-1)相同的形式,式(2-4-8)也转化为式(2-3-2)相同的形

式，因此，在 $t\sim\xi(=\ln r)$ 坐标图中表现为一条直线。若以内半径 r_1 作为参考半径，把$\dfrac{r}{r_1}$记作 R，$\dfrac{r_2}{r_1}=R_2$，那么式(2-4-8)无量纲化，将得到：

$$\Theta=\frac{t_{\mathrm{w},1}-t}{t_{\mathrm{w},1}-t_{\mathrm{w},2}}=\frac{\ln R}{\ln R_2} \tag{2-4-9}$$

注意，$\dfrac{\ln R}{\ln R_2}=\dfrac{\xi-\xi_1}{\xi_2-\xi_1}$在§2-3 中相当于以某一个表面为基准面，取 $x_1=0$，$\dfrac{x}{\delta}$应看做$\dfrac{x-x_1}{x_2-x_1}$，于是，式(2-4-9)又和式(2-3-4)相一致。只要把横坐标轴看作($\ln R/\ln R_2$)，图 2-3-2 将同样适用于长圆筒壁的稳定导热。

同理，$\lambda=f(t)$，可由式(d)得到

$$\frac{Q}{2\pi l}\ln\frac{r_2}{r_1}=\lambda_{\mathrm{m}t_{\mathrm{w},1}-t_{\mathrm{w},2}}(t_{\mathrm{w},1}-t_{\mathrm{w},2})$$

$$\frac{Q}{2\pi l}\ln\frac{r_2}{r_1}=\lambda_{\mathrm{m}t_{\mathrm{w},1}-t}(t_{\mathrm{w},1}-t_{\mathrm{w},2})$$

因此，两式相除，有

$$\frac{\ln R}{\ln R_2}=\Theta\frac{\lambda_{\mathrm{m}t_{\mathrm{w},1}-t}}{\lambda_{\mathrm{m}t_{\mathrm{w},1}-t_{\mathrm{w},2}}} \tag{2-4-10}$$

这与式(2-3-14)相对应。λ 为常量时，$\lambda_{\mathrm{m}t_{\mathrm{w},1}-t}=\lambda_{\mathrm{m}t_{\mathrm{w},1}-t_{\mathrm{w},2}}=\lambda$，式(2-4-10)必然简化为式(2-4-9)。

给出第三类边界条件，亦即已知内、外两侧流体温度 $t_{\mathrm{f},1}$ 和 $t_{\mathrm{f},2}$ 以及内外两侧放热系数 α_1 和 α_2 时，可运用串联热路的热阻相加原则直接导得 Q。根据式(2-4-2)，长圆筒的导热热阻为

$$R_t=\frac{1}{2\pi\lambda l}\ln\frac{r_2}{r_1}\qquad(℃/\mathrm{W}) \tag{2-4-11}$$

或单位长度的导热热阻为

$$R_{t_l}=\frac{t_{\mathrm{w},1}-t_{\mathrm{w},2}}{q_l}=\frac{1}{2\pi\lambda}\ln\frac{r_2}{r_1}\qquad(\mathrm{m}\cdot℃/\mathrm{W}) \tag{2-4-12}$$

$\dfrac{r_2}{r_1}\leqslant 2$ 时，由式(2-4-5)并近似地取算术平均面积 $F_{\mathrm{m}}\approx\pi(r_1+r_2)l$，得

$$R_t=\frac{\delta}{\pi(r_1+r_2)l\lambda}\qquad(\mathrm{m}\cdot℃/\mathrm{W}) \tag{2-4-13}$$

内、外两侧的放热热阻各为$\dfrac{1}{2\pi r_1 l\alpha_1}$和$\dfrac{1}{2\pi r_2 l\alpha_2}$，则

$$Q=\frac{t_{\mathrm{f},1}-t_{\mathrm{f},2}}{\dfrac{1}{2\pi r_1 l\alpha_1}+\dfrac{1}{2\pi\lambda l}\ln\dfrac{r_2}{r_1}+\dfrac{1}{2\pi r_2 l\alpha_2}}\qquad(\mathrm{W}) \tag{2-4-14}$$

亦即

$$q_l = \frac{t_{f,1} - t_{f,2}}{\frac{1}{2\pi r_1 \alpha_1} + \frac{1}{2\pi\lambda}\ln\frac{r_2}{r_1} + \frac{1}{2\pi r_2 \alpha_2}} \quad (W/m) \tag{2-4-15}$$

2. 多层圆筒壁

锅炉管运行一段时间以后，管内难免结垢，管外也会积聚烟灰，因而形成事实上的多层圆筒壁。换热器也有类似的情况。各种热管道和低温管道，照例常被裹上热绝缘层或保温层，用附加热阻的办法隔热保温，保证管内被输送流体的适宜温度；或者为了劳动保护，限制标高在举手的高度以内热管道最外层表层温度不超过50℃时，如果第 i 层的材料导热系数为 λ_I，第 i 层的内、外半径为 r_i 和 r_{i+1}，则根据串联热路的热阻相加原则，

$$q_i = \frac{t_{w,1} - t_{w,2}}{\sum_{i=1}^{n} \frac{1}{2\pi\lambda_i}\ln\frac{r_{i+1}}{r_i}} \tag{2-4-16}$$

或

$$q_i = \frac{t_{f,1} - t_{f,2}}{\frac{1}{2\pi r_1 \alpha_1} + \sum_{i=1}^{n} \frac{1}{2\pi\lambda_i}\ln\frac{r_{i+1}}{r_i} + \frac{1}{2\pi r_{i+1} \alpha_2}} \tag{2-4-17}$$

第 i 层的 $\frac{r_{i+1}}{r_i} \leqslant 2$ 时，可沿用近似关系式(2-4-13)，即

$$\frac{1}{2\pi\lambda_i}\ln\frac{r_{i+1}}{r_i} \approx \frac{r_{i+1} - r_i}{\pi(r_{i+1} + r_i)\lambda}$$

还可以指出，由于通过各层的 Q 和 $q_1 = Q/l$ 维持常量，因此可采用图 2-3-4 的方法，在横坐标轴上顺序截取单位长度的内侧放热热阻、各层导热热阻和外侧放热热阻，可由已知的 $t_{f,1}$ 和 $t_{f,2}$ 或已知的 $t_{w,1}$ 和 $t_{w,2}$，按热阻分配比例图解求得各层交接面上的温度。

例 2-4-1　某压缩汽管的内、外直径各为 150mm 和 159mm，钢管导热系数为 $\lambda_I = 45W/(m \cdot ℃)$，管内饱和蒸汽流的温度为 $t_{f,1} = 350℃$，周围空气温度为 $t_{f,2} = 10℃$，总放热系数 $\alpha_2 = 11W/(m^2 \cdot ℃)$。为了限制热损失 $q_l \leqslant 300W/m$，选用 $\lambda_{II} = 0.1W/(m \cdot ℃)$ 的保温材料，试求保温层所必须具备的最小厚度。

[解]　每米长汽管内表面积为 $\frac{F_1}{l} = 2\pi r_1$。根据放热系数的定义，

$$q_l = \alpha_1 \frac{F_1}{l}(t_{f,1} - t_{w,1})$$

可知

$$t_{w,1}=t_{f,1}-\frac{q_l}{2\pi r_1\alpha_1}$$

由表 1-4-1，管内饱和蒸汽因对外散热面凝结的放热系数 $\alpha_1\geqslant5000\text{W}/(\text{m}^2\cdot℃)$。即便取 α_1 的最小值和 q_1 的最大容许值时，有

$$t_{w,1}=350-\frac{300}{2\pi\times\frac{0.15}{2}\times5000}=350-0.13\approx350(℃)$$

这就是说，由于 α_1 至少是 α_2 的将近 500 倍，保温层的外径虽然待定，但与钢管内直径基本属于同一数量级，内侧放热热阻只有外侧放热热阻的不足 1%，小到完全可以忽略不计。

每米长的钢管导热热阻为

$$\frac{1}{2\pi\lambda_{\text{I}}}\ln\frac{0.159}{0.150}=\frac{1}{2\pi\times45}\ln1.06=2.06\times10^{-4}(\text{m}\cdot℃/\text{W})$$

也可略去不计，保温层内表面温度就将是 350℃。于是，由式(2-4-17)，

$$q_l=\frac{t_{f,1}-t_{f,2}}{\frac{1}{2\pi\lambda_{\text{II}}}\ln\frac{r_0}{r_i}+\frac{1}{2\pi r_0\alpha_2}}$$

r_i 和 r_0 各代表保温层的内半径和外半径。已知 $r_i=\frac{159}{2}=79.5\text{mm}$，限制 q_1 值越小，需要保温层越厚。$q_1=300\text{W/m}$ 时所需保温层的外半径 r_0 最小，即

$$300=\frac{350-10}{\frac{1}{2\pi\times0.1}\ln\frac{r_0}{79.5}+\frac{1}{2\pi\times\frac{r_0}{1000}\times11}}$$

或

$$\ln r_0-\ln79.5+\frac{9.09}{r_0}=0.712$$

即

$$\ln r_0+\frac{9.09}{r_0}=5.088$$

r_0 总大于 $r_i=79.5\text{mm}$，$\frac{9.09}{r_0}<\frac{9.09}{79.5}=0.114\ll5.088$。如果作为一级近似值，略去$\frac{9.09}{r_0}$一项，得到 r_0 的值大致为 162mm。实际的精确值将略低于 162mm。采用迭代法，取$\frac{9.09}{r_0}=\frac{9.09}{162}\approx0.056$，则 $\ln r_0\approx5.032$。可重新求得 $r_0=153\text{mm}$。保温层必须具备的最小厚度为

$$\delta_{\min}=r_{0\min}-r_i=73.5\text{mm}$$

实际的工程设计还需要核算保温层外表面温度 $t_{w,2}$。每米长的管道外侧放热热阻为

$$\frac{1}{2\pi r_0\alpha_2}=\frac{1}{2\pi\times\frac{153}{1000}\times11}=0.095(\text{m}\cdot℃/\text{W})$$

于是

$$t_{w,2}=t_{f,2}+\frac{q_l}{2\pi r_0\alpha_2}=10+300\times0.095=38.5(℃)$$

未超过 50℃的规定可同时满足劳动保护的技术要求。例如核算的 $t_{w,2}>50℃$，就表明 73.5mm 厚度还不够，应根据式(2-4-16)再确定所必需的保温层最小厚度，或者把管道架空敷设的标高超过举手的高度。

就本题来说，每米长管道的保温层热阻$\frac{1}{2\pi\lambda_{\text{II}}}\ln\frac{r_0}{r_i}$最小应有 1.04m·℃/W，是外侧放热热阻 0.095m·℃/W 的 10.97 倍。如同§1-6 中所指出的，正是依靠这个外加的大热阻，才使散热损失 q_1 减小到 300W/m。如果是裸管，外直径为 r_i，裸管的散热损失将是

$$q_l' = \frac{350-10}{\dfrac{1}{2\pi r_i \alpha_2}} = 1868(\text{W/m})$$

这表明，钢管外面加上 73.5mm 厚的保温层，可节约热损失 1568W/m。

3. 临界绝缘直径和经济绝缘厚度

和大平壁热绝缘不同，管道热绝缘（保温层）的厚度增加时，在导热热阻增大的同时，热绝缘外表面放热热阻将由于外直径加大反而减小。如果在小口径的管道上采用 λ 比较大的热绝缘层，就有可能使外加导热热阻抵偿不了外侧放热热阻的减少，反而使总的传热热阻减小，q_1 增大。参看图 2-4-2，只有在未包热绝缘之前、裸管外直径已超过所谓"临界绝缘直径"d_K 的情况下，包上热绝缘才能确保使 q_1 减小。相应于 $q_{1\max}$ 的 d_K 的大小，可由式(2-4-17)中 q_1 对热绝缘层外直径 $d_0 = 2r_0$ 的导数等于零求出，即

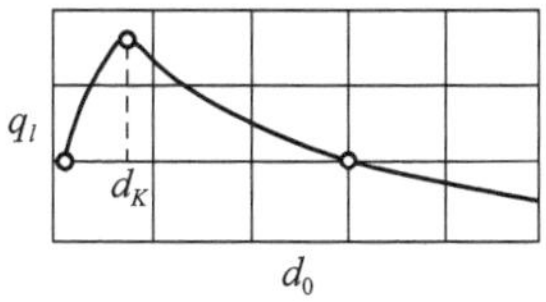

图 2-4-2　采用不良热绝缘层时的管道热损失

$$\frac{\mathrm{d}q_l}{\mathrm{d}r_0\big|_{r_0=r_K}} = 0$$

则

$$d_K = 2r_K = \frac{2\lambda}{\alpha_2} \quad (\text{m}) \tag{2-4-18}$$

式中，λ 为热绝缘材料的导热系数。表示成无量纲形式时，

$$Bi_K = \frac{\alpha_2 r_K}{\lambda} = 1 \tag{2-4-19}$$

Bi_K 为热绝缘的"临界比奥数"。

例如，选用石棉、石棉制品、泡沫混凝土一类热绝缘材料时，$\lambda \approx 0.14$W/(m·℃)；矿渣棉的 $\lambda \approx 0.07$W/(m·℃)。取外表面向周围大气（无风）散热的总放热系数为 $\alpha_2 \approx 11$W/(m·℃)，相应的 d_K 将分别是 25.4mm 和 12.7mm。对裸管外直径为 20mm 的管道来说，若包石棉一类材料的热绝缘不够大，反会比裸管时的热损失更高；但包矿渣棉就总能得到隔热保温的效果。电线的直径都小于这个 d_K，外包胶皮、塑料，不仅起电绝缘作用，还将有利于电线的泄热能力。

选定合适的热绝缘材料，增加绝缘厚度，可以减小热损失，降低外表面温度 $t_{w,2}$，但将增加初投资的费用。根据全年运行时数 m 时/年、q_1（W/m）和每千兆瓦时的能量费用 b(元/10^9W·h)，不难计算出每米长管道全年热损失费用 $q_1 mb\times$

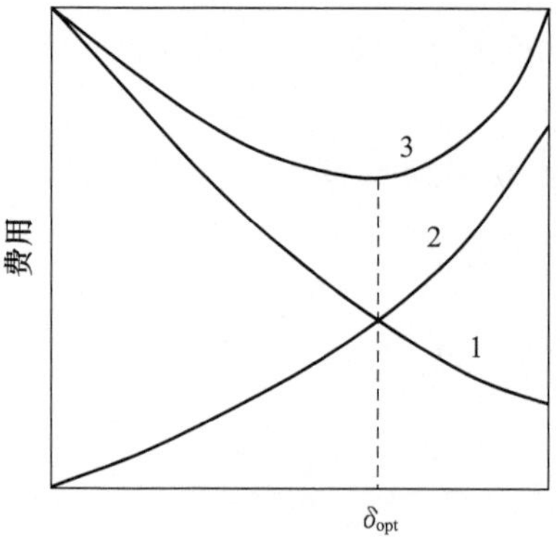

图 2-4-3　经济绝缘厚度的图解

10^{-9}[元/(m・年)],见图 2-4-3 中的曲线 1。如果初投资为 s(元/m),连同维修费用在内,要求每年摊还份额为 p,即折合每年热绝缘投资 ps[元/(m・年)],将随热绝缘厚度 δ 的加厚而增大,如图 2-4-3 中曲线 2 所示。两项费用之和构成热绝缘的"年工作费用",如图中曲线 3 所指出的,存在一个"经济绝缘厚度"或"最佳绝缘厚度"δ_{opt},能使全年的工作费用最低。如果这样计算出来的 δ_{opt} 超过了确保技术要求和劳动保护所需要的最小绝缘厚度 δ_{min},原则上应该适当照顾经济性,尽可能采用 δ_{opt} 作为实际的热绝缘厚度。如果计算的结果 $\delta_{opt}<\delta_{min}$,$\delta_{min}$ 已同时代表实际情况下所容许采用的最佳绝缘厚度,那么再加厚会增大年工作费用而并不经济。如果有多种热绝缘材料可供选择,还应对每一种热绝缘材料分别进行重复的计算,确定其中经济性最高的某种材料为最合宜的绝缘厚度。这类工程计算通常都很繁复,利用速算图来协助求解架空管道和有沟或无沟敷设时地下埋管热绝缘最小厚度和最佳厚度,具有很大的实用价值[2]。

要求年工作费用最小,只是从管道热绝缘本身的经济性判断,由必要的 δ_{min} 增大到 δ_{opt} 所多投的资金可以在热绝缘结构大约 10 年的有效使用年限内完全由热损失费用的节约得到充分的补偿。这部分额外的投资如果投在其他建设项目上去,能否得到更快的回收,还没有予以考虑。为适应我国国民经济高速度发展的需要,又提出了"资金偿还年限制"、反映社会主义建设全局的经济原则,使多投的资金能在更短的"资金周转期"内得到回收,相当于每年所应摊还的资金份额 p 由"年工作费用最小制"的约 13%提高到"资金偿还年限制"的 25%～30%,从而使计算的 δ_{opt} 相应地减小[3]。

§ 2-5　球坐标的一维稳定导热

内、外半径为 r_1 和 r_2,内、外表面各维持一定温度 $t_{w,1}$ 和 $t_{w,2}$ 的空心球壁的导热是球坐标一维的稳定导热,温度只沿径向改变,等温面都是同心的球面,$F=4\pi r^2$。

根据傅里叶导热基本定律,

$$Q=-4\pi r^2\lambda\frac{dt}{dr} \tag{2-5-1}$$

Q 沿径向保持常量。因此,

$$\frac{Q}{4\pi}\int_{r_1}^{r_2}\frac{dr}{r^2}=\int_{t_{w,1}}^{t_{w,2}}\lambda dt\equiv\lambda_m(t_{w,1}-t_{w,2}) \tag{a}$$

即

$$Q=\frac{4\pi\lambda_m(t_{w,1}-t_{w,2})}{\dfrac{1}{r_1}-\dfrac{1}{r_2}} \tag{2-5-2}$$

式中，$\lambda=$常量时，$\lambda_m=\lambda$；$\lambda=f(t)$时，λ_m 为所涉及温度范围内的平均值。

如果改写式(2-5-2)，注意：内、外表面积各为 $F_1=4\pi r_1^2$ 和 $F_2=4\pi r_2^2$，球壁厚度为 $\delta=r_2-r_1$，则

$$Q=4\pi r_1 r_2\frac{\lambda(t_{w,1}-t_{w,2})}{\delta} \tag{2-5-3}$$

或

$$Q=F_m\lambda\frac{t_{w,1}-t_{w,2}}{\delta} \tag{2-5-4}$$

其中

$$F_m=4\pi r_1 r_2=\sqrt{F_1F_2} \tag{2-5-5}$$

式(2-5-4)与式(2-5-3)具有相同的形式，所不同的是把导热的平均面积取做 F_1 和 F_2 的几何平均值，如式(2-5-5)。几何平均值比对数平均值、算术平均值都小。留意，对于圆球面，$\frac{F_2}{F_1}=\left(\frac{r_2}{r_1}\right)^2$。$\frac{r_2}{r_1}\leqslant 1.2$ 时，用算术平均值$\frac{1}{2}(F_1+F_2)$代替几何平均值$\sqrt{F_1F_2}$所引起的误差在 1%以内；$\frac{r_2}{r_1}=2$ 时，用算术平均值代替几何平均值所引起的误差不超过 6%。

既然 Q 沿径向保持常量而有$\frac{dQ}{dr}=0$，由式(2-5-1)，可得

$$\frac{d}{dr}\left(r^2\lambda\frac{dt}{dr}\right)=0 \tag{b}$$

这同样能由式(2-1-15)，取$\frac{\partial t}{\partial\tau}=0$、$q_V=0$、$t=f(r)$直接导得。$\lambda=$常量时，

$$r^2\frac{dt}{dr}=C_1=-\frac{Q}{4\pi\lambda} \tag{c}$$

解为

$$t=-\frac{C_1}{r}+C_2 \tag{d}$$

$r=r_1$ 时，$t=t_{w,1}$，可知

$$C_2=t_{w,1}-\frac{Q}{4\pi\lambda}\frac{1}{r} \tag{e}$$

于是

$$t=t_{w,1}-\frac{Q}{4\pi\lambda}\left(\frac{1}{r_1}-\frac{1}{r}\right) \tag{2-5-6}$$

联解式(2-5-6)和式(2-5-2)，消去 Q，则

$$t = t_{w,1} - (t_{w,1} - t_{w,2}) \frac{\dfrac{1}{r_1} - \dfrac{1}{r}}{\dfrac{1}{r_1} - \dfrac{1}{r_2}} \tag{2-5-7}$$

$$\Theta = \frac{t_{w,1} - t}{t_{w,1} - t_{w,2}} = \frac{\dfrac{1}{r_1} - \dfrac{1}{r}}{\dfrac{1}{r_1} - \dfrac{1}{r_2}} = \frac{1 - \dfrac{r_1}{r}}{1 - \dfrac{r_1}{r_2}} \tag{2-5-8}$$

式(d)表明，λ=常量时，球壁内部温度分布，在 $t \sim \dfrac{1}{r}$ 坐标图中，就像长圆筒和大平壁内部温度分布分别在 $t \sim \ln r$ 和 $t \sim x$ 坐标图中一样，表现为一条直线。图 2-3-2 也可统一用来描绘球壁的情况，但要把横坐标轴由 X 转换成 $\left(1-\dfrac{r_1}{r}\right)\Big/\left(1-\dfrac{r_1}{r_2}\right)$，亦即用 $\dfrac{1}{r}$ 替代大平壁时的 x。

图 2-5-1 所示为球壁和长圆筒壁内部温度分布的比较。对于相同的 r_2/r_1，长圆筒壁显然比球壁的温度分布具有较高的均匀性。温度变化梯度在大平壁中最均匀，是个常量，温壁不均匀，导致热应力集中。在现代核反应堆中，结构热应力是必须予以重视的课题之一。

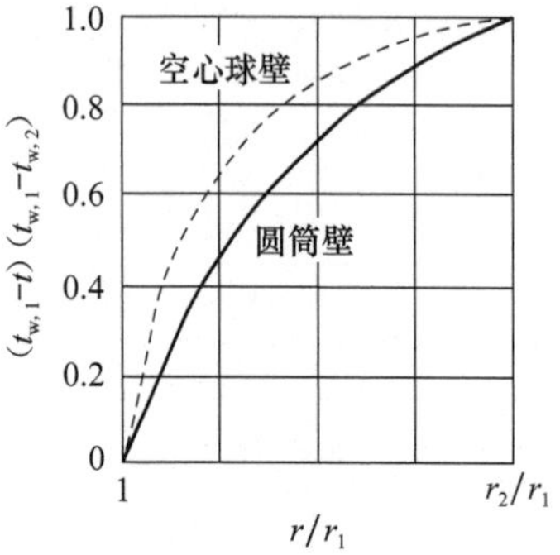

图 2-5-1 λ=常量时的球壁内部温度分布

$\lambda = f(t)$ 时，也和大平壁、长圆筒壁一样，可由式(2-5-8)修正成：

$$\frac{1 - \dfrac{r_1}{r}}{1 - \dfrac{r_1}{r_2}} = \Theta \frac{\lambda_{mt_{w,1}-t}}{\lambda_{mt_{w,1}-t_{w,2}}} \tag{2-5-9}$$

读者可以自行思考工业上球形罐加保温层后热损失 Q 的计算方法，并推导多层球壁的 Q 计算式和球壁热绝缘的临界直径为

$$d_K = 2r_K = \frac{4\lambda}{\alpha_2} \quad (\mathrm{m}) \tag{2-5-10}$$

式中，λ 为热绝缘材料的导热系数；α_2 为向周围散热的外侧总放热系数。

§2-6 有内热源的一维稳定导热

在前三节中讨论的都是无内热源时的一维稳定导热，所有等温面或者是彼此平行的平面，或者是同心的圆柱面或球面，热流方向沿着单一的法线方向，而且 Q

沿途不变，因此，可以不通过导热方程而直接由导热基本定律式求解。有内热源时，同样是一维稳定导热，Q 已不再沿途保持常量，可借助§2-1 中的傅里叶导热方程求解。注意，分布式均匀热源的“热源发热率”q_V 为正值时，表示发热源；q_V 为负值时，表示吸热源（见§2-1）。

1. 大平壁

λ＝常量时，根据式(2-1-11)，直角坐标有内热源的一维稳定导热方程为

$$\frac{d^2 t}{dx^2}+\frac{q_V}{\lambda}=0 \tag{2-6-1}$$

有均匀内热源，亦即 q_V＝常量时，式(2-6-1)的解为

$$t=-\frac{q_V}{\lambda}\frac{x^2}{2}+C_1 x+C_2 \tag{2-6-2}$$

给定第一类边界条件：

$x=0$ 时，$t=t_{w,1}$；

$x=\delta$ 时，$t=t_{w,2}$；

则最终确定的全解为

$$t=t_{w,1}-(t_{w,1}-t_{w,2})\frac{x}{\delta}+\frac{q_V\delta^2}{2\lambda}\left(1-\frac{x}{\delta}\right)\frac{x}{\delta} \tag{2-6-3}$$

参看图 2-6-1，q_V 足够大时，$x=0$ 的壁面热流方向可能颠倒，即发热源所发出的热量将向两侧散播，在壁内出现 t_{max} 比 $t_{w,1}$ 还高的情况，从而使壁内温度分布从本质上不同于无内热源（$q_V=0$）时温度单调下降的性质。可由式(2-6-3)，使 $\left.\frac{dt}{dx}\right|_{x=x_{max}}=0$，求得壁内出现最高温度 t_{max} 的地点为

$$x_{max}=\frac{\delta}{2}-\frac{\lambda(t_{w,1}-t_{w,2})}{q_V\delta} \tag{2-6-4}$$

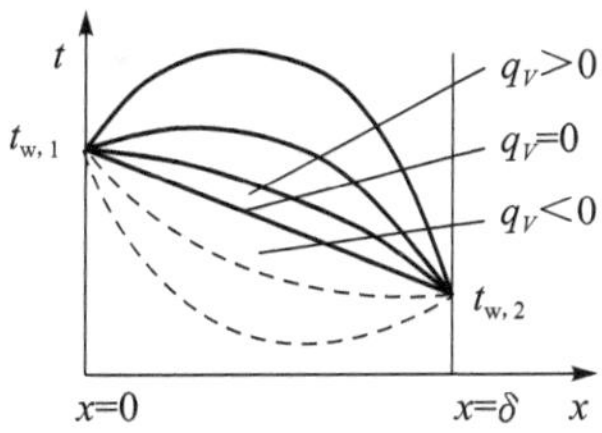

图 2-6-1　λ＝常量时，大平壁稳定导热的内部温度分布

相应的最高温度为

$$t_{max}=t_{w,1}+\frac{q_V}{2\lambda}x_{max}^2 \tag{2-6-5}$$

只有在 $\frac{\lambda(t_{w,1}-t_{w,2})}{q_V\delta}<\frac{\delta}{2}$，亦即 $0<x_{max}<\delta$ 的情况下，壁内才出现 t_{max}。

式(2-6-3)同样可被无量纲化，成为

$$\left.\begin{aligned}\Theta&=\frac{t_{w,1}-t}{t_{w,1}-t_{w,2}}=\frac{x}{\delta}\left[1-\frac{q_V\delta^2}{2\lambda(t_{w,1}-t_{w,2})}\left(1-\frac{x}{\delta}\right)\right]\\ \text{或}\quad \theta&=\frac{t-t_{w,2}}{t_{w,1}-t_{w,2}}=\left(1-\frac{x}{\delta}\right)\left[1+\frac{q_V\delta^2}{2\lambda(t_{w,1}-t_{w,2})}\frac{x}{\delta}\right]\end{aligned}\right\} \tag{2-6-6}$$

式(2-6-6)已被图示成图 2-6-2。图中,$B=\dfrac{q_V\delta^2}{2\lambda(t_{w,1}-t_{w,2})}$,也是一个无量纲数,而 $q_V>0$ 时为正值,$q_V<0$ 时为负值。只有 $B>1$ 时,$x_{max}>0$,壁内才出现 t_{max}。

当 $B=1$ 时,$x_{max}=0$,同时由式(2-6-5),$t_{max}=t_{w,1}$。这相当于$\left.\dfrac{dt}{dx}\right|_{x=0}=0$,$q|_{x=0}=-\lambda\left.\dfrac{dt}{dx}\right|_{x=0}=0$,表明 $x=0$ 的表面正好是绝热面;或者相当于壁面厚度为 2δ,以 $x=0$ 代表中心面,具有均匀发热源而被对称性冷却时的情况。$B=1$ 时,式(2-6-6)将简化为

$$\left.\begin{aligned}\Theta &= \left(\frac{x}{\delta}\right)^2 \\ \text{或}\quad \theta &= 1-\left(\frac{x}{\delta}\right)^2\end{aligned}\right\} \tag{2-6-7}$$

壁内温度分布为抛物线型。

参看图 2-6-3,非对称性冷却的大平壁,可以看做相密接的两块平板,厚度各为 δ_1 和 δ_2,交接面为绝热面。因此,这两块平板的导热将互不干扰,但具有相同的 t_0。两块平板的 B 都等于1,每块平板单位时间发出的热量将由各自的冷却面传走,或冷却面上的热流密度为

$$q_w = q_V\delta \tag{a}$$

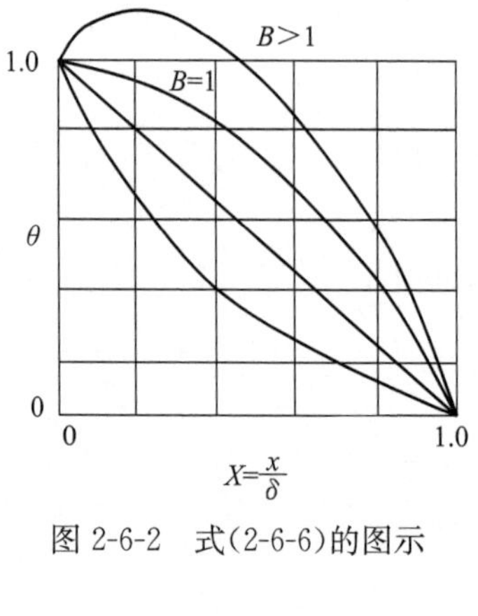

图 2-6-2 式(2-6-6)的图示

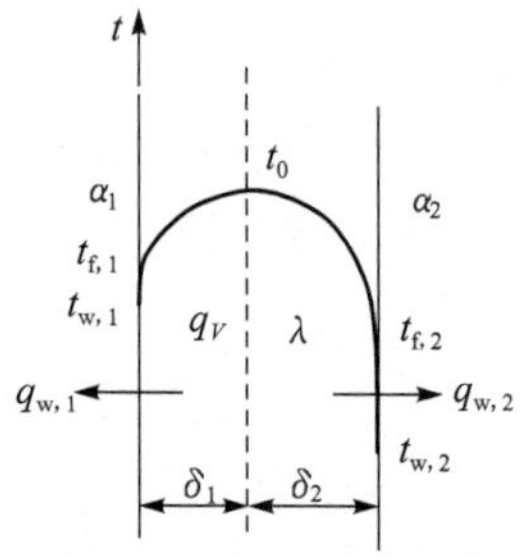

图 2-6-3 有内热源时,非对称冷却的大平壁稳定导热问题

已知冷却面的表面温度为 t_w 时,可由式(2-6-5)求得

$$t_0 = t_w + \frac{q_V\delta^2}{2\lambda} \tag{b}$$

由式(2-6-7),可利用式(b),求得距离绝热面 x 处的温度为

$$t = t_w + \frac{q_V\delta^2}{2\lambda}\left[1-\left(\frac{x}{\delta}\right)^2\right] \tag{c}$$

若给定第三类边界条件,则

$$q = q_V\delta = \alpha(t_w - t_f) \tag{d}$$

或

$$t_w = t_f + \frac{q_V\delta}{\alpha} \tag{e}$$

在有内热源情况下，如果形式地引用热阻，如根据式(b)，从绝热面到冷却面的壁的热阻为

$$r_i = \frac{t_0 - t_w}{q_w} = \frac{\delta}{2\lambda} \tag{f}$$

正好相当于无内热源时大平壁热阻的一半。读者可以自己思考，是否存在§1-6 中所提出的电模拟的“等效电路”，能否有相应的“热路”。

例 2-6-1　两块大钢板，用一根 ϕ25mm、长 0.3m 的钢棍隔开。钢棍两端被焊接在两块钢板上，板间填满绝缘材料，如附图所示。当两板有电位差时，将有电流通过钢棍。已知钢棍的电阻发热量为 20W，钢棍的 $\lambda=45$W/(m·℃)，试求钢棍内部的最高温度 t_{max} 和两端的热流量 Q_1 与 Q_2。

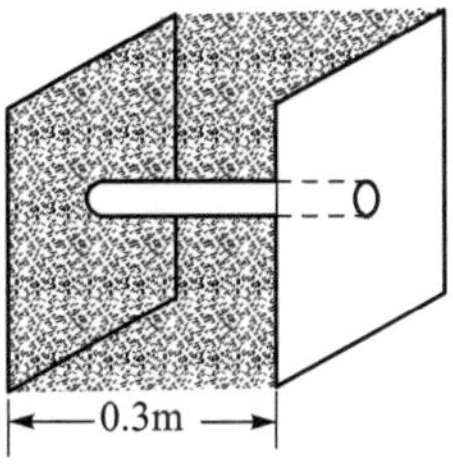

例 2-6-1　附图

［**解**］　既然钢棍四围被很好绝热，钢棍每个横截面都将是等温面，热流只能顺着钢棍，可看做是 $\delta=0.3$m 的 x 轴向一维稳定导热。导热面积 F 也就是钢棍横截面积为

$$F = \frac{\pi}{4} \times 0.025^2 = 4.91 \times 10^{-4}(\text{m}^2)$$

由题给条件

$$q_V = \frac{20}{\frac{\pi}{4} \times 0.025^2 \times 0.3} = 1.36 \times 10^5(\text{W/m}^2)$$

$$B = \frac{q_V\delta^2}{2\lambda(t_{w,1} - t_{w,2})} = \frac{1.36 \times 10^5 \times 0.3^2}{2 \times 45 \times (100 - 80)} = 6.79$$

由式(2-6-5)和式(2-6-4)得

$$t_{max} = t_1 + \frac{q_V\delta^2}{8\lambda}\left(1 - \frac{1}{B}\right)^2$$

或

$$t_{max} = 100 + \frac{1.36 \times 10^5 \times 0.3^2}{8 \times 45}\left(1 - \frac{1}{6.79}\right)^2 = 124.7(℃)$$

此最高温度出现在距左端 x_{max} 处，根据式(2-6-4)，

$$x_{max} = \frac{\delta}{2}\left(1 - \frac{1}{B}\right) = 0.128\text{m}$$

从左端($x=0$)到 $x_{max}=0.128$m 这一段占总长 0.3m 的 42.7%，发出的热量 20×0.427=8.54(W)将经由左端传走，或

$$Q_1 = Fq_1 = Fq_V x_{max} = 8.54\text{W}$$

其余部分，即从 x_{max} 到右端($x=0.3$m)那一段发出的热量将经由右端传走，或

$$Q_2 = Fq_2 = Fq_V(\delta - x_{max}) = 11.46\text{W}$$

根据式(2-6-3)，可求得

$$\frac{dt}{dx} = -\frac{t_1 - t_2}{\delta} + \frac{q_V\delta}{2\lambda}\left(1 - \frac{2x}{\delta}\right) \tag{2-6-8}$$

于是

$$q_1 = -\lambda \frac{dt}{dx}\bigg|_{x=0} = -1.74 \times 10^4 \text{W/m}^2$$

负号表示热流朝着 x 轴向的反方向，即向左端传出。同样可以求出

$$Q_1 = q_1 F = 8.54\text{W}$$

同理

$$q_2 = -\lambda \frac{dt}{dx}\bigg|_{x=0} = 2.34 \times 10^4 \text{W/m}^2$$

正值表示热流朝着 x 轴向，即向右端传走。因此，

$$Q_2 = q_2 F = 11.47\text{W}$$

Q_1、Q_2 都和上面已求得的结果相同。

计算 Q_1 和 Q_2 还可以有另一条思路。整个钢棍每平方横截面积单位时间发出的热量为 $q_V\delta \text{W/m}^2$，在 t_1 和 t_2 的情况下将向两端各传走一半，即 $q_V\delta/2$。而在无内热源时，由于 $t_1 > t_2$ 所引起的单向热流密度为 $\frac{\lambda}{\delta}(t_1 - t_2)$，$q_1$ 和 q_2 应该是这两项热流密度的叠加，即

$$q_1 = \frac{\lambda}{\delta}(t_1 - t_2) - \frac{q_V\delta}{2} \tag{g}$$

$$q_2 = \frac{\lambda}{\delta}(t_1 - t_2) + \frac{q_V\delta}{2} \tag{h}$$

就本题来说，仅仅由于 $t_1 - t_2 = 20℃$ 所引起的自左向右的热流量为

$$Q' = \lambda F \frac{t_1 - t_2}{\delta} = 1.47\text{W}$$

由于内热源将向两侧各传走 $Q'' = 10\text{W}$，$Q'' > Q'$，因此，

$$Q_1 = Q'' - Q' = 8.53\text{W}$$

$$Q_2 = Q'' + Q' = 11.47\text{W}$$

可以看出，如果 $Q'' < Q'$，那么将自左端传入 $Q_1 = Q' - Q''$，热流将在全钢棍内保持单方向，不会在钢棍内部出现 $t_{\max}$。

热源发热率 q_V（W/m^3）可以不是常量，而是随温度改变、各个地点不同。例如，在核反应堆中，中子与核燃烧之间的反应带有明显的“多普勒效应”[①]；又例如例 2-6-1 所提到的通电发热现象，如果电流为 I_e(A)，电流密度为 $j = \frac{I_e}{F}$(A/m^2)，电阻系数为 $\sigma_e = \frac{1}{\lambda_e}$($\Omega \cdot \text{m}$)，则

$$q_V = \sigma_e j^2 \qquad (\text{W/m}^2) \tag{2-6-9}$$

考虑电阻是温度的线性函数时，

$$q_V = q_{V_0}(1 + \beta_t t) \tag{2-6-10}$$

式中，q_{V_0} 代表 0℃时电阻值所具有的内热源发热率；β_t 代表电阻的温度系数。金属的

① 有关反应堆内部活性区中子分布引起内热源发热具体的不均匀分布、辐射屏蔽产生核辐射射线能量的衰减等因素对堆内不同部件导热的影响及其分析，可参见相关著作，如文献[4]。

λ 在一般温度范围内变化不大。λ＝常量时，由于 $q_V=f(t)$，例如按式(2-6-10)考虑时，式(2-6-1)演变为

$$\frac{\mathrm{d}^2 t}{\mathrm{d}x^2}+\frac{q_{V_0}}{\lambda}(1+\beta_t t)=0 \tag{i}$$

这是一种特殊类型的泊松方程，有时专门称之为“亥姆霍茨型”方程。引进

$$s=\frac{q_V}{\lambda}\beta_t,\quad b=\frac{q_{V_0}}{\lambda},\quad \frac{b}{s}=\frac{1}{\beta_t} \tag{j}$$

则

$$\frac{\mathrm{d}^2 t}{\mathrm{d}x^2}+st+b=0$$

由于 s 和 b 都是常量，因此式(i)可被转换为

$$\frac{1}{s}\frac{\mathrm{d}^2}{\mathrm{d}x^2}(st+b)+(st+b)=0$$

令

$$t'=st+b$$

$$\frac{\mathrm{d}^2 t'}{\mathrm{d}x^2}+st'=0$$

其解为

$$t'=C_1'\cos(\sqrt{s}x)+C_2'\sin(\sqrt{s}x)$$

亦即

$$t=C_1\cos(\sqrt{s}x)+C_2\sin(\sqrt{s}x)-\frac{b}{s} \tag{2-6-11}$$

边界条件为

$$\begin{cases}x=0\text{ 时},t=t_{\mathrm{w},1}\\ x=\delta\text{ 时},t=t_{\mathrm{w},2}\end{cases}$$

于是

$$\begin{cases}C_1=t_{\mathrm{w},1}+\dfrac{b}{s}\\ C_2=\dfrac{\left(t_{\mathrm{w},2}+\dfrac{b}{s}\right)-\left(t_{\mathrm{w},1}+\dfrac{b}{s}\right)\cos(\sqrt{s}\delta)}{\sin(\sqrt{s}\delta)}\end{cases} \tag{2-6-12}$$

一种比较易见的情况，例如由线圈组成的叠置式平壁，可被看做是厚 2δ 的平板发热元件，两侧被对称性冷却，$t_{\mathrm{w},1}=t_{\mathrm{w},2}=t_{\mathrm{w}}$ 时，引进 $\vartheta=(t-t_{\mathrm{w}})$，如取 $x=0$ 面代表平板一半厚度的中心面，取 $q_{V_{\mathrm{w}}}$ 代表表面温度 t_{w} 时的内热源发热率，则式(2-6-10)可改写为

$$q_V=q_{V_{\mathrm{w}}}(1+\beta_t\vartheta) \tag{2-6-10'}$$

式(i)将演变为

$$\frac{d^2\vartheta}{dx^2}+\frac{q_{V_w}}{\lambda}(1+\beta_t\vartheta)=0$$

改取式(j)中的 s 与 b 为

$$s'=\frac{q_{V_w}}{\lambda}\beta_t,\quad b'=\frac{q_{V_w}}{\lambda},\quad \frac{b'}{s'}=\frac{1}{\beta_t} \tag{j'}$$

相应的解保持式(2-6-11)同样的形式：

$$\vartheta=C_1\cos(\sqrt{s'}x)+C_2\sin(\sqrt{s'}x)-\frac{b'}{s'} \tag{2-6-11'}$$

根据边界条件，$x=0$ 面上的 ϑ_0 是 ϑ 的最高值，或 $\left.\frac{\partial\vartheta}{\partial x}\right|_{x=0}=0$，式(2-6-11′)中的 $C_2=0$。而 $x=\pm\delta$ 时，

$$C_1\cos(\sqrt{s'}\delta)-\frac{b'}{s'}=0$$

即

$$C_1=\frac{b'/s'}{\cos(\sqrt{s'}\delta)}$$

最终的解为

$$\vartheta=\frac{b'}{s'}\left[\frac{\cos(\sqrt{s'}x)}{\cos(\sqrt{s'}\delta)}-1\right] \tag{2-6-13}$$

或

$$\theta=\frac{\vartheta}{\vartheta_0}=\frac{\cos(\sqrt{s'}x)-\cos(\sqrt{s'}\delta)}{1-\cos(\sqrt{s'}\delta)} \tag{2-6-14}$$

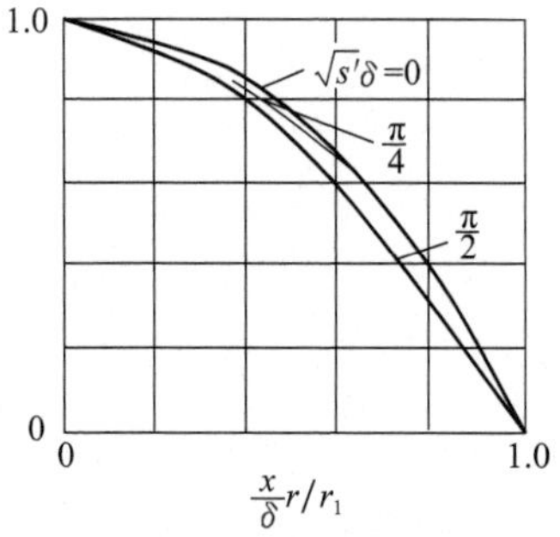

图 2-6-4 厚 2δ、被对称性冷却的发热平板，q_V 是温度函数时，平板内部温度分布

由所标绘的图 2-6-4 可见，$\sqrt{s'}\delta=0\sim\pi/4$ 时，几乎完全不影响实际温度分布，能够相当精确地取作

$$\vartheta=\vartheta_0\left[1-\left(\frac{x}{\delta}\right)^2\right] \tag{2-6-15}$$

于是，平板的平均过余温度为

$$\vartheta_m=\frac{1}{\delta}\int_0^\delta\vartheta dx\approx\frac{2}{3}\vartheta_0 \tag{2-6-16}$$

若用热电偶测定 t_w，并测定线圈绕组的实际电阻值 R_{e_m}，根据 R_{e_m} 不难计算出 ϑ_m，由式(2-6-16)就能求出 ϑ_0，从而得到最高温度 $t_0=t_w+\vartheta_0$。这个最高温度将影响线圈的工作寿命(耐久性)。这是已经提出过的唯一方便而又准确地确定线圈组最高温度 t_0 的方法[5]。

q_V 也可随地点变动，但与温度的变化无关。例如，原子核反应取决于中子分布的情况。$q_V=f(x)$时，相应的一维稳定导热方程由式(2-6-1)演变为

$$\frac{d^2t}{dx^2}+\frac{f(x)}{\lambda}=0 \tag{k}$$

其解为

$$t = -\iint \frac{f(x)}{\lambda}\mathrm{d}x\mathrm{d}x + C_1 x + C_2 \tag{l}$$

积分常量 C_1 和 C_2 由边界条件确定。作为具体的实例，在原子核反应堆的辐射屏蔽层里，因 γ 射线的衰减而使

$$q = q_{x=0}\mathrm{e}^{-\beta x} \qquad (\mathrm{W/m^2}) \tag{2-6-17}$$

β 为衰减系数。q 的沿程减弱导致射线能量被吸收，即

$$q_V = -\frac{\mathrm{d}q}{\mathrm{d}x} = \beta q_{x=0}\mathrm{e}^{-\beta x} \tag{m}$$

边界条件为

$$\begin{cases} x = 0 \text{ 时}, & t = t_{w,1} \\ x = \delta \text{ 时}, & t = t_{w,2} \end{cases} \tag{n}$$

由式(l)得到最终解为

$$t = t_{\mathrm{w},1} + \frac{q_{x=0}}{\lambda\beta}\left[(1-\mathrm{e}^{-\beta x}) - \frac{x}{\delta}(1-\mathrm{e}^{-\beta\delta})\right] - (t_{\mathrm{w},1} - t_{\mathrm{w},2})\frac{x}{\delta} \tag{2-6-18}$$

或

$$\theta = \frac{t_{\mathrm{w},1} - t}{t_{\mathrm{w},1} - t_{\mathrm{w},2}} = \frac{x}{\delta} - \frac{q_{x=0}}{\lambda\beta(t_{\mathrm{w},1} - t_{\mathrm{w},2})}\left[(1-\mathrm{e}^{-\beta x}) - \frac{x}{\delta}(1-\mathrm{e}^{-\beta\delta})\right] \tag{2-6-19}$$

2. 长圆柱和长圆筒壁

λ＝常量时，可由式(2-1-14)得到圆柱坐标一维稳定导热方程为

$$\frac{1}{r}\frac{\mathrm{d}}{\mathrm{d}r}\left(r\frac{\mathrm{d}t}{\mathrm{d}r}\right) + \frac{q_V}{\lambda} = 0 \tag{2-6-20}$$

如果内热源均匀分布，q_V＝常量，那么式(2-6-20)的通解为

$$t = -\frac{q_V}{4\lambda}r^2 + C_1\ln r + C_2 \tag{2-6-21}$$

积分常量 C_1 和 C_2 的具体值要由边界条件确定。

长圆柱单位时间内部发出的热量 $\pi r_0^2 l q_V$ 将全部由表面散出。因此，$r=r_0$ 时，

$$t = t_{\mathrm{w}} \tag{o}$$

$$\pi r_0^2 l q_V = -2\pi r_0 l \lambda \left.\frac{\mathrm{d}t}{\mathrm{d}r}\right|_{r=r_0} \tag{p}$$

r_0 和 l 分别代表圆柱的外半径和长度。由式(2-6-21)，

$$\frac{\mathrm{d}t}{\mathrm{d}r} = -\frac{q_V}{2\lambda}r + \frac{C_1}{r} \tag{q}$$

显而易见，根据温度分布的轴对称性质，$r=0$ 时，$\frac{\mathrm{d}t}{\mathrm{d}r}=0$，$C_1=0$。而由边界条件

式(o),有

$$C_2 = t_w + \frac{q_V r_0^2}{4\lambda} \tag{r}$$

最后的解为

$$t = t_w + \frac{q_V r_0^2}{4\lambda}\left[1 - \left(\frac{r}{r_0}\right)^2\right] \tag{2-6-22}$$

亦即 $r=0$ 时,可求得轴心温度为

$$t_0 = t_w + \frac{q_V}{4\lambda} r_0^2 \tag{2-6-23}$$

表示成无量纲式,可得

$$\left.\begin{aligned} \theta &= \frac{t - t_w}{t_0 - t_w} = 1 - \left(\frac{r}{r_0}\right)^2 \\ \text{或}\quad \Theta &= \frac{t_0 - t}{t_0 - t_w} = \left(\frac{r}{r_0}\right)^2 \end{aligned}\right\} \tag{2-6-24}$$

在需要考虑 $\lambda=\lambda_0(1+\beta_t t)$ 的情况下,式(2-6-20)可修正为

$$\frac{1}{r}\frac{\mathrm{d}}{\mathrm{d}r}\left(r\lambda\frac{\mathrm{d}t}{\mathrm{d}r}\right) + q_V = 0$$

$$r\lambda\frac{\mathrm{d}t}{\mathrm{d}r} = -\frac{q_V}{2}r^2 + C_1$$

$$\int \lambda \mathrm{d}t = -\frac{q_V r^2}{4} + C_1 \ln r + C_2 \tag{2-6-25}$$

和前三节所反复揭示的一样,将使式(2-6-24)中的 Θ 修正为$\dfrac{\lambda_{\mathrm{m}t_{w,1}-t}}{\lambda_{\mathrm{m}t_{w,1}-t_{w,2}}}$。

如果给出第三类边界条件,式(p)应变换为:$r=r_0$ 时,

$$\pi r_0^2 l q_V = w\pi r_0 l \alpha (t_w - t_f) \tag{s}$$

即

$$t_w = t_f + \frac{q_V r_0}{2\alpha} \tag{2-6-26}$$

如果是圆筒壁,内、外半径各为 r_1 和 r_2,边界条件为

$$\begin{cases} r = r_1 \text{ 时}, t = t_{w,1} \\ r = r_2 \text{ 时}, t = t_{w,2} \end{cases} \tag{t}$$

由式(2-6-2)最后得到

$$\begin{cases} t = t_{w,2} + \dfrac{q_V r_2^2}{4\lambda}\left(1 - \dfrac{r^2}{r_2^2}\right) + C_1 \ln\dfrac{r}{r_2} \\ C_1 = \dfrac{t_{w,1} - t_{w,2} - \dfrac{q_V r_2^2}{4\lambda}\left(1 - \dfrac{r_1^2}{r_2^2}\right)}{\ln\dfrac{r_1}{r_2}} \end{cases} \tag{2-6-27}$$

圆筒壁内、外两表面都被冷却时，壁内将在 $r_{\max}$ 处出现最高温度 $t_{\max}$。根据式(2-6-27)，

$$\frac{\mathrm{d}t}{\mathrm{d}r}=-\frac{q_V}{2\lambda}r+\frac{C_1}{r} \tag{2-6-28}$$

可由 $\left.\frac{\mathrm{d}t}{\mathrm{d}r}\right|_{r=r_{\max}}=0$ 确定 $r_{\max}$，即

$$r_{\max}=\sqrt{\frac{2\lambda}{q_V}C_1} \tag{2-6-29}$$

C_1 值按式(2-6-27)计算。

一种特殊的实例，如果圆筒壁仅有外表面被冷却，内表面为绝热面时，$r_{\max}=r_1$，由式(2-6-29)并引入式(2-6-27)中的 C_1 值，可求得

$$\frac{q_V r_1^2}{2\lambda}=C_1=\frac{t_{w,1}-t_{w,2}+\frac{q_V r_2^2}{4\lambda}\left(1-\frac{r_1^2}{r_2^2}\right)}{\ln\frac{r_1}{r_2}}$$

或

$$t_{w,1}=t_{w,2}+\frac{q_V r_1^2}{4\lambda}\left[\left(\frac{r_2}{r_1}\right)^2-1-2\ln\frac{r_2}{r_1}\right] \tag{2-6-30}$$

圆柱可被看做是 $r_1=0$ 的圆筒，此时 $r_{\max}=0$，$t_{\max}=t_0$，最高温度就是轴心温度。由式(2-6-29)，$C_1=0$。可从式(2-6-27)的第一式求得 $r=0$ 时的温度为

$$t_0=t_{w,2}+\frac{q_V r_2^2}{4\lambda}$$

这正是前已导出的式(2-6-23)。

例 2-6-2　ϕ3mm、长 500mm 的不锈钢丝，$\lambda=18\mathrm{W/(m\cdot ℃)}$，电阻系数为 $70\mu\Omega\cdot\mathrm{cm}$，通以电流 200A。钢丝浸在液体中，$\alpha_c=300\mathrm{W/(m^2\cdot ℃)}$。求钢丝轴心温度 t_0。

［解］　钢丝电阻 $R_e=\frac{70\times10^{-8}}{\pi\times(1.5\times10^{-3})^2}\times0.5=0.0495(\Omega)$。钢丝电功率为 $I^2R_e=200^2\times0.0495=1980(\mathrm{W})$。

$$q_V=\frac{1980}{\pi\times(1.5\times10^{-3})^2\times0.5}=5.6\times10^8(\mathrm{W/m^3})$$

由式(2-6-26)，则

$$t_w=100+\frac{(5.6\times10^8)\times(1.5\times10^{-3})}{2\times3500}=220(℃)$$

由式(2-6-23)，则

$$t_0=220+\frac{(5.6\times10^8)\times(1.5\times10^{-3})^2}{4\times18}=237.5(℃)$$

钢的电阻温度系数 $\beta_t\approx0.005/℃$。根据式(2-6-10)，q_V 由 t_w 到 t_0 总的变动幅度不到 5%，偏离 $\bar{q}_V=5.6\times10^8\mathrm{W/m^3}$ 的上下幅度更小得多。所以在工程计算中，完全容许其当做均匀发热率处理。

§2-7　枢轴的稳定导热

工程上有大量的实际问题，例如轴承摩擦发热引起沿轴温度分布和热应力的预估问题，需要弄清燃气轮机实心工作叶片沿长度的温度分布以核算导热冷却的能力问题①。再例如测量流体温度时温度计套管引起测量误差的评价问题(例 2-7-1 及其解)，以及§2-8 讨论的肋的导热问题等，都将涉及无内热源的金属"细长"杆一端被连接在热表面或冷表面上，通过杆的表面与周围流体的换热，如图 2-7-1 所示。金属容易导热，如果横截面 f 不大，在不是异常强热流的情况下，虽有表面换热，横截面上的温度总比较均匀，可以近似地看做是一维的导热问题。原则上，只有杆细长到横截面尺寸远远小于杆长时才能趋近于一维。常把这种表面有换热的金属细长杆专称为**枢轴导热**，杆的横截面并不只限于圆形。

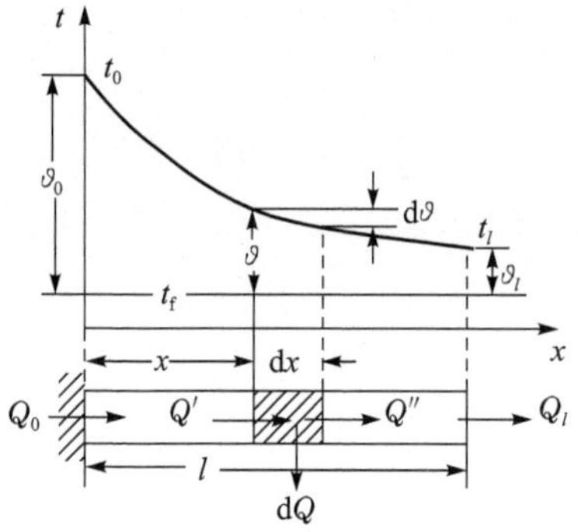

图 2-7-1　枢轴导热

显而易见，在图 2-7-1 中，

$$Q' - Q'' = \mathrm{d}Q = \lambda f \frac{\mathrm{d}^2 t}{\mathrm{d}x^2}\mathrm{d}x \tag{a}$$

$\mathrm{d}Q$ 正是散给周围流体的热流量。散热面积为 $\mathrm{d}F = P\mathrm{d}x$，$P$ 为"周长"。

$$\mathrm{d}Q = \alpha_1 P(t - t_{\mathrm{f}})\mathrm{d}x \tag{b}$$

于是

$$\frac{\mathrm{d}^2 t}{\mathrm{d}x^2} - \frac{\alpha_1 P}{\lambda f}(t - t_{\mathrm{f}}) = 0 \tag{2-7-1}$$

令 $\vartheta = t - t_{\mathrm{f}}$ 代表任意的 x 横截面上杆的过余温度。t_{f} 与 x 无关时，式(2-7-1)总可改写为

$$\frac{\mathrm{d}^2 \vartheta}{\mathrm{d}x^2} - \frac{\alpha_1 P}{\lambda f}\vartheta = 0 \tag{2-7-2}$$

只要 α_1 不随 x 改变，就可取

$$m = \sqrt{\frac{\alpha_1 P}{\lambda f}} \qquad (1/\mathrm{m}) \tag{2-7-3}$$

m 也和 x 无关。于是，式(2-7-2)的通解为

---

① 依靠转子冷却，降低叶片根部温度，可以间接起到"导热冷却"叶片的效果，以提高叶片材料与燃气相接触的耐高温能力。"导热冷却"不如"对流冷却"(见§8-6)有效，新的发展已采用更强的"发散冷却"(详见§14-4)。

$$\vartheta = C_1 e^{mx} + C_2 e^{-mx} \tag{c}$$

边界条件为

$$x = 0\text{ 时}，\quad \vartheta = \vartheta_0 = t_0 - t \tag{d}$$

$$x = l\text{ 时}，\quad Q_l = -\lambda f \left.\frac{d\vartheta}{dx}\right|_{x=l} = \alpha_2 f \vartheta_l \tag{e}$$

式(d)代入式(c)，则

$$\vartheta_0 = C_1 + C_2 \tag{f}$$

由式(c)还可得到

$$\vartheta_l = C_1 e^{ml} + C_2 e^{-ml}$$

$$\left.\frac{d\vartheta}{dx}\right|_{x=l} = C_1 m e^{ml} - C_2 m e^{-ml}$$

以此代入式(e)，则

$$C_1 m e^{ml} - C_2 m e^{-ml} = -\frac{\alpha_2}{\lambda}(C_1 e^{ml} + C_2 e^{-ml}) \tag{g}$$

联解式(f)和式(g)，求出 C_1 和 C_2，最后得到的解为

$$\vartheta = \vartheta_0 \frac{\left(1 - \frac{\alpha_2}{m\lambda}\right)e^{-m(l-x)} + \left(1 + \frac{\alpha_2}{m\lambda}\right)e^{m(l-x)}}{e^{ml} + e^{-ml} + \frac{\alpha_2}{m\lambda}(e^{ml} - e^{-ml})} \tag{2-7-4}$$

表示成无量纲形式时，则

$$\theta = \frac{t - t_f}{t_0 - t_f} = \frac{\mathrm{ch}\left[ml\left(1 - \frac{x}{l}\right)\right] + \frac{\alpha_2}{m\lambda}\mathrm{sh}\left[ml\left(1 - \frac{x}{l}\right)\right]}{\mathrm{ch}(ml) + \frac{\alpha_2}{m\lambda}\mathrm{sh}(ml)} \tag{2-7-5}$$

式中，ch 和 sh 分别代表双曲余弦和双曲正弦函数①；根据式(2-7-3)，ml 已是无量纲数；$\frac{\alpha_2}{m\lambda}$同样是无量纲数。于是，在杆端，亦即 $x=l$ 处，可由式(2-7-4)得到

$$\vartheta_l = \vartheta_0 \frac{1}{\mathrm{ch}(ml) + \frac{\alpha_2}{m\lambda}\mathrm{sh}(ml)} \tag{2-7-6}$$

如图 2-7-1 所表明的，从 $x=0$ 到 $x=l$(图中 L)枢轴表面对外散播的热流量等于枢轴根部($x=0$)处的热流量 Q_0，或

$$Q_0 = -\lambda f \left.\frac{dt}{dx}\right|_{x=0} \tag{h}$$

而由式(2-7-5)，得

---

① $\mathrm{sh}(\xi) \equiv \frac{1}{2}(e^{\xi} - e^{-\xi})$；$\mathrm{ch}(\xi) \equiv \frac{1}{2}(e^{\xi} + e^{-\xi})$；$\mathrm{th}(\xi) \equiv \frac{\mathrm{sh}(\xi)}{\mathrm{ch}(\xi)} \equiv \frac{e^{\xi} - e^{-\xi}}{e^{\xi} + e^{-\xi}}$。

$$\frac{dt}{dx} = \vartheta_0(-m)\frac{sh[m(l-x)] + \frac{\alpha_2}{m\lambda}ch[m(l-x)]}{ch(ml) + \frac{\alpha_2}{m\lambda}sh(ml)} \tag{i}$$

将式(i)代入式(h)，则

$$Q_0 = \lambda m f \vartheta_0 \frac{\frac{\alpha_2}{m\lambda} + th(ml)}{1 + \frac{\alpha_2}{m\lambda}th(m\lambda)} \tag{2-7-7}$$

图 2-7-2 是实际感兴趣的 $ml = K_1$ 和 $\frac{\alpha_2}{m\lambda} = K_2$ 时式(2-7-5)的标绘[6]。当 K_1 极小，如 $K_1 = 0$ 时，K_2 不影响 θ；当 K_1 极大，如 $K_1 = \infty$ 时，K_2 也不影响 θ。K_1 将近 1 时，K_2 的影响比较明显；但随着 $X = \frac{x}{l}$ 的减小，K_2 的影响变小。在根部 $x = 0$ 处，$\theta_0 \equiv 1$。在端部 $X = 1$ 处，大部分 K_1 和 K_2 值的 $\theta \sim X$ 曲线的斜率接近于零，表明端部的热损失可以略去不计，不会造成明显的误差。

如果忽略枢轴端部放热，即 $Q_l \approx 0$ 或 $\left.\frac{d\vartheta}{dx}\right|_{x=l} \approx 0$，在上述推导过程中从式(e)起，就不会出现包含 α_2 的各项。于是，式(2-7-5)、式(2-7-6)和式(2-7-7)将分别简化为

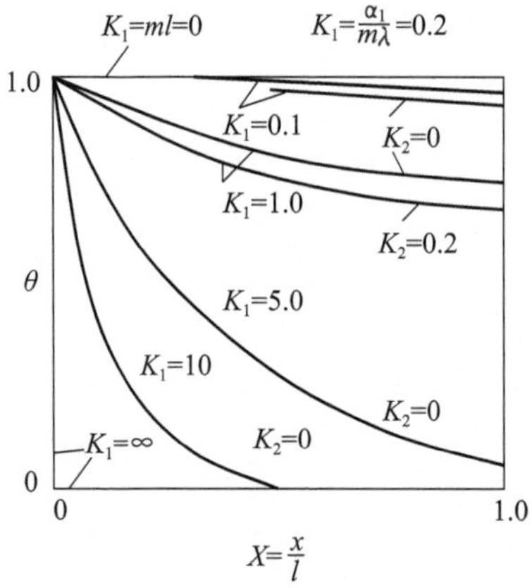

图 2-7-2 式(2-7-5)的标绘

$$\theta = \frac{t - t_f}{t_0 - t_f} = \frac{ch\left[ml\left(1 - \frac{x}{l}\right)\right]}{ch(ml)} \tag{2-7-8}$$

$$\vartheta_l = \vartheta_0 \frac{1}{ch(ml)} \tag{2-7-9}$$

$$Q_0 = \lambda m f \vartheta_0 th(ml) \tag{2-7-10}$$

至于双曲函数 ch(ml)和 th(ml)的值可查询数学表，其简表如表 2-7-1 所示。

表 2-7-1 双曲函数值简表

ml	0	0.5	1	1.5	2	3	4	5	6
ch(ml)	1	1.1276	1.543	2.352	3.762	10.07	27.31	74.21	201.7
th(ml)	0	0.4621	0.7616	0.9052	0.9640	0.9951	0.9993	0.9999	1

例 2-7-1 参看图 2-7-3，一支汞温度计，被用来计量压缩空气储罐里的空气温度。如果温度计读数为 $t_1 = 100$℃，套管根部温度为 $t_0 = 50$℃，套管长度为 $l = 140$mm，套管壁厚 $\delta = 1$mm，壁的导热系数为 $\lambda = 50$W/(m·℃)，套管外侧压缩空气的放热系数为 $\alpha_1 = 30$W/(m²·℃)，测温误差有多

大？如果改用不锈钢的套管，不锈钢的导热系数为 $\lambda=15\text{W/(m}\cdot{}^\circ\text{C)}$，测温误差又有多大？

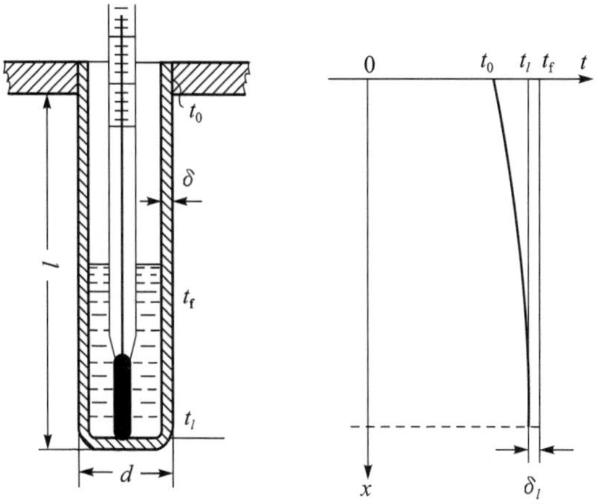

图 2-7-3　关于湿度计套管的测温误差

［解］　由式(2-7-9)，$t_f-t_l=\dfrac{t_f-t_0}{\text{ch}(ml)}$。

已知套管周长为 $P=\pi d$，截面积为 $f=\pi d\delta$，根据式(2-7-3)，则

$$ml=\sqrt{\frac{\alpha_1}{\lambda\delta}}l=\sqrt{\frac{30}{50\times0.001}}\times0.14=3.43$$

于是

$$t_f-t_l=\frac{t_f-t_0}{\text{ch}(3.43)}=\frac{t_f-50}{15.5}$$

或

$$t_f=\frac{15.5t_l-t_0}{15.5-1}=\frac{15.5\times100-50}{14.5}=103.4(^\circ\text{C})$$

测量误差为

$$\delta t=t_l-t_f=-3.4^\circ\text{C}$$

负号表明测量的温度读数偏小，比实际温度低了 3.4℃，或相对误差为$\dfrac{\delta t}{t_f}=-3.3\%$。这么大的测量误差是不能令人满意的。

如果改用不锈钢套管，实际气温仍应是 $t_f=103.4^\circ\text{C}$，但

$$ml=\sqrt{\frac{30}{15(0.001)}}\times0.14=6.26$$

$$\text{ch}(6.26)=263$$

温度读数将是

$$t_l=t_f-\frac{t_f-t_0}{\text{ch}(ml)}=103.4-\frac{103.4-50}{263}=103.2(^\circ\text{C})$$

亦即测温误差为－0.2℃，相对误差为－0.2%。

可见，要减小测温误差，就必须用导热系数尽量小的材料制造套管。减小管壁厚度，增加套

管长度，强化管外放热系数 α_1（如 § 2-8 所将具体讨论的在气体一侧采取“肋化”的办法），都将加大 m 值，也会降低测温误差。此外，在储气罐外部邻近套管根部的地区加装热绝缘，以提高根部温度 t_0，减小沿套管的温度下降，同样可以改善测温的准确性。

§ 2-8　肋壁的稳定导热

§ 2-3 已讨论过平壁两侧都给出第三类边界条件时的稳定导热，而在 § 1-6 就提出这在工程实践中是相当常见的情况。如果两侧放热系数比较悬殊，如例 1-6-1 所举油侧 α_c 和水侧 α_c 各为 200W/(m^2 · ℃)和 4000W/(m^2 · ℃)，前者只是后者的 1/20，要增强传热，必须首先着眼于减小油侧热阻。这固然可以增大油速以提高油侧 α_c，却往往由于油的黏性大，受到泵送功率经济效益的牵制。因此，常采取在放热系数小或者相对过于小的一侧加“肋”，用加大表面积的办法降低油侧和气侧的热阻。如果两侧放热系数都很小，还可以在两侧都加肋，以增强传热的实际效果。

凡用外加肋（也称为“翅片”或“翼”）、针或其他延伸物扩展表面积时，常被称为“肋化表面”（或扩展表面），以改善散热性能，这在工程上应用相当广泛。例如，空气冷却式（简称“空冷”）发动机的气缸和气缸盖上，空气调节系统的冷却和减湿盘管上，各种电机外壳上，冰箱的冷凝管上等，都装有这类散热片以增大散热量，而设备的总尺寸、制造材料和费用却相对很少增加。图 2-8-1 给出实用扩展面的举例。自然，加肋必须使肋的表面顺着工作流体的运动方向，不能因阻碍流体的流动而减弱放热系数。例如，利用自然对流（详见第 8 章）冷却的散热片必须竖放（顺着垂直于地面的方向）或斜放，而不能横放。

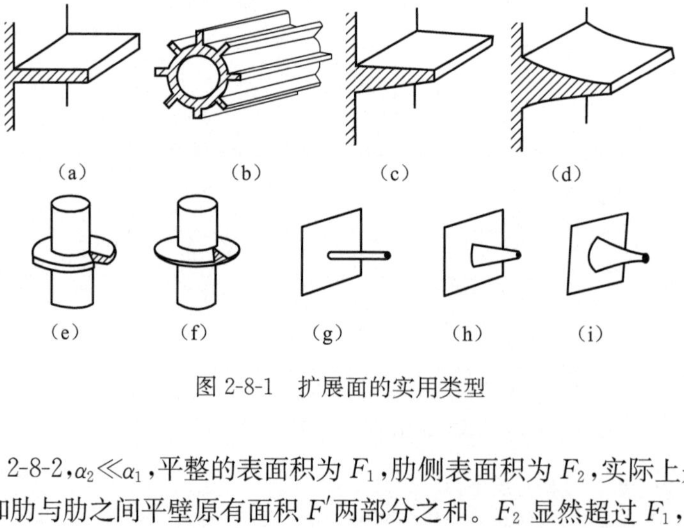

图 2-8-1　扩展面的实用类型

参看图 2-8-2，$\alpha_2 \ll \alpha_1$，平整的表面积为 F_1，肋侧表面积为 F_2，实际上是外加肋的总面积 F_f 和肋与肋之间平壁原有面积 F' 两部分之和。F_2 显然超过 F_1，F_2/F_1 称为

“肋化系数”①。如果初步假设 $t_{w,2}$ 在整个肋面 F_2 上保持均匀一致，那么根据式(1-6-1)，有

$$Q=\frac{t_{f,1}-t_{f,2}}{\frac{1}{\alpha_1 F_1}+\frac{\delta}{\lambda_1 F_1}+\frac{1}{\alpha_2 F_1}\frac{F_1}{F_2}} \tag{2-8-1}$$

或者以平整表面积 F_1 为准的传热系数为

$$k_1=\frac{1}{\frac{1}{\alpha_1}+\frac{\delta}{\lambda}+\frac{1}{\alpha_2}\frac{F_1}{F_2}}\quad [\mathrm{W/(m^2}\ 平整面积\cdot{}^\circ\mathrm{C})] \tag{2-8-2}$$

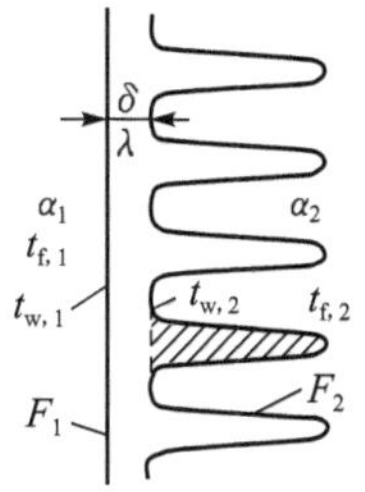

图 2-8-2　肋壁导热

和式(1-6-1)、式(1-6-2)对比，肋化系数 F_2/F_1 越大，因主要热阻明显减小，传热速率将提高越多。

要提高肋化系数，原则上可遵循两条途径：①采用薄肋，缩小肋的间距，以增加肋的数目；②采用 l 更长的高肋，扩大每根外肋的表面积。设计的肋越薄、越密集、越高，将给肋的加工或安装工艺带来越多的困难；过于密集的肋也会使流体在肋间的流动受到阻碍，甚至肋间变成流动的死角区，反而削弱传热的效果。同样的肋间距，肋越高，也就显得越密集。这些都将在第 7 章更深入地阐明对流换热原理后再作量化分析。

应该看到，式(2-8-1)或式(2-8-2)都只是对问题进行简化分析的结果，相当于假定外加的肋(图 2-8-2 中的阴影部分)完全不产生任何附加的导热热阻，也只有在这个前提下才能使肋端温度和肋根温度保持相同。实际上，肋端温度总比肋根温度更接近于 $t_{f,2}$。由于肋侧表面形状的复杂性和表面温度的不一致，肋化表面上的放热系数 α_2 照例不一定能保持均匀一致，特别是接触的流体为气体时，辐射放热系数在整个肋表面上并非常量[7]。因此，由式(2-8-1)初步计算出的 Q 将偏大，过高地估计了肋化增强传热的作用。

如果引进“肋效率”η_f，定义为肋的实际传热速率 Q_f 与整个肋表面的温度 $t_{w,2}$ 都维持为肋根温度 t_0 的理想传热速率 Q_f' 之比，那么，肋效率 η_f 将随肋长 l 的加大而减小，只有 $l=0$ 时，η_f 才能达到它的最高值 100%。于是，肋表面的理想传热效率为

$$Q_f'=\alpha_2 F_f(t_{w,2}-t_{f,2}) \tag{a}$$②

依定义，肋表面的实际传热速率为

$$Q_f=\alpha_2\eta_f F_f(t_{w,2}-t_{f,2}) \tag{b}$$

---

① 注意：“肋化系数”应指肋侧肋化后的总面积 F_2 与未肋化前原有面积之比。对于大平壁，未加肋前的原有面积也就是光侧面积 F_1。

② 此式把 α_2 当做常量处理。实际上，沿肋长，α_2 不会完全一样，可引进校正系数，使 $\alpha_2=$ 常量的分析与实验结果取得一致[8]。

$\eta_f F_f = F_f'$可被看做是有效的肋面积。整个肋化表面积 F_2 单位时间与所接触流体之间的换热量为

$$Q = \alpha_2(\eta_f F_f + F')(t_{w,2} - t_{f,2}) \tag{c}$$

式(2-8-1)中的肋化表面放热热阻应由$\frac{1}{\alpha_2 F_2}$修正为$\frac{1}{\alpha_2 F_f}$。单位时间与所接触流体之间的换热量为

$$F_2' = \eta_f F_f + F' = \eta_f F_f + (F_2 - F_f) \tag{d}$$

或整个肋化表面的“总效率”η_t 为

$$\eta_t = \frac{F_2}{F_2} = 1 - \frac{F_f}{F_2}(1 - \eta_f) \tag{2-8-3}$$

要确定肋效率，还需要进一步分析肋的导热[9]。

1. 定截面直肋

图 2-8-1 中的(a)、(b)、(g)都属于定截面直肋，可被概括成图 2-8-3，肋的横截面积 $f=b\delta$ 和周长 $P=2(b+\delta)$。沿肋的长度，即 x 轴向不变。肋根温度$t_{x=0}=t_0$，在 $x=0$ 的全截面上保持均匀。周围的介质温度 $t_f=$常量。假定周围放热系数为 α_1，不随 x 改变，但肋端放热系数为 α_2，α_2 和 α_1 可以不等。严格地说，向周围散热是一个二维温度场，不仅肋内温度沿 x 改变，在除 $x=0$ 之外的 x 截面上，温度也不会完全均匀。以矩形直肋[图 2-8-1 的(a)和(b)]为例，y 轴向的肋宽 $b \gg \delta$ 时，根据式(2-1-12)，$\lambda=$常量时的稳定导热方程为

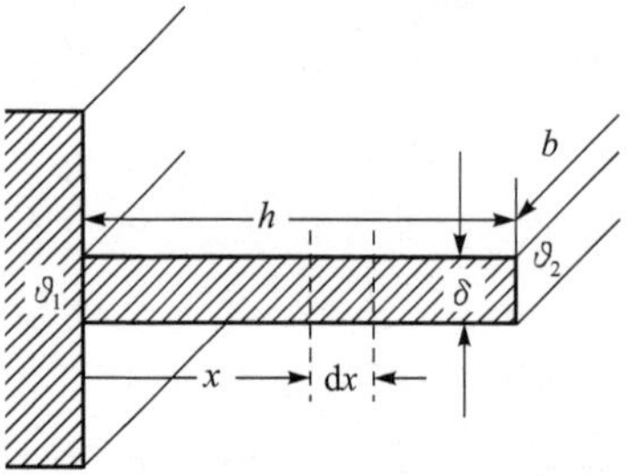

图 2-8-3 截面积不变的直肋导热

$$\frac{\partial^2 t}{\partial x^2} + \frac{\partial^2 t}{\partial z^2} = 0 \tag{e}$$

而且 $t_{x,z}=t_{x,-z}$，即截面温度分布具有对 x 轴对称的性质，或

$$\left.\frac{\partial t}{\partial z}\right|_{z=0} = 0 \tag{f}$$

在边界上，

$$-\lambda\left.\frac{\partial t}{\partial z}\right|_{z=\frac{\delta}{2}} = \alpha_1(t_{\delta/2} - t_f) \tag{g}$$

从 $z=0$ 到 $z=\delta/2$，对式(e)积分，则

$$\int_0^{\delta/2} \frac{\partial^2 t}{\partial x^2}\mathrm{d}z + \int_0^{\delta/2} \frac{\partial^2 t}{\partial z^2}\mathrm{d}z = 0$$

则

$$\frac{\partial}{\partial x^2}\int_0^{\delta/2} t\mathrm{d}z + \left.\frac{\partial t}{\partial z}\right|_{z=\delta/2} - \left.\frac{\partial t}{\partial z}\right|_{z=0} = 0$$

引进横截面平均温度 $\bar{t} = \frac{\delta}{2}\int_0^{\delta/2} t\mathrm{d}z$，$\bar{t}$ 将只是 x 的单函数，利用式(f)和式(g)，将上式简化为

$$\frac{\mathrm{d}^2\bar{t}}{\mathrm{d}x^2} - \frac{2\alpha_1}{\lambda\delta}(t_{z=\delta/2} - t_\mathrm{f}) = 0 \tag{h}$$

正像§1-6中提到的，以$\frac{\delta}{2}$作为特征尺寸的 $Bi=\frac{\alpha_1\delta}{2\lambda}\ll 1$ 时，$t_{z=0}-t_\mathrm{f}$ 的温降几乎全发生在肋表面之外，$t_{z=0}-t_{z=\delta/2}$小到 $t_{z=0}\approx\bar{t}\approx t_{z=\delta/2}$。此时，可把肋的导热处理成一维问题，$x$ 横截面上的温度 t 可看做全截面上均匀一致，或 $t=f(x)$，容许把式(h)近似为

$$\frac{\mathrm{d}^2 t}{\mathrm{d}x^2} - \frac{2\alpha_1}{\lambda\delta}(t - t_\mathrm{f}) = 0 \tag{2-8-4}$$

我们并不对肋的内部温度场特别感兴趣，分析的目的主要限于确定表面热流 Q_f，更详尽的分析[10]表明，$Bi=\frac{\alpha\delta}{2\lambda}\leqslant 0.1$ 时，相当于 α 小、δ 非常薄、材料导热系数 λ 又很大时，这种近似分析将准确到误差低于 1%。金属导热系数在 15W/(m^2·℃)以上，即使肋厚 $\delta=10$mm 时，α_1 不超过 300W/(m^2·℃)就能满足 $Bi\leqslant 0.1$；采用普通钢和黄铜，λ 分别达到 45W/(m^2·℃)和 88W/(m^2·℃)，α_1 高达 1000～1500W/(m^2·℃)，仍能满足 $Bi\leqslant 0.1$ 这个条件。由此可见，金属横截面上的温度分布事实上接近于均匀一致。

其实，矩形直肋的肋宽为 b 时，$f=b\delta$(m^2)，既然 $b\gg\delta$，那么

$$\frac{P}{f} \to \frac{2b}{b\delta} = \frac{2}{\delta} \tag{i}$$

式(2-7-1)也就演变为式(2-8-4)，足见式(2-7-4)～式(2-7-7)都同样适用于定截面的直肋。

如果整个肋表面的温度都能维持肋根温度为 t_0，那么理想肋的传热速率应为

$$Q_\mathrm{f}' = \alpha_1 Pl\vartheta_0 + \alpha_2 f\vartheta_0 \tag{2-8-5}$$

因此，"肋效率"将是 $\eta_\mathrm{f}=\frac{Q_\mathrm{f}}{Q_\mathrm{f}'}$，或

$$\eta_\mathrm{f} = \frac{\lambda mf}{\alpha_1 Pl + \alpha_2 f}\,\frac{\frac{\alpha_2}{m\lambda} + \mathrm{th}(ml)}{1 + \frac{\alpha_2}{m\lambda}\mathrm{th}(ml)} \tag{2-8-6}$$

肋端放热可被忽略不计时，就可采用式(2-7-8)、式(2-7-9)和式(2-7-10)，而式(2-8-6)则简化为

$$\eta_\mathrm{f} = \frac{1}{ml}\mathrm{th}(ml) \tag{2-8-7}$$

式(2-8-7)的图示可参看图 2-8-4 中矩形直肋曲线,该曲线实际上也同样适用于圆柱针肋[见图 2-8-1(g)],但无量纲横坐标中的 $\delta/2$ 应代以 $r_0/2$,r_0 为针肋的截面半径。

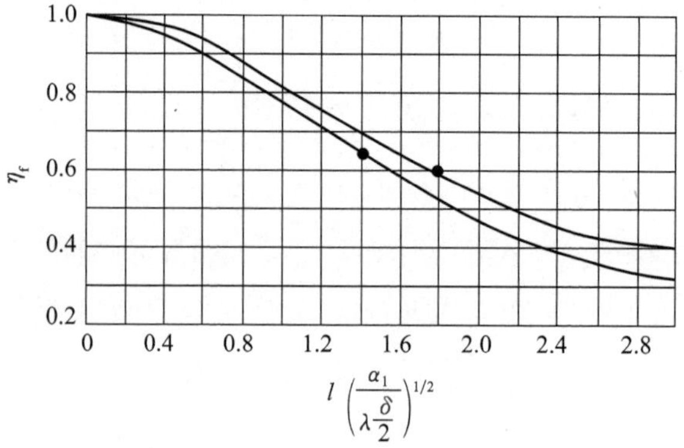

图 2-8-4　矩形直肋和三角形直肋的肋效率

计算表明[11]:求 Q_0 时,肋端放热的影响可用假想矩形直肋的高度再增加肋的厚度的一半,即取 $l'=\left(l+\frac{\delta}{2}\right)$代替实际肋的高度 l,当做无肋端放热的情况处理,从而使计算大为简化。这实质上就相当于把肋端面积展开在侧面上。当$\frac{\alpha_1\delta}{2\lambda}\leqslant 0.25$时,这种近似处理引起的误差将小于 8%。正如前面指出的,通常情况下金属肋的$\frac{\alpha_1\delta}{2\lambda}\leqslant 0.25$,实践证实采用这种简化处理方式已满足绝大多数工程计算的需要。如果是直径为 δ 的圆形肋[见图 2-8-1 的(g)],端面积为 $f=\frac{\pi}{4}\delta^2$,展开在侧面上时相当于肋高增加 $\delta/4$,可取 $l'=\left(l+\frac{\delta}{4}\right)$。

2. 变截面直肋和环肋

施密特[12]在解决肋的最佳尺寸问题时,发现肋的形状最好以两条抛物线为界,如图 2-8-5 所示①。为了接近这类肋型,而又易于加工制造,常把肋做成图 2-8-1 中(c)的梯形肋、甚至三角形的直肋和(h)的锥形针肋等形状。对于变截面直肋,§ 2-7

① 核反应堆,特别是气冷堆或使用有机液体冷却时,核燃料元件的包壳常装备肋片。这时,必须考虑核辐射射线的吸收将引起的内热源影响[13]。q_V 较低、包括 $q_V=0$ 时,最佳肋型应是图 2-8-5(a)所指出的向内凹的截面形状;而 q_V 增大时,肋片应加厚,最终变为图 2-8-5(b)所指出的向外凸的截面形状。这些肋片都较难制造,而且向内凹时,结构上也显单薄。

的式(a)将转化为

$$Q' - Q'' = \mathrm{d}Q = \frac{\mathrm{d}}{\mathrm{d}x}\left(\lambda f \frac{\mathrm{d}t}{\mathrm{d}x}\right)\mathrm{d}x \tag{j}$$

横截面积 f 也变成 x 的给定函数；§ 2-7 的式(b)中，周长 P 同样要随 x 改变。圆管肋化时，往往采用环肋，如图 2-8-1 中的(e)和(f)所示。取圆柱坐标，式(j)中的 x 应代换为 r，$f=2\pi r\delta$。即便是等厚度的环肋，f 也还是 r 的函数；§ 2-7 的式(b)中侧面积 $P\mathrm{d}x$(参看图 2-8-3)变成上、下两表面由 r 到 $r+\mathrm{d}r$ 的环形面积 $2(2\pi r\mathrm{d}r)$。这类问题的解，比定截面直肋繁杂得多[9,14]。进行工程计算时，可从手册资料[15,16]中找到常用肋型的肋效率 η_f 的无量纲通用图或计算公式。例如，图 2-8-4 同时给出了矩形直肋和三角形直肋的 η_f，图中指明的最佳尺寸详见后面的“3. 肋的选用和设计”。对于三角形直肋，图中 δ 专门指肋根厚度。矩形环肋的肋效率 η_f 见图 2-8-6。

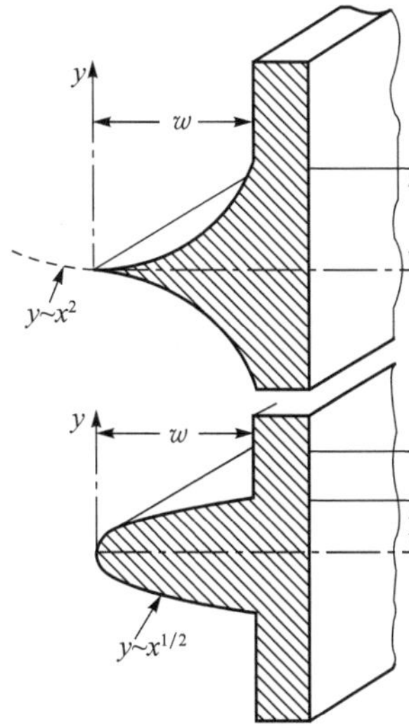

图 2-8-5　抛物线形直肋

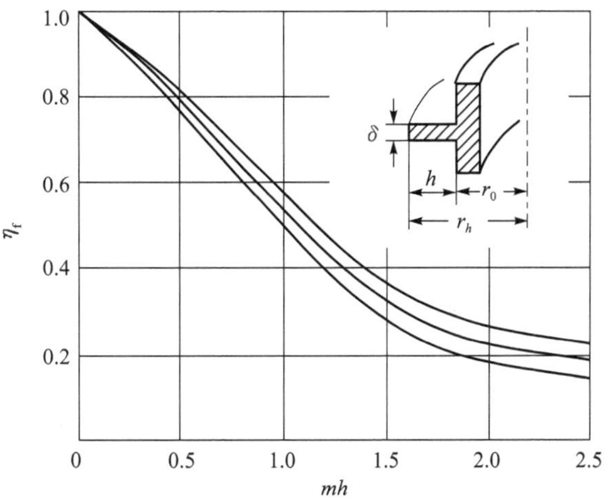

图 2-8-6　矩形环肋的 η_f

实用上，也常引进“修正系数”$\varepsilon'=q'/q$，按定截面直肋计算变截面直肋的热流量 Q_0'，即

$$Q_0' = \varepsilon' F' q \tag{2-8-8}$$

这里，q' 和 F' 分别代表实际的肋表面热流密度和实际的肋表面积，q 和 F 分别代表具有相同肋根横截面积和相同肋高时定截面直肋的表面热流密度和表面积，亦即具有同样肋根横截面积和相同肋高时定截面直肋的热流量 $Q_0=qF$ 按式(2-7-10)计算，然后由式(2-8-8)得到：

$$Q_0' = \varepsilon' \frac{F'}{F} Q_0 \tag{k}$$

至于肋端放热的影响，照样可借用假想适当加长肋高 l 的办法，将肋端面积折算成相应侧面积的近似方式考虑。图 2-8-7[17]示出梯形和三角形直肋的 $\varepsilon'=f\left(\frac{\vartheta_l}{\vartheta_0}\frac{\delta_l}{\delta_0}\right)$ 的无量纲通用线图。$\delta_1/\delta_0=1$ 就是厚度维持不变的定截面直肋；$\delta_1/\delta_0=0$ 代表三角形直肋；$0<\delta_1/\delta_0<1$ 则代表梯形直肋。ε'实质上描述从肋根收缩的影响，因而被称为“肋收缩性的校正系数”。对于厚度不变的环肋，同样可以引进 $\varepsilon''=q''/q$，按定截面直肋计算环肋热流量 Q_0''，即

$$Q_0''=\varepsilon''F''q \tag{2-8-9}$$

q 代表相同厚度 δ、肋高为 $l=r_1-r_0$、肋宽 $b=1\text{m}$ 的定截面直肋表面热流密度，$q=\frac{Q_0}{F}(\text{W/m}^2)$；$F=2lb=2(r_1-r_0)(\text{m}^2)$；而 $F''=2\pi(r_l^2-r_0^2)+2\pi r_l\delta(\text{m}^2)$。肋弯曲的校正系数 ε''已被图示成图 2-8-8[17]。图中，$r_1/r_0=1$ 时，相当于直肋。对于厚度变化的环肋，肋收缩性的校正系数 ε'可借用图 2-8-7 的曲线估计。

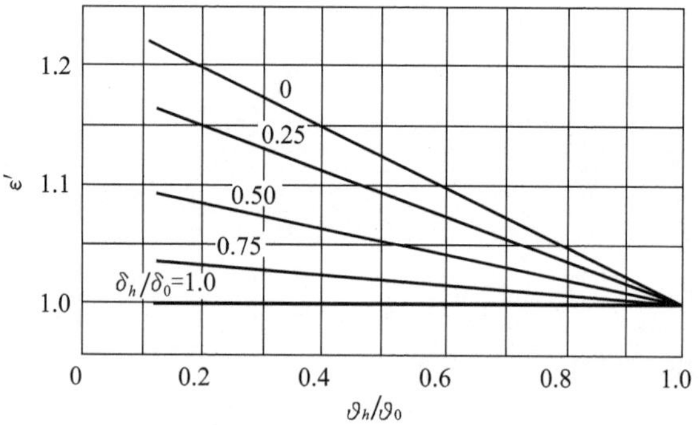

图 2-8-7　梯形和三角形直肋的 $\varepsilon'=f\left(\frac{\vartheta_1}{\vartheta_0},\frac{\delta_1}{\delta_0}\right)$

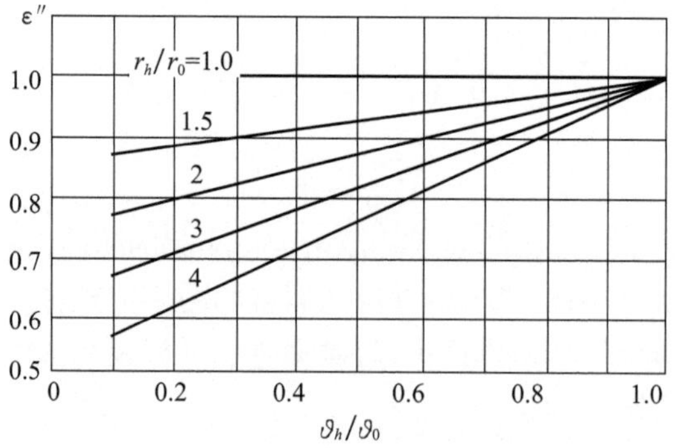

图 2-8-8　厚度不变时环肋的 $\varepsilon''=f\left(\frac{\vartheta_1}{\vartheta_0},\frac{r_1}{r_0}\right)$

例 2-8-1　δ=3.6mm、厚度不变的环肋，r_0=60mm，r_1=120mm。如果α_1=30W/(m^2·℃)，λ=30W/(m·℃)，ϑ=80℃，试求环肋的散热量 Q_0''。

［解］　直肋的假想高度为 $l'=(r_l-r_0)+\frac{\delta}{2}=0.0618\text{m}$。

由式(2-7-3)和本节的式(i)，

$$m=\sqrt{\frac{\alpha_1 P}{\lambda f}}=\sqrt{\frac{\alpha_1}{\lambda}\,\frac{2}{\delta}}=23.57(\text{m}^{-1})$$

于是，$ml'=1.46$，$\text{ch}(ml')=2.269$，$\text{th}(ml')=0.8977$。

根据式(2-7-9)，有

$$\frac{\vartheta_l}{\vartheta_0}=\frac{1}{\text{ch}(ml')}=0.44$$

根据式(2-7-10)，可求得

$$Q_0=\lambda mf\vartheta_0\,\text{th}(ml')=182.81\text{W}$$

相应的直肋表面积为 $F=2l'b=0.1236\text{m}^2$，因此

$$q=\frac{Q_0}{F}=1479\text{W/m}^2$$

由图 2-8-8 找到 $\vartheta_1/\vartheta_0=0.44$ 和 $r_1/r_0=2$ 时的 $\varepsilon''=0.855$。由于 $F''=2\pi(r_l^2-r_0^2)+2\pi r_l\delta=0.0706\text{m}^2$，因此

$$Q_0''=\varepsilon''F''q=89.25\text{W}$$

3. 肋的选用和设计

肋的几何形状和尺寸大小的合理选定，要考虑能给出传热效果好、材料费用和制造成本低、重量轻、占用空间小以及流体在肋间通过时流动阻力小等一系列具体性能。

对于加肋，由于表面积增大而使表面放热热阻得以减小，但同时也增加了肋本身的附加导热热阻。如果外部热阻原先就很小，如高速液流或液体沸腾时的 α 很大，接近或者达到 10^4 W/(m^2·℃)(见表 1-4-1)，已不是串联热阻中的主要部分，加肋不仅未能提高传热速率，反而可能会削弱传热效率。以定截面直肋为例，对于给定的肋厚 δ，根据式(2-7-7)，若 $\alpha_2\approx\alpha_1\approx\alpha$，注意 l 从零开始加长时，由$\frac{\text{d}Q_0}{\text{d}l}=0$ 求得加肋是否有利的临界条件为

$$\frac{\alpha}{m\lambda}\left(=\sqrt{\frac{\alpha f}{\lambda P}}\right)=1$$

发现$\frac{\alpha}{m\lambda}<1$ 时，$\frac{\text{d}Q_0}{\text{d}l}>0$，即加肋的结果能使传热增强而显得有利。具体对于矩形直肋来说，只有$\frac{\alpha}{m\lambda}\left(=\sqrt{\frac{\alpha\delta}{2\lambda}}\right)\leqslant 0.5$ 或 $Bi=\frac{\alpha(\delta/2)}{\lambda}\leqslant 0.25$ 时，实践才证实加肋是有

利的。这恰好表明加热时，肋的内部热阻必须低于外部热阻才能起到预期的增强传热的作用。因此，使用高 λ 的材料做肋无疑是必要的，加薄肋胜过加厚肋，肋也总是加在 α 小的一侧。只要加肋是有利的，密集的短肋比稀疏的长肋能起更好的效果，不过，肋间距不能小到阻碍流体运动而降低放热系数 α（详见第 7 章）。

参看图 2-8-3，在放热系数 α 的值相同和指定材料（λ 值已给定）时，每宽 1m（或 $b=1\text{m}$）的肋的体积和质量将与肋高 l 和肋厚 δ 的乘积 $l\delta$ 两者之比，亦即矩形直肋的矩形面积。例如，改写式(2-7-10)为

$$Q_0 = \vartheta_0 \sqrt{\alpha\lambda P f}\,\text{th}\left(\sqrt{\frac{\alpha P}{\lambda f}}\,\frac{l\delta}{\delta}\right) \tag{1}$$

每宽 1m 的矩形薄肋的 $P\approx 2\text{m}$，$f\approx\delta\text{m}^2$，可确定在特定的 ϑ_0 下每米宽的肋传递热流量 Q_0 达到最大时的 δ_{opt}。使

$$\left.\frac{\text{d}Q_0}{\text{d}\delta}\right|_{l\delta=\text{常量}} = 0$$

就能推导出肋的重量和材料消耗量相同而能传递最大热流量最佳厚度为

$$\delta_{\text{opt}} = C_1\,\frac{1}{\alpha\lambda}\left(\frac{Q_0}{\vartheta_0}\right)^2 \tag{2-8-10}$$

将 δ_{opt}代入式(1)，相应的最佳肋高为

$$l_{\text{opt}} = C_2\,\frac{1}{\alpha}\,\frac{Q_0}{\vartheta_0} \tag{2-8-11}$$

也就是在传递给定的热流量 Q_0 时，这种最佳尺寸将使肋的重量最轻、材料最省。由 δ_{opt}和 l_{opt}得到$(ml)_{\text{opt}}$，代入式(2-7-9)，则

$$\theta_l = \frac{\vartheta_l}{\vartheta_0} = \frac{1}{\text{ch}\,(ml)_{\text{opt}}} = C_3 \tag{2-8-12}$$

这些关系式将同样适用于其他肋形的直肋[18,19]。对于矩形直肋，常数 $C_1=2.528$，$C_2=1.596$，$C_3=0.457$；对于三角形直肋，δ_{opt}是指肋根的最佳厚度，$C_1=3.310$，$C_2=1.684$，$C_3=0.277$。可见，同样的 Q_0/ϑ_0，都使用最佳尺寸时，三角形直肋的 ϑ_1 相当于矩形直肋的$\frac{0.277}{0.457}=60.5\%$，因此，肋端的温度 t_1 将高于矩形直肋。而三角形的截面积为$\frac{1}{2}\delta_{\text{opt}}l_{\text{opt}}$，如果采用的材料相同，$\alpha$ 也相同，那么三角形直肋的三角形最佳截面积只是矩形最佳截面积的$\frac{1}{2}(C_1C_2)_{\text{三角形直肋}}/(C_1C_2)_{\text{矩形直肋}}=69\%$。肋形相同，使用不同金属材料时，肋的体积 $V_{\text{opt}}=bl_{\text{opt}}\delta_{\text{opt}}$将反比于材料的导热系数 λ，重量 $W_{\text{opt}}=\rho g V_{\text{opt}}$将正比于 ρ/λ。参看表 2-8-1，采用的铝肋将比铜肋多占体积 72%，但轻 48%；采用钢铁肋，则无论所占空间或重量都比铜肋大得多。

表 2-8-1　不同材料在相同 Q_0/ϑ_0 下使用最佳尺寸的直肋重量 W 和体积 V 的比较

金属材料	密度 ρ/(kg/m³)	λ/[W/(m·℃)]	$V/V_{铜}$	$W/W_{铜}$
铜	8.9×10^3	381	1.00	1.00
铝	2.7×10^3	222	1.72	0.52
铁	7.8×10^3	58	6.56	5.75
不锈钢	7.8×10^3	16	23.8	20.9

由图 2-8-4，使用重量轻、材料消耗量最少的最佳尺寸时，矩形直肋和三角形直肋的肋效率 η_f 大约为 60%。例如，根据式(2-8-12)，矩形直肋的 $C_3=0.457$，相应于 $(ml)_{opt}=1.419$，可从式(2-8-7)计算出相对应的 η_f 为 62.6%。

整个肋壁，可以是浇铸或切削成的整体，也可以是单独制作的肋镶配或焊接到相当的表面上。后一种情况便于使用比壁本身更好的导热材料制成的肋，全部结构也可以较轻巧些。但装配时，必须确保肋与壁面之间紧密接触，否则会出现“接触热阻”，达不到肋化的预期效果。

§2-9　接 触 热 阻

参看图 2-9-1，两固体棒 A 和 B 相接触，周围被很好地热绝缘，以确保热流的方向单一。在稳定的工况下，发现接触面出现温降 $t_{i_A}-t_{i_B}$。这表明存在着单位“接触热阻”：

$$r_{t_i}=\frac{t_{i_A}-t_{i_B}}{q}\qquad (\mathrm{m^2\cdot ℃/W})\tag{2-9-1}$$

根据热阻串联相加的原则，有

$$q=\frac{t_{w,1}-t_{w,2}}{\dfrac{\delta_A}{\lambda_A}+r_{t_i}+\dfrac{\delta_B}{\lambda_B}}\tag{2-9-2}$$

特别是金属的导热热阻很小，接触热阻将严重地削弱传热。

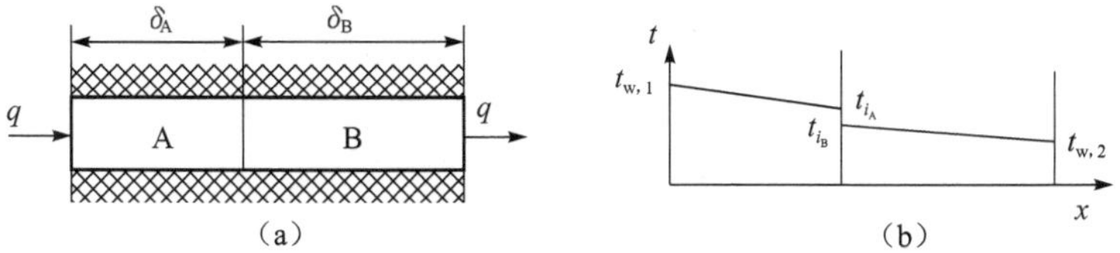

图 2-9-1　“接触热阻”效应

工程上常遇到两种不同材料的机械连接。这种情况下的传热往往不可避免地出现“接触热阻”，可看作如图 2-9-2 所示出的，两表面之间容易出现点接触，或者只是部分的、而不是完全平整的面接触，并且充满在空隙里的是导热系数远比固体小的气体。可以认为：

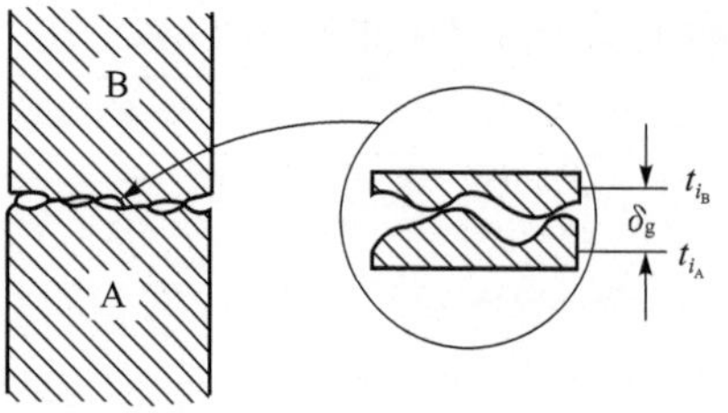

图 2-9-2 “接触热阻”的分析模型

$$Q=\frac{t_{i_A}-t_{i_B}}{\frac{\delta_g/2}{\lambda_A}+\frac{\delta_g/2}{\lambda_B}}(F-F_g)+\frac{t_{i_A}-t_{i_B}}{\delta_g}\lambda_g F_g \tag{2-9-3}$$

其中，δ_g 为空隙厚度；F 为棒的横截面积；F_g 为接触面上的空隙面积；$F-F_g$ 为固体与固体直接接触的面积；λ_g 为充满在空隙里的介质导热系数。式(2-9-3)等号右边第一项代表固体与固体直接接触的导热热流量；第二项代表空隙夹层里介质的导热热流量 $q=\frac{Q}{F}$。将式(2-9-3)代入式(2-9-1)，则单位接触热阻为

$$r_{t_i}=\frac{\delta_g}{\frac{F-F_g}{F}\frac{2\lambda_A\lambda_B}{\lambda_A+\lambda_B}+\frac{F_g}{F}\lambda_g} \tag{2-9-4}$$

在完全点接触的情况下，接触热阻最大。此时，$F_g=F$，而有

$$r'_{t_i}=\frac{\delta_g}{\lambda_g} \tag{2-9-5}$$

这种简单的物理模型由于很难确定 F_g 和 δ_g，实际用来计算还很困难。但却可据此得到如下结论：①增加接触面上的挤压压力，可使波纹状材料或者弹塑性材料的点接触变形为部分面接触，同时挤走空隙中的气体，从而使接触热阻减小；②对于金属，由于 λ_A 和 λ_B 较大，接触热阻将成为影响接触传热速率的主要因素，可在接触面上涂上特殊的热涂油①，通过挤压填实空隙，有可能减小接触热阻多达 75％；也可在两种硬金属之间夹以薄铜片、铜箔、银箔或铝箔，通过挤压驱除空隙中的空气以降低接触热阻。一些风冷换热器肋管上的肋片，常以一定的预紧力缠绕或镶嵌在管的外表面上，但要注意管壁温度过高时预紧力可能消失而形成空气隙。

人们曾做过尝试，企图对固体与固体接触的热阻进行分析[20]，但求解方程所需要的数据很难确定，所提出的理论分析渐近解曾被用于实验数据的整理[21]，却未得到推广应用。迄今为止，实验研究亦未能提供可靠的经验综合式以分析和评估工程材料的接触热阻[15,22]。新的进展可参见文献[23]、[24]。

在工程设计中，当缺乏具体资料时，可参考表 2-9-1[15,25] 估计接触热阻。在高温下工作时，气隙里的辐射换热(见第 6 章)会使传热有所增强，相当于减小了接触热阻。

① 热涂油也被音译成“导热姆”(Dowtherm)，是一种二苯和二苯氧化物的混合物。

表 2-9-1　几何接触面的接触热阻

接触表面情况	表面粗糙度/μm	温度/℃	压力/bar	$10^4 r_{t_i}$/(m²·℃/W)
416 不锈钢，磨光，空气	2.54	90～200	3～25	2.64
416 不锈钢，磨光，中间夹 0.025mm 厚的黄铜片	2.54	30～200	7	3.52
铝，磨光，空气	2.54 0.25	150 150	12～25 12～25	0.88 0.18
铝，磨光，中间夹 0.025mm 厚的黄铜片	2.54	150	12～200	1.23
铝，磨光，空气 铝，磨光，真空	1.27 0.25	20 20	12～200 7～70	0.07 0.88

参考文献

[1] 数学手册(增订本). 北京：煤炭工业出版社(第 1 版)，1975.

[2] 王补宣. 设计管道热绝缘的速算图解法. 北京：电力工业出版社，1957.

[3] 王补宣. 关于管道热绝缘经济厚度的确定. 机械工程学报，1963，11(4)：64-70.

[4] M. M. El-Wakil. Nuclear Heat Transfer. New York: International Textbook Co., 1971.

[5] M. Viidmar. Electrochn. und. Maschinenbau. 1918, 26: 49, 65.

[6] B. Gebhart, Heat Transfer. 2nd ed. New York: McGraw-Hill, 1970.

[7] R. Siegel and J. R. Howell. Thermal Radiation Heat Transfer. New York: McGraw-Hill, 1972.

[8] J. W. Stachiewicz. Trans. ASME Ser. C, JHT, 1969, 9: 21.

[9] D. Q. Kern and A. D. Kraus. Extended Surface Heat transfer. New York: McGraw-Hill, 1972.

[10] R. K. Irey. Trans. ASME, Ser. C, JHF. 1968, 90: 175.

[11] D. R. Harper 3rd and W. P. Brown. NACA TR, 1922, 158: 677-708.

[12] E. Schmidt, Z. Ver. Deutsch. Ing., 1926, 70: 885, 947.

[13] W. S. Winkler and W. T. Rouleau. Nuclear Sci. and Eng., 1960, 7(5): 400-406.

[14] P. J. Schneider, Conduction Heat Transfer. New York: Addison-Wesley Pub. Co., 1955.

[15] J. P. Harnett and M. W. Rohsenow ed. Handbook of Heat Transfer. New York: McGraw-Hill, 1973.

[16] K. A. Gardner. Trans. ASME, 1945, 67: 621-631.

[17] M. A. 米海耶夫. 传热学基础. 王补宣译. 北京：高等教育出版社，1958.

[18] M. Jakob. Heat Transfer. New York: John Wiley, 1949.

[19] E. R. G. 埃克尔特，R. M. 德雷克. 传热与传质. 徐明德译. 北京：科学出版社，1965.

[20] H. Fenech and M. W. Rohsenow. Trans. ASME. JHT, 1963, 85: 15.

[21] T. N. Veziroglu. Correlation of Thermal Contact Conductance Experimental Results. PA:

Academic Press，1967.

［22］ C. J. Moore，Jr.，H. A. Blum and H. Atkins. ASME，1968.

［23］ C. V. Madhusudana. Thermal Contact Conductance. Berlin：Springer-Verlay；New York：Heidelberg，1996.

［24］ 张平，宣益民，李强. 界面接触热阻的研究进展. 化工学报，2012，63(2)：335-349.

［25］ J. P. Holman. Heat Transfer. 4th ed. New York：McGraw-Hill，1976.

第 3 章　二维和三维稳定导热

§3-1　分析方法概述

第 2 章深入浅出地展示了导热基本理论的概貌，但所处理的只限于 $t=f(x)$ 和 $q=\varphi(x)$ 的一维稳定导热问题。肋的导热（见 §2-8）虽然涉及了二维，却仍被近似简化成一维，全是单变量的情况。许多实际问题容许按照这种方式近似处理。但当几何形状或者边界条件比较复杂、边界面上的温度分布不均匀时，即使是稳定导热，温度分布也将是两个、甚至三个坐标轴的函数。有关墙角、短圆筒、地下埋管的热损失就是这类问题的典型。本章作为第 2 章的继续，延伸为二维或者三维稳定导热的分析，重点放在二维上，因为求解还不算太繁难，又能说明解析的基本原理和方法。

对于各向同性的均匀固体，λ 为常量、无内热源时的二维稳定导热，"拉普拉斯方程式"(2-1-12)可被写作

$$\frac{\partial^2 t}{\partial x^2}+\frac{\partial^2 t}{\partial y^2}=0 \tag{3-1-1}$$

如同图 1-3-2 及其分析（见 §1-3）所指明的，只要是各向同性体或者各向异性体的主轴与 x、y 坐标轴相一致，任何地点 (x,y) 热流密度 $q(x,y)$ 都是矢量，永远是该地点的 q_x 和 q_y 两矢量之和。因此，根据所给定的边界条件，求式(3-1-1)的解 $t=f(x,y)$ 将不难确定：

$$q=q_x+q_y=-\lambda_x\frac{\partial t}{\partial x}-\lambda_y\frac{\partial t}{\partial y} \tag{3-1-2}$$

或者对于各向同性体，$\lambda_x=\lambda_y=\lambda$ 时有

$$|q|=\left|\sqrt{q_x^2+q_y^2}\right|=\lambda\left|\sqrt{\left(\frac{\partial t}{\partial x}\right)^2+\left(\frac{\partial t}{\partial y}\right)^2}\right| \tag{3-1-3}$$

解析二维和三维稳定导热问题，可以采用解析法、数值法和模拟解法。针对二维稳定导热问题，还可以有图解法。

解析法包括近似解析法的"积分方程法"（见 §3-2）和特殊处理方法（见 §3-3），优点是能得到适用于同类问题的解析解，不受物理量具体数值的局限。但彻底的解析法需要涉及傅里叶级数、贝塞尔函数、伽马函数、拉格朗日多项式和复变函数等较深入的数学理论知识[1]。已有一些运用这种数理方法处理的导热专著[2-6]，包括系统

地发展“拉普拉斯转换法”以替代经典的分离变量法的专著[7]。只有少数几种具有特定几何形状和边界条件的导热问题，可以不作任何简化假设而得到解析解。如果边界条件比较复杂，就不大可能得到严格的解析解。即使有解，也往往过于繁复，不便于工程上的定量计算。为此，发展出一系列能找到具体情况下近似解的方法，包括在工程计算中被采用的三种方法：二维热流作图法，模拟试验法，运用通用电子计算机协助进行数值计算的松弛法或迭代法。

图解法（见§3-4）特别适用于边界面保持等温或者绝热条件的问题，应用起来最简便。如果已知的是第二类边界条件，那么采用图解法比较费时，不易保证足够的近似性。当给出的是第三类边界条件时，就极少采用图解法。

复杂的导热问题，特别是在需要考虑变物性和非均匀边界情况时，常运用数值解法（见§3-5），把导热微分方程和边界条件式演变为差分的代数方程组①。应用比较广泛的数值解法是松弛法（也称为张弛法）。一旦松弛程序做好，就能顺利地得到解。

对于稳定导热（见§3-6），无论是电模拟还是水力学模拟，模拟试验法都已推广应用。

§3-2 解 析 法

1. 导热系数为常量时的精确解法

拉普拉斯方程式(3-1-1)是$\frac{\partial t}{\partial \tau}=0$时傅里叶方程式(2-1-9)的特例。傅里叶方程的经典解析解法是采取分离变量法。可用相对简单的二维稳定导热问题来说明这种解法。

参看图3-2-1，考虑一块无内热源的矩形薄板，如果$z=0$和$z=\delta$两个面被绝热，$\frac{\partial t}{\partial z}$相对可忽略不计，即$t=f(x,y)$。在$\lambda=$常量的前提下，应该满足式(3-1-1)。这种线性方程式的解可取作

$$t = X(x)Y(y) \tag{3-2-1}$$

于是，式(3-1-1)转化为

$$-\frac{1}{X}\frac{\mathrm{d}^2 X}{\mathrm{d}x^2} = \frac{1}{Y}\frac{\mathrm{d}^2 Y}{\mathrm{d}y^2} \tag{a}$$

---

① 有关固体导热问题的数值解法，除运用“有限差分法”之外，近年来也迅速发展了运用变分原则解弹性力学问题的“有限元法”。特别是在同时解具有非正规边界的应力场和温度场的固体热应力时，有限元法显示出其独特优势。但对于非线性问题，包括对流换热和辐射换热，有限差分法远比有限元法成熟。因此，受篇幅的限制，本书将只讲解有限差分的数值解法。

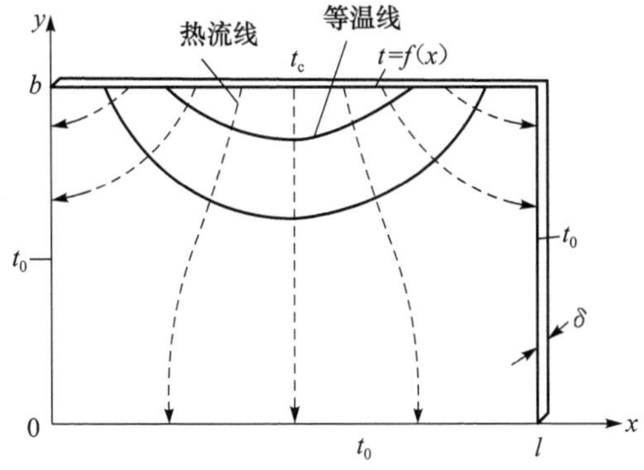

图 3-2-1　矩形薄板的等温线和热流线

变量已被分离，等号左边只是 x 的函数，等号右边则只能是 y 的函数。这个等式若存在，就必须使得等号两边各保持同一个常量。例如，m^2 称为“分离常量”，从而得到两个常微分方程：

$$\begin{cases}\dfrac{\mathrm{d}^2X}{\mathrm{d}x^2}+m^2X=0\\[2ex]\dfrac{\mathrm{d}^2Y}{\mathrm{d}y^2}-m^2Y=0\end{cases}\tag{b}$$

各自的解为

$$\left.\begin{aligned}X&=A\cos(mx)+B\sin(mx)\\Y&=C\mathrm{e}^{my}+D\mathrm{e}^{-my}\end{aligned}\right\}\tag{c}$$

因此，式(3-1-1)的全解为

$$t=[A\cos(mx)+B\sin(mx)](C\mathrm{e}^{my}+D\mathrm{e}^{-my})\tag{3-2-2}$$

常系数 A、B、C 和 D 取决于所给定的边界条件。

一种最简单的情况，假定 $y=0$、$x=0$ 和 $x=l$ 三个边面都维持相同的恒定温度 t_0，只从 $y=b$ 边面对薄板对称地加热，$y=b$ 边面上的中间温度 t_c 最高，降到两侧的 t_0。若取过余温度 $\vartheta=t-t_0$，则式(3-1-1)将演变为

$$\frac{\partial^2\vartheta}{\partial x^2}+\frac{\partial^2\vartheta}{\partial y^2}=0\tag{3-2-3}$$

其解为

$$\vartheta=[A\cos(mx)+B\sin(mx)](C\mathrm{e}^{my}+D\mathrm{e}^{-my})\tag{d}$$

相应的边界条件为

$$y=0\text{ 时，}\quad\vartheta=0\tag{e}$$

$$x=0\text{ 时，}\quad\vartheta=0\tag{f}$$

$$x=l\text{ 时，}\quad\vartheta=0\tag{g}$$

把式(e)和式(f)分别代入式(d)，可得

$$C = -D \tag{h}$$

$$A = 0 \tag{i}$$

于是，根据边界条件式(g)，由式(d)，则

$$B\sin(ml)C(\mathrm{e}^{my} - \mathrm{e}^{-my}) = 0$$

这就要求

$$\sin(ml) = 0 \tag{j}$$

满足这个"超越方程"的根有无穷多个，即

$$m = \frac{n\pi}{l} \qquad (n = 1,2,3,\cdots)^{①} \tag{k}$$

因此，具体的全解将是

$$\vartheta = \sum_{n=1}^{\infty} C_n \sin\left(\frac{n\pi}{l}x\right)\mathrm{sh}\left(\frac{n\pi}{l}y\right) \tag{3-2-4}$$

其中

$$\mathrm{sh}\left(\frac{n\pi}{l}y\right) \equiv \frac{1}{2}(\mathrm{e}^{my} - \mathrm{e}^{-my})$$

系数 C_n 的值取决于 $y=b$ 边面上的实际温度分布。这里给出第四个边界条件：

$$y = b\ \text{时}, \vartheta = \vartheta_0 \sin\frac{\pi x}{l} \tag{3-2-5}$$

将其代入式(3-2-4)而有

$$\sum_{n=1}^{\infty} C_n \sin\frac{n\pi x}{l}\mathrm{sh}\frac{n\pi b}{l} = \vartheta_0 \sin\frac{\pi x}{l}$$

可见等号左边只能有第一项存在，无穷级数的其余各项的系数 C_n 均为零，即

$$C_1 = \frac{\vartheta_0}{\mathrm{sh}\frac{\pi b}{l}} \tag{l}$$

这样，最终的解为

$$\vartheta_{(x,y)} \equiv t_{(x,y)} - t_0 = (t_c - t_0)\frac{\mathrm{sh}\frac{\pi y}{l}}{\mathrm{sh}\frac{\pi b}{l}}\sin\frac{\pi x}{l} \tag{3-2-6}$$

这种温度场标示在图 3-2-1 中。

如果 $y=b$ 边面上的实际温度分布不是像式(3-2-5)所给出的那样特殊，而是正弦以外的其他函数 $f(x)$，那么将其代入式(3-2-4)，有

---

① $n = 0$ 已被排除掉。因为 $n = 0$ 代入式(d)，将导致任意地点的 $\vartheta = 0$，这并不是问题的特解。

$$f(x)=\sum_{n=1}^{\infty}C_n\sin\frac{n\pi x}{l}\operatorname{sh}\frac{n\pi b}{l}$$

根据傅里叶正弦级数的定义[8]，有

$$C_n=\frac{2}{l}\int_0^l f(x)\sin\left(\frac{n\pi x}{l}\right)\mathrm{d}x$$

最终的解将是无穷级数：

$$\vartheta=\frac{2}{l}\sum_{n=1}^{\infty}\frac{\operatorname{sh}\frac{n\pi y}{l}}{\operatorname{sh}\frac{n\pi b}{l}}\sin\left(\frac{n\pi x}{l}\right)\int_0^l f(x)\sin\left(\frac{n\pi x}{l}\right)\mathrm{d}x \tag{3-2-7}$$

即使在 $y=b$ 边界面上维持 $0<x<l$ 的温度为常量 t'，亦即比式(3-2-5)更简单的 $f(x)=t'-t_0$ 为定值的情况下，最终的解也还是无穷级数：

$$\theta=\frac{t-t_0}{t'-t_0}=\frac{2}{\pi}\sum_{n=1}^{\infty}\frac{(-1)^{n+1}+1}{n}\sin\left(\frac{n\pi x}{l}\right)\frac{\operatorname{sh}\frac{n\pi y}{l}}{\operatorname{sh}\frac{n\pi b}{l}} \tag{3-2-8}$$

这种定量计算显然很繁复。

可以指出，根据线性微分方程、式(3-1-1)所描述的温度场可互相叠加这个原理，针对图 3-2-1 中的矩形薄板，当 $x=0$ 边面上的温度分布为 $\phi_1(y)$、$x=l$ 边面上的温度分布为 $\phi_2(y)$、$y=0$ 边面上的温度分布为 $f_1(x)$、$y=b$ 边面上的温度分布为 $f_2(x)$ 时，容许把薄板任何地点 (x,y) 的温度 $t(x,y)$ 看做是由以下四种情况在同一个地点的温度之和。

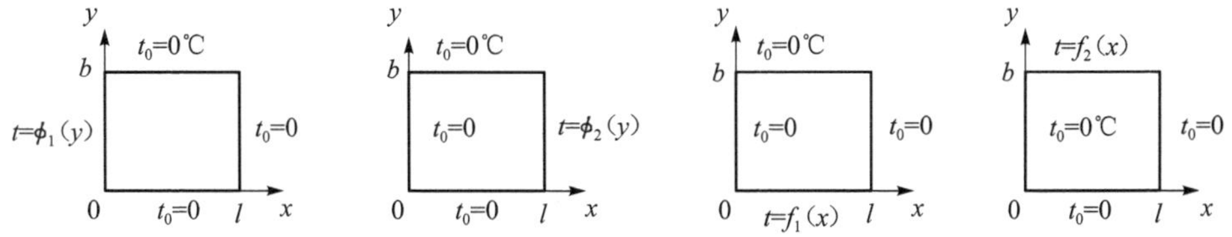

利用式(3-2-7)，可直接得到全解为

$$t_{(x,y)}=\frac{2}{b}\sum_{n=1}^{\infty}\frac{\operatorname{sh}\frac{n\pi(l-x)}{b}}{\operatorname{sh}\frac{n\pi l}{b}}\sin\left(\frac{n\pi y}{b}\right)\int_0^b\phi_1(y)\sin\left(\frac{n\pi y}{b}\right)\mathrm{d}y$$

$$+\frac{2}{b}\sum_{n=1}^{\infty}\frac{\operatorname{sh}\frac{n\pi x}{b}}{\operatorname{sh}\frac{n\pi l}{b}}\sin\left(\frac{n\pi y}{b}\right)\int_0^b\phi_2(y)\sin\left(\frac{n\pi y}{b}\right)\mathrm{d}y$$

$$+\frac{2}{b}\sum_{n=1}^{\infty}\frac{\mathrm{sh}\,\frac{n\pi(b-y)}{l}}{\mathrm{sh}\,\frac{n\pi b}{l}}\sin\left(\frac{n\pi x}{l}\right)\int_0^l f_1(x)\sin\left(\frac{n\pi x}{l}\right)\mathrm{d}x$$

$$+\frac{2}{b}\sum_{n=1}^{\infty}\frac{\mathrm{sh}\,\frac{n\pi y}{l}}{\mathrm{sh}\,\frac{n\pi b}{l}}\sin\left(\frac{n\pi x}{l}\right)\int_0^l f_2(x)\sin\left(\frac{n\pi x}{l}\right)\mathrm{d}x \tag{3-2-9}$$

原则上，分离变量法也能推广应用到 λ 为常量的三维稳定导热中。类似于式(3-2-1)，取

$$t = X(x)Y(y)Z(z) \tag{3-2-10}$$

实际上，只有个别特例才能有纯粹的精确解。

2. 导热系数随温度改变的考虑

在涉及温度变化的范围比较大，或者在液氢级(20K)、液氦级(4K)低温工程领域①内，需要考虑变导热系数 $\lambda=f(t)$，如 $\lambda=\lambda_0(1+\beta_\lambda t)$时，式(3-1-1)应修正为

$$\frac{\partial}{\partial x}\left(\lambda\frac{\partial t}{\partial x}\right)+\frac{\partial}{\partial y}\left(\lambda\frac{\partial t}{\partial y}\right)=0 \tag{3-2-11}$$

在不均匀温度场里，λ 也将随地点改变，使式(3-2-11)变成非线性微分方程。引进新的变量 E[9]，令

$$E=\int_{t_0}^{t}\lambda\mathrm{d}t \tag{3-2-12}$$

t_0 为任意选定的参考温度，如取作 0℃，则

$$\frac{\partial E}{\partial t}=\lambda$$

$$\frac{\partial}{\partial x}\left(\lambda\frac{\partial t}{\partial x}\right)=\frac{\partial}{\partial x}\left(\frac{\partial E}{\partial t}\frac{\partial t}{\partial x}\right)=\frac{\partial^2 E}{\partial x^2}$$

$$\frac{\partial}{\partial y}\left(\lambda\frac{\partial t}{\partial y}\right)=\frac{\partial}{\partial y}\left(\frac{\partial E}{\partial t}\frac{\partial t}{\partial y}\right)=\frac{\partial^2 E}{\partial y^2}$$

于是，式(3-2-11)可被变换为经典的拉普拉斯方程：

$$\frac{\partial^2 E}{\partial x^2}+\frac{\partial^2 E}{\partial y^2}=0 \tag{3-2-13}$$

找到解 $E=f(x,y)$之后，就不难由已知的 E 值根据式(3-2-12)求出该地点(x,y)的 t。

如果是三维稳定温度场，也同样可以得到

$$\frac{\partial^2 E}{\partial x^2}+\frac{\partial^2 E}{\partial y^2}+\frac{\partial^2 E}{\partial z^2}=0 \tag{3-2-14}$$

---

① 考虑变物性，包括变导热系数，是极低温传热学的基本特点之一，见§16-1。

通过这种变换的方式把非线性的导热微分方程线性化，从而使解析求解成为可能。

作为一种特例，如果导热系数随温度线性变化时，$\lambda=\lambda_0(1+\beta_\lambda t)$，或 $\lambda=A+Bt$，可记作

$$t=\frac{\lambda}{B}-\frac{A}{B} \tag{m}$$

以此代入式(3-2-11)，则得

$$\frac{\partial}{\partial x}\left(\frac{\lambda}{B}\frac{\partial\lambda}{\partial x}\right)+\frac{\partial}{\partial y}\left(\frac{\lambda}{B}\frac{\partial\lambda}{\partial y}\right)=0$$

由于 B 为已知常数，上式将转化为

$$\frac{\partial^2(\lambda^2)}{\partial x^2}+\frac{\partial^2(\lambda^2)}{\partial y^2}=0 \tag{3-2-15}$$

这表明，通过变量 t 变换为(λ^2)，可使非线性的导热微分方程线性化，得到解析解 $\lambda^2=f(x,y)$。

另一种考虑变导热系数的二维或三维稳定导热的简便方式，就像第 2 章讨论一维问题反复指明的那样，可以先按 λ 为常量时求得无因次温降 $\Theta_{\lambda=常量}$，实际的无因次温降是

$$\Theta_{\lambda=f(t)}=\Theta_{\lambda=常量}\frac{\lambda_{m(t_{\max}-t)}}{\lambda_{m(t-t_{\min})}} \tag{3-2-16}$$ ①

式中，$t_{\max}$ 和 $t_{\min}$ 分别代表面温度分布的最高温度和最低温度。

3. 近似解析法

工程上有许多稳定导热问题，即使能用彻底的解析法严格求解，所得到的解析解也往往出现无穷级数而不适于进行工程上的定量计算。在一些特定情况下，可采用近似计算法，最重要的是积分方程法。

针对有均匀内热源的二维稳定导热，如截面积为 $2a\times 2b$ 的长方柱体，导热系数 λ 为常量，内热源发热率为 q_V，周围被流体所冷却，表面温度维持 $t_F=$常量。取 $\vartheta=t-t_F$，并以截面中心为坐标原点，x、y 轴各平行于柱体表面，则导热微分方程为

$$\frac{\partial^2\vartheta}{\partial x^2}+\frac{\partial^2\vartheta}{\partial y^2}+\frac{q_V}{\lambda}=0 \tag{3-2-17}$$

相应的边界条件为

$$\vartheta_{(x=\pm a,y)}=0 \tag{n}$$

$$\vartheta_{(x,y=\pm b)}=0 \tag{o}$$

由于 ϑ 分布的对称性而有

$$x=0\text{ 时，}\quad \frac{\partial\vartheta}{\partial x}=0 \tag{p}$$

$$y=0\text{ 时，}\quad \frac{\partial\vartheta}{\partial y}=0 \tag{q}$$

① 数学证明可参阅文献[10]。

q_V 为常量时，不难对式(3-2-17)在整个横截面上积分，得到积分方程为

$$\int_{x=0}^{x=a}\int_{y=0}^{y=b}\frac{\partial^2\vartheta}{\partial x^2}\mathrm{d}x\mathrm{d}y+\int_{x=0}^{x=a}\int_{y=0}^{y=b}\frac{\partial^2\vartheta}{\partial y^2}\mathrm{d}x\mathrm{d}y+\frac{q_V}{\lambda}\int_{x=0}^{x=a}\int_{y=0}^{y=b}\mathrm{d}x\mathrm{d}y=0$$

或

$$\int_{y=0}^{y=b}\left[\frac{\partial\vartheta}{\partial x}\right]_{x=0}^{x=a}\mathrm{d}y+\int_{x=0}^{x=a}\left[\frac{\partial\vartheta}{\partial y}\right]_{y=0}^{y=n}\mathrm{d}x+\frac{q_V}{\lambda}ab=0$$

利用式(p)和式(q)，上式简化为

$$\int_{y=0}^{y=b}\left.\frac{\partial\vartheta}{\partial x}\right|_{x=a}\mathrm{d}y+\int_{x=0}^{x=a}\left.\frac{\partial\vartheta}{\partial y}\right|_{y=b}\mathrm{d}x+\frac{q_V}{\lambda}ab=0 \tag{3-2-18}$$

如果式(3-2-18)的每一项都乘以 λ，那么第三项就代表 1/4 截面(ab)每米长的柱体内部单位时间所将发出的总热量，而前两项恰好就是传到这 1/4 截面每米长的柱体表面而由周围流体所带走的单位时间的总热量。因此，积分方程式(3-2-18)实际上直接示出严格的热平衡关系。这个问题的严格精确解仍将是无穷级数，已由经典的分离变量法得到[6]：

$$\vartheta=\frac{q_V a^2}{\lambda}\left\{\frac{1}{2}\left[1-\left(\frac{x}{a}\right)^2\right]-2\sum_{n=1}^{\infty}\frac{(-1)^n}{\left[\frac{(2n+1)^n}{2}\right]^3}\frac{\mathrm{ch}\left[\frac{(2n+1)\pi}{2a}y\right]}{\mathrm{ch}\left[\frac{(2n+1)\pi}{2a}b\right]}\cos\left[\frac{(2n+1)\pi}{2a}x\right]\right\} \tag{3-2-19}$$

利用积分方程的近似解法，是指选定多项式作为近似的通解。常把式(3-2-1)中的 $X(x)$ 和 $Y(y)$ 分别取作

$$X=A_1+B_1x+C_1x^2 \tag{r}$$

$$Y=A_2+B_2y+C_2y^2 \tag{s}$$

于是

$$\vartheta=(A_1+B_1x+C_1x^2)(A_2+B_2y+C_2y^2) \tag{3-2-20}$$

把式(3-2-20)代入积分方程和边界条件式，可确定多项式和各待定系数。多项式的项数受边界条件数目的限制。具体到所讨论的问题，可由式(p)和式(q)确定式(r)和式(s)中的 $B_1=0$ 和 $B_2=0$。而由式(n)和式(o)则知：$A_1=-C_1a^2$，$A_2=-C_2b^2$。因此，式(3-2-20)将演变为

$$\vartheta=C(a^2-x^2)(b^2-y^2) \tag{t}$$

其中，$C=C_1C_2$。C 值可从式(t)代回积分方程式(3-2-18)确定，或

$$-\int_{y=0}^{y=b}2Ca(b^2-y^2)\mathrm{d}y-\int_{x=0}^{x=a}2Cb(a^2-x^2)\mathrm{d}x+\frac{q_V}{\lambda}ab=0$$

给出

$$C=\frac{3}{4}\frac{q_V}{\lambda(a^2+b^2)} \tag{u}$$

把式(u)代回式(t),最后得到的解为

$$\vartheta_{(x,y)} = \frac{3}{4}\frac{q_V}{\lambda(a^2+b^2)}(a^2-x^2)(b^2-y^2) \tag{3-2-21}$$

式(3-2-21)远比式(3-2-19)简便且更适用于工程计算而又保证了所必需的精确度。

利用积分方程的近似解法,已成为流体沿固体表面流动时边界层计算的有效方法之一(见 § 7-4),也被推广应用到物体表面温度突变后对不同时刻的影响深度进行工程分析估算的一种简便方法(见 § 4-3)。

§ 3-3　虚拟热源和映象法

物体内部有发热源时,可由导热微分方程和相应的边界条件计算温度分布。反之,如果观察到某一特定的温度差异,就应该能找到出现的原因——实际存在的或者想象中的热源。把给定的温度场描写成由集中的点热源、线热源或面热源所将出现后果的数学方法[11](另见 § 4-8),已被证实是富有创造性的一种特殊解析法,可用来解决某些实际的稳定和不稳定导热问题。如果这种虚拟热源法和对称原理相结合,那么称其为映象法。计算埋在地下的电缆泄热能力或者地下埋管的热损失,是映象法对稳定导热最简单的实用举例。

参看图 3-3-1,直径为 $d=2r$ 的热管道被埋设在地面以下 h 米深处。已知管表面温度和地面温度各维持常量 t_w 和 t_f。在管面温度不随管长度变化的稳定情况下,地层的温度分布将仅与 x、y 两个坐标轴有关。取任意地点 $P(x,y)$ 的过余温度为 $\vartheta = t - t_F$。如果地层被当做是均匀介质,土壤的导热系数 λ=常量,地层导热的微分方程可表示成线性的式(3-1-1),并改写为式(3-2-3)。边界条件为

$$y = 0\ \text{时},\quad \vartheta = 0 \tag{a}$$

管的表面包括 m 点($x=0, y=h-r$)和 n 点($x=0, y=h+r$)的过余温度为

$$\vartheta_w = t_w - t_f \tag{b}$$

设想在每米长的管内,($x=0, y=y_0$)处有集中的发热线热源,总发热率为 $\frac{Q}{l} = q_l$(W/m);同时对称的在($x=0, y=-y_0$)处有吸热的线热源,总发热率为 $-q_1$。如果假想地面往上无限延伸,两个线热源就都处在无限的均匀介质中,既然导热微分方程与边界条件式(a)和式(b)都是线性方程,那

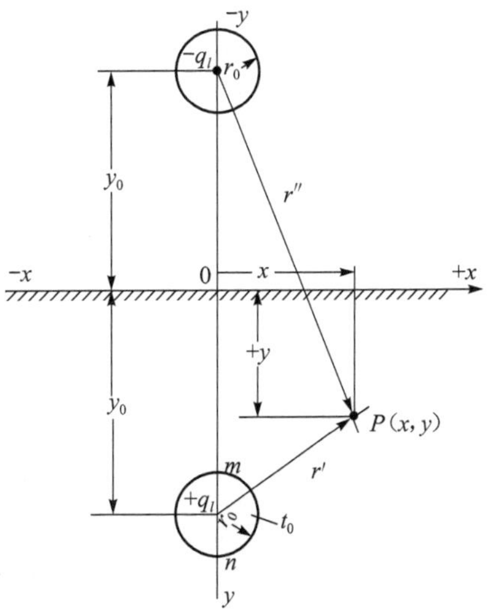

图 3-3-1　地下埋管的稳定传热

么两个线性热源各自造成的温度场将互不干涉，各在均匀介质里成为同心等温圆柱面。把这两个温度场叠加，就得到合成的温度场，在 $y=0$ 的平面上保持 t_F 为常量。同心等温圆柱面的温度场已经在§2-4 中讨论过，可以利用式(2-4-7)计算两个线热源在 P 点处所造成的过热温度分别为

$$\vartheta_{r'} = -\frac{q_l}{2\pi\lambda}\ln\frac{r'}{y_0}$$

$$\vartheta_{r''} = \frac{q_l}{2\pi\lambda}\ln\frac{r''}{y_0}$$

亦即实际温度应为

$$\vartheta_{(x,y)} = \vartheta_{r'} + \vartheta_{r''} = \frac{q_l}{2\pi\lambda}\ln\frac{r'}{r''} \tag{c}$$

由图 3-3-1，应有

$$\begin{cases} r' = \sqrt{x^2+(y_0-y)^2} \\ r'' = \sqrt{x^2+(y_0+y)^2} \end{cases} \tag{d}$$

式(d)代入式(c)，则得

$$\vartheta_{(x,y)} = \frac{q_l}{2\pi\lambda}\ln\sqrt{\frac{x^2+(y_0+y)^2}{x^2+(y_0-y)^2}} \tag{3-3-1}$$

不难看到，$y=0$ 时，任何 x 值的 $\vartheta\equiv0$，从而满足边界条件式(a)。

对于等温线，可由式(3-3-1)改写为

$$\frac{x^2+(y_0+y)^2}{x^2+(y_0-y)^2} = e^{\frac{4\pi\lambda}{q_l}\vartheta} = \exp\left(\frac{4\pi\lambda}{q_l}\vartheta\right) \tag{3-3-2}$$

对应每一条等温线，ϑ 都为定值，式(3-3-2)的等号右边将是常量 C，$C=\exp\left(\frac{4\pi\lambda}{q_1}\vartheta\right)$。调整后，可由式(3-3-2)得到

$$x^2 + \left(y+\frac{1+C}{1-C}y_0\right)^2 = \frac{4C}{(1-C)^2}y_0^2 \tag{3-3-3}$$

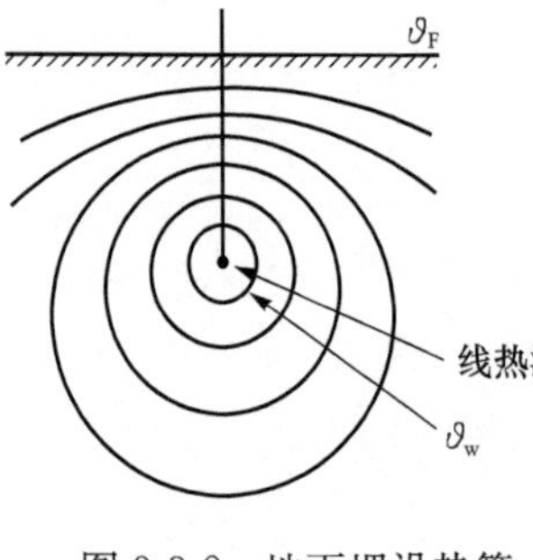

图 3-3-2 地下埋设热管道的地层温度分布

这是一簇圆，其圆心落在 $x=0$ 的纵坐标轴上，圆心距原点 O 的距离为 $\frac{1+C}{1-C}y_0$，半径为 $\frac{2\sqrt{C}}{1-C}y_0$，如图 3-3-2 所示。ϑ 越小，即 t 越接近地面温度 t_F，C 越接近 1，代表等温线的圆半径越大。$\vartheta=0$ 时，$C=1$，圆半径为无穷大，圆心落在 $y=\infty$处，等温线变为一条水平线。由于 $C=\exp\left(\frac{4\pi\lambda}{q_1}\vartheta\right)$不可能有负值，$\frac{1+C}{1-C}>1$，因此圆心只能落在线热源 q_1 位置

的下方，可见图 3-3-1 中的 y_0 将处在管内轴心线上方。

实际的热源分别是热管道中流体流动所携带的对流换热量 Q，或者对电缆来说是由于电阻消耗电功率，而非集中的线热源。然而从所造成的地面以下实际地层温度分布来说，却与集中的虚拟线热源 q_1 及其映象 $-q_1$ 在无限介质(土壤)中 $y=0$(相应于地表面)以下所造成的合成温度场相同。并且把一个复杂的二维问题，利用虚拟线热源及其映象各自的一维温度场进行叠加，得到了问题的解，即式(3-3-1)。

式(3-3-1)中还包含一个待定的未知常量 y_0，这可由式(b)来确定，即 $\vartheta=\vartheta_w$ 时，圆心距原点的距离 h 和圆的直径 d 分别为

$$\begin{cases} h = \dfrac{1+C_w}{1-C_w}y_0 \\ d = \dfrac{4\sqrt{C_w}}{1-C_w}y_0 \end{cases} \tag{3-3-4}$$

其中

$$C_w = \exp\left(\frac{4\pi\lambda}{q_l}\vartheta_w\right)$$

q_1 通常是要计算的对象。重新研究边界条件式(b)，图 3-3-1 中的 m 点和 n 点处在同一个等温面上，过余温度都是 ϑ_w，根据式(c)，有

$$\left(\frac{r''}{r'}\right)_m = \left(\frac{r''}{r'}\right)_n \tag{e}$$

而由图 3-3-1，由几何尺寸关系可知：

$$r''_n = r''_m + d,\quad r'_n = d - r'_m \tag{f}$$

同时

$$h - \frac{d}{2} + r'_m = y_0$$

而且

$$r''_m + r'_m = 2y_0$$

消去 y_0，则

$$r''_m - r'_m = 2h - d \tag{g}$$

将式(f)代入式(e)，有

$$\frac{r''_m}{r'_m} = \frac{r''_m + d}{d - r'_m} \tag{h}$$

联解式(g)和式(h)，求得 r''_m 和 r'_m，最后得到

$$\frac{r''_m}{r'_m} = \frac{2h}{d} + \sqrt{\left(\frac{2h}{d}\right)^2 - 1} \tag{i}$$

由式(3-3-1)，$\vartheta=\vartheta_w$ 时，则

$$q_l=\frac{t_{\mathrm{w}}-t_{\mathrm{F}}}{\frac{1}{2\pi\lambda}\ln\left[\frac{2h}{d}+\sqrt{\left(\frac{2h}{d}\right)^2-1}\right]}\qquad (\mathrm{W/m})\qquad (3\text{-}3\text{-}5)$$①

相应的,每1m地下埋管的地层热阻为

$$\left.\begin{aligned}R_{t_i}&=\frac{1}{2\pi\lambda}\ln\left[\frac{2h}{d}+\sqrt{\left(\frac{2h}{d}\right)^2-1}\right]\\ \text{或}\quad R_{t_i}&=\frac{1}{2\pi\lambda}\operatorname{arch}\frac{2h}{d}\ (\mathrm{m\cdot ℃/W})\end{aligned}\right\}\qquad (3\text{-}3\text{-}6)$$

当管道埋入地面下足够深,如$\frac{2h}{d}\geqslant 2$时,式(3-3-5)和式(3-3-6)将可简化为

$$q_l=\frac{t_{\mathrm{w}}-t_{\mathrm{F}}}{\frac{1}{2\pi\lambda}\ln\frac{4h}{d}}\qquad (\mathrm{W/m})\qquad (3\text{-}3\text{-}7)$$

$$R_{t_i}=\frac{1}{2\pi\lambda}\ln\frac{4h}{d}\qquad (\mathrm{m\cdot ℃/W})\qquad (3\text{-}3\text{-}8)$$

由此引起的误差使q_1的计算偏低不到5.3%。$\frac{2h}{d}\geqslant 2.5$时,简化计算引起的误差降低到$q_1$的计算值偏低不超过2.65%;当$\frac{2h}{d}\geqslant 4$或$h\geqslant 2d$时,由式(3-3-7)计算$q_1$值偏低不超过8%。

如果已知的不是t_{F},而是地面上的大气温度t_{f}和放热系数α,可把这串联的热阻折算成地层的当量厚度$\delta_{\mathrm{e}}=\frac{\lambda}{\alpha}$(见§1-6),把管道的埋入深度修正为$h'=h+\frac{\lambda}{\alpha}$,用以代替式(3-3-5)~式(3-3-8)中的$h$,看做地面向上延伸$\delta_{\mathrm{e}}$厚度后假想地表面温度为$t_{\mathrm{f}}$。

热量经由管道向湿土和冻土传播时,地层将实际表现出它的非均匀性,必须考虑由于水分迁移(传质)以及冻土融化(相变)等新因素所引起的影响(见第11、12章)。事实上,在地层中还存在着由于大气昼夜和季节性波动(见§4-5)以及地层本身热流所产生的温度场。这些温度场的叠加使得地层的实际温度分布更加复杂,因此,计算地下埋管的热损失也就只能是近似的。

还应指出,图3-3-2所揭示的温度场表现为偏心圆柱形分布,式(3-3-5)也是图3-3-3中偏心的长圆筒体在内、外表面各维持为等温面时单位长度热流密度的

---

① 注意:$\ln\left[\frac{2h}{d}+\sqrt{\left(\frac{2h}{d}\right)^2-1}\right]\equiv\operatorname{arch}\frac{2h}{d}$。arch代表反双曲函数,见《数学手册》(增订本)(煤炭工业出版社,1975)121页。因此,式(3-3-5)亦常记作:$q_1=\frac{t_{\mathrm{w}}-t_{\mathrm{F}}}{\frac{1}{2\pi\lambda}\operatorname{arch}\left(\frac{2h}{d}\right)}$。

计算式。参看图 3-3-3，外表面温度为 $t_{w,2}$，外圆直径为 d_2；内表面温度为 $t_{w,1}$，内圆直径为 d_1；内、外圆的偏心距为 s。可设想一个假想的线热源在 a 处造成这种类似于地下埋管周围地层偏心圆柱形温度分布。由式(3-3-5)可有如下两式：

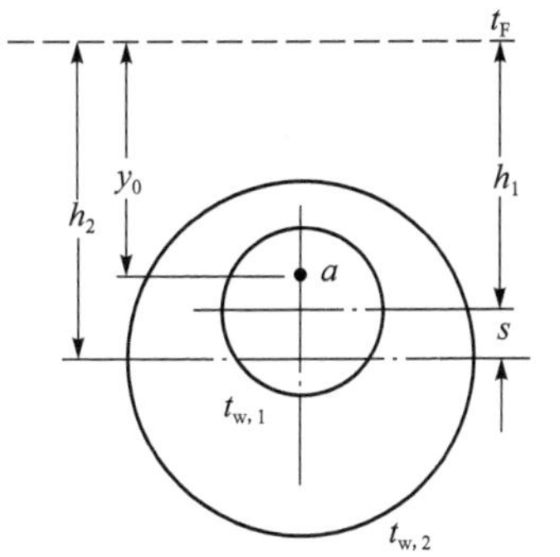

图 3-3-3　偏心长圆筒的稳定传热

$$\left.\begin{aligned} q_l &= \frac{t_{w,1}-t_F}{\dfrac{1}{2\pi\lambda}\ln\left[\dfrac{2h_1}{d_1}+\sqrt{\left(\dfrac{2h_1}{d_1}\right)^2-1}\right]} \\ \text{和}\quad q_l &= \frac{t_{w,2}-t_F}{\dfrac{1}{2\pi\lambda}\ln\left[\dfrac{2h_2}{d_2}+\sqrt{\left(\dfrac{2h_2}{d_2}\right)^2-1}\right]} \end{aligned}\right\}$$

两式联解，消去假想的 t_F，不难求得

$$t_{w,1}-t_{w,2}=\frac{q_l}{2\pi\lambda}\ln\left[\frac{\dfrac{2h_1}{d_1}+\sqrt{\left(\dfrac{2h_1}{d_1}\right)^2-1}}{\dfrac{2h_2}{d_2}+\sqrt{\left(\dfrac{2h_2}{d_2}\right)^2-1}}\right] \tag{j}$$

或

$$t_{w,1}-t_{w,2}=\frac{q_l}{2\pi\lambda}\ln\left\{\left[\frac{2h_1}{d_1}+\sqrt{\left(\frac{2h_1}{d_1}\right)^2-1}\right]\left[\frac{2h_2}{d_2}+\sqrt{\left(\frac{2h_2}{d_2}\right)^2-1}\right]^{-1}\right\} \tag{k}$$

式中所包含的 h_2 和 h_1 可从下列条件确定，已知

$$h_2=h_1+s \tag{l}$$

并且根据式(3-3-4)，有 $h^2-\left(\dfrac{d}{2}\right)^2=y_0^2$，即

$$h_2^2-\left(\frac{d_2}{2}\right)^2=h_1^2-\left(\frac{d_1}{2}\right)^2 \tag{m}$$

由式(l)和式(m)，得到

$$\left\{\begin{aligned} h_2&=\frac{\left(\dfrac{d_2}{2}\right)^2-\left(\dfrac{d_1}{2}\right)^2+s^2}{2s} \\ h_1&=\frac{\left(\dfrac{d_2}{2}\right)^2-\left(\dfrac{d_1}{2}\right)^2-s^2}{2s} \end{aligned}\right. \tag{n}$$

把式(n)代回式(j)，最后整理成

$$q_l=\frac{t_{w,1}-t_{w,2}}{\dfrac{1}{2\pi\lambda}\ln\left[\dfrac{\sqrt{(d_2+d_1)^2-4s^2}+\sqrt{(d_2-d_1)^2-4s^2}}{\sqrt{(d_2+d_1)^2-4s^2}-\sqrt{(d_2-d_1)^2-4s^2}}\right]} \tag{3-3-9}$$

亦即

$$R_{t_i} = \frac{q_l}{2\pi\lambda}\ln\left[\frac{\sqrt{(d_2+d_1)^2-4s^2}+\sqrt{(d_2-d_1)^2-4s^2}}{\sqrt{(d_2+d_1)^2-4s^2}-\sqrt{(d_2-d_1)^2-4s^2}}\right] \quad (\text{m}\cdot℃/\text{W})$$

(3-3-10)

§3-4　图　解　法

图解法的理论根据是：凡满足拉普拉斯方程的解，如式(3-1-1)所描写的无内热源的各向同性体，而且 λ=常量时二维稳定导热的解 $t(x,y)$ 和 $q(x,y)$ 就像图 3-2-1 中所表示的，等温线和热流线永远保持相互正交，且具有共轭曲线的性质。满足二维拉普拉斯方程的这两个共轭函数常被称为势函数和流函数。这里提出的所谓热流线，实际上是等热流密度线。不能有任何热流跨越热流线，因此，热流线本身也就相当于一个绝热面。

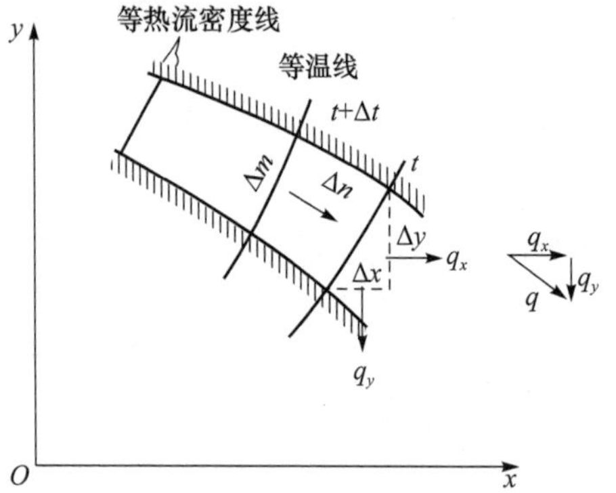

图 3-4-1　热流势场元

参看图 3-4-1，每两个绝热面之间形成一条热流管。热流线的斜率为

$$\left.\frac{\partial y}{\partial x}\right|_{q=定值} = -\frac{q_y}{q_x} \tag{a}$$

而在二维稳定温度场里，$t=f(x,y)$，且

$$\mathrm{d}t = \frac{\partial t}{\partial x}\mathrm{d}x + \frac{\partial t}{\partial y}\mathrm{d}y \tag{b}$$

与等热流密度线相交处等温线的斜率为

$$\left.\frac{\mathrm{d}y}{\mathrm{d}x}\right|_{t=定值} = \frac{\dfrac{\partial t}{\partial x}}{\dfrac{\partial t}{\partial y}} = \frac{-\lambda\dfrac{\partial t}{\partial x}}{-\lambda\dfrac{\partial t}{\partial y}} = \frac{q_x}{q_y} \tag{c}$$

可见

$$\left.\frac{\mathrm{d}y}{\mathrm{d}x}\right|_{t=定值} = -\frac{1}{\left.\dfrac{\mathrm{d}y}{\mathrm{d}x}\right|_{q=定值}} \tag{d}$$

这就严格证明了各向同性体的等温线必然垂直于等热流密度线。

图解法的要领就是要标示出热流势场中相互正交的等温线(等势线或等位线)和等热流密度线所构成的曲线网格，所以其又称为势场作图法或流场作图法①。当势场元足够小，图 3-4-1 中垂直纸面、亦即 z 轴向的长度为 l 时，热流管横截面积 $(\Delta m)l$ 的热流密度 q 将被看做是均匀分布的，热流管内所通过的热流量是

① 流场作图法，是最早由雷曼[12]在分析二维电流场时提出的。

$$\Delta Q = q(\Delta m)l \tag{e}$$

若热流管从一端的等温面到另一端的等温面所经历的总温差为 $t_1 - t_2$，被划分为 N 段，每段温差为$\frac{t_1 - t_2}{N}$，长度 Δn 足够小时，每段可看做是相当于厚 Δn 的平板：

$$q = \lambda \frac{\frac{t_1 - t_2}{N}}{\Delta n} \tag{f}$$

则

$$\Delta Q = \lambda \frac{t_1 - t_2}{N\Delta n} \Delta ml \tag{g}$$

只要势场元的划分能保持$\frac{\Delta m}{\Delta n}$为定值，每个热流管内所通过的热流量 ΔQ_i 就将相同。一种最简单的特例，使 $\Delta m = \Delta n$，即势场元被划分成曲线方形，那么

$$\Delta Q_i = \lambda \frac{t_1 - t_2}{N} l \tag{h}$$

这样，当在整个等温边界面上划分 M 个热流管时，传递速率将是

$$Q = \frac{Ml}{N}\lambda(t_1 - t_2) \tag{3-4-1}$$

令

$$S = \frac{M}{N}l \qquad (\mathrm{m}) \tag{3-4-2}$$

使式(3-4-1)演变为

$$Q = S\lambda(t_1 - t_2) \tag{3-4-3}$$

S 仅仅取决于物体的几何形状，称为导热的形状因子或形状系数。二维导热体的 l 总远大于其他尺寸，常取作每米长的无因次形状因子为 $S/l = \frac{M}{N}$，则

$$q_l = \frac{Q}{l} = \frac{M}{N}\lambda(t_1 - t_2) \tag{3-4-4}$$

由此可见，图解法是根据物体的形状，随手试画等温线和热流线，通过逐步渐近的反复修正，将二维导热划分为等温线和热流线互交形成的曲线方格，使其能同时满足给定的边界条件：①热流线垂直于等温边界面；②等温线垂直于绝热边界面；③热流线延伸到边界面交角时，若为等温面交角，必平分该交角。

例 3-4-1　0.3m×0.3m 的金属壁方槽，槽壁温度 $t_1 = 550$℃。如图 3-4-2(a)所示，热绝缘层外表面温度 $t_2 = 50$℃，若热绝缘材料的导热系数为 $\lambda = 0.15$W/(m·℃)，试求每米长的槽道热损失 q_1。

［解］　参看图 3-4-2(a)，12 和 34 是两个等温边界面，14 和 23 是两个对称面，23 线正好平分等温面交角 435。在图 3-4-2(b)中只画出有代表性的占全截面 1/8 的曲线方格即可。

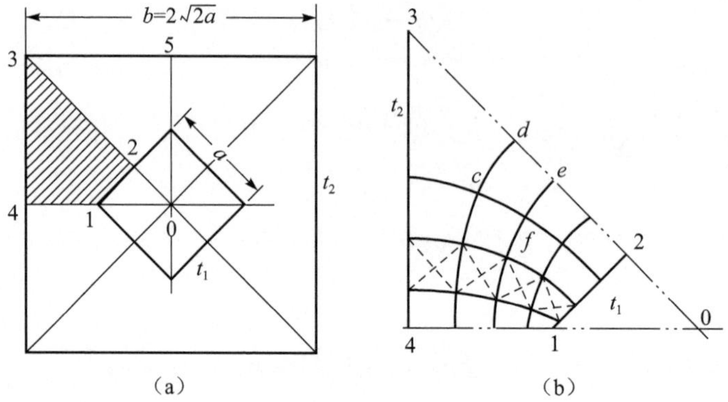

图 3-4-2 图解法示例

已知 12 和 34 是两条等温线,14 和 23 是两条热流线。可以首先在 12 与 34 之间尝试画出另三条等温线,然后以 23 为准(当然也可以以 14 线为准),试画出相应的热流线,使与每条等温线正交,同时让$\overline{ed}+\overline{cd}=\overline{ef}+\overline{cf}$,即保持曲线方格。这样,在图中依次作出第三条热流线后,如与已知的热流线 14 之间,和各等温线虽然未能形成曲线方格,但每个残格却都相当于曲线方格同样的份额时,就算图解成功。否则,可根据得到的热流线,适当调整等温线,再修正热流线,依此顺序,直到可以满足作图要求为止。除了正确按比例画好 1234 图形之外,整个作图过程都能随手进行。

图 3-4-2(b)中,$N=4$,$M'\approx3.5$,其只代表全截面的 1/8,实际的 $M=8M'=28$。由式(3-4-2),有

$$\frac{S}{l}=\frac{M}{N}=\frac{28}{4}=7$$

根据题给条件,$t_1=550$℃,$t_2=50$℃,$\lambda=0.15$W/(m·℃)。由式(3-4-5),每米长的槽道热损失将是

$$q_l=7\times0.15\times(550-50)=525(\text{W/m})$$

比起用数值解法得到的 510W/m(见例 3-5-1),只偏高不到 3%。

图解法同样要符合拉普拉斯方程和给定的边界条件而有一定的解。为了检验,还可对各曲线方格作对角线,如图 3-4-2(b)所示的需互相正交,每条对角线都必须平分每个顶角,由此发现曲线方格图解是否带有人为的偶然性。图 3-4-3 示出另一个实例,在壁内加热管、壁面和管表面维持定温 t_F 和 t_w 时,两种随手绘制所得到的式(3-4-3)中的 M/N 值非常接近。

给定边界面为等温面或者绝热面的二维稳定导热,采用势场作图法求解,相当便捷①。答案的准确程度完全取决于作图者个人制作曲线方格方面的技巧。严格地说,只有分格无限缩小时,曲线网格才能真实地逼近方形。由图 3-4-2(b)可知,对于有限的分格数,还不能使任何相对的两边等长。以图中 $abcd$ 为例,仅能使$\overline{ab}+\overline{cb}=$

① 有关图解未知边界面温度的处理方法,可参看文献[1]。由于具体的做法相当繁琐,因此通常宁愿采用数值解法。

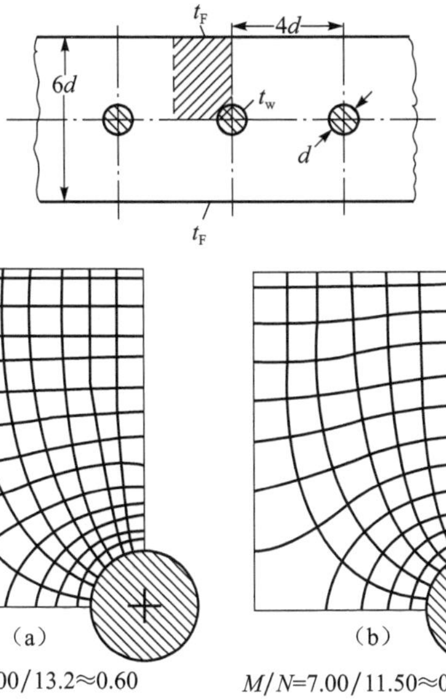

图 3-4-3　图解法的应用实例

$\overline{ad}+\overline{cd}$，而不是 $\overline{ab}$和 $\overline{cd}$、$\overline{ad}$和$\overline{bc}$分别相等。然而，如例 3-4-1 所指出的，甚至比较粗糙的作图，也常常会得出相当近似的估计，包括温度分布情况估计在内。更精确的结果可由 § 3-5 介绍的数值解法得到。也可以运用模拟法，如导电纸法（见 § 3-6）描绘出等温线，再绘制热流线的曲线方格，或者完全借助实验的方式确定导热形状因子 S 的值（另见 § 3-7）。

§ 3-5　数 值 解 法

为了克服数学上解析求解的困难，已发展了能得到近似解的、以离散数学为基础的各种数值解法，“松弛法”是其中应用比较广泛的基础方法。这种方法最初被用来快速求解复杂结构的应力分析中数以百计的联立方程组[13]，接着被推广用来求解导热问题[14]。数值解法最基本的概念，可用一对代数方程的联解为例来说明：

$$\begin{cases} -4x+y+56=0 \\ x-2y+34=0 \end{cases} \tag{a}$$

本来可以消去一个变量而直接求解，但当联解方程数很多时，这种方法不仅费时而且容易出错。如果采用

$$\begin{cases} R_1=-4x+y+56 \\ R_2=x-2y+34 \end{cases} \tag{b}$$

则称 R_1 和 R_2 为余量。松弛法就是尝试不同的 x、y 值，使 R_1 和 R_2 能同时为零。由式(b)可知，x 每增加 1，R_2 将增加 1，而 R_1 则减小 4；y 每增加 1，R_1 将增加 1，R_2 却减小 2。可具体列表演算如表 3-5-1 和表 3-5-2。

表 3-5-1　数值解的运算程序

试算步骤		R_1	R_2
$x=0$	$y=0$	56	34
$\Delta x=14$		0	48
	$\Delta y=24$	24	0
$x=14$	$y=24$	24	0

R_1 的值还不是零，需要继续演算下去。如果同时调整 x 和 y，则

表 3-5-2　数值解的运算程序

Δx	Δy	ΔR_1	ΔR_2
$\Delta x=1$		-4	1
	$\Delta y=1$	1	-2
$\Delta x=1$	$\Delta y=1$	-3	-1

因此，一种快捷的技巧①是令

$$\Delta x = \Delta y = \left| \frac{R_1 + R_2}{\Delta R_1 + \Delta R_2} \right| \tag{c}$$

对于本例来说，直接令 $\Delta x=\Delta y=\left|\frac{56+34}{-3-1}\right|\approx 22$，可迅速得到如下解：

表 3-5-3　数值解的快速运算程序

试算步骤		R_1	R_2
步骤 1	$x=0$，　$y=0$	56	34
步骤 2	$\Delta x=\Delta y=22$	-10	12
步骤 3	$\Delta y=6$	-4	0
步骤 4	$\Delta x=-1$	0	-1
结果	$x=21$，　$y=28$	0	-1

尽管 R_2 还不是零，但 $x=21$ 和 $y=28$ 已可作为近似解。如果需要更高的精确度，那么可以继续演算下去。精确解将是 $x=20.86^-$，$y=27.43^-$。取作 $x=21$ 的误差，偏大不到 0.7%；取作 $y=28$ 的误差，偏大 2.1%。

稳定和不稳定导热问题的数值解法，常采用物理意义简明易懂的“有限差分法”。其使导热微分方程的空间域有限差分化[16,17]，把温度场的连续分布离散化，看作分区线性分布，如图 3-5-1 所示。对 x 轴向来说，有

$$\frac{\partial^2 t}{\partial x^2} = \frac{\partial}{\partial x}\left(\frac{\partial t}{\partial x}\right) \approx \frac{\dfrac{t_2 - t_1}{\Delta x} - \dfrac{t_0 - t_1}{\Delta x}}{\Delta x} = \frac{t_1 + t_2 - 2t_0}{(\Delta x)^2} \tag{d}$$

① 有关采用松弛法进行数值计算的技巧，可参看文献[15]。

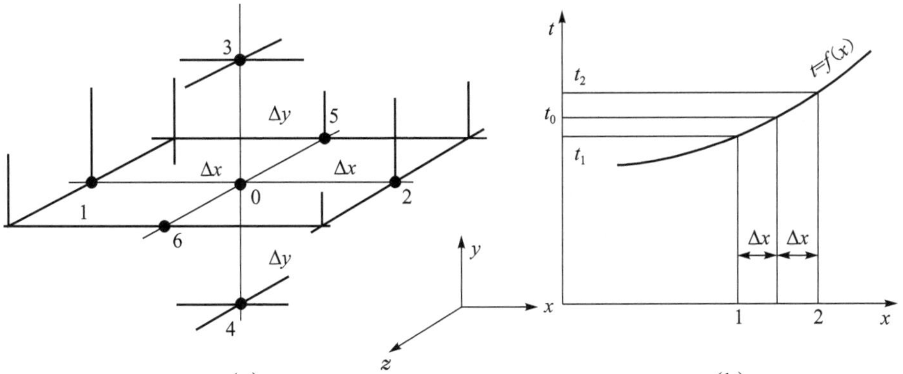

(a)　(b)

图 3-5-1　有限差分示意图

分割越密，Δx 越小，差分引起的误差也就越小。这种差分化的步骤亦同样适用于 y 轴向，形成二维网格。于是，针对各向同性、λ=常量的稳定导热，在节点 0，就有

$$\frac{t_1+t_2-2t_0}{(\Delta x)^2}+\frac{t_3+t_4-2t_0}{(\Delta y)^2}+\frac{t_5+t_6-2t_0}{(\Delta z)^2}+\frac{q_V}{\lambda}=0 \tag{3-5-1}$$

当选定 $\Delta x=\Delta y=\Delta z$ 时，在三维稳定温度场中，有

$$t_1+t_2+t_3+t_4+t_5+t_6-6t_0+\frac{q_V(\Delta x)^2}{\lambda}=0 \tag{3-5-2}$$

$\frac{q_V(\Delta x)^2}{\lambda}$具有温度的量纲，可被看做是由于内热源发热所引起的温度增量。或者 q_V 为负值时$\frac{q_V(\Delta x)^2}{\lambda}$同样是负值，代表内部有吸热源所引起的温度减量。内热源发热率均匀时，这个温度增减量也将是一个常量，对内部任何节点都保持同值。如果是二维稳定温度场，则

$$t_1+t_2+t_3+t_4-4t_0+\frac{q_V(\Delta x)^2}{\lambda}=0 \tag{3-5-3}$$

实质上，有限差分法是把连续温度场的导热处理成图 3-5-2 中导热杆组成热路网络的导热，每根导热杆传递相邻两元块接触导热时同样多的热流。例如，$\Delta y=\Delta x$①和 $l=1\text{m}$ 时，连接内部两个相邻节点 1 与 0 的导热杆所传导的热流量为

$$Q_{10}=\lambda_{10}(\Delta y)l\frac{t_1-t_0}{\Delta x}=\lambda_{10}(t_1-t_0) \tag{e}$$

在稳定工况下，图 3-5-2 中元块 0 单位时间内得到的热量 Q_0 为零，亦即

$$Q_0=Q_{10}+Q_{20}+Q_{30}+Q_{40}+q_V(\Delta x)^2 l=0 \tag{3-5-4}$$

① 根据需要，也可以采用非常规的 $\Delta y\neq\Delta x$ 的矩形，甚至三角形网络节点，详见文献[18]、[19]。

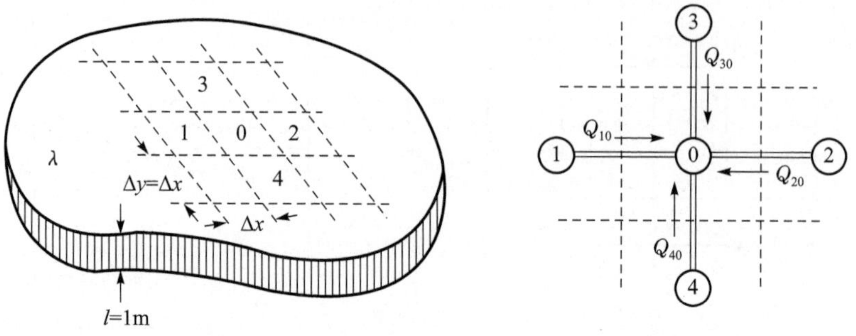

图 3-5-2 二维稳定导热的“热路”网络示意图

Q_0 也就相当于松弛法中节点 0 的热流余量。λ=常量时，每根导热杆实际工作的温度范围不同，$\lambda_{10}=\lambda_{20}=\lambda_{30}=\lambda_{40}=d$，式(3-5-4)将简化为式(3-5-3)。在需要考虑变导热系数的情况下，应采用式(3-5-4)代替式(3-5-3)，Q_{10}、Q_{20}、Q_{30}、Q_{40}分别按式(e)的形式展开。如果是三维稳定温度场，式(3-5-4)还应在 Q_{10}、Q_{20}、Q_{30}、Q_{40} 之外再添进 $Q_{50}+Q_{60}$；λ=常量时，则简化为式(3-5-2)。考虑变导热系数时，也可以像§3-2 中所提出的那样，把温度 t 先转换为 E 或 λ^2 进行数值求解，再从 E 或 λ^2 值倒推出相对应的 t。

作为热路网络，如用 Q_i' 代表元块 i 单位时间内部热源的发热量，那么对于节点 i，根据式(3-5-4)，将有

$$Q_i'+\sum_j \frac{t_j-t_i}{R_{t_{ji}}}=0 \tag{3-5-5}$$

并且如图 3-5-3 所示，每个内部节点包含表 3-5-1 列举的六个相连的热阻。对于直角坐标系来说，如果是二维问题，取 $\Delta x=\Delta y$ 和 $\Delta z=1\text{m}$ 时，连接物体内部任意两个相邻节点 i 和 j 的导热杆热阻就演化为式(e)那样，即

$$R_{t_{ji}}=\frac{1}{\lambda_{ij}} \tag{f}$$

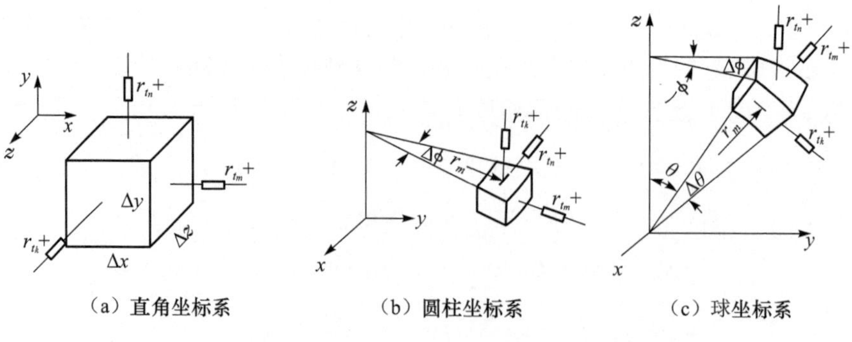

(a) 直角坐标系　(b) 圆柱坐标系　(c) 球坐标系

图 3-5-3 不同坐标系中，内部节点的热阻连接示意图

表 3-5-4　不同坐标系中内部节点的热阻

	(a)直角坐标	(b)圆柱坐标	(c)球坐标
坐标系	x,m y,n z,k	r,m ϕ,n z,k	r,m ϕ,n ψ,k
微体积元	$\Delta x\Delta y\Delta z$	$r\Delta r\Delta\phi\Delta z$	$r_m^2\sin\varphi(\Delta r\Delta\phi\Delta\psi)$
R_{t_m+}	$\dfrac{\Delta x}{\lambda\Delta y\Delta z}$	$\dfrac{\Delta r}{\lambda\left(r_m+\dfrac{\Delta r}{2}\right)\Delta\phi\Delta z}$	$\dfrac{\Delta r}{\lambda\left(r_m+\dfrac{\Delta r}{2}\right)^2\sin\psi(\Delta\phi\Delta\psi)}$
R_{t_m-}	$\dfrac{\Delta x}{\lambda\Delta y\Delta z}$	$\dfrac{\Delta r}{\lambda\left(r_m+\dfrac{\Delta r}{2}\right)\Delta\phi\Delta z}$	$\dfrac{\Delta r}{\lambda\left(r_m+\dfrac{\Delta r}{2}\right)^2\sin\psi(\Delta\phi\Delta\psi)}$
R_{t_n+}	$\dfrac{\Delta y}{\lambda\Delta y\Delta z}$	$\dfrac{r_m\Delta\phi}{\lambda\Delta r\Delta z}$	$\dfrac{\Delta\phi\sin\psi}{\lambda\Delta r\Delta\psi}$
R_{t_n-}	$\dfrac{\Delta y}{\lambda\Delta y\Delta z}$	$\dfrac{r_m\Delta\phi}{\lambda\Delta r\Delta z}$	$\dfrac{\Delta\phi\sin\psi}{\lambda\Delta r\Delta\psi}$
R_{t_k+}	$\dfrac{\Delta z}{\lambda\Delta y\Delta z}$	$\dfrac{\Delta z}{\lambda r_m\Delta\phi\Delta r}$	$\dfrac{\Delta\psi}{\lambda\sin\left(\psi+\dfrac{\Delta\psi}{2}\right)\Delta r\Delta\phi}$
R_{t_k-}	$\dfrac{\Delta z}{\lambda\Delta y\Delta z}$	$\dfrac{\Delta z}{\lambda r_m\Delta\phi\Delta r}$	$\dfrac{\Delta\psi}{\lambda\sin\left(\psi+\dfrac{\Delta\psi}{2}\right)\Delta r\Delta\phi}$

$\lambda=$常量时，$\lambda_{ji}=\lambda$。每个节点（亦即热路网络的一个节点）都各有一个热量收支平衡式(3-5-5)，可用松弛法联解这些代数方程，以求出各个节点的未知温度。

作为简单示例，以突出松弛法的要点：设想图 3-2-1 中 $b=l$ 的方形薄板被简单分割（见图 3-5-4）。如果没有内热源，$q_V=0$，式(3-5-3)简化为节点 1、2、3、4 的温度各等于周围四个点温度总和的 1/4。由于温度分布具有对称性，$t_1=t_2$，$t_3=t_4$，可先任意假定 t_1 和 t_2 各为 200℃，t_3 和 t_4 各为 150℃，计算余量。例如，$R_1=100+300+t_2+t_4-4t_1=-50$(℃)。这里，实际上只存在两个未知温度 t_1 和 t_4，有两个余量方程，即

$$R_1=200+t_4-3t_1$$

$$R_4=200+t_1-3t_4$$

通过列表进行松弛计算如下：

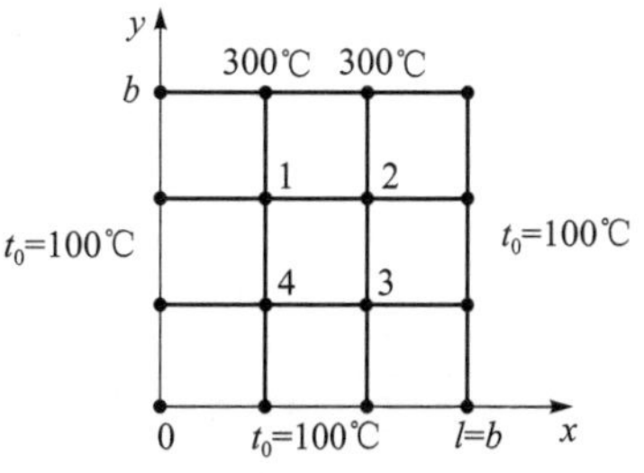

图 3-5-4　方形薄板稳定导热的数值解法示意图

表 3-5-5 余量计算的列表

t_1/℃	R_1/℃	t_4/℃	R_4/℃
200	−50	150	−50
−20	10		−70
	−15	−25	5
−5	0		0
175		125	

表中,根据任意假定的 $t_1=200$℃和 $t_4=150$℃,算出 R_1 和 R_4 各为−50℃;t_1 每调升 1℃,就会使本身余量 R_1 减少 3℃,余量 R_4 增加 1℃,因此下一步在 t_1 项下记作−20℃时,应使 R_1 加大 60℃,记作−50+60=10(℃),同时使 R_4 减少 20℃而记作−50−20=−70(℃);依次进行到第 3 步,余量 R_1 和 R_4 都已调节到零值,得到解为 $t_1(=t_2)=200-20-5=175$(℃)和 $t_4(=t_3)=150-25=125$(℃)。

由式(3-5-5),有

$$t_i=\frac{Q'_i+\sum_j\left(\frac{t_j}{R_{t_{ji}}}\right)}{\sum_j\frac{1}{R_{t_{ji}}}} \tag{3-5-6}$$

此后又有了另一种数值计算方式,即采用"高斯-塞德尔(Gauss-Seidel)迭代法"[20]。仍以上例来说明。没有内热源,λ 取作常量时,1、2、3、4 每个节点的四个连接热阻都相同,式(3-5-6)简化为

$$t_i=\frac{1}{4}\sum_j t_j \tag{g}$$

先任意假定 $t_1=200$℃,$t_2=200$℃,$t_3=150$℃,$t_4=150$℃。将 t_2 和 t_4 的假定值代入节点 1 的方程,计算出

$$t_1=\frac{1}{4}(300+100+t_2+t_4)=187.5(℃)$$

将 t_1 和 t_3 的假定值代入节点 2 的方程,计算出

$$t_2=\frac{1}{4}(300+100+187.5+150)=184.33(℃)$$

每次计算都取得最新的有效数据,这种迭代法又称为连续法。计算结果可以汇列成下表:

表 3-5-6 计算结果

迭代步骤	t_1/℃	t_2/℃	t_3/℃	t_4/℃
0	200	200	150	150
1	187.50	184.38	133.60	130.28
2	178.67	178.07	127.09	126.44
3	176.13	175.81	125.56	125.43

续表

迭代步骤	t_1/℃	t_2/℃	t_3/℃	t_4/℃
4	175.31	175.22	125.16	125.12
5	175.09	175.06	125.05	125.04
6	175.03	175.02	125.02	125.01

通过多次迭代，原假定任意性的影响逐渐消失。表中迭代到第5步时，各点温度与第4步得到的值最大未超过0.22℃。考虑到一般工程上采用的测温手段所能实现的测量精确度为±(0.2～0.5)℃，计算到第5步，就可以认为已能满足工程计算所需要的精确程度。这种反复迭代将非常适用于采用通用(数字)电子计算机求解。

利用变分的数学原理，也可以发展出导热数值解的有限元法[21]，其与有限差分法在离散格式、数值不稳定性和计算精度方面的对比详见文献[22]。

毫无疑问，数值解法终究只能得到近似解。等分网格越小，即所选定的空间步长$\Delta x=\Delta y$越小，节点越多，数值计算的结果就越渐近于真实解，但计算的工作量也越大。

例3-5-1　试用数值解法求解例3-4-1。

[解]　(1) 取$\Delta x=\frac{\sqrt{2}}{2}a=0.707\times0.3=0.212$(m)时，如例3-5-1图(a)所示，将直接求得

$$t_0=\frac{1}{4}(550+550+50+50)=300(℃)$$

q_l将8倍于34面散失的热量。因此，按导热杆的观点，有

$$q_l=8\lambda\left[\frac{\Delta x}{2}l\,\frac{550-50}{\Delta x}+\Delta xl\,\frac{300-50}{\Delta x}+\frac{\Delta x}{2}l\,\frac{50-50}{\Delta x}\right]$$

或

$$q_l=600(\mathrm{W/m})$$

(2) 取$\Delta x=\frac{\sqrt{2}}{2}a=0.106$m时，如例3-5-1图(b)所示。由于对称的缘故，$t_f=t_a$，$t_g=t_b$，$t_h=t_c$，$t_j=t_e$，只需求出a、b、c、d、e、0六个地点的温度。作为第1步，可任意假定$t_e=400$℃，$t_0=300$℃，$t_a=t_b=t_c=t_d=200$℃，分别计算出各点的余量，用松弛法或迭代法最后求得$t_a=107$℃，$t_b=164$℃，$t_c=218$℃，$t_d=259$℃，$t_e=400$℃，$t_0=282$℃。于是

$$q_l=8\lambda\left[\frac{1}{2}(259-50)+(218-50)+(164-50)+(107-50)+\frac{1}{2}(50-50)\right]$$

或

$$q_l=532\mathrm{W/m}$$

(3) Δx取得越小，近似程度越高，取

$$\Delta x=\frac{\sqrt{2}}{8}a=0.053\mathrm{m}$$

时，工作量更大，可以求得$q_l=518$W/m。把三种Δx值下的q_l标绘成例3-5-1图(c)，当$\Delta x\to0$

时，应能得到最接近于真实的或然值为 $q_1 \to 510\mathrm{W/m}$。

(1) 的计算工作量极小，但所得到的结果 $q_1 = 600\mathrm{W/m}$，显然误差大，比或然值 510W/m 偏高了 17.6%；(2)的计算工作量已比较大，但还不比例 3-4-1 中用图解法得到的结果更近似于真实的或然值。这也清楚地说明，对于直接给定第一类边界条件，即已知边界面温度的二维稳定导热问题，图解法具有肯定的实用价值。即便在需要高精确度的情况下，先用图解法得到大致的等温线，将有助于在(3)的计算中，一开始就能假定各点温度比较接近于实际，从而大大减轻松弛或迭代演算的工作量。

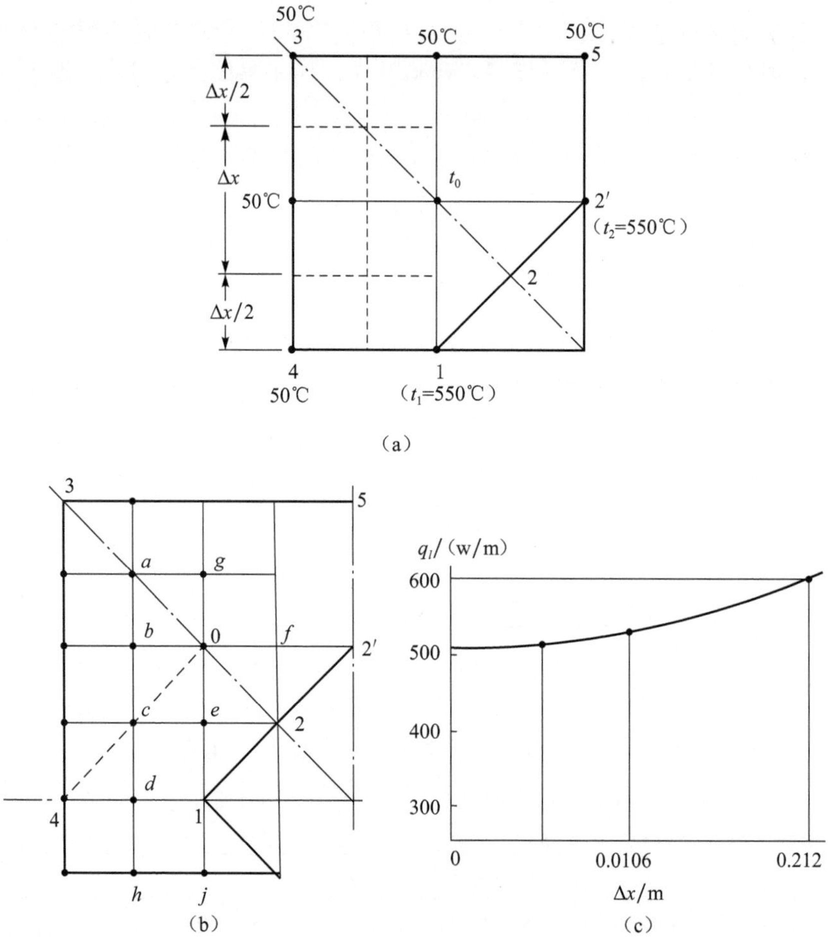

例 3-5-1　附图

如果给定的并不是第一类边界条件，边界面上每个节点的温度也需要确定，进行数值解时，就应该对边界面上每个节点分别写出各自的热量收支平衡。仍以二维问题为例，参看图 3-5-5(a)，下方示出相应的热路图，04 应为放热杆，不难按照式(e)列出如下关系：

$$Q_{10}=\lambda\left(\frac{\Delta y}{2}\right)(1)\frac{t_1-t_0}{\Delta x}=\frac{\lambda}{2}(t_1-t_0)$$

$$Q_{20}=\lambda\left(\frac{\Delta y}{2}\right)(1)\frac{t_2-t_0}{\Delta x}=\frac{\lambda}{2}(t_2-t_0)$$

$$Q_{30}=\lambda(\Delta x)(1)\frac{t_3-t_0}{\Delta y}=\frac{\lambda}{2}(t_3-t_0)$$

$$Q_{40}=\alpha(\Delta x)(1)(t_f-t_0)=\alpha\Delta x(t_f-t_0)$$

无内热源时，由式(3-5-4)或式(3-5-5)，将得到边界节点0的方程为

$$\frac{\lambda}{2}(t_1-t_0)+\frac{\lambda}{2}(t_2-t_0)+\lambda(t_3-t_0)+\alpha\Delta x(t_f-t_0)=0$$

或

$$\frac{1}{2}t_1+\frac{1}{2}t_2+t_3+\frac{\alpha\Delta x}{\lambda}t_f-\left(\frac{\alpha\Delta x}{\lambda}+2\right)t_0=0 \tag{3-5-7}$$

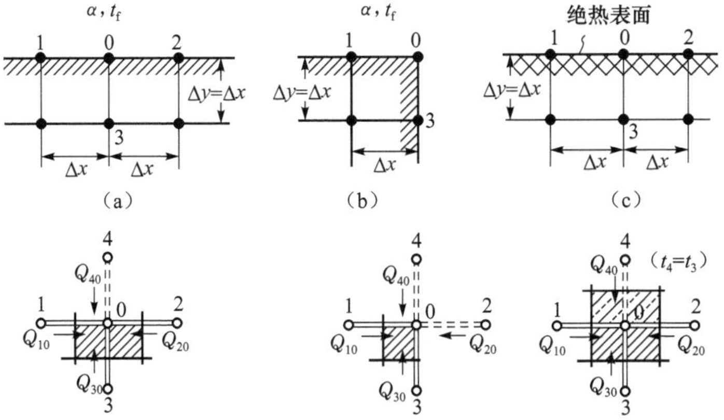

图3-5-5　二维稳定导热体几种典型的边界节点

绝热边界面相当于温度分布的对称面。读者可以自己思考，寻找出图3-5-5中(b)和(c)两种情况下表面节点0的方程。

二维按正方块($\Delta x=\Delta y$)分割和三维按立方块($\Delta x=\Delta y=\Delta z$)分割时，在曲表面附近常遇到像图3-5-6所示的非正规内部节点0。在二维稳定情况下，将有

$$Q_{10}=\lambda\left(\frac{\xi\Delta y}{2}+\frac{\Delta y}{2}\right)l\frac{t_1-t_0}{\zeta\Delta x}=\frac{\lambda}{2\zeta}(\xi+1)(t_1-t_0)$$

$$Q_{20}=\lambda\left(\frac{\xi\Delta y}{2}+\frac{\Delta y}{2}\right)l\frac{t_2-t_0}{\zeta\Delta x}=\frac{\lambda}{2\zeta}(\xi+1)(t_2-t_0)$$

$$Q_{30}=\lambda\left(\frac{\zeta\Delta x}{2}+\frac{\Delta x}{2}\right)l\frac{t_3-t_0}{\xi\Delta y}=\frac{\lambda}{2\xi}(\zeta+1)(t_3-t_0)$$

$$Q_{40}=\lambda\left(\frac{\zeta\Delta x}{2}+\frac{\Delta x}{2}\right)(1)\frac{t_4-t_0}{\xi\Delta y}=\frac{\lambda}{2\xi}(\zeta+1)(t_4-t_0)$$

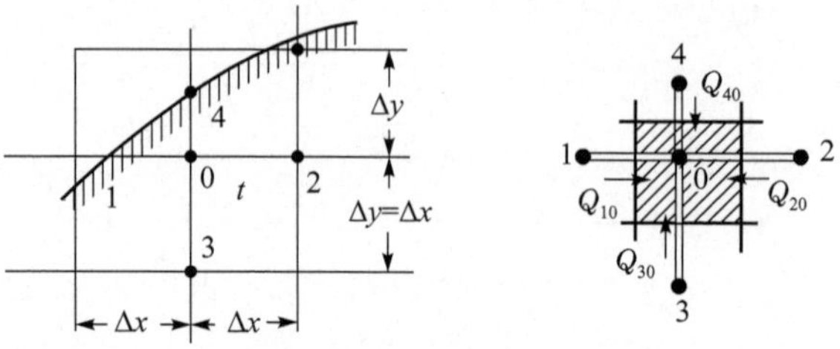

图 3-5-6　曲表面附近的内部节点热路网络示意图

没有内热源时，节点 0 的方程为

$$\frac{1}{\zeta(\zeta+1)}t_1+\frac{1}{\zeta(\zeta+1)}t_2+\frac{1}{\xi(\xi+1)}t_3+\frac{1}{\xi(\xi+1)}t_4-\left(\frac{1}{\xi}+\frac{1}{\zeta}\right)t_0=0 \tag{3-5-8}$$

高速通用电子计算机的迅猛发展，势必使数值解法扩大应用范围，有可能用来求解迄今为止尚难解决的更复杂的传热问题①。由式(3-5-5)，包括具体的式(3-5-7)和式(3-5-8)，n 个节点的方程组具有相同的模式：

$$\begin{cases}a_{11}t_1+a_{12}t_2+\cdots+a_{1n}t_n=C_1\\ a_{21}t_1+a_{22}t_2+\cdots+a_{2n}t_n=C_2\\ \vdots\\ a_{n1}t_1+a_{n2}t_2+\cdots+a_{nn}t_n=C_n\end{cases} \tag{h}$$

其中，$t_1,t_2,\cdots,t_n$ 为未知的节点温度。在使用电子计算机进行固体导热数值解时，可直接利用矩阵的形式，将式(h)表示成

$$\begin{bmatrix}a_{11} & a_{12} & \cdots & a_{1n}\\ a_{21} & a_{22} & \cdots & a_{2n}\\ \vdots & \vdots & & \vdots\\ a_{n1} & a_{n2} & \cdots & a_{nn}\end{bmatrix}\begin{bmatrix}t_1\\ t_2\\ \vdots\\ t_n\end{bmatrix}=\begin{bmatrix}C_1\\ C_2\\ \vdots\\ C_n\end{bmatrix} \tag{i}$$

记作

$$[A][t]=[C] \tag{3-5-9}$$

这样，问题的解决就是要找到逆矩阵$[A]^{-1}$，以便计算出各未知的节点温度：

---

① 有关计算机程序的编写可参看相关专著，如文献[23]、[24]。研究利用电子计算机作传热(不仅仅限于导热)数值计算的发展趋势，展现出传热学的一个新分支：数值计算传热学(Mumerical Heat Transfer)。1978年创办了研究传热数值解和计算方法的国际学术杂志 *Numerical Heat Transfer*。有关的进展见文献[25]。

$$[t] = [A]^{-1}[C] \tag{3-5-10}$$

这里

$$[A]^{-1} = \begin{bmatrix} b_{11} & b_{12} & \cdots & b_{1n} \\ b_{21} & b_{22} & \cdots & b_{2n} \\ \vdots & \vdots & & \vdots \\ b_{n1} & b_{n2} & \cdots & b_{nn} \end{bmatrix} \tag{j}$$

亦即

$$\begin{cases} t_1 = b_{11}C_1 + b_{12}C_2 + \cdots + b_{1n}C_n \\ t_2 = b_{21}C_1 + b_{22}C_2 + \cdots + b_{2n}C_n \\ \qquad \vdots \\ t_n = b_{n1}C_1 + b_{n2}C_2 + \cdots + b_{nn}C_n \end{cases} \tag{k}$$

现代通用电子计算机已把矩阵互逆作为标准程序库的组成部分，给定$[A]$，就能计算出$[A]^{-1}$。

§3-6　模　拟　法

不同的物理现象要用不同的物理量去描写。对于两种不同的现象，尽管物理量的含义完全不同，但在数学上可被表示成同样形式的方程时，就说这两种现象具有可比拟(或类似)性，彼此可被物理模拟。例如，λ＝常量、无内热源的各向同性体的稳定导热，均匀导电体在电阻保持不变时的稳定导电，黏性流体在定温下的稳定流层，都严格遵循拉普拉斯方程。有许多稳定导热问题无法进行解析解，做热试验又显得费力时，往往可用电模拟试验得到解。目前已开发出多种模拟实验方法①。对于二维或三维的稳定导热，电模拟法通常比较方便。

求解λ＝常量、无内热源的二维稳定导热，最简便的电模拟方法是导电纸法[26]，在纸上均匀地涂上一层石墨，构成均匀导电体。参看图 3-6-1，把导电纸按比例放大或缩小成矩形槽壁横截面的 1/4($c'a'b'd'$)，即与实物 $cabd$ 保持几何图形相似。为了模拟 ac 和 bd 两个等温面，在 $a'c'$ 和 $b'd'$ 上镶以紫铜条，维持一定的电压 ΔV_e，以模拟已知的温压($t_{w,1}-t_{w,2}$)。对称面 ab 和 cd 代表绝热面，在等效导电场中，应使 $a'b'$ 和 $c'd'$ 很好绝缘。利用分电阻调节探针电位后，移动探针位置，就可以借助于电压表 V 画出一条等电位线，相应于按几何比例确定的等温线的位置。

① 文献[1]中第 13 章和文献[3]中第 20 章，对模拟实验方法有较好的评述。

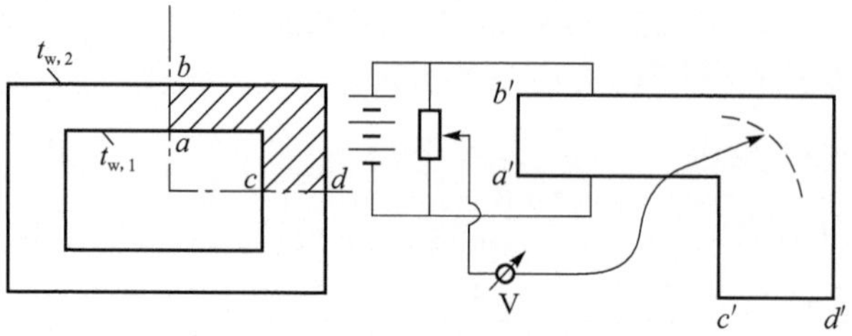

图 3-6-1 矩形槽壁导热的等效导电场

导电纸法无法模拟内热源,但能用来解释第三类边界条件的二维稳定导热问题。只要运用当量厚度 $\delta_e=\dfrac{\lambda}{\alpha}$ 的概念(见§1-6),在制作导电纸模型时,把 $a'c'$ 边界往内延伸厚度 $\delta_{e_1}=\dfrac{\lambda}{\alpha_1}$,到达 $a''c''$(图 3-6-1 中未示出),在 $a''c''$ 和 $b''d''$ 上镶以紫铜条,模拟 $t_{f,1}$ 和 $t_{f,2}$ 就行了。这样测定的 $c'a'b'd'$ 区域里的等电位线,将相应于矩形槽壁内实际等温线的几何位置所在。

λ=常量、无内热源的三维稳定导热可在模型空间内填充导电液,即所谓导电槽法,实测所模拟的边界条件下导电液内部电场的等电位面[27]。

除了等效导电场的模拟方式之外,还有由可调标准电阻的电路网络模拟法,运用§3-5 中的有限差分原理,把任何相邻两个节点之间的热阻 $R_{t_{ji}}$ 按选定的模拟比例 $c_{R_t}=\dfrac{R_t}{R_e}$ 折合成模拟电阻 $R_{e_{ji}}$,按选定的模拟比例 $c_t=\dfrac{t-t_0}{U_e}$(其中 t_0 为参考温度)控制已知节点温度 t_i-t_0 的模拟电压 U_{e_i}。一旦调整好实验设备,就能实测各节点的未知电压,相应于未知温度 $t=t_0+c_tU_e$;计算各相邻节点之间的未知电流 $I_{e_{ji}}=\dfrac{U_{e_{ji}}}{R_{e_{ji}}}$,相应于导热杆的热流量 $Q_{ji}=c_QI_{e_{ji}}$。模拟比例 $c_Q=\dfrac{Q}{I_e}=\dfrac{\Delta t}{R_t}\Big/\dfrac{U_e}{R_e}=\dfrac{c_t}{c_{R_t}}$,取决于选定的 c_t 和 c_{R_t}。这就相当于用模拟实测的方式替代数值解的演算过程。通常把这种实验装备称为电模拟计算机或电动积分仪[28],和数值解法一样,其能用来求解大量实际导热问题①。

液体层流的水力学模拟(简称水模拟)可被用来求解有内热源时,二维或三维的稳定导热问题[29,30],用间隙极小的环形管提供控制水流速度的高流阻。这就对水质、恒温控制等都要有极高的要求,才能维持恒定的实验精度,因而限制了水模拟法的推广应用。除了个别发展水力积分仪、主要被用来求解不稳定导热问题(见§4-1)之外,水模拟往往只被用作研究多维稳定导热课题时一种定性的手段。

① 有关电模拟原理和技术,可参看文献[28]。

§ 3-7　导热形状因子

式(2-4-5)已经把一维稳定导热的热流量计算式概括为

$$Q=\frac{\lambda(t_{w,1}-t_{w,2})}{\dfrac{\delta}{F_m}} \tag{a}$$

导热系数为变量时，可把式(a)等号右边的分子变换为

$$\int_{t_{w,2}}^{t_{w,1}}\lambda \mathrm{d}t=\lambda_m(t_{w,1}-t_{w,2}) \tag{b}$$

式(a)等号右边的分母则指

$$\frac{1}{S}=\int\frac{\mathrm{d}n}{F}=\frac{\delta}{F_m} \tag{c}$$

S 取决于顺着热流方向 n 的导热面积，即等温面的面积沿途改变的性质仅仅决定于导热体形状和大小，是一个纯粹的几何参量。对于一维问题，等温面只能有固定不变的法线方向，如大平壁的 x 轴向和长圆筒与圆球的 r 轴向。

式(3-4-3)实质上把式(a)推广应用到二维和三维的稳定导热。S 被称为**导热形状因子**，可以理解为

$$S=\frac{F_m}{L_m} \tag{d}$$

式中，L_m 为两个等温面之间的平均距离；F_m 为平均有效导热面积。

S 不单是图解法(见 § 3-4)和等效电场模拟(见 § 3-6)的产物，根据式(3-4-3)也可以由解析法得到。表 3-7-1 列出了对工程问题有实际意义的几种几何条件下的导热形状因子 S。其中，除去表中(8)交边的 S 和(9)交角的 S 是电模拟得到的经验资料[31,32]以外，都是解析的结果[33]。像表 3-7-1 所列出的(3)地下埋管(单管)的 S 就是由式(3-3-6)变换而来。由式(a)，单位长度的热阻为

表 3-7-1　导热形状因子 S

地下埋球	(1) 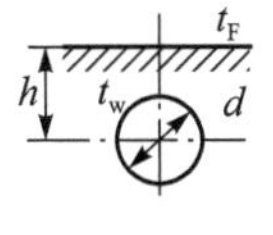	$S=\dfrac{2\pi d}{1+\dfrac{d}{4h}}$
地下埋管	(2) 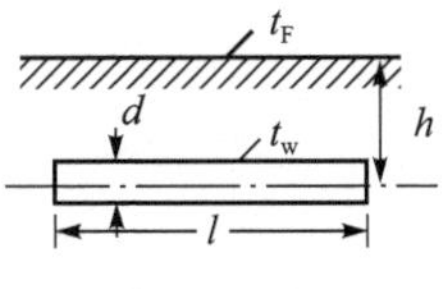	$d\ll h$ 和 $h\ll l$ 时 $\dfrac{S}{l}=\dfrac{2\pi/\ln\dfrac{2l}{d}}{1+\dfrac{\ln(2h/l)}{\ln(2h/d)}}$

续表

地下埋管	(3) 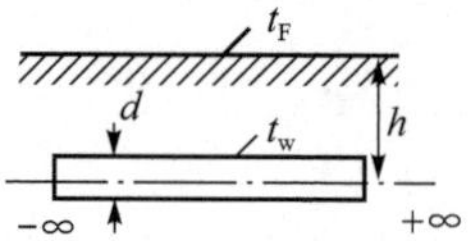	L 无限长时，每米管子的导热形状因子为 $\frac{S}{l}=\frac{2\pi}{\operatorname{arcosh}\frac{2h}{d}}$ 当 $h>2d$ 时，可简化为 $\frac{S}{l}=\frac{2\pi}{\ln\frac{4h}{d}}$
	(4) 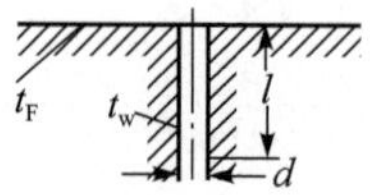	$d\ll l$ 时 $\frac{S}{l}=\frac{2\pi}{\ln\frac{4l}{d}}$
	(5) 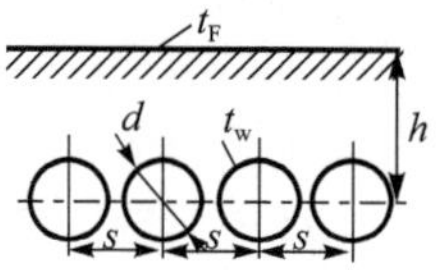	$h>d$，$d\ll l$ 时，对每根管有 $\frac{S}{l}=\frac{2\pi}{\ln\left[\frac{2s}{\pi d}\operatorname{sh}\left(2\pi\frac{h}{s}\right)\right]}$
地下深埋的圆薄片	(6) 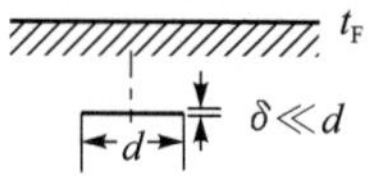	$S=4d$
地下深埋双管道之间的导热	(7) 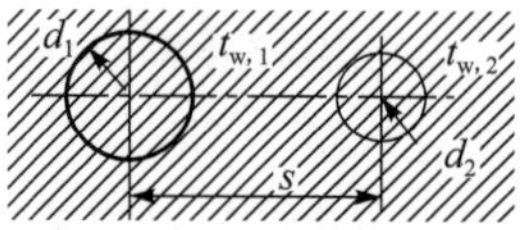	管长 $l\gg d_1$ 时($d_1>d_2$) $S=\frac{2\pi l}{\operatorname{arcosh}\frac{s^2-r_1^2-r_2^2}{2r_1r_2}}$
炉墙与交边	(8) 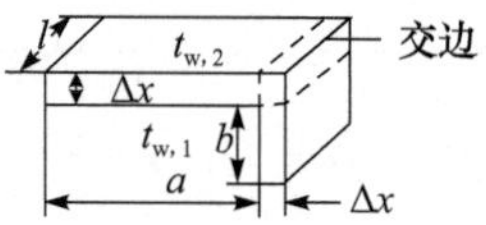	内尺寸 a 和 b 大于 $\frac{1}{5}\Delta x$ 时 $S=\frac{al}{\Delta x}+\frac{bl}{\Delta x}+0.54l$
炉墙与交角	(9) 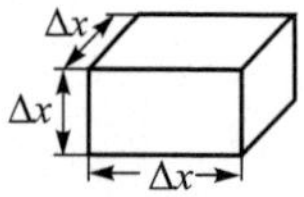	$S=0.15\Delta x$
管道偏心热绝缘	(10) 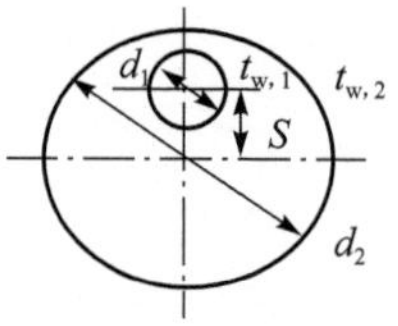	管长 $l\gg d_2$ 时 $\frac{S}{l}=\frac{2\pi}{\ln\frac{\sqrt{(d_2-d_1)^2-4s^2}+\sqrt{(d_2-d_1)^2-4s^2}}{\sqrt{(d_2+d_1)^2-4s^2}-\sqrt{(d_2+d_1)^2-4s^2}}}$

$$R_{t_i}=\frac{t_{w,1}-t_{w,2}}{Q/l}=\frac{l}{S\lambda} \tag{3-7-1}$$

对比式(3-7-1)和式(3-3-6)，则

$$\frac{S}{\lambda}=\frac{2\pi}{\operatorname{arcosh}\left(\frac{2h}{d}\right)} \tag{3-7-2}$$

管道热绝缘偏心时，也同样可由式(3-3-10)导出表3-7-1中(10)的计算式。

例3-7-1　用耐火砖[$\lambda=1.2\text{W}/(\text{m}\cdot{}^\circ\text{C})$]砌成小型立方炉，炉膛边长0.5m，砖墙厚0.1m，炉墙表面温度750℃，外表面温度50℃。试求通过炉墙的热损失。

[解]　由表3-7-1的(9)和(10)，题给条件为$\Delta x=0.1\text{m}$和$a=b=l=0.5\text{m}$，可见：

每条交边的导热形状因子$S_2=0.54\times0.5=0.27(\text{m})$；

每面墙的导热形状因子$S_1=\frac{0.5\times0.5}{0.1}=2.5(\text{m})$；

每个交角导热形状因子$S_3=0.15\times0.1=0.015(\text{m})$。

立方炉共有6面墙、12条交边、8个交角，总形状因子为

$$S=6S_1+12S_2+8S_3=18.36(\text{m})$$

于是

$$Q=\lambda S\Delta t=1.2\times18.36\times750-50=15422(\text{W})$$

或

$$Q=15.42\text{kW}$$

参考文献

[1]　P. J. Schneider. Conduction Heat Transfer. New Jersey: Addison-Wesley Pub. Co. Inc., 1955.

[2]　H. S. Carslaw and J. C. Jaeger. Conduction of Heats in Solids. 2nd ed. Oxford: Oxford Univ. Press, 1959.

[3]　M. Jakob. Heat Transfer. New York: John Wiley, 1949.

[4]　M. N. Ozisik. Boundary Value Problem of Heat Conduction. International Textbook Co., 1968.

[5]　G. E. Myers. Analytical Methods in Conduction Heat Transfer. New York: McGraw-Hill, 1971.

[6]　V. S. Arpaci. Conduction Heat Transfer. New Jersey: Addison-Wesley Pub. Co. Inc., 1972.

[7]　A. B. Лыков(雷柯夫). 热传导理论. 裘烈钧，丁履德译. 北京：高等教育出版社，1955.

[8]　数学手册（增订本）. 北京：煤炭工业出版社，1975.

[9]　R. K. McMordie. Trans. ASME. Ser. C, JHT, 1962, 84(1): 92.

[10]　K. Д. 伏斯克列显斯基. 传热学计算及习题集. 王补宣译. 北京：高等教育出版社，1965.

[11]　H. S. Carslaw. Introduction to the Mathematical Theory of the Conduction of Heat in Solids. 2nd ed. London: McMillan Co., 1921.

[12]　T. Lehmann. Electrotech. Zeit., 1909, 30: 995, 1019.

[13] R. V. Southwell. Relaxation Methods in Engineering Science. New York: Oxford University Press, 1940.

[14] H. W. Emmans. Trans. ASME, 1943, 65: 607.

[15] G. M. Dusimberre. Numerical Analysis of Heat Flow. New York: McGraw-Hill, 1949; D. N. de G Allen. Relaxation Methods. New York: McGraw-Hill, 1954.

[16] D. R. Croft and D. G. Lilley. Heat Transfer Calculations Using Finite Difference Equations. London: Applied Science Publishers Ltd., 1977.

[17] 俞昌铭. 热传导及其数值分析. 北京:清华大学出版社,1982.

[18] G. M. Dusimberre. Heat Transfer Calculations by Finite Differences. International Textbook Co., 1961.

[19] J. P. Hartnett and W. M. Rohsenow. ed. Handbook of Heat Transfer. New York: McGraw-Hill, 1973.

[20] W. F. Ames. Nonlinear Partial Differential Equations in Engineering. New York: Academic Press, Inc., 1965.

[21] 孔祥谦. 有限单元法在传热中的应用. 第 3 版. 北京:科学出版社,1998.

[22] T. M. Shih. Numerical Heat Transfer. Hemisphere Publishing Corp., 1984.

[23] A. J. Adams and D. F. Rogers. Computer Aided Analysis in Heat Transfer. New York: McGraw-Hill, 1973.

[24] 陶文铨. 数值传热学. 西安:西安交通大学出版社,1988.

[25] 陶文铨. 计算传热学的近代进展. 北京:科学出版社,2000.

[26] 中国建筑科学研究院建筑物理研究所. 导电纸电模拟法. 北京:中国建筑工业出版社,1977.

[27] T. J. Higgins. Appl. Meth. Rev., 1956, 9: 1-4, 49, 55; 1957, 10: 49-54, 331-335, 443-448; 1958, 11: 203-206.

[28] Л. И. 古金玛赫. 电模型(中译本). 北京:科学出版社,1958.

[29] A. D. Moore. J. Appl. Phy., 1949, 20: 790.

[30] R. F. Scott. Geotechnique, 1956, 7: 55-72.

[31] I. Langmuir, E Q Adams and F S Meikle. Trans. Amer. Electrochemical Soc., 1913, 24: 53-84.

[32] W. H. McAdams. Heat Tramsmission. 3rd ed. New York: McGraw-Hill, 1954.

[33] E. Hahne and U. Grigull. Intern. J. Heat and Mass Transfer, 1975, 8(6): 751-769.

第 4 章　不稳定导热

§4-1　内部热阻可被忽略时的不稳定导热

§2-1 和§2-2 已建立起基于傅里叶导热方程的数学模型。但前两章所具体讨论的问题都局限于固体内部的稳定导热，发生导热过程的同时，任何地点的 t 和热流密度 q 都不随时间改变，物体内部不存在热量的蓄聚或丢失，不会引起内能和焓的变化。工程上既有大量的稳定导热问题，也会涉及许许多多加热升温或者被冷却降温的不稳定导热课题，主要任务是要确定被加热或冷却的物体内部某个地点达到预定温度所需经历的时间，以及在该时间内所需供给或取走的热量，以便合理拟订加热或冷却的工艺条件；或需要计算经历一定时间以后，物体内部温度分布和温度场随时间变化的速率，以便核算部件所将承受的热应力，并据此制定热工设备快速启动的安全操作规程。

参看图 4-1-1，温度为室温的材料被放进 t_f 为常量的恒温炉内加热时，表面层最先受热而使表面温度 t_w 迅速上升。随着加热过程的传播而逐渐深入材料内部，材料的中心温度 t_0 也将开始升温。经历一段时间以后，材料被最终加热到温度为 $t_w=t_0=t_f$ 的平衡状态。在恒温气氛下，壁面温度 t_w 的逐渐升高，将使 t_f 与 t_w 的温差逐渐减小，必然使周围环境传给材料的热流量 Q 随加热时间 τ 的延长而减少，直到建立起平衡状态时降为零。

已在§1-6、§2-3、§2-8 中多次提到，$Bi=\dfrac{\alpha l_0}{\lambda}$是一个无因次量，代表材料内部导热热阻与外部放热热阻之比。l_0 为描述材料几何尺寸的特征长度，可以简单地直接取典型尺寸，如大平板厚度的一半或长圆柱体和球的半径或直径，也可取$l_0=\dfrac{V}{F}$，亦即体积与表面积之比。对于大平板，l_0 取厚度的一半；对于长圆柱体，l_0 取半径的一半；对于球，l_0 取半径的 1/3；对于立方体，l_0 取边长的 1/6。如图 4-1-2 所示，取 $Bi\geqslant 100$ 时，内热阻起主导作用，t_w 几乎就是 t_f，因此，温度的变化主要发生在物体内部。$Bi\ll 1$ 时，外热阻起主要作用，内部温度趋于均匀。Bi 中等大小，即数量级为 1 时，内、外热阻都起作用，温降同时分布在外侧和内部。由此可见，尽管自然界里不存在 $\lambda=\infty$的绝对导热体，但是很多不稳定导热问题可以假定物体内热阻如此之小而使物体内部温度在任何时刻都将均匀一致，由此得到足够

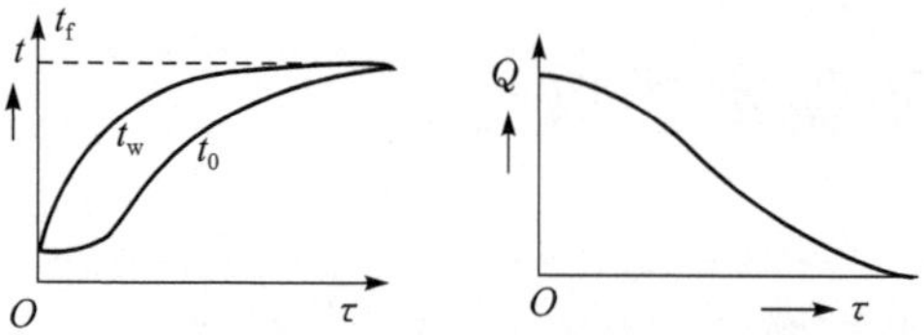

（a）　（b）

图 4-1-1　在恒温气氛中的加热升温过程

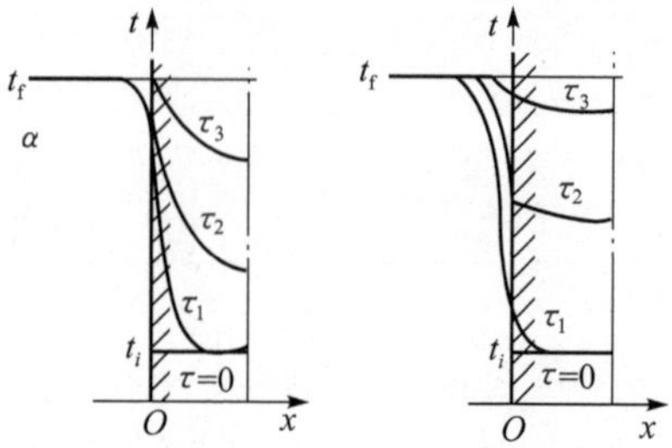

（a）$Bi>100$　（b）$Bi<0.1$

图 4-1-2　两个不同类型的温度分布

准确的解。对于平板、圆柱体、圆筒、球这样一些常见的形状，只要 $Bi<0.1$，略去内热阻所引起的计算温度分布的误差就小于 5%。

无内热源的各向同性固体可由式(2-1-4)表示为

$$\rho c_p \frac{\partial t}{\partial \tau} = -\operatorname{div} q \tag{a}$$

$Bi \ll 1$ 时，物体内部温度趋向于均匀，就像§2-8 中的近似处理那样，引进体积平均温度

$$\bar{t} = \frac{1}{V}\int_V r \mathrm{d}V \tag{b}$$

$t \approx \bar{t}$。从工程的角度，人们对内部的精确温度分布并不感兴趣，只是注意 $\bar{t}$ 随时间变动的概况，或亦即针对整个体积对式(a)进行积分

$$\int_V \rho c_p \frac{\partial t}{\partial \tau} \mathrm{d}V = -\int_V \operatorname{div} q \mathrm{d}V \tag{c}$$

$\bar{t}$ 与地点无关，仅随时间改变，$\frac{\partial \bar{t}}{\partial \tau} = \frac{\mathrm{d}\bar{t}}{\mathrm{d}\tau}$。根据数学散度定理(见§2-1)，有

$$\int_V \operatorname{div} q \mathrm{d}V \equiv \oint_F q_n \mathrm{d}F$$

其可代表整个表面向外传出的热损失，于是

$$\rho c_p V \frac{\mathrm{d}t}{\mathrm{d}\tau} = -\alpha F(t - t_f) \tag{4-1-1}$$

式中，α 指整个表面上的平均放热系数(见§1-4)，可以是固体表面与周围流体的对流放热系数 α_c，也可以是包括辐射换热影响的总放热系数 α_0(见§1-5)。

改写式(4-1-1)为

$$-\rho c_p V \mathrm{d}t = \alpha F(t - t_f)\mathrm{d}\tau$$

等号右边为 $Q_F \mathrm{d}\tau$，是 $\mathrm{d}\tau$ 时间内物体经表面传出热量的总和。等号左边则表示物体不同时间内由于温度降低 $-\mathrm{d}t$ 所丧失的热量。根据能量守恒原则，两边必须相等。由此可见，式(4-1-1)表明，$Bi \ll 1$ 时，物体内部温度梯度事实上可被忽略不计，因此经典的傅里叶微分方程将直接由简单的热平衡方程所替代。等号右边就是

§1-4 所介绍的牛顿冷却定律的表达式，所以习惯上也把这类 $Bi \ll 1$ 的加热或者冷却课题简称为“牛顿型”的加热或冷却。

式(4-1-1)的具体求解将涉及 t_f 为常量(稳定环境)和 t_f 随时间变动(不稳定环境)两类不同的情况。

1. 环境温度 t_f 保持常量

引进过余温度 $\vartheta = t - t_f$。物体被冷却时，ϑ 为正值；物体被加热时，ϑ 为负值。在 t_f 为常量的恒温环境气氛下，式(4-1-1)可被改写为

$$\frac{d\vartheta}{d\tau} = -\frac{\alpha F}{\rho c_p V}\vartheta \tag{d}$$

初始条件为

$$\tau = 0 \text{ 时}, \vartheta = \vartheta_i = t_i - t_f \tag{e}$$

解为

$$\frac{\vartheta}{\vartheta_i} = e^{-\frac{\alpha F}{\rho c_p V}\tau} = \exp\left(-\frac{\alpha F}{\rho c_p V}\tau\right) \tag{4-1-2}$$

随着时间的延续，ϑ 将最终趋于零，亦即 $t \to t_f$。但要完全达到绝对的平衡状态，理论上需要 $\tau \to \infty$。

$\frac{\rho c_p V}{\alpha F}$具有时间的量纲。$\tau = \frac{\rho c_p V}{\alpha F}$时，冷却件的过余温度 ϑ 将下降到开始时过余温度 ϑ_i 的 36.8%。常称$\frac{\rho c_p V}{\alpha F}$为时间常数，这个时间越长，冷却件的温度变化越慢。水的放热系数高于空气的放热系数(见表 1-4-1)，浸在水里冷却要比暴露在空气中冷却快得多。还可发现，在相同的介质里冷却，相同材料的冷却件 V/F 越大，单位体积的冷却表面积越小，冷却的速度就越慢。所以，薄板厚度与金属丝或珠的直径相同时，珠冷却得最快，金属丝第二，薄板最慢，时间常数正好是 1∶2∶3。同理，如图 1-4-3 所示，用热电偶测定气流温度时，如果气流温度突然升高为 t_f，由于 $l \gg d$，$\frac{V}{F} = r/2$ 或 $d/4$，热电偶材料的蓄热能力 ρc_p 越小和热电丝越细，时间常数$\frac{\rho c_p V}{\alpha F}$就越小，反映温度变化的测温惯性也就越小，或者说反应速率越快。利用热电偶短期暴露在高温气流中的升温特性，可以根据热电偶初读数 t_i 和 τ 时刻的读数 t，由式(4-1-2)计算出高温气流的温度 t_f，从而大幅度提高常用热电偶测量气温的高限[1]。对于测量高温高速气流的温度，热电偶材料的比热容 $c_p(\approx c_V)$随温度改变的幅度将影响到式(d)，使其中的$\frac{\alpha F}{\rho c_p V}$不再能处理成近似常量，需要对式(4-1-2)作出相应的修正[2]。

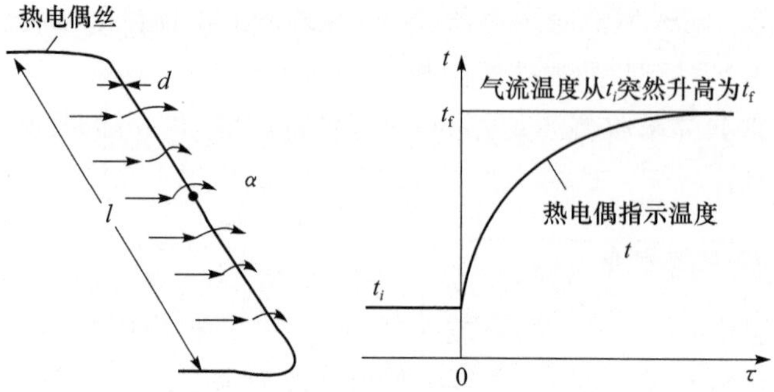

图 4-1-3　热电偶的测温惯性示意图

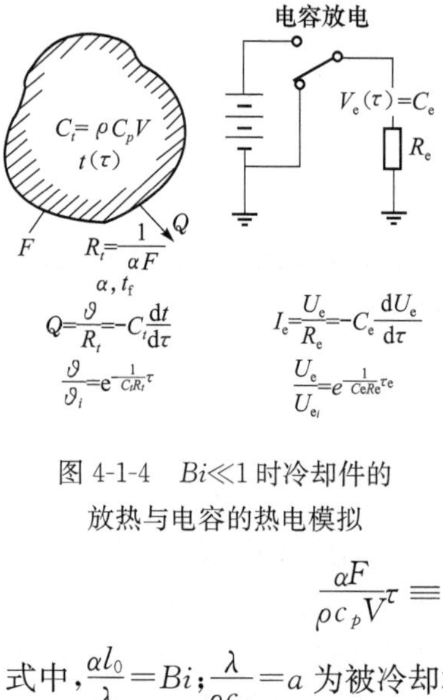

图 4-1-4　$Bi \ll 1$ 时冷却件的放热与电容的热电模拟

式(4-1-2)揭示出被冷却的物件，如小型金属铸锭被突然放进相对较大的冷却槽内急冷时，物件温度随时间变化的历程。就像图 4-1-4中所提供的电容-电阻电路在放电时，电位差 U_e 随时间变化的历程一样，完全是相模拟的现象。图中，C_t 代表热容量，即冷却件每降温 1℃所将放出的热量 $\rho c_p V$，相应的电容器放电的电容 C_e 以法拉计(见表 1-8-1)；τ_i 代表放电时间。

如果采用 $l_0=\frac{V}{F}$ 作为冷却件的特征尺寸，那么不难看到：

$$\frac{\alpha F}{\rho c_p V}\tau \equiv \frac{\alpha}{\rho c_p l_0}\tau = \left(\frac{\alpha l_0}{\lambda}\right)\left(\frac{\lambda}{\rho c_p}\right)\left(\frac{\tau}{l_0^2}\right)$$

式中，$\frac{\alpha l_0}{\lambda}=Bi$；$\frac{\lambda}{\rho c_p}=a$ 为被冷却材料的导温系数。于是

$$\frac{\alpha F}{\rho c_p V}\tau = Bi\left(\frac{a\tau}{l_0^2}\right) \tag{f}$$

$\frac{l_0^2}{a}$ 具有时间量纲，$\frac{a\tau}{l_0^2}=\mathrm{Fo}$，也是一个无量纲数，称为“傅里叶数”，代表一种无因次的时间。这样，式(4-1-2)常被表示成

$$\theta = \frac{\vartheta}{\vartheta_i} = e^{-Bi\,\mathrm{Fo}} \tag{4-1-3}$$

任何不稳定导热过程的描写式中，总包含时间的因素和对温度传播速率的考虑，无量纲变换的结果，自然会出现综合量 $\frac{a\tau}{l_0^2}=\mathrm{Fo}$。或者说，如同§2-1 已指出的，物体内部温度传播的速率正比于物质导温系数 a。可以认为：$\frac{a\tau}{l}$ 的值越大，在 $\tau=0$ 瞬

间物体表面温度的变动所将引起的 τ 时刻传入物体内部的温度传播深度也越大，Fo 在某种程度上指明温度传播深度与物体特征尺寸的相对大小。

式(4-1-1)等号右边的 $\alpha F\vartheta$ 亦即 $\alpha F(t-t_f)$ 就是冷却件的表面热流量 Q_F。而由式(4-1-2)，有

$$\frac{dt}{d\tau}=-\vartheta_i\frac{\alpha F}{\rho c_p V}e^{-\frac{\alpha F}{\rho c_p V}\tau} \tag{g}$$

可见图 4-1-4 中

$$Q=\alpha F\vartheta_i e^{-Bi\cdot Fo}$$

或

$$q_F=\frac{Q}{F}=\alpha\vartheta_i e^{-Bi\cdot Fo}$$

$\alpha F\vartheta_i=Q_i$ 和 $\alpha\vartheta_i=q_{F_i}$ 分别代表 $\tau=0$ 时刻的表面热流量和表面热流密度，于是

$$\frac{Q}{Q_i}=e^{-Bi\cdot Fo} \tag{4-1-4}$$

或

$$\frac{q_F}{q_{F_i}}=e^{-Bi\cdot Fo} \tag{4-1-5}$$

表面热流量 Q、表面热流密度 q_F 都像过余温度一样随时间按指数规律衰减。

从 $0\sim\tau$，冷却件累计传出的总热量为

$$Q_{\sum_{0-\tau}}=\int_0^{\tau}Q d\tau \tag{h}$$

或

$$\frac{Q_{\sum_{0-\tau}}}{\rho c_p V\vartheta_i}=1-e^{-Bi\cdot Fo} \tag{4-1-6}$$

$\tau\to\infty$ 时，$e^{-Bi\cdot Fo}\to 0$，$\dfrac{Q_{\sum_{0-\tau}}}{\rho c_p V\vartheta_i}=1$。根据热容量 $\rho c_p V$ 的物理意义，$\rho c_p V\vartheta_i$ 代表冷却件由 t_i 最后降温到 t_f，即从 $\tau=0$ 到 $\tau\to\infty$ 期间所传出的总热量 $Q_{0-\infty}$；随着时间的延续，比值 $\dfrac{Q_{0-\tau}}{Q_{0-\infty}}$ 将逐步增大到趋近于 1。

冷却件(或加热件)的整体按照总热容量简化分析的集总法，将同样适用于分析薄壁金属容器内受热强烈搅拌的液体在外界恒温气氛下被加热或者冷却时所经历的温度随时间变化的过程。金属薄壁的热容量相对极小而可忽略不计时，金属壁的升温就不需要吸储热量，容器中液体被冷却降温所丧失的热量几乎全传往外界。还因为液体受强烈搅拌，液体温度能在任何时刻保持大致均匀，而且液体一侧的放热系数又很大，这使得金属薄壁的温度近乎与液体一致，可引用传热系数 k，代替式(4-1-1)中的 α，直接导得式(4-1-7)：

$$\theta=\frac{\vartheta}{\vartheta_i}=\exp\left(-\frac{kF}{\rho c_p V}\tau\right) \tag{4-1-7}$$

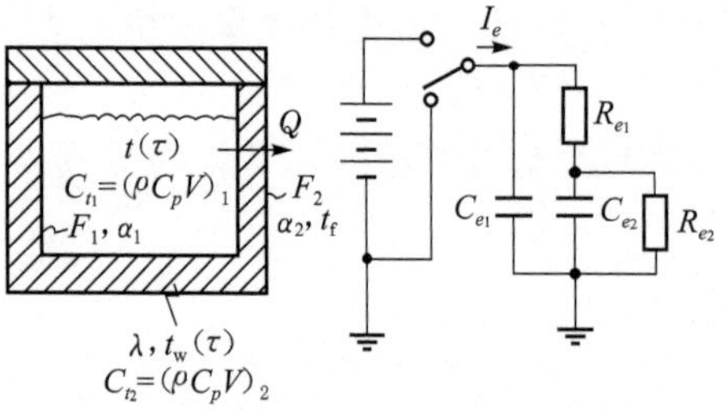

图 4-1-5　$Bi \ll 1$ 的双体系冷却放热及其等效放电电路

参看图 4-1-5,金属容器壁的热容量不能忽略时,尽管金属壁仍能保持随时均匀一致,只要有热流存在,金属壁温度 t_w 就不再和器内液体温度 t 相同。根据能量守恒原则,液体降温速率为 $-\frac{dt}{d\tau}$ 所丧失的热流量将通过对流换热而传给金属壁,于是

$$-(\rho c_p V)_1 \frac{dt}{d\tau} = \alpha_1 F_1 (t - t_w) = \frac{t - t_w}{1/(\alpha_1 F_1)} \tag{i}$$

保持与式(4-1-1)形式相同,热阻 $R_{t_1} = \frac{1}{\alpha_1 F_1}$。$-(\rho c_p V)_1 \frac{dt}{d\tau}$ 这部分热流量将连同金属壁由于降温速率 $-\frac{dt_w}{d\tau}$ 所丧失的热流量一起传给外界恒温介质,或

$$-(\rho c_p V)_1 \frac{dt_w}{d\tau} + \alpha_1 F_1 (t - t_w) = \alpha_2 F_2 (t_w - t_f) \tag{j}$$

热阻 $R_{t_2} = \frac{1}{\alpha_2 F_2}$。引进过余温度 $\vartheta = t - t_f$ 和 $\vartheta_w = t_w - t_f$,联解式(i)和式(j),消去未知的 ϑ_w,可得

$$\frac{d^2\vartheta}{d\tau^2} + \left[\frac{\alpha_1 F_1}{(\rho c_p V)_1} + \frac{\alpha_1 F_1}{(\rho c_p V)_2} + \frac{\alpha_2 F_2}{(\rho c_p V)_2}\right]\frac{d\vartheta}{d\tau} + \frac{\alpha_1 F_1}{(\rho c_p V)_1} \frac{\alpha_2 F_2}{(\rho c_p V)_2}\vartheta = 0 \tag{k}$$

这是二阶齐次常微分方程,可运用算子记号 D 求解,即

$$\left\{D^2 + \left[\frac{\alpha_1 F_1}{(\rho c_p V)_1} + \frac{\alpha_1 F_1}{(\rho c_p V)_2} + \frac{\alpha_2 F_2}{(\rho c_p V)_2}\right]D + \frac{\alpha_1 F_1}{(\rho c_p V)_1} \frac{\alpha_2 F_2}{(\rho c_p V)_2}\right\}\vartheta = 0$$

记作

$$(D + k_1)(D + k_2)\vartheta = 0$$

其中,k_1 和 k_2 是 $\{D^2 + (k_1 + k_2)D + k_1 k_2\} = 0$ 的两个根,或

$$\begin{cases} k_1 + k_2 = \dfrac{\alpha_1 F_1}{(\rho c_p V)_1} + \dfrac{\alpha_1 F_1}{(\rho c_p V)_2} + \dfrac{\alpha_2 F_2}{(\rho c_p V)_2} \\ k_1 k_2 = \dfrac{\alpha_1 F_1}{(\rho c_p V)_1} \dfrac{\alpha_2 F_2}{(\rho c_p V)_2} \end{cases} \tag{4-1-8}$$

这样,式(k)被变换为两个一阶常微分方程:

$$\frac{d\vartheta}{d\tau} + k_1 \vartheta = 0 \tag{l}$$

$$\frac{d\vartheta}{d\tau} + k_2 \vartheta = 0 \tag{m}$$

式(l)和式(m)的解分别为

$$\vartheta_{\mathrm{I}} = C_1 e^{-k_1 \tau}$$

$$\vartheta_{\mathrm{II}} = C_2 e^{-k_2 \tau}$$

式(k)的全解为

$$\vartheta = C_1 e^{-k_1 \tau} + C_2 e^{-k_2 \tau} \tag{4-1-9}$$

积分常量 C_1 和 C_2 取决于所给定的单值条件。例如,图 4-1-5 里所给出的等效双电容放电电路中,合上开关 S,可利用电源把两个电容器都充电到相等电压。拉掉开关 S 让两个电容器放电

时，就相当于 $\tau=0$ 瞬间的 $\vartheta=\vartheta_w=\vartheta_i$，可取作

$$\tau = 0 \text{ 时}, t = t_w = t_i \tag{n}$$

由式(i)有

$$\tau = 0 \text{ 时}, t - t_w = 0, \text{则} \frac{dt}{d\tau} = 0 \tag{o}$$

根据式(4-1-9)，利用条件式(n)和(o)，将得到：

$$\begin{cases} C_1 + C_2 = \vartheta_i = (t_i - t_f) \\ C_1 k_1 + C_2 k_2 = 0 \end{cases}$$

最终解为

$$\frac{\vartheta}{\vartheta_i} = \frac{k_1 e^{-k_2\tau} - k_2 e^{-k_1\tau}}{k_1 - k_2} \tag{4-1-10}$$

推广这种集总分析的方式，可把固体有限差分为 n 个分块，每一分块都能随时保持近乎均匀的温度，如图 4-1-6 所示的两个相接触的分块 i 和 j，热容量各为 C_{t_i} 和 C_{t_j}，对每个分块都能建立起能量平衡的节点方程。联解这 n 个节点方程，就能求得任何时刻 τ 固体内部的温度分布概况。这正是§4-6 所要讨论的不稳定导热数值解法的物理基础。

如果对比§3-6 中模拟稳定导热的纯电阻电路，除已提出的温度 t、热阻 R_t 和热源量 Q 三个模拟比例 c_i、c_{R_t}、c_Q（其中 $c_Q=c_i/c_{R_t}$）之外，采用电阻-电容电路模拟不稳定导热[3,4]时，又将增添新的模拟比例 $c_\tau=\dfrac{\Delta\tau}{\Delta\tau_e}$，$c_{Q_\Sigma}=\dfrac{Q_{\Sigma_{0-\tau}}}{Q_{e_{\Sigma_{0-\tau}}}}$和 $c_c=\dfrac{c_t}{c_e}$。从 $\tau=0$ 到 $\tau(>0)$期间的蓄积热量为 $Q_{\Sigma_{0-\tau}}=\int_0^\tau Q d\tau$，蓄积电量为 $Q_{e_{\Sigma_{0-\tau}}}=\int_0^\tau I_e d\tau_e$，可见：$c_{Q_\tau}=c_Q c_\tau$。　(p)

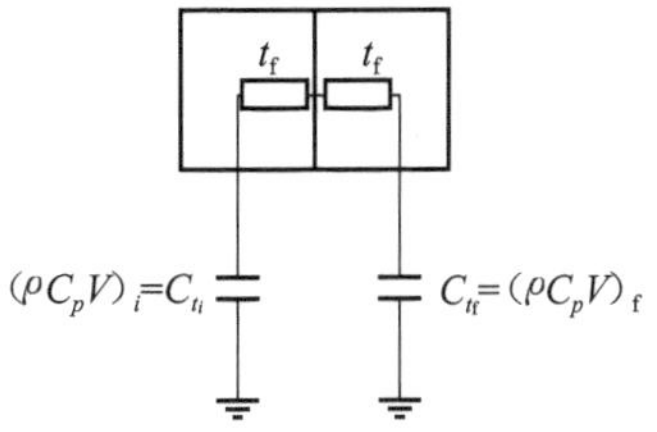

图 4-1-6　热容-热阻“热路”示意图

就像图 4-1-4 中所指出的，$Q=-C_t\dfrac{dt}{d\tau}$，$I_e=-C_e\dfrac{dU_e}{d\tau_e}$，则

$$\frac{Q}{I_e} = \frac{C_t}{C_e} \frac{dt}{d\tau} \Big/ \frac{dU_e}{d\tau_e}$$

或

$$c_Q = c_c c_t \frac{1}{c_\tau} \tag{q}$$

模拟计算就是要选定六个模拟比例中的三个，通常是 c_i、c_{R_t} 和 c_c，整个模拟方案就跟着确定了（见§7-8）。由于保证计算精度的优良电容器价格昂贵，而且不易购买到合适的规格，因此已提出替代的纯电阻电路[5]。其基本原理是：在任何选定短时间 $\Delta\tau_e$，在所维持的端电压下，只能注入电容器 C_{t_i} 一定的平均电流，可选用等效电阻代替该电容器，使产生的电流正好等于相同时间间隔内流入该电容器的平均电流。为了克服电容放电时间过于短促的困扰，就像§3-6 所指出的，实用上又已发展出水热模拟技术，采用水力积分仪[6]，用水容器代替电容器，水阻器代替电阻器，使水容器的水容量模拟热容量，用水阻器的流动阻力模拟热阻，每根水容器连通一根玻璃

立管，可以标示出水容器中的水位高度，以模拟温度高低，使温度场随时间变迁的物理过程直观地显示出来，并且通过合理选定模拟比例，可让过程演示的时间放慢或加快。

2. 环境温度 t_f 周期地变化

上面分析的是环境温度 t_f 保持不变，冷却件连续单调地降温，或者加热件连续单调地升温的不稳定导热，是从一种初始均匀温度 t_i 达到另一种均匀温度 $t_{\tau\to\infty}=t_f$的过渡过程。有些工程问题涉及环境温度在周期地改变。例如，内燃机气缸壁的内侧暴露在循环工作着的工质温度迅速变动的气氛下。在化学工厂里，也有许多反应釜内的物料经历着被周围环境交替地加热和冷却的循环过程。尽管物料被强烈地不断搅拌，由于有一定的热容量引起温度升降的惯性，物料的温度不可能跟上环境温度的变化。要适应器内温度随时间变动的特定控制，就必须使外界温度 t_f 提前发生相应的变化。另一个发生周期性热流的典型实例是设计恒温室的温度控制以及测量周期变动中的流体温度时分析温度计的灵敏度。

只要满足 $Bi<0.1$ 的前提条件，式(4-1-1)仍然是分析问题的基础。但 t_f 随时间变动时，引进 $\vartheta=t-t_f$ 不会带来任何方便，也不再能简单地分离变量。改写式(4-1-1)为

$$\frac{dt}{d\tau}+\frac{\alpha F}{\rho c_p V}t=\frac{\alpha F}{\rho c_p V}t_f \tag{r}$$

$m=\left(\dfrac{\alpha F}{\rho c_p V}\right)$是时间常数$\dfrac{\rho c_p V}{\alpha F}$的倒数。式(r)显然是一个常系数的非齐次线性方程，其解应包含两项，即

$$t=t_h+t_s \tag{4-1-11}$$

t_h 是线性方程齐次时的解，亦即

$$\frac{dt}{d\tau}+\frac{\alpha F}{\rho c_p V}t=0$$

或

$$\frac{dt}{d\tau}+mt=0$$

的通解。类似于式(4-1-2)，有

$$t_h=C_1 e^{-\frac{\alpha F}{\rho c_p V}\tau}=C_1\exp\left(-\frac{\alpha F}{\rho c_p V}\tau\right) \tag{4-1-12}$$

t_s 是反映 $t_f(\tau)$具体函数形式的特解——特积分，这可用下例来说明。

例 4-1-1 试比较用铁-康铜热电偶和用汞温度计测量气体温度 t_f 的温度-时间动态特性。$t_f=100+50\sin\left(2\pi\dfrac{\tau}{\tau_0}\right)$℃，波动周期为 $\tau_0=1\text{h}$，$\alpha=20\text{W}/(\text{m}^2\cdot℃)$，热电偶和汞温度计的初温

度都是 15℃。在计算热容量 $C_t=\rho c_p V$ 时，热电偶取作长 50mm①、直径 0.5mm，汞温度计理想化为长 25mm、直径 6mm 的汞圆柱体。

［解］ 依题意，$t_f=100+50\sin\left(2\pi\dfrac{\tau}{\tau_0}\right)$。这表示：全周期的平均温度为 $\bar{t}_f=100$℃；

$$t-\bar{t}_f=\vartheta_f=\vartheta_{f,\max}\sin\left(\frac{2\pi}{\tau_0}\tau\right) \tag{s}$$

或 $\vartheta_{f,\max}$（=50℃）为环境温度波动波幅。

既然 t_f 是时间的简谐函数，那么特积分 t_s 也可取简谐函数，即

$$t_s=C_2\sin\left(\frac{2\pi}{\tau_0}\tau\right)+C_3\cos\left(\frac{2\pi}{\tau_0}\tau\right)+C_4 \tag{4-1-13}$$

或

$$\frac{dt_s}{d\tau}=\frac{2\pi}{\tau_0}C_2\cos\left(\frac{2\pi}{\tau_0}\tau\right)-\frac{2\pi}{\tau_0}C_3\sin\left(\frac{2\pi}{\tau_0}\tau\right) \tag{t}$$

此特解应满足式(r)，即

$$\left(\frac{2\pi}{\tau_0}C_2+mC_3\right)\cos\left(\frac{2\pi}{\tau_0}\tau\right)+\left(mC_2-\frac{2\pi}{\tau_0}C_3\right)\sin\left(\frac{2\pi}{\tau_0}\tau\right)+mC_4=m\left[\bar{t}_f+\vartheta_{f,\max}\sin\left(\frac{2\pi}{\tau_0}\tau\right)\right]$$

这就必须满足

$$\begin{cases}\dfrac{2\pi}{\tau_0}C_2+mC_3=0\\ mC_2-\dfrac{2\pi}{\tau_0}C_3=m\vartheta_{f,\max}\\ mC_4=m\bar{t}_f\end{cases} \tag{u}$$

从而具体求得

$$C_4=\bar{t}_f \tag{4-1-14}$$

$$C_2=-\frac{m\tau_0}{2\pi},\quad C_3=\frac{\vartheta_{f,\max}}{1+\left(\dfrac{2\pi}{m\tau_0}\right)^2} \tag{4-1-15}$$

最后的解为

$$t=t_s+C_1e^{-m\tau}$$

根据初始条件，$\tau=0$ 时 $t_i=C_1+C_3+C_4=15$(℃)，不难确定积分常量 C_1 的值。

代入本题所给定的各已知值，计算的结果见图 4-1-7。显然，热电偶和汞温度计都有测温惯性。不过，热电偶远比汞温度计反应灵敏而且准确。

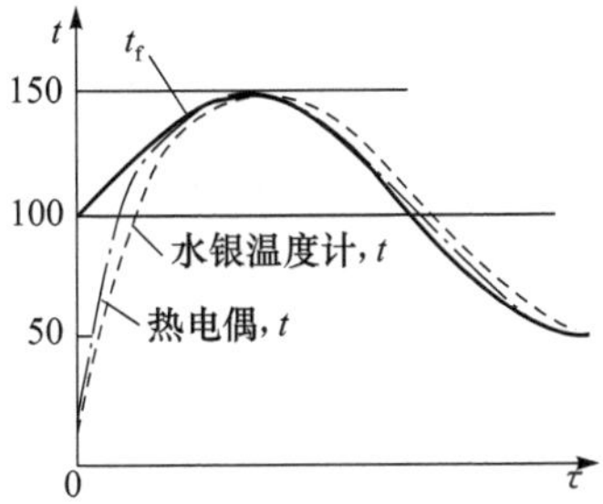

图 4-1-7　t_f 波动时测温元件敏感性的比较

例 4-1-1 的处理方法具有相当大的普遍意义。这是因为任何周期函数 $t_f(\tau)$ 都能表示成一系列正弦和余弦函数之和的傅里叶级数：

---

① 参看图 4-1-3 及其解释，在计算中实际用到的是 $\dfrac{1}{m}=\dfrac{\rho c_p V}{\alpha F}$，$\dfrac{V}{F}=\dfrac{d}{4}$，不涉及 l 的具体数值。

$$t_f(\tau) = \frac{A_0}{2} + A_1\cos\left(\frac{2\pi}{\tau_0}\tau\right) + A_2\cos\left(\frac{4\pi}{\tau_0}\tau\right) + \cdots + B_1\sin\left(\frac{2\pi}{\tau_0}\tau\right) + B_2\sin\left(\frac{4\pi}{\tau_0}\tau\right) + \cdots$$

或

$$t_f(\tau) = \frac{A_0}{2} + \sum_{n=1}^{\infty}\left[A_n\cos\left(\frac{2\pi n}{\tau_0}\tau\right) + B_n\sin\left(\frac{2\pi n}{\tau_0}\tau\right)\right] \tag{4-1-16}$$

式中，$\frac{A_0}{2}=\bar{t}_f$；τ_0 为基本简谐周期。式(4-1-16)也可以写成下列等式：

$$t_f(\tau) = \frac{A_0}{2} + \sum_{n=1}^{\infty} C_n\cos\left(\frac{2\pi n}{\tau_0}\tau - \beta_n\right) \tag{4-1-17}$$

其中，$C_n=\sqrt{A_n^2+B_n^2}$，代表第 n 谐简谐温度波的波动幅度；$\beta_n=\mathrm{arctg}\,\frac{A_n}{B_n}$代表第 n 谐简谐温度波的相位角。全解为

$$t(\tau) = \bar{t}_f + \sum_{n=1}^{\infty}\frac{C_n}{\sqrt{1+\left(\frac{2\pi n}{m\tau_0}\right)^2}}\cos\left(\frac{2\pi n}{\tau_0} - \beta_n - \delta_n\right) + C\mathrm{e}^{-m\tau} \tag{4-1-18}$$

由此得出两点结论：①冷却件(或加热件)的温度变化永远落后于环境温度的变化，$\delta_n=\mathrm{arctg}\,\frac{2\pi n}{m\tau_0}$ 代表第 n 谐简谐温度波的滞后角；② $\frac{1}{\sqrt{1+\left(\frac{2\pi n}{m\tau_0}\right)^2}} = \frac{1}{\sqrt{1+\mathrm{tg}^2\delta_n}}$代表物件的波动温度 $t(\tau)$与环境波动 $t_f(\tau)$的波幅比，这个波幅比随 n 加大而迅速衰减，环境温度的高谐简谐波实际上很少或者不影响 $t(\tau)$。

3. 环境温度 t_f 随时间线性地变动

参看图 4-1-8，简谐温度波可被近似地看做温度折线。自然，$t_f=B\tau$ 只是整个周期变迁中的一个局部。电加热炉启动初期就表现为这种线性升温的气氛。环境温度 t_f 维持常量时，也可看做是 $B=0$ 时 $t_f=B\tau$ 的一种特殊情况。因此，研究 $t_f=B\tau$，即环境温度线性地连续升温或降温，同样有它的实用意义。此时，可取作

$$t_s = B\tau + C \tag{4-1-19}$$

或将其代入式(r)，则

$$C = -\frac{B}{m}$$

m 是时间常数$\frac{\rho c_p V}{\alpha F}$的倒数。得到的解为

$$t = B\left(\tau - \frac{1}{m}\right) + C_1\mathrm{e}^{-m\tau} \tag{4-1-20}$$

积分常量 C_1 取决于具体的初始条件。如图 4-1-9 所示，τ 足够大时，$e^{-m\tau}$ 趋近于零值，$t(\tau)$ 总比 $t_f(\tau)$ 低 B/m。$B=0$ 时，式(4-1-20)就退化为式(4-1-2)。

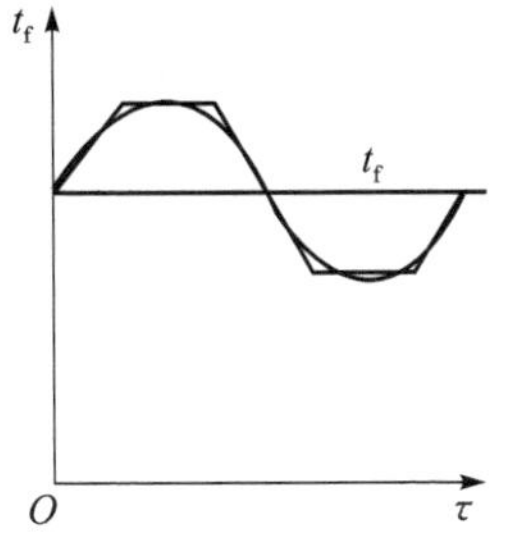

图 4-1-8　简谐波采用折线逼近的示意图

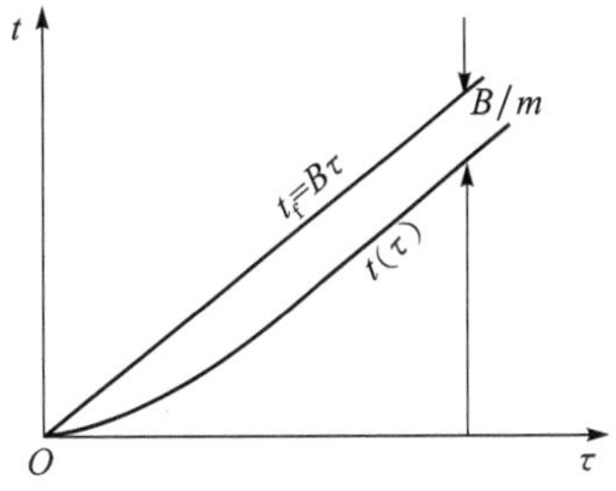

图 4-1-9　环境温度随时间线性改变时加热件的升温曲线

例 4-1-2　在电烘箱以 $B=100$℃/h 的速率升温期间，试预测用汞温度计测温的温度滞后。

［**解**］　假定不考虑汞温度计玻璃杆的玻璃热阻的影响，而把汞温度计理想化为半径 $r=2$mm 的汞长圆柱，$l_0=\dfrac{V}{F}=\dfrac{1}{2}r=1$mm。汞的物性量可取作：$\rho=13.3\times10^3$kg/m^3，$c_p=0.137$kJ/(kg·℃)。若取烘箱中汞球周围空气的放热系数，包括修正辐射换热影响为 $\alpha_0=12$W/(m^2·℃)，则时间常数为 $\dfrac{1}{m}=\dfrac{\rho c_p}{\alpha_0}\dfrac{V}{F}=\dfrac{13.3\times10^3\times0.137\times10^3}{12}\times0.001$ 或 $\dfrac{1}{m}=1.52\times10^2s=0.042$h。参看图 4-1-9，$\tau$ 足够大时，汞温度计测温的温度滞后将是

$$B\left(\frac{1}{m}\right)=100\times0.042=4.2(℃)$$

§4-2　大平板的不稳定导热

不稳定导热问题，多了一个时间因素 τ。所以，一维不稳定导热就像二维稳定导热那样，要确定具有两个独立变量时的温度场 $t=f(x,\tau)$；二维不稳定导热就像三维稳定导热那样，要确定具有三个独立变量时的温度场 $t=f(x,y,\tau)$。求解不稳定导热的数学难度显然要比求解稳定导热的高。但在§4-1 里，在忽略内部热阻的情况下，偏微分方程可被简化为常微分方程的求解。工程上常见的平板、圆柱体、圆筒、圆球一类物体，只要 $Bi<0.1$，这种简化处理的近似程度就相当高。$Bi>0.1$ 时，可利用图解法(见§4-7)和数值解法(见§4-6)求解。但对工程上常采用的平板、圆柱体、圆筒、圆球等简单几何形状，解析解已被绘制成特定的无量纲通用图或表，可供直接查用，不需要费时费力地单独求解。本节将以一维的大平板为例，既揭示由导热微分方程进行数学解析的方法，同时也为图表使用(见§4-6)提供理论根据。

考虑厚度为 2δ、无内热源的大平板,当两边被对称地加热或冷却时,由式(2-1-9),

$$\frac{\partial t}{\partial \tau} = a\frac{\partial^2 t}{\partial x^2} \tag{a}$$

初始条件为 $\tau=0$ 时,

$$t = t_i = 常量 \tag{b}$$

边界条件为 $x=\pm\delta$ 时,

$$-\lambda\frac{\partial t}{\partial x} = \alpha(t - t_f) \tag{c}$$

取过余温度 $\vartheta=t-t_f$,式(a)将转换为

$$\frac{\partial \vartheta}{\partial \tau} = a\frac{\partial^2 \vartheta}{\partial x^2} \tag{a$'$}$$

初始条件(b)演变为 $\tau=0$ 时,

$$\vartheta = \vartheta_i \tag{b$'$}$$

边界条件为 $x=\pm\delta$ 时,

$$-\lambda\frac{\partial \vartheta}{\partial x} = \alpha\vartheta \tag{c$'$}$$

由于对称性,$x=0$ 时,

$$\frac{\partial \vartheta}{\partial x} = 0 \tag{d}$$

沿用分离变量法,可令

$$\vartheta = X_{(x)}\tau_{(\tau)}$$

则由式(a′),

$$X_{(x)}\tau'_{(\tau)} = a\tau_{(\tau)}X''_{(x)}$$

或

$$\frac{X''_{(x)}}{X_{(x)}} = \frac{\tau'_{(\tau)}}{a\tau_{(\tau)}} = -m^2 \text{①}$$

于是

$$\tau_{(\tau)} = C_1 e^{-am^2\tau} \tag{e}$$

$$X_{(x)} = C_2\cos(mx) + C_3\sin(mx) \tag{f}$$

即

$$\vartheta = e^{-am^2\tau}[A\cos(mx) + B\sin(mx)] \tag{4-2-1}$$

要满足边界条件(c′),则

$$\cot(m\delta) = \frac{\lambda}{\alpha\delta}m\delta = \frac{m\delta}{Bi} \tag{4-2-2}$$

---

① 分离常量被取作 $-m^2$ 是由于:无论 m 为正或负,ϑ 总随 τ 衰减,从 $\tau=0$ 的 ϑ_I 到 $\tau=\infty$ 时的 ϑ 降为零。

这个超越方程具有无穷多个根，如图 4-2-1 和表 4-2-1 所示，其解为

$$\vartheta = \sum_{n=1}^{\infty} e^{-am^2\tau} A_n \cos(m_n x) \tag{h}$$

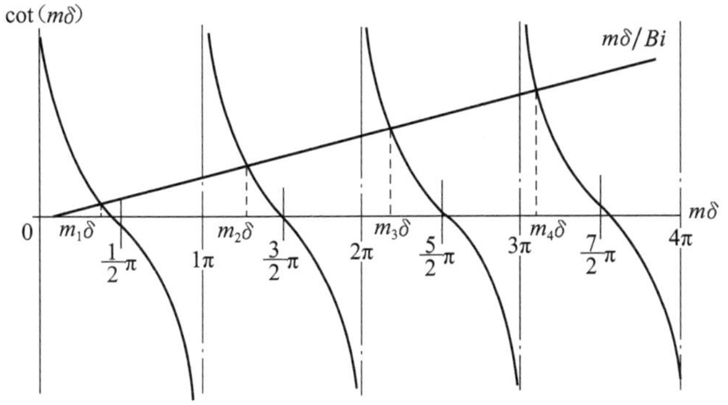

图 4-2-1　式(4-2-2)中 m_i 根的图解

表 4-2-1　超越方程 $\cot(m\delta)=\dfrac{\delta m}{Bi}$ 的根（本征值）

$Bi=\dfrac{\alpha\delta}{\lambda}$	$m_1\delta$	$m_2\delta$	$m_3\delta$	$m_4\delta$	$m_5\delta$
∞	$\dfrac{\pi}{2}=1.57$	$\dfrac{3}{2}\pi=4.71$	$\dfrac{5}{2}\pi=7.85$	$\dfrac{7}{2}\pi=11.00$	$\dfrac{9}{2}\pi=14.15$
1000	1.57	4.71	7.84	10.98	14.13
100	1.56	4.66	7.77	10.88	14.00
50	1.54	4.62	7.70	10.78	13.87
10	1.43	4.30	7.22	10.20	13.22
1	0.86	3.42	6.43	9.52	12.65
0.5	0.65	3.29	6.36	9.47	12.61
0.1	0.31	3.17	6.30	9.43	12.57
0.01	0.10	3.14	6.28	9.42	12.57
0	0	$\pi=3.14$	$2\pi=6.28$	$3\pi=9.42$	$4\pi=12.57$

系数 A_n 取决于所给定的初始条件式(b′)，或 $\tau=0$ 时

$$\vartheta_i = \sum_{n=1}^{\infty} A_n \cos(m_n x) \tag{i}$$

应用

$$\int_0^{\delta} \cos(m_n x)\cos(m_m x)\,dx = \begin{cases} 0, & m \neq n \\ \displaystyle\int_0^{\delta} \cos(m_n x)\,dx, & m = n \end{cases}$$

可求得

$$A_n = \frac{2\vartheta_i \sin(m_n\delta)}{m_n\delta + \sin(m_n\delta)\cos(m_n\delta)} \tag{j}$$

最后得到的解为

$$\vartheta = \vartheta_i \sum_{n=1}^{\infty} e^{-Fo(m_n\delta)^2} \frac{2\sin(m_n\delta)}{m_n\delta + \sin(m_n\delta)\cos(m_n\delta)} \cos m_n\delta \frac{x}{\delta} \tag{4-2-3}$$

或表示成无量纲式：

$$\frac{\vartheta}{\vartheta_i} = \sum_{n=1}^{\infty} e^{-Fo(m_n\delta)^2} \frac{2\sin(m_n\delta)}{m_n\delta + \sin(m_n\delta)\cos(m_n\delta)} \cos\left(m_n\delta \frac{x}{\delta}\right) \tag{4-2-4}$$

式中，$Fo=\frac{\alpha\tau}{\delta^2}$。$\tau=\infty$时，$\vartheta=0$，整个平板处在温度到处均匀的热平衡状态。

$x=\pm\delta$ 时，$\vartheta=\vartheta_F$。根据式(4-2-3)，有

$$\vartheta_F = \vartheta_i \sum_{n=1}^{\infty} e^{-Fo(m_n\delta)^2} \frac{2\sin(m_n\delta)\cos(m_n\delta)}{m_n\delta + \sin(m_n\delta)\cos(m_n x)} \tag{4-2-5}$$

参看表 4-2-1，当 $Bi=\infty$时，$\cos(m_n\delta)=0$，于是，$\vartheta_F=0$，或 $t_F=t_f$。因此，给出第一类边界条件时，可以看做相当于给出 $Bi=\infty$的第三类边界条件。事实上，表 4-2-1 清楚地表明：$Bi\geqslant100$ 时，$m_n\delta$ 的值就已非常逼近于 $Bi=\infty$时的值，所以 $t_F\approx t_f$，或者说，表面放热热阻可忽略不计。而 $x=0$ 时，$\vartheta=\vartheta_0$，代表平板中心面的过余温度 ϑ_0。由式(4-2-3)，有

$$\vartheta_0 = \vartheta_i \sum_{n=1}^{\infty} e^{-Fo(m_n\delta)^2} \frac{2\sin(m_n\delta)}{m_n\delta + \sin(m_n\delta)\cos(m_n\delta)} \tag{4-2-6}$$

如果 $Bi=\infty$，或相当于 $t_F=t_f$，$\vartheta_0=t_0-t_f$，由于 $\cos(m_n\delta)=0$，那么

$$\vartheta_0 = \vartheta_i \sum_{n=1}^{\infty} e^{-Fo(m_n\delta)^2} \frac{2\sin(m_n\delta)}{m_n\delta} \tag{k}$$

而且参看表 4-2-1，$m_n\delta=\left(n-\frac{1}{2}\right)\pi$，因此，$\sin(m_n\delta)=(-1)^{n+1}$，于是

$$\vartheta_0 = \vartheta_i \sum_{n=1}^{\infty} (-1)^{n+1} \frac{4}{(2n-1)\pi} e^{-(2n-1)^2\frac{\pi^2}{4}Fo} \tag{4-2-7}$$

式(4-2-7)是一个迅速收敛的级数。$Fo\geqslant0.2$ 时，仅取第一项，略去级数的所有其他各项，仍将足够精确；$Fo\geqslant0.55$ 时，略去第一项以后各项的误差不足 0.25%。此时

$$\vartheta_0 = \vartheta_i \frac{4}{\pi} e^{-\left(\frac{\pi}{2}\right)^2 Fo} \tag{4-2-8}$$

除非 Fo 很小，否则式(4-2-6)和式(4-2-5)通常都可以只取无穷级数的第一项，于是

$$\frac{\vartheta_F}{\vartheta_0} = \cos(m_1\delta) \tag{4-2-9}$$

$Bi\ll1$ 时，$\cos(m_1\delta)\rightarrow1$。$Bi=0.1$ 时，根据表 4-2-1，$m_1\delta=0.31$rad 或 $17°46'$，$\cos(m_1\delta)=0.952$，平板内部温度分布确如§4-1 所指出的，已接近于均匀。

在 0～τ 期间，从两边表面传入或传出的累计热量为

$$Q_{\Sigma_{0-\tau}} = 2F\int_0^\tau q_F \mathrm{d}\tau = -2F\int_0^\tau \lambda \frac{\partial \vartheta}{\partial x}\bigg|_{x=\delta} \mathrm{d}\tau$$

或

$$Q_{\Sigma_{0-\tau}} = \vartheta_i(2F\delta)\rho c_p \sum_{n=1}^{\infty}\left[1 - \mathrm{e}^{-(m_n\delta)^2 \mathrm{Fo}}\right] \frac{2\sin^2(m_n\delta)}{m^2 + m_n\delta\sin(m_n\delta)\cos(m_n\delta)} \tag{4-2-10}$$

$\vartheta_i(2F\delta)\rho c_p$ 恰恰就是表面积为 F 的大平板达到最终热平衡状态，即任何地点的温度都降到 t_f 时累计所将放出的总热量 $Q_{\Sigma_{0-\tau}}$。因此，式(4-2-10)可被记作

$$\frac{Q_{\Sigma_{0-\tau}}}{Q_{\Sigma_{0-\infty}}} = \sum_{n=1}^{\infty} \frac{2\sin^2(m_n\delta)}{(m_n\delta)^2 + (m_n\delta)\sin(m_n\delta)\cos(m_n\delta)}\left[1 - \mathrm{e}^{-(m_n\delta)^2 \mathrm{Fo}}\right] \tag{4-2-11}$$

在被对称加热或冷却时，平板中心的 $\frac{\partial \vartheta}{\partial x}\Big|_{x=0} = 0$，相当于一个绝热面。所以，式(4-2-4)和式(4-2-11)都适用于初始温度分布均匀，厚度为 δ 的平板一边被加热，而另一边被单面加热或冷却。式(4-2-11)中的 $Q_{\Sigma_{0-\infty}} = \rho c_p(\delta F)\vartheta_i$，式(4-2-6)中的 ϑ_0 就是绝热面的过余温度。

重新回顾图 4-1-2 就会发现：过程开始阶段如 τ_1 时刻，Fo<0.2，表面的温度尚未传播到平板中心面，各个地点的温度变化速率显然很不相同，还有一部分地点仍保留原先的初始温度 t_i，相当于由初始条件决定系数 A_n[见式(i)]所在的高次项($n>1$)尚未减小到可被忽略不计的程度；在 τ_2 时刻，整个平板内部温度分布已摆脱最初温度分布的束缚，以致温度随时间变化的规律具有简单形式，即 Fo>0.2 后，式(4-2-3)的无穷级数只需取第一项，或

$$\vartheta = \vartheta_i \frac{2\sin(m_1\delta)}{m_1\delta + \sin(m_1\delta)\cos(m_1\delta)} \cos(m_1 x)\mathrm{e}^{-(m_1\delta)^2 \mathrm{Fo}} \tag{4-2-12}$$

式中，ϑ_i 是给定的常量；$A_1 = \frac{2\sin(m_1\delta)}{m_1\delta + \sin(m_1\delta)\cos(m_1\delta)}$ 只和 Bi 有关；$\cos(m_1\delta)$ 只与地点有关，而与时间无关，任意地点的过余温度随时间的变化均遵循简单的指数规律，式(4-2-12)可表示为

$$\ln\vartheta = -m_c\tau + C \tag{4-2-13}$$

其中，m_c 是一个不随时间变化的正数。对于大平板来说，$m_c = (m_1\delta)^2 \frac{\alpha}{\delta^2}$，大平板内部任意地点都保持同样的值；$C$ 则仅仅取决于地点。根据表 4-2-1，对于厚度为 2δ 的大平板，两边被对称加热或冷却时，如果 $Bi \gg 1$，则

$$m_c = \left(\frac{\pi}{2\delta}\right)^2 \alpha(1/\delta) \tag{4-2-14}$$

$Bi<0.1$ 时，平板内部各个地点的温度随时间随时保持均匀或者基本一致，不存在与地点有关的函数，式(4-2-13)中的 C 将是一个常量，可由 $\tau=0$ 时 $\vartheta=\vartheta_i$ 确定为 $C=\ln\vartheta_i$。§4-1 中所讨论的都可看做是式(4-2-13)的特殊形式。

由式(4-2-13)，则

$$\frac{\partial(\ln\vartheta)}{\partial\tau}=-m_c \tag{4-2-15}$$

m_c 的值可用来说明半对数坐标图，如图 4-2-2 中冷却(或加热)速度的大小，所以常称 m_c 为冷却率。不难看到，在第一个阶段即开始阶段，温度变化的速率$\frac{\partial t}{\partial\tau}$和$\frac{\partial\vartheta}{\partial\tau}$在各个地点并不相同，即便是同一个地点也随时间变动。但在第二个阶段，温度对数($\ln\vartheta$)的变化速率却成为常量，只取决于物体的形状(这一节具体讨论的只限于大平板)、大小、Bi 以及导温系数 a，并不因为时间和空间地点的不同而改变。这第二个阶段可称为物体处在准稳定阶段。由理论所揭露并由实验所证实的这一情况，是物体被冷却(或加热)过程中主要阶段的特征，称为正常情况[7]①。也只有在正常情况阶段(准稳定阶段)才有这个特性。所以，又把第一阶段即过程开始阶段，对应地叫做非正常情况阶段或不规则过程阶段。当然，这种所谓"不规则"决不意味着没有规律，只是说在第一个阶段里的温度分布总带有初始分布明显的痕迹，而初始条件可以各种各样，如均匀分布或者特定的非均匀分布，具有特殊性或者偶然性。

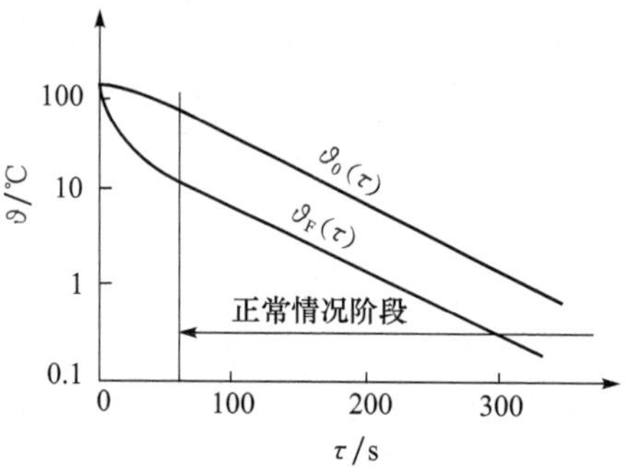

图 4-2-2　物体被冷却时正常情况阶段特性的图示

总之，不稳定导热，特别是二维和三维问题，精确解即便能够得到，也是相当困难的。解析法计算之所以复杂，是因为分析求解的目的是想求出 Bi 从 $0\sim\infty$、直到最终建立起新的稳定温度场的普遍关系。根据过程的物理本质，$Bi\ll1$ 时，可简化成§4-1 所采用的集总处理办法。求解工程上很多关于物体冷却和受热的实际问题时，可以忽略相对比较短暂的开始阶段，也就避免了无穷级数的繁复计算。有关不稳定导热计算的许多简化建议的本质，无非就是把问题限制为个别情况的研究，尽管具体解释的方式不一定相同，但却大多属于正常情况的分析理论。

① 在俄文文献中，正常情况常指第三类边界条件和第一类边界条件(看做 $\alpha\to\infty$ 假想条件下的第三类边界条件)。测定正常情况下的 m_c，可由式(4-2-14)计算出板材的导温系数 α，这就是快速测试的正常情况法。

§ 4-3　半无限大物体的不稳定导热

无限厚的大平板只有一个界面，叫做“半无限大物体”。四周被绝热的长杆，如果原先温度均匀一致，那么一端被冷却或加热时，也是一种等效的半无限大物体。参看图 4-3-1，如果初始温度 t_i 分布均匀，$Bi\to\infty$ 时，表面突然与温度为 t_f 的流体相接触，表面温度从 t_i 升高到 $t_F=t_f$，并且维持常量，由此引起的不稳定导热是个一维问题。但与 § 4-2 所讨论的不同，不会出现正常情况阶段，整个过程总处在离不开初始影响的不规则过程阶段。当厚板中心面亦即厚度一半处温升 $\vartheta_c\leqslant 0.01\vartheta_F$ 时，也就可以看做相当于事实上的半无限大平板。由此可见，半无限大物体在工程上有广泛的应用，包括表面被热处理加工，如被表面硬化和淬火的大部件都是半无限大物体的具体实例。

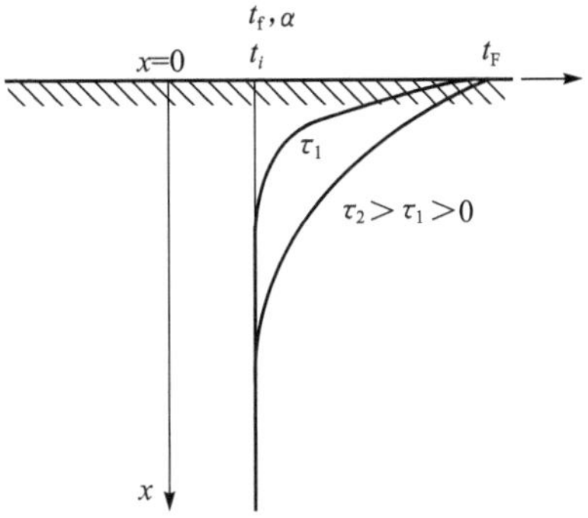

图 4-3-1　半无限大物体的受热过程

1. 精确解

常物性的一维导热微分方程为

$$\frac{\partial\vartheta}{\partial\tau}=a\,\frac{\partial^2\vartheta}{\partial x^2} \tag{a}$$

其通解仍将是式(4-2-1)，即

$$\vartheta=\mathrm{e}^{-am^2\tau}[A\cos(mx)+B\sin(mx)] \tag{b}$$

不过，$Bi\to\infty$，即在任何时刻 τ、$t_f\to t_F$ 时，$\vartheta=(t-t_F)$。根据边界条件式：

$$x=0\ 时,\vartheta=0 \tag{c}$$

式(b)中的 $A=0$。半无限大物体没有第二个边界条件，m 值将不受限制地从 $-\infty$ 到 $+\infty$。因此，全解应是

$$\vartheta=\int_{-\infty}^{+\infty}B\mathrm{e}^{-am^2\tau}\sin(mx)\mathrm{d}m \tag{d}$$

初始条件为 $\tau=0$，$\vartheta=\vartheta_i=t_i-t_F$。注意，物体被加热时，$t_i<t_F$，将是负值。根据初始条件，有

$$\vartheta_i=2\int_0^{\infty}B\sin(mx)\mathrm{d}m \tag{e}$$

最终的解为[7-9]

$$\frac{\vartheta}{\vartheta_i} = \mathrm{erf}\left(\frac{x}{2\sqrt{a\tau}}\right) \quad (4\text{-}3\text{-}1)^{①}$$

其中，$\mathrm{erf}\left(\frac{x}{2\sqrt{a\tau}}\right)$为无量纲数 $\xi=\frac{x}{2\sqrt{a\tau}}=\frac{1}{2\sqrt{\mathrm{Fo}_x}}$的高斯误差函数，其值略见表 4-3-1。式(4-3-1)已被描述成图 4-3-2。注意：$\mathrm{erf}(0)=0$，$\mathrm{erf}(\infty)=1$。

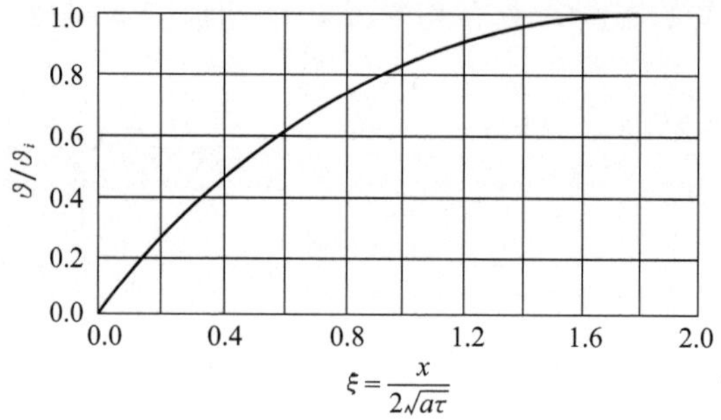

图 4-3-2 半无限大物体的温度分布：$\frac{\vartheta}{\vartheta_i}=\mathrm{erf}\left(\frac{x}{2\sqrt{a\tau}}\right)$

表 4-3-1 高斯误差函数值和高斯误差函数补函数的一次积分值表

$$\mathrm{erf}\xi \equiv \frac{2}{\sqrt{\pi}}\int_0^\xi \mathrm{e}^{-\xi^2}\mathrm{d}\xi\,;\mathrm{ierfc}\xi \equiv \int_\xi^\infty (1-\mathrm{erf}\xi)\mathrm{d}\xi$$

ξ	$\mathrm{erf}\xi$	$\mathrm{ierfc}\xi$	ξ	$\mathrm{erf}\xi$	$\mathrm{ierfc}\xi$
0.00	0.00000	0.5642	1.10	0.88020	0.0365
0.10	0.11246	0.4698	1.20	0.91031	0.0260
0.20	0.22270	0.3866	1.30	0.93401	0.0183
0.30	0.32863	0.3142	1.40	0.95229	0.0127
0.40	0.42839	0.2521	1.50	0.96611	0.0086
0.50	0.52050	0.1996	1.60	0.97635	0.0058
0.60	0.60386	0.1559	1.70	0.98379	0.0038
0.70	0.67780	0.1201	1.80	0.98909	0.0025
09.80	0.74210	0.0912	1.90	0.99279	0.0016
0.90	0.79691	0.6682	2.00	0.99532	0.0010
1.00	0.84270	0.0503			

实际上，微分方程式(a)的通解也可直接写作

$$\vartheta = C + E\mathrm{erf}\left(\frac{x}{2\sqrt{a\tau}}\right) \quad (4\text{-}3\text{-}2)$$

① 式(4-3-1)也可用§4-8的方法简便地导得。

这是因为由式(4-3-2)导出的$\frac{\partial\vartheta}{\partial\tau}$和$\frac{\partial^2\vartheta}{\partial x^2}$恒等,符合式(a)。常系数 C 和 E 将由已知的边界条件和初始条件确定。根据边界条件式(c),$C=0$。根据初始条件,$\tau=0$ 时,$\vartheta=\vartheta_i=E$。对于半无限大物体,采用式(4-3-2)的形式,能够很容易地导得最终的解为式(4-3-1)。

离表面 x 深度处 τ 时刻的瞬时热流密度为

$$q_{x,\tau}=-\lambda\frac{\partial\vartheta}{\partial x}=-\lambda\frac{\vartheta_i}{\sqrt{\pi a\tau}}\mathrm{e}^{-\frac{x^2}{4a\tau}} \tag{4-3-3}$$

$t_F>t_i$,即被加热时,τ 为负值,计算得到的 $q_{x,\tau}$ 将是正值,表明热流方向朝着 x 轴向、往内部深处传递。$x=0$ 时,得到表面热流密度为

$$q_{F,\tau}=-\lambda\frac{\vartheta_i}{\sqrt{\pi a\tau}} \tag{4-3-4}$$

或记作

$$b_s=\sqrt{\frac{\lambda\rho c_p}{\pi\tau}} \qquad [\mathrm{W/(m^2\cdot ^\circ C)}] \tag{4-3-5}$$

则

$$q_{F,\tau}=-b_s\vartheta_i \tag{4-3-6}$$

b_s 表示维持单位温升、单位时间消耗于加热半无限大物体单位表面积所需要的热量,代表半无限大物体单位表面积的材料蓄热能力,常被称为材料的蓄热系数。固体材料单位体积的热容量为 $\rho c_p\approx\rho c_V$,记作 ρc。根据定义式(4-3-5),b_s 正比于材料物性量 λ、ρ、c_p 乘积的平方根,并且由于 $q_{F,\tau}$ 随着时间的迁移而减小而 b_s 反比于 $\sqrt{\tau}$,且随时间的延长而下降。不难看到,从 $0\to\tau$ 时刻,传入或传出界面每单位表面积的累计热量为

$$\frac{Q_{\Sigma_{0-\tau}}}{F}=\int_0^\tau q_{F,\tau}\mathrm{d}\tau=-2\lambda\vartheta_i\sqrt{\frac{\tau}{\pi a}} \tag{4-3-7}$$

或

$$Q_{\Sigma_{0-\tau}}=-2b_sF\vartheta_i\tau \tag{4-3-8}$$

由式(4-3-1)不难导出表面温度突然升高或降低时,表面以下 x 深处在 τ 时刻的升温或降温速率为

$$\frac{\partial\vartheta}{\partial\tau}=\frac{\partial\vartheta}{\partial\xi}\frac{\partial\xi}{\partial\tau}=-\frac{\vartheta_i x}{2\sqrt{\pi a}\tau^{3/2}}\mathrm{e}^{-\frac{x^2}{4a\pi}} \qquad (^\circ\mathrm{C/s}) \tag{4-3-9}$$

如果 Bi 在 100 以下,已知的是第三类边界条件,而且环境 t_f 保持不变,那么在常物性条件下的解为[10]

$$\frac{\vartheta}{\vartheta_i}=\frac{t-t_f}{t_i-t_f}=\mathrm{erf}\left(\frac{x}{2\sqrt{a\pi}}\right)+\exp\left(\frac{\alpha x}{\lambda}+Bi^2\mathrm{Fo}\right)\left[1-\mathrm{erf}\left(\frac{x}{2\sqrt{a\pi}}+Bi\sqrt{\mathrm{Fo}}\right)\right] \tag{4-3-10}$$

式(4-3-10)已被图示成图 4-3-3,图中纵坐标实际上是$\left(1-\frac{\vartheta}{\vartheta_i}\right)$。参量 $Bi\sqrt{\mathrm{Fo}}=\infty$ 时,对于任何瞬间 τ,意味着 $Bi=\infty$ 时,式(4-3-10)将简化为式(4-3-1)。

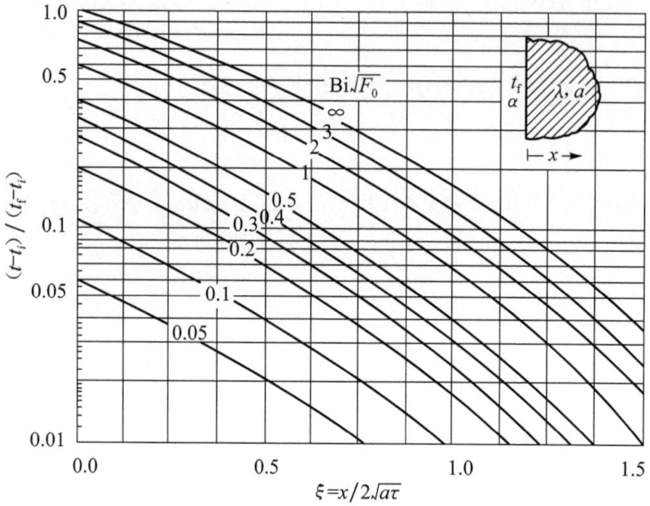

图 4-3-3　给出第三类边界条件时,半无限大物体的温度分布

如果厚板初始温度分布均匀,表面被常功率电炉加热或者被暴露在高温热辐射气氛下,t_F 的变动几乎不影响辐射换热的热流密度,可被看做已知第二类边界条件 q_F=常量,改取 $\vartheta=t-t_i$。初始条件为 $\tau=0$ 时,$\vartheta_i=0$。边界条件为 $x=0$ 时,$-\lambda\frac{\partial\vartheta}{\partial x}=q_F$。终解为[11]

$$\vartheta=t-t_i=\frac{2q_F}{\lambda}\sqrt{\frac{a\tau}{\pi}}\mathrm{e}^{-\frac{x^2}{4a\tau}}-\frac{q_F}{\lambda}x\left[1-\mathrm{erf}\left(\frac{x}{2\sqrt{a\tau}}\right)\right]\qquad(4\text{-}3\text{-}11)$$

式中,$1-\mathrm{erf}\left(\frac{x}{2\sqrt{a\tau}}\right)=\mathrm{erfc}\left(\frac{x}{2\sqrt{a\tau}}\right)$,$\mathrm{erfc}\xi\left(\equiv\frac{2}{\sqrt{\pi}}\int_{\xi}^{\infty}\mathrm{e}^{-\xi^2}\mathrm{d}\xi\right)$ 是变量 ξ 的高斯误差函数补函数[12]。而

$$\frac{1}{\sqrt{\pi}}\mathrm{e}^{-\xi^2}-\xi\mathrm{erfc}\xi\equiv\mathrm{ierfc}\xi$$

式(4-3-11)可写作等效的另一种简便形式:

$$\vartheta=\frac{2q_F}{\lambda}\sqrt{a\tau}\,\mathrm{ierfc}\left(\frac{x}{2\sqrt{a\pi}}\right)\qquad(4\text{-}3\text{-}12)$$

$\mathrm{ierfc}\xi\left(\equiv\int_{\xi}^{\infty}\mathrm{erfc}\xi\mathrm{d}\xi\right)$ 是高斯误差函数补函数的一次积分,其略值见表 4-3-1。ier-$\mathrm{fc}(0)=\frac{1}{\sqrt{\pi}}$;$\mathrm{ierfc}(\infty)=0$。

式(4-3-12)也可按下述方法直接导得。在常物性条件下，给出第二类边界条件时，将式(a)改写为

$$-\lambda\frac{\partial\vartheta}{\partial\tau}=a\frac{\partial}{\partial x}\left(-\lambda\frac{\partial\vartheta}{\partial x}\right)$$

或

$$\frac{\partial}{\partial x}\left(-\lambda\frac{\partial\vartheta}{\partial\tau}\right)=a\frac{\partial^2}{\partial x^2}\left(-\lambda\frac{\partial\vartheta}{\partial x}\right)$$

也即

$$\frac{\partial}{\partial\tau}\left(-\lambda\frac{\partial\vartheta}{\partial x}\right)=a\frac{\partial^2}{\partial x^2}\left(-\lambda\frac{\partial\vartheta}{\partial x}\right)$$

于是

$$\frac{\partial q}{\partial\tau}=a\frac{\partial^2 q}{\partial x^2}\tag{4-3-13}$$

根据边界条件，任何时刻 $\tau>0$，$x=0$ 亦即表面热流密度 q_F = 常量，因为 erf(0) = 0，所以式(f)中的常数 $C=q_F$。由初始条件，$\tau=0$，任何地点 $x>0$，$q=0=C+E$ 或 $E=-C=-q_F$，所以

$$q=q_F\left[1-\mathrm{erf}\left(\frac{x}{2\sqrt{a\pi}}\right)\right]=q_F\,\mathrm{erfc}\left(\frac{x}{2\sqrt{a\pi}}\right)\tag{g}$$

既然 $q=-\lambda\frac{\partial\vartheta}{\partial x}$，引进式(g)

$$\mathrm{d}\vartheta=-\frac{q_F}{\lambda}\mathrm{erfc}\left(\frac{x}{2\sqrt{a\tau}}\right)\mathrm{d}x$$

注意：在任何时刻 τ，$x=\infty$ 处的 $\vartheta=0$，于是

$$\int_{\vartheta}^{0}\mathrm{d}\vartheta=-\frac{q_F}{\lambda}2\sqrt{a\pi}\int_{\frac{x}{2\sqrt{a\pi}}}^{\infty}\mathrm{erfc}\left(\frac{x}{2\sqrt{a\pi}}\right)\mathrm{d}\left(\frac{x}{2\sqrt{a\pi}}\right)$$

或

$$\vartheta=\frac{2q_F}{\lambda}\sqrt{a\tau}\,\mathrm{ierfc}\left(\frac{x}{2\sqrt{a\pi}}\right)\tag{4-3-12}$$

式(4-3-12)还可用§4-8 的方法导得。$x=0$，就得到 q_F = 常量的情况下，半无限大物体在 τ 时刻的表面过余温度为

$$\vartheta_F=\frac{2q_F}{\lambda}\sqrt{\frac{a\tau}{\pi}}\tag{4-3-14}$$ ①

表面温升将正比于 $\sqrt{\tau}$，或

$$q_F=\frac{\lambda\vartheta_F}{2\sqrt{\frac{a\tau}{\pi}}}\qquad(\mathrm{W/m^2})\tag{4-3-15}$$

如果引用式(4-3-5)所定义的材料蓄热系数 b_s，则

① 根据式(4-3-12)和式(4-3-14)，可以测定 τ 时刻的试材表面温度和在给定深度 x_1 处的温度，联解得到试材的 a 和 λ 值，见文献[13]。文中详细拟定了试验方法和控制测试误差的技术。

$$q_F = \frac{\pi}{2} b_s \vartheta_F \qquad (\mathrm{W/m^2}) \tag{4-3-16}$$

留意，在常热流，即 q_F=常量的情况下，ϑ_F 将随着 τ 的加大而增加，而且如式(4-3-14)所指出的 $\vartheta_F \propto \sqrt{\tau}$，于是，由式(4-3-16)，$b_s \propto \frac{1}{\vartheta_F}$，即 b_s 也将反比于$\sqrt{\tau}$。

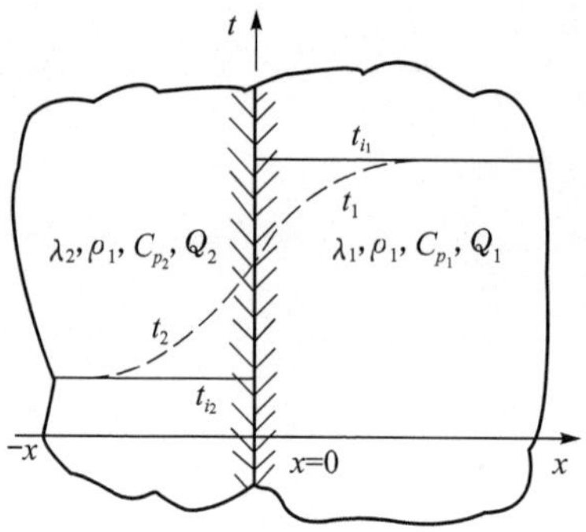

例 4-3-1　附图

例 4-3-1　参阅附图，初始温度分布均匀，分别为 t_{i_1} 和 t_{i_2} 的两个半无限大物体在 $\tau=0$ 时相互密接在一起，如果不考虑接触热阻，试求 τ 时刻的温度分布。

[解]　令 $\vartheta=t-t_{i_2}$。由式(4-3-2)，将有

$$x>0\text{ 时},\vartheta_1 = C_1 + E_1 \operatorname{erf}\left(\frac{x}{2\sqrt{a_1\tau}}\right) \tag{1}$$

$$x<0\text{ 时},\vartheta_2 = C_2 + E_2 \operatorname{erf}\left(\frac{x}{2\sqrt{a_2\tau}}\right) \tag{2}$$

式中，C_1、E_1、C_2 和 E_2 都是待定常系数。

根据初始条件，$\tau=0$，$x>0$ 时，$\vartheta_1=t_{i_1}-t_{i_2}$；$x<0$ 时，$\vartheta_2=0$，则

$$C_1+E_1 = t_{i_1}-t_{i_2} \tag{3}$$

$$C_2+E_2 = 0 \tag{4}$$

根据边界条件，在任何时刻 τ，

$$x=0\text{ 时},t_1\equiv t_2\quad\text{或}\quad \vartheta_1\equiv\vartheta_2,\text{则 }C_1=C_2 \tag{5}$$

还可以看到，在任何时刻 τ，$x=0$ 时，$q_1\equiv q_2$，或

$$-\lambda_1\frac{\partial\vartheta_1}{\partial x} = -\lambda_2\frac{\partial\vartheta_2}{\partial x}$$

因此

$$\frac{\lambda_1 E_1}{\sqrt{a_1}} = -\frac{\lambda_2 E_2}{\sqrt{a_2}} \tag{6}$$

联解式(3)～式(6)，确定常系数 C_1、C_2、E_1、E_2，然后代入式(1)和式(2)，则任何时刻 τ 的温度分布为

$$x>0\text{ 时},\vartheta_1 = \frac{t_{i_1}-t_{i_2}}{1+\frac{\lambda_2}{\lambda_1}\sqrt{\frac{a_1}{a_2}}}\left[1+\frac{\lambda_1}{\lambda_2}\sqrt{\frac{a_1}{a_2}}\operatorname{erf}\left(\frac{x}{2\sqrt{a_1\pi}}\right)\right] \tag{7}$$

$$x<0\text{ 时},\vartheta_2 = \frac{t_{i_1}-t_{i_2}}{1+\frac{\lambda_2}{\lambda_1}\sqrt{\frac{a_1}{a_2}}}\operatorname{erf}\left(\frac{x}{2\sqrt{a_2\pi}}\right) \tag{8}$$

在接触面上，即 $x=0$ 处的温度 $t_{x=0,\tau}$ 无论由式(7)或式(8)，都将是

$$\vartheta_{x=0,\tau} = \frac{t_{i_1}-t_{i_2}}{1+\frac{\lambda_2}{\lambda_1}\sqrt{\frac{a_1}{a_2}}} \tag{9}$$

在接触面上的热流密度则是

$$q_{1,x=0,\tau} \equiv q_{2,x=0,\tau} = \frac{t_{i_1} - t_{i_2}}{1 + \frac{\lambda_2}{\lambda_1}\sqrt{\frac{a_1}{a_2}}} \frac{\lambda_1}{\sqrt{\pi \alpha_1 \tau}} \quad (\mathrm{W/m^2}) \tag{10}$$

一种特殊情况是当两个半无限大物体由同种材料做成时，$\lambda_1 = \lambda_2$，$\alpha_1 = \alpha_2$。于是，根据式(9)，势必得到能够预料的结果：

$$\vartheta_{x=0,\tau} = \frac{1}{2}(t_{i_1} - t_{i_2}) \tag{11}$$

而由式(10)，得

$$q_{1,x=0,\tau} = \frac{\lambda_1 (t_{i_1} - t_{i_2})}{2\sqrt{\pi a \tau}} \tag{12}$$

2. 近似解法

§3-2 曾介绍过应用导热积分方程近似求解二维稳定导热问题，这个方法也同样适用于一维不稳定导热的求解。图 4-3-1 表示随着时间 τ 的增长，热量的传播过程将逐步渗透到表面以下更深的物体内部。在 $x \leqslant \delta_t$ 的表面层里出现温升，δ_t 将随时间 τ 增大。由于温度分布从 t_F 渐近为 t_i，$\delta_t(\tau)$ 的确切值无关紧要，分析的着重点是 $\vartheta(x, y)$ 和 $q(x, y)$。可定义温度界面层或热边界层的厚度为 δ_t，在界面层边缘上的温升已减小到 $t_F - t_i$ 的 1%。$x \geqslant \delta_t$，即热边界层以外的温度可被认为事实上保持 t_i 未变。于是，t_F 维持常量，而且 $t_F > t_i$ 时，引进温升 $\vartheta \equiv t_F - t_i$，在常物性条件下对式(a)从 $x=0$ 到 $x=\delta_t$ 积分，就得到

$$\int_0^{\delta_t} \frac{\partial \vartheta}{\partial \tau} \mathrm{d}x = a\int_0^{\delta_t} \frac{\partial^2 \vartheta}{\partial x^2} \mathrm{d}x = a\left[\frac{\partial \vartheta}{\partial x}\bigg|_{x=\delta_t} - \frac{\partial \vartheta}{\partial x}\bigg|_{x=0}\right]$$

根据定义，$\tau > 0$ 和 $x \geqslant \delta_t$ 处，$\vartheta = 0$，或

$$\frac{\partial \vartheta}{\partial x}\bigg|_{x=\delta_t} = 0 \tag{h}$$

$$\int_0^{\delta_t} \frac{\partial \vartheta}{\partial \tau} \mathrm{d}x = -a\frac{\partial \vartheta}{\partial x}\bigg|_{x=0} \tag{i}$$

注意，ϑ 是 x 和 τ 的函数，δ_t 是 τ 的函数。定积分 $\int_0^{\delta_t} \vartheta \mathrm{d}x$ 不再是 x 的函数，而是[12]

$$\int_0^{\delta_t} \frac{\partial \vartheta}{\partial x} \mathrm{d}x \equiv \frac{\mathrm{d}}{\mathrm{d}\tau}\int \vartheta \mathrm{d}x - \vartheta|_{x=\delta_t} \frac{\mathrm{d}\delta_t}{\mathrm{d}\tau}$$

而由式(h)，得 $\vartheta|_{x=\delta_t} = 0$，于是

$$\int_0^{\delta_t} \frac{\partial \vartheta}{\partial \tau} \mathrm{d}x = \frac{\mathrm{d}}{\mathrm{d}\tau}\int_0^{\delta_t} \vartheta \mathrm{d}x$$

式(i)可被改写为

$$\frac{\mathrm{d}}{\mathrm{d}\tau}\int_0^{\delta_t} \vartheta \mathrm{d}x = -a\frac{\partial \vartheta}{\partial x}\bigg|_{x=0} \tag{4-3-17}$$

积分方程式(4-3-17)的近似解可取作多项式：

$$\vartheta = A + Bx + Cx^2 \tag{j}$$

由边界条件，$x=0$ 时，$\vartheta=\vartheta_F=t_F-t_i=A$。由边界条件式(h)，得

$$\begin{cases} \left.\dfrac{\partial\vartheta}{\partial x}\right|_{x=\delta_t} = B + 2C\delta_t = 0 \\ \vartheta\,|_{x=\delta_t} = \vartheta_F + B\delta_t + C\delta_t^2 \end{cases} \tag{k}$$

联解方程组(k)，可求得

$$C = \frac{\vartheta_F}{\delta_t^2}, \quad B = -2\,\frac{\vartheta_F}{\delta_t}$$

亦即

$$\vartheta = \vartheta_F\left[1 - 2\,\frac{x}{\delta_t} + \frac{x^2}{\delta_t^2}\right]$$

或

$$\vartheta = \vartheta_F\left(1 - \frac{x}{\delta_t}\right)^2 \tag{4-3-18}$$

把式(4-3-18)代入式(4-3-17)，则

$$\delta_t = 2\,\sqrt{3a\tau} \approx 3.464\,\sqrt{a\tau} \tag{4-3-19}$$

于是

$$q_{F,\tau} = -\lambda\left.\frac{\partial\vartheta}{\partial x}\right|_{x=0} = \frac{\lambda\vartheta_F}{\sqrt{3a\tau}} \tag{4-3-20}$$

对比式(4-3-20)和式(4-3-4)，注意 $\vartheta_F=-\vartheta_i$，作为近似解的式(4-3-20)所将给出的 $q_F(\tau)$ 比精确解偏高 2.3%。还可以看到，$x=\delta_t$ 时，$\vartheta=0.99\vartheta_i$，可由式(4-3-1)得到 $\dfrac{\delta_t}{2\,\sqrt{a\tau}}\approx 1.82$，或

$$\delta_t = 3.64\,\sqrt{a\tau} \tag{4-3-21}$$

作为近似解的式(4-3-19)所给出的 $\delta_t(\tau)$ 比式(4-3-21)偏低约 4.8%。同样的 ϑ_F，给出偏低的 $\delta_t(\tau)$，必然意味着 $\left.\dfrac{\partial\vartheta}{\partial x}\right|_{x=0}$ 偏高，从而给出偏大的 $q_{F,\tau}$。然而，对于 $q_{F,\tau}$ 来说，近似解偏高 2.3%，在工程上已足够准确。

§4-4 不稳定导热图表

1. 大平板、长圆柱和圆球

§4-2 对初始温度分布均匀的大平板突然暴露在温度恒定的外界气氛中，而且 $t_f \neq t_i$ 时的冷却或受热过程作了分析，得到了解析解的式(4-2-3)、式(4-2-4)和

式(4-2-11)，指出 $m_n\delta$ 是 Bi 的函数。因此，式(4-2-4)和式(4-2-11)可被概括成如下无量纲式：

$$\frac{\vartheta}{\vartheta_i}=f\left(Bi,\mathrm{Fo},\frac{x}{\delta}\right) \tag{4-4-1}$$

$$\frac{Q_{\Sigma_{0-\tau}}}{Q_{\Sigma_{0-\infty}}}=\phi(Bi,\mathrm{Fo}) \tag{4-4-2}$$

对于大平板，解析解的式(4-2-4)和式(4-2-11)已分别按式(4-4-1)和式(4-4-2)的函数形式绘制成无量纲通用图①：图 4-4-1② 和图 4-4-2，或者列成无量纲通用表[17]供直接查用。

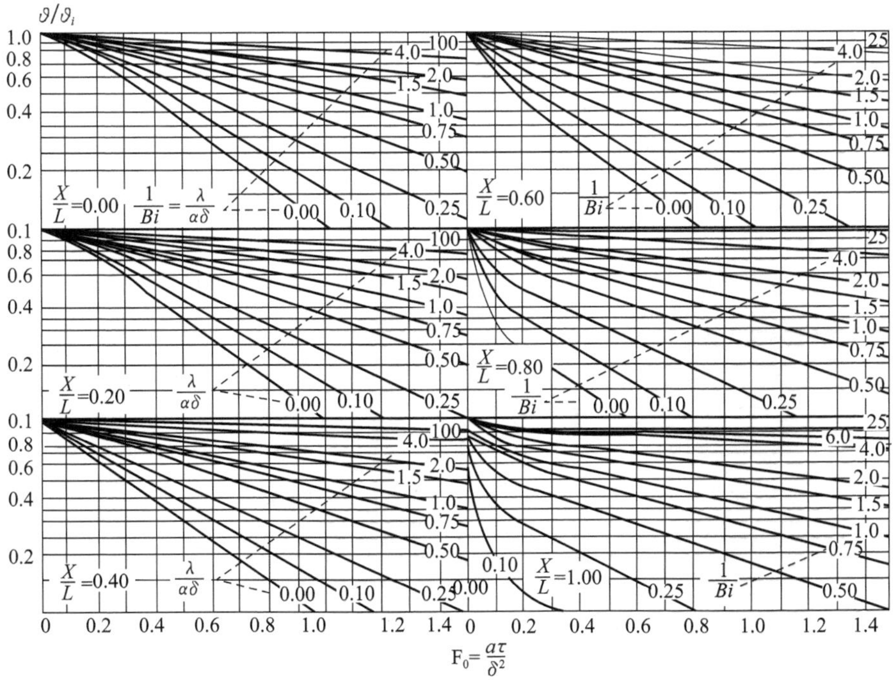

图 4-4-1　厚 2δ 的大平板：$\frac{\vartheta}{\vartheta_i}=f\left(Bi,\mathrm{Fo},\frac{x}{\delta}\right)$，特征尺寸 L 取作 δ

① 根据式(4-4-1)，可以绘制成以 Fo 为参量的 $\vartheta_0/\vartheta_i-Bi$ 和 $\vartheta_F/\vartheta_i-Bi$ 线图[6]；也可绘制成以 Bi 为参量的 ϑ_0/ϑ_i-Fo 线图，并辅之以 $\frac{x}{\delta}$ 为参量的 ϑ/ϑ_0-Bi 线图来提供位置的修正，即 $\vartheta/\vartheta_i=\vartheta/\vartheta_0\cdot\vartheta_0/\vartheta_i$[14]；还曾经将式(4-4-1)表示成 $\vartheta/\vartheta_i=\psi\left(Bi\cdot\mathrm{Fo},Bi,\frac{x}{\delta}\right)$，绘制成以 Bi 和 x/δ 同时作为参量的 $\vartheta/\vartheta_i-Bi\cdot\mathrm{Fo}$ 线图[15]。

② 图 4-4-1 中，参量是 $\frac{1}{Bi}=\frac{1}{\alpha\delta}$；$\frac{1}{\alpha\delta}=0$ 即为 $Bi=\infty$ 的极限情况。$\frac{1}{\alpha\delta}>10$，或 $Bi<0.1$ 时，可按 § 4-1 处理。Fo>0.2 时，已进入正常情况阶段或准稳定阶段，在 $\lg\frac{\vartheta}{\vartheta_i}-\mathrm{Fo}$ 半对数坐标图上可按直线外推(见图 4-2-2 及其解释)。图 4-4-1、图 4-4-3 和图 4-4-5 都引自文献[16]。

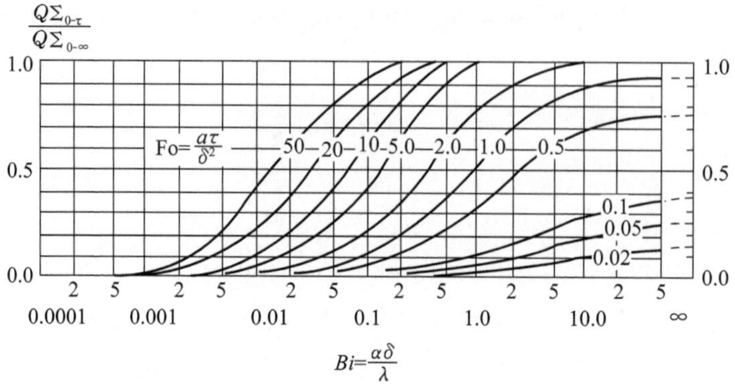

图 4-4-2　大平板：$\frac{Q_{\Sigma_{0-\tau}}}{Q_{\Sigma_{0-\infty}}}=\phi(Bi,\mathrm{Fo})$

对于圆柱坐标和球坐标的一维不稳定导热，即初始温度分布均匀的长圆柱体和圆球被突然投进温度恒定的介质里受热或冷却过程，也都有解析解，尽管具体形式不同。例如，大平板解的傅里叶级数将改换为长圆柱体时的贝塞尔函数的级数，却同样能表示成式(4-4-1)和式(4-4-2)的无量纲式，并被绘制成长圆柱的图 4-4-3 和图 4-4-4、圆球的图 4-4-5 和图 4-4-6。图中，长圆柱体和圆球都沿用习惯取法，直

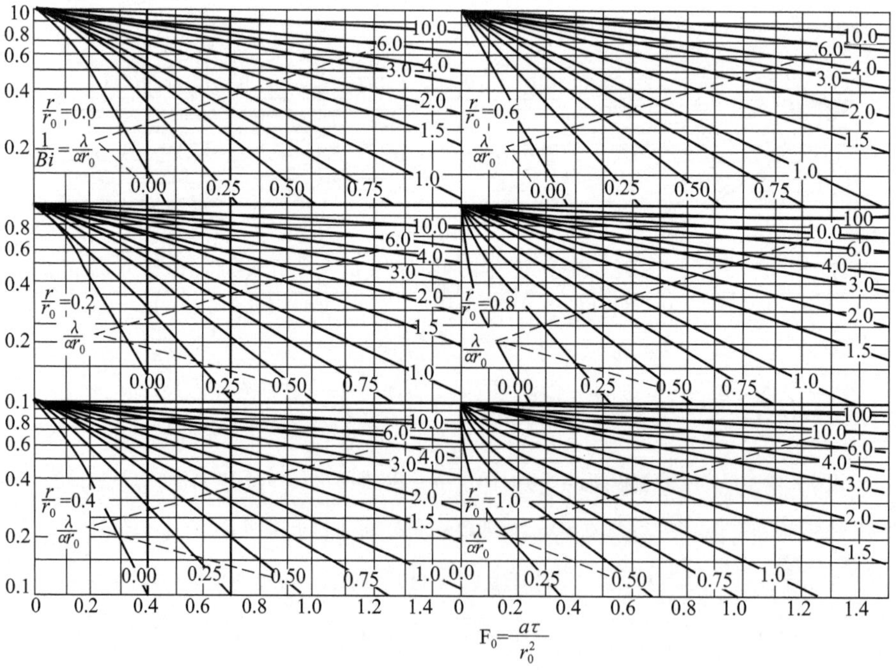

图 4-4-3　长圆柱体：$\frac{\vartheta}{\vartheta_i}=f\left(Bi,\mathrm{Fo},\frac{r}{r_0}\right)$

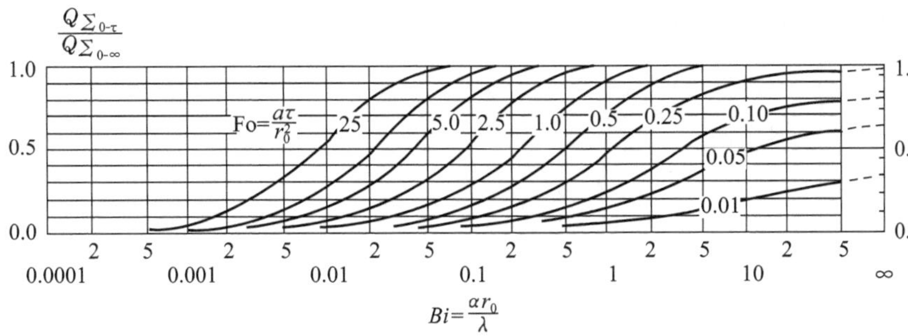

图 4-4-4　长圆柱体：$\frac{Q_{\Sigma_{0-\tau}}}{Q_{\Sigma_{0-\infty}}}=\phi(Bi,\mathrm{Fo})$

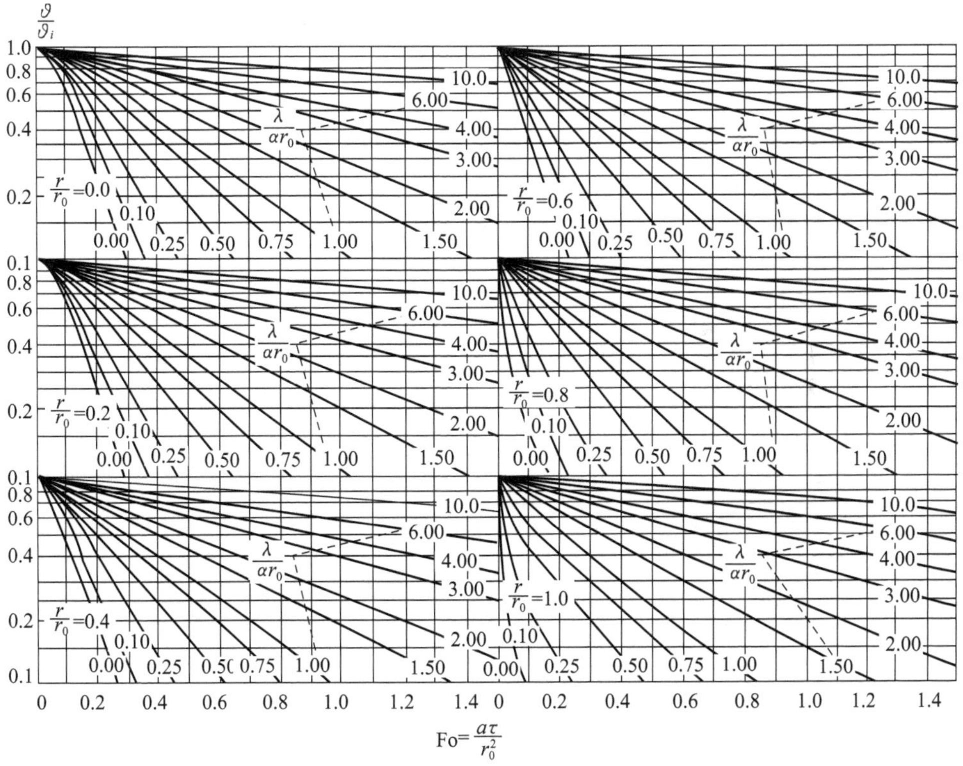

图 4-4-5　圆球：$\frac{\vartheta}{\vartheta_i}=f\left(Bi,\mathrm{Fo},\frac{r}{r_0}\right)$

接简单地取外半径 r_0 作为几何特征尺寸。对于厚 2δ 的大平板，图 4-4-2 中的 $Q_{\Sigma_{0-\infty}}=(2\delta F)\rho c_p\vartheta_i$；对于长 1m 的长圆柱体，图 4-4-4 中的 $Q_{\Sigma_{0-\infty}}=\pi r_0^2 l\rho c_p\vartheta_i$；对于圆球，图 4-4-6 中的 $Q_{\Sigma_{0-\infty}}=\frac{4}{3}\pi r_0^3\rho c_p\vartheta_i$。

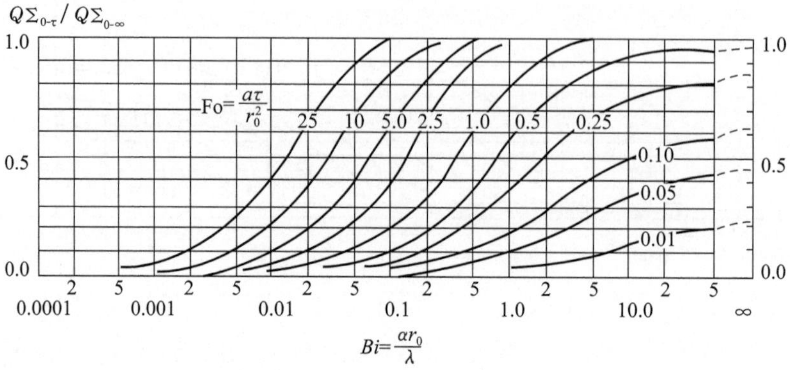

图 4-4-6　圆球：$\frac{Q_{\Sigma_{0-\tau}}}{Q_{\Sigma_{0-\infty}}}=\phi(Bi,\mathrm{Fo})$

2. 二维和三维物体

计算不稳定导热温度场的图 4-4-1、图 4-4-3 与图 4-4-5 以及图 4-3-2、图 4-4-4 与图 4-3-6，这些都只适用于一维问题。但通过纽曼法则或纽曼处理法[18]，可推广求解图 4-4-7 中的矩形长棍、方棍、立方体、直角六面体具有两个正交端面的“1/4 无限物体”和具有三个正交端面的“1/8 无限物体”、半无限长圆柱体，短圆柱体等二维和三维物体受热或被冷却时的不稳定温度场[19]。

参看图 4-4-7，矩形长棒可被看做是厚度分别为 $2\delta_1$ 和 $2\delta_2$，两块相互正交的大平板交割成的几何图形；直角六面体相当于厚度分别为 $2\delta_1$、$2\delta_2$ 和 $2\delta_3$，相互正交的三块大平板交割成的几何图形。对于矩形长棒来说，如果初始温度 t_i 分布均匀，被突然暴露在温度为 t_f 的恒温介质中，可引进过余温度 $\vartheta=t-t_f$，在常物性条件下的导热微分方程为

$$\frac{\partial\vartheta}{\partial\tau}=a\left(\frac{\partial^2\vartheta}{\partial x^2}+\frac{\partial^2\vartheta}{\partial y^2}\right)\tag{a}$$

采用经典的分离变量法，令

$$\vartheta(x,y,\tau)=X(x)Y(y)\tau(\tau)\tag{b}$$

可以证明

$$\vartheta(x,y,\tau)=\vartheta_1(x,\tau)\vartheta_2(y,\tau)\tag{4-4-3}$$

其中，$\vartheta_1=(x,\tau)$和 $\vartheta_2=(y,\tau)$各为厚 $2\delta_1$ 和 $2\delta_2$ 的大平板的解，即

$$\begin{cases}\dfrac{\partial\vartheta_1}{\partial\tau}=a\,\dfrac{\partial^2\vartheta_1}{\partial x^2}\\[2ex]\dfrac{\partial\vartheta_2}{\partial\tau}=a\,\dfrac{\partial^2\vartheta_2}{\partial y^2}\end{cases}\tag{c}$$

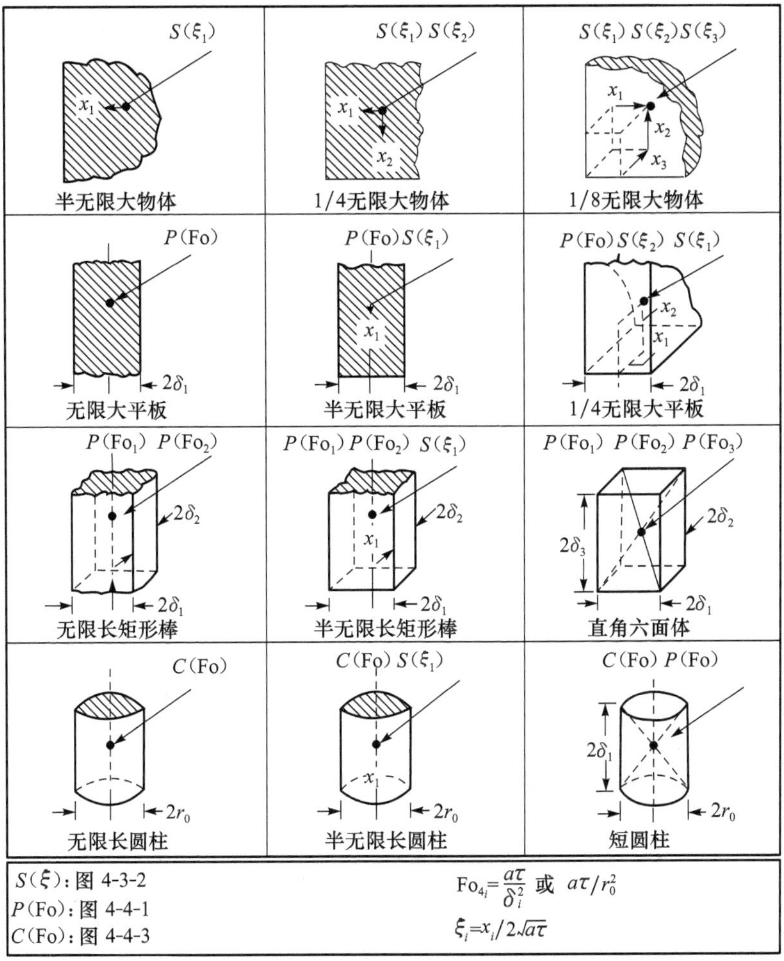

图 4-4-7　利用大平板、长圆柱和半无限大物体的解求固体内部温度场的示意图

这是因为:由式(4-4-3),有

$$\frac{\partial \vartheta}{\partial \tau}=\vartheta_2\frac{\partial \vartheta_1}{\partial \tau}+\vartheta_1\frac{\partial \vartheta_2}{\partial \tau}$$

而

$$\frac{\partial^2 \vartheta}{\partial x^2}=\vartheta_2\frac{\partial^2 \vartheta_1}{\partial x^2},\quad \frac{\partial^2 \vartheta}{\partial y^2}=\vartheta_1\frac{\partial^2 \vartheta_2}{\partial y^2}$$

根据式(c),则

$$\vartheta_1\frac{\partial \vartheta_2}{\partial \tau}+\vartheta_2\frac{\partial \vartheta_1}{\partial \tau}=a\left(\vartheta_2\frac{\partial^2 \vartheta_1}{\partial x^2}+\vartheta_1\frac{\partial \vartheta_2}{\partial y^2}\right)$$

显然满足原微分方程式(a)。同理,可以证明直角六面体的解为

$$\vartheta(x,y,z,\tau)=\vartheta_1(x,\tau)\vartheta_2(y,\tau)\vartheta_3(z,\tau) \tag{4-4-4}$$

即使对于更普遍的情况，沿 x、y、z 轴向的材料导热系数 λ_x、λ_y、λ_z 不相同，而且 $\pm\delta_1$、$\pm\delta_2$、$\pm\delta_3$ 的各表面上放热系数也不相同时，式(4-4-4)也同样正确[10]。

图 4-4-8 给出 $Bi=\infty$时，大平板中心面温度、长圆柱轴心线温度、长度无限的方棍中心线温度，以及正体、长度等于直径的短圆柱和圆球的中心温度 ϑ_0 随时间变化的曲线。可以看到，V/F 越大，ϑ_0 变动越快，圆球冷却或受热的速率最快。还可以看到，所有这些形状的物体在冷却（或受热）时，Fo≥0.2，都将进入正常情况或稳定阶段。

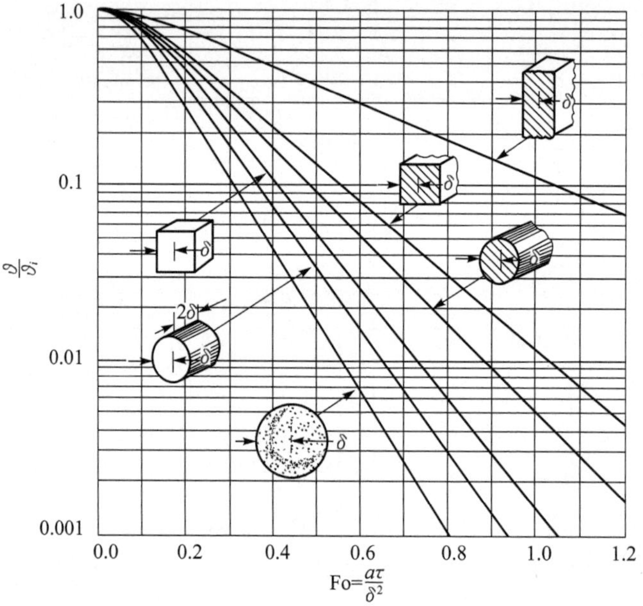

图 4-4-8　不同几何形状的物体在恒温介质中受热（或冷却）[当 $Bi=\infty$，$\frac{\vartheta_0}{\vartheta_i}=f(\mathrm{Fo})$时]的图示

例 4-4-1　外直径为 $d_0=0.3$m、长 $2\delta=0.5$m 的钢圆柱，初始温度为 $t_i=20$℃。试求放进炉温为 1000℃的炉内 1h 的中心温度 t_0。已知钢的导热系数为 $\lambda=40$W/(m·℃)，钢的导温系数为 $a=8.6\times10^{-6}\,\mathrm{m^2/s}$；炉内总放热系数为 $\alpha_0=200$W/(m²·℃)。

［解］　$\frac{\vartheta_0}{\vartheta_i}=\left(\frac{\vartheta_0}{\vartheta_i}\right)_{\text{厚}2\delta\text{的大平板}}\left(\frac{\vartheta_0}{\vartheta_i}\right)_{\text{长圆柱}}$

$$Bi_\delta=\frac{\alpha_0\delta}{\lambda}=\frac{200\times0.25}{40}=1.25$$

$$\mathrm{Fo}_\delta=\frac{a\tau}{\delta^2}=\frac{8.6\times10^{-6}\times3600}{(0.25)^2}=0.5$$

查看图 4-4-1，

$$\frac{x}{\delta}=0\text{ 时，}\quad\left(\frac{\vartheta_0}{\vartheta_i}\right)_{2\delta}=0.73$$

$$Bi_{r_0} = \frac{\alpha_0 r_0}{\lambda} = \frac{200 \times 0.15}{40} = 0.75$$

$$Fo_{r_0} = \frac{a\tau}{r_0^2} = \frac{8.6 \times 10^{-6} \times 3600}{(0.15)^2} = 1.38$$

查看图 4-4-3，

$$\frac{r}{r_0} = 0 \text{ 时}，\quad \left(\frac{\vartheta_0}{\vartheta_i}\right)_{r_0} = 0.21$$

于是

$$\frac{\vartheta_0}{\vartheta_i} = 0.73 \times 0.21 = 0.153$$

根据题给条件，$\vartheta_i = t_f - t_i = 980°C$，则

$$\vartheta_0 = 0.153 \times 980 = 150(℃)$$

或

$$t_0 = 1000 - 150 = 850(℃)$$

3. 初始温度和边界温度不均匀时的不稳定导热

在工程上，也常涉及非均匀的初始温度分布和各边界面上的温度不相同，但边界面上温度不随时间改变的加热或冷却问题。在常物性情况下，有内热源，而且各个地点不均匀分布的发热率 q_v 不随时间改变，根据式(2-1-8)，$\tau=0$ 时，

$$\left.\begin{aligned} \nabla^2 t + \frac{q_v}{\lambda} &= \frac{1}{a}\frac{\partial t}{\partial \tau} \\ t_i &= f(x,y,z) \\ t_w &= \phi(x,y,z) \\ \text{在边界面上，}\quad \frac{q_v}{\lambda} &= \psi(x,y,z) \end{aligned}\right\} \tag{4-4-5}$$

求解这类问题，可把解写作两部分之和：

$$t = t_1 + t_2 \tag{4-4-6}$$

其中，$t_1(x,y,z)$ 只是地点的函数，满足下式：

$$\left.\begin{aligned} \nabla^2 t_1 + \frac{q_v}{\lambda} &= 0 \\ \text{在边界面上，}\quad t_1 &= t_w \end{aligned}\right\} \tag{4-4-7}$$

$t_2(x,y,z)$ 应满足

$$\left.\begin{aligned} \nabla^2 t_2 &= \frac{1}{a}\frac{\partial t_2}{\partial \tau} \\ \text{同时符合初始条件，}\quad t_2(x,y,z,\tau=0) &= (t_i - t_1) \end{aligned}\right\} \tag{4-4-8}$$

从而满足整个数学表达式(4-4-5)。其实，这就是运用温度场迭加原理，把问题分解为两个比较简单的课题：一个具有给定边界温度分布 $t_{1w}=\phi(x,y,z)$ 和内热

源 $q_v(x,y,z)$ 的稳定温度场；另一个具有给定初温度分布 t_i-t_1 和表面温度分布 $t_{2w}=0$ 的无内热源时不稳定温度场 $t_2(x,y,z,\tau)$。已知第三类边界条件时，只要 t_f 不随时间 τ 变动，同样可按这种办法处理[20]。

例 4-4-2　一球形液氮推进剂储箱的内直径 3m，钢壁厚 6mm。外有 0.6m 厚的超级热绝缘层，在抽成真空压力下的 $\lambda=10^{-3}\mathrm{W/(m\cdot ℃)}$，$a=1.6\times10^{-8}\mathrm{m^2/s}$。如果初温度 $t_i=t_f=20℃$，t_f 为外界环境温度，试估计突然灌满液氮后，通过隔热层传给液氮的热流减小到只比稳定工况时偏大 20%以内所需经历的时间 τ。

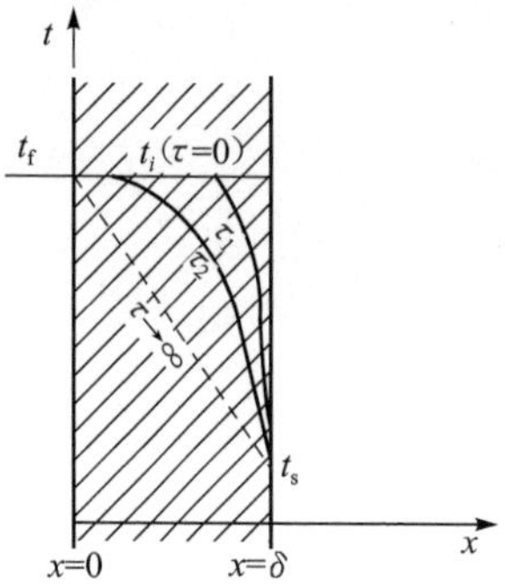

例 4-4-2　附图

［解］　由于液氮的沸腾放热热阻和钢壁导热热阻都远远小于隔热层热阻，可以非常近似地将隔热层内表面温度取作液氮沸腾的饱和温度 t_s。同时，依题意，隔热层外直径只是内直径的 1.4 倍，容许理想化为平面隔热层考虑。

参看附图，隔热层内表面温度突然由 t_i 降为 t_s，因出现池内沸腾(见 § 10-3)而 $q_{x=\delta,\tau=0}$ 异常大。随着时间的推移，$q_{x=\delta,\tau}$ 将逐步下降，最后减小到稳定工况时的 $q_{x=\delta,\tau=\infty}=\lambda\dfrac{t_f-t_s}{\delta}$。由于隔热层的 λ 很小，$q_{x=\delta,\tau}$ 下降到 $q_{x=\delta,\tau=\infty}$ 的 1.2 倍将需要很长的时间。如果取 $\vartheta=t-t_f$，则数理模型将是

$$\left.\begin{aligned}\frac{1}{a}\frac{\partial\vartheta}{\partial\tau}&=\frac{\partial^2\vartheta}{\partial x^2}\\ \text{初始条件为 }\tau=0\text{ 时},\vartheta=\vartheta_i&=0\\ \text{边界条件为 }x=0\text{ 时(外表面上)},\vartheta_{x=0,\tau}&=0\\ \text{内表面上},\vartheta_{x=\delta,\tau}=t_f-t_s&=\vartheta_s\end{aligned}\right\}\tag{d}$$

$$\left.\begin{aligned}\text{把解写作式(4-4-6)时},\frac{\mathrm{d}^2\vartheta_1}{\mathrm{d}x^2}&=0\\ \text{而且 }\vartheta_{1(x=\delta)}&=\vartheta_s\end{aligned}\right\}\tag{e}$$

$$\left.\begin{aligned}\frac{\partial\vartheta_2}{\partial\tau}&=a\frac{\partial^2\vartheta_1}{\partial x^2}\\ \text{而且 }\vartheta_{2(x,\tau=0)}&=-\vartheta_1\\ \vartheta_{2(x=0,\tau)}=0,\vartheta_{2(x=\delta,\tau)}&=0\end{aligned}\right\}\tag{f}$$

式(e)的解为

$$\vartheta_1=\frac{\vartheta_2}{\delta}x\tag{g}$$

式(f)的解为

$$\vartheta_2=\mathrm{e}^{-am^2\tau}[A\cos(mx)+B\sin(mx)]$$

根据边界条件，$A=0$，$m_n\delta=n\pi$，即

$$\vartheta_2=\sum_{n=1}^{\infty}B_n\mathrm{e}^{-(n\pi)^2\mathrm{Fo}}\sin\left(\frac{n\pi}{\delta}x\right)\tag{h}$$

根据初始条件，$\tau=0$ 时，$\vartheta_2=-\vartheta_1$，或

$$-\frac{\vartheta_s}{\delta}x=\sum_{n=1}^{\infty}B_n\sin\left(\frac{n\pi}{\delta}x\right)$$

则

$$B_n=\frac{2}{\delta}\int_0^{\delta}\left(-\frac{\vartheta_s}{\delta}x\right)\sin\left(\frac{n\pi}{\delta}x\right)\mathrm{d}x=\frac{2\vartheta_s}{n\pi}(-1)^n \tag{i}$$

最后的全解为

$$\vartheta=\vartheta_s\left[\frac{x}{\delta}+\frac{2}{\pi}\sum_{n=1}^{\infty}\frac{(-1)^n}{n}\mathrm{e}^{-(n\pi)^2\mathrm{Fo}}\sin\left(\frac{n\pi}{\delta}x\right)\right] \tag{4-4-9}$$

于是

$$q_{x=\delta,\tau}=-\lambda\left.\frac{\partial\vartheta}{\partial x}\right|_{x=\delta}=\frac{\lambda}{\delta}(t_f-t_s)\left[1+2\sum_{n=1}^{\infty}\mathrm{e}^{-(n\pi)^2\mathrm{Fo}}\right] \tag{4-4-10}$$

$\tau=\infty$时，即达到稳定工况时的热流密度为

$$q_{x=\delta,\tau=\infty}=\frac{\lambda}{\delta}(t_f-t_s)$$

或

$$\frac{q_{(x=\delta,\tau)}}{q_{(x=\delta,\tau=\infty)}}=1+2\sum_{n=1}^{\infty}\mathrm{e}^{-(n\pi)^2\mathrm{Fo}} \tag{4-4-11}$$

本题给定 $\dfrac{q_{x=\delta,\tau}}{q_{x=\delta,\tau=\infty}}=1.2$，亦即 $\sum\limits_{n=1}^{\infty}\mathrm{e}^{-(n\pi)^2\mathrm{Fo}}=0.1$。

注意到级数第二项为 $\mathrm{e}^{-4\pi^2\mathrm{Fo}}$，已远小于第一项 $\mathrm{e}^{-\pi^2\mathrm{Fo}}$ 而可略去不计，最终计算出 $\tau\approx56\mathrm{d}$ 或 8 周。

§4-5　周期性的受热或冷却

边界条件随时间变动时，工程技术受到重视的一种特殊情况就是环境温度或者表面温度呈简谐波动，俗称**温度波**，可记作

$$t_f=\bar{t}_f+A_f\cos\left(\frac{2\pi}{\tau_0}\tau\right) \tag{4-5-1}$$

或

$$t_F=\bar{t}_F+A_F\cos\left(\frac{2\pi}{\tau_0}\tau\right) \tag{4-5-2}$$

式中，τ_0 代表波动周期，A_f 和 A_F 分别代表环境温度 t_f 和表面温度 t_F 在各自周期平均值 $\bar{t}_f$ 和 $\bar{t}_F$ 上、下波动的幅度。这种温度波动造成随时间 τ 变化着的不稳定温度场，引起各个地点热流密度的简谐波动——**热流波**。例如，内燃机的气缸壁和活塞受气缸里工质交替的加热和冷却，以及回热器(详见 §13-1)中的周期热流等。温度波和热流波总相互伴随发生，习惯上统称**热波**。这也是解释并考虑昼夜和季节性气象变迁对建筑物保温和大地冰冻和融化(见 §12-7)的一个基本概念。

周期性受热和冷却，除了最初几个循环受初始温度分布的影响而出现不规则过程阶段的温度升降和多少带有偶然性的局部热流之外，过程不断重复的结果，将进入特有的正常情况阶段，既不留有任何初始条件的痕迹，也不会建立起稳定阶段，每一个周期都与前一个或后一个周期的过程发展情况一模一样。还应看到，任何余弦波总能表示成提前相位角$\frac{\pi}{2}$或$\frac{1}{4}$周期的正弦波，式(4-5-2)也总是可被表示成

$$\left.\begin{aligned} t_F &= \bar{t}_F + A_F \sin\left(\frac{2\pi}{\tau_0}\tau + \frac{\pi}{2}\right) \\ \text{或}\qquad t_F &= \bar{t}_F + A_F \sin\left[\frac{2\pi}{\tau_0}\left(\tau + \frac{\tau_0}{4}\right)\right] \end{aligned}\right\} \tag{4-5-3}$$

$\tau=0$ 时，或者 $\tau=n\tau_0$ 时，$n=1,2,3,\cdots$，t_F 都将达到它的最高值。波幅 A_F 是偏离周期平均值 $\vartheta_F=t_F-\bar{t}_F$ 的最高值，或 $A_F=\vartheta_{F,\max}$。

利用分离变量法(见§4-2)，可得到边界条件由式(4-5-2)表达时，常物性情况下半无限大物体内部过余温度 $\vartheta_{(x,\tau)}=[t_{(x,\tau)}-\bar{t}_x]$为[21,22]

$$\vartheta = A_F e^{-\sqrt{\frac{\pi}{a\tau_0}}x} \cos\left(\frac{2\pi}{\tau_0}\tau - \sqrt{\frac{\pi}{a\tau_0}}x\right) \tag{4-5-4}$$

$x=0$ 时，式(4-5-4)简化为边界条件式(4-5-2)。这表明：在任何深度处的温度都将随同一周期 τ_0 波动，而且

$$A_F e^{-\sqrt{\frac{\pi}{a\tau_0}}x} = A_x \tag{4-5-5}$$

显然就是 x 深度处温度波动的波幅，随着深度的增加而迅速衰减，如图 4-5-1 所示。波动频率 $1/\tau_0$ 越高，即波动周期越短，温度波传播的波幅也就衰减得越快，温度波动可察觉的透入深度则越浅。

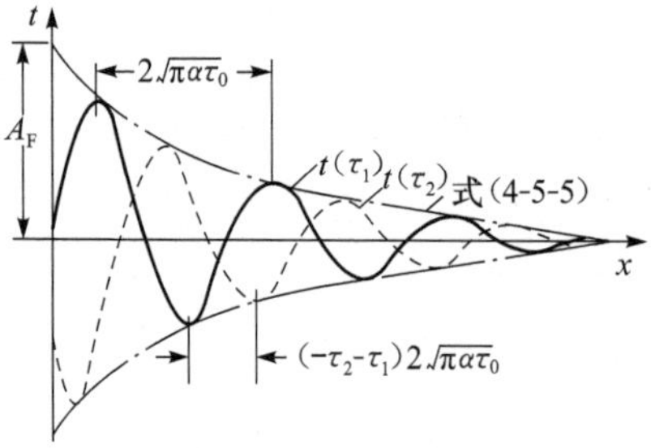

图 4-5-1　温度波在半无限大物体中的传播性质

可以指出，在导得式(4-2-1)时，曾把分离常数取作 $-m^2$，无限大物体在表面温度波动情况下的 $\vartheta_{x,\tau}$不再随 τ 单调地衰减，而是随时间周期波动，所以分离常数可取作 $\pm \mathrm{i}m^2$ 或 $\pm(\sqrt{\mathrm{i}}m)^2$。第一种情况，分离常数取作 $(\sqrt{\mathrm{i}}m)^2$ 时，得到的特解为 $C_1 e^{\mathrm{i}m^2 a\tau} e^{\pm\sqrt{\mathrm{i}}mx}$；第二种情况，分离常数取作 $-(\sqrt{\mathrm{i}}m)^2$ 时，得到的特解为 $C_2 e^{-\mathrm{i}m^2 a\tau} e^{\pm\sqrt{\mathrm{i}}mx}$。这里，i 代表 $\sqrt{-1}$。根据恒等式

$$(1+\mathrm{i})^2 \equiv 1 + 2\mathrm{i} + \mathrm{i}^2 \equiv 2\mathrm{i}$$

$$\sqrt{\mathrm{i}} \equiv \frac{1+\mathrm{i}}{\sqrt{2}} \tag{a}$$

上述第一种情况的特解可记作 $C_1 e^{\pm\frac{m}{\sqrt{2}}x} e^{\mathrm{i}\left(m^2 a\tau \pm \frac{m}{\sqrt{2}}x\right)}$，考虑到所分析的条件，$x\to\infty$时，任何时

刻的 $\vartheta=0$，$\frac{m}{\sqrt{2}}x$ 只能取负号，不能取正号。同理，上述第二种情况的特解也只能取作 $C_2 e^{-\frac{m}{\sqrt{2}}x} e^{-i\left(m^2 a\tau-\frac{m}{\sqrt{2}}x\right)}$。于是，全解为

$$\vartheta_{x,\tau}=e^{-\frac{m}{\sqrt{2}}x}\left[C_1 e^{-i\left(m^2 a\tau-\frac{m}{\sqrt{2}}x\right)}+C_2 e^{-i\left(m^2 a\tau-\frac{m}{\sqrt{2}}x\right)}\right] \tag{b}$$

根据欧拉公式 $e^{\pm ix}\equiv\cos x\pm i\sin x$，则

$$\vartheta_{(x,\tau)}=e^{-\frac{m}{\sqrt{2}}x}\left[A\cos\left(m^2 a\tau-\frac{m}{\sqrt{2}}x\right)+iB\sin\left(m^2 a\tau-\frac{m}{\sqrt{2}}x\right)\right] \tag{c}$$

当 $x=0$ 时，有

$$\vartheta_F=A\cos(m^2 a\tau)+iB\sin(m^2 a\tau) \tag{d}$$

对比式(d)和给定的边界条件式(4-5-2)，则式(c)和式(d)中都不应出现正弦项，$B=0$。常系数 $A=A_F$ 而且 $m^2 a=\frac{2\pi}{\tau_0}$，或

$$m=\sqrt{\frac{2\pi}{a\tau_0}} \tag{e}$$

因此，最后得到的解应是式(4-5-4)。

式(4-5-4)不但指出深度 x 处温度波动的幅度 A_x 已经减小，而且还表明 t_x 达到峰值，即最高值的时刻 τ_x^* 也比表面温度 t_F 达到峰值的时刻 $\tau_F^*=0$ 要延长一段时间 $\Delta\tau^*=(\tau_x^*-\tau_F^*)=\tau_x^*$，称为后峰值时间。根据式(4-5-4)，$t_x$ 达到峰值时，必须

$$\cos\left(\frac{2\pi}{\tau_0}\tau_x^*-\sqrt{\frac{\pi}{a\tau_0}}x\right)=1$$

或

$$\tau_x^*=\frac{1}{2}\sqrt{\frac{\tau_0}{\pi a}}x \tag{4-5-6}$$

可引进温度波的传播速率 u：

$$u=\frac{x}{\Delta\tau^*}=\frac{x}{\tau_x^*}$$

则

$$u=2\sqrt{\frac{\pi a}{\tau_0}} \tag{4-5-7}$$

这个传播速率只取决于温度波动周期 τ_0 和材料导温系数 a，与时间 τ 无关。

例 4-5-1　某地区的全年地面温度从 −4℃到 24℃波动。土壤含湿量不大，冻融的相变潜热初步可以略去不计。土壤性质取作：$\lambda=1\text{W/(m·℃)}$，$\rho=1450\text{kg/m}^3$，$c_p=0.835\text{kJ/kg·℃}$。如果不同深度的常年平均温度都能近似地取作 10℃，试推算最大冻深。

［解］　依题意，$\bar{t}=\frac{24+(-4)}{2}=10(℃)$。

$$A_F=|24-10|=14(℃)\quad 或\quad A_F=\frac{24-(-4)}{2}=14(℃)$$

出现冰冻，温度必须降到 0℃。因此，在最大冻深 x(m)处的 $A_x=|0-10|=10$(℃)。

令 $\tau_0=1$ 年或 8760h，有

$$a=\frac{\lambda}{\rho c_p}=\frac{1}{1450\times 835}=8.26\times 10^{-7}(\mathrm{m^2/s})$$

由式(4-5-5)，有

$$x=\sqrt{\frac{a\tau_0}{\pi}}\ln\frac{A_F}{A_x}$$

即

$$x=\sqrt{\frac{8.26\times 10^{-7}\times 8760\times 3600}{\pi}}\ln\frac{14}{10}=0.97(\mathrm{m})$$

根据式(4-5-6)，这个最大冻深处冰冻的时刻将比地面出现冰冻时刻滞后 $\tau_x^*=468.7$h 或 19.6d。

如果计入水分，冻结时将会释放出潜热(见第 10 章)，这个实际最大冻深将有所减小。但修正潜热影响的折算 a 值也将略低于 $8.26\times 10^{-7}\mathrm{m^3/s}$。因此，冻结时间滞后 τ_x^* 未必会比例缩短。

图 4-5-1 形象地表示出温度波向深处推进的性质，保持温度波的周期 τ_0 并以等速 u 传播，因此推进波的波长为

$$\Lambda=u\tau_0=2\sqrt{\pi a\tau_0} \tag{4-5-8}$$

波动推进的波幅是像式(4-5-5)所描述的按指数规律迅速衰减。图 4-5-1 中示出 τ_1 和 τ_2 两个时刻的推进波峰相距 $u(\tau_2-\tau_1)=2(\tau_2-\tau_1)\sqrt{\dfrac{\pi a}{\tau_0}}$

参看图 4-5-2，实际上完成一个推进波，$x=\Lambda$ 处的温度波幅 A_x 根据式(4-5-5)已衰减到 A_F 的$\dfrac{1}{e^{2\pi}}$或 0.2%以下。可以把温度波可察觉的透入深度取作 $x_0\approx 0.9\Lambda$。例

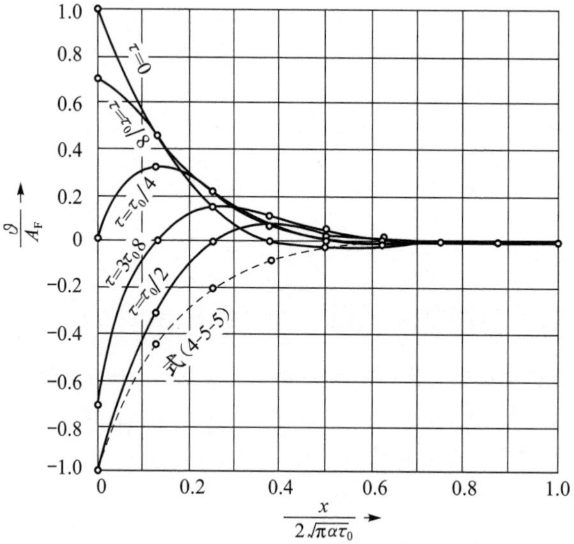

图 4-5-2　温度波动在厚壁里的传播

如，柴油机的转速设为每分钟 500 转，二冲程时，意味着 $\tau_0=\dfrac{60}{500}=0.12(\mathrm{s})$，如果已知铸铁的 $a=1.65\times10^{-5}\,\mathrm{m^2/s}$，就有可能迅速估算出内表面的温度波将透入气缸壁的深度为 $x_0=0.94\Lambda=1.8\sqrt{\pi a\tau_0}=4.5\mathrm{mm}$。在水套一侧的气缸壁面温度并未产生可察觉的波动。就像图 4-5-3 所指示的那样，在这种壁厚 $\delta>x_0$ 的壁内，$t=\bar{t}+\vartheta$。相当于式(4-5-6)中的 $\bar{t}$ 只能是地点的函数，ϑ 是离表面 x 深度处温度周期波动偏离平均值的过余温度。$x_0\leqslant x\leqslant\delta$，$\vartheta=0$。既然 $\bar{t}$ 与时间无关，那么

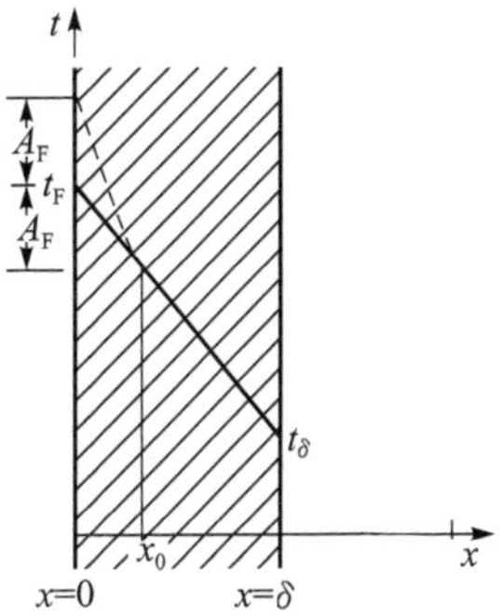

图 4-5-3　有温差传热和热波同时起作用时“厚平壁”内部温度分布

$$\frac{\partial t}{\partial\tau}\equiv\frac{\partial\vartheta}{\partial\tau}$$

而

$$\frac{\partial t}{\partial x}\equiv\frac{\partial\bar{t}}{\partial x}+\frac{\partial\vartheta}{\partial x}$$

于是，有

$$q_x=-\lambda\frac{\partial t}{\partial x}=-\lambda\frac{\partial\bar{t}}{\partial x}-\lambda\frac{\partial\vartheta}{\partial x}=q_{x_\mathrm{s}}+q_{x_\mathrm{p}}\tag{4-5-9}$$

其中，q_{x_s} 为稳定热流密度；q_{x_p} 为周期变化的热流密度。对于平壁，$q_{x_\mathrm{s}}=q_{F_\mathrm{s}}$，沿 x 轴向保持常量。当 $\bar{t}_x$ 不随 x 改变，即 $\bar{t}_\mathrm{F}=t_\delta$ 时，$q_{x_\mathrm{s}}=0$。

由式(4-5-4)，不难求得

$$q_{x_\mathrm{p}}=-\lambda\frac{\partial\vartheta}{\partial x}$$

注意恒等式：

$$\cos\theta-\sin\theta=\sqrt{2}\cos\left(\theta+\frac{\pi}{4}\right)$$

则

$$q_{x_\mathrm{p}}=\lambda A_\mathrm{F}\sqrt{\frac{2\pi}{a\tau_0}}\mathrm{e}^{-\sqrt{\frac{\pi}{a\tau_0}}x}\cos\left(\frac{2\pi}{\tau_0}\tau-\sqrt{\frac{\pi}{a\tau_0}}x+\frac{\pi}{4}\right)\tag{4-5-10}$$

对比式(4-5-4)，这个周期变化的热流密度同样依照余弦规律随时间 τ 波动，而且保持相同的周期 τ_0，但比当地温度波提前相位角 $\dfrac{\pi}{4}$ 或 $\dfrac{1}{8}$ 周期，见图 4-5-4。热流密度的波幅为

$$\lambda A_\mathrm{F}\sqrt{\frac{2\pi}{a\tau_0}}\mathrm{e}^{-\sqrt{\frac{\pi}{a\tau_0}}x}=\lambda A_x\sqrt{\frac{2\pi}{a\tau_0}}$$

或在 $x=0$ 的表面热流密度的波幅为 $\lambda A_\mathrm{F}\sqrt{\dfrac{2\pi}{a\tau_0}}$。

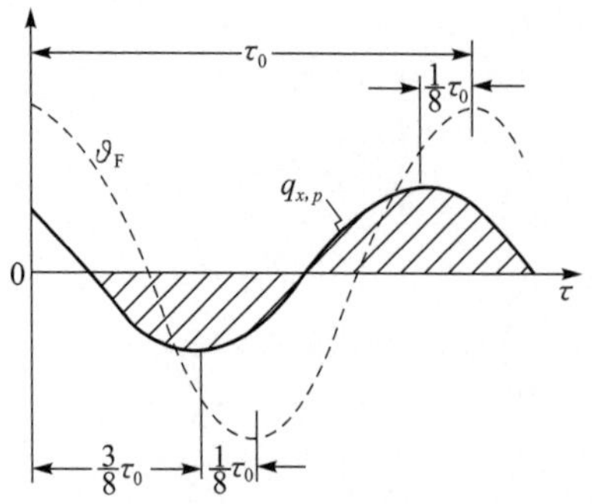

图 4-5-4　周期变化的表面热流密度和表面温度波的相位示意图

由式(4-5-10)可得到周期变化 $x=0$ 的表面热流密度 q_{F_p}。图 4-5-4 中的阴影面积，代表半个周期中经表面传入和传出物体的热量。十分明显，仅仅由于热波的作用，全周期内所产生的累计传热量为 $Q_{p\Sigma_{0-\tau_0}}=0$。可见，在有温差传热和热波同时起作用时，厚壁每个周期的平均热流密度为 $\bar{q}_F=q_{F_s}$，或全周期的总传热量为

$$Q_{\Sigma_{0-\tau_0}}=\bar{q}_F\tau_0 F \qquad (\text{W/ 周期}) \tag{4-5-11}$$

图 4-5-3 所表示的厚墙，对建筑物外围护结构的隔热保温设计具有启示性。例如，考虑周期性供暖时，墙的内表面温度过分降低，会引起墙表面结露而使人感觉阴冷。给定热流波幅，所产生的墙的内表面温度波幅越小，就说墙的热稳定性越好。根据式(4-5-10)，表面热流波幅为 $\lambda A_F\sqrt{\frac{2\pi}{a\tau_0}}$，相应的表面温度波幅为 A_F，两者之比为 $\lambda\sqrt{\frac{2\pi}{a\tau_0}}=(b_{s,\tau_0/2})\pi$。此处，根据式(4-3-5)，$b_{s,\tau_0/2}=\sqrt{\frac{\lambda\rho c_p}{\pi\left(\frac{\tau_0}{2}\right)}}$，代表半个周期$\left(\tau=\frac{\tau_0}{2}\right)$墙材料的蓄热系数。可见，材料的蓄热系数 $b_{s,\tau_0/2}$ 越大，墙的热稳定性就越好。大气气温的波动将促使墙的外表面温度波动，如果墙的厚度比较薄，即使连续供暖，墙的内表面温度也会产生波动，不过，波幅已被衰减。作为初步近似，由式(4-5-5)，这个衰减为 $e^{-\sqrt{\frac{\pi}{a\tau_0}}\delta}$ 或 $e^{-\frac{\pi}{\sqrt{2}}b_{s,\tau_0/2}\frac{\delta}{\lambda}}$，材料的蓄热系数越大，墙越厚时，墙的热稳定性越好①。

如果环境温度周期地简谐波动，如式(4-5-1)所示，当 $t_f>t_F$ 时，表面温度的波幅 A_F 将减小为 φA_f，或

$$\frac{A_F}{A_f}=\varphi=\frac{1}{\sqrt{1+2\,\frac{\lambda}{\alpha}\sqrt{\frac{\pi}{a\tau_0}}+2\left(\frac{\lambda}{\alpha}\sqrt{\frac{\pi}{a\tau_0}}\right)^2}} \tag{4-5-12}$$

表面温度波若比环境温度波落后相位角 ψ，则有

$$\psi=\text{arctg}\left(\frac{1}{1+\frac{\alpha}{\lambda}\sqrt{\frac{a\tau_0}{\pi}}}\right) \tag{4-5-13}$$

φ 和 ψ 值已被摘录在表 4-5-1[24]中。由式(4-5-4)可知

① 较详细的讨论见文献[23]。在国内建筑热工文献中，包括采暖通风手册、空调制冷手册等，直接把 $\pi b_{s,\tau_0/2}=s$ 称为半个周期的材料蓄热系数；并且把 $D=s\,\frac{\delta}{\lambda}$ 称为墙的热惯性指标。

$$\vartheta = \varphi A_f e^{-\sqrt{\frac{\pi}{a\tau_0}}x}\cos\left(\frac{2\pi}{\tau_0}\tau - \sqrt{\frac{\pi}{a\tau_0}}x - \psi\right) \tag{4-5-14}$$

仍以前面所举的柴油机气缸壁(见图 4-5-3)为例,铸铁的导热系数 $\lambda=33\text{W}/(\text{m}\cdot℃)$,如果气缸内侧的 α_0 取作 $100\text{W}/(\text{m}^2\cdot℃)$,则

$$\frac{\lambda}{\alpha}\sqrt{\frac{\pi}{a\tau_0}} = \frac{33}{100}\sqrt{\frac{\pi}{1.65\times10^{-5}\times0.12}} = 415.7$$

从表 4-5-1 中查得 φ 在 0～0.00704,或直接按式(4-5-12)计算得到

$$\varphi = \frac{1}{\sqrt{1+2\times415.7+2\times(415.7)^2}} = 0.0017$$

气缸里工质温度由 20℃到 2000℃波动时,波幅为 $A_f\approx1000℃$,气缸壁内表面温度的波幅只是

$$A_f = \varphi A_f = 1.7(℃)$$

考虑到实际测温手段只能准确到±0.1℃,那么,根据式(4-5-5),温度波动可察觉的深度 x_0 将是

$$x_0 \leqslant \sqrt{\frac{a\tau_0}{\pi}}\ln\frac{A_F}{A_f} = \sqrt{\frac{a\tau_0}{\pi}}\ln\frac{1.7}{0.1} = 2.25\times10^{-3}(\text{m})$$

或 $x_0\leqslant2.25\text{mm}$。

表 4-5-1　式(4-5-14)中的 φ 和 ψ 值

$\frac{\lambda}{\alpha}\sqrt{\frac{\pi}{a\tau_0}}$	φ	ψ	$\frac{\lambda}{\alpha}\sqrt{\frac{\pi}{a\tau_0}}$	φ	ψ
∞	0	45°00′	1	0.447	26°34′
100	0.00704	44°43′	0.5	0.632	18°26′
50	0.0140	44°26′	0.2	0.830	9°28′
20	0.0345	43°36′	0.1	0.905	5°12′
10	0.0637	42°16′	0.05	0.951	2°43′
5	0.128	39°48′	0.02	0.980	1°07′
2	0.277	33°41′	0.01	0.990	0°34′
1	0.477	26°34′	0	1.000	0°00′

§4-6　不稳定导热的数值解法

用解析法准确求解不稳定导热问题的困难性推动了近似解法,包括数值解法和模拟解法以及即将在下节介绍的图解法的发展。特别是在需要考虑变物性情况下,不稳定导热不仅牵涉变导热系数 λ,而且热容量 ρc_p 也随温度改变,导热微分方程的非线性化已不能像§3-2 中处理变导热系数的稳定导热问题那样简单通过式(3-2-12)取 $E=\int_{t_0}^{t}\lambda\mathrm{d}t$ 而使导热微分方程得到线性化。因此,精确的解析解很难得

到，往往要借助于数值解法[25]。

数值解法的基础已在§3-5中阐明，实际上就是联解各个节点方程。例如，对内部任一节点0，参看图3-5-1，将常物性时的导热微分方程$\nabla^2 t+\dfrac{q_v}{\lambda}=\dfrac{1}{a}\dfrac{\partial t}{\partial \tau}$差分化，可得式(a)：

$$\frac{t_{1,\tau}+t_{2,\tau}-2t_{0,\tau}}{(\Delta x)^2}+\frac{t_{3,\tau}+t_{4,\tau}-2t_{0,\tau}}{(\Delta y)^2}+\frac{t_{5,\tau}+t_{6,\tau}-2t_{0,\tau}}{(\Delta z)^2}+\frac{q_{v_{0,\tau}}}{\lambda}=\frac{1}{a}\frac{t_{0,\tau+\Delta\tau}-t_{0,\tau}}{\Delta\tau} \tag{a}$$

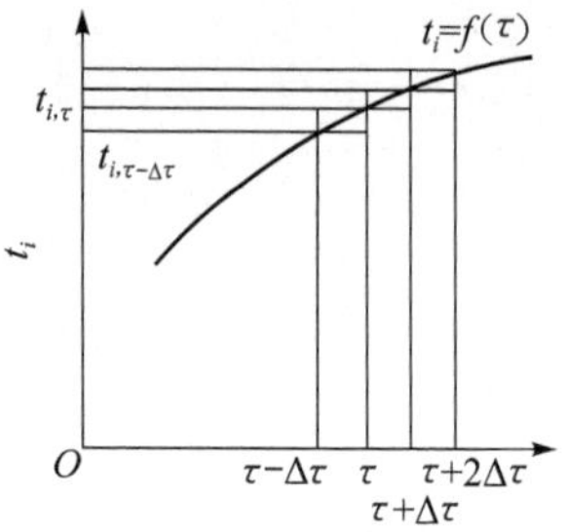

图 4-6-1 $t_i=f(\tau)$的“向前差分”(实线)梯级和“向后差分”的概念示意图

不稳定导热的特征是温度场随时间变动。式(a)把各个地点的温度分别看做是图4-6-1中实线梯级的变化，以替代实际连续的变化，即第i个节点温度t_i在从τ到$\tau+\Delta\tau$期间保持不变，并且就等于$t_{i,\tau}$，在$\Delta\tau$期间由于各相邻节点间导热杆的导热以及内部发热所蓄积的热量面在$\tau+\Delta\tau$时刻骤然升高为$t_{i,\tau+\Delta\tau}$。自然，也可像图4-6-1中虚线梯级所指出的那样，把t_i看做在τ时刻就骤升到$t_{i,\tau+\Delta\tau}$，然后在随后的整个$\Delta\tau$期间保持不变，升温所需要的热量由$\Delta\tau$期间因与周围各个相邻节点间导热杆导热以及内部发热所能得到的净热量弥补。此时，将得到式(b)：

$$\frac{t_{1,\tau+\Delta\tau}+t_{2,\tau+\Delta\tau}-2t_{0,\tau+\Delta\tau}}{(\Delta x)^2}+\frac{t_{3,\tau+\Delta\tau}+t_{4,\tau+\Delta\tau}-2t_{0,\tau+\Delta\tau}}{(\Delta y)^2}$$
$$+\frac{t_{5,\tau+\Delta\tau}+t_{6,\tau+\Delta\tau}-2t_{0,\tau+\Delta\tau}}{(\Delta z)^2}+\frac{q_{v_{0,\tau+\Delta\tau}}}{\lambda}=\frac{1}{a}\frac{t_{0,\tau+\Delta\tau}-t_{0,\tau}}{\Delta\tau} \tag{b}$$

这两种近似处理的方式，在$\Delta\tau\to 0$时都趋于真实。前一种称为向前差分，后一种称为向后差分①。如果$t_{0,\tau+\Delta\tau}=t_{0,\tau}$，那么无论式(a)或者式(b)都简化为稳定导热时的式(3-5-1)。

当选定$\Delta x=\Delta y=\Delta z$时，由式(a)，有

$$t_{1,\tau}+t_{2,\tau}+t_{3,\tau}+t_{4,\tau}+t_{5,\tau}+t_{6,\tau}-6t_{0,\tau}+\frac{q_{v_{0,\tau}}(\Delta x)^2}{\lambda}=\frac{(\Delta x)^2}{a\Delta\tau}(t_{0,\tau+\Delta\tau}-t_{0,\tau}) \tag{4-6-1}$$

① 还可以采用中值差分，取作$t_i=\dfrac{1}{2}(t_{i,\tau}+t_{i,\tau+\Delta\tau})$，在从$\tau$到$(\tau+\Delta\tau)$期间保持常量。此时，有

$$\frac{\Delta}{\Delta x}\left(\frac{\Delta t}{\Delta x}\right)=\frac{\frac{1}{2}(t_{1,\tau}+t_{1,\tau+\Delta\tau})+\frac{1}{2}(t_{2,\tau}+t_{2,\tau+\Delta\tau})-(t_{0,\tau}+t_{0,\tau+\Delta\tau})}{(\Delta x)^2}$$

事实上就是向前差分和向后差分两种更基本形式的折中平均值。

令

$$M=\frac{(\Delta x)^2}{a\Delta\tau} \tag{4-6-2}$$

M 实质上反映为取分层厚度 Δx 和经历时间间隔 $\Delta\tau$ 的无量纲数 Fo 的倒数。这样，对于三维问题，有

$$t_{0,\tau+\Delta\tau}=\frac{1}{M}(t_{1,\tau}+t_{2,\tau}+t_{3,\tau}+t_{4,\tau}+t_{5,\tau}+t_{6,\tau})+\left(1-\frac{6}{M}\right)t_{0,\tau}+\frac{q_{v_{0,\tau}}(\Delta x)^2}{\lambda M} \tag{4-6-3}$$

对于二维问题，有

$$t_{0,\tau+\Delta\tau}=\frac{1}{M}(t_{1,\tau}+t_{2,\tau}+t_{3,\tau}+t_{4,\tau})+\left(1-\frac{4}{M}\right)t_{0,\tau}+\frac{q_{v_{0,\tau}}(\Delta x)^2}{\lambda M} \tag{4-6-4}$$

若为一维问题，有

$$t_{0,\tau+\Delta\tau}=\frac{1}{M}(t_{1,\tau}+t_{2,\tau})+\left(1-\frac{2}{M}\right)t_{0,\tau}+\frac{q_{v_{0,\tau}}(\Delta x)^2}{\lambda M} \tag{4-6-5}$$

在无内热源的情况下，式(4-6-5)简化为

$$t_{0,\tau+\Delta\tau}=\frac{1}{M}(t_{1,\tau}+t_{2,\tau})+\left(1-\frac{2}{M}\right)t_{0,\tau} \tag{4-6-6}$$

选定 $M=2$ 时，还可进一步简化为

$$t_{0,\tau+\Delta\tau}=\frac{1}{2}(t_{1,\tau}+t_{2,\tau}) \tag{4-6-7}$$

如果选择 $M=3$，则由式(4-6-6)，有

$$t_{0,\tau+\Delta\tau}=\frac{1}{3}(t_{1,\tau}+t_{2,\tau}+t_{0,\tau}) \tag{4-6-8}$$

$M=4$ 时，有

$$t_{0,\tau+\Delta\tau}=\frac{1}{4}(t_{1,\tau}+t_{2,\tau}+2t_{0,\tau}) \tag{4-6-9}$$

计算仍不算麻烦，但比 $M=2$ 时要稍嫌复杂，如果 $M<2$，那么式(4-6-6)等号右边第二项 $\left(1-\frac{2}{M}\right)t_{0,\tau}$ 将出现负值，于是给定的 $t_{1,\tau}$ 和 $t_{2,\tau}$ 将出现如下的反常结论：$t_{0,\tau}$ 越大，$t_{0,\tau+\Delta\tau}$ 反而越低。因此，对于选定的 $\Delta x=\Delta y=\Delta z$，$\Delta\tau$ 的选择应使

$$\left.\begin{array}{ll}\text{一维时，}M\geqslant 2\text{，或由式(4-6-2)有} & \dfrac{a\Delta\tau}{(\Delta x)^2}\leqslant\dfrac{1}{2}\\[2ex] \text{二维时，}M\geqslant 4\text{，或} & \dfrac{a\Delta\tau}{(\Delta x)^2}\leqslant\dfrac{1}{4}\\[2ex] \text{三维时，}M\geqslant 6\text{，或} & \dfrac{a\Delta\tau}{(\Delta x)^2}\leqslant\dfrac{1}{6}\end{array}\right\} \tag{4-6-10}$$

这样得到的解才有稳定性和可信性。M 值选得越大，相当于所取的时间步长 $\Delta\tau$

越小，数值解的精确性就越高。可是，计算到所指定的时刻 τ 的次数 $\tau/\Delta\tau$ 也就越多，总的计算工作量将大大增加。在需要精度高的计算中，可对一维问题选定 $M=3\sim4$，计算的实践表明，$M=4$ 所得到的数值解已非常接近于解析解的结果。

如果对比式(3-5-5)，仍采用 Q_i' 代表元块 i 单位时间内部热源的发热量，引进元块 i 的热容量 $C_{t_i}=\rho_i c_{p_i}\Delta V_i$，$\Delta V_i$ 为元块 i 的体积 $\Delta x\Delta y\Delta z$，那么节点 i 的能量平衡式为

$$Q_i'+\sum_j \frac{t_j^{(p)}-t_i^{(p)}}{R_{t_{ji}}}=C_{t_i}\frac{t_i^{(p+1)}-t_i^{(p)}}{\Delta\tau} \tag{4-6-11}$$

式中，$R_{t_{ji}}$ 代表 i 节点至相邻节点 j 的导热杆热阻；和 § 3-5 中一样；上角标 (p) 和 $(p+1)$ 分别代表第 p 个和第 $p+1$ 个 $\Delta\tau$ 终了时的情况。采用迭代计算技术时

$$t_i^{(p+1)}=\left(Q_i'+\sum_j \frac{t_j^{(p)}}{R_{t_{ji}}}\right)\frac{\Delta\tau}{C_{t_i}}+\left(1-\frac{\Delta\tau}{C_{t_i}}\sum_j\frac{1}{R_{t_{ji}}}\right)t_i^{(p)} \tag{4-6-12}$$

为了使解具有稳定性和可信性，必须使

$$\left.\begin{aligned} &1-\frac{\Delta\tau}{C_{t_i}}\sum_j\frac{1}{R_{t_{ji}}}\geqslant 0\\ &\Delta\tau\leqslant\left(\frac{C_{t_i}}{\sum_j\frac{1}{R_{t_{ji}}}}\right)_{\min}\end{aligned}\right\} \tag{4-6-13}$$

$\left(\dfrac{C_{t_i}}{\sum_j\frac{1}{R_{t_{ji}}}}\right)_{\min}$ 是指所有节点 $\left(\dfrac{C_{t_i}}{\sum_j\frac{1}{R_{t_{ji}}}}\right)$ 中的最小值。当 $\Delta x=\Delta y=\Delta z$ 且 λ 为常量时，$R_{t_{ji}}\equiv\dfrac{\lambda F}{\Delta x}=\lambda\Delta x$，式(4-6-13)将具体简化成式(4-6-10)。

从式(4-6-1)直到式(4-6-13)，都是向前差分的结果。使用向后差分时，所有各式全都会有相应的变化，例如，式(4-6-11)就要修改为

$$Q_i'+\sum_j\frac{t_j^{(p+1)}-t_i^{(p+1)}}{R_{t_{ji}}}=C_{t_i}\frac{t_i^{(p+1)}-t_i^{(p)}}{\Delta\tau}$$

即

$$t_i^{(p+1)}\left(1+\frac{\Delta\tau}{C_{t_i}}\sum_j\frac{1}{R_{t_{ji}}}\right)=\frac{\Delta\tau}{C_{t_i}}\left(Q_i'+\sum_j\frac{t_j^{(p+1)}}{R_{t_{ji}}}\right)+t_i^{(p)} \tag{4-6-14}$$

不存在向前差分中的稳定性问题。为了更清楚地具体显示这一点，仍以无内热源的一维导热为例，采取向后差分时，将由式(b)得到

$$t_{1,\tau+\Delta\tau}+t_{2,\tau+\Delta\tau}-2t_{0,\tau+\Delta\tau}=M(t_{0,\tau+\Delta\tau}-t_{0,\tau})$$

或

$$t_{0,\tau+\Delta\tau}\left(1+\frac{2}{M}\right)=t_{0,\tau}+\frac{1}{M}(t_{1,\tau+\Delta\tau}+t_{2,\tau+\Delta\tau}) \tag{4-6-15}$$

这表明，可以不受限制地选用较小的 M 值，即容许选择较大的时间间隔 $\Delta\tau$，从而

减少计算不予考虑指定时刻所需要的次数。但是，鉴于所给定的初始条件，每一步的 $t_{i,\tau}$ 是已知的，$t_{i,\tau+\Delta\tau}$ 是待计算的下一个 $\Delta\tau$ 的初始条件。对比式(4-6-15)和式(4-6-6)，向前差分的式(4-6-6)表现为显函数的形式，可以根据每个节点方程直接计算该节点的 $t_{i,\tau+\Delta\tau}$；向后差分的式(4-6-15)却表现为隐函数的形式，每一步都需要联解所有 n 个节点方程，才能求得第 i 个节点的 $t_{i,\tau+\Delta\tau}$。正是在这一点上，特别是使用人工计算而不是计算机计算时，向前差分尽管有稳定性的限制，但就计算的每一步来说，比向后差分简便得多。

绝大多数的工程实际问题涉及的边界条件不是第一类边界条件，而是物体表面与外界产生对流换热和辐射换热。表面情况多少要比给出第一类边界条件的纯导热复杂。仍以一维问题为例，对边界条件写出差分式，将导出边界面节点方程，并求得网络节点数值解的稳定判别限。参看图 4-6-2，以 q_{r_0} 代表辐射热流密度时，可对节点 0 写出向前差分的如下热平衡方程：

$$\rho c_p\left(\frac{\Delta x}{2}F\right)\frac{t_{0,\tau+\Delta\tau}-t_{0,\tau}}{\Delta\tau}$$

$$=q_{r_{0,\tau}}F+\alpha_c F(t_{\mathrm{f},\tau}-t_{0,\tau})-\frac{\lambda F}{\Delta x}(t_{0,\tau}-t_{1,\tau}) \quad \text{(c)}$$

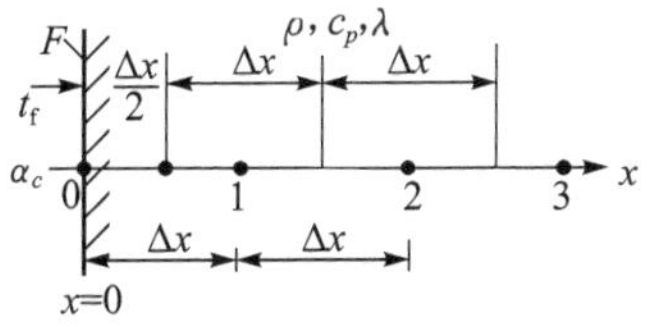

图 4-6-2　一维边界面节点方程的推导

令

$$M=\frac{(\Delta x)^2}{a\Delta\tau},\quad N=\frac{\alpha_c\Delta x}{\lambda} \quad \text{(d)}$$

式(c)可被整理成：

$$t_{0,\tau+\Delta\tau}=\left(1-\frac{2N+2}{M}\right)t_{0,\tau}+\frac{2N}{M}t_{\mathrm{f},\tau}+\frac{2}{M}t_{1,\tau}+\frac{2\Delta x}{\lambda M}q_{r_{0,\tau}} \quad (4\text{-}6\text{-}16)$$

同理，对二维问题非边角上的边界节点 0，有

$$t_{0,\tau+\Delta\tau}=\left(1-\frac{2N+4}{M}\right)t_{0,\tau}+\frac{1}{M}(t_{a,\tau}+t_{b,\tau}+2t_{1,\tau})+\frac{2N}{M}t_{\mathrm{f},\tau}+\frac{2\Delta x}{\lambda M}q_{r_{0,\tau}} \quad (4\text{-}6\text{-}17)$$

a，b 表示边界面上与节点 0 相邻的两个节点。二维问题边角上的节点方程也可同样导得。这表明，为了确保解的稳定性，应使

$$\left.\begin{array}{ll}\text{一维时，} & M\geqslant(2N+2)=2(N+1)\\ \text{二维，无角时，} & M\geqslant(2N+4)=2(N+2)\\ \text{二维，有角时，} & M\geqslant(4N+4)=4(N+1)\end{array}\right\} \quad (4\text{-}6\text{-}18)$$

由此可见，如果 Δx 选得太大，以至于由式(d)给定的 N 值较大时，将导致 M 的低限值很高，即要求时间步长 $\Delta\tau$ 选得很小，势必大大增加求得给定时刻温度分布的计算工作量。特别是在人工计算的情况下，这显然是不许可的。原则上，借助大型数字电子计算机，即使极为复杂的不稳定导热问题，包括考虑变物性和非均匀分布的变热源的影响时，也能由数值法求解[26]。在某些情况下，对于有内热源的不稳

定导热问题的特殊处理方法，还可以参看§4-8。

当对流换热的具体情况给出 N 值很大，而又需要采用较小的 M 值，如 2、3、4 时，解的稳定性只是在忽略$\frac{\Delta x}{2}$厚的表皮层的热容量条件下才有可能。此时，仍以无内热源的一维问题为例，当 $q_{r_{0,\tau}}=0$①，式(c)等号左边被略去不计时，有

$$\alpha_c F(t_{f,\tau}-t_{0,\tau})=\frac{\lambda F}{\Delta x}(t_{0,\tau}-t_{1,\tau}) \tag{e}$$

或

$$t_{0,\tau}=\frac{N}{N+1}t_{f,\tau}+\frac{1}{N+1}t_{1,\tau} \tag{f}$$

如将这个 $t_{0,\tau}$ 值用来求解节点温度 $t_{1,\tau+\Delta\tau}$，即由式(4-6-6)，有

$$t_{1,\tau+\Delta\tau}=\frac{1}{M}(t_{0,\tau}+t_{2,\tau})+\left(1-\frac{2}{M}\right)t_{1,\tau} \tag{g}$$

可得

$$t_{1,\tau+\Delta\tau}=t_{1,\tau}\left[1-\frac{2N+1}{M(N+1)}\right]+\frac{N}{M(N+1)}t_{f,\tau}+\frac{1}{M}t_{2,\tau} \tag{h}$$

$M\geqslant 2$ 时，$\frac{2N+1}{M(N+1)}<1$，问题的解总能具有稳定性。自然，这样处理时，由于略去了式(c)中等号左边项，对表面温度不可能求得高精度的答案②。

§4-7 不稳定导热的图解法

$\lambda=$常量、无内热源的一维不稳定导热，选定式(4-6-2)中的 $M=2$，即选定分层厚度 Δx 后，$\Delta\tau=\frac{(\Delta x)^2}{2a}$时，则由式(4-6-7)，有

$$t_i^{(p+1)}=\frac{1}{2}(t_{i-1}^{(p)}+t_{i+1}^{(p)}) \tag{4-7-1}$$

于是，第 i 个节点在 $p+1$ 个 $\Delta\tau$ 终了时刻的温度将是相邻的第 $i-1$ 和第 $i+1$ 个节点在 p 个 $\Delta\tau$ 终了，即 $p+1$ 个 $\Delta\tau$ 开始时刻温度的算术平均值，可像图 4-7-1 那样图解得到。这就是施密特所详细拟订、俗称施密特图解法[30]的基础，并被推广应用到多层平壁、圆筒壁、空心球壁以及某些二维不稳定导热的分析[31,32]。这种图解法和§4-6 所阐明的数值解法一样，也是差分法的一种特殊运用，解的精确性自然与作图误差有关，但主要取决于分层大小，Δx 减小一半，差分时间间隔 $\Delta\tau=\frac{(\Delta x)^2}{2a}$就缩短 3/4，得到的结果在原理上就更接近于精确解，但达到给定时刻 τ 所

① 如果包含辐射换热的边界条件时，有关数值解稳定性问题的讨论，可参看文献[27]。

② 其他处理建议，可参看文献[28]、[29]。

需要的 $\Delta\tau$ 的次数将增大为 4 倍，作图工作量增加更多。实践表明，通常把大平壁厚度等分成 6～8 层，就能保证必要的工程计算精度。

图 4-7-2 为图解法的应用示例。这种作图法具有很大的适应性，可以得到甚至在复杂边界条件下的一些工程问题的解。图 4-7-2 给出壁内初始温度分布 t_i 和 $t_w=f(\tau)$，在 $\tau=0$、$1\Delta\tau$、$2\Delta\tau$ 时的壁面温度 t_w 分别由图中 0^0、0^1、0^2 诸点表示。不难运用式(4-7-1)指出的原理，由图 4-7-2 图解确定第 1 个 $\Delta\tau$ 终了时刻各节点的温度，连接成壁内温度分布折线；再依次得到第 2 个 $\Delta\tau$、第 3 个 $\Delta\tau$、…终了时刻的壁内温度分布折线。在被对称性加热或冷却的条件下，中央平面相当于绝热面，图中节点 3 和节点 4 的温度在任何时刻都相同，因此，t_3^p 和 t_5^p 的连线总和中央平面正交，交点指明：$t_4^{p+1}\equiv t_3^p(\equiv t_5^p)$。

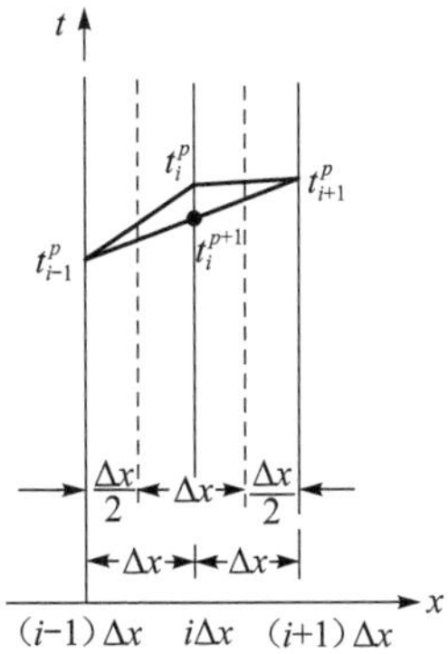

图 4-7-1　一维不稳定导热图解法原理

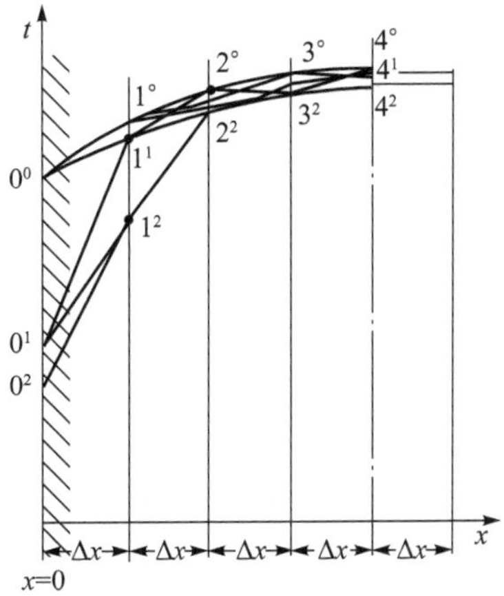

图 4-7-2　平壁被对称性冷却期间的壁内温度分布

把上述有关单层大平壁的图解法推广用于多层大平壁时，两种不同材料的接触面上如无接触热阻存在，就应该符合第四类边界条件(见 § 2-2 和图 2-2-1)，即由式(2-2-1)，在常物性前提下应满足：

$$t_{\mathrm{I}}\big|_{\mathrm{w}}=t_{\mathrm{II}}\big|_{\mathrm{w}},\quad \left.\frac{\partial t_{I}}{\partial\left(\dfrac{x}{\lambda_{\mathrm{I}}}\right)}\right|_{\mathrm{w}}=\left.\frac{\partial t_{\mathrm{II}}}{\partial\left(\dfrac{x}{\lambda_{\mathrm{II}}}\right)}\right|_{\mathrm{w}} \tag{4-7-2}$$

而由式(2-1-9)，一维、无内热源的导热微分方程也可改写为

$$\frac{\partial t}{\partial\tau}=\frac{1}{\lambda\rho c_p}\frac{\partial^2 t}{\partial\left(\dfrac{x}{\lambda}\right)^2} \tag{4-7-3}$$

于是，多层大平壁可搬用图 2-3-4 的方式，从热阻的角度，按当量厚度折算成单层大平壁的总厚度进行图解，如图 4-7-3 所示。但应替代式(4-6-2)而取

$$M=\frac{\left(\dfrac{\Delta x}{\lambda}\right)^2\lambda\rho c_p}{\Delta\tau}=2 \tag{4-7-4}$$

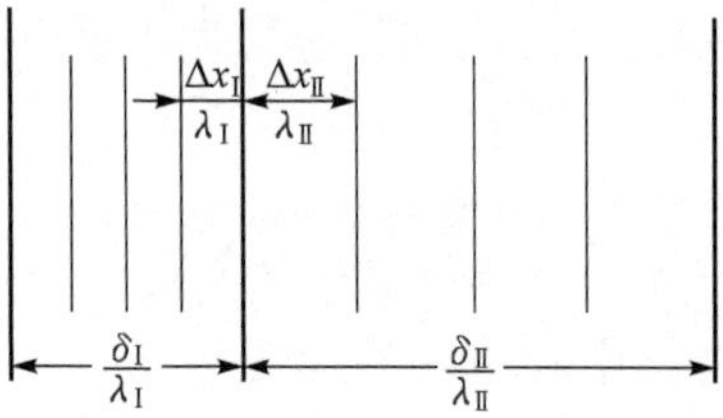

图 4-7-3 双层大平壁图解法的分层方式

选择

$$\Delta\tau = \frac{\left(\frac{\Delta x}{\lambda}\right)^2 \lambda\rho c_p}{2} \tag{4-7-5}$$

两种材料的 $\Delta\tau$ 要求相同，所以分层厚度须符合式(4-7-6)：

$$\frac{\Delta x_{\rm I}}{\Delta x_{\rm II}} = \sqrt{\frac{a_{\rm I}}{a_{\rm II}}} \tag{4-7-6}$$

可以看到，两层材料相同时，$\Delta x_{\rm I}=\Delta x_{\rm II}$，有

$$\Delta\tau = \frac{(\Delta x_{\rm I})^2}{2a_{\rm I}} = \frac{(\Delta x_{\rm II})^2}{2a_{\rm II}}$$

将简化为单层大平壁的图解法。

§2-4 已指明，只要是一维温度场，厚度为 r_2-r_1 的圆筒壁内部温度分布 $t=f(r)$ 可被严格转换成以新坐标轴 $\xi=\ln r$ 代替原坐标轴 r、厚度为 $\xi_2-\xi_1$ 的平壁内部温度分布 $t=\phi(\xi)$；§2-5 同样指出，内、外表面各保持等温面时，厚度为 r_2-r_1 的空心球壁内部温度分布可被严格转换成以新坐标轴 $\xi=\frac{1}{r}$ 代替原坐标轴 r、厚度为 $\xi_2-\xi_1$ 的大平壁内部温度分布。薄壁长圆筒体和空心球体可完全按大平壁求得足够近似的解。现在来看厚壁长圆筒体，取 $\xi=\ln r$、即 $\mathrm{d}\xi=\frac{1}{r}\mathrm{d}r$ 时，按 ξ 等分成薄层，相当于按 r 分成各个薄层而有如下关系：

$$\Delta\xi_i = \frac{(\Delta r)_i}{r_i} = \Delta\xi \tag{a}$$

第 i 薄层的 r_i 应看做该薄层的平均半径。由此可见，越往外的分层，$(\Delta r)i$ 越厚。这样，圆柱坐标的一维、常物性、无内热源的导热微分方程将被转换为

$$\frac{\partial t}{\partial\tau} = \frac{a}{r^2}\frac{\partial^2 t}{\partial\xi^2} \tag{4-7-7}$$

采用有限差分形式时，如同§4-6 中的式(a)，可得

$$\frac{t_i^{(p+1)}-t_i^{(p)}}{\Delta\tau} = \frac{a}{r^2}\frac{t_{i+1}^{(p)}+t_{i-1}^{(p)}-2t_i^{(p)}}{(\Delta\xi)^2} \tag{b}$$

即

$$t_i^{(p+1)}-t_i^{(p)} = \frac{2a\Delta\tau}{r^2(\Delta\xi)^2}\left[\frac{t_{i+1}^{(p)}+t_{i-1}^{(p)}}{2}-t_i^{(p)}\right] \tag{c}$$

令

$$M = \frac{r^2(\Delta\xi)^2}{a\Delta\tau} = \frac{(\Delta r)^2}{a\Delta\tau} = 2 \tag{4-7-8}$$

可同样导得式(4-7-1)。类似于多层大平壁的处理方式，也能把单层长圆筒的图解

方法推广应用到多层长圆筒壁的情况。

如果给出的不是第一类边界条件，而是第三类边界条件，那么在任何瞬间，从物体内部向表面传递的热流量将通过表面传入外界介质，或

$$\mathrm{d}Q = -\lambda \left.\frac{\partial t}{\partial n}\right|_{\mathrm{w}} \mathrm{d}F = \alpha(t_{\mathrm{w}} - t_{\mathrm{f}})\mathrm{d}F \tag{d}$$

$\left.\frac{\partial t}{\partial n}\right|_{\mathrm{w}}$ 表示表面上沿表面法线方向的温度梯度，于是：

$$-\left.\frac{\partial t}{\partial n}\right|_{\mathrm{w}} = \frac{\alpha}{\lambda}(t_{\mathrm{w}} - t_{\mathrm{f}}) \tag{4-7-9}$$

参看图 4-7-4，在 t—x 坐标图上，在离开壁面 $\frac{\lambda}{\alpha}$ 处截取纵坐标温度为 t_{f} 的 R 点与 1^p 点的连线，将能确定壁面温度 $t_0^{(p+1)}$，即任何瞬间的壁内温度分布曲线在壁面处的外延切线必须通过 R 点，所以 R 点实际上起着定向点的作用。当 t_{f} 和 α 随时间变动时，可针对不同时刻调整定向点的位置。

为了改善图 4-7-4 中图解壁面温度的精度，雅各布[32]提出了修正画法，如图 4-7-5 所示，图中，$0^\circ 1^\circ 2^\circ 3^\circ$ 连线为所给定的初始温度分布。连接 0° 点和定向点 R 的连线与作图辅助线 MN 相交于 a° 点。连接 2° 点和 a° 点，就给出第 1 个 $\Delta\tau$ 终了时刻新的温度分布折线的 1^1 点。连接 1^1 点和定向点 R（图中 R 点固定未动，相当于 λ/α 和 t_{f} 各保持未变），就得到新的温度分布线上最终线段 $0^1 1^1$，同时定下 a^1 点，作为找出第二个 $\Delta\tau$ 终了时刻温度分布线段 $0^2 1^2$ 的依据。

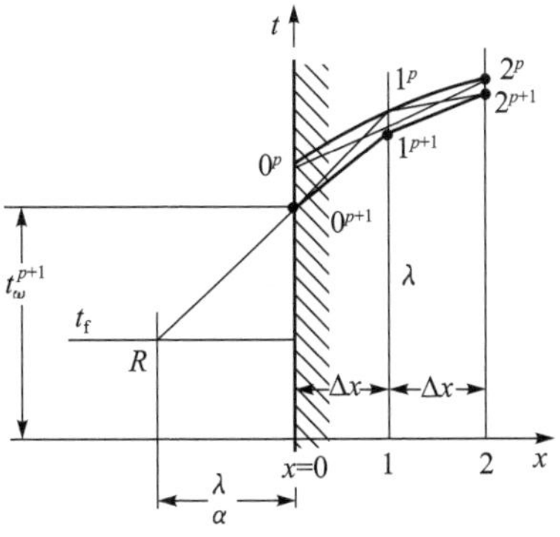

图 4-7-4　第三类边界条件的施密特图解法

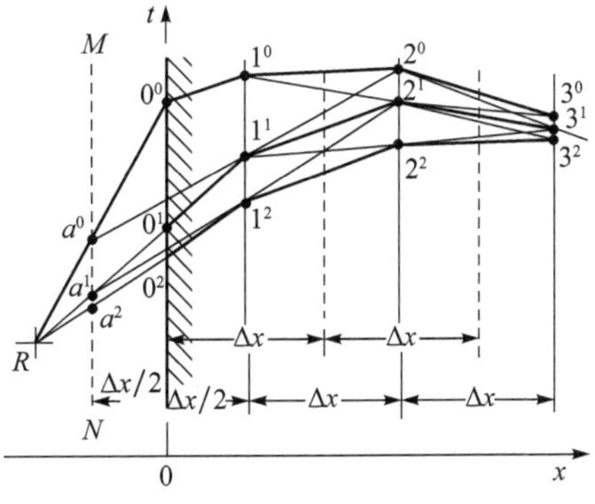

图 4-7-5　第三类边界条件时大平壁不稳定导热的图解法

图解法在解决工程上许多不稳定导热的技术问题方面用得相当广泛，主要是作图的方法容易掌握。但这种方法的弱点是把物体的各种热物性，包括导热系数和导温系数当做常量，也不便于处理有内热源时的情况。即使 q_v = 常量，每一步

作图确定的温度 $t_i^{(p+1)}$ 都需要校正一个温度增量$\frac{q_v(\Delta x)^2}{\lambda}$，见§3-5和式(4-6-5)，才能进行下一步的作图，从而使图解的程序复杂化，还将增大图解结果的累计误差。应该说，图解法只是更普遍适用的数值解法在特定条件下的有效简化。

§4-8 不稳定导热的热源解法

1. 瞬时作用的集中热源

当电缆中出现短路电流而发生热脉冲时，就会使电缆受到瞬时集中热源的作用。参看图4-8-1，温度仅沿 x 轴向变化，亦即 $t=f(x,\tau)$ 时的一维不稳定问题，如果物体内部温度最初分布均匀，但 $\tau=0$ 时受 $x=x_1$ 处平面热源的瞬时作用，如异常薄($\Delta x_1\to 0$)的金属箔瞬时通电产生的热脉冲，在 $x=x_1$ 处温度突然升高 $\vartheta_{(x_1,\tau=0)}$ 而引起温度向两侧扩展平坦化的导热过程，$\tau>0$ 时 x 地点也有了温升 $\vartheta_{(x,\tau)}$。可以想象，平面热源单位面积瞬间发出的热量 Q，在 $\Delta\tau\to 0$ 的瞬间内，由于来不及发散传播，必然使热源所在处本身在 Δx_1 范围内升温为 $\vartheta_{(x_1,\tau=0)}=\frac{Q}{\rho c_p\Delta x_1}$。$Q$ 不可能无限大，Δx_1 尽管很小，毕竟尚非零，这个 $\vartheta_{(x_1,\tau=0)}$ 就只能是个有限的值。

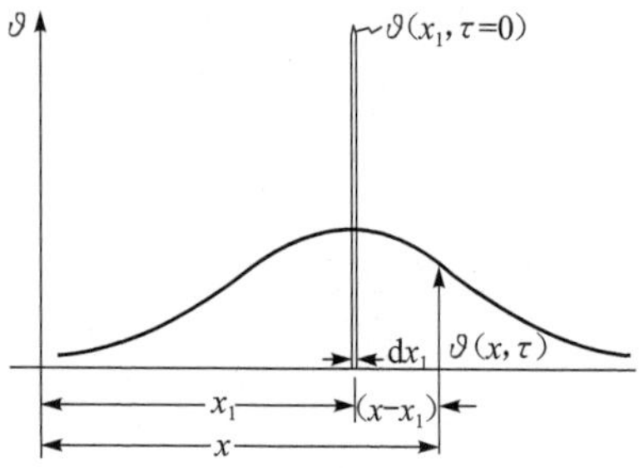

图 4-8-1 瞬时热源在无限大物体内部产生的温度分布

只要 ϑ 向两侧传播的深度还没有达到任何一方的界面，就可认为过程限于无限介质的内部，不存在向外界散热的影响。任何时刻($\tau>0$)在 ϑ-x' 曲线下面的面积$\left(\int_{-\infty}^{\infty}\vartheta_{(x',\tau)}\,\mathrm{d}x'\right)$乘以 ρc_p 将代表所蓄积的热量 Q。根据能量守恒原则，这个热量应保持常量，恰好就是 $x'=0$ 亦即 $x=x_1$ 处平面热源瞬时作用所提供的单位面积热量 Q。可见，ϑ-x' 曲线下面的面积在任何时刻 τ 将维持不变，$\vartheta_{(x_1,\tau=0)}$ 必须是一个有限值。这种温度向两侧扩展平坦化的热量传播过程将服从一维导热微分方程，即考虑常物性时的

$$\frac{1}{a}\frac{\partial\vartheta}{\partial\tau}=\frac{\partial^2\vartheta}{\partial x^2} \tag{a}$$

或采取以 x_1 作为原点的新坐标系统 $x'=x-x_1$ 时

$$\frac{1}{a}\frac{\partial\vartheta}{\partial\tau}=\frac{\partial^2\vartheta}{\partial x'^2} \tag{b}$$

在无限介质内部，任意时刻 $\tau>0$ 时的温度分布将表现为与 $x'=0$ 相对称的性质，

而且

$$\left.\begin{aligned}\vartheta_{x'=\infty} &= 0 \\ \frac{\partial\vartheta}{\partial x'}\bigg|_{x'=\infty} &= 0\end{aligned}\right\}\tag{c}$$

对比图 4-8-1 和图 4-3-1 很容易发现：这里的初始条件相当于 $\tau=0$ 时两个半无限大物体的接触面 $x=x_1$ 处的 ϑ 在 $\mathrm{d}x_1\to0$ 的范围内从零骤升为 ϑ_1；有所不同的是 $\vartheta_{(x'=0,\tau)}$ 并非恒定不变，而是随时间 $\tau>0$ 迅速减小。这个问题的解是

$$\vartheta_{(x',\tau)} = \frac{b}{2\sqrt{\pi a\tau}}\mathrm{e}^{-\frac{(x-x_1)^2}{4a\tau}} \tag{4-8-1}$$

利用式(4-8-1)这个 $\vartheta=f(x,\tau)$ 函数所得到的 $\frac{\partial\vartheta}{\partial\tau}$ 和 $\frac{\partial^2\vartheta}{\partial x^2}$ 符合式(a)，因此，式(4-8-1)也就代表一维不稳定导热微分方程的一种特解形式。至于积分常量 b，根据式(4-8-1)，有

$$Q = \rho c_p\int_{-\infty}^{\infty}\vartheta_{(x',\tau)}\,\mathrm{d}x' = \frac{2b\rho c_p}{\sqrt{\pi}}\int_0^{\infty}\mathrm{e}^{-\left(\frac{x-x_1}{2\sqrt{a\tau}}\right)^2}\mathrm{d}\left(\frac{x-x_1}{2\sqrt{a\tau}}\right)$$

亦即

$$Q = b\rho c_p$$

或

$$b = \frac{Q}{\rho c_p}\qquad(\mathrm{m}\cdot℃)\tag{d}$$

反映平面热源瞬时作用所提供热强度的强弱程度，在数值上代表 $\int_{-\infty}^{\infty}\vartheta_{(x',\tau)}\,\mathrm{d}x'$，即 ϑ-x' 曲线面的面积大小。而且 $\Delta x_1\to0$ 时，$\frac{Q}{\rho c_p\Delta x_1}=\frac{b}{\Delta x_1}$(℃)。实际上正是平面热源所在处的因热源瞬时作用所造成的初始温升 $\vartheta_{(x_1,\tau=0)}$，或

$$b = \vartheta_{(x_1,\tau=0)} = \mathrm{d}x_1 \tag{e}$$

还应看到，式(4-8-1)满足条件式(c)，式(4-8-1)中的 $\frac{b}{2\sqrt{\pi a\tau}}$ 就是 ϑ-x 曲线的最大纵坐标，即便在 $\tau=0$ 时也是个有限值，随 $\tau>0$ 而迅速降低。

通过上述分析，可以推论到诸如激光实现的、在(x_1,y_1,z_1)地点受点热源的瞬时作用将引起的温度分布为

$$\vartheta_{(x,y,z,\tau)} = \frac{b_1}{(2\sqrt{\pi a\tau})^3}\exp\left[-\frac{(x-x_1)^2+(y-y_1)^2+(z-z_1)^2}{4a\tau}\right] \tag{4-8-2}$$

式中

$$b_1 = \frac{Q}{\rho c_p}\qquad(\mathrm{m}^3\cdot℃)\tag{f}$$

反映点热源瞬时作用提供的热强度 Q_1 的强弱程度，在数值上代表 x、y、z 各从 $-\infty$到$+\infty$整个无限介质内$\left(\int_{-\infty}^{\infty}\int_{-\infty}^{\infty}\int_{-\infty}^{\infty}\vartheta \mathrm{d}x\mathrm{d}y\mathrm{d}z\right)$的大小，而且

$$b_1 = \vartheta_{(x_1, y_1, z_1, \tau=0)}\mathrm{d}x\mathrm{d}y\mathrm{d}z \tag{g}$$

$\dfrac{b_1}{(2\sqrt{\pi a\tau})^3}$是出现在$(x_1, y_1, z_1)$地点空间温度分布的 ϑ 最大值，随 τ 的延长而迅速减小，即便在 $\tau=0$ 时也将是个有限值。式(4-8-2)还表明，由于 $\mathrm{e}^{-\frac{(x-x_1)^2}{4a\tau}} \equiv \mathrm{e}^{-\frac{(x_1-x)^2}{4a\tau}}$、$x$ 与 x_1 具有互换性，(x_1, y_1, z_1)地点的瞬时热源在 τ 时刻对(x, y, z)地点的温升影响将与瞬时热源处在(x, y, z)时在 τ 时刻对(x_1, y_1, z_1)地点的温升影响完全相同。

对于无限介质内瞬时作用的无限长线热源造成的温度场随时间的变迁，在导热微分方程保持线性的前提下，可以看做是通过(x_1, y_1)点、沿直线从 $z_1'=-\infty$至∞、有无穷多个点热源都在 $\tau=0$ 瞬时作用时产生的各自温度场的叠加。根据式(4-8-2)和式(g)，并且考虑到这些点热源引起的 $\vartheta_{(x_1, y_1, \tau=0)}=f(z_1)$，则

$$\vartheta_{(x,y,z,\tau)} = \frac{1}{(2\sqrt{\pi a\tau})^3}\int_{z_1=-\infty}^{z_1=+\infty} f(z_1) \cdot \exp\left[-\frac{(x-x_1)^2+(y-y_1)^2+(z-z_1)^2}{4a\tau}\right]\mathrm{d}x_1\mathrm{d}y_1\mathrm{d}z_1 \tag{4-8-3}$$

作为特例，如果无限长线热源的热强度 Q_2 沿全线分布均匀，$\vartheta_{(x_1, y_1, \tau=0)}$成为沿全线不变的常量，这就成为一个二维问题。引进

$$\vartheta_{(x_1, y_1, \tau=0)}\mathrm{d}x_1\mathrm{d}y_1 = b_2 = \frac{Q_2}{\rho c_p}(\mathrm{m}^2 \cdot ℃) \tag{h}$$

注意到 $\dfrac{1}{2\sqrt{\pi a\tau}}\displaystyle\int_{-\infty}^{+\infty}\mathrm{e}^{-\frac{(z-z_1)^2}{4a\tau}}\mathrm{d}z_1 \equiv 1$，由式(4-8-3)可得

$$\vartheta_{(x,y,\tau)} = \frac{b_2}{(2\sqrt{\pi a\tau})^2}\exp\left[-\frac{(x-x_1)^2+(y-y_1)^2}{4\pi a\tau}\right] \tag{4-8-4}$$

其中，$\dfrac{b_2}{(2\sqrt{\pi a\tau})^2}$是无限介质内通过$(x_1, y_1)$点和平行于 z 轴的无限长线热源瞬时作用引起的空间温度分布的 ϑ 最大值，这个最大温升在任何时刻都将出现在瞬时热源处，其值随 τ 延长而减小。

同理，无限介质内瞬时作用的平面热源可被看做是通过 x_1 而与 x 轴垂直的平面上，y_1 和 z_1 各从$-\infty$到$+\infty$、有无穷多个点热源都在 $\tau=0$ 瞬时作用的共同结果，这些瞬时点热源引起 $\vartheta_{(x,y,z,\tau=0)}=f(y_1, z_1)$。根据式(4-8-2)，有

$$\vartheta_{(x,y,z,\tau)} = \frac{1}{(2\sqrt{\pi a\tau})^3}\int_{y_1=-\infty}^{y_1=+\infty}\int_{z_1=-\infty}^{z_1=+\infty} f(y_1, z_1)$$

$$\cdot \exp\left[-\frac{(x-x_1)^2+(y-y_1)^2+(z-z_1)^2}{4a\tau}\right](\mathrm{d}x_1\mathrm{d}y_1\mathrm{d}z_1) \qquad (4\text{-}8\text{-}5)$$

作为特例，平面热源的热强度 Q 在全平面上分布均匀时，$\vartheta_{(x_1,y_1,z_1,\tau=0)}$ 将在整个 x_1 上保持不变的常量，从而使式(4-8-5)简化为式(4-8-1)。这样的温度场是一维温度场。在任何 $x\neq x_1$ 处的 $\vartheta_{(x,\tau)}$ 将从 $\tau=0$ 时的值到 $\tau=\infty$ 时的零值，中间经历着一个升温然后又降温的变迁过程，在某一个特殊时刻 τ_x 达到 $\vartheta_{(x,\tau)}$ 的最大值。利用式(4-8-1)，令

$$\left.\frac{\partial\vartheta_{(x,\tau)}}{\partial\tau}\right|_{\tau=\tau_x}=0$$

可求得

$$\tau_x=\frac{(x-x_1)^2}{2a} \qquad (4\text{-}8\text{-}6)$$

相应的

$$\vartheta_{(x,\tau)_{\max}}=\vartheta_{(x,\tau_x)}=\frac{b}{(x-x_1)\sqrt{2\pi\tau}} \qquad (4\text{-}8\text{-}7)$$

依此类推，不管什么具体原因，只要已知物体内部在某时刻存在不均匀的温度分布 $f(x,y,z)$，就可取该时刻作为计时起点 $\tau=0$，把随后 $\tau>0$ 的导热过程看成相当于无穷多个虚拟的点热源同时瞬时作用的结果而使原温度分布均匀，且 $t_i=0$℃ 的物体内部造成该特定温度分布 $\vartheta_{(x,y,z,\tau=0)}=f(x,y,z)$。于是，在任何时刻 $\tau>0$ 的温度分布可按下式计算：

$$\vartheta_{(x,y,z,\tau)}=\frac{1}{(2\sqrt{\pi a\tau})^3}\int_{x_1'}^{x_1''}\int_{y_1'}^{y_2''}\int_{z_1'}^{z_1''}f(x,y,z)$$

$$\cdot \exp\left[-\frac{(x-x_1)^2+(y-y_1)^2+(z-z_1)^2}{4a\tau}\right](\mathrm{d}x_1\mathrm{d}y_1\mathrm{d}z_1) \qquad (4\text{-}8\text{-}8)$$

这种方法是在没有内热源情况下的虚拟热源法，可用于解决工程上一系列具体的导热问题[33]。

例 4-8-1 直径 300mm 的长钢轴由两段组成，采用热焊方式连接。参见附图在两段各被均匀预热到 500℃时，把 2000℃的钢水注入两段端间预留 80mm 的空隙内，试求随后的钢轴温度分布。已知温度达到 700℃以后，将由于超温过热改变晶格结构而影响轴钢的性质。试估算离轴的连接处两侧有多长一段会受到这种影响。

［解］ 假定钢水注入的时间很短，可以看做瞬时完成，将完成时刻取作 $\tau=0$。考虑到金属的导热系数比较高，直径又远小于长度，可被当做§2-7 中的细长杆（枢轴）处理的一维导热冷却问题，其初始温度分布如附图所示：$x<l_1$ 和 $x>l_2$ 时，轴的温度维持 500℃，取作 $\vartheta=0$；$l_1<x<l_2$ 时，钢水温度保持 2000℃，即 $\vartheta_0=2000-500=1500$(℃)。图中，$l_2-l_1=2l_0=80$(mm)或 0.08(m)。

假定钢水凝固并不引起外加的复杂性（实际上将释放出相应的凝固潜热，见第 10 章），只计及显热热源，而不考虑从 2000℃到 500℃大温差范围内变物性的影响，取钢的导温系数为 $a=$

$0.8\times10^{-5}\,\mathrm{m^2/s}$，$\rho=7.7\times10^3\,\mathrm{kg/m^3}$，$c=0.47\times10^3\,\mathrm{J/(kg\cdot ℃)}$①。由式(4-8-8)，$x_1'=l_1$，$x_2''=l_2$，而 y_1 与 z_1 各从 $-\infty$ 到 $+\infty$，则得

$$\vartheta_{(x,\tau)}=\frac{1}{2\sqrt{\pi a\tau}}\int_{l_1}^{l_2}\vartheta_0\,\mathrm{e}^{-\frac{(x-x_1)^2}{4a\tau}}\mathrm{d}x_1$$

亦即

$$\vartheta_{(x,\tau)}=\frac{\vartheta_0}{\sqrt{\pi}}\int_{\frac{l_1-x}{2\sqrt{a\tau}}}^{\frac{l_2-x}{2\sqrt{a\tau}}}\mathrm{e}^{-\frac{(x_1-x)^2}{4a\tau}}\mathrm{d}\left(\frac{x_1-x}{2\sqrt{a\tau}}\right)\tag{4-8-9}$$

或

$$\vartheta_{(x,\tau)}=\frac{\vartheta_0}{2}\left[\mathrm{erf}\left(\frac{l_2-x}{2\sqrt{a\tau}}\right)-\mathrm{erf}\left(\frac{l_1-x}{2\sqrt{a\tau}}\right)\right]\tag{4-8-10}$$

也可以改变坐标轴，取 l_1 与 l_2 的平均距离处作为原点，即令

$$x'=x-(l_1+l_0)$$

则

$$\vartheta_{(x',\tau)}=\frac{1}{2\sqrt{\pi a\tau}}\int_{-l_0}^{l_0}\vartheta_0\,\mathrm{e}^{-\frac{(x-x')^2}{4a\tau}}\mathrm{d}x_1'$$

或

$$\vartheta_{(x',\tau)}=\frac{\vartheta_0}{2}\left[\mathrm{erf}\left(\frac{l_0-x'}{2\sqrt{a\tau}}\right)-\mathrm{erf}\left(\frac{-l_0-x'}{2\sqrt{a\tau}}\right)\right]$$

$\mathrm{erf}(-\xi)\equiv-\mathrm{erf}(\xi)$。因此，

$$\vartheta_{(x',\tau)}=\frac{\vartheta_0}{2}\left[\mathrm{erf}\left(\frac{l_0+x'}{2\sqrt{a\tau}}\right)-\mathrm{erf}\left(\frac{l_0-x'}{2\sqrt{a\tau}}\right)\right]\tag{4-8-11}$$

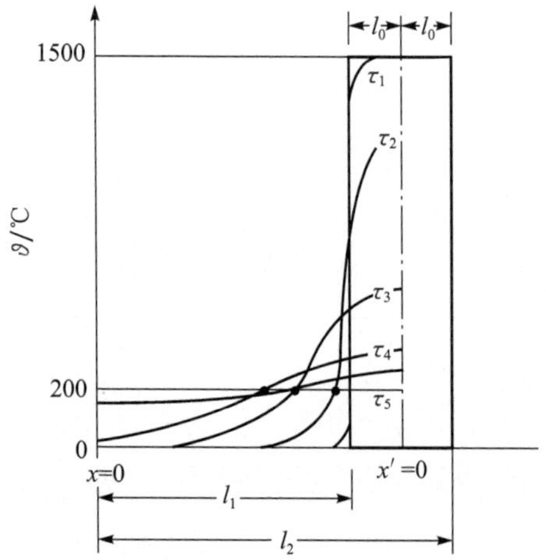

例 4-8-1　附图

根据式(4-8-10)或式(4-8-11)，如例 4-8-1 附图所示，在 τ_1、τ_2、τ_3、τ_4 时刻，可有不同的 x' 值达到 $\vartheta_{(x',\tau)}=700-500=200(℃)$。在这多组满足 $\vartheta_{(x',\tau)}=200℃$ 的 (x',τ) 解中，随着 τ 的延长，$|x'-l_0|$ 即过热超温的深度将从零值逐渐增加到最大值，然后又依次递减到零值。此后，被连接的两段轴内所有各处的温度都不会超过 700℃。因此，解答本题，就是要找到这些 $(x'-l_0)$ 值中绝对最大的一个。令 $\eta=\frac{1}{2\sqrt{a\tau}}(1/\mathrm{m})$，由式(4-8-11)有

$$\mathrm{erf}[(l_0+x')\eta]+\mathrm{erf}[(l_0-x')\eta]=\frac{2\vartheta_{(x',\tau)}}{\vartheta_0}=0.267$$

① 按细长杆处理，如同式(2-7-1)所指明的，并不排斥钢轴周沿表面放热的冷却作用，只是像图 4-1-2(b)所表明的，横向的钢轴内部热阻相对于外部热阻可略去不计。留意：式(4-8-8)实质上仅限于无限介质内部不稳定导热，并不考虑表面放热系数的影响。

具体演算时，可采用试算法。例如，x'取作±0.1m 时

$$\mathrm{erf}(0.14\eta)+\mathrm{erf}(-0.06\eta)=0.267$$

可求得 $\eta\approx3.33$ 和 12.8。x'取作 0.12m 时，得 $\eta\approx3.56$ 和 8.96，η 的两个根在接近，表明 x'尚未达到它的最大值。x'取作 0.14m 时，则 $\eta\approx4.13$ 和 6.12。进一步试算，$x'\approx0.145$m 时，η 的两个根重合，其值为 4.95。这表明过热超温的最大深度为 $|x'-l_0|\approx|0.145-0.04|\approx0.105$(m)，相当于发生在钢水注入后的

$$\tau=\frac{1}{4a\eta^2}\approx\frac{1}{4\times0.8\times10^{-5}\times4.95}\approx1275(\mathrm{s})$$

如果计及钢轴周沿表面散热，将使冷却速率增大，所需时间 τ 缩短。考虑钢水凝固的固液相变潜热，则使 τ 延长。

例 4-8-2　在砂模中浇铸厚 $\delta=25$mm 的铁合金板。已知型砂的热物性数据为：$\rho_1=1.69\times10^3\mathrm{kg/m^3}$，$c_{p,1}=10^3\mathrm{J/(kg\cdot℃)}$，$a_1=2.6\times10^{-7}\mathrm{m^2/s}$，$\rho_2=7.7\times10^3\mathrm{kg/m^3}$，$c_{p,2}=0.5\times10^3\mathrm{J/(kg\cdot℃)}$，$a_2=1.05\times10^{-5}\mathrm{m^2/s}$，熔化潜热为$2.1\times10^5\mathrm{J/kg}$。若砂模的初始温度为 25℃，铁水注入温度为 1600℃，试求离板面 150mm 处的最大温升和出现最大温升的时刻。

［解］　本例与例 4-8-1 相同，也是一维导热问题。但考虑到金属的导热系数远高于型砂，铁合金板的内部温度将随时保持均匀，可以看做是一个集中的平面热源，其发热强度为

$$Q=\delta\rho_2c_{p,2}\vartheta=0.025\times7.7\times10^3\times0.5\times10^3\times(1600-25)$$

或

$$Q=1.516\times10^8(\mathrm{J/m^2})$$

不考虑铁水凝固时放出潜热，则砂模的 b 为

$$b=\frac{Q}{\rho_1c_{p,1}}=\frac{1.516\times10^8}{1.69\times10^3\times10^3}=89.7(\mathrm{m\cdot℃})$$

由式(4-8-7)，可求得距板面 150mm，亦即 $x-x_1=0.15$(m)处的最大温升为

$$\vartheta_{\max}=\frac{b}{(x-x_1)\sqrt{2\pi\mathrm{e}}}=\frac{89.7}{0.15\sqrt{2\pi\mathrm{e}}}\approx145(℃)$$

相当于当地的最高温度为 25+145=170(℃)根据式(4-8-6)，发生的时刻为铁水注进后的

$$\tau=\frac{(0.15)^2}{2\times(2.6\times10^{-7})}=4.33\times10^4(\mathrm{s})$$

或约 12h。

若计入铁水凝固所将放出的潜热，则

$$Q=1.516\times10^8+0.025\times7.7\times10^3\times(210\times10^3)=1.92\times10^6(\mathrm{J/m^2})$$

提高了 26.6%，因此，

$$b=89.7\times1.266=113.6(\mathrm{m\cdot℃})$$

$$\vartheta_{\max}=145\times1.266=183.6(℃)$$

相当于当地最高温度为 25℃+183.6℃=208.6℃。发生的时刻仍为铁水注进后大约 12h。实际上，总热量 Q 并非瞬时地一次发出，这样算出的最高温度 208.6℃将偏高，但用以估算砂模箱使用木板之类的材料能靠近浇注铁水到什么距离比较安全。有关凝固相变热影响更精确的分析，将在第 10 章里给出。

初始温度 t_i 均匀分布的半无限大物体，表面温度突然升高为 t_F(取作 $\tau=0$)并

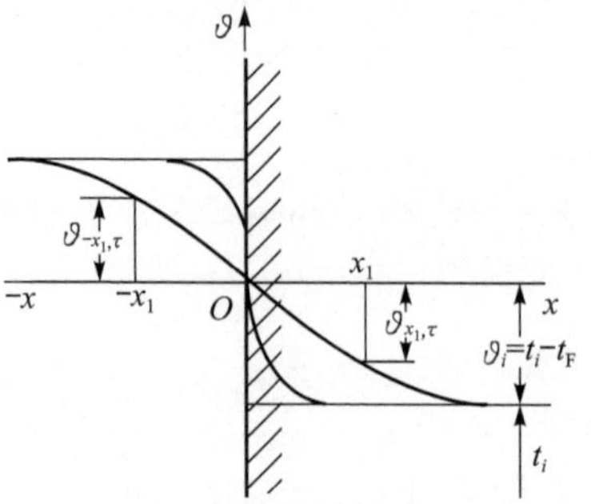

图 4-8-2　半无限大物体，t_F（$>t_i$）维持常量时的温度分布模型

且维持 t_F 不随时间改变时，参看图 4-8-2，令 $\vartheta=(t-t_F)$，$\tau\geqslant 0$ 的 $\vartheta\equiv 0$。相当于物体在 $-x$ 侧延伸成无限介质时，在 $x_1<0$ 时有瞬时平面发热源，而在 $x_1>0$ 的相对应位置有相同热强度的瞬时平面吸热源，在任何时刻 $\tau\geqslant 0$ 造成 $\vartheta_{-x_1,\tau}=-\vartheta_{x_1,\tau}$ 使 $\vartheta\equiv 0$。这种构思，其实也就是§3-3 在讨论不稳定导热时的具体应用。于是，式(4-8-9)修正为

$$\vartheta_{(x,\tau)}=\frac{1}{2\sqrt{\pi a\tau}}\int_{-\infty}^{0}(-\vartheta_i)\mathrm{e}^{-\frac{(x_1-x)^2}{4a\tau}}\mathrm{d}(-x_1)+\frac{1}{2\sqrt{\pi a\tau}}\int_{0}^{\infty}\vartheta_i\mathrm{e}^{-\frac{(x_1-x)^2}{4a\tau}}\mathrm{d}x_1$$

或

$$\vartheta_{(x,\tau)}=\frac{1}{\sqrt{\pi}}\vartheta_i\int_{\frac{x}{2\sqrt{a\tau}}}^{-\infty}\mathrm{e}^{-\frac{(x_1-x)^2}{4a\tau}}\mathrm{d}\left(\frac{x_1-x}{2\sqrt{a\tau}}\right)$$

亦即

$$\frac{\vartheta_{(x,\tau)}}{\vartheta_i}=\mathrm{erf}\left(\frac{x}{2\sqrt{a\tau}}\right)\tag{4-8-12}$$

这与§4-3 中的结果完全相同。

2. 连续作用的热源

连续热源可以看做瞬时热源在时间上的延续。如果热源的单位体积发热率为 q_v，那么点热源瞬时作用的热强度 Q_1 可被看做是 $\mathrm{d}\tau$ 接近于 0 的 $q_v\mathrm{d}x_1\mathrm{d}y_1\mathrm{d}z_1\mathrm{d}\tau$。由式(f)和式(g)可得

$$\vartheta_{(x_1,y_1,z_1,\tau=0)}=\frac{q_{v(x_1,y_1,z_1)}\mathrm{d}\tau}{\rho c_p}\tag{4-8-13}$$

把式(4-8-8)中的 $f(x,y,z)$ 换成 $\frac{q_{v(x_1,y_1,z_1)}\mathrm{d}\tau}{\rho c_p}$，就能代表内热源瞬时工作 $\mathrm{d}\tau\to 0$ 所产生的温度场。$q_{v(x_1,y_1,z_1)}$ 不一定均匀分布，也可随地点变化。若为平面热源，瞬时作用的热强度 Q 为 $\frac{q_v\mathrm{d}x_1\mathrm{d}y_1\mathrm{d}z_1\mathrm{d}\tau}{\mathrm{d}y_1\mathrm{d}z_1}$ 或 $q_v\mathrm{d}x_1\mathrm{d}\tau$。在 $x=x_1$ 处的均匀平面热源发热率 $q_v(x_1,\tau_1)$ 在 τ_1 时刻瞬时工作时，$\mathrm{d}\tau_1\to 0$，根据式(4-8-1)和式(d)，在随后一段时间 $\tau-\tau_1$ 内将在介质出现的温度场为

$$\vartheta_{(x,\tau-\tau_1)}=\frac{q_{v(x_1,\tau_1)}}{2\rho c_p\sqrt{\pi a(\tau-\tau_1)}}\mathrm{e}^{-\frac{(x-x_1)^2}{4a(\tau-\tau_1)}}\mathrm{d}x_1\mathrm{d}\tau_1\tag{4-8-14}$$

连续的平面热源引起的温度场，在常物性条件下，将是这种无穷多个瞬时点热源所形成的温度场的叠加，或

$$\vartheta_{(x,\tau)}=\frac{1}{2\rho c_p\sqrt{\pi}}\int_0^{\tau}\int_{x_1'}^{x_1''}\frac{q_{v(x_1,\tau_1)}}{\sqrt{\tau-\tau_1}}\mathrm{e}^{-\frac{(x-x_1)^2}{4a(\tau-\tau_1)}}\mathrm{d}x_1\mathrm{d}\tau_1 \tag{4-8-15}$$

推广到三维时，可根据式(4-8-8)直接写出下式：

$$\vartheta_{(x,y,z,\tau)}=\frac{1}{\rho c_p(2\sqrt{\pi a})^2}\int_0^{\tau}\int_{x_1'}^{x_1''}\int_{y_1'}^{y_2''}\int_{z_1'}^{z_1''}\frac{q_{v(x_1,y_1,z_1,\tau_1)}}{(\sqrt{\tau-\tau_1})^3}\cdot\exp\left[-\frac{(x-x_1)^2+(y-y_1)^2+(z-z_1)^2}{4a(\tau-\tau_1)}\right]\mathrm{d}x_1\mathrm{d}y_1\mathrm{d}z_1\mathrm{d}\tau_1 \tag{4-8-16}$$

原则上，可由式(4-8-16)分析有内热源时的各种不稳定导热问题。式中，已考虑到内热源单位体积发热率 q_v 可沿地点变化，包括 q_v 与温度有关(稳定情况下的导热已在§2-6 处理过)；q_v 虽与温度无关但随时间变化，如核反应堆停堆后，核燃料的裂变产物还将继续经历一个较长的衰变过程，q_v 并不能立即降为零值。

最简单的特例是一维温度场，q_v 保持常量而与地点、时间都无关，同时 $x_1'\to x_1''=0$ 而在 $x=0$ 处有常功率均匀平面热源时向两侧各提供常热流密度 q_0 (W/m²)。由式(4-8-15)，有

$$\vartheta_{(x,\tau)}=\frac{q_0}{\rho c_p\sqrt{\pi a}}\int_0^{\tau}\frac{1}{\sqrt{\tau-\tau_1}}\mathrm{e}^{-\frac{x^2}{4a(\tau-\tau_1)}}\mathrm{d}\tau_1 \tag{i}$$

引进 $\xi=\dfrac{x}{2\sqrt{a(\tau-\tau_1)}}$，则

$$\frac{\mathrm{d}\xi}{\mathrm{d}\tau_1}=\frac{x}{4\sqrt{a}(\tau-\tau_1)\sqrt{\tau-\tau_1}}$$

或

$$\frac{\mathrm{d}\tau_1}{\sqrt{\tau-\tau_1}}=\frac{4\sqrt{a}(\tau-\tau_1)}{x}\mathrm{d}\xi \tag{j}$$

将式(j)代入式(i)，可简化为

$$\vartheta_{(x,\tau)}=\frac{q_0x}{\rho c_p a\sqrt{\pi}}\int_{\frac{x}{2\sqrt{a\tau}}}^{\infty}\frac{\mathrm{e}^{-\xi^2}}{\xi^2}\mathrm{d}\xi \tag{k}$$

而导温系数 $\alpha\equiv\lambda/\rho c_p$，则

$$\frac{1}{\sqrt{\pi}}\int_{\frac{x}{2\sqrt{a\tau}}}^{\infty}\frac{\mathrm{e}^{-\xi^2}}{\xi^2}\mathrm{d}\xi\equiv\frac{1}{\frac{x}{2\sqrt{a\tau}}}\mathrm{ierfc}\left(\frac{x}{2\sqrt{a\tau}}\right) \tag{l}$$

最后整理成

$$\vartheta_{(x,\tau)}=\frac{2q_0}{\lambda}\sqrt{a\tau}\,\mathrm{ierfc}\left(\frac{x}{2\sqrt{a\tau}}\right)$$

这正是§4-3 已讨论过的 $q_F=$ 常量时半无限大物体内部温度变迁过程的式(4-3-13)。

物体内部具有发热源或吸热源时不稳定导热问题的解显然要比无内热源时更复杂。不过,通过特定的转换,有可能简化成一些简单情况的某种组合。例如,考虑内热源均匀分布的核反应堆元件与屏蔽或者电加热器在工况调节时的过渡过程,就可以采用下述方法得到解。假定大平板初始温度分布均匀,$t_{x,\tau=0}=t_{\mathrm{i}}=$ 常量;$\tau>0$,表面温度维持为 t_{w};内热源发热率保持 $q_v(\mathrm{W/m^2})$,不随时间、地点改变,引进过余温度 $\vartheta=t-t_{\mathrm{w}}$,则

$$\frac{\partial^2\vartheta}{\partial x^2}+\frac{q_v}{\lambda}=\frac{1}{a}\frac{\partial\vartheta}{\partial\tau}\tag{m}$$

$\tau=0$ 时,对于 $0\leqslant x\leqslant\delta$,$\vartheta_i=t_i-t_{\mathrm{w}}=$ 常量 (n)

$\tau>0$ 时,$x=\pm\delta$ 处, $\vartheta=0$ (o)

有内热源 q_v 时,不能使用分离变量 x 和 τ 的方法,但可像§2-6 所讨论过的,令

$$\vartheta=\vartheta_1+\vartheta_2\tag{p}$$

其中,ϑ_1 只与 x 有关,而与 τ 无关。于是将式(p)代入式(m),可得

$$\frac{\mathrm{d}^2\vartheta_1}{\mathrm{d}x^2}+\frac{\partial^2\vartheta_2}{\partial x^2}+\frac{q_v}{\lambda}=\frac{1}{a}\frac{\partial\vartheta_2}{\partial\tau}\tag{q}$$

既然 ϑ_1 不随时间改变,那么可以选择 ϑ_1,使它满足如下方程:

$$\frac{\mathrm{d}^2\vartheta_1}{\mathrm{d}x^2}+\frac{q_v}{\lambda}=0\tag{r}$$

因此

$$\frac{\partial^2\vartheta_2}{\partial x^2}=\frac{1}{a}\frac{\partial\vartheta_2}{\partial\tau}\tag{s}$$

式(r)、连同相应的单值条件 $x=0$ 处的 $\frac{\mathrm{d}\vartheta_1}{\mathrm{d}x}=0$ 和 $x=\pm\delta$ 处的 $\vartheta_1=0$,根据式(2-6-2),并由单值条件最后确定的解为

$$\vartheta_1=-\frac{q_v\delta^2}{2\lambda}\left(1-\frac{x^2}{\delta^2}\right)\tag{4-8-17}$$

式(s)、连同相应的单值条件 $x=0$ 处与 $0\leqslant x\leqslant\delta$ 时 $\vartheta_2=\vartheta_{2i}=\vartheta_i-\vartheta_1=f(x)$ 和 $\tau>0$ 与 $x=\pm\delta$ 时 $\vartheta_2=0$,就像§4-2 所处理过的厚度为 2δ 的大平板的不稳定导热过程的数学模型,解为

$$\vartheta_2=\sum_{n=1}^{\infty}(-1)^{n+1}A_n\mathrm{e}^{-\frac{(2n-1)^2\pi^2}{\delta^2}a\tau}\cos\left[\frac{(2n-1)\pi}{2\delta}x\right]\tag{t}$$

其中

$$A_n = \frac{2}{\delta}\int_0^\delta f(x)\cos\left[\frac{(2n-1)\pi}{2\delta}x\right]dx \tag{u}$$

$$f(x) = \vartheta_i - \vartheta_1 = \vartheta_i - \frac{q_v\delta^2}{2\lambda}\left(1-\frac{x^2}{\delta^2}\right) \tag{v}$$

将式(v)代入式(u),则

$$A_n = \frac{4\vartheta_i}{(2n-1)\pi} - \frac{16q_v\delta^2}{(2n-1)^3\pi^3\lambda} \tag{w}$$

因此,由 $\vartheta=\vartheta_1+\vartheta_2$ 得到全解为

$$\vartheta = \frac{q_v\delta^2}{2\lambda}\left[1-\left(\frac{x}{\delta}\right)^2\right] + \frac{4}{\pi}\sum_{n=1}^{\infty}(-1)^{n+1}\frac{\vartheta_i - \frac{4q_v\delta^2}{(2n-1)^2\pi^2\lambda}}{(2n-1)} \cdot e^{-\frac{(2n-1)^2\pi^2}{4\delta^2}a\tau}\cos\left[\frac{(2n-1)\pi}{2\delta}x\right] \tag{4-8-18}$$

可以看到,当 $q_v=0$、$x\to 0$ 时,式(4-8-18)将简化为式(4-2-7)。还可发现,经历很长时间以后,τ 足够大时,式(4-8-18)中无穷级数的每一项都将减小到不必考虑而趋近于有内热源时对称性稳定冷却的大平壁的解,亦即式(4-8-17)。

§4-9　移动热源的动坐标转换法

工程技术上,像电弧焊、表面硬化、连续浇铸等领域以及利用注射剂注射冷却回转件方面都会遇到移动热源所引起的导热问题。对这个问题的分析方法及其在金属热处理加工方面的实际应用已经作了相当充分的研究[34]。

参看图 4-9-1,设想热强度保持不变的点热源或者垂直于 x 轴的线热源或平面热源以定速 u(m/s)沿 x 轴向移动时,如果采取以热源所在地点为原点的动坐标系统,在任何时刻 τ,固定的 P 点坐标将由 $P(x,y,z)$ 成为 $P(x-u\tau,y,z)$。采用新坐标系,$y'=y$,$z'=z$,但 $x'=x-u\tau$,即 $\frac{\partial x'}{\partial x}=1$ 和 $\frac{\partial x'}{\partial \tau}=-u$。于是

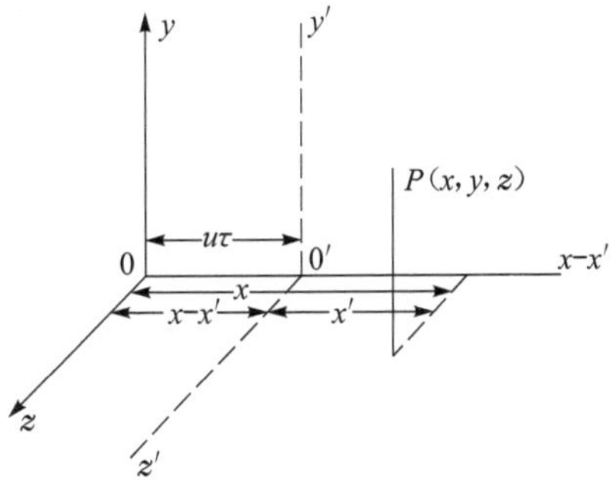

图 4-9-1　考虑移动热源的动坐标系统

$$\frac{\partial t}{\partial \tau} = \frac{\partial t}{\partial x'}\frac{\partial x'}{\partial \tau} = -u\frac{\partial t}{\partial x'}$$

$$\frac{\partial^2 t}{\partial x^2} = \frac{\partial^2 t}{\partial x'^2},\ \frac{\partial^2 t}{\partial y'^2} = \frac{\partial^2 t}{\partial y^2},\ \frac{\partial^2 t}{\partial z'^2} = \frac{\partial^2 t}{\partial z^2}$$

如果除 $x'=0$ 亦即移动热源所在地点以外,并无其他的内热源,那么在常物性条件

下的导热微分方程将由

$$\frac{\partial t}{\partial \tau}=a\left(\frac{\partial^2 t}{\partial x^2}+\frac{\partial^2 t}{\partial y^2}+\frac{\partial^2 t}{\partial z^2}\right)$$

转换为

$$\frac{\partial^2 t}{\partial x'^2}+\frac{\partial^2 t}{\partial y^2}+\frac{\partial^2 t}{\partial z^2}=-\frac{u}{a}\frac{\partial t}{\partial x'} \tag{4-9-1}$$

变成动坐标的准稳定偏微分方程。

1. 平面热源

作为具体分析的例示，设想很长的枢轴，沿 x 轴向以一定的速度 u(m/s)通过退火炉，由于枢轴的横截面温度保持均匀，可近似地看做是一种以 u 的速度反方向移动的平面热源在枢轴内部起作用，而热源的热强度为 Q。如果枢轴原先的初始温度到处均匀，t_i＝常量，那么引进 $\vartheta=t-t_i$ 以代表离炉 x'处的温升。这样简化后的一维温度场，在忽略轴表面向周围散热损失的情况下，可由式(4-9-1)得到动坐标系统的常微分方程为

$$\frac{\partial^2 \vartheta}{\partial x'^2}+\frac{u}{a}\frac{\mathrm{d}\vartheta}{\mathrm{d}x'}=0 \tag{a}$$

其解将是

$$\vartheta=\mathrm{e}^{-\frac{u}{2a}x'}f(x') \tag{b}$$

$f(x')$是一个待定的函数。将式(b)代入式(a)，则得

$$\frac{\mathrm{d}^2 f(x')}{\mathrm{d}x'^2}-\left(\frac{u}{2a}\right)^2 f(x')=0 \tag{c}$$

通解为

$$f(x')=C_1\mathrm{e}^{-\frac{u}{2a}x'}+C_2\mathrm{e}^{\frac{u}{2a}x'}$$

从而得到式(a)的解为

$$\vartheta=C_1\mathrm{e}^{-\frac{u}{2a}x'}+C_2 \tag{d}$$

根据边界条件

$$x'\to\pm\infty\text{ 时},\frac{\mathrm{d}\vartheta}{\mathrm{d}x'}=0 \tag{e}$$

且在热源移动朝向＋∞处，亦即进炉以前，在远离炉口处：

$$\vartheta=0 \tag{f}$$

$$x'=0\text{ 时},\vartheta=\vartheta_{\max} \tag{g}$$

向两侧传递的总热流量将是

$$-\lambda\left[\frac{\mathrm{d}\vartheta}{\mathrm{d}x'}\bigg|_{x'=+0}+\frac{\mathrm{d}\vartheta}{\mathrm{d}x'}\bigg|_{x'=-0}\right]=Q \tag{h}$$

式(d)产生两组解：①$x'>0$ 时，由式(f)得到 $C_2=0$；由式(g)得到 $C_1=\vartheta_{\max}$，或

$x'>0$ 时，相当于尚未进炉以前的部分：

$$\vartheta = \vartheta_{max} e^{-\frac{u}{a}x'} \tag{4-9-2}$$

②$x'<0$ 时，由式(e)得到 $C_1=0$；由式(g)得到 $C_2=\vartheta_{max}$，或 $x'<0$ 时，相当于出炉以后的部分：

$$\vartheta = \vartheta_{max} \tag{4-9-3}$$

不考虑散热损失时，温度将维持在炉内所达到的温度。将式(4-9-2)和式(4-9-3)代入式(h)，可由给定的移动热源的面热强度 Q 确定 ϑ_{max}，即

$$\vartheta_{max} = \frac{Q}{\lambda}\frac{a}{u} = \frac{Q}{\rho c_p u} \tag{4-9-4}$$

实际上，应该考虑枢轴表面的散热损失(见 § 2-7)。此时，由式(2-7-2)可知，这里的式(a)应修正为

$$\frac{d^2\vartheta}{dx'^2} - \frac{\alpha P}{\lambda f}\vartheta + \frac{u}{a}\frac{d\vartheta}{dx'} = 0 \tag{4-9-5}$$

式中，α 为枢轴向周围介质散热的放热系数(如果是气体介质，还应考虑辐射散热而采用总放热系数)；P 为枢轴截面周长；f 为枢轴截面积。令

$$m = \sqrt{\frac{\alpha P}{\lambda f}} \quad (1/\text{m}) \tag{i}$$

相应的，式(c)修正为

$$\frac{d^2 f(x')}{dx'^2} - \left[\left(\frac{u}{2a}\right)^2 + m^2\right] f(x') = 0$$

其通解为

$$f(x') = C_1 e^{\sqrt{\left(\frac{u}{2a}\right)^2 + m^2}\,x'} + C_2 e^{-\sqrt{\left(\frac{u}{2a}\right)^2 + m^2}\,x'} \tag{j}$$

于是，式(4-9-5)的解将是

$$\vartheta = C_1 \exp\left[\left(\sqrt{\left(\frac{u}{2a}\right)^2 + m^2} - \frac{u}{2a}\right)x'\right] + C_2 \exp\left[-\left(\sqrt{\left(\frac{u}{2a}\right)^2 + m^2} - \frac{u}{2a}\right)x'\right] \tag{k}$$

由边界条件最后确定的解为

$$x' > 0 \text{ 时}, \vartheta = \vartheta_{max} \exp\left[\left(\sqrt{\left(\frac{u}{2a}\right)^2 + m^2} - \frac{u}{2a}\right)x'\right] \tag{4-9-6}$$

$$x' < 0 \text{ 时}, \vartheta = \vartheta_{max} \exp\left[-\left(\sqrt{\left(\frac{u}{2a}\right)^2 + m^2} - \frac{u}{2a}\right)x'\right] \tag{4-9-7}$$

而且

$$\vartheta_{max} = \frac{Q}{2\lambda\sqrt{\left(\frac{u}{2a}\right)^2 + m^2}} \tag{4-9-8}$$

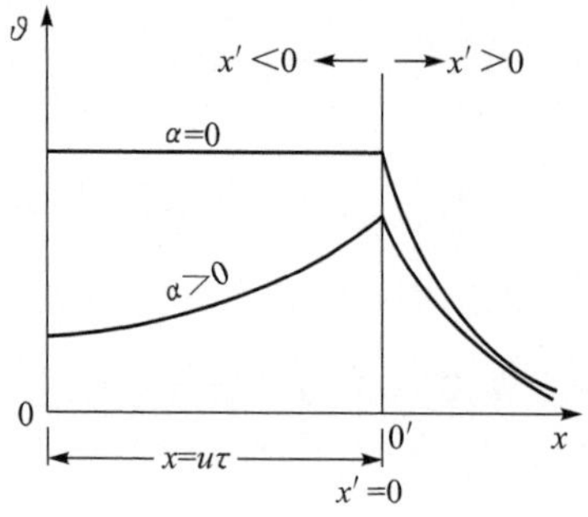

图 4-9-2　沿轴向移动的平面热源在枢轴内部造成的温度分布

如果不考虑散热损失就相当于 $\alpha=0$，亦即 $m=0$，式(4-9-6)～式(4-9-8)也就分别简化为式(4-9-2)～式(4-9-4)。由此可见，像图 4-9-2 所揭示的，同样热强度的移动热源，表面散热损失使枢轴所能达到的最高温升 ϑ_{max} 减小，$x'<0$ 的区段也不可能保持温升不下降，和预期的结果一致。

2. 线热源

两块薄的大平板用电焊接，或者用电切割薄板时，沿板的厚度 δ(看成 z 轴向)不会有可察觉的温度变化，式(4-9-1)中的$\dfrac{\partial^2 t}{\partial z^2}=0$，表现为二维温度场。这种沿 x 轴向移动中的电焊枪提供的电弧热可被当做是一个垂直于薄板板面移动着的圆柱体热源。焊点直径相对于平板的平面尺寸是如此之小，可认为这个圆柱体热源趋近于一个线热源，其热强度是 Q_1。

考虑平板两侧的表面散热损失时，引进两侧放热系数分别为 α_1 和 α_2 时，可令

$$m=\sqrt{\frac{[(\alpha_1+\alpha_2)/2]P}{\lambda f}}\qquad(1/\mathrm{m})$$

对于薄的大平板来说，$\dfrac{P}{f}=\dfrac{2}{\delta}$[见 § 2-8 的式(i)]，则

$$m=\sqrt{\frac{\alpha_1+\alpha_2}{\lambda\delta}}\qquad(1/\mathrm{m})\tag{l}$$

类似于式(4-9-5)的二维模式为

$$\frac{\partial^2\vartheta}{\partial x'^2}+\frac{\partial^2\vartheta}{\partial y^2}-m^2\vartheta+\frac{u}{a}\frac{\partial\vartheta}{\partial x'}=0\tag{4-9-9}$$

其中，$f(x',y)$是一个待定函数。把式(m)代回式(4-9-9)，有

$$\frac{\partial^2 f(x',y)}{\partial x'}+\frac{\partial^2 f(x',y)}{\partial y^2}-\left[\left(\frac{u}{2a}\right)^2+m^2\right]f(x',y)=0\tag{n}$$

这表明：$f(x',y)$是一个对 x'和 y 对称的函数，可以更方便地取 $r=\sqrt{x^{2'}+y^2}$，转换为圆柱坐标的一维形式，$f(x',y)$成为 r 的单函数。于是，

$$\frac{\mathrm{d}^2 f(x',y)}{\mathrm{d}r^2}+\frac{1}{r}\frac{\mathrm{d}f(x',y)}{\mathrm{d}r}-\left[\left(\frac{u}{2a}\right)^2+m^2\right]f(x',y)=0\tag{o}$$

通解为

$$f(x',y)=C_1I_0\left[\sqrt{\left(\frac{u}{2a}\right)^2+m^2r}\right]+C_2K_0\left[\sqrt{\left(\frac{u}{2a}\right)^2+m^2r}\right]\tag{p}$$

式中，$I_0(\varphi)$代表变量 φ 的第一类零阶修正贝塞尔函数；$K_0(\varphi)$代表变量 φ 的第二

类零阶修正贝塞尔函数，其略值如表 4-9-1 所示。把式(p)代回式(m)，则得

$$\vartheta = e^{-\frac{u}{2a}x'}\left\{C_1 I_0\left[\sqrt{\left(\frac{u}{2a}\right)^2+m^2 r}\right]+C_2 K_0\left[\sqrt{\left(\frac{u}{2a}\right)^2+m^2 r}\right]\right\} \tag{q}$$

相应的边界条件为

$$r=\infty \text{ 时}, \frac{\partial\vartheta}{\partial r}=0 \tag{r}$$

$$r=0 \text{ 时}, -2\pi r\lambda\frac{\partial\vartheta}{\partial r}=Q_1 \tag{s}$$

表 4-9-1　零阶和一阶修正贝塞尔函数略表

φ	$I_0(\varphi)$	$I_1(\varphi)$	$K_0(\varphi)$	$K_1(\varphi)$
0.0	1.0000	0.0000	∞	∞
0.2	1,0100	0.1005	7.142	19.101
0.4	1.0404	0.2040	4.461	8.740
0.6	1.0920	0.3137	3.110	5.209
0.8	1.1665	0.4329	2.262	3.449
1.0	1.2661	0.5652	1.684	2.406
1.5	1.6467	0.9817	0.8545	1.112
2.0	2.280	1.591	0.4524	0.5592
2.5	3.290	2.517	0.2513	0.2953
3.0	4.881	3.953	0.1382	0.1643
3.5	7.378	6.206	0.0754	0.0880
∞	∞	∞	0.0000	0.0000

注意：$r=\sqrt{x'^2+y^2}$，$r=0$ 时，必须 $x'=0$ 和 $y=0$；$r=\infty$时，x'和 y 至少要有一个是∞。同时，由式(q)求导数$\frac{\partial\vartheta}{\partial r}$时将由 $I_0(\varphi)$和 $K_0(\varphi)$分别导得 $I_1(\varphi)$和 $K_1(\varphi)$，即第一类和第二类一阶修正贝塞尔函数，其值见表 4-9-1。要满足式(r)，必须 $C_1=0$；再由式(s)，可以确定 C_2。最后的解为

$$\vartheta=\frac{Q_1}{2\pi\lambda}e^{-\frac{u}{2a}x'}K_0\left[\sqrt{\left(\frac{u}{2a}\right)^2+m^2 r}\right] \tag{4-9-10}$$

在 τ 时刻，$x'=x-u\tau$，$r=\sqrt{(x-u\tau)^2+y^2}$，可由式(4-9-10)计算出薄板瞬时温度分布，如图 4-9-3 所示。

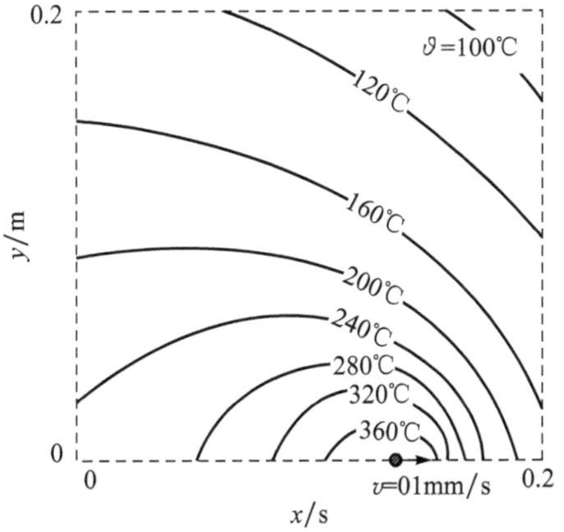

图 4-9-3　薄板焊接时，焊至 $x=u\tau$ 处的平板瞬时典型温度分布

应该看到，由于把圆柱体热源当做线热源，因此式(4-9-10)不适用于 r 无限接近于零的情况。由 $r\to 0$，将给出不切

实际的 $\vartheta \to \infty$。

如果薄板底侧单面绝热，$\alpha_2 = 0$，m 值减小，相当于散热损失减少，理所当然地会提高温升 ϑ 的计算值。

3. 点热源

平面热源的法向移动，产生一维热流；线热源的法向移动，则导致二维热源。当上述大平板有足够的厚度，$\frac{\partial \vartheta}{\partial z}$也不能再被忽略不计时，就将出现三维热流，可以看做是热强度为 Q 的点热源在半无限大物体表面沿 x 轴向移动的结果。

一种最简单的初步近似是不考虑散热损失，把表面看成温度分布的对称面，相当于假想一个 $2Q_1$ 的点热源在无限介质内各有一半或 Q_1 沿 x 轴向分别传入两个邻接的半无限大平板内部。由式(4-9-1)求得的解为

$$\vartheta = \mathrm{e}^{-\frac{u}{2a}x'} f(x', y, z) \tag{t}$$

或代回式(4-9-1)而有

$$\frac{\partial^2 f(x', y, z)}{\partial x'^2} + \frac{\partial^2 f(x', y, z)}{\partial y^2} + \frac{\partial^2 f(x', y, z)}{\partial z^2} - \left(\frac{u}{2a}\right)^2 f(x', y, z) = 0 \tag{u}$$

这表明，$f(x', y, z)$是一个对 x'、y 和 z 对称的函数，可取 $r = \sqrt{x'^2 + y^2 + z^2}$转换为 r 的球坐标一维形式，或 $f(x', y, z)$是 r 的单函数而满足下式：

$$\frac{\mathrm{d}^2 f(x', y, z)}{\mathrm{d}r^2} + \frac{2}{r}\frac{\mathrm{d}f(x', y, z)}{\mathrm{d}r} - \left(\frac{u}{2a}\right)^2 f(x', y, z) = 0$$

亦即

$$\frac{\mathrm{d}[r \cdot f(x', y, z)]}{\mathrm{d}r^2} - \left(\frac{u}{2a}\right)^2 r \cdot f(x', y, z) = 0$$

通解为

$$r \cdot f(x', y, z) = C_1 \mathrm{e}^{-\frac{u}{2a}r} + C_2 \mathrm{e}^{\frac{u}{2a}r}$$

代回式(t)，则

$$\vartheta = \mathrm{e}^{-\frac{u}{2a}x'} \frac{1}{r}\left(C_1 \mathrm{e}^{-\frac{u}{2a}r} + C_2 \mathrm{e}^{\frac{u}{2a}r}\right) \tag{v}$$

相应的边界条件为

$$r = \infty \text{ 时}, \quad \frac{\partial \vartheta}{\partial r} = 0 \tag{w}$$

$$r \to 0 \text{ 时}, \quad -4\pi r^2 \frac{\partial \vartheta}{\partial r} = 2Q_1 \tag{x}$$

满足式(w)、式(v)中的 C_2 必须为零；而根据式(x)，可以确定 $C_1 = \frac{Q_1}{2\pi\lambda}$。于是

$$\vartheta = \frac{Q_1}{2\pi\lambda r} e^{-\frac{u}{2a}r} \tag{4-9-11}$$

在 τ 时刻，$x' = x - u\tau$，$r = \sqrt{(x-u\tau)^2 + y^2 + z^2}$，由式(4-9-11)将能计算出瞬时温度分布。

利用同样方法，设想点热源沿中心轴移动而造成圆筒壁内部温度分布，可预估发射炮弹的过程中炮筒的筒壁温度[35]。

参 考 文 献

[1] W. H. Geidt and R A. Corallo. Trans. ,ISA,1969,8(1):43-51.

[2] 气流温度动态法测量小组一. 测量高温气流温度的动态热偶法. 清华大学学报,1978,1:97.

[3] V. Paschkis. Ind. Heating. 1942,9:1162.

[4] V. Paschkis. Sci. Monthly. 1951,73:81.

[5] G. Liebmann. Trans,ASME. 1956,78:655,1267.

[6] A. B. 雷柯夫. 热传导理论. 裘烈钧,丁履德译. 北京:高等教育出版社,1955.

[7] M. A. 米海耶夫. 传热学基础. 王补宣译. 北京:高等教育出版社,1958.

[8] P. J. Schneider. Conduction Heat Transfer. New Jersey: Addison-Wesley Pub. Co. Inc. , 1955.

[9] B. И. 斯米尔诺夫. 高等数学教程(第二卷). 北京:高等教育出版社,1953.

[10] P. J. Schneider. Conduction Heat Transfer. New Jersey: Addison-Wesley Pub. Co. Inc. , 1955.

[11] K. Д. 伏斯克列显斯基. 传热学计算及习题集. 王补宣译. 北京:高等教育出版社,1955.

[12] 数学手册(增订本). 北京:煤炭工业出版社,1975.

[13] 王补宣,韩礼钟,王维城,等. 同时测定热绝缘材料 a 和的常功率平面热源法,工程热物理学报,1980,1(1):80.

[14] M. P. Heisler. Trans. ASME,1947,69:227-236.

[15] H. P. Gurney and J Lurie. Ind. Eng. Chem. ,1923,15:1170-1172.

[16] L. M. K. Boelter,H. A. Johnson,et al. Heat Transfer Notes. 2nd ed. New York: McGraw-Hill,1965.

[17] P. J. Schneider. Conduction Heat Transfer. Cambridge: Addison-Wesley Pub. Co. Inc. , 1955;F C W Olsen and O T Schultz. Ind. Eng. Chem. ,1942,34:874-877.

[18] A. B. Newman. Trans. AIChE,1930,24:44;Ind. Eng. Chem. ;1936,28:545-548.

[19] L. R. Ingersoll,O. J. Zobel and A. C. Ingersoll. Heat Conduction—With Engineering,Geological and Other Applications. McGraw-Hill,1948.

[20] H. S. Carslaw and J. C. Jaeger. Conduction of Heat in Solids. 2nd ed. Oxford: Oxford Univ. Press,1959.

[21] E. R. G Eckert(埃克尔特),R M Drake,Jr(德雷克). 传热与传质. 徐明德译. 北京:科学出版社,1965.

[22] H. Gröber,S. Erk,U. Grigull. Fundamentals of Heat Transfer (英译本). New York: McGraw-

Hill,1961.

[23] A. B. 雷柯夫. 建筑热物理理论基础. 任兴季,张志清译. 北京:科学出版社,1965.

[24] M. Jakob. Heat Transfer. New York:John Wiley,1949.

[25] M. A. 米海耶夫. 传热学基础. 王补宣译. 北京:高等教育出版社,1958.

[26] J. A. Adams and D. F. Bogers. Computer-Aided Heat Transfer Analysis. New York: McGraw-Hill,1973.

[27] G. R. Gaumer. J. ARS,1962,32(10):1595-1596.

[28] H. G. Elrod,Jr. Trans. ASME,1957,79:1519-1526;1962,82:181-188.

[29] G. M. Dusinberre. Heat Transfer Calculation by Finite Differences. Intern. Textbook Co. ,1961.

[30] E. Schmidt. Beiträge zur Technischen Mechanik und Technishen Physik (Föpel-Festschrift). Berlin:Spinger-Verlag,1924.

[31] E. Schmidt. Z. VDI,1931,75:969;E. Schmidt. Forschung. auf dem Gebiete des Ingenieurwerens,1942,13:177.

[32] M. Jackob. Heat Transfer. New York:John Wiley,1949.

[33] L. R. Ingersoll,O J Zobel and A. C. Ingersoll. Heat Conduction,With Engineering,Geological,and Other Applications. The Univ. of Wisconsin Press,1954.

[34] D. Rosenthal. Trans. ASME,1946,68:849-866.

[35] D. Rosenthal and R. H. Cameron. Trans. ASME,1947,69:961.

第 5 章 热辐射性质

§ 5-1 热辐射的物理基础

前 3 章已对导热理论及其工程应用作了示范分析，并且涉及了按第三类边界条件考虑时物体被周围介质的对流换热加热和冷却。如同 § 1-2 所指出的，对流换热是相对运动或流动中的流体介质的导热。导热和对流换热，都要依靠物质的直接接触，在出现温度梯度的前提下实现热量的传递。如果把高温物体放在被抽成真空的空腔里，同样会观察到物体温度连续下降，下降的速度随时间的推移而逐渐减慢，直到物体温度降到周围环境温度时为止。这意味着物体的冷却可依靠不同于导热的另一种基本传热方式热辐射。事实上，我们所赖以生存的地球上的能源也都直接或者间接地来自太阳热辐射。有关辐射的物理现象和基本定律曾在 § 1-2 和 § 1-5 里扼要介绍过，本章将进一步讨论热辐射的物理本质和基本关系式（见 § 5-1），阐述物质包括工程材料和气体介质的热辐射性质（见 § 5-2～ § 5-4），讲解自然环境中的太阳辐射（见 § 5-5）。揭示辐射传热的计算原理和具体方法，则是第 6 章的任务。

热辐射只是许多辐射现象中的一种。辐射的真实性质及其传递机理，至今依旧存在"辐射具有波和粒子的二象性"说法，无论是用"电磁波动"说还是用"光子以直线传播"的理论都未能全部解释清楚所有的实验观察结果，但辐射可以依靠电磁波或者发射光子的方式在自由空间里以光速推进而不需要任何常规物质作为媒介这一点已被充分证实。

任何一个波，都可以用波速 c_r、波长 Λ_r 或频率 ν_r 描述，三者之间的关系为$c_r=\Lambda_r\nu_r$。电磁波和光子都以光速传播。真空中的光速为 $c_r=2.9977\times10^8\,\text{m/s}$，常被近似取作 $3\times10^{10}\,\text{cm/s}$。自然界任何介质中的光速都比真空中的小，可用介质的折射系数 n_r 表示成 $c_r=\dfrac{c_{r_0}}{n_r}$。气体介质的 $n_r\approx1$，气体中的波速常被取作 $c_r=3\times10^8\,\text{m/s}$。由此可见，不同的波将由波长 Λ_r 或频率 ν_r 确定其性质，不同的单色光必定有不同的波长。波长比频率容易测准，所以实验者宁愿使用波长。然而在出现折射的情况下，射线从一种介质进入另一种介质时，频率不变，而光速以及波长将发生变化。

电磁波或者光子所载运的能量称为辐射能。1900 年，普朗克创立光的量子学说，提出每个光子的能量为 $e_r = h\nu_r$，$h = 6.624\times10^{-34}$ J/s，称为普朗克（量子）常数。这就把波和粒子的二象性联系了起来，即从能量的观点认为：组成不同波长的单色光的光子各不相同[1]。根据爱因斯坦相对论原理对辐射量子理论的解释[2]，既然光子以光速 c_r 前进，$e_r(=h\nu_r)=mc_r^2$，光子也应有质量 $m_r=\dfrac{h\nu_r}{c_r}$，光子撞击表面引起单位时间动量的改变将产生辐射压力，光子的行为就像气体的分子似的。因此，一种粗略的简单物理模型可把辐射场看做是光子气体存在的反映。

辐射能的发射是原子内部经受复杂激动的结果。激发的方式不同，所发射的电磁波波长也就不一样。不同波长的电磁波投射到物体上，可产生不同的具体效应。除了热运动，外来电子或中子的轰击或者在振荡电路或化学反应等的作用下，都可引起能量形式的转化而对外发射辐射能。当辐射能落在另一些物体上而被吸收时，可转化为各物体的内能增量而产生热效应，或者引起化学反应（如摄影、植物生长的光合作用等），或者迫使金属发射电子而出现光电效应（如电视），具体的结果取决于投射辐射的波长和受射物体的材料性质。习惯上，常把波长 0.3～40μm 的射线称为热射线。表 5-1-1 列举了不同射线的波长范围。波长 Λ_r 越长，频率 ν_r 越低，$\Lambda_r\nu_r=c_r$（光速）。在气体中，即便波长长达 10^4 m，频率仍将高达 3×10^4 周/秒、即 3×10^4 Hz。就热辐射来说，所讨论的仅限于辐射的热效应。§1-5 已介绍过普朗克辐射定律[1]，亦即揭示“黑体”全波谱（$\Lambda=0\sim\infty$）能量分布的式(1-5-3)，或以“0”代表黑体时，黑体的单色辐射力为

$$E_{0,\Lambda}=\frac{2\pi hc_{r,0}^2\Lambda^{-5}}{e^{\frac{hc_{r,0}}{k\Lambda T}}-1}\qquad[\mathrm{W/(m^2\cdot\mu m)}]\tag{5-1-1}$$

其中，$k=1.3805\times10^{-23}$ J/K 为玻尔兹曼常数；$2\pi hc_{r,0}^2$ 和 $\dfrac{hc_{r,0}}{k}$ 就是式(1-5-3)中的 c_1 和 c_2，分别称为普朗克定律的第一和第二常数。波长非常小（$\Lambda<0.1\mu$m）和波长超过 100μm 时，$E_{0,\Lambda}$ 都接近零。就像图 1-5-3 所表明的，绝对黑体的热力学温度 T 时所辐射的能谱，在某个波长 Λ^* 下的单色辐射力达到最大值，亦即 $\left.\dfrac{\partial E_{0,\Lambda}}{\partial\Lambda}\right|_{\Lambda=\Lambda^*}=0$，从而导得维恩位移定律的表达式(1-5-4)，或

$$\Lambda^* T = 2.9\,\mathrm{mm\cdot K}\tag{5-1-2}$$

表 5-1-1　电磁辐射波谱

射线或电磁波名称	波长/μm
宇宙射线	$<1\times10^{-7}$（$<1\times10^{-3}$ Å）*
伽玛(γ)射线	$1\times10^{-7}\sim1\times10^{-4}$
伦琴射线(X 光)	$1\times10^{-4}\sim1\times10^{-2}$
紫外线	$1\times10^{-2}\sim0.38$

续表

射线或电磁波名称	波长/μm
可见光	0.38～0.76
红外线	$0.76\sim1\times10^3$(1mm)
微波	$4\times10^2\sim2\times10^5$
无线电波	$1\times10^3\sim2\times10^{10}$(20 000m)

* $1\text{Å}=10^{-10}\text{m}=10^{-4}\mu\text{m}=0.1\text{nm}$。"埃"被记作"Å"以纪念瑞典科学家 K. Ångströn 作出的贡献。

这表明：辐射总能量几乎集中在波长为 0.1～100μm 的热射线范围内，只有热射线才能明显引起受辐射物体的被加热现象。对工程上所关心的温度范围，如 1000℃以内，主要起作用的是 $\Lambda=0.76\sim40\mu$m 的红外线。钢锭被加热到发光时，将首先呈现暗红色，以后按其灼热的程度依顺序转变为相应于可见光谱内波长更短的颜色。参看图 1-5-3，如果温度低于 1200K，辐射总能量的 90%以上将属于波长为 1～20μm 的红外线所携带的能量；温度越高，不仅(全)辐射力 E_r 越强，而且辐射能量按波长分布的比例将越多地移向波长较短的部分。例如，太阳(表面温度约为 6000K)辐射总能量的 90%就属于 0.3～3μm 波长范围的射线所携带的能量，可见光的射线能量占总量 1/3 还多。

1. 黑辐射

严格地说，普朗克定律式(5-1-1)是专指黑体表面对真空的辐射，或简称为黑辐射。工程上感兴趣的，是波长 $\Lambda=0\sim\infty$的全波谱辐射能流密度，即(全)辐射能流密度 E_r。对黑辐射来说，取作 E_0，则

$$E_0=\int_0^{\infty}E_{0,\Lambda}\mathrm{d}\Lambda \tag{a}$$

由式(5-1-1)，如果以$\dfrac{hc_{r,0}}{\Lambda kT}=\eta$作为变量，则

$$\mathrm{d}\eta=-\frac{hc_{r,0}}{\Lambda^2kT}\mathrm{d}\Lambda$$

代入式(a)，可导得

$$E_0=\frac{2\pi k^4T^4}{h^3c_{r,0}^2}\int_{\eta=0}^{\eta=\infty}\frac{\eta^3}{\mathrm{e}^{\eta}-1}\mathrm{d}\eta=\frac{2\pi k^4T^4}{h^3c_{r,0}^2}\frac{\pi^4}{15}$$

或

$$E_0=\sigma_0T^4 \tag{5-1-3}$$

其中，$\sigma_0=\dfrac{2\pi^5k^4}{15h^3c_{r,0}^2}$，可取作 $5.7\times10^{-8}\text{W}/(\text{m}^2\cdot\text{K}^4)$。式(5-1-3)就是§1-5 中提出的斯蒂芬-玻耳兹曼定律或热辐射四次方定律的表达式(1-5-1)。

根据式(5-1-1)或式(1-5-3)，$\frac{E_{0,\Lambda}}{T^5}$只是$(\Lambda T)$的单函数①，即

$$\frac{E_{0,\Lambda}}{T^5}=\frac{c_1}{(\Lambda T)^5(e^{c_2/\Lambda T}-1)} \tag{b}$$

因此，图 1-5-3 中的各等温线（略见表 5-1-2）。可以统一表示成 $E_{0,\Lambda}/E_{0,\Lambda^*}$ 与 $\frac{\Lambda T}{\Lambda^* T}\equiv\frac{\Lambda}{\Lambda^*}$两个无因次量之间的通用图线，见图 5-1-1；也可以表示成 $\frac{\int_0^{\Lambda}E_{0,\Lambda}d\Lambda}{E_0}$ 与 $\frac{\Lambda}{\Lambda^*}$之间的通用图线，见图 5-1-2。这就清楚地指明黑辐射的性质。辐射能量实际上集中在 $\Lambda=(0.4\sim7)\Lambda^*$ 的波谱范围内。例如，$T=1000$K 时，$\Lambda^*=2.9\mu$m，辐射能量集中在 $\Lambda=1\sim20\mu$m 的红外波谱范围内；波长从 0～1μm 直到∞的波带内的射线能量，根据表 5-1-2，只占辐射总能量的 0.3%，可忽略不计。但在太阳表面温度约为 6000K 时，表 5-1-2 表明，黑体辐射能流的 96.89%分布在 $\Lambda=0\sim2.5\mu$m 的波带内，红外射线的能量仅占 43%，大约 45%的辐射能流处在可见光范围。实测的太阳辐射能谱表明，太阳辐射热总量的 1/3 还多是在可见光带。核爆炸时，温度最高可达几千万度，可见射线以及比可见光波长更长的各种射线将具有极大的热破坏作用。

表 5-1-2 普朗克热辐射函数简表

$\Lambda T/(\mu m\cdot K)$	$\frac{E_{0,\Lambda}}{\sigma_0 T^5}\times10^5/(1/\mu m\cdot K)$	$\frac{\int_0^{\Lambda}E_{0,\Lambda}d\Lambda}{E_0}$
0	0	0
1 000	0.372 6	0.003
2 000	15.503 4	0.066 7
2 898	22.697 6	0.248 3
3 000	22.627 8	0.273 3
4 000	18.160 2	0.480 9
5 000	12.591 0	0.633 7
6 000	8.485 2	0.737 8
7 000	5.765 4	0.808 1
8 000	3.994 2	0.856 3
10 000	2.052 0	0.914 2
15 000	0.540 0	0.968 9
50 000	0.006 3	0.999 0
∞	0	1.000 0

① $E_{0,\Lambda}/T^5=f(\Lambda T)$和$\int_0^{\Lambda}E_{0,\Lambda}d\Lambda/E_0=\phi(\Lambda T)$已被制成函数表，见文献[3]。

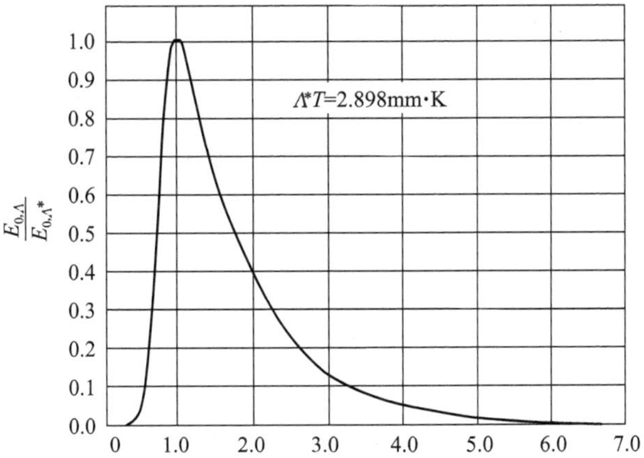

图 5-1-1　黑辐射：$\frac{E_{0,\Lambda}}{T^5}=f(\Lambda T)$

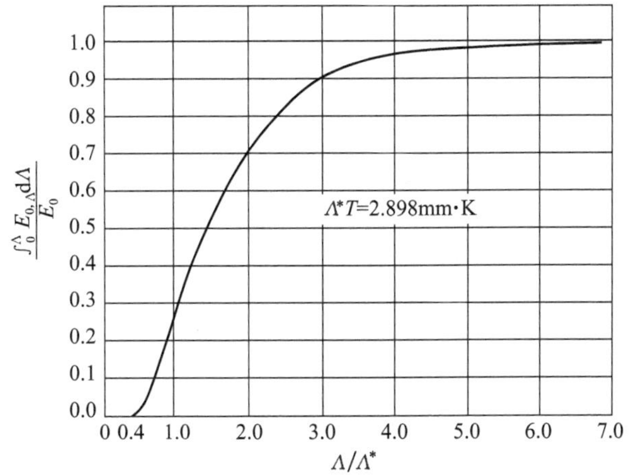

图 5-1-2　黑辐射：$\frac{\int_0^\Lambda E_{0,\Lambda}\mathrm{d}\Lambda}{E_0}=\phi(\Lambda T)$

2. 辐射率

§1-5 已指明，黑体是一种能全部吸收投射辐射，即 $A_{r_0}=1$ 的理想辐射体。自然界物体的辐射能力 E_r 小于同温度下黑体的 E_0，可用物体的辐射率即相对辐射能力 $(E_r/E_0)_T=\varepsilon$ 表示接近黑体的程度，称为"黑度"（见 §1-5）。空腔辐射是人力所能造成的最逼近于黑体的模型。参看图 5-1-3，如在空腔小孔口镶上平片，$F_1\ll F_2$，空腔内被抽成真空，空腔内表面与平片之间只能通过辐射方式传热。由

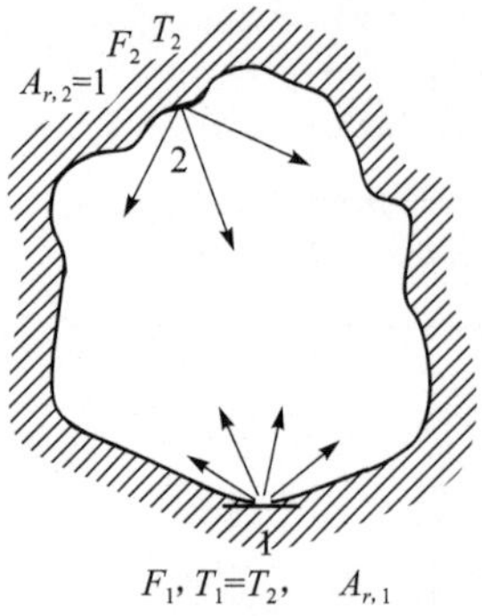

图 5-1-3　关于基尔霍夫的推导

该图可知，从平片发射的射线将全部落在空腔内表面上被吸收掉，而空腔内表面所发射的射线却绝大部分将落在本身表面上。$T_1=T_2$ 时，空腔内表面和平片保持热力学平衡状态，尽管双方都在辐射，无论如何不会有净的热量交换，这称为平衡辐射。先设想平片为黑体，$A_{r_1}=1$，那么，空腔壁内表面传到平片的热流应该在数量上等于平片向外辐射的热流 E_0F_1。实际上，平片并不是黑体，但空腔内表面的一切情况，包括温度都保持不变，辐射到平片上的热流仍将是 E_0F_1。如果平片材料的吸收率为 A_r，则平片吸收的热流应为 $A_rE_0F_1$，而向外辐射的热流则为 EF_1。平片的热量收支必须平衡，于是：

$$A_rE_0=E$$

或平片材料的黑度为

$$\varepsilon_r=\frac{E_r}{E_0}=A_r \tag{5-1-4}$$

式(5-1-4)只严格适用于平衡辐射，在给定表面温度下的表面辐射率(黑度)与该表面对来自同温度的投射辐射的吸收率在数值上彼此相等。如果在小孔口添上适当的滤波镜，只容许特定波长的单色射线透过，那么，单色辐射率 ε_Λ 也将与该表面对来自同温度的投射辐射的单色吸收率 A_{r_Λ} 在数值上彼此相等。这就是把物质的两种辐射性质联系起来的基尔霍夫定律。凡是能吸收任何单色射线的，$A_{0_r,\Lambda}=1$，因此，在给定温度下，各种物体的辐射能流密度 E_r 或单色辐射力 $E_{r,\Lambda}$ 都以黑体的为最大。

3. 辐射强度

黑体能全部吸收任何波长、任何方向的外来投射辐射，也就能向任何方向发射连续波谱的各种射线。黑辐射，不同于激光的定向发射，而是理想的漫辐射即各向同性辐射，或称为扩散辐射。黑体的(全)辐射能流密度 E_0 是指单位时间内单位表面积向各个方向发射全波谱的总能量。这可由微元面积 dF 向半个球空间发射射线的能量分布得到更透彻的描述。参看图 5-1-4，定义微元面积 dF 沿 ϕ 方向单位立体角(球面角)、单位投影面积的辐射能流密度为 I_ϕ，代表该表面对 ϕ 方向的辐射强度，以 W/(m^2 · 球面度)为单位。球面度是国际单位制立体角的单位，见 §1-7 的表 1-7-1，整个半球的立体角为 2π 球面度。对于各向同性辐射，如黑辐射，I_ϕ 与 ϕ 无关，沿各个方向都一样，与法向辐射强度 I_n 相等。因此，微元面积 dF 沿 ϕ 方向单位立体角对外辐射的能流为 $I_n\mathrm{d}F\cos\phi$ W/球面度。或者说，漫辐射体沿各个方位单位立体角对外辐射的能流按余弦规律分配，以法向最大，而以沿 dF 平面方向最小、降到等于零。这就是 1760 年兰贝特（或音译作“朗伯”）提出的余弦定律[4]，是 §6-2 计算任意方位的两漫射体之间辐射换热形状系数（§1-5 已提出的角系数）的理论基础。

热辐射过程的特点之一，是气体的折射和散射现象可被忽略不计，能量的传播将沿直线进行。因此，引用辐射强度描写辐射场是比较简单明了的。不仅真空，在透明介质中，沿着任何指定的方向，辐射强度也同样保持着常量。于是，参看图 5-1-5，对于给定的 $d\Omega$，跨越球表面积 $df=R^2 d\Omega$ 的辐射能流密度将随着远距 dF 距离的增大而减小，并且与 R^2 成反比。而辐射面 dF 的定向辐射强度 I_ϕ 也可理解为半球空间内，沿 ϕ 方向、在半径为 R 的球面上受射表面 df 的受射强度，或者称为辐射照度。在吸收性介质里，图 5-1-4 中沿 ϕ 方向、在立体角 $d\Omega$ 范围内的辐射强度将因辐射能量部分地被介质吸收而随着传播深度逐渐衰减（详见 §5-3）。

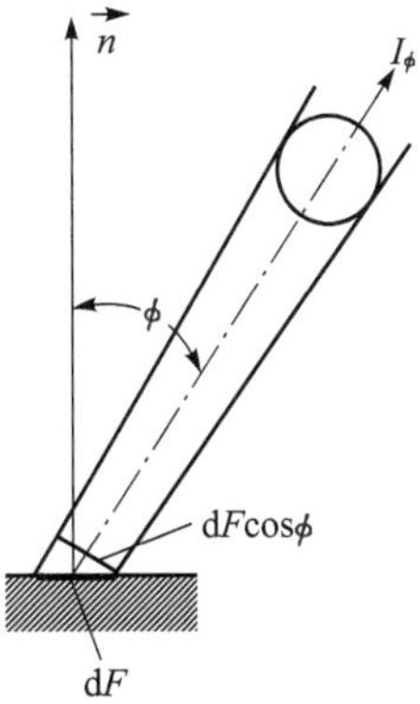

图 5-1-4　辐射强度的定义

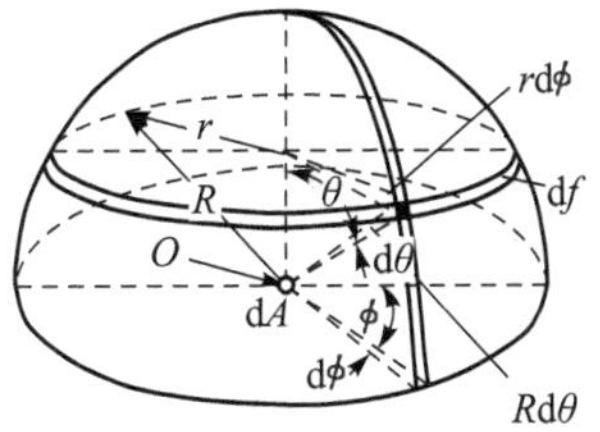

图 5-1-5　立体角在球面坐标图上的定义

辐射强度在热辐射理论中占有极重要的地位。工程上有关辐射传热的计算常常是物体之间以及物体和周围介质之间相互辐射吸收的辐射换热量，直接感兴趣的仍是物体或介质的整个半球空间全方位的辐射能流密度 E_r。参看图 5-1-5，注意图中沿 θ 方向的辐射强度为 I_θ。

$$E_r=\int_0^{2\pi} I_\theta \cos\theta d\Omega \qquad (\mathrm{W/m^2}) \tag{5-1-5}$$

对于各向同性辐射，$I_\theta=I_n$，保持各向相等，则

$$E_r=I_n\int_0^{2\pi}\cos\theta d\Omega \tag{c}$$

根据立体角的定义（见图 5-1-5），

$$d\Omega=\frac{df}{R^2}=\frac{(Rd\theta)(rd\phi)}{R^2}$$

而

$$r = R\sin\theta, \mathrm{d}\Omega = \sin\theta\mathrm{d}\phi\mathrm{d}\theta \tag{d}$$

把式(d)代入式(c)，则

$$E_r = I_n\int_{\phi=0}^{\phi=2\pi}\int_{\theta=0}^{\theta=2\pi}\sin\theta\cos\theta\mathrm{d}\phi\mathrm{d}\theta$$

或

$$E_r = \pi I_n \tag{5-1-6}$$

式(5-1-6)把漫辐射体的辐射强度用法向辐射强度 I_n 直接与(全)辐射力 E 联系了起来，比照 ε_r 和 $\varepsilon_{r,\Lambda}$，也可引进定向辐射率或定向黑度 $\varepsilon_\phi=\dfrac{I_\phi}{I_{0,\phi}}$。漫辐射体的 $I_\phi=I_n$，与 ϕ 值无关。根据式(5-1-6)将不难发现：$\varepsilon_\phi=\varepsilon_r$，在各个方向上保持同值。

4. 有效辐射和净辐射热流密度

物体表面，除了本身辐射将对外发射能流 E_r 之外，还从外来辐照能流密度 G_r 中吸收一部分和反射一部分。参看图 5-1-6，考虑物体的反射率为 R_r，实际离开表面的辐射能流密度将包括本身辐射和反射辐射两部分，称为该物体的有效辐射能流密度 J_r，或

$$J_r = E_r + R_rG_r \qquad (\mathrm{W/m^2}) \tag{5-1-7}$$

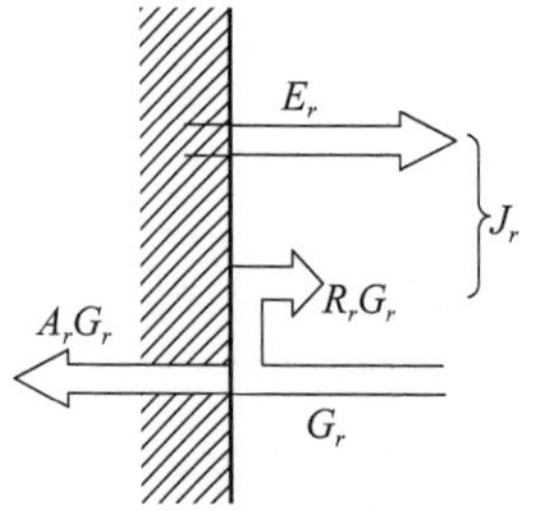

图 5-1-6　有效辐射的概念

J_r 是可被真实地感触到，或者能用辐射计等仪器实测到的，在数值上比物体的本身辐射力 E_r 大 R_rG_r。只有黑体能够吸收全部投射辐射，即 $A_{r_0}=1$ 和 $R_{r_0}=0$，黑体不存在反射辐射，黑体的 J_{r_0} 同时就是本身辐射能流密度 E_0。投射辐射能流密度 G_r 要取决于投射辐射源的温度和物质性质，与本身辐射仅仅取决于辐射体自身的物理本质不一样。但从能量的角度，由图 5-1-6 可知，物体表面与周围其他物体和介质相互辐射、吸收所丢失的净辐射热流密度①为

$$q_r = J_r - G_r \quad (\mathrm{W/m^2}) \tag{5-1-8}$$

一般工程材料对热辐射的穿透率 $D_r\approx0$ 或 $A_r+R_r=1$，能量收支平衡式也可记作：

$$q_r = E - A_rG_r \tag{5-1-9}$$

联解式(5-1-8)和式(5-1-7)或联解式(5-1-9)和式(5-1-7)，消去 G_r，就得到：

① 留意：如果沿用 Г. Д. 波略克[5]的原命名法，以物体得到的净热流时净热流密度取作正值，则 $q=q_r=A_rG_r-E$。

或

$$\left.\begin{aligned} J_r &= \frac{E}{1-R_r} - \frac{R_r}{1-R_r} q_r \\ J_r &= \frac{E}{A_r} - \frac{1-A_r}{A_r} q_r \end{aligned}\right\} \tag{5-1-10}$$

式(5-1-10)揭示出物体的有效辐射能流密度 J_r、吸收率 A_r 或反射率 R_r 以及净辐射热流密度 q_r 之间的内在联系，是波略克[5]所提出的简捷计算辐射换热法的基础。

物体或介质的热辐射能流随温度升高而急剧增大，辐射换热量在高温下会达到非常可观的数量。在一些新兴工程领域中，如高温气冷堆、燃气轮机、宇航推进机、磁流体发电装置等都遇到高温工作过程，辐射换热成为设计合适设备和部件所必须考虑的重要因素。而未来热核反应器的聚变反应涉及千百万度的特殊高温，在工程上更需要解决由于辐射换热所引起的极其苛刻的保护性冷却问题。

§5-2　固体和液体的热辐射性质

热辐射性质是计算辐射换热的基础数据，工程上通常遇到的温度范围内辐射传热起作用的主要是红外线。固体和液体对红外线实际上都是不透明体，无论吸收或者发射射线只限于表面和深度不到 1mm 的表面薄层。对金属，这个密实薄层的厚度甚至不到 1μm，当厚度达到或超过 1μm 时，穿透率 $D_r=0$。就像 §1-2 指出的，窗玻璃、岩盐和一些无机晶体对可见光具有明显的透明性。例如，图 5-2-1 中 1mm 的光学玻璃在波长 $\Lambda=0.38\sim2.5\mu m$ 的可见光和近红外区的单色穿透率 $D_{r,\Lambda}$ 高达 0.95 以上；而在 $\Lambda\geqslant5\mu m$ 的红外区，$D_{r,\Lambda}$ 降到 0.05 以下。因此，玻璃可以用来产生温室效应(也常专称为绿屋效应)，容许透进太阳辐射，却不让室内常温下的红外辐射透射出去。石英玻璃常被做成工业炉的窥孔窗，能够挡住炉膛辐射热的向外传递。

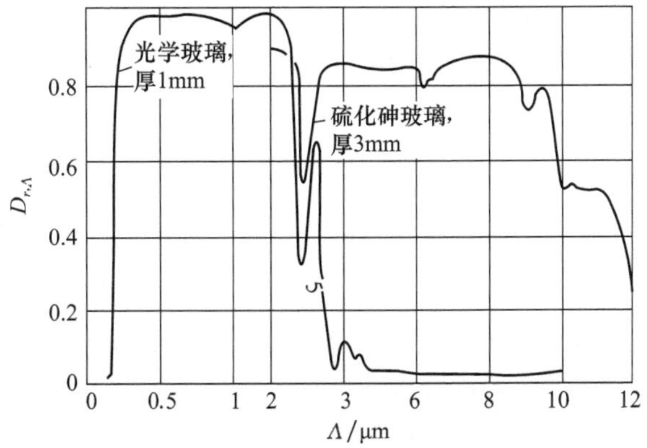

图 5-2-1　玻璃的单色穿透率

例 5-2-1　已知某太阳能集热器所采用的光学玻璃，在波长从 $\Lambda_1=0.35\mu m$ 至 $\Lambda_2=2.7\mu m$ 范围内的穿透率近乎为常量，为 $D_{r,\Lambda}=0.9$，在此范围以外的 $D_{r,\Lambda}$ 接近零。试计算按黑体表面温度为 6000K 考虑的太阳辐射和集热器集热温度为 80℃的热辐射对该玻璃的穿透率。

［**解**］（1）对于太阳辐射来说，$T=6000K$，$\Lambda_1 T=2100\mu m\cdot K$，$\Lambda_2 T=16200\mu m\cdot K$。由普朗克热辐射函数表(略见表 5-1-2)可查出：

$$\int_0^{\Lambda_1} E_{0,\Lambda}\,d\Lambda/E_0=0.085$$

$$\int_0^{\Lambda_2} E_{0,\Lambda}\,d\Lambda/E_0=0.975$$

或

$$\int_{\Lambda_1}^{\Lambda_2} E_{0,\Lambda}\,d\Lambda/E_0=0.975-0.085=0.89$$

即在波长 0.35～2.7μm 的辐射能量占总能谱的 89%。因此，该玻璃对太阳辐射的穿透率将是

$$D_r=\frac{\int_0^{\infty} D_{r,\Lambda}E_{0,\Lambda}\,d\Lambda}{E_0}=\frac{D_{r,\Lambda}\int_{\Lambda_1}^{\Lambda_2} E_{0,\Lambda}\,d\Lambda}{E_0}$$

或

$$D_r=0.9\times 0.89\approx 0.8$$

（2）对于集热器中集热表面的热辐射来说，$T=80+273=353(K)$。$\Lambda_1 T=123.6\mu m\cdot K$，$\Lambda_2 T=953.1\mu m\cdot K$。由普朗克热辐射函数表可查得

$$\int_{\Lambda_1}^{\Lambda_2} E_{0,\Lambda}\,d\Lambda/E_0\approx 0.0001$$

或

$$D_r\approx 0$$

这就清楚地看到绿屋效应(温室效应)起到有效捕集太阳辐射热的作用。玻璃对太阳辐射主要能谱范围的穿透率 $D_{r,\Lambda}$ 越高，捕集太阳辐射热的效果就越好。自然，这里尚未考虑集热器通过导热和对流传热以及玻璃的表面辐射向周围环境的散热损失。

国际上已研制出对红外辐射的单色穿透率很高的硫化砷玻璃(见图 5-2-1)。除非温度很高，通常工程材料的穿透率可近似看做 $D_r\approx 0$，表面吸收率 A_r 和同一个表面在同样表面温度下的反射率 R_r 之间有如下关系：

$$A_r+R_r=1 \tag{5-2-1}$$

或

$$A_{r,\Lambda}+R_{r,\Lambda}=1 \tag{5-2-2}$$

根据基尔霍夫定律，单色吸收率 $A_{r,\Lambda}$ 与同温度下的单色辐射率(单色黑度)ε_Λ 在数值上相等。固体和液体的表面，基本上都能向真空或气体空间发射连续的能谱。如果在给定的温度下，ε_Λ 不跟随波长变动，那么 ε_Λ＝常量＝ε，$A_{r,\Lambda}$＝常量＝A_r，$A_r=\varepsilon$，但数值小于 1 时，并不是黑体，专门称之为“灰体”。除了已经考虑到实际物体的辐射能流密度 $E_r(=\varepsilon_r E_0)$ 比同样温度下的黑体的 E_0 小，灰体的 $R_r(=1-A_r)$ 不再是零而是具有一定反射性，这就和黑体有本质上的不同。灰体仍保留能谱的

连续性和各向同性的漫散射的性质，如图 5-2-2 所示。

绝大多数辐射换热的实用计算使用的是全波谱辐射性质 ε、A_r 和 R_r。根据定义，

$$\varepsilon_r = \frac{\int_0^\infty \varepsilon_\Lambda E_{0,\Lambda} \mathrm{d}\Lambda}{\int_0^\infty E_{0,\Lambda} \mathrm{d}\Lambda} \quad (5\text{-}2\text{-}3)$$

$$A_r = \frac{\int_0^\infty A_{r,\Lambda} G_{r,\Lambda} \mathrm{d}\Lambda}{\int_0^\infty G_{r,\Lambda} \mathrm{d}\Lambda} \quad (5\text{-}2\text{-}4)$$

$$R_r = \frac{\int_0^\infty R_{r,\Lambda} G_{r,\Lambda} \mathrm{d}\Lambda}{\int_0^\infty G_{r,\Lambda} \mathrm{d}\Lambda} \quad (5\text{-}2\text{-}5)$$

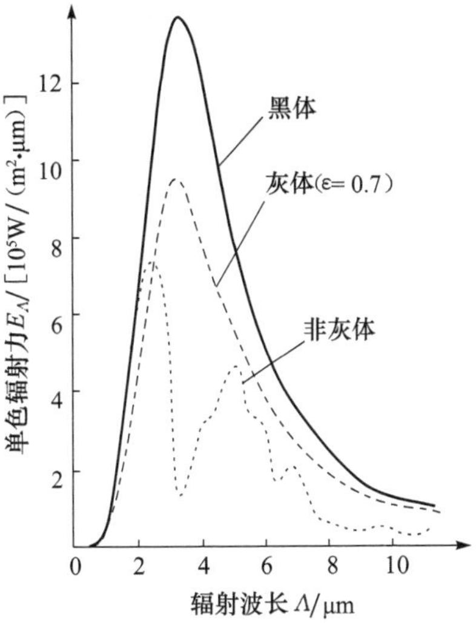

图 5-2-2　T=1000K 时，黑体、灰体和非灰体单色辐射力的比较

式中，$G_{r,\Lambda}$代表波长 Λ 的外来投射单色辐射能流密度，取决于投射辐射源的表面性质和表面的热力学温度 T_s，并且和达到受射表面以前沿途介质的吸收性有关。ε_Λ、$A_{r,\Lambda}$、$R_{r,\Lambda}$是受射表面单色辐射性质，与受射表面温度 T_F 有关。对于灰体，ε_Λ、$A_{r,\Lambda}$、$R_{r,\Lambda}$在任何波长下各保持一定的常量，因而由式(5-2-3)、式(5-2-5)和式(5-2-5)可严格导得：$\varepsilon=\varepsilon_\Lambda$、$A_r=A_{r,\Lambda}$和$R_r=R_{r,\Lambda}$，$A_r$ 和R_r 与投射辐射的能谱无关，ε 也不受 $E_{0,\Lambda}=f(T_F,\Lambda)$的影响而保持常量。这表明灰体的 ε、$A_r$ 和 R_r 与温度无关，$\varepsilon \equiv A_r = 1-R_r$。因此，只要测定灰体的 ε、$A_r$ 和 R_r 三项中任一项的值，其他两项的值就跟着被确定。

真实表面往往还不是灰体。在精确测定其 $A_{r,\Lambda}$和 $R_{r,\Lambda}$时，为了尽可能减少外来因素的干扰，可应用空腔辐射通过滤波镜让射线穿越真空或透明气体投射到试材表面，于是，式(5-2-4)和式(5-2-5)中的 $G_{r,\Lambda}$就被控制为黑体在 T_s 温度下的单色辐射力 $E_{0,\Lambda}$①。如图 5-2-2 所指出的，$\varepsilon_\Lambda = f(T_F,\Lambda)$。对于非灰体，根据式(5-2-3)，ε 仅仅取决于 T_F；而根据式(5-2-4)和式(5-2-5)，A_r 和 R_r 还与 T_s 有关。由此可见，对于非灰体，应当理解为 $\varepsilon(T_F)$和 $A_r(T_F,T_s)$。只有在平衡辐射亦即 $T_F=T_s$ 的情况下，或者 ε 不随温度改变时，才像基尔霍夫定律所指明的：$A_r=\varepsilon$。一般非金属的单色吸收率 $A_{r,\Lambda}$随波长 Λ 的变化远比随本身辐射温度 T_F 的变化显著得多，因此，总吸收率 A_r 也将主要取决于投射辐射的性质。如果投射辐射是温度为 T_s 的黑辐射，那么温度 T_F 下的吸收率在数值上可取作同一表面在 T_s 下的辐射率 ε。

① 精确测定 $A_{r,\Lambda}$和 $R_{r,\Lambda}$的技术，可参阅文献[6]。

对于金属，则现代电磁理论表明，可取 t_F 温度下的 A_r 值等于 $\sqrt{T_s T_F}$ 时的 ε 值。而在给定的表面温度 T_F 下，对比式(5-2-4)和式(5-2-5)，只要 $R_{r,\Lambda}=1-A_{r,\Lambda}$，就能导得式(5-2-1)，即 $R_r=1-A_r$。

图 5-2-3 为试材温度维持 27℃，对空腔在 816℃时发射的投射辐射单色反射率 $R_{r,\Lambda}$ 或单色吸收率 $A_{r,\Lambda}=1-R_{r,\Lambda}$ 随波长 Λ 变化关系的实测曲线。根据这个原始资料，就不难由式(5-2-4)和式(5-2-5)计算出 A_r 或 $R_{r,\Lambda}$，即

$$A_r=\frac{\int_0^{\infty} A_{r,\Lambda} E_{0,\Lambda}\,\mathrm{d}\Lambda}{\int_0^{\infty} E_{0,\Lambda}\,\mathrm{d}\Lambda}=\frac{\int_0^{\infty} A_{r,\Lambda} E_{0,\Lambda}\,\mathrm{d}\Lambda}{\sigma_0 T^4}$$

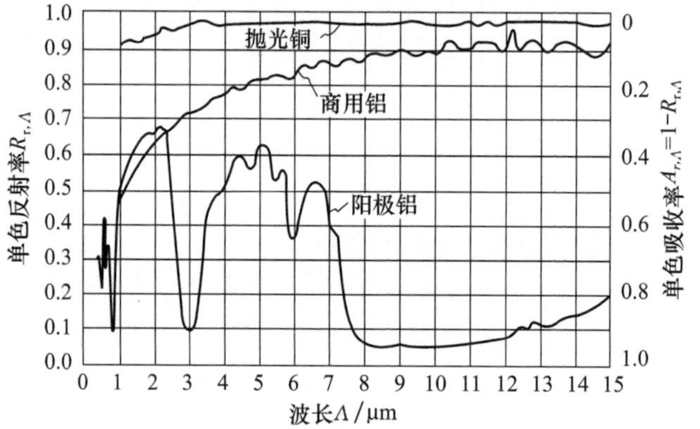

图 5-2-3 典型导电体和非导电体的单色反射率和单色吸收率随波长变化的情况

如果改写为

$$A_r=\int_0^{\infty} A_{r,\Lambda}\frac{E_{0,\Lambda}}{\sigma_0 T^5}\mathrm{d}(\Lambda T) \tag{5-2-6}$$

可直接根据辐射函数表(见表 5-1-2)进行数值积分计算。严格地说，由此得到的 A_r 和 R_r 将只适用原试验条件下在 27℃时，对 816℃投射辐射的吸收率和反射率。

真实表面也并不像黑体或灰体那样完全遵循各向同性辐射，因而定向辐射率 ε_ϕ 并非所有方向都保持同值。参看图 5-2-4，根据实测结果，木材、纸、氧化表面等不良导电体在半球范围内，ϕ 超过 60°时，ε_ϕ 就逐渐减小，超过 70°以后，ε_ϕ 值急剧减小、趋向于零。不过，这种减小，从辐射能量在各个方向上按余弦分配的观点来看，事实上无关紧要，图 5-2-4 中曲线上 1、2、3 的半球平均辐射率 ε 仍然接近于法向辐射率 ε_n。在工程计算中可取作 $\varepsilon\approx0.95\varepsilon_n$。只有表面磨光的金属(图 5-2-4 中曲线 4、5、6)才观察到在半球范围内偏离兰贝特定律更显著的偏差：$40°<\phi<80°$时，ε_ϕ 值随 ϕ 增加而逐渐加大；$\phi>80°$后，ε_ϕ 值又随 ϕ 增加而减小、趋向于零；此时，$\varepsilon\approx1.2\varepsilon_n$。导电体和非导电体的 $\frac{\varepsilon}{\varepsilon_n}$ 见图 5-2-5[7]。

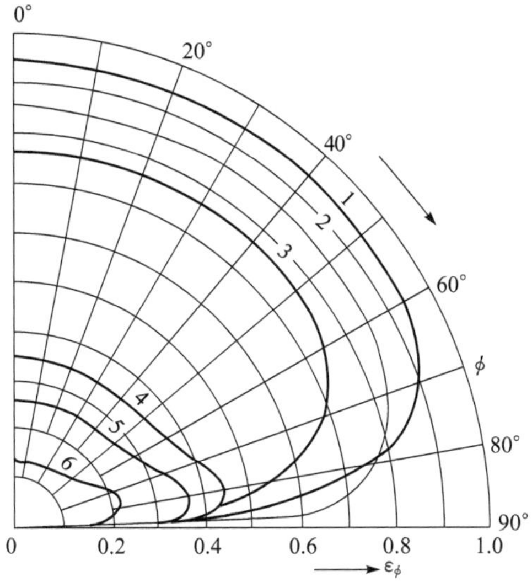

图 5-2-4　真实表面的定向辐射率 $\varepsilon_\phi = f(\phi)$

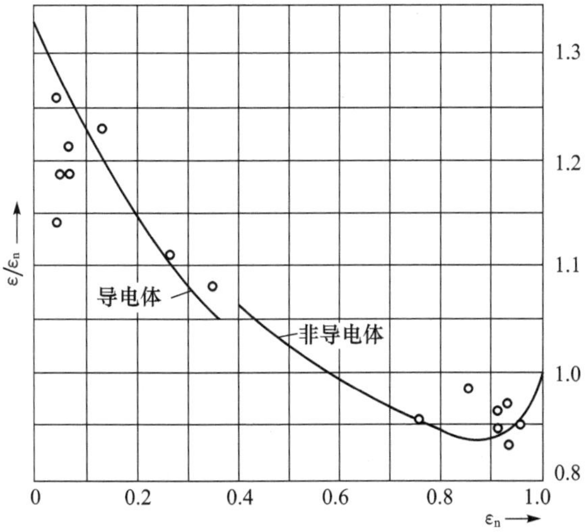

图 5-2-5　导电体与非导电体的 $\varepsilon/\varepsilon_n$

电磁理论指出:固体和液体要看是导电体还是非导电体,在红外区具有不同的表面辐射特性[8~10]。作为良导电体,金属的辐射性质主要由自由电子决定,因而在辐射率(黑度)ε 和金属的电阻系数 σ_e(以 Ω · m 计)之间存在着内在的联系:ε 和 ε_n 随 σ_e 的增加而增大,而且越是电的良导体,ε_n 越小。电磁理论还指出金属的 ε_Λ 将随 Λ 加大而减小,ε_ϕ 在 ϕ 接近 90°时应减小,到 ϕ=90°时减为零。图 5-2-3 中,抛光铜的 R_r 最大;阳极化的铝,由于表面氧化,性质接近于非导电体,ε_Λ 将随 Λ 增加而具有非规则性的变化。图 5-2-5 所示为电磁理论计算线与实测结果(实验点)的比较。

高度磨光的金属表面,在常温下极好的反射体的 ε 值随温度升高而微有升高,如表 5-2-1 所示。大多数金属观察到 ε 随温度线变化的性质。但在高温下,金属表面氧化。例如,严重氧化后的铝,30℃和 500℃时的 ε_r 值分别为 0.85 和 0.5。黑色氧化铜或铸铁,包括氧化后的钢,在常温下的 $\varepsilon_r \approx 0.8$。这是因为金属参与热辐射的只限于极薄的表面薄层,金属表面条件对辐射率的影响非常大,人眼所觉察不到的薄氧化层、杂质层或表面粗糙度等都可能改变金属表面的 ε_r 值,厚氧化层甚至使金属辐射率增大一个数量级。严格描述表面条件的困难性,造成文献资料中所提供的金属辐射性质的数据相互间有可能差别很大[11]。采用微波加工时的辐射性质可参阅文献[12]。

表 5-2-1 磨光金属表面的 ε

金属	温度/℃		
	30	250	500
铜、铝	0.04	0.05	0.08
金	0.02	0.02	0.03
银	0.01	0.02	0.03
钼	0.07	0.10	0.14

绝大多数非金属材料的 ε_r 值在 0.85～0.95。凡视觉明亮的非金属表面,ε_r 值都随温度升高而减小。视觉暗黑的表面,ε 值随温度升高而增大或者下降很少。耐火材料的 ε_r 值有可能在高温范围内降低 1/4,主要取决于晶粒结构和颜色,而不是它的化学成分。缺乏实际资料时,工程计算中通常可近似地取作 $\varepsilon_r = 0.9$。一般地说,非金属材料的辐射率(黑度)ε_r,与包括颜色在内的表面状况之间并无明显的关系。但对太阳辐射的吸收率,则与颜色有很大牵连,黑色表面的 $A_{r,s}$ 可以高达 0.98,而白色的 $A_{r,s}$ 有可能小到 0.15 左右。

工程传热计算常假定固体表面为灰表面或者在一定波长范围内的准灰表面,使分析得以简化[13]。灰表面和给定波长范围内的准灰表面可取作 $A_r = \varepsilon$ 和 $R_r = 1 - A_r = 1 - \varepsilon$,与波长 Λ 无关;$\varepsilon_\phi = \varepsilon_n = \varepsilon$。工程材料的 $\varepsilon_{\phi,\Lambda} = f(\phi, \Lambda, T)$ 的基本数据至今仍很缺乏,这种作灰体和准灰体的假定,对绝大部分工程材料来说是不可避免的。采用红外和微波炉加热或烘干湿物料和食品,因射线激发入射表层原子相同频率的共振而取得快速升温和驱除湿分的节能效益。

§5-3 气体热辐射性质

不同于固体和液体,气体在给定温度下靠分子的碰撞引起分子内部原子振动和原子中电子运动轨道等各种变异，使分子内能部分转化为发射光子而带走辐射能。气体的温度越高，气体分子的动能越大，通过碰撞产生原子激发和释放出的光子能量 $e_r = h\nu_r$ 也就越多，发射的射线波长则越短。在 1500℃以下，气体的热辐射基本上与气体分子运动和原子振动的异变联系一起，发射出 $\Lambda = 1 \sim 30\mu m$ 的红外线。温度更高，分子碰撞引起电子运行轨道的异变作用逐渐显著，将同时发射可见射线，并使能谱的分布更多地移向波长更短的一边。如果温度高到气体离解，气体的原子和离子占优势，将发射连续的辐射能谱，是原子和离子场中电子运动的结果。本节只简明介绍气体热辐射的基本性质，为第 6 章辐射传热分析和计算服务①。

纯气体谈不上有反射性，通常把气体与固体或液体交界面上的反射过程归因于固体或液体，可认为气体的反射率 $R_r \to 0$，因此

$$A_r + D_r = 1 \tag{5-3-1}$$

气体的吸收率越高，透射性越小。所谓的透明气体泛指吸收性极其微弱、$A_r \to 0$ 的气体。根据基尔霍夫定律（见§5-1），能吸收辐射能的也就有发射辐射能的能力。仍参看图 5-1-3，在密闭空腔内，F_1 和 F_2 组成整个空腔内表面的温度保持相同，$t_1 = t_2 = t_F$ 时，充入相同温度的吸收性气体，气体温度 $t_g = t_F$，气体和空腔内表面处于稳定的热平衡状态。此时，F_1 和 F_2 分别辐射出同样多的能流，但射线从 F_1 穿过气层到达 F_2 时被吸收性气体吸收掉一部分。能量的减少，只能由吸收性气体自身的辐射补足。由此可见，在 $T_g = T_F$ 的平衡辐射情况下，气体得到多少能量，就应同时发射多少能量。只有平衡辐射时，基尔霍夫定律才能继续保持有效，气体的黑度 $\varepsilon = A_r$，或者气体的单色辐射率为 $\varepsilon_\Lambda = A_{r,\Lambda}$。对于将近黑体或者灰体的气体，$\varepsilon_\Lambda = \varepsilon$，$A_\Lambda = A$。这样，吸收性气体能发射和吸收辐射能流，透明气体则不参与辐射传热过程。

1. 气体的吸收系数和气层吸收率

与固体和流体相比，气体的凝聚程度小，对光子的吸收和发射比较少，决定了辐射能流的吸收和发射不再限于表面层，而深入相当厚的气层中去，使整个辐射传热过程扩展到整个气体空间。固体和液体表面发射波长为 Λ 的单色热射线以初始辐射强度 $I_{\Lambda,x=0}$ 穿过吸收性气层时，由于沿程被吸收，在 x 处的辐射强度减小到 $I_{\Lambda,x}$，减少的程度取决于气体的种类和中途所碰到的气体分子数目，后者又正比于所经历的路程长度和气体密度 ρ。在 $\mathrm{d}x$ 的气层间，可被表示成下式：

$$-\mathrm{d}I_{\Lambda,x} = K_{r,\Lambda}\rho I_{\Lambda,x}\mathrm{d}x \qquad [\mathrm{W/(m^2 \cdot 球面度)}] \tag{5-3-2}$$

① 更详细的气体热辐射性质的物理基础的探讨，可参看文献[13]～[15]。

引进的比例系数 $K_{r,\Lambda}$ 称为该吸收性气体的单色吸收系数[①]，是该气体所处热力学状态的物性量，与该气体的温度和压力有关。式(5-3-2)从 $x=0$ 积分到 $x=l$，给出

$$I_{\Lambda,x=l}=I_{\Lambda,x=0}\mathrm{e}^{-K_{r,\Lambda}\rho l}\qquad[\mathrm{W}/(\mathrm{m}^2\cdot\text{球面度})]\tag{5-3-3}$$

式(5-3-3)为布格尔定律的表达式，是布格尔(P. Bouguer)最先在 1729 年提出的，习惯上把 $K_{r,\Lambda}\rho=a_{r,\Lambda}$ 称为气体的单色减弱系数。于是，气层的单色吸收率为

$$A_{r,\Lambda}=\frac{I_{\Lambda,x=0}-I_{\Lambda,x=l}}{I_{\Lambda,x=0}}=1-\mathrm{e}^{-K_{r,\Lambda}\rho l}\tag{5-3-4}$$

气层的单色穿透率或单色透射率为

$$D_{r,\Lambda}=\frac{I_{\Lambda,x=l}}{I_{\Lambda,x=0}}=\mathrm{e}^{-K_{r,\Lambda}\rho l}\tag{5-3-5}$$

$$A_{r,\Lambda}+D_{r,\Lambda}=1\tag{5-3-6}$$

气体的减弱系数大，相应于气层厚度容许透射的份额小，气层的吸收率高，透射率低。透明气体的减弱系数小到等于零，透射率等于 1。

单色吸收系数 $K_{r,\Lambda}$ 和单色减弱系数 $a_{r,\Lambda}=K_{r,\Lambda}\rho$ 是气体的固有性质，反映气体辐射的重要特征。气层的单色吸收率 $A_{r,\Lambda}$ 不再仅仅取决于气体本身的性质，还和气层的厚薄有关。气层越厚，$A_{r,\Lambda}$ 越大，越趋近于 1，最终表现为黑体单色辐射的 $A_{r,\Lambda}=1$，固体和液体的单色吸收率只取决于表面的性质，而在气体中，理论上容许射线深入 $l\to\infty$ 处。根据式(5-3-3)，只要无因次深度 $K_{r,\Lambda}\rho l=a_{r,\Lambda}l$ 达到 4.6，辐射强度就减弱到只有 1%。当然，式(5-3-3)严格适用于 $a_{r,\Lambda}=K_{r,\Lambda}\rho$ 沿整个程长 l 维持常量的情况，即仅限于等温气层。如果气层出现不均匀的温度分布，甚至压力也分布不均匀而导致不均匀的密度场，式(5-3-3)应修正为

$$I_{\Lambda,x=l}=I_{\Lambda,x=0}\mathrm{e}^{-\int_0^l(K_{r,\Lambda}\cdot\rho)\mathrm{d}x}\qquad[\mathrm{W}/(\mathrm{m}^2\cdot\text{球面度})]\tag{5-3-7}$$

无因次量 $\int_0^l(K_{r,\Lambda}\rho)\mathrm{d}x=\int_0^l a_{r,\Lambda}\,\mathrm{d}x$，$a_{r,\Lambda}$ 为沿程不变时的 $a_{r,\Lambda}l$，有时称为吸收介质的无量纲光学深度。

对于同一种气体，$\rho=f(p,T_g)$，在给定温度 T_g 下，如果把气体的密度取作正比于气体的压力 p，那么 $a_{r,\Lambda}\propto p$，或

$$\frac{a_{r,\Lambda}(p)}{a_{r,\Lambda}(p_0)}=\frac{p}{p_0}\tag{5-3-8}$$

① 文献中，也常遇到直接把 $K_{r,\Lambda}\rho=a_{r,\Lambda}$ 叫做单色吸收系数。对于单向平行的单色射线束，$a_{r,\Lambda}$ 代表每米气体层的吸收份额；而 $K_{r,\Lambda}$ 则代表每米气体层单位密度的吸收份额，与气体的稠密程度有关。$K_{r,\Lambda}$ 和 $a_{r,\Lambda}$ 都不是无因次量，$a_{r,\Lambda}=K_{r,\Lambda}\rho$ 的单位是 1/m，$K_{r,\Lambda}$ 的单位是 m^2/kg。

只要已知 $p_0=1\text{atm}$① 或 0.981bar 时的 $a_{r,\Lambda}(p_1)=f(T_g)$，在气体混合物中分压力为 p_i 时的 $a_{r,\Lambda}(p_i)$ 将是 $a_{r,\Lambda}(p_0)$ 的 p_i 倍。至今还未完全清楚混合气体中其他组分的稀释作用，但一般来说，影响程度极小。式(5-3-8)就是比尔(Beer)定律的表达式，对于遵守或者接近于遵守理想气体状态方程的气体显然是正确的。于是，pl 乘积成为吸收性气体层光学深度的量度，可以把 $a_{r,\Lambda}=\varepsilon_\Lambda$ 表示成如下的函数形式：

$$\varepsilon_\Lambda = A_{r,\Lambda} = f(\Lambda, T_g, pl) \tag{5-3-9}$$

2. 气体辐射的选择性

吸收性气体辐射的另一个特点是发射和吸收的波谱不连续，带有选择性，是典型的非灰体，只发射和吸收某些波长间隔 $\Delta\Lambda$——波带中的那部分能量。对这些特定波带以外其他波长的射线，气体变成透明体。吸收性介质的选择性越尖锐，在该吸收性介质中辐射能流强度减弱的选择性效应势必越强烈。根据不同研究者的实测结果，图 5-3-1[16] 和图 5-3-2[17] 分别示出 CO_2 和 H_2O 各吸收带的分布情况。图 5-3-1 中，曲线 1、2、3 的气层厚度比较接近，曲线 4 的气层就厚得多，相当于 $pl=0.03\sim1\text{atm}\cdot\text{m}\approx0.38\sim0.98\text{bar}\cdot\text{m}$。由图 5-3-1 可以看出 CO_2 最主要的三个吸收带大致为：2.6～2.8μm；4.1～4.5μm；12.5～17μm。图 5-3-2 示出 $pl\approx 0.04\sim1.09\text{atm}\cdot\text{m}$ 的 H_2O 吸收能谱，比 CO_2 有更多的吸收波带，但照样有明显的选择性。在每个波带内，当 $l\to\infty$ 时，$\varepsilon_\Lambda=A_{r,\Lambda}\to1$；而在这些吸收波带外，$\varepsilon_\Lambda=$

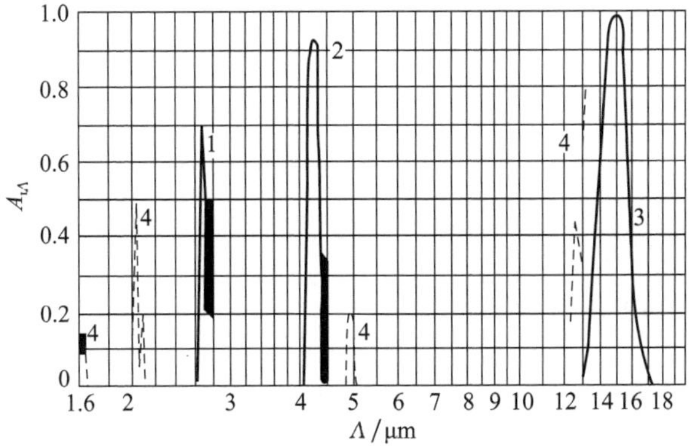

图 5-3-1　CO_2 的吸收能谱

气层厚度：1. 0.05m；2. 0.03m；3. 0.063m；4. 1m

① 工程上常用的压力单位是工程大气压(atm)，简称气压，并不是普通大气的压力，而是指 $1\text{atm}=1\text{kgf/cm}^2$。在国际单位制中，压力的单位是帕(Pa)，$1\text{Pa}=1\text{N/m}^2$，或 $1\text{bar}=10^5\text{Pa}=1.02\text{atm}$。

$A_{r,\Lambda}=0$。图 5-3-2(a)中，$t=127℃$，$l=0.109\text{m}$。图 5-3-2(b)中，曲线 a 为 $t=127℃$，$l=0.109\text{m}$；曲线 b 为 $t=127℃$，$l=0.104\text{m}$；曲线 c 为 $t=127℃$，$l=0.324\text{m}$；曲线 d 为 H_2O-空气混合物，$t=81℃$，$l=0.0324\text{m}$，折算成单纯 H_2O 的 $l=0.04\text{m}$；曲线 e 为湿空气，室温，$l=2.2\text{m}$，折算成单纯 H_2O 的 $l=0.07\text{m}$。根据实测到的各个波带，可从式(5-2-3)连同式(5-1-1)计算出不同气体温度 t_g 下无限厚气层的极限辐射率 $\varepsilon_{\infty,CO_2}$ 和 $\varepsilon_{\infty,H_2O}$，计算结果见图 5-3-3。极限辐射率与温度之间的复杂关系，是选择性效应以及式(5-1-1)所表达的在不同温度下黑辐射的 $E_{0,\Lambda}$ 随波长分布性质的综合影响的体现。极限辐射率 ε_{∞} 是吸收性气体的特性，仅取决于气体的种类和状态。$\varepsilon_{\infty,H_2O}$ 比同温度下的 $\varepsilon_{\infty,CO_2}$ 高 1～2 倍，因为 H_2O 比 CO_2 具有较多和较宽的吸收波带。

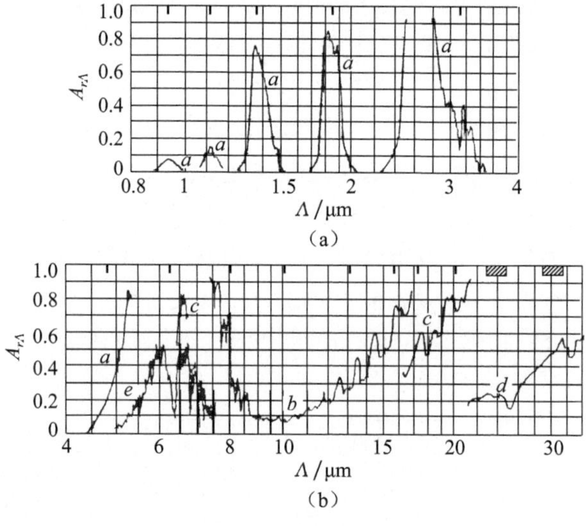

图 5-3-2　H_2O 的吸收能谱

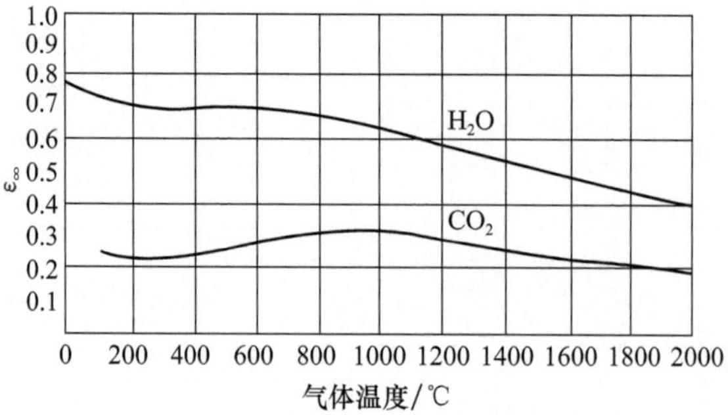

图 5-3-3　$l\to\infty$时，CO_2 和 H_2O 的极限辐射率

3. 气体辐射率图表及其应用

根据 CO_2、CO_2 与 N_2 等混合气体公认准确的实测数据，已按式(5-3-9)的形式计算并编绘了气体总压力 $p_0=1\text{atm}$ 时 CO_2 的辐射率 $\varepsilon_{CO_2}=f(t_g, p_{CO_2}l)$ 的函数图，见图 5-3-4。$p_{CO_2}\leqslant p_0$，因此，当 $p_{CO_2}l\to\infty$ 时，就是图 5-3-3 中的 $\varepsilon_{\infty,CO_2}$ 曲线。p_0 升高时，在同样温度下气体分子的密集程度和 CO_2 分子受碰撞的概率增加，引起 ε_{CO_2} 上升。总压力 p_0 高于或者低于大气压力时，受仪器（辐射计）的局限，高温气体热辐射的精确测定比较困难，公开报道的资料很少。图 5-3-5 提供了近似校正 p_0 影响的修正系数 $c_{CO_2}=\dfrac{\varepsilon_{CO_2,p_0}}{\varepsilon_{CO_2,p_c=1}}$。$p_0=1\text{atm}$ 时，$c_{CO_2}=1$。图 5-3-6 为 $p_0=1\text{atm}$ 时的 $\varepsilon_{H_2O}=f(t_g, p_{H_2O}l)$ 的函数图。但实测表明，蒸汽（水蒸气）已明显偏离比尔定律，p_{H_2O} 和 l 对 ε_{H_2O} 的影响不能简单采用 $p_{H_2O}l$ 乘积的方式合并考虑，所以从图 5-3-6 所查到的 ε_{H_2O} 值还必须乘以和分压力 p_{H_2O} 有关的某种修正系数。图 5-3-7 把这种修正与考虑 p_0 影响的修正综合成 β 系数；即便 $p_0=1\text{atm}$，只要 $p_{H_2O}>0$，β 就将是一个大于 1 的修正值。

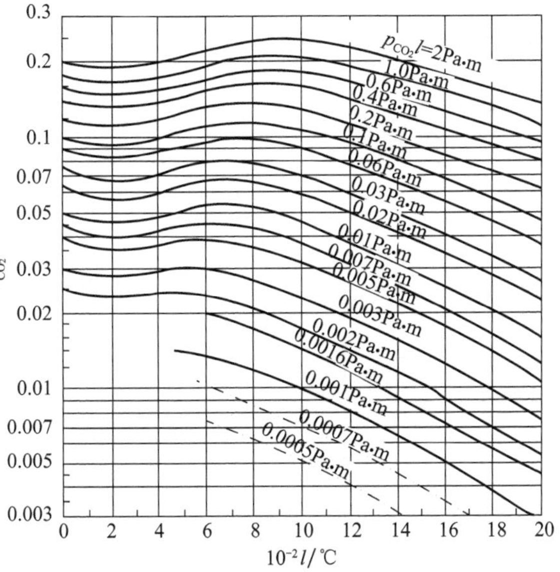

图 5-3-4　$p_0=1\text{atm}$ 时 CO_2 的辐射率

CO_2 和 H_2O 的吸收带具有彼此重叠的部分。这就意味着同时含有 CO_2 和 H_2O 的混合气体，如烟气中 CO_2 和 H_2O 发射的射线能量，在重叠的波带内会互相吸收，因此，混合气体的辐射率要比混合气体中所含 CO_2 和 H_2O 单独辐射率的总

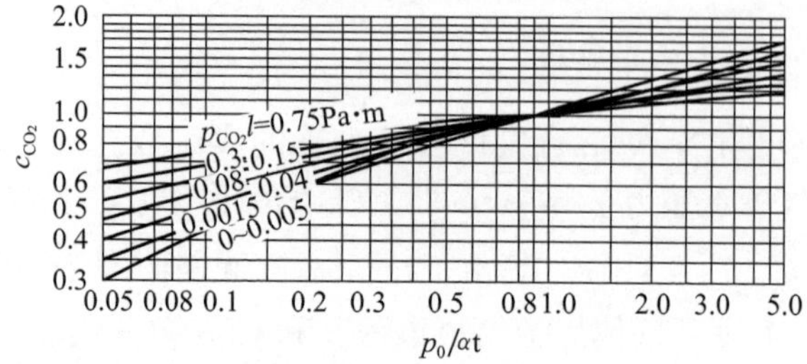

图 5-3-5　考虑 p_0 对 ε_{CO_2} 影响的修正系数 C_{CO_2}

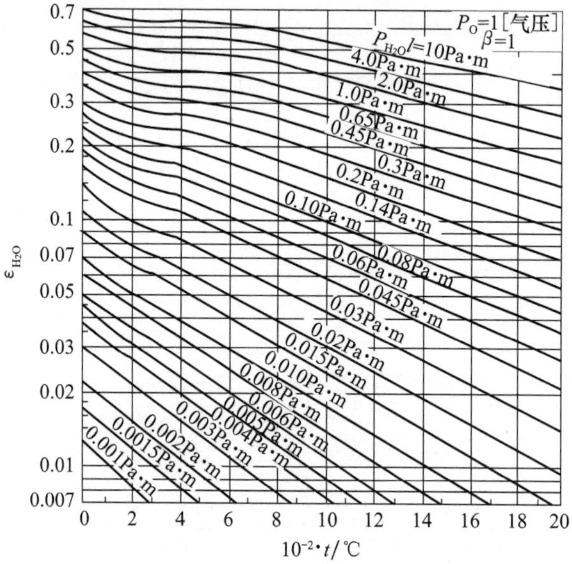

图 5-3-6　p_0 = 1atm 时 H_2O 的辐射率

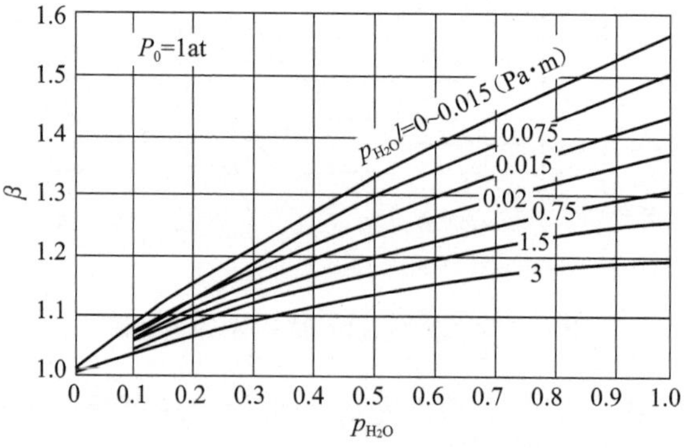

图 5-3-7　p_0 和 p_{H_2O} 影响的修正系数

和小,即

$$\varepsilon_g = c_{CO_2}\varepsilon_{CO_2} + \beta\varepsilon_{H_2O} - \Delta\varepsilon_g \tag{5-3-10}$$

校正量 $\Delta\varepsilon_g$ 通常不过 0.02～0.03(见图 5-3-8);只有在需要精确的计算时,或者 $p_{CO_2}l + p_{H_2O}l$ 的值很大时,才应该考虑这个校正量。

图 5-3-4～图 5-3-8[18]可被用来计算 CO_2 和 H_2O 及其混合物包括烟气的吸收率。先设想气体温度就是外壳表面温度 t_s,这种平衡辐射时的吸收率在数值上等于辐射率。注意,气体温度若从 t_g 变至表面温度 t_s,初步按理想气体状态方程考虑时的分压力将相应改变为 $p\left(\frac{T_s}{T_g}\right)$。根据 t_s,并以 $pl\left(\frac{T_s}{T_g}\right)$代替 pl,由相应各图求得气体温度为 t_s 时的 ε。接下来,再设想气体温度从 t_s 回复到实际的 t_g,把求出的 ε_{CO_2} 值乘以$\left(\frac{T_s}{T_g}\right)^{0.65}$才是 A_{r,CO_2};ε_{H_2O}乘以$\left(\frac{T_s}{T_g}\right)^{0.45}$才是 A_{r,H_2O}。迄今为止,这种经验处理方法通过实践证明是有效的。

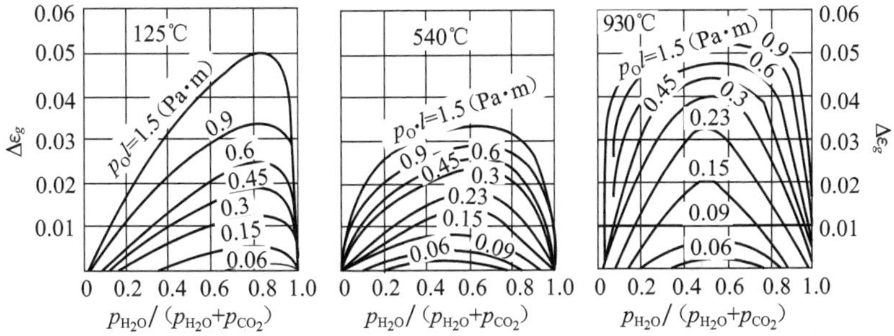

图 5-3-8　计算 CO_2 和 H_2O 混合气体辐射率的修正

4. 射线平均行程

气体辐射是在整个气体空间进行的容积辐射,必然是各向同性的漫散射。气层的 ε_r 和 A_r 应该指气层向半球空间的(总)辐射率和(总)吸收率,也只有这种气体半球体对底面中心的射线行程才能经历同样的长度 l。参看图 5-3-9(a),作为整体计算来说,需要找到射线行程的平均长度 $\bar{l}$,相当于把气体的实际空间形状设想成 5-3-9(b)中半径为 l 的当量半球空间。

由图 5-3-9(a),气体微元体积 $\mathrm{d}V=\mathrm{d}f\mathrm{d}s$,从 s 到 $s+\mathrm{d}s$、厚 $\mathrm{d}s$ 的气层朝 $\mathrm{d}F$ 方向发射射线,波长为 Λ 的单色辐射强度为$\frac{\partial I_\Lambda}{\partial s}\mathrm{d}s$,以 W/(m^2 · 球面度 · μm)计,或由 $\mathrm{d}V$ 气体的本身朝 $\mathrm{d}F$ 方向,在 $\mathrm{d}\Omega$ 立体角内的辐射强度为

$$\mathrm{d}^2Q_{r,\Lambda} = \frac{\partial I_\Lambda}{\partial s}\mathrm{d}s\mathrm{d}f\mathrm{d}\Omega = \frac{\partial I_\Lambda}{\partial s}\mathrm{d}V\mathrm{d}\Omega \tag{a}$$

$d\Omega$ 代表从 df 到 dF 的立体角,图中未标示。

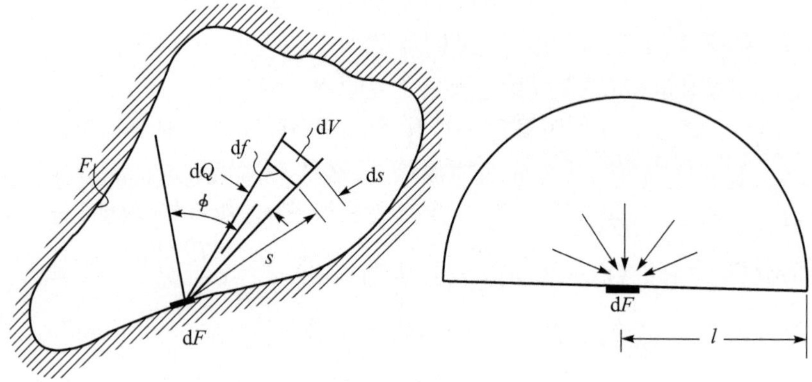

(a)　　(b)

图 5-3-9　气体辐射的射线平均行程 $\bar{l}$

而

$$I_\Lambda = \frac{E_\Lambda}{\pi} = \frac{\varepsilon_\Lambda E_{0,\Lambda}}{\pi} \tag{b}$$

$$\frac{\partial I_\Lambda}{\partial s} = \frac{E_{0,\Lambda}}{\pi}\frac{\partial \varepsilon_\Lambda}{\partial s} \tag{c}$$

根据基尔霍夫定律,并由式(5-3-4),有

$$\frac{\partial \varepsilon_\Lambda}{\partial s} = a_{r,\Lambda} e^{-a_{r,\Lambda}s} \tag{d}$$

$a_{r,\Lambda}s$ 很小,气体本身的吸收小到可被忽略时:

$$\left.\frac{\partial \varepsilon_\Lambda}{\partial s}\right|_{a_{r,\Lambda}s \to 0} = a_{r,\Lambda} \tag{e}$$

并由式(d),有

$$\varepsilon_\Lambda \approx a_{r,\Lambda}s \tag{f}$$

透明气体的 $a_{r,\Lambda}=0$,根据式(f),$\varepsilon_\Lambda=0$。

将式(e)和式(c)代入式(a),则

$$d^2Q_{r,\Lambda} = \frac{E_{0,\Lambda}}{\pi} a_{r,\Lambda} dV d\Omega$$

微元体积 dV 的气体对周围整个表面积 F,即 4π 球面度的辐射热流为

$$dQ_{r,\Lambda} = 4E_{0,\Lambda}a_{r,\Lambda}dV \tag{g}$$

或整个空间体积 V 对周围表面积 F 的气体本身辐射热流为

$$Q_{r,\Lambda} = 4E_{0,\Lambda}a_{r,\Lambda}V \tag{h}$$

由式(f),气体的半球单色(全)辐射率的平均值为 $\bar{\varepsilon}_\Lambda = a_{r,\Lambda}\bar{l}$,因此也可表示为

$$Q_{r,\Lambda} = \bar{\varepsilon}_{\Lambda} E_{0,\Lambda} F = a_{r,\Lambda} \bar{l} E_{0,\Lambda} F \tag{i}$$

对比式(h)和式(i),可知

$$\bar{l} = \frac{4V}{F} \tag{5-3-11}$$

式(5-3-11)是在气体的 $a_{r,\Lambda}s \to 0$ 的极限下导得的。分析表明,在工程计算常遇到的 $a_{r,\Lambda}s$ 范围内,可以引进修正系数 m,表示为

$$\bar{l} = m\frac{4V}{F} \tag{5-3-12}$$

m 值在 0.85 到 1 之间,一般取作 0.9。表 5-3-1 提供了由此得到的不同形状气体空间的射线平均行程 $\bar{l}$。

表 5-3-1　不同形状气体空间的 $\bar{l}$

空间形状	$\bar{l}$
直径为 d 的球	$0.60d$
直径为 d 的长圆柱,对侧表面辐射	$0.90d$
直径与高度均为 d 的圆柱,对底面中心辐射	$0.77d$
直径与高度均为 d 的圆柱,对全表面辐射	$0.60d$
相距 δ 的平行大平板之间的气体夹层	1.8δ
边长为 a 的正立方体	$0.60a$
外直径为 d 的管,按变间距 s 等边三角形排列	$2.8(s-d)$
外直径为 d 的管,矩阵排列,横向与纵向管间距各为 s_1 和 s_2	$0.9d\left(\frac{4}{\pi}\frac{s_1 s_2}{d^2}-1\right)$

由热力学温度为 T_g 的等温气体层的 $\bar{l}$,可从气体辐射率图表查取相应的 $\bar{\varepsilon}_g$,得到外壳每平方米表面积的气体辐射力为

$$E_g = \bar{\varepsilon}_g \sigma_0 T_g^4 \tag{5-3-13}$$

或气体的本身辐射能流为 $E_g F$。

5. 容积辐射能流密度和容积辐射系数

将单位体积的气体向周围辐射的能流 U_r 称为气体的容积辐射能流密度,根据式(h),在忽略气体自吸收的情况下,例如对在(x,y,z)处的微元体积$(\mathrm{d}x\mathrm{d}y\mathrm{d}z)$的气体来说:

$$U_{r,\Lambda} = 4E_{0,\Lambda}a_{r,\Lambda} = 4\pi I_{0,\Lambda}a_{r,\Lambda} \quad [\mathrm{W/(m^3 \cdot \mu m)}] \tag{5-3-14}$$

而

$$U_r = \int_0^\infty U_{r,\Lambda}\mathrm{d}\Lambda \quad (\mathrm{W/m^3}) \tag{5-3-15}$$

透明气体的 $U_{r,\Lambda}$和 U_r 都等于零,气体既不吸收、也不辐射能流。

用式(5-3-14)计算整个容积空间 V 的气体本身辐射能为 $U_r V$ 时,由于未考虑

气体自吸收的影响，还由于是整体的集总分析，式(5-3-14)和式(5-3-13)一样只适用于气体保持等温而带有局限性。为了克服这个局限，可引进气体的单色容积辐射系数 $\eta_{r,\Lambda}\rho$，$\eta_{r,\Lambda}$是气体单位质量的单色辐射系数。于是，式(a)的最左端项为

$$d^2Q_{r,\Lambda} = \eta_{r,\Lambda}\rho dV d\Omega \qquad (W/\mu m) \qquad (5\text{-}3\text{-}16)$$

根据式(5-3-2)，并注意到图 5-3-9(a)中 ds 的取向与射线朝向相反，式(a)的最右端项将是 $K_{r,\Lambda}\rho \dfrac{E_{0,\Lambda}}{\pi} dV d\Omega$，或对比式(5-3-16)而有

$$\eta_{r,\Lambda} = K_{r,\Lambda}\frac{E_{0,\Lambda}}{\pi} \qquad [W/(kg\cdot\text{球面度}\cdot\mu m)] \qquad (5\text{-}3\text{-}17)$$

吸收性气体的单色容积辐射系数($\eta_{r,\Lambda}\rho$)与单色减弱系数($K_{r,\Lambda}\rho$)之比应等于黑体在气体当地温度下的单色辐射强度 $I_{0,\Lambda}=\dfrac{E_{0,\Lambda}}{\pi}$。$\eta_{r,\Lambda}$和 $\eta_{r,\Lambda}\rho$ 都是气体的热辐射性质。如果不是等温吸收气层，只要有 $K_{r,\Lambda}$的数据资料，就能用差分近似法由 $K_{r,\Lambda}$和 $\eta_{r,\Lambda}$建立起空间各个节点的辐射能流，包括发射和吸收的热平衡方程，从而充分描述辐射场的实际情况(详见§6-9)。

注意，这里提出的容积辐射能流密度$\dot{U}_r$和辐射理论中常涉及的辐射能的容积密度U_r是两个不同的概念。U_r 相当于辐射场单位容积的内能，是指空间某个地点(x,y,z)在某个瞬间 τ、单位容积空间里的辐射能总量。如果在该瞬间、该地点、沿 ϕ 方向的辐射强度为 I_ϕ，则立体角 $d\Omega$ 和时间间隔 $d\tau$ 内，通过垂直于 ϕ 方向的微元面积 dF 的辐射总量为 $I_\phi dF d\Omega d\tau$。由于辐射能的传播速度为光速 c_r，因此在 $d\tau$ 时间、立体角 $d\Omega$ 的辐射能束所经历的路程长度为 $dl=c_r d\tau$，单位容积内的辐射能量为$\dfrac{I_\phi dF d\Omega \frac{dl}{c_r}}{dF dl}=\dfrac{I_\phi}{c_r}d\Omega$。在 τ 瞬间和(x,y,z)地点，沿各个方向传播的辐射能流密度为

$$U_r = \frac{1}{c_r}\int_0^{4\pi} I_\phi d\Omega$$

各向同性的漫散射场的 $I_\phi=I_n$，则

$$U_r = \frac{1}{c_r}4\pi I_n = \frac{4}{c_r}E_r \qquad (5\text{-}3\text{-}18)$$

若热辐射场不稳定，则 U 还与时间有关(见§6-9)。若为等温透明气体，气体本身不参与热辐射过程，$U_r=0$，而内能 U 不是零，并且不随地点改变，辐射场将保持均匀。吸收性气体介质在不同地点的 U 值就可以不一样。

§5-4 火焰辐射

“洁净”气体燃料如氢或者无灰分的燃料充分燃烧时火焰略带蓝色而将近无

色，很少有热的感觉，称为化学发光性。例如，本生灯的火焰就是如此。这种火焰辐射具有选择性，可按 § 5-3 介绍过的不发光气体的辐射同样处理。

除了无烟煤、焦炭以及某些气体燃料如发生炉煤气和鼓风炉煤气在燃烧时会产生不发光火焰以外，绝大多数燃料燃烧包括无灰分的燃料在空气供应不足时的不完全燃烧所形成的发光火焰或者观察煤油灯的火焰，往往是淡红或者橙黄色的。这种颜色来自碳氢物质（烃）燃烧过程中粒径大约只是 0.2μm、炽热的极细碳粒，能使气体辐射热成倍增加。煤粉燃烧时，粒径大得多（平均达到 25μm 左右）的大量煤粉被逐渐烧成灰；重油燃烧时，在产生未聚合前的粒径只有 0.006～0.06μm 的碳黑，同时所含沥青质会焦结成 50～200μm 的颗粒。这些较大的悬浮颗粒，对辐射射线是不透明体，相当于在火焰中存在着许多小黑体而进一步增强火焰黑度，明显地接近黑体的辐射能力。夹带微粒的粒径过细时，如发光火焰中的烟炱，未聚合前的粒径约为 0.025μm，对辐射射线又几乎是透明的。两种性质很不相同。可以认为，火焰之所以会发光，是因为火焰中具有烃的热分解产物、炽热的烟渣、煤屑和飞灰。这种火焰常称为"火炬"。

不难理解，气体夹带大量灰粒、液滴（如重油雾化）、烟渣等颗粒悬浮体时，将使介质看起来显得浑浊，也就是说，能够吸收更多波带的射线、包括可见射线的能量，整个吸收波谱和能谱趋近于连续。火炬的辐射要比气体的辐射更接近于固体的辐射。作为初步近似，工程计算中，常把火炬看做是灰体。自然，火炬还不是灰体，短波的单色辐射率高于长波的单色辐射率。所以，目测任何发光的火焰，连煤油灯或者任何有烟的油的发光火焰，在可见光范围内都好像是不透明的，然而火炬的实际黑度可能各不相同，甚至相差很远。对于各种常见尺寸的工业炉来说，火炬黑度 ε_f 的值可以高达 0.6～1，与实际浓度有关比起由烟气中的 CO_2 和 H_2O 含量所计算得到的气体辐射率高得多。据报道，由工业规模的炉膛测得天然煤气燃烧时，可从不发光火焰的辐射率为 0.2 提高到火焰发光时的 0.6 以上，个别的甚至 $\bar{l}=0.6$m 时，ε_f 就能达到 0.95。

火焰的特点是伴有燃烧过程。一方面，燃烧温度分布不均匀，给火焰温度的精确描述造成困难。另一方面，火炬辐射主要取决于火炬中所含微粒的辐射，而这些微粒的数量又受燃料种类，燃烧方法（雾化程度），燃烧速率，燃烧空间的形状、大小以及所供应的空气或富氧成分和数量等因素的影响。除了纯经验的近似取值外，要借助仪器（辐射计）的实测来确定火焰的黑度（辐射率）。常用光学高温计①，通过红色和绿色滤光镜分别观测火焰的两种单色光亮度各相当于空腔黑辐射达到相同单色光亮度时的红色（$\Lambda=0.66\mu$m）光亮温度和绿色（$\Lambda=0.55\mu$m）光亮温度，然后据以计算或直接从专用算图中查出火焰的真实平均温

① 有关辐射高温计和光学高温计原理可参看文献[19]、[20]。

度 $\bar{T}_f$ 和平均黑度 $\bar{\varepsilon}_f$[21]。

仅含有烟炱的火焰单色辐射率，可按式(5-3-4)整理实测数据，但把 $a_{r,\Lambda}$ 表示成 $K_{r,\Lambda}c_s$[22]，c_s 为烟炱含量的质量浓度(kg/m³)，即

$$\varepsilon_{f,\Lambda} = 1 - e^{-K_{r,\Lambda}c_s l} \tag{5-4-1}$$

火焰辐射率 ε_f 的值将随 c_s 的增加和气层的加厚而提高。

含煤粉、灰粒、烟渣等粉尘以及液滴的火焰，悬浮体起遮蔽射线的作用，含颗粒数 n(1/m³)越多，减弱系数越大，同时辐射波谱和能谱则趋近于连续。实测数据被整理成

$$\varepsilon_f = 1 - e^{-nf_p l} \tag{5-4-2}$$

式中，$f_p = \frac{\pi}{4}d_p^2$ 为粒径 d_p 的球粒对辐射射线的“遮蔽面积”，亦即火焰减弱系数为 $a_f = nf_p$(1/m)。现代煤粉炉的尺寸事实上可取作 $\varepsilon_f = 1$。

§5-5 自然环境中的热辐射

人类用作加热或产生动力的能源，归根到底，几乎全部来自太阳辐射热。参看图 5-5-1[23]，太阳辐射是一种具有特定能谱的热辐射。地球大气层以外的太阳单色辐射力最大时的波长为 $\Lambda^* \approx 0.5\mu m$，根据式(5-1-2)，相当于辐射温度为6000K，能量的分配半数集中在可见光和更短的波长范围。而地面物体的热辐射，即使在工程上1500℃的高温下，能流的分布也还主要集中在红外区。这表明太阳辐射和大地辐射的能谱很不相同。到达地球大气层外边缘的太阳辐射将近理想灰体，并且在地球绕太阳公转轨道距太阳平均距离处，地球大气层外边缘上，垂直于阳光投射方向的每单位表面积可以接受 $G_{r_0} = 1395W/m^2$ 的太阳辐射热。日照能流密度在地球大气层外边缘上的特定值 G_{r_0}，被称为“太阳常数”①，代表地球绕太阳公转时，在不同位置的±3.5%以内的平均值。但在到达地面时，由于途经144km厚的大气层，被其中的 O_3(主要吸收带为 $\Lambda = 0.2 \sim 0.31\mu m$)、$H_2O$、$CO_2$ 和尘埃吸收掉某些波带中的能流，能谱已远非灰体的性质，日照力 G_r 将减小到1000W/m² 以下，还与入射角 i 即太阳射线束与接收表面法线方向的夹角有很大关系，$i = 0°$表示日照直射接收表面。

自然环境中的热辐射包括太阳辐射、大地辐射和大气辐射，主要受控于大气的吸收与散射(导致漫射)以及自然表面的吸收与反射的性质。大气中有两种不同的

---

① G_{r_0} 取作1395W/m²，见文献[24]、[25]。新的实测数据已建议将太阳常数的值减小3%，改取 $G_{r_0} = 1353W/m^2$。气象学界常把日照强度单位—cal/cm² 记作“ly”，以纪念天文学家兰勒(Langley)。

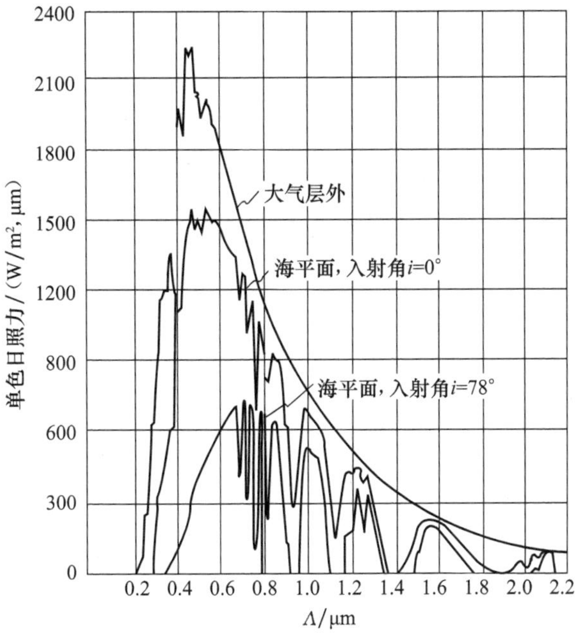

图 5-5-1　太阳辐射的能谱

散射方式：分子散射和微粒散射。分子散射①指射线与个别分子之间的相互作用。空气分子对可见光的散射以对紫光最强烈，晴天天空中呈现蓝色，就是空气分子散射掉紫光的结果。而微粒散射则指大气层悬浮的尘埃、烟雾、水滴等微粒的散射。射线被散射的过程主要决定于粒子与射线波长的相对大小。粒子对射线最大的散射能力发生在射线波长与粒子大小相等时，波长越长的射线被散射的能力越小。波长小于粒子直径的射线，则被反射。正是由于地球大气层的吸收、散射和反射，以及地球绕太阳运行的位置(造成季节变迁)、月球位置(决定昼夜的时刻)、气候状况和地貌等因素的影响，在天气晴朗的情况下，通常地面上中午所能接收的日照力 G_r 不超过 $1000\mathrm{W/m^2}$。到达地球表面的太阳辐射热估计全年为 $6\times10^{17}\mathrm{kW\cdot h}$，是目前人类能量消耗的 10^4 数量级倍。近年来，利用太阳能采暖和空调、提高农作物产量、海水淡化、制氢、发电等的研究和推广利用，得到更多的重视。太阳辐射也是空间装置设计和运行中的重要考虑因素②。

大气层对太阳辐射的吸收具有明显的选择性，这从图 5-5-1 中大气层外和直

① 分子散射也被称为瑞利散射。根据瑞利(Rayleigh)的理论，散射辐射的能谱强度与波长四次方成反比，因此，射线波长越短，分子散射越明显。工程上，一般涉及的辐射能谱以红外区为主，这时分子散射不需要考虑。

② 有关的细节可参看一些专著，如文献[27]、[28]。

射($i=0°$)到地面时两种能谱的对比也能清楚地看到。根据表 5-1-2,太阳辐射热的 73%集中在 $\Lambda\leqslant 1\mu m$ 的波长范围内,$\Lambda>2.5\mu m$ 的射线能量仅占大约 3%;而$t\approx 25℃$的大地辐射,总能量的 97%分布在 $\Lambda=3\sim 50\mu m$ 的波长范围内。由于大气中的臭氧(O_3)只吸收紫外线的能量,H_2O 和 CO_2 的主要吸收带在红外区(见§5-3),大气层容许太阳辐射能流的大部分透射到地面,却能吸收大地辐射能谱的大部分,阻碍大地辐射能流透射到外层空间去。这表明:地球大气层出现自然界的绿屋效应,协助地球捕集太阳能。

地球大气层对太阳辐射的吸收造成 G_r 和日照强度 $I_s=\dfrac{G_r}{\pi}$ 的减弱,同样可由减弱系数的概念以式(5-3-3)的形式或者引用地球大气层的单色透射率表示成式(5-3-5)的形式。大气层的散射也产生对日照强度的减弱作用,可类似于气体的吸收系数 $K_{r,\Lambda}$ 而引进分子散射系数 $\xi_{m,\Lambda}$ 和微粒散射系数 $\xi_{p,\Lambda}$,即 $K_{r,\Lambda}\rho=a_{r,\Lambda}$,$\xi_{m,\Lambda}\rho=a_{m,\Lambda}$,$\xi_{p,\Lambda}\rho=a_{p,\Lambda}$。而 $a_{\Sigma,\Lambda}=a_{r,\Lambda}+a_{m,\Lambda}+a_{p,\Lambda}$ 和 $a_\Sigma=a_r+a_m+a_p$ 将代表同时计入吸收和散射的地球大气层单色和全波谱平均的总减弱系数,$a_\Sigma l$ 是实际行程为 l、全波谱的平均大气层总的无量纲光学深度。由式(5-3-5),大气层透射率为

$$D_r=\frac{G_r}{G_{r_0}}=e^{-a_\Sigma l}=e^{-a_\Sigma l_0 m} \tag{5-5-1}$$

式中,l_0 为地球大气层厚度,是个常量,可取作 144km 或 1.44×10^5 m;$m=\dfrac{l}{l_0}$,代表无量纲的相对大气层厚度①,太阳射线直射到地面时的 m 值正好是 1。在地面上,与太阳射线束相垂直的接收表面上的日照强度为

$$G_{r_n}=D_r G_{r_0}\qquad (\mathrm{W/m^2}) \tag{5-5-2}$$

大气的吸收和微粒散射都与地球大气层中杂质含量有关,可用$\dfrac{a_\Sigma}{a_m}=n_t$ 评价环境质量,n_t 称为大气的浊度系数,其值可从大气非常洁净时的大约 2 直到工业区被烟雾强烈污染时的 4～5。根据实测和分析[29]有

$$a_m l_0=0.129-0.0545\lg m \tag{5-5-3}$$

由已知的 m 和 n_t 将不难计算出 $a_\Sigma l_0$,可由式(5-5-1)确定日照力 G_r。

地面上垂直于太阳方位的日照力 G_{r_n} 还可由下式[30]估计:

$$G_{r_n}=G_{r_0}\xi^m\qquad (\mathrm{W/m^2}) \tag{5-5-4}$$

式中,m 为相对大气层厚度;ξ^m 为行程 l 的大气层透射率,无量纲的 ξ 叫做大气的透射系数。l_0 远远小于地球半径(大约 6300km),认为曲率影响可忽略不计而把地球大气层当做平面层处理,就像图 5-5-2 所指出的那样,$m=\sec\phi$。这在天顶角

① m 在太阳能工程学的专业文献中常被叫做大气质量。

$\phi=0°\sim80°$是足够精确的。$\phi\to90°$，$G_{r_n}\to 0$；根据兰贝尔余弦定律（见§5-1），$\phi=80°\sim90°$时，G_{r_n}小到事实上不必计较。夏季，近地大气层中含 H_2O 较多，ξ 将略小于冬季；ξ 也和天空情况有关，从晴天的$\xi=0.81$变化到多云时的$\xi=0.62$。在大多数情况下，可取平均值 $\bar{\xi}=0.7$，如表 5-5-1 中$m=1$时所示。表中，$m=0$，相当于地球大气层的外边缘处；此时，对于任何 ξ 值，$\xi^m\to1$。还应看到，虽然表 5-5-1 的 ξ 值随 m 增大而有所提高，透射率 ξ^m 却随着相对大气层厚度 m 增大而下降。当接收表面并不与阳光方向垂直，而有入射角 i 时（见图 5-5-2），则

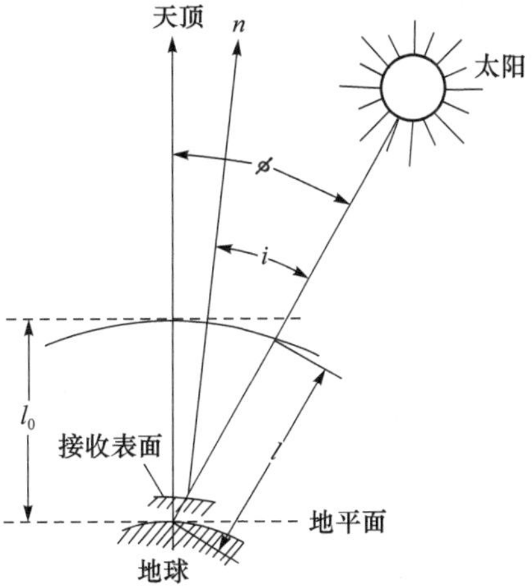

图 5-5-2　太阳辐射的几何关系示意图

$$G_{r_i}=G_{r_n}\cos i \tag{5-5-5}$$

就像图 5-5-1 所指出的，入射角 i 越大，日照力越小。当接受表面水平放置时，$i=\phi$，式(5-5-5)中的 $\cos i=\cos\phi$。

表 5-5-1　太阳辐射能谱、G_{r_n}和 ξ 值[31]

项目		m（相对大气层厚度）					
		0	1	2	3	4	5
太阳辐射的能量分布/%	紫外区 $\Lambda=0.29\sim0.4\mu m$	7.2	4.3	2.7	1.5	1.1	0.6
	可见光 $\Lambda=0.38\sim0.76\mu m$	40.8	45.2	44.3	47.6	40.4	38.1
	红外区 $\Lambda>0.76\mu m$	52.0	50.5	53.5	55.8	58.5	61.3
法向日照力 $G_{r_n}/(W/m^2)$		1395	978	781	640	536	450
大气透射系数 ξ		—	0.702	0.748	0.771	0.788	0.799

习惯上，常把 $90°-\phi$ 代表太阳光入射线与地平面的夹角，称为太阳的高度角 Δ。这样，$m\approx cse\Delta$，而 $\cos\phi=\sin\Delta$。确定天顶角 ϕ 或者高度角 Δ，需要知道太阳在天空中相对地表面上观察者 c 的位置。参看图 5-5-3[32]，地球绕地轴（地球自转轴）自转$\frac{\pi}{12}$弧度/h，同时每 365.25 天又绕黄道轴（与地轴斜交 23.5°的角度）围绕太阳公转一周。图 5-5-3 中，δ 为太阳偏角或称为赤纬角；γ 为时角，以正午时刻标作 0°，最大时角为由日升点到正午或者由正午到日落点的角度（几何对称性使 $\gamma_{日升}=\gamma_{日落}$）。这种观测到的太阳升高到子午圈时正好定作正午 12 点的标准时间，专门称为“太阳时间”，由它来校正不同纬度各地之间的时差。观察者 c 所在地点的纬度角 ψ，可由地图集上找到。利用几何关系，可知[33]

$$\cos\phi = \sin\psi\sin\delta + \cos\psi\cos\delta\cos\gamma \tag{5-5-6}$$

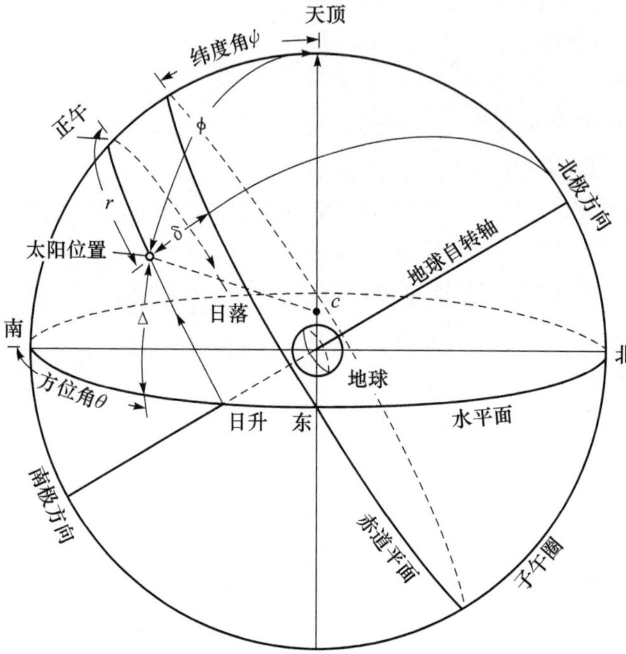

图 5-5-3　确定天顶角 ϕ 或太阳高度角 $\Delta=90°-\phi$ 的示意图

同一地点，在同一天的不同时刻，因 γ 从 $\gamma_{日升}$ 到零又到 $\gamma_{日落}$，ϕ 是变化的。不同日期，太阳偏角 δ 也不同，每年春分(3 月 21 日)和秋分(9 月 22 日)时，$\delta=0°$，北半球的夏至(地球处在远日点)和冬至(地球处在近日点)时，$\delta=23.5°$。因此，可根据 ξ 的正常平均值，计算出给定地点、地平面上全天和全年的日照能量。

如果受射表面具有倾角 α，像图 5-5-4 中所指出的，倾斜面的法线与地平面法线偏离 α 角，倾斜面的法线与太阳方位偏离 i 角，太阳热辐射的入射角为 i，那么，角 i 和角 ϕ 不一定在同一平面。图中，倾斜面法线在地平面上的投影线南向西的夹角 β 正好与太阳方位角 θ(平经角)相同的情况下，才是 $i(=\phi-\alpha)$；或者受射面又正巧水平放置时，$\alpha=0$，$i=\phi$。一般来说，有①

$$\cos i = \cos(\phi-\alpha) - \sin\phi\sin\alpha + \sin\alpha\sin\phi\cos(\theta-\beta) \tag{5-5-7}$$

$$\theta = \arcsin\frac{\cos\delta\sin\gamma}{\cos\Delta} \tag{5-5-8}$$

① 有关大地坐标、太阳方位以及测定天顶角 ϕ 和太阳方位角 θ、太阳偏角 δ 的更详细知识，可参看文献[34]。

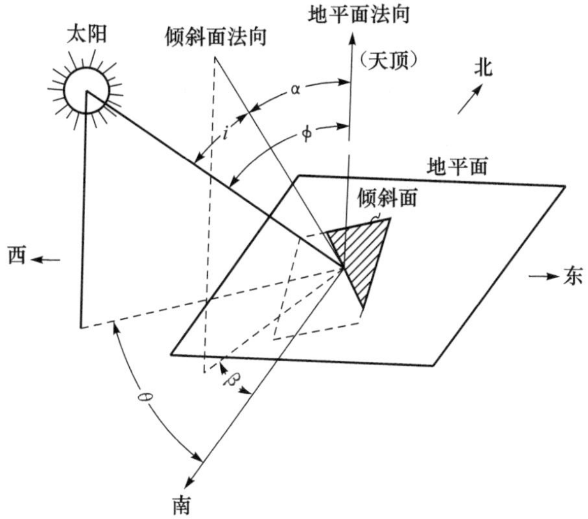

图 5-5-4　倾斜面的日照入射角 i 示意图

图 5-5-5[35]是计算得到北纬 25°～50°、5～8 月、6～18 点的 θ 和 ϕ 角的线算图；图中 $\theta_{北纬30°}$ 和 $\theta_{北纬45°}$ 分别代表北纬 25°～35°和北纬 40°～50°的近似平均值。我国地处北纬 21°～53°、东经 73°～145°，以北京时间为准，经度每差 15°，时差 1h。作为近似，北纬 40°地面上的晴天日照力可从表 5-5-2 中[36]查取。

表 5-5-2　北纬 40°地面上的晴天日照强度略值$[G_r/(W/m^2)]$

时刻	竖表面			水平表面
	朝东	朝南	朝西	
6 点	247	—	—	47
9 点	611	81	—	675
12 点	—	244	—	950
15 点	—	81	611	675
18 点	—	—	547	47

例 5-5-1　试计算北纬 30°，经度处在时差领先太阳时间 1h 处西南方向与地面倾斜 15°受射表面在晴天 14 点（即下午 2 点）的日照力。

［解］　由题意，在西南方向，$\beta=45°$，$\alpha=15°$，太阳时间应为 13 点，从图 5-5-5 查出北纬 30°的 $\theta=56°$ 和 $\phi=17°$，于是

$$m = \sec 17° = 1.046$$

由式(5-5-7)，有

$$\cos i = \cos(17° - 15°) - \sin 17° \sin 15° + \sin 15° \sin 17° \cos(56° - 45°)$$

或

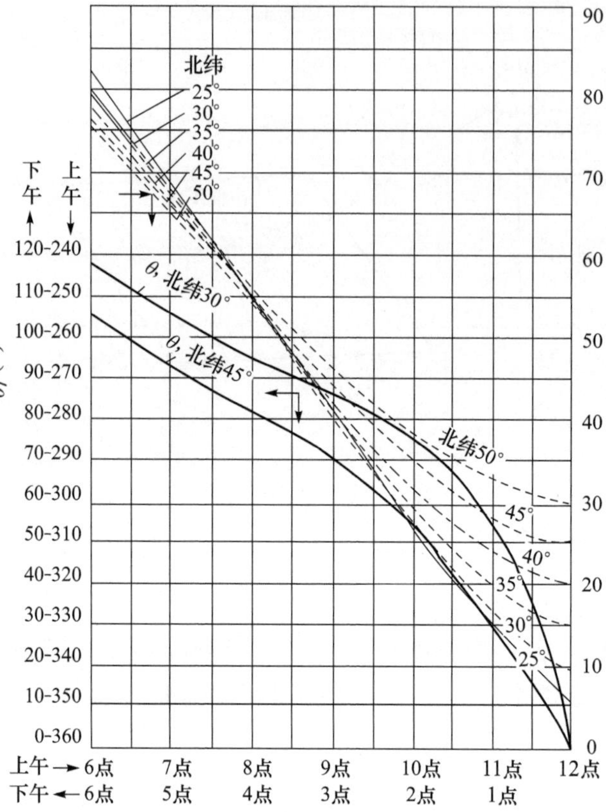

图 5-5-5　确定 ϕ 和 θ 的线算图

$$\cos i = 0.998$$

(1) 根据式(5-5-1),取 ξ=0.7,则

$$G_{r_n} = G_{r_0}\xi^m = 1395 \times 0.7^{1.046} = 960.6(\mathrm{W/m^2})$$

取 $\bar{\xi}$=0.7 时,也可直接查表 5-5-1,得到 m=1.046,逼近 1,$G_{r_n}\approx$978W/m²,只比上面计算得到的 G_{r_0}=960.6W/m² 偏高 1.8%。

由式(5-5-5),有

$$G_{r_i} = G_{r_0}\cos i = 960.6 \times 0.998 = 958.7(\mathrm{W/m^2})$$

如果是晴天而且大气洁净,可取 ξ=0.8,则

$$G_{r_n} = 1395 \times 0.8^{1.046} = 1105(\mathrm{W/m^2})$$

$$G_{r_i} = 1105 \times 0.998 \approx 1102(\mathrm{W/m^2})$$

比平均情况时的值偏高大约 15%。

(2) 若设大气浊度系数 n_t 为 2,则由式(5-5-3),有

$$a_m l_0 = 0.128 - 0.054\lg 1.046 \approx 0.127$$

$$a_\Sigma l_0 = n_t a_m l_0 = 0.254$$

根据式(5-5-1),有

$$D_r = e^{-a_\Sigma l_0 m} \approx 0.767$$

由式(5-5-2),则

$$G_{r_n} = 0.767(1395) \approx 1070(W/m^2)$$

这个值只比 $1105W/m^2$ 偏低不到 3.2%。

两种算法(1)和(2)取得很相近的结果,可以认为对工程计算是等效的。作为对比例示,当环境被污染、$n_t = 4$ 时,从算法(2)计算出 $G_{r_n} = 820W/m^2$,地面日照力将因大气污染而降低 $\frac{1070-820}{1070} = 23.4\%$,减小自然界的绿屋效应,从而破坏生态平衡。

表 5-5-3[37]给出一些材料对太阳辐射热的吸收率 A_{r_s} 和在常温下辐射率 $\varepsilon(\approx A_r)$。表 5-5-4[37]提供了自然表面对太阳辐射的反射率 R_{r_s};$1-R_{r_s}=A_{r_s}$ 就是这些自然表面对太阳辐射热的吸收率。图 5-5-6[38]指出在不同天气条件下太阳高度角 $\Delta(=90°-\phi)$对湖泊水面日照反射率的影响。江河湖海的水对太阳辐射能吸收情况的变化将影响水面蒸发率,从而波及大气中实际含湿量和水气的扩散(详见第 11 章)。实测表明[38]:水面表层能很快吸收日照的红外能量,太阳辐射的短波射线可透射到水面下较深处,辐射强度则随水深 z 的增加而迅速减弱,可表示为

$$\frac{I_{s,z}}{I_{s,z=0}} = (1-\beta_w)e^{-a_w z} \tag{5-5-9}$$

式中,β_w 代表水面表层所吸收的长波辐射能量在整个能谱中所占的份额,可以取作 0.4;a_w 代表水对日照强度的减弱系数,其值与水的浊度有关,可从水非常清洁时的 0.16/m 直到非常混浊时的 0.89/m。实测寒冷而又明亮的晚间大气辐射表明[39]:对于地球上物体辐射热损失来说,有效的太空温度可低到大约 227.5K,即 −45.5℃。这意味着,即使大气温度未降低到 0℃,静水在晚间也可能结冰。

表 5-5-3　不同材料对太阳辐射的吸收率 A_{r_s} 和在常温(25℃)下的辐射率 $\varepsilon = A_r$

材料	A_{r_s}	ε
高度抛光的铝表面	0.15	0.04
高度抛光的铜表面	0.18	0.03
失去光泽的铜表面	0.65	0.75
铸铁	0.94	0.21
白色大理石	0.46	0.95
沥青	0.90	0.90
红砖	0.75	0.93
砾石	0.29	0.85
黑色喷漆	0.96	0.95
白色油漆	0.12	0.92

表 5-5-4　自然表面的日照反射率 R_{r_s}

自然表面	R_{r_s}	自然表面	R_{r_s}
水	0.03～0.4	密集建筑群的市区	0.15～0.25
黑色干土壤	0.14	春小麦	0.10～0.25
黑色湿土壤	0.08	冬小麦	0.16～0.23
灰色干土壤	0.25～0.3	冬裸麦	0.18～0.23
灰色湿土壤	0.1～0.12	高禾本科植物区	0.18～0.20
蓝色干垆坶(土)	0.23	绿草地	0.26
蓝色湿垆坶(土)	0.16	阳光下的干草地	0.19
黄砂	0.35	棉花	0.20～0.22
白砂	0.34～0.4	稻田	0.12
河沙	0.43	土豆地	0.19
明亮的细砂	0.37	橡树叶	0.18
岩石	0.12～0.15	棕树叶	0.14
雪	0.40～0.85	杉树叶	0.10
海冰	0.36～0.50	甜菜	0.18

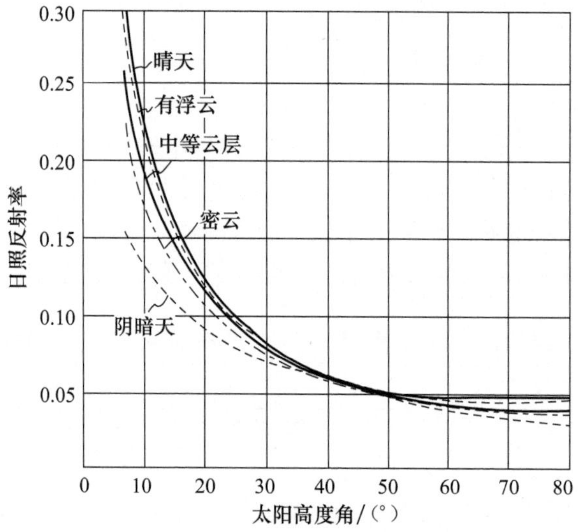

图 5-5-6　自然水面的日照反射率

参 考 文 献

[1]　M. Planck. The Theory of Heat Radiation. New York: Dover Pub. Inc., 1959.

[2]　A. Einstein. Z. Physik., 1917, 18: 121.

[3]　R. V. Dunkle. Trans. ASME, 1954, 76: 549-552.

[4] J. H. Lambert. Photometria. Augsburg,1760.
[5] Г. Д. Поляк. ЖТФ,1935,1(3):555.
[6] J. T. Gier,R. V. Dunkle and J T Bevans. J. Optical Soc. ,1954,44:558-562.
[7] E. R. G. Eckert. Forsch. Geb. Ingenieurw. ,1936,7:265.
[8] E. Schmidt and E. R. G. Eckert. Forsch. Geb. Ingenieurw. ,1936,6:175.
[9] M. Jakob. Heat Transfer. New York:John Wiley,1949.
[10] R. Siegel and J. R. Howell. Thermal Radiation Heat Transfer. New York: McGraw-Hill, 1972.
[11] 葛绍岩. 金属及其他物质的热辐射性质表. 北京:科学出版社,1958.
[12] C. Saltial,K. D. Ashim. Heat and Mass Transfer in Microwave Processing. Advances in Heat Transfer,1999,33:1-94.
[13] J. A. Wiebelt. Engineering Radiation Heat Transfer. New York: Holt,Rinchart and Winston,Inc. ,1966.
[14] C. L. Tien(田长霖). Thermal Radiation Properties of Gases// T. F. Irvine Jr and J. P. Hartnett. Advances in Heat Transfer. New York:Academic Press,1968.
[15] S. S. Penner and D. B. Olfe. Radiation and Reentry. New York:Academic Press,1968.
[16] E. Eckert. VDI-Forschungshaft,1937,387.
[17] E. Schmidt. Forsch. Gebiete Ingenieurw,1932,3:57.
[18] H. C. Hottel. Radiant Heat Transmission//W. H. McAdams. Heat Transmission. 2nd ed. New York:McGrawHill,1942.
[19] E. R. G. 埃克尔特,R. M. 德雷克. 传热与传质. 徐明德译. 北京:科学出版社,1963.
[20] M. Jakob. Heat Transfer. New York:John Wiley,1957.
[21] H. C. Hottel and A. F. Sarofim. Radiative Transfer. New York: McGraw-Hill, 1967; W. H. McAdams. Heat Transmission. 3rd ed. New York:McGraw-Hill,1954.
[22] R. A. Sherman. Trans. ASME,1957,79:1727.
[23] J. L. Threlkeld and R. C. Hordan. Trans. ASHAE,1958,64:45-56.
[24] F. S. Johnson. J. Meteology,1954,11:431-439.
[25] M. P. Thekaekara and A. J. Drummond. Nat. Phy. Soc. ,1971,229:6.
[26] J. A. Duff,W. A. Beckman. Solar Energy Thermal Process. New York:John Wiley,1974.
[27] J. F. Kreider and F. Kreith. Solar Heating and Colling. Washington D C:Scripta,1975.
[28] A. A. M. Sayigh ed. Solar Energy Engineering. New York:Academic Press,1977.
[29] P. S. Egleson. Dynamic Hydrology. New York:McGraw-Hill,1970.
[30] H. Heywood. Engineering,1956,176:377-380.
[31] Perry Moon. Trans. Franklin Inst. ,1940,230:585-618.
[32] F. Kreith. Principles of Heat Transfer. 3rd ed. International Textbook Co,1973.
[33] W. J. Humpherys. Physics of the Air. New York:McGraw-Hill,1940.
[34] R. C. Brinker and W. C. Taylor. Elementary Surveying. 3rd ed. International Textbook Co,1955.

[35] A. I. Brown and S. M. Marco. Introduction to Heat Transfer. 2nd ed. New York：McGraw-Hill，1951.

[36] M. A. 米海耶夫. 传热学基础. 第 3 版. 王补宣译. 北京：高等教育出版社，1958.

[37] J. P. Holman. Heat Transfer. 4th ed. New York：McGraw-Hill，1976.

[38] J. M. K. Dake and D. R. F. Harleman. Water Resources Research，1969，5(2)：484.

[39] M. Fischenden and O. A. Sounders. The Calculation of Heat Transmission. London：His Majesty's Stationary Office，1932.

第 6 章　辐 射 传 热

§6-1　由透明介质隔开的固体之间的辐射换热

已知热辐射的发射、吸收和反射的基本定律，又知道材料表面和气体介质的热辐射性质，就可具体讨论物体之间辐射换热的计算方法[1,2]。许多在技术上占据重要地位的气体，如单原子的惰性气体和空气以及氧、氮、氢等对称性双原子气体，在工程实践中所涉及的温度范围内表现为透明介质。仅需考虑由透明介质隔开的灰漫反射表面之间的辐射换热时，介质不参加辐射换热过程，就像是由真空隔开似的。

如果把注意力集中在某个物体本身，式(5-1-8)或式(5-1-9)所提出的净辐射热流密度 $q_r=(E-A_rG_r)(\mathrm{W/m^2})$就代表该物体对外辐射的同时由外界投射辐射得到部分补偿所将损失的净热流密度。至于投射在该物体表面上的外来辐射能流密度 $G_r(\mathrm{W/m^2})$，可用辐射计等仪器直接进行测定。这是周围物体表面的温度和辐射力都未知时所能应用的测算方法。在工程实际计算中，往往已知固体表面的性质、大小和温度，需要确定各该物体之间的辐射换热量。

1. 组成封闭空间时，两物体间的辐射换热

例如，有两个任意形状的物体，表面积分别为 F_1 和 F_2，组成一个封闭空间，其中表面积较小的 F_1 是凸形物体，具有均匀的表面温度 T_1，所辐射出去的有效辐射能流 $J_{r_1}F_1$ 将全部落在表面积为 F_2 的表面上。具有均匀表面温度 T_2 的凹形物体表面 F_2，辐射出去的有效能流 $J_{r_2}F_2$ 却只有一部分 $\varphi_{2,1}J_{r_2}F_2$ 落在 F_1 表面上，其余部分 $(1-\varphi_{2,1})J_{r_2}F_2$ 仍将落在凹形物体自身表面积 F_2 上。$\varphi_{2,1}$就是§1-5 里式(1-5-5)中提出来的物体 2 对物体 1 的“角系数”，代表物体 2 表面所辐射出去的能流实际落在物体 1 表面上的份额，相当于从物体 2 的表面观察物体 1 表面的“视域系数”，简称“视系数”。角系数的脚注用两个数组成，第一个数表示发射表面的编号，第二个数表示受射表面的编号。在这里，$1-\varphi_{2,1}$也可以记作 $\varphi_{2,2}$，代表凹形物体表面对自身的视系数。凸物体 1 的 $\varphi_{1,1}=0$，因此，$\varphi_{1,2}=1$。视域的大小显然取决于两物体表面的相对位置、形状和大小，所以角系数也称为“辐射形状系数”。图 6-1-1 所表示的辐射换热，在工程上具有一定的概括性。材料放进加热炉内被加热的过程以及厂房内热工设备表面辐射散热损失的计算等，都属于这方面的实例。

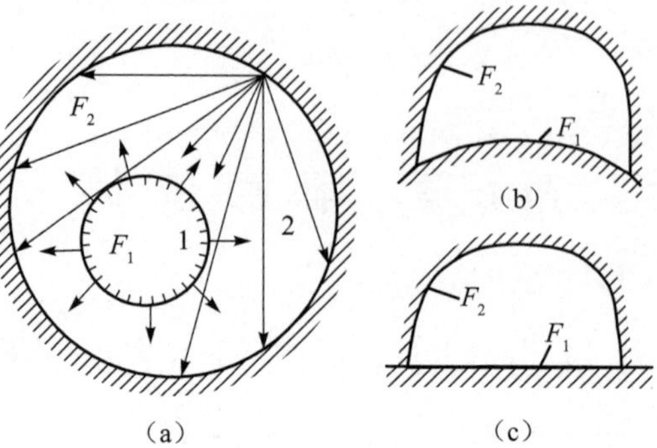

图 6-1-1 组成封闭空间的两物体间的辐射换热

$T_1>T_2$ 时,辐射换热的必然结果将引起从表面 F_1 传往表面 F_2 的净热流 $Q_{1\text{-}2}$,或

$$Q_{1\text{-}2}=J_{r_1}F_1-\varphi_{2,1}J_{r_2}F_2 \tag{a}$$

而且

$$Q_{1\text{-}2}=q_{r_1}F_1 \tag{b}$$

对于表面 F_2 来说,得到净热流 $Q_{2\text{-}1}$ 为

$$Q_{2\text{-}1}=q_{r_2}F_2=-Q_{1\text{-}2} \tag{c}$$

或 q_{r_2} 为负值,表示表面 F_2 并未丢失,而是得到净辐射热流密度。如果 $T_1<T_2$,那么式(b)和式(c)仍成立,但 $Q_{1\text{-}2}$ 和 q_{r_1} 为负值,$Q_{2\text{-}1}$ 和 q_{r_2} 变成正值。

由式(5-1-10),有

$$J_{r_1}=\frac{E_1}{A_{r_1}}-\left(\frac{1}{A_{r_1}}-1\right)q_{r_1} \tag{d}$$

$$J_{r_2}=\frac{E_2}{A_{r_2}}-\left(\frac{1}{A_{r_2}}-1\right)q_{r_2} \tag{e}$$

根据辐射率或黑度的定义式(5-1-4)和式(5-1-3),又有

$$E_1=\varepsilon_1\sigma_0T_1^4 \tag{f}$$

$$E_2=\varepsilon_2\sigma_0T_2^4 \tag{g}$$

将式(b)和式(f)代入式(d),可得

$$J_{r_1}=\frac{\varepsilon_1}{A_{r_1}}\sigma_0T_1^4-\left(\frac{1}{A_{r_1}}-1\right)\frac{Q_{1\text{-}2}}{F_1} \tag{h}$$

同理,由式(c)、式(g)和式(e),可得

$$J_{r_2}=\frac{\varepsilon_2}{A_{r_2}}\sigma_0T_2^4-\left(\frac{1}{A_{r_2}}-1\right)\frac{Q_{1\text{-}2}}{F_2} \tag{i}$$

将式(h)和式(i)代入式(a),整理后得到

$$Q_{1\text{-}2}=\frac{\dfrac{\varepsilon_1}{A_{r_1}}\sigma_0 F_1 T_1^4-\varphi_{2,1}\dfrac{\varepsilon_2}{A_{r_2}}\sigma_0 F_2 T_2^4}{\dfrac{1}{A_{r_1}}+\varphi_{2,1}\left(\dfrac{1}{A_{r_2}}-1\right)} \tag{6-1-1}$$

式中，$\varphi_{2,1}$只是一个几何参量，与T_1和T_2的高低无关(详见§6-2)。因此，$T_1=T_2$时，即处在平衡辐射的情况下，$\varepsilon_1=A_{r_1}$，$\varepsilon_2=A_{r_2}$，$Q_{1\text{-}2}=0$；于是，由式(6-1-1)，$\varphi_{2,1}=\dfrac{F_1}{F_2}$。这样，式(6-1-1)可表示成

$$Q_{1\text{-}2}=\frac{\sigma_0 F_1\left(\dfrac{\varepsilon_1}{A_{r_1}}T_1^4-\dfrac{\varepsilon_2}{A_{r_2}}T_2^4\right)}{\dfrac{1}{A_{r_1}}+\dfrac{F_1}{F_2}\left(\dfrac{1}{A_{r_2}}-1\right)} \tag{6-1-2}$$

这明确指出：$T_1>T_2$时，$Q_{1\text{-}2}$为正值；$T_1<T_2$时，$Q_{1\text{-}2}$为负值；$T_1=T_2$时，$Q_{1\text{-}2}=0$。

对于灰体，$\varepsilon=A_r$，式(6-1-2)还可进一步简化为

$$Q_{1\text{-}2}=\frac{\sigma_0 F_1(T_1^4-T_2^4)}{\dfrac{1}{\varepsilon_1}+\dfrac{F_1}{F_2}\left(\dfrac{1}{\varepsilon_2}-1\right)} \tag{6-1-3}$$

或者以凸表面积F_1为准的辐射换热的热流密度为

$$q_{1\text{-}2}=\frac{Q_{1\text{-}2}}{F_1}=\frac{\sigma_0(T_1^4-T_2^4)}{\dfrac{1}{\varepsilon_1}+\dfrac{F_1}{F_2}\left(\dfrac{1}{\varepsilon_1}-1\right)} \tag{6-1-4}$$

两个表面都是黑体时，$\varepsilon_1=\varepsilon_2=1$，没有反射辐射，式(6-1-3)将演变为最简单的形式：

$$Q_{1\text{-}2}=F_1(E_{0_1}-E_{0_2}) \tag{6-1-5}$$

如果凹表面F_2为黑体，凸表面F_1为灰体，则

$$Q_{1\text{-}2}=\varepsilon_1 F_1(E_{0_1}-E_{0_2}) \tag{6-1-6}$$

依此类推，两个表面都是灰体时，应有

$$Q_{1\text{-}2}=\varepsilon_{1,2}F_1\varphi_{1,2}(E_{0_1}-E_{0_2}) \tag{6-1-7}$$

这就是§1-5中的式(1-5-5)。对于两个表面组成封闭空间的情况下，F_1为凸表面时，$\varphi_{1,2}=1$；对比式(6-1-7)和式(6-1-3)，反映表面1和表面2的“综合黑度”$\varepsilon_{1,2}$为

$$\varepsilon_{1,2}=\frac{1}{\dfrac{1}{\varepsilon_1}+\dfrac{F_1}{F_2}\left(\dfrac{1}{\varepsilon_2}-1\right)}=\frac{\varepsilon_1\varepsilon_2}{\varepsilon_2+\dfrac{\varepsilon_1 F_1}{F_2}(1-\varepsilon_2)} \tag{6-1-8}$$

$\varepsilon_{1,2}$不但与两个表面各自远离黑体的程度有关，还取决于两表面黑度影响的比例，即与F_1和F_2的比例有联系。根据式(6-1-8)，凹表面的黑度ε_2越接近于1，或者$\dfrac{F_1}{F_2}\ll 1$，取$\varepsilon_{1,2}\approx\varepsilon_1\varepsilon_2$的近似性就越高；在极限时，或者$\varepsilon_2=1$或者$F_1/F_2=0$，都将

是 $\varepsilon_{1,2}=\varepsilon_1$。工程材料，包括非金属材料和表面未经特殊加工磨光，或者表面已经氧化和老化的常用钢铁材料，ε 值常处在 0.8～0.9 甚至更高，采用近似值 $\varepsilon_{1,2}\approx\varepsilon_1\varepsilon_2$，多半已能满足工程计算的要求。

式(6-1-2)或式(6-1-3)和式(6-1-4)，同样可用来计算长度 l 相对无限大、同心或者偏心的环形空间内、外表面之间的辐射换热。此时，如果内、外表面的半径分别为 r_1 和 r_2，那么 $\frac{F_1}{F_2}=\frac{2\pi r_1 l}{2\pi r_2 l}=\frac{r_1}{r_2}$。这里所谓"长度相对无限大"，是指 $l\gg r_2$，与经过轴向两个端面向外发射出去的辐射能量 $Q_{1\text{-}2}$ 相比，可忽略不计，就像真正的封闭空间似的。

既然规定表面 1 是表面积较小的凸表面，F_1 无论如何不能大于 F_2，极限时 $F_1=F_2$，如空气或其他透明气体的平面夹层，也包括完全被抽空的夹缝在内，平面 2 变成凸表面，$\varphi_{2,2}=0$。如果平面夹层的间距远小于平面尺寸，经侧缝向外界发射出去的辐射能量小到可相对忽略不计，那么，$\varphi_{1,2}$ 和 $\varphi_{2,1}$ 都将逼近 1，使式(6-1-1)或式(6-1-2)的分母简化为 $\frac{1}{A_{r_1}}+\frac{1}{A_{r_2}}-1$。对于灰体，则

$$Q_{1\text{-}2}=\frac{\sigma_0 F_1(T_1^4-T_2^4)}{\frac{1}{\varepsilon_1}+\frac{1}{\varepsilon_2}-1} \tag{6-1-9}$$

另一种极限情况，$F_1\ll F_2$ 或 $\frac{F_1}{F_2}\to 0$ 时，式(6-1-3)就演化为式(6-1-6)，可以把相对无限大的 $F_2(\gg F_1)$ 看作黑体。实际上，绝大多数工程材料的辐射率 ε 的值比较高，$\frac{1}{\varepsilon_1}$ 甚至比 $\frac{1}{\varepsilon_2}-1$ 大几倍。只要 $F_1/F_2<0.2$，式(6-1-3)的分母第二项就可略去不计而简化成式(6-1-6)。

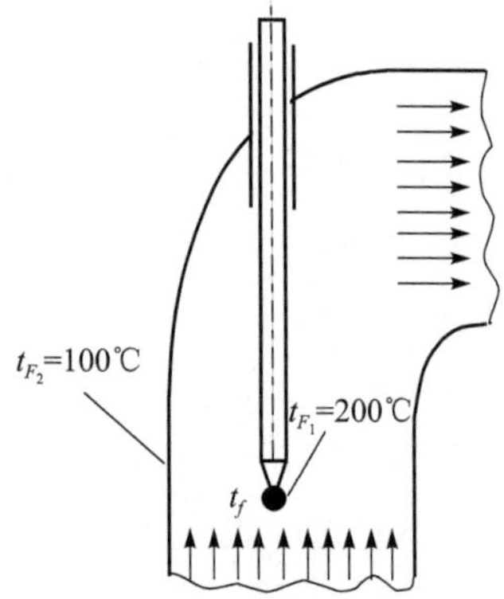

图 6-1-2　用热电偶测气流温度的示意图

例 6-1-1　在 0.2m×0.2m 的砖砌方形槽道里，敷设直径为 $d=50$mm 的单根热管道。已知：钢管的表面温度为 $t_{F_1}=200$℃，$\varepsilon_1=A_{r_1}=0.8$；砖槽内壁面温度为 $t_{F_2}=30$℃，$\varepsilon_2=A_{r_2}=0.93$。试求该热管道每米长的辐射散热损失。

［解］　$T_1=t_{F_1}+273=473$(K)，$T_2=303$(K)。

$$\frac{F_1}{F_2}=\frac{\pi dl}{4al}=\frac{\pi\times 0.05}{4\times 0.2}=0.1963$$

由式(6-1-3)，可得

$$q_{l_r}=\frac{Q_{1\text{-}2}}{l}$$

$$=\frac{5.7\times 10^{-8}\times\pi\times 0.05\times(473^4-303^4)}{\frac{1}{0.8}+0.1963\times\left(\frac{1}{0.93}-1\right)}=295(\text{W/m})$$

式中，分母第二项只是第一项的 1.18%，如果略去不计，相

当于按式(6-1-6)计算的结果为

$$q_{l_r}=\frac{Q_{1\text{-}2}}{l}=298(\text{W/m})$$

这个近似值仅比精确值偏高 1%，而且对于散热损失的估计来说，将偏于安全。

例 6-1-2　参看图 6-1-2，当管壁温度 t_{F_2} 与管内流体温度 t_f 不同时，用热电偶(或者玻璃杆汞温度计)测量透明介质、如空气的气流温度，必须校核计算作为测温元件的热接点(或者汞温度计的汞"泡")与管壁内表面之间的辐射换热，以便确定测定气流温度的误差。如果 $t_{F_2}=100℃$，热电偶读数为 $t_{F_1}=200℃$，管壁的黑度为 $\varepsilon=0.8$，热接点处的气流放热系数为 $\alpha_0=45\text{W}/(\text{m}^2\cdot℃)$，试计算气流的真实温度 t_f。

［解］　由图 6-1-2 可知，$\frac{F_1}{F_2}\to 0$。热电偶热接点因接触放热而得到热流的同时，又由于净辐射而丢失热流，得失相抵消，才会有稳定的读数 t_{F_1}，即

$$F_1\alpha_0(t_f-t_{F_1})=\varepsilon F_1\sigma_0(T_{F_1}^4-T_{F_2}^4)$$

或热电偶读数的绝对误差为

$$\delta_{t_f}=t_f-t_{F_1}=\frac{\varepsilon\sigma_0}{\alpha_c}(T_{F_1}^4-T_{F_1}^4)$$

将题给的数据代入上式，则

$$\delta_{t_f}=\frac{0.8\times5.7\times10^{-8}}{45}\times[(200+273)^4-(100+273)^4]\approx 31(℃)$$

即真实的气流温度应为 $t_f=231℃$。

因此，热电偶读数的相对误差为

$$\frac{\delta_{t_f}}{t_f}=\frac{31}{231}=13.4\%$$

热电偶读数偏低是由于流道壁面温度 t_{F_2} 低，测温元件对流道壁产生辐射换热的必然结果。要想提高测量气流温度的准确性，除了对流道壁采取保温措施以提高 t_{F_2} 之外，更有效的办法是在热电偶周围套以遮热屏(详见例 6-4-1)，以阻拦测温元件向流道壁发射射线，增大辐射传热的热阻。

2. 任意位置的两表面之间的辐射换热

图 6-1-1 中，如果 F_1 和 F_2 并不组成封闭空间，即使两个表面都是凸表面，除了相互辐射之外，F_1 和 F_2 发射的辐射能流都可以有一部分通过侧向间隙，落在外界第三个、甚至第四个、…、物体表面上。因此，$\varphi_{1,2}$ 和 $\varphi_{2,1}$ 都将小于 1。式(a)应修正为

$$Q_{1\text{-}2}=\varphi_{1,2}J_{r_1}F_1-\varphi_{2,1}J_{r_2}F_2 \tag{6-1-10}$$

而且表面 1 的辐射热流损失 $Q_{r_1}=q_{r_1}F_1$ 也不仅仅是 $Q_{1\text{-}2}$，还会有 $Q_{1\text{-}3}$ 和 $Q_{1\text{-}4}$ 等；同理，$Q_{r_2}=q_{r_2}F_2$ 仅仅是 $Q_{2\text{-}1}$。

当 F_1 和 F_2 都是黑体时，$J_{r_1}=E_{0_1}$，$J_{r_2}=E_{0_2}$(见 § 5-1)。在这种情况下，式(6-1-10)演变为

$$Q_{1\text{-}2} = \sigma_0 (T_1^4 \varphi_{1,2} F_1 - T_2^4 \varphi_{2,1} F_2) \tag{j}$$

$\varphi_{1,2}$和$\varphi_{2,1}$都是与T_1和T_2相等与否无关的几何参量，只取决于F_1与F_2两表面的相互位置和大小。因此，可从平衡辐射，即$T_1 = T_2$时的$Q_{1\text{-}2}=0$得到

$$\varphi_{2,1} F_2 = \varphi_{1,2} F_1 \tag{6-1-11}$$

从而导得

$$Q_{1\text{-}2} = \sigma_0 (T_1^4 - T_2^4) F_1 \varphi_{1,2} \tag{6-1-12}$$

计算$Q_{1\text{-}2}$，不直接牵涉到第三者的存在。当然，F_1发射的辐射能流中，还会有一部分经由第三者（非黑体时）的反射而到达F_2，因而间接影响到$\varphi_{1,2}$的值，使$\varphi_{1,2}$有所增大。

只要F_1和F_2有一个不是灰体，见式(6-1-16)，$Q_{1\text{-}2}$的计算就将大大复杂化。但作为工程实用计算的一种处理方式，可在式(6-1-12)中引进"综合黑度"$\varepsilon_{1,2}$以修正F_1和F_2中的一个或两个表面都偏离黑辐射性质的效果。这样，式(6-1-11)就将继续保持有效（更严格的证明详见§6-2），式(6-1-10)可被改写作

$$\left.\begin{aligned} Q_{1\text{-}2} &= F_1 \varphi_{1,2} (J_{r_1} - J_{r_2}) \\ Q_{1\text{-}2} &= F_{1,2} (J_{r_1} - J_{r_2}) \end{aligned}\right\} \tag{6-1-13}$$

或

$F_{1,2} \equiv F_1 \varphi_{1,2} = F_2 \varphi_{2,1}$，代表计算1、2两表面辐射换热净热流的"折算面积"。显而易见，$F_{1,2}$将取决于1和2两表面的大小、形状和相对位置。

如果与第三者、第四者、…、的辐射换热量相对很小而可初步略去不计，联解有关各式，将得到式(6-1-1)的修正式为

$$Q_{1\text{-}2} = \frac{\varphi_{1,2} \dfrac{\varepsilon_1}{A_{r_1}} \sigma_0 F_1 T_1^4 - \varphi_{2,1} \dfrac{\varepsilon_2}{A_{r_2}} \sigma_0 F_2 T_2^4}{1 + \left(\dfrac{1}{A_{r_1}} - 1\right)\varphi_{1,2} + \left(\dfrac{1}{A_{r_2}} - 1\right)\varphi_{2,1}} \tag{6-1-14}$$

$T_1 = T_2$时，即平衡辐射时，$\varepsilon_1 = A_{r_1}$，$\varepsilon_2 = A_{r_2}$，$Q_{1\text{-}2} = 0$，同样能导得式(6-1-11)，于是有

$$Q_{1\text{-}2} = \frac{\sigma_0 \left(\dfrac{\varepsilon_1}{A_{r_1}} T_1^4 - \dfrac{\varepsilon_2}{A_{r_2}} T_2^4\right) F_1 \varphi_{1,2}}{1 + \varphi_{1,2}\left[\dfrac{1}{A_{r_1}} - 1 + \dfrac{F_1}{F_2}\left(\dfrac{1}{A_{r_2}} - 1\right)\right]} \tag{6-1-15}$$

式(6-1-12)是式(6-1-15)在$\varphi_{1,2}=1$时的特解。对于灰体，则$\varepsilon = A_r$，有

$$Q_{1\text{-}2} = \frac{\sigma_0 (T_1 - T_2)^4 F_1 \varphi_{1,2}}{1 + \varphi_{1,2}\left[\dfrac{1}{\varepsilon_1} - 1 + \dfrac{F_1}{F_2}\left(\dfrac{1}{\varepsilon_2} - 1\right)\right]} \tag{6-1-16}$$

$\varphi_{1,2}$为1时，式(6-1-16)也就简化为式(6-1-3)。可见：任意位置的两个灰表面的综合黑度为

$$\varepsilon_{1,2}=\frac{1}{1+\varphi_{1,2}\left[\frac{1}{\varepsilon_1}-1+\frac{F_1}{F_2}\left(\frac{1}{\varepsilon_2}-1\right)\right]} \tag{6-1-17}$$

$\varepsilon_{1,2}$不但与ε_1、ε_2有关，还与两表面的黑度影响的深度，即相互可见的程度$\varphi_{1,2}$和$\varphi_{2,1}=\varphi_{1,2}\left(\frac{F_1}{F_2}\right)$有关。留意：式(6-1-15)和式(6-1-16)、式(6-1-17)都只是有条件的近似式。正因为$\varepsilon_{1,2}$和$\varphi_{1,2}$并不能截然分开，所以文献中也把乘积$\varepsilon_{1,2}\varphi_{1,2}$合称为“**灰体角系数**”或“灰体视系数”，用它代表表面1所发射的辐射能流中能够到达表面2并被实际吸收的份额。

式(6-1-11)还表明：参与辐射换热的i、j两表面的面积有**互换性**，即

$$\frac{\varphi_{i,j}}{\varphi_{j,i}}=\frac{F_j}{F_i} \tag{k}$$

对于给定的两个表面积$\varphi_{i,j}$和$\varphi_{j,i}$，只需求得其中一项，另一项就可以根据F_i和F_j换算。如果1、2两个表面组成封闭空间，而且1表面为凸表面，则$\varphi_{1,2}=1$，$\varphi_{2,1}=\frac{F_1}{F_2}$。这就提供了一种可能性；可对某个轴向延伸很长的二维凹表面，采用简单的“张弦法”[3]计算$F_1\varphi_{1,2}$[详见式(6-2-14)]。参看图6-1-3，辐射表面沿垂直纸面方向无限延伸，图中(a)表明：表面F_1的辐射能流凡能到达外界任意表面F_2的，都必须通过紧绷平面F_1'，未穿越F_1'的射线仍将落在表面F_1本身上。如果空间介质是透明介质，与表面2辐射换热的表面1的实际有效面积为$(1-\varphi_{1,1})F_1=\varphi_{1,1}'F_1=\varphi_{1,1}'F_1'=F_1'$，可由$F_1'$代替$F_1$进行辐射换热计算，取$\varphi_{1,2}F_1=\varphi_{1,2}'F_1'$。作为一种最简单的特例，在图6-1-3(b)中，由于F_1'与F_2直接组成一个封闭空间，$\varphi_{1,2}'=1$，F_1'也就同时代表$F_{1,2}$，即$F_2\varphi_{2,1}=F_1\varphi_{1,2}=F_1'$或$\varphi_{1,2}=F_1'/F_1$。至于任意位置、任何形状和大小的两表面辐射换热的角系数的确定，将在§6-2中分析和讨论。

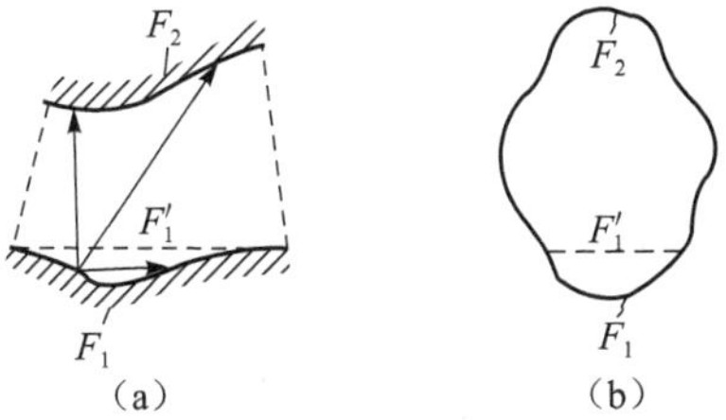

图6-1-3 辐射表面的有效面积

3. 多个表面组成封闭空间的辐射换热

任意两个非等温表面组成的封闭空间，也可被近似地差分成n个等温面进行考虑。于是，由i表面发射的有效辐射能流，落在表面j上的为$J_{r_i}F_i\varphi_{i',j}$。i、j两表面发射的有效辐射能流，落在i表面上的为$J_{r_j}F_j\varphi_{j',i}$。i、j两表面辐射换热的净热流$Q_{i\text{-}j}$可由式(6-1-10)计算，即

$$Q_{i\text{-}j}=J_{r_i}F_i\varphi_{i,j}-J_{r_j}F_j\varphi_{j,i}$$

按照式(6-1-11)，由表面i处发射的有效辐射能流落到j表面上的为$J_{r_i}F_i\varphi_{i,j}=$

$J_{r_j}F_j\varphi_{j,i}$。组成封闭空间的所有 n 个等温表面的有效辐射能流落到 j 表面上的为

$$G_{r_j}F_j=\sum_{i=1}^{n}J_{r_i}F_j\varphi_{j,i}=F_j\sum_{i=1}^{n}J_{r_i}\varphi_{j,i} \tag{l}$$

式中，总和 $\sum$ 中所包括的 $J_{r_j}F_j\varphi_{j,j}$ 项，代表 j 表面的有效辐射能流落在 j 表面自身的能力；当 j 表面为凸表面时，$\varphi_{j,j}=0$。根据角系数在物理本质上代表辐射能流重分配的份额，对包括 j 表面在内的共 n 个表面所组成的封闭空间来说，应有

$$\sum_{i=1}^{n}\varphi_{j,i}=1 \tag{6-1-18}$$

于是，根据定义式(5-1-7)，有

$$J_{r_j}=\varepsilon_j\sigma_0T_j^4+R_{r_j}\sum_{i=1}^{n}J_{r_i}\varphi_{j,i} \tag{6-1-19}$$

对于灰表面，$R_{r_j}=1-\varepsilon_j$。式(6-1-19)可被改写为

$$\sigma_0T_j^4=\frac{1}{\varepsilon_j}J_{r_j}-\frac{R_{r_j}}{\varepsilon_j}\sum_{i=1}^{n}J_{r_i}\varphi_{j,i}$$

或

$$\sigma_0T_j^4=\sum_{i=1}^{n}a_{ji}J_{r_i} \tag{6-1-20}$$

其中，系数

$$a_{ji}=\frac{\delta_{ji}-R_{r_j}\varphi_{j,i}}{\varepsilon_j} \tag{m}$$

$R_{r_j}=J_{r_j}/J_{r_i}$，$i=j$ 时的 $\delta_{ji}=1$。这样，已知 n 个表面的温度时，就可得到 n 个线性代数方程组，联解后可求得每个表面的有效辐射能流密度 J_{r_i}。方程数很多时，可遵循§3-5最后所阐明的原理，由系数 a_{ij} 组成矩阵[A]，即

$$[A]=\begin{bmatrix}a_{11} & a_{12} & \cdots & a_{1n}\\ a_{21} & a_{22} & \cdots & a_{2n}\\ \vdots & \vdots & & \vdots\\ a_{n1} & a_{n2} & \cdots & a_{nn}\end{bmatrix}$$

利用现代通用(数字)电子计算机的标准程序库，直接计算出逆矩阵$[A]^{-1}$，找到

$$[A]^{-1}=\begin{bmatrix}b_{11} & b_{12} & \cdots & b_{1n}\\ b_{21} & b_{22} & \cdots & b_{2n}\\ \vdots & \vdots & & \vdots\\ b_{n1} & b_{n2} & \cdots & b_{nn}\end{bmatrix}$$

中各系数 b_{ji} 的值，从而求得

$$J_{r_i}=\sum_{i=1}^{n}b_{ji}\sigma_0T_i^4 \tag{6-1-21}$$

根据式(5-1-10)，j 表面的净辐射热流密度将是

$$q_{r_j} = \frac{1}{1-A_{r_j}}(\varepsilon_j \sigma_0 T_j^4 - A_{r_j} J_{r_j}) \tag{6-1-22}$$

如果是灰表面，$A_{r_j} = \varepsilon_j$，式(6-1-22)可简写为

即

$$\left.\begin{aligned} q_{r_j} &= \frac{\varepsilon_j}{1-\varepsilon_j}(\sigma_0 T_j^4 - J_{r_j}) \\ q_{r_j} &= \frac{\varepsilon_j}{1-\varepsilon_j}(E_{0_j} - J_{r_j}) \end{aligned}\right\} \tag{6-1-23}$$

有些工程问题，已知某个表面 k 的热流或者热流密度 q_{r_k}，需要通过计算确定 T_k。例如，对于绝热表面 k，$q_{r_k}=0$，由式(5-1-8)，$J_{r_k}=G_{r_k}$，凡投射在该绝热表面上的辐射能流都将被重新辐射出去，常称这种绝热表面为"重辐射"表面或"反射壁"；就像式(6-1-23)所指明的，反射壁的表面温度将完全取决于 $J_{r_k}=G_{r_k}$。锅炉和各种工业的耐火墙，表面所接受的辐射热和对流换热量，由于壁的导热能力有限，通过导热传至炉外的热量相对比较小，实际的辐射热在数量上远远超过对流换热与导热的差额，所以可看做事实上的重辐射体，即依辐射得到的热量的同样速率向炉内漫反射和发射辐射热量。联解式(6-1-19)和式(6-1-22)，将 j 代换为 k，消去未知的 T_k^4，同时注意到工程材料的 $R_{r_k}=1-A_{r_k}$，则得

$$J_{r_k} = q_{r_k} + \sum_{i=1}^{n} J_{r_i} \varphi_{k,i} \tag{6-1-24}$$

也可比照式(6-1-20)，将式(6-1-24)表示成

$$q_{r_k} = \sum_{i=1}^{n} a_{k_i} J_{r_k} \tag{6-1-25}$$

其中，系数 a_{k_i} 不同于式(m)，而是

$$a_{k_i} = \delta_{k_i} - \varphi_{k,i} \tag{n}$$

在工程实践中，J_{r_j} 和 q_{r_j} 沿整个 j 表面保持均匀分布的可能性较小，分析中所涉及的 J_{r_j} 和 q_{r_j} 应该更严格地看做是有效辐射能流密度和净辐射热流密度的平均值[4]。

例 6-1-3 参看附图，钻有 ϕ20mm、深 30mm 的孔，如果金属块维持 1000℃的高温，孔的表面黑度 ε 为 0.6，室温为 20℃，试求通过孔的辐射热损失。

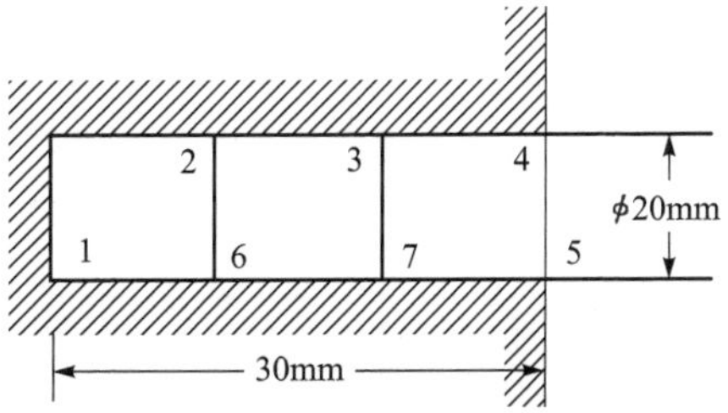

例 6-1-3 附图

［解］ 对于孔外的大空间来说，虽然空气属于透明介质，但由于周围室壁的表面积远远超过孔口面积 F_5，其可看做是温度维持室温的黑体辐射，详见式(6-1-3)和式(6-1-6)的讨论，相当于在孔口 5 处有一个维持 20℃的黑表面。

(1) 一种最粗略的近似处理是把整个钻孔看做空腔,孔口面积为

$$F_5 = \frac{\pi}{4} \times (0.02)^2 = 10^{-4}\pi(\mathrm{m}^2)$$

空腔与外界大空间的辐射换热可按两个黑体之间辐射换热的式(6-1-5)计算,即钻孔的辐射散热损失为

$$Q_r = F_5\sigma_0[(1000+273)^4 - (20+273)^4] = 46.1(\mathrm{W})$$

(2) 考虑到钻孔的孔口直径相对孔深不够小,对外辐射的黑度达不到 $\varepsilon_0=1$,上面所计算的 $Q_r=46.1\mathrm{W}$ 将偏高。较精确的处理是把钻孔整个内表面 F_s 与孔口黑表面 F_5 看成一个封闭空间考虑。依照题给条件,$\varepsilon_s=0.6$。根据式(6-1-3),有

$$F_s = \frac{\pi}{4}(0.02)^2 + \pi \times 0.02 \times 0.03 = 7 \times 10^{-4}\pi(\mathrm{m}^2)$$

$$Q_r = Q_{s\text{-}5} = \frac{F_5(E_{0_s} - E_{0_5})}{\dfrac{1}{\varepsilon_5} + \dfrac{F_5}{F_s}\left(\dfrac{1}{\varepsilon_s} - 1\right)} = \frac{46.1}{1.095} = 42.1(\mathrm{W})$$

这样的处理,实际上是把整个孔表面上的有效辐射能流密度 J_{r_s} 看做是均匀分布的。

(3) 尽管钻孔整个表面温度维持均匀,但严格地说,钻孔表面的 J_r 沿深度是有变化的。如附图所示,把钻孔整个内表面划分为 1、2、3、4 四部分,即

$$F_1 = F_5 = 10^{-4}\pi(\mathrm{m}^2)$$

$$F_2 = F_3 = F_4 = \pi \times 0.02 \times 0.01 = 2 \times 10^{-4}\pi(\mathrm{m}^2)$$

参看附图,由表面 1 或者 2 发射的辐射能流要达到表面 3、4、5,都必须透过表面 6。如果设想表面 1、2、6 组成封闭空间,根据式(6-1-18),并注意到 $\varphi_{1,1}=0$,则

$$\varphi_{1,1} + \varphi_{1,6} = 1 \tag{1}$$

如果考虑表面 1、2、3、7 组成封闭空间,则

$$\varphi_{1,2} + \varphi_{1,3} + \varphi_{1,7} = 1 \tag{2}$$

或

$$\varphi_{1,6} = \varphi_{1,3} + \varphi_{1,7} \tag{3}$$

从图 6-2-4 的曲线 1 可以查到两平行圆盘的角系数 $\varphi_{1,6}$、$\varphi_{1,7}$、$\varphi_{1,5}$ 的值。例如,$\dfrac{d}{h}=\dfrac{0.02}{0.01}=2$ 时,查得 $\varphi_{1,6}=0.37$;$\dfrac{d}{h}=\dfrac{0.02}{0.02}=1$ 时,查得 $\varphi_{1,7}=0.175$;$\dfrac{d}{h}=\dfrac{0.02}{0.03}=2/3$ 时,查得 $\varphi_{1,5}=0.1$。于是有

$$\varphi_{1,3} = \varphi_{1,6} - \varphi_{1,7} = 0.195(=\varphi_{5,3})$$

$$\varphi_{1,4} = \varphi_{1,7} - \varphi_{1,5} = 0.075(=\varphi_{5,2})$$

$$\varphi_{2,1} = \varphi_{1,2}\frac{F_1}{F_2} = 0.315(=\varphi_{2,6} = \varphi_{4,5} = \varphi_{4,7} = \varphi_{3,6} = \varphi_{3,7})$$

$$\varphi_{2,2} = 1 - \varphi_{2,1} - \varphi_{2,6} = 0.037(=\varphi_{3,3} = \varphi_{4,4})$$

$$\varphi_{3,1} = \varphi_{1,3}\frac{F_1}{F_3} = 0.0975$$

$$\varphi_{3,2} = \varphi_{3,6} - \varphi_{3,1} = 0.2175(=\varphi_{3,4} = \varphi_{4,3} = \varphi_{2,3})$$

$$\varphi_{2,7} = \varphi_{2,6} - \varphi_{2,3} = 0.0975(=\varphi_{4,5})$$

$$\varphi_{4,1} = \varphi_{1,4}\frac{F_1}{F_2} = 0.0375(= \varphi_{2,5})$$

$$\varphi_{4,2} = \varphi_{4,6} - \varphi_{4,1} = 0.06(= \varphi_{2,4})$$

如果把这些角系数的已知值代入式(6-1-19)，将得到如下方程组：

$$J_{r_1} = 0.252J_{r_2} + 0.078J_{r_3} + 0.03J_{r_4} + 0.898 \times 10^5 \tag{4}$$

$$J_{r_2} = 0.148J_{r_1} + 0.102J_{r_3} + 0.028J_{r_4} + 1.054 \times 10^5 \tag{5}$$

$$J_{r_3} = 0.0458J_{r_1} + 0.102J_{r_3} + 0.102J_{r_4} + 1.054 \times 10^5 \tag{6}$$

$$J_{r_4} = 0.0176J_{r_1} + 0.028J_{r_2} + 0.102J_{r_3} + 1.054 \times 10^5 \tag{7}$$

用迭代法求得

$$J_{r_1} = 1.4 \times 10^5 (\mathrm{W/m^2}), \quad J_{r_2} = 1.43 \times 10^5 (\mathrm{W/m^2})$$

$$J_{r_3} = 1.39 \times 10^5 (\mathrm{W/m^2}), \quad J_{r_4} = 1.26 \times 10^5 (\mathrm{W/m^2})$$

由式(5-1-10)，有

$$q_r = \frac{\varepsilon}{1-\varepsilon}(E_0 - J_r)$$

或

$$Q_r = q_r F = \frac{\varepsilon F}{1-\varepsilon}(E_0 - J_r)$$

可求得

$$Q_{r_1} = 4.57(\mathrm{W}), \quad Q_{r_2} = 6.31(\mathrm{W})$$

$$Q_{r_3} = 10.08(\mathrm{W}), \quad Q_{r_4} = 22.34(\mathrm{W})$$

或

$$Q_r = Q_{r_1} + Q_{r_2} + Q_{r_3} + Q_{r_4} = 43.3(\mathrm{W})$$

可以看到，第二种计算方法，其计算工作量和第一种方法差不多；第三种方法复杂得多。与第三种方法计算的结果相比，第一种方法计算的孔的辐射热损失只偏高了 6.4%；第二种方法所得到的孔的辐射热损失则偏低不到 2.8%，完全能满足工程计算的要求。

4. 准灰表面

表面发射红外射线的同时，又接受高温热源如阳光照射，实际的工程材料很少能在从常温到高温这样宽广的波长范围内保持辐射性质 ε、A_r、R_r 值恒定不变或者接近于与波长无关的灰体特征。原则上，可通过单色辐射换热的计算，然后按整个波长范围积分。这种计算，不仅需要材料表面辐射性质详细的波谱数据资料，如 $\varepsilon_\Lambda = f(\Lambda, T)$ 等，迄今为止，还很缺乏这类可靠的数据，而且具体计算的工作量很大。一种可行的近似处理方法是把实际的波长范围划分成几个波带，在每个波带内分别按准灰体表面考虑。

以“双带”模型为例：

$$\Delta\Lambda = \Delta\Lambda' + \Delta\Lambda''$$

在第一和第二波带内，分别遵守灰体条件：

$$\varepsilon' = A'_r,\quad R'_r = 1-\varepsilon';\quad \varepsilon'' = A''_r,\quad R''_r = 1-\varepsilon''$$

按照式(6-1-19),可分别写出每个波带独自的辐射能流平衡式

$$\begin{cases} J'_{r_j} = \varepsilon'_j\sigma_0 T_j^4 + (1-\varepsilon'_j)\sum_{i=1}^{n} J'_{r_i}\varphi_{j,i} \\ J''_{r_j} = \varepsilon''_j\sigma_0 T_j^4 + (1-\varepsilon''_j)\sum_{i=1}^{n} J''_{r_j}\varphi_{j,i} \end{cases} \tag{6-1-26}$$

而且 $q_{r_j} = q'_{r_j} + q''_{r_j}$,根据式(6-1-23),则

$$q_{r_j} = \frac{\varepsilon'_j}{1-\varepsilon'_j}(E_{0_j} - J'_{r_j}) + \frac{\varepsilon''_j}{1-\varepsilon''_j}(E_{0_j} - J''_{r_j}) \tag{6-1-27}$$

当给出的已知条件是表面温度 T_j 时,按准灰表面计算,除了计算工作量有所增加以外,在方法上与按灰表面考虑没有什么不同。但在已知表面热流的情况下,由式(6-1-27)可见,J'_{r_j} 和 J''_{r_j} 就不再彼此无关,而要由式(6-1-26)和式(6-1-27)同时联解。

采用多带模型,并不需要从概念上作出任何修正。显然,划分的波带数越多,解的近似性越高,但计算工作量则变得更大。

§6-2 角 系 数

角系数反映两表面的形状、大小以及空间相对位置的几何特征,是计算两表面之间辐射换热不可缺少的基本依据。留意:角系数是一个无量纲数,代表从某一个表面向外发射的辐射能流有多大份额能达到第二个表面。这个份额当然取决于两个表面相互可见的视域大小,所以角系数常被称为辐射的形状系数或视系数。

1. 角系数的解析式

对于黑体和灰体,即服从§5-1中兰贝特余弦定律的漫辐射表面,可严格推导出角系数的数学表达式。参看图6-2-1,设想有两个微元体的表面积分别为 dF_1 和 dF_2,彼此间相距 R,中点连线和法线 n_1、n_2 之间的夹角分别为 ϕ_1 和 ϕ_2,这两个夹角不一定在同一个平面上,根据兰贝特定律,由 dF_1 朝 dF_2 方向发射的辐射能流为

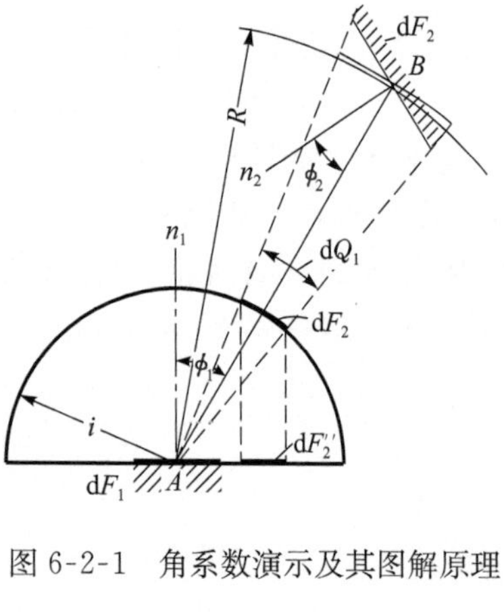

图 6-2-1 角系数演示及其图解原理

$$d^2Q_{dF_1\to dF_2} = I_{n,1}\,dF_1\cos\phi_1\,d\Omega_1 \tag{a}$$

式中,法向辐射强度 $I_n = \dfrac{E}{\pi} = \dfrac{\varepsilon E_0}{\pi}$,详见式(5-1-6)。对于灰体,不仅有本身辐射,还有反射辐射,在漫反射情况下的法向辐射强度应

取作法向有效辐射强度$\frac{J_r}{\pi}$。由立体角的定义(见图 5-1-5),有

$$\mathrm{d}\Omega_1 = \frac{\mathrm{d}F_2\cos\phi_2}{R^2} \tag{b}$$

于是

$$\mathrm{d}^2Q_{\mathrm{d}F_1\to\mathrm{d}F_2} = \frac{J_{r_1}}{\pi}\mathrm{d}F_1\cos\phi_1\,\frac{\mathrm{d}F_2\cos\phi_2}{R^2} \tag{c}$$

同理,有

$$\mathrm{d}^2Q_{\mathrm{d}F_2\to\mathrm{d}F_1} = \frac{J_{r_2}}{\pi}\mathrm{d}F_2\cos\phi_2\,\frac{\mathrm{d}F_1\cos\phi_1}{R^2} \tag{d}$$

$$\mathrm{d}^2Q_{\mathrm{d}F_2-\mathrm{d}F_1} = \mathrm{d}^2Q_{\mathrm{d}F_1\to\mathrm{d}F_2} - d^2Q_{\mathrm{d}F_2\to\mathrm{d}F_1}$$

即相互辐射的结果,将构成净辐射换热的能流:

$$\mathrm{d}^2Q_{\mathrm{d}F_1-\mathrm{d}F_2} = \frac{1}{\pi}(J_{r_1} - J_{r_2})\,\frac{\cos\phi_1\cos\phi_2}{R^2}\mathrm{d}F_1\mathrm{d}F_2 \tag{6-2-1}$$

或

$$\mathrm{d}Q_{\mathrm{d}F_1-\mathrm{d}F_2} = \mathrm{d}F_1(J_{r_1} - J_{r_2})\int_{F_2}\frac{\cos\phi_1\cos\phi_2}{\pi R^2}\mathrm{d}F_2 \tag{6-2-2}$$

对于两个有限的灰表面 F_1 和 F_2 来说,

$$Q_{1\text{-}2} = (J_{r_1} - J_{r_2})\int_{F_1}\int_{F_2}\frac{\cos\phi_1\cos\phi_2}{\pi R^2}\mathrm{d}F_1\mathrm{d}F_2 \tag{6-2-3}$$

引进角系数 $\varphi_{1,2}$,表示成式(6-1-12)时,则对比式(6-2-3),有

$$\varphi_{1,2} = \frac{1}{F_1}\int_{F_1}\int_{F_2}\frac{\cos\phi_1\cos\phi_2}{\pi R^2}\mathrm{d}F_2\mathrm{d}F_1 \tag{6-2-4}$$

或

$$\phi_{2,1} = \frac{1}{F_2}\int_{F_2}\int_{F_1}\frac{\cos\phi_1\cos\phi_2}{\pi R^2}\mathrm{d}F_1\mathrm{d}F_2$$

即

$$\varphi_{1,2}F_1 = \varphi_{2,1}F_2 \tag{6-2-5}$$

式(6-2-5)也就是式(6-1-11)。很明显,如按同样的比例缩小或放大 F_1 和 F_2,只要保持空间几何相似,即两个表面的相对位置、相对大小不变,无量纲的 $\varphi_{1,2}$ 也不会改变。这就构成用模型实测角系数的理论根据。

对比式(6-2-2),引进

$$\varphi_{\mathrm{d}F_1,F_2} = \int_{F_2}\frac{\cos\phi_1\cos\phi_2}{\pi R^2}\mathrm{d}F_2 \tag{6-2-6}$$

$\varphi_{\mathrm{d}F_1,F_2}$ 可称为微元面积 $\mathrm{d}F_1$ 至 F_2 的“元体角系数”。这对差分计算辐射受热面(或者辐射放热面)的受(放)热均匀性是一个重要参数,而角系数

$$\varphi_{1,2} = \frac{1}{F_1}\int_{F_1}\int_{F_2} \frac{\cos\phi_1 \cos\phi_2}{\pi R^2} dF_2 dF_1 = \frac{1}{F_1}\int_{F_1} \varphi_{dF_1,F_2} dF_1 \tag{6-2-7}$$

则是元体角系数沿整个表面 F_1 的平均值，有时称为“平均角系数”。

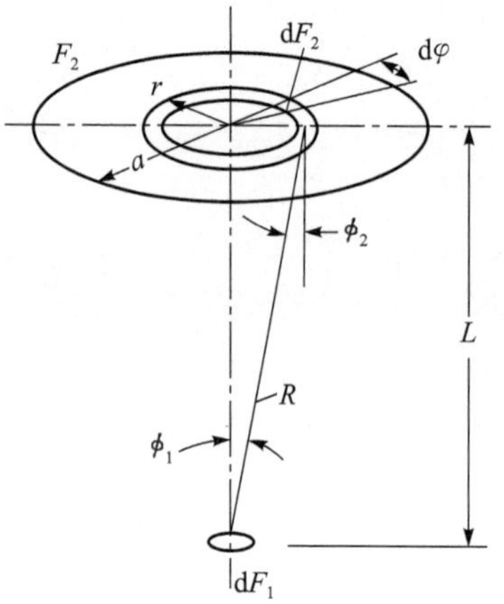

例 6-2-1 附图

例 6-2-1 求附图所示小圆盘 F_1 与相距 L 的半径为 a 的平行圆盘 F_2 之间的角系数。

［**解**］ 由图可知，$dF_2 = r d\varphi dr$

$$\cos\phi_1 = \cos\phi_2 = \frac{L}{R}$$

$$R = \sqrt{L^2 + r^2}$$

根据式(6-2-4)，有

$$F_1\varphi_{1,2} = \int_{F_1}\int_{F_2} \frac{\cos\phi_1 \cos\phi_2}{\pi R^2} dF_2 dF_1$$

F_1 很小时，则

$$F_1\varphi_{1,2} = \frac{F_1}{\pi}\int_{F_2} \left(\frac{L}{R}\right)^2 \frac{1}{R^2} dF_2 ①$$

或

$$\varphi_{1,2} = \frac{1}{\pi}\int_0^a\int_0^{2\pi} = \frac{L^2}{(L^2+r^2)^2} r dr d\varphi = \frac{a^2}{a^2+L^2}$$

上例表明：式(6-2-7)中包含的面积分，通常意味着坐标的重积分。而式(6-2-4)包含的二重面积分将意味着坐标的四重积分。只有一些比较简单的情况，解析解才是现实的。常要采取数值积分。参看图 6-2-1，φ_{dF_1,F_2} 的值可用图解法求出：通过微元表面 dF_1 的中心点 A，用单位半径画半个球面，从球心 A 点找到 dF_2 在球面上的投影面积 dF_2'，根据式(b)，有

$$d\Omega_1 = \frac{dF_2 \cos\phi_2}{R^2} = \frac{dF_2'}{1}$$

可见

$$dF_2' = \frac{dF_2 \cos\phi_2}{R^2}$$

把这个面积 dF_2' 再投影到 dF_1 的同一平面即半球的基面上，得到图 6-2-1 中的 dF_2''。这两块投影面积法线之间的夹角为 ϕ_1，所以

$$dF_2'' = dF_2' \cos\phi_1 = \frac{\cos\phi_1 \cos\phi_2}{R^2} dF_2$$

半球基面是半径为 1 的圆，面积正好等于 π。于是，如图 6-2-2 所指出的，F_2 在半

---

① 严格地说，应把小圆盘面积表示为差分面积或微元面积 dF_1，于是

$$dF_1\varphi_{dF_1,F_2} = dF_1\int_{F_2} \frac{\cos\phi_1 \cos\phi_2}{\pi R^2} dF_2$$

所求得的解实际上是元体角系数。

球基面上的投影面积 $a_1b_1c_1d_1$ 对于基圆面积 π 的比值，就决定了元体角系数 φ_{dF_1,F_2} 的值。如果把 F_1 划分为 n 个有限元，$F_1=F_1'+F_1''+\cdots+F_1^n$，针对每个有限元 F_1^i 都进行这种作图，找出相应的元体角系数 φ_{dF_1,F_2}，最后可标绘以元体角系数为纵坐标、相应的有限元面积为横坐标，按式(6-2-7)图解确定整个 F_1 的平均角系数 $\varphi_{1,2}$。根据这个图解计算原理，已拟订出比较完善的机械式的积分仪[5,6]，只要放在 F_1^i 的位置上，把积分仪备有光源的探测器瞄准 F_2 的周线(边沿)移动一周，就能直接画出图 6-2-2 中的投影面积 F_2'' 即 $a_1b_1c_1d_1$。人们也提出了用周线积分代替面积积分的方法[7]，使式(6-2-4)的坐标四重积分简化为二重积分，这种简化对于需要进行数值计算时特别有利。

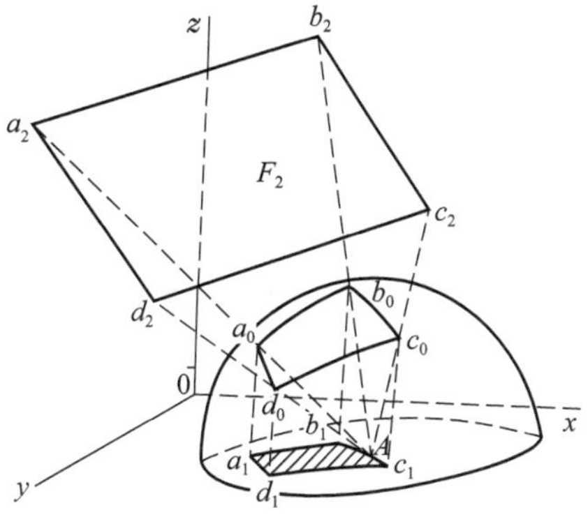

图 6-2-2　角系数的图解计算法

2. 角系数图表

用解析法和数值法求解角系数往往比较费时。除图解法之外，实际应用中也可采用模拟法[6]。对于工程实践中比较常见的表面排列情况，已有相当多的角系数图表资料，包括这里所摘引的无量纲图 6-2-3、图 6-2-4、图 6-2-5 以及其他手册[8,9]、书籍[10]，可供工程计算时查用。图 6-2-4 中的曲线 5、6、7、8 的纵坐标实际上应记作 φ_{1R2}，即考虑反射边墙作用时的 $\varphi_{1,2}$，其值可由曲线 1、2、3、4 的 $\varphi_{1,2}$ 值按式(6-3-5)计算得到。

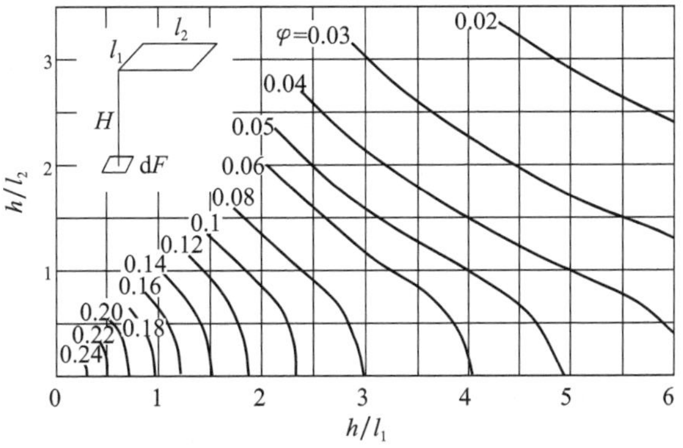

图 6-2-3　dF 的法线正好通过另一个平行矩形表面的一个顶点时的角系数 φ_{dF_1,F_2}

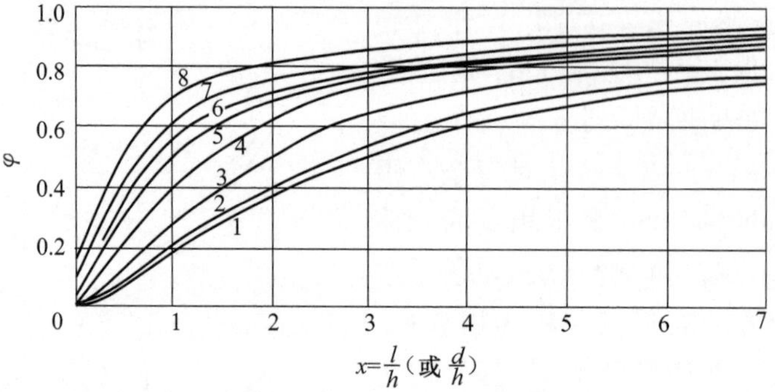

图 6-2-4　大小相同、互相正对的两平行平板间辐射换热的角系数 $\varphi_{1,2}$

l 和 d 分别代表平板长边和直径，h 为平板间距离；1、2、3、4 为两平板之间直接辐射换热的情况，5、6、7、8 为考虑两平板不导热边壳的反射时该两平板之间辐射换热的情况；1 和 5 为圆盘；2 和 6 为正方形平板；3 和 7 为两直角边的长度比例为 2∶1 的长方形平板，1 取作短边；4 和 8 为狭长的长方形平板

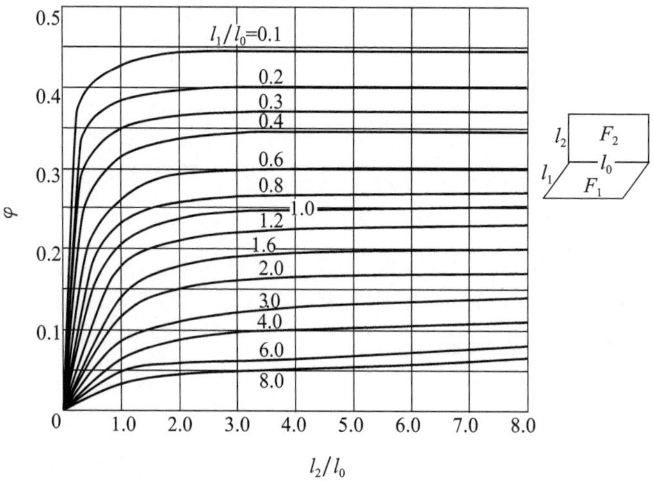

图 6-2-5　两个互相垂直、具有长度为 l_0 的共同边的长方形平面之间辐射换热的角系数 $\varphi_{1,2}$

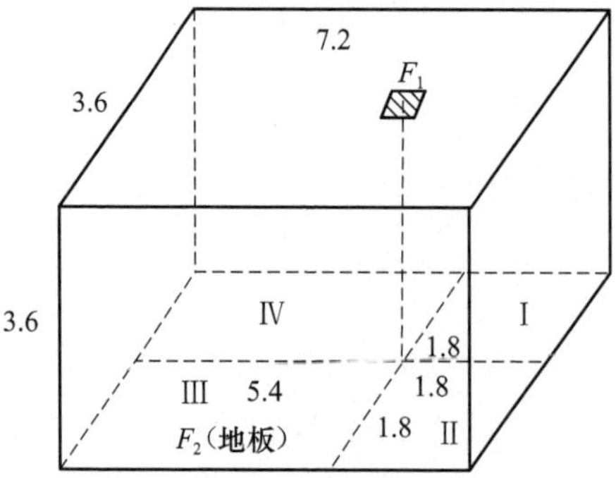

例 6-2-2 附图

例 6-2-2　平面尺寸为 3.6m×7.2m、高 3.6m 的房间，在天花板上离两面墙各 1.8m 处有一个小天窗。试求地板与天窗之间的角系数 $\varphi_{1,2}$。

［**解**］　参看附图，将地板划分为四块，即 $F_{\mathrm{I}}+F_{\mathrm{II}}+F_{\mathrm{III}}+F_{\mathrm{IV}}=F_2$，Ⅰ和Ⅱ各为 1.8m×1.8m，Ⅲ和Ⅳ各为 5.4m×1.8m。可分别由图 6-2-3 查得每块地板与天窗之间的角系数：

$\frac{h}{l_1}=\frac{h}{l_2}=\frac{3.6}{1.8}=2$ 时，　$\varphi_{1,\mathrm{I}}=\varphi_{1,\mathrm{II}}=0.06$

$$\frac{h}{l_1}=\frac{3.6}{1.8}=2 \text{ 和 } \frac{h}{l_2}=\frac{3.6}{5.4}=0.67 \text{ 时}, \varphi_{1,\mathrm{III}}=\varphi_{1,\mathrm{IV}}=0.1$$

由 F_1 发射的射线能量落到 F_2 上的份额，显然等于落到 F_{I}、F_{II}、F_{III}和 F_{IV}上份额的总和，即

$$\varphi_{1,2}=\varphi_{1,\mathrm{I}}+\varphi_{1,\mathrm{II}}+\varphi_{1,\mathrm{III}}+\varphi_{1,\mathrm{IV}}$$

或

$$\varphi_{1,2}=0.06+0.06+0.1+0.1=0.32$$

3. 角系数的代数解法

例 6-2-2 清楚地指出：

$$\varphi_{F_A,F_B+F_C}=\varphi_{F_A,F_B}+\varphi_{F_A,F_C} \tag{6-2-8}$$

两个表面之间的未知角系数，可以通过将其中一个或两个分解成不同组合的已知角系数相加减的方法，即所谓代数解法求定。这种方法也扩大了角系数图表的实用价值，可再用图 6-2-6 实例来说明。

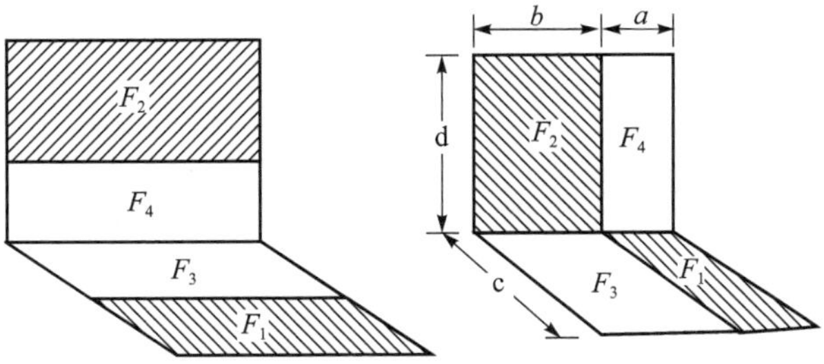

图 6-2-6　角系数代数解法原理

图 6-2-6(a)中：

$$\varphi_{F_1+F_2,F_3+F_4}=\varphi_{F_1+F_3,F_2}+\varphi_{F_1+F_3,F_4} \tag{e}$$

根据式(6-2-5)，式(e)可改写为

$$\varphi_{F_1+F_3,F_2+F_4}=\frac{F_2}{F_1+F_3}\varphi_{F_2,F_1+F_3}+\frac{F_4}{F_1+F_3}\varphi_{F_4,F_1+F_3} \tag{f}$$

而

$$\varphi_{F_2,F_1+F_3}=\varphi_{F_2,F_1}+\varphi_{F_2,F_3}$$

$$\varphi_{F_4,F_1+F_3}=\varphi_{F_4,F_1}+\varphi_{F_4,F_3}$$

因此，式(f)演变为

$$(F_1+F_3)\varphi_{F_1+F_3,F_2+F_4}=F_2\varphi_{F_2,F_1}+F_2\varphi_{F_2,F_3}+F_4\varphi_{F_4,F_1}+F_4\varphi_{F_4,F_3}$$

或

$$(F_1+F_3)\varphi_{F_1+F_3,F_2+F_4}=F_1\varphi_{F_1,F_2}+F_3\varphi_{F_3,F_2}+F_4\varphi_{F_4,F_1}+F_3\varphi_{F_3,F_4}$$

注意到 $F_3\varphi_{F_3,F_2}+F_3\varphi_{F_3,F_4}=F_3\varphi_{F_3,F_2+F_4}$，则

$$\varphi_{F_1,F_2}=\frac{1}{F_1}[(F_1+F_3)\varphi_{F_1+F_3,F_2+F_4}-F_1\varphi_{F_3,F_2+F_4}-F_4\varphi_{F_4,F_3}] \quad (6\text{-}2\text{-}9)$$

$\varphi_{F_1+F_3,F_2+F_4}$、$\varphi_{F_3,F_2+F_4}$、$\varphi_{F_4,F_2}$ 的值都可以根据已知的尺寸从图 6-2-5 中查到，按照式(6-2-9)将不难计算未知的 φ_{F_1,F_2}。

同理，读者应能自己推导出图 6-2-6(b)中的 φ_{F_1,F_2}：

$$\varphi_{F_1,F_2}=\frac{1}{F_1}[(F_1+F_3)\varphi_{F_1+F_3,F_2+F_4}-F_1\varphi_{F_1,F_4}-F_3\varphi_{F_1,F_2}-F_3\varphi_{F_3,F_4}] \quad (g)$$

式中，φ_{F_3,F_4} 的值和 φ_{F_1,F_2} 一样也不能从图 6-2-5 中查得。但 F_1 与 F_2、F_3、F_4 互成犄角，表示成解析式时，已被证明[11]：

$$F_1\varphi_{F_1,F_2}=F_3\varphi_{F_2,F_4}$$

角系数 φ_{F_1,F_2} 和 φ_{F_3,F_4} 之间具有面积的互换性，于是

$$\varphi_{F_1,F_2}=\frac{1}{2F_1}[(F_1+F_3)\varphi_{F_1+F_3,F_2+F_4}-F_1\varphi_{F_1,F_4}-F_3\varphi_{F_3,F_4}] \quad (6\text{-}2\text{-}10)$$

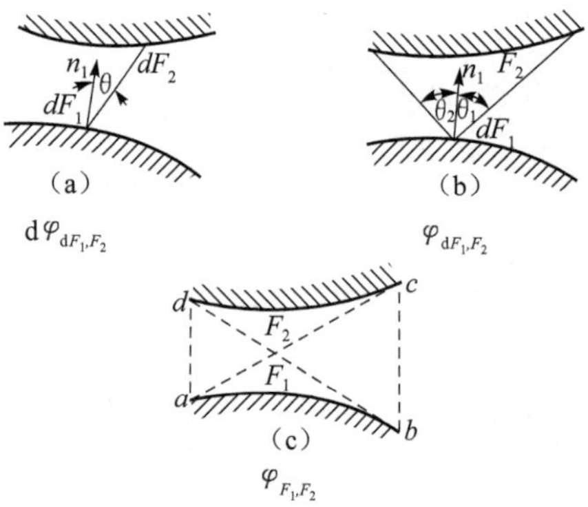

图 6-2-7　延伸表面的角系数示意图

对于沿一个坐标轴延伸很长的任意两表面之间的角系数，如图 6-2-7 中的表面 1 和 2 都在垂直纸面的方向无限伸长，曾由解析法[6,12]导得非常简单的关系①：

$$d\varphi_{dF_1,F_2}=\frac{1}{2}d\sin\theta \quad (6\text{-}2\text{-}11)$$

$$\varphi_{dF_1,F_2}=\frac{1}{2}(\sin\theta_1-\sin\theta_2) \quad (6\text{-}2\text{-}12)$$

并且据以发展出 § 6-1 中已提到的张弦法，得到

$$\varphi_{F_1,F_2}=\frac{1}{2L}[(\overline{ac}+\overline{bd})-(\overline{ad}+\overline{bc})] \quad (6\text{-}2\text{-}13)$$

L 是沿表面 F_1 从 a 到 b 的长度。式(6-2-13)可用纯代数运算的方式直接导出。参看图 6-2-8(a)，运用张弦法进行代数运算，在垂直纸面方向无限伸长，三个凸表面事实上组成封闭空间。$\varphi_{i,i}=0$，因此

① 注意，θ 代表偏离 dF_1 法线方向的方位角，图 6-2-7(b)中的 θ_1 和 θ_2 应异号，一正一负。两平行大平板是沿两个坐标轴无限延伸的平面，相当于图 6-2-7 中的一种特殊情况，即图 6-27(b)中的 $\theta_1=\frac{\pi}{2}$ 和 $\theta_2=\frac{\pi}{2}$，由式(6-2-12)，则 $\varphi_{dF_1,F_2}=1$，或 $\varphi_{F_1,F_2}=\frac{1}{F_1}\int_{F_1}\varphi_{dF_1,F_2}dF_1=1$。

$$\begin{cases}\varphi_{1,2}+\varphi_{1,3}=1 \text{ 或 } F_1\varphi_{1,2}+F_1\varphi_{1,3}=F_1 \\ \varphi_{2,1}+\varphi_{2,3}=1 \text{ 或 } F_2\varphi_{2,1}+F_2\varphi_{2,3}=F_2 \\ \varphi_{3,1}+\varphi_{3,2}=1 \text{ 或 } F_3\varphi_{3,1}+F_3\varphi_{3,2}=F_3\end{cases} \tag{h}$$

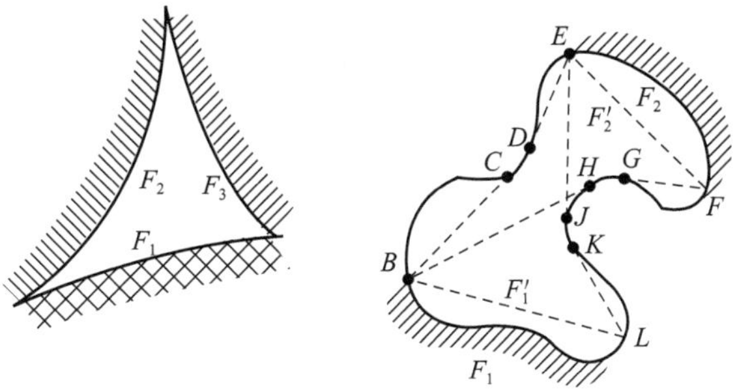

(a)　　(b)

图 6-2-8　张弦解法的示意图

注意到：$F_1\varphi_{1,2}=F_2\varphi_{2,1}$，$F_2\varphi_{2,3}=F_3\varphi_{3,2}$，$F_1\varphi_{1,3}=F_3\varphi_{3,1}$则联解后，得到

$$\varphi_{1,2}=\frac{F_1+F_2-F_3}{2F_1} \tag{6-2-14}$$

即 $\varphi_{i,j}$在数值上恒等于F_i 与F_j 之和减去形成封闭空间的第三个凸表面的面积，然后除以两倍 F_i。很明显，任意两个表面的面积比，就是横截面上相应的周线长度即图中弧长之比。式(6-2-14)可具体用来计算图 6-2-8(b)的两复杂曲面之间的角系数。设想用弦紧绷在横截面即图中表面 F_1 的两端点之间，得到弦长$\overline{BL}$，代表有效面积 $F_1'=F_1(1-\varphi_{1,1})$；同理得到弦长$\overline{EF}$，代表有效面积 $F_2'=F_2(1-\varphi_{2,2})$。设想用弦紧绷在 F_1 和 F_2 的端点之间，分别得到弦长$\overline{BCDE}$、$\overline{BHGF}$、$\overline{LKJE}$、$\overline{LKJHGF}$。根据能量守恒原则，有

$$\varphi_{1,2}+\varphi_{1,2}+\varphi_{1,\overline{BCDE}}+\varphi_{1,\overline{LKJHGF}}=1$$

或

$$F_1\varphi_{1,2}+F_1\varphi_{1,\overline{BCDE}}+F_1\varphi_{1,\overline{LKJHGF}}=F_1' \tag{i}$$

针对$\overline{BL}$、$\overline{BCDE}$、$\overline{LKJE}$三个凸表面所组成的封闭空间，可由式(6-2-14)得

$$\overline{BCDE}\varphi_{\overline{BCDE},\overline{BL}}=\frac{\overline{BL}+\overline{BCDE}-\overline{LKJE}}{2} \tag{j}$$

而 $\varphi_{\overline{BCDE},\overline{BL}}=\varphi_{\overline{BCDE},1}$。针对$\overline{BL}$、$\overline{BCDE}$、$\overline{LKJE}$三个凸表面所组成的封闭空间，同样可由式(6-2-14)得到

$$\overline{LKJHGF}\varphi_{\overline{LKJHGF},1'}=\frac{1}{2}(\overline{BL}+\overline{LKJHGF}-\overline{BHGF}) \tag{k}$$

而且

$$\varphi_{\overline{BCDE},\overline{BL}} = \varphi_{\overline{BCDE},1}$$

把式(j)和式(k)代入式(i),则

$$\varphi_{1,2} = \frac{1}{2\,\overline{BL}}\left[(\overline{LKJE} + \overline{BHGF}) - (\overline{BCDE} + \overline{LKJHGF})\right] \tag{6-2-15}$$

角系数 $\varphi_{1,2}$的值就是两交叉弦的长度和,减去两不交叉弦的长度和,再除以两倍 F_1'的弦长。

张弦法避开了复杂的多重积分,仅用简单的代数运算就能计算出形状比较复杂而且任意放置的物体表面之间的角系数,但张弦法只适用于延伸表面。一个实例应用可用于确定图 6-2-9(a)中辐射表面 F_1 和一排管之间的角系数。这在锅炉和采暖工程设计中具有很大的实用意义。沿炉膛周围炉墙布置的管屏以及炉膛出口烟道能见到炉膛火焰的第一、二排管构成锅炉的辐射受热面。当 F_1 的平面尺寸和管长都很大,远远超过 h 时,F_1 与管的切平面 F_1'之间的距离就不影响 $\varphi_{1,2}$的值,平面 F_1 与 F_1'构成事实上的无限大平行平板,平面 F_1 所发射的所有辐射能流都将通过平面 F_1'。因此,可以像图 6-2-9(b)那样,设想辐射表面 F_1 直接坐落在管的底平面 F_1 上,炉内火焰辐射面就是如此。于是,在不考虑炉墙反射壁的作用时,凡从 F_1 发射的辐射能流未通过 F_3 平面的,都将达到管表面上,即 $\varphi_{1,2} = 1 - \varphi_{1,3}$。由式(6-2-13),有

$$\varphi_{1,3} = \frac{1}{2\,\overline{AB}}\left[(\overline{AC'MCG} + \overline{BEME'H}) - (\overline{AC'E'H} + \overline{BECG})\right]$$

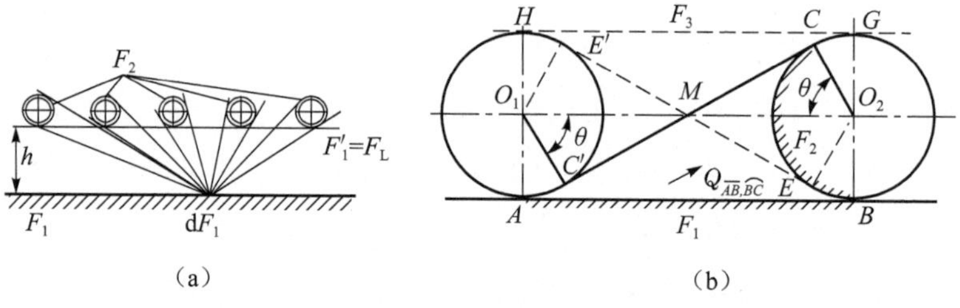

图 6-2-9　辐射平面 F_1 与单排管之间角系数代数解法示意图

由于图形对称性,因此

$$\varphi_{1,3} = \frac{1}{\overline{AB}}(\overline{AC'MCG} - \overline{BECG}) \tag{l}$$

张弦长度$\overline{BECG}$实即管的外表面周长的一半,张弦长度$\overline{AC'MCG}$也很容易测量,张弦长度$\overline{AB}$就是管间距 s。由图 6-2-9(b),$\overline{O_1M} = \overline{O_2M} = \frac{s}{2}$,$\overline{AC'MCG} = 2\,\overline{MCG} = 2\left[\frac{s}{2}\sin\theta + \frac{d}{2}\left(\frac{\pi}{2} - \theta\right)\right]$;$d$ 为管的外直径,$\theta = \arccos\frac{d}{s}$。

如果像图 6-2-10 那样,在第一排管的后面还有第二排管,只要通过第一排管

的间隙以及经由第一排反射到第二排管切平面 F_1' 上的辐射能流仍均匀分布（s/d 足够大时，这个假设可以近乎满足），就可用同样的办法确定辐射平面 F_1' 到第二排管的角系数 $\varphi^{\mathrm{II}}_{F_1',F_2}$。于是，当由平面 F_1 至第一排管的角系数为 $\varphi^{\mathrm{I}}_{F_1,F_2}$ 时，平面 F_1 发射的辐射能流中将有 $1-\varphi^{\mathrm{I}}_{F_1,F_2}$ 的份额穿越第二排管的切平面 F_1'，即有 $\varphi^{\mathrm{II}}_{F_1',F_2}(1-\varphi^{\mathrm{I}}_{F_1,F_2})$ 到达第二排管的表面上。如果两排管的管径和间距彼此相同，那么 $\varphi^{\mathrm{II}}_{F_1',F_2}=\varphi^{\mathrm{I}}_{F_1,F_2}$，平面 F_1 和两排管的角系数将是

$$\varphi_{1,2}=\varphi^{\mathrm{I}}_{F_1,F_2}+\varphi^{\mathrm{I}}_{F_1,F_2}(1-\varphi^{\mathrm{I}}_{F_1,F_2})$$

或

$$\varphi_{1,2}=\varphi^{\mathrm{I}}_{F_1,F_2}(2-\varphi^{\mathrm{I}}_{F_1,F_2}) \tag{m}$$

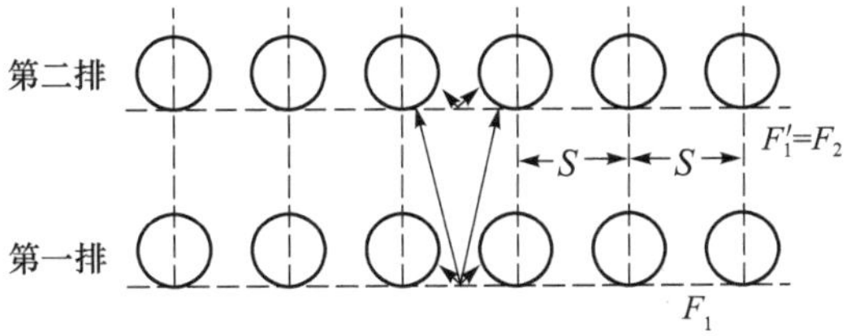

图 6-2-10　辐射平面 F_1 向两排管辐射传热的示意图

这表明：对于辐射传热来说，第一排管折算成有效面积时为 $F_1'\varphi^{\mathrm{I}}_{F_1,F_2}$，两排管的有效面积为 $F_1'\varphi^{\mathrm{I}}_{F_1,F_2}(2-\varphi^{\mathrm{I}}_{F_1,F_2})$，$F_1'$代表每排管相切平面的面积。随着管的排数的增加，总有效面积只能趋近于 F_1'，不能超过 F_1'，并不随管的实际表面积比例增大。因此，用增加管的排数来强化辐射传热，要受制于经济性的考虑，工程实践中极少采用两排以上的管。还须看到，这里分析的 $\varphi^{\mathrm{II}}_{F_1',F_2}$ 是近似的，严格地说，两排管错列成三角形排列时多少要比顺列成矩阵的效果好一些。考虑炉墙反射壁作用时的 φ_{1R2} 值可查看图 6-2-11。

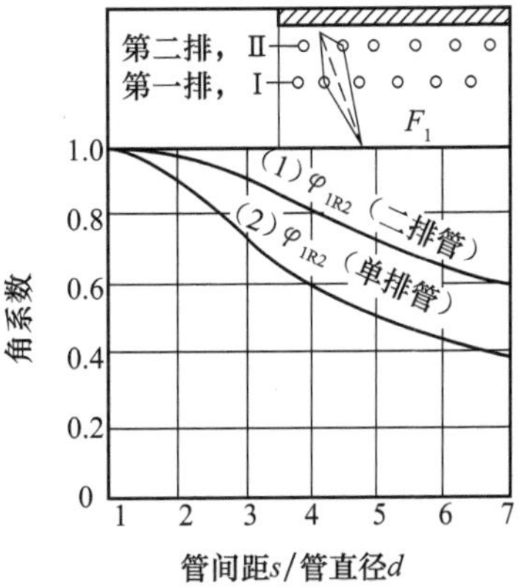

图 6-2-11　在有反射壁时辐射面至双排管的角系数

例 6-2-3　附图表明：某供热炉底板（辐射平面 F_1）面积为 $4.8\mathrm{m}\times4.8\mathrm{m}$，$\varepsilon_1=0.7$，$\bar{t}_1=900℃$；离底板高 3m 处吊装平行于底板的双排错列管，管的外直径 $d=75\mathrm{mm}$，管间距 $s=150\mathrm{mm}$；边墙和顶墙都是耐火厚墙，$\varepsilon=0.7$。如果钢管 $\varepsilon_2=0.8$，$\bar{t}_2=250℃$，试求从底板到双排管的辐射传热率。

［解］　依题意，有

$$\frac{s}{d}=\frac{0.150}{0.075}=2$$

由图 6-2-11 的曲线 1，查得只考虑顶墙反射壁作用时

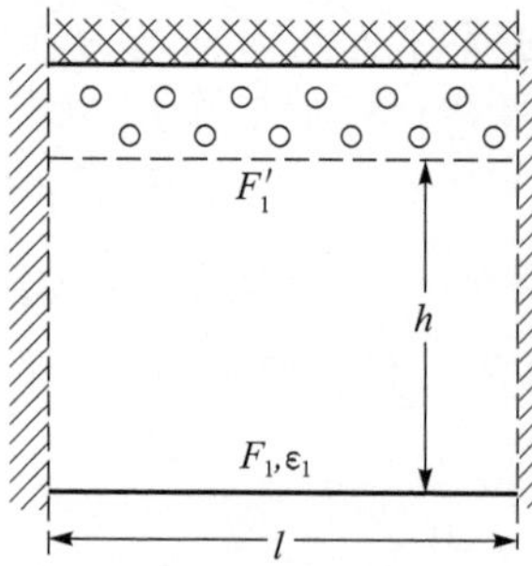

例 6-2-3 附图

的总角系数 φ_{1R2} 为 0.98，相当于 F_1 的平面尺寸和管长不超过 h 时的总角系数。

本题给出的 F_1 为 $l=4.8$m 的正方形，$\frac{l}{h}=\frac{4.8}{3}=1.6$。考虑底板到双排管的边墙反射壁作用，可分两步处理：第一步，根据§6-1 所提出的灰体角系数的概念，即由式(6-1-17)，有

$$\varepsilon_{2,1'}\varphi_{2R1'}=\frac{\varphi_{2R1'}}{1+\varphi_{2R1'}\left[\left(\frac{1}{\varepsilon_2}-1\right)+\frac{F_2}{F_1}\left(\frac{1}{\varepsilon_1}-1\right)\right]}$$

代表表面 2 的辐射能流中到达表面 1′并被实际吸收的部分占表面 2 黑辐射总量的份额。由于切平面 F_1' 容许射线穿越、透射过去，相当于全部吸收而不反射，计算时可取作 $\varepsilon_i=1$。已知：$\varphi_{1'R2}=0.98$；每排管的管数为 $n=\frac{l}{s}=32$，$\frac{F_2}{F_1}=\frac{2n(\pi d)l}{l^2}=\pi$，且 $\varphi_{1'R2}F_1=\varphi_{2R1'}F_2$，$\varepsilon_{2,1'}\varphi_{2R1'}F_2=\varepsilon_{1',2}\varphi_{1'R2}F_1$。于是

$$\varepsilon_{1',2}\varphi_{1'R2}=\frac{\varphi_{1'R2}}{1+\varphi_{1'R2}\left[\frac{F_1'}{F_2}\left(\frac{1}{\varepsilon_2}-1\right)+\left(\frac{1}{\varepsilon_{1'}}-1\right)\right]}$$

计算的结果为 $\varepsilon_{1',2}\varphi_{1'R2}=0.91$。$F_2$ 包括顶墙反射辐射在内，通过 F_1' 切平面的热流为 $\varepsilon_{2,1'}\varphi_{2R1'}F_2\sigma_0T_2^4$。

第二步，设想用切平面 F_1' 这个假想的等效辐射平面来替代两排管和顶墙反射壁的辐射性质，温度与 t_2 相同，具有黑度 ε_1'，使

$$F_1'\varepsilon_{1'}\sigma_0T_2^4=\varepsilon_{2,1'}\varphi_{2R1'}F_2\sigma_0T_2^4$$

注意到 $\varepsilon_{2,1'}\varphi_{2R1'}F_2=\varepsilon_{1',2}\varphi_{1'R2}F_1'$ 可求得

$$\varepsilon_{1'}=\varepsilon_{1',2}\varphi_{1'R2}=0.91$$

整个问题就归结为两个平行的正方形表面 F_1 和 $F_1'(=F_1)$，温度分别为 T_1 和 T_2，黑度分别为 $\varepsilon_1=0.6$ 和 $\varepsilon_{1'}=0.91$，并由边墙反射壁连接成封闭空间的辐射空间。

从图 6-2-4 中曲线 6 查得：$\frac{l}{h}=1.6$ 时，$\varphi_{1R1'}=0.63$。由式(6-1-17)，有

$$\varepsilon_{1,1'}\varphi_{1R1'}=\frac{\varphi_{1R1'}}{1+\varphi_{1R1'}\left[\frac{F_1}{F_1'}\left(\frac{1}{\varepsilon_{1'}}-1\right)+\left(\frac{1}{\varepsilon_1}-1\right)\right]}=0.47$$

可见

$$Q_{1\text{-}2}=\varepsilon_{1,1'}\varphi_{1R1'}F_1\sigma_0(T_1^4-T_2^4)=1.12\times10^6(\text{W})$$

§6-3 辐射传热的网络模拟法

式(6-1-13)为 i、j 两表面辐射换热的能流平衡关系式。如果写作

$$Q_{i\text{-}j}=\frac{J_{r_i}-J_{r_j}}{\frac{1}{F_j\varphi_{i,j}}}\tag{6-3-1}$$

则 $Q_{i\text{-}j}$ 与节点 i 和节点 j 之间的电路电流相对应；$J_{r_i}-J_{r_j}$ 代表辐射传热势，可比作电路的电位差；$\frac{1}{F_j\varphi_{i,j}}$表示辐射传热的“空间热阻”，相应于电路的电阻。而式(6-1-23)表示 j 表面辐射能流平衡式，可记作

$$Q_{r_j}(=q_{r_j}F_j)=\frac{E_{0_j}-J_{r_j}}{\dfrac{1-\varepsilon_j}{\varepsilon_jF_j}} \tag{6-3-2}$$

式中，$\frac{1-\varepsilon_j}{\varepsilon_jF_j}$可看做 j 表面辐射的“表面热阻”。十分明显，如果没有外界通过壁的导热或壁面放热补充 Q_{r_j}，则 j 表面的辐射热流损失 Q_{r_j}，j 表面的温度就不可能维持恒定。因此，Q_{r_j} 可比作外电路流进节点 j 的电流；该外电路把外加模拟电势 E_{0_j} $(=\sigma_0T_j^4)$通过模拟电阻$\frac{1-\varepsilon_j}{\varepsilon_jF_j}$与节点 j 连接。

如果没有第三个表面参与辐射换热过程，那么参看图 6-3-1，由于通常情况下给出的是 T_1 和 T_2、ε_1 和 ε_2 以及 F_1 和 F_2，J_{r_1} 和 J_{r_2} 还不是已知量，可以根据等效电路，直接写出下式：

$$Q_{1\text{-}2}=\frac{E_{0_1}-E_{0_2}}{\dfrac{1-\varepsilon_1}{\varepsilon_1F_1}+\dfrac{1}{F_1\varphi_{1,2}}+\dfrac{1-\varepsilon_2}{\varepsilon_2F_2}}$$

当表面 1 为凸表面时，$\varphi_{1,2}=1$，上式就演化为式(6-1-3)。

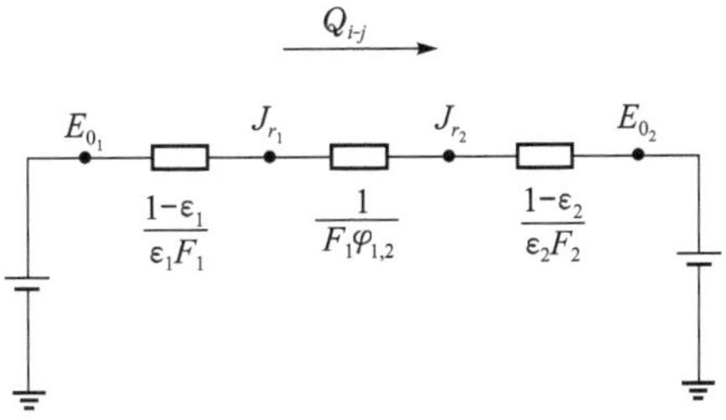

图 6-3-1　两个表面组成封闭空间时辐射换热的等效电路示意图

表面 1 和 2 由反射边墙 R(“重辐射表面”)连接成封闭空间时的辐射等效电路见图 6-3-2。由于反射表面的特征是把所接收的投射辐射能流全部重新辐射出去，$q_{r_R}=0$，没有外加电势，相当于在 1、2 两节点之间并联了两个串接的电阻，表示表面 1 所发射的辐射能流中除了一部分直接朝向表面 2 以外，还有另一部分经反射面转向表面 2。这个并联的合并电阻记作$\frac{1}{F_1\varphi_{1R2}}$。串联时热阻相加，并联时“热导”相加(见 § 1-6)，则

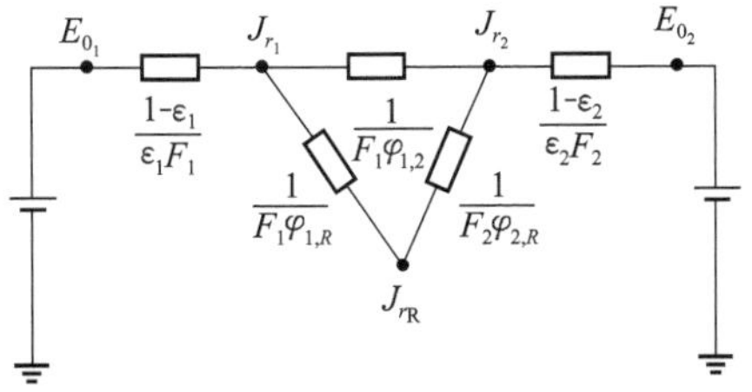

图 6-3-2　两个辐射表面由第三个反射表面连接成封闭空间的网络电路示意图

$$\frac{1}{\dfrac{1}{F_1\varphi_{1R2}}}=\frac{1}{\dfrac{1}{F_1\varphi_{1,2}}}+\frac{1}{\dfrac{1}{F_1\varphi_{1,R}}+\dfrac{1}{F_2\varphi_{2,R}}}$$

即

$$\varphi_{1R2}=\varphi_{1,2}+\frac{1}{\dfrac{1}{\varphi_{1,R}}+\dfrac{1}{\varphi_{2,R}}\dfrac{F_1}{F_2}} \tag{6-3-3}$$

而且同样可以导得 $F_1\varphi_{1R2}=F_2\varphi_{2R1}$。

考虑有反射边墙存在时的总角系数 φ_{1R2} 必然高于 $\varphi_{1,2}$，相应的 $Q_{1\text{-}2}$ 将增大为

$$Q_{1\text{-}2}=\frac{E_{0_1}-E_{0_2}}{\dfrac{1-\varepsilon_1}{\varepsilon_1 F_1}+\dfrac{1}{F_1\varepsilon_{1R2}}+\dfrac{1-\varepsilon_2}{\varepsilon_2 F_2}}$$

或

$$Q_{1\text{-}2}=\frac{\sigma_0(T_1^4-T_1^4)F_1\varphi_{1R2}}{1+\varphi_{1R2}\left[\left(\dfrac{1}{\varepsilon_1}-1\right)+\dfrac{F_1}{F_2}\left(\dfrac{1}{\varepsilon_2}-1\right)\right]} \tag{6-3-4}$$

除了用总角系数 φ_{1R2} 代替 $\varphi_{1,2}$ 以外，式(6-3-4)在形式上与式(6-1-16)完全一致。

如果 1、2 两个表面都是凸表面，那么

$$\varphi_{1,2}+\varphi_{1,R}=1,\varphi_{2,1}+\varphi_{2,R}=1,F_1\varphi_{1,2}=F_2\varphi_{2,1}$$

式(6-3-3)将演化为

$$\varphi_{1R2}=\frac{F_2-F_1\varphi_{1,2}^2}{F_1+F_2-2F_1\varphi_{1,2}} \tag{6-3-5}$$

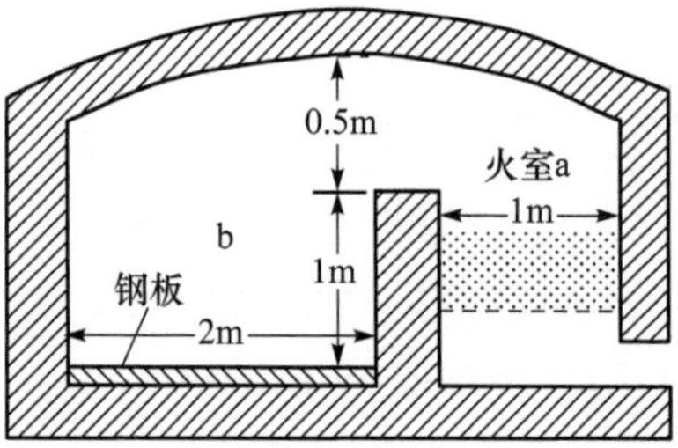

例 6-3-1 附图

例 6-3-1　附图表示长 3m 的钢板退火炉断面图。假设火室 a 可被看做 $\varepsilon_2=0.7$ 的灰表面，温度为 $t_2=1250$℃，并且保持均匀；被退火处理的钢板 $\varepsilon=0.8$，温度维持均匀，$t_1=800$℃；火墙和炉壁都是反射壁。在暂不考虑吸收性介质——烟气的辐射作用时，试估计钢板受到的辐射热。

［解］　依题意，$F_1=2\times3=6(\text{m}^2)$，$F_2=1\times3=3(\text{m}^2)$，$\dfrac{F_1}{F_2}=2$。

钢板与火室被火墙隔开，互相不可见，所以 $\varphi_{1,2}=0$。由式(6-3-5)，$\varphi_{1R2}=\dfrac{F_2}{F_1+F_2}=1/3$。

把所有已知值代入式(6-3-4)，则

$$Q_{1\text{-}2}=\frac{5.7\times10^{-8}\times[(800+273)^4-(1250+273)^4]\times6\times\dfrac{1}{3}}{1+\dfrac{1}{3}\times\left[\left(\dfrac{1}{0.8}-1\right)+2\times\left(\dfrac{1}{0.7}-1\right)\right]}$$

或

$$Q_{1\ 2}=-3.38\times10^5(\text{W})$$

负号表示钢板未丢失辐射热，而是得到净辐射热流。

对于没有反射时三个相互辐射的表面所组成的封闭空间，其等效电路已示于图 6-3-3 中。每多一个表面参与辐射换热过程，就相应增加一个节点，形成对应的模拟网络电路。根据每个

表面的能流必须保持收支平衡，流向和流离每个节点的净电流恒等于零。这种分析辐射换热的方法[13]具有简明、直观的优点。解决工程问题时，只要正确选定模拟比例(可参阅§3-6)，设计出相应的网络电路，也就可以借助于节点电势的测定，直接从实验得到各表面的 J_{r_j}。如果已知表面温度，则可由式(6-1-22)计算 $Q_{r_j}=F_j q_{r_j}$；如果给定的是 q_{r_j}，也可由式(6-1-22)计算出 T_j。

例 6-3-2 0.5m×1m 的两块平行平板相距 0.5m。$t_1=300℃$，$t_2=500℃$；$\varepsilon_1=0.2$，$\varepsilon_2=0.8$。周围室壁的表面温度为 $t_3=25℃$。试求平板与室壁之间的辐射换热量。

[**解**] 两平板与室壁构成三个表面组成的封闭空间，其等效电路如图 6-3-3 所示。

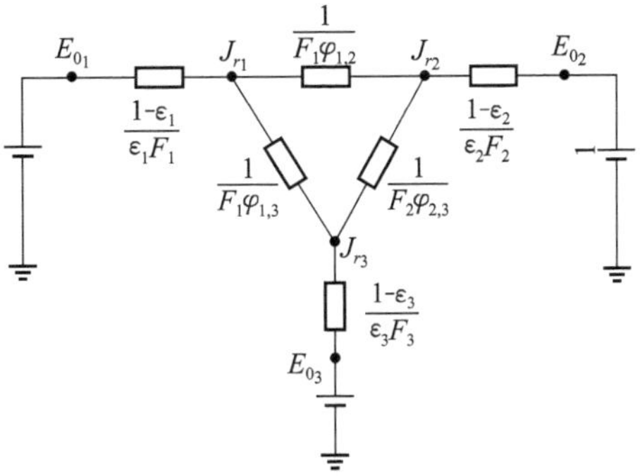

图 6-3-3 三个互相辐射换热的表面组成封闭空间的网络电路示意图

$F_1=F_2=0.5\text{m}^2$。周围室壁的表面积 F_3 相对无限大，即 $\frac{1-\varepsilon_3}{\varepsilon_3 F_3}\approx 0$，$J_{r_3}\approx E_{0_3}$。

矩形平板的长边和短边的长度比例为 2∶1，两平行平板的短边长度和板间距的比值为 1。由图 6-2-4 中的曲线 3 查得 $\varphi_{1,2}=\varphi_{2,1}=0.285$。对于平板，$\varphi_{1,1}=0$，$\varphi_{2,2}=0$。每块平板的辐射能流，如果不落在另一平板上，就只能落在周围室壁上，即 $\varphi_{1,3}=1-\varphi_{1,2}=0.715$，$\varphi_{2,3}=1-\varphi_{2,1}=0.715$。

参看图 6-3-3，不难计算出等效电路中各电阻为

$$\frac{1-\varepsilon_1}{\varepsilon_1 F_1}=\frac{1-0.2}{0.2\times 0.5}=8$$

$$\frac{1-\varepsilon_2}{\varepsilon_2 F_2}=\frac{1-0.8}{0.8\times 0.5}=0.5$$

$$\frac{1}{F_1\varphi_{1,2}}=7.018,\quad \frac{1}{F_1\varphi_{1,3}}=2.797,\quad \frac{1}{F_2\varphi_{2,3}}=2.797$$

在达到平衡的情况下，电路中各节点的净电流为零，或

节点 1：
$$\frac{E_{0_1}-J_{r_1}}{8}+\frac{J_{r_2}-J_{r_1}}{7.018}+\frac{J_{r_2}-J_{r_1}}{2.797}=0 \tag{1}$$

节点 2：
$$\frac{J_{r_1}-J_{r_2}}{7.018}+\frac{J_{r_3}-J_{r_2}}{2.797}+\frac{E_{0_2}-J_{r_2}}{0.5}=0 \tag{2}$$

已知

$$E_{0_1}=\sigma_0 T_1^4=5.7\times 10^{-8}\times(573)^4=6.14\times 10^3(\text{W/m}^2)$$

$$E_{0_2}=\sigma_0 T_2^4=5.7\times 10^{-8}\times(773)^4=20.35\times 10^3(\text{W/m}^2)$$

$$J_{r_3}\approx E_{0_3}=\sigma_0 T_3^4=5.7\times 10^{-8}\times 298^4=0.45\times 10^3(\text{W/m}^2)$$

联解式(1)和式(2)，得到

$$J_{r_1}=5.31\times 10^3(\text{W/m}^2)$$

$$J_{r_2}=16.65\times 10^3(\text{W/m}^2)$$

于是，平板 1 的辐射能流损失为

$$Q_{r_1}=\frac{E_{0_1}-J_{r_1}}{\frac{1-\varepsilon_1}{\varepsilon_1 F_1}}=\frac{6.14\times 10^3-5.31\times 10^3}{8}=104(\text{W})$$

平板 2 的辐射热损失为

$$Q_{r_2}=\frac{E_{0_2}-J_{r_2}}{\frac{1-\varepsilon_2}{\varepsilon_2 F_2}}=\frac{20.35\times10^3-16.65\times10^3}{0.5}=7.4\times10^3(\mathrm{W})$$

室壁得到的热流为

$$Q_{r_3}=Q_{r_1}-Q_{r_2}=7.5\times10^3(\mathrm{W})$$

§6-4 遮 热 板

在当代隔热保温技术方面，不仅高温领域，用于超导等极低温技术领域的超级热绝缘也常采用空心壁结构，使内部抽成高度真空，这当然可以有效地防止导热和对流两种传热方式起作用，但还不能减弱辐射传热，需要在热、冷两表面之间配备金属箔（薄片）制成“遮热板”，以控制辐射传热量。在测量气体温度特别是高温气体温度时，同样要对“遮热”措施给予重视。前面提到的锅炉炉膛辐射受热面，实际上起着保护炉墙的遮热作用，所以水冷管屏又称为“遮热管屏”。

1. 板状遮热板

参看图 6-4-1，未加遮热板时，两平行大平壁（$F_1=F_2$）之间的辐射换热量可由式(6-1-9)计算，即

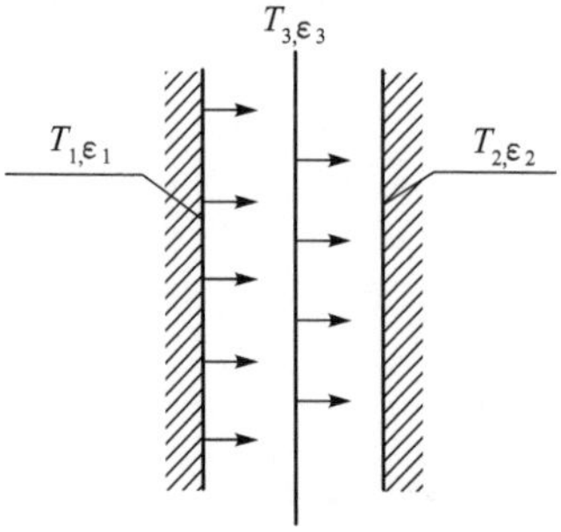

图 6-4-1 用遮热板减少辐射换热的原理图

$$Q'_{1-2}=\frac{\sigma_0(T_1^4-T_2^4)F_1}{\frac{1}{\varepsilon_1}+\frac{1}{\varepsilon_2}-1} \tag{a}$$

$E_{0_1}-E_{0_2}=\sigma_0(T_1^4-T_2^4)$是辐射传热势；$\frac{1}{\varepsilon_1}+\frac{1}{\varepsilon_2}-1=\left(\frac{1}{\varepsilon_1}-\frac{1}{2}\right)+\left(\frac{1}{\varepsilon_2}-\frac{1}{2}\right)$则是辐射传热的单位热阻，可看做两个表面热阻的串接。如果中间插进一块同样大小的遮热板 S，做成遮热板的材料黑度为 ε_S时，就相当于插进了两个表面的单位热阻，每一边各$\frac{1}{\varepsilon_S}-\frac{1}{2}$，共$\frac{2}{\varepsilon_S}-1$，使辐射换热量减少为

$$Q_{1-2}^{(1)}=\frac{\sigma_0(T_1^4-T_2^4)F_1}{\frac{1}{\varepsilon_1}+\frac{1}{\varepsilon_2}-1+\left(\frac{2}{\varepsilon_S}-1\right)} \tag{b}$$

依此类推，加进 n 块相同的遮热板时，相应的辐射量为

$$Q_{1-2}^{(n)}=\frac{\sigma_0(T_1^4-T_2^4)F_1}{\frac{1}{\varepsilon_1}+\frac{1}{\varepsilon_2}-1+n\left(\frac{2}{\varepsilon_S}-1\right)} \tag{6-4-1}$$

如果 $\varepsilon_1=\varepsilon_2=\varepsilon_3=\varepsilon$,则

$$Q_{1-2}^{(n)}=\frac{\sigma_0(T_1^4-T_2^4)F_1}{(n+1)\left(\frac{2}{\varepsilon}-1\right)}$$

或

$$Q_{1-2}^{(n)}=\frac{1}{n+1}Q'_{1-2} \tag{6-4-2}$$

加进相同 n 块平行遮热板,可使 $Q_{1\text{-}2}$ 减小到原来的 $\frac{1}{n+1}$。因此,第一块遮热板的引进对减小辐射换热量的效果最大,减少了一半;第二块只是减少 $\frac{1}{2}-\frac{1}{3}=\frac{1}{6}$;第三块减少 $\frac{1}{3}-\frac{1}{4}=\frac{1}{12}$。这说明,$n$ 的具体选定,涉及运行费的节约与材料费用、结构重量以及制造成本的增加等各种因素综合在一起的经济性考虑。严格地说,每块遮热板本身,还会有附加的导热热阻,将有利于降低热流。只是金属薄片的导热热阻太小,同时采用遮热板后的热流已大为减小,遮热板自身的温度下降事实上可忽略不计,不会影响 $Q_{1\text{-}2}$ 的实值。

非常明显,式(a)表明,两平行平壁的"综合黑度" $\varepsilon_{1,2}=\dfrac{1}{\frac{1}{\varepsilon_1}+\frac{1}{\varepsilon_2}-1}$ 越小,辐射换热量 Q'_{1-2} 也就越低。选用黑度小的材料,可以减少 $\varepsilon_{1,2}$。遮热板的应用,是在 ε_1 和 ε_2 已经限定的情况下显著降低 $\varepsilon_{1,2}^{(n)}=\dfrac{1}{\frac{1}{\varepsilon_1}+\left(\frac{1}{\varepsilon_2}\right)^{-1}+n\left(\frac{2}{\varepsilon_S}-1\right)}$ 的有效方式。如果选用 ε_S 小的材料如未被氧化的铝片做成遮热板,隔热保温的效果还会更好。但也必须注意,遮热板的作用只是减少辐射换热量。当导热和对流换热也同时起作用时,遮热板对减小总传热量的作用将被削弱。工程上常碰到的实际情况往往是两侧流体温度维持不变,随着传热量的减少,T_1 升高,T_2 下降,它们各接近于两侧热、冷流体温度,因此,遮热板的使用虽然在 $\varepsilon_1=\varepsilon_2=\varepsilon_3=\varepsilon$ 时能使 $\varepsilon_{1,2}^{(n)}$ 减小到原有的 $\frac{1}{n+1}$,但 $T_1^4-T_2^4$ 也会有所增大,并不能使辐射换热量的实际减少率 $\dfrac{Q'_{1-2}-Q_{1-2}^{(n)}}{Q'_{1-2}}$ 达到式(6-4-2)所揭示的 $\frac{1}{n+1}$ 那么多。

2. 筒状遮热板

参看图 6-4-2,未加遮热板时,F_1 和 F_2 两表面之间的辐射量可按式(6-1-3)计算,即

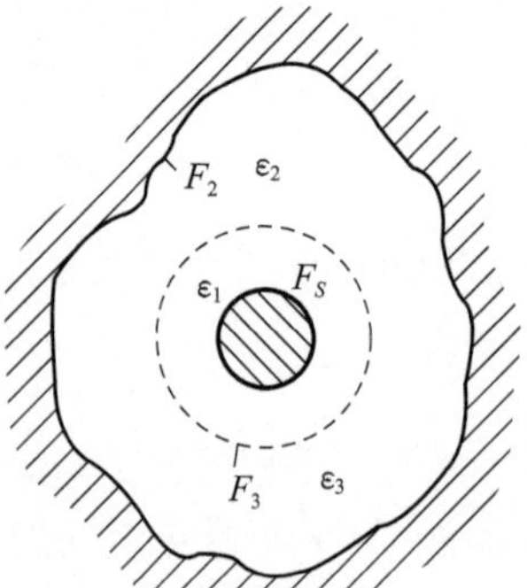

图 6-4-2 筒状遮热板的应用示意图

$$Q'_{1-2}=\frac{\sigma_0(T_1^4-T_2^4)F_1}{\frac{1}{\varepsilon_1}+\frac{F_1}{F_2}\left(\frac{1}{\varepsilon_2}-1\right)} \tag{c}$$

插入一块筒状遮热板 F_S 时,就相当于增加一个串接辐射热阻$\left(\frac{2}{\varepsilon_S}-1\right)\frac{1}{F_S}$,或者按面积 F_1 折算的单位热阻为$\left(\frac{2}{\varepsilon_S}-1\right)\frac{F_1}{F_S}$。因此,辐射换热量减小为

$$Q^{(1)}_{1-2}=\frac{\sigma_0(T_1^4-T_2^4)F_1}{\frac{1}{\varepsilon_1}+\frac{F_1}{F_S}\left(\frac{2}{\varepsilon_S}-1\right)+\frac{F_1}{F_2}\left(\frac{1}{\varepsilon_2}-1\right)} \tag{6-4-3}$$

可见,筒状遮热板的面积也将影响 $Q^{(1)}_{1-2}$,F_S 越小,即遮热板越接近凸表面 F_1,遮热的效果越显著。如果一个套一个地插进用同样材料制成的 n 个不同尺寸的筒状遮热板,则

$$Q^{(n)}_{1-2}=\frac{\sigma_0(T_1^4-T_2^4)F_1}{\frac{1}{\varepsilon_1}+\sum_{i=1}^{n}\frac{F_1}{F_{S_i}}\left(\frac{2}{\varepsilon_S}-1\right)+\frac{F_1}{F_2}\left(\frac{1}{\varepsilon_2}-1\right)} \tag{6-4-4}$$

板状遮热板是筒状遮热板的特例,即 $F_1=F_2=F_{S_i}$ 时,式(6-4-4)将演化为式(6-4-1)。

例 6-4-1 为了减小例 6-1-2 中由于辐射换热所引起的热电偶读数误差,在热电偶接头周围套以辐射遮热板,$\varepsilon_S=0.8$,如附图所示,如果遮热板内、外两表面的放热系数都为 $\alpha_{c_S}=10\text{W}/(\text{m}^2\cdot℃)$,试求采用遮热措施后热电偶读数的误差。

[**解**] 参看例 6-1-2 的解,采用遮热管时,热电偶接头热平衡式为

$$\alpha_c F_1(t_f-t_{F_1})=\varepsilon F_1\sigma_0(T_{F_1}^4-T_S^4) \tag{1}$$

遮热管两边和热空气流接触放热所得到的热流将是 $2\alpha_{c_S}F_S(t_F-t_S)$,还从热电偶接头得到辐射换热的热流,并对通道壁传送净辐射热流。因此,可以对遮热管确立热量收支平衡式如下:

$$2\alpha_{c_S}F_S(t_f-t_S)+\varepsilon F_1\sigma_0(T_{F_1}^4-T_S^4)=\varepsilon_S F_S\sigma_0(T_S^4-T_{F_2}^4) \tag{2}$$

考虑到 $F_1=F_S(<F_2)$

$$2\alpha_{c_S}(t_f-t_S)\approx\varepsilon_S F_S\sigma_0(T_S^4-T_{F_2}^4) \tag{3}$$

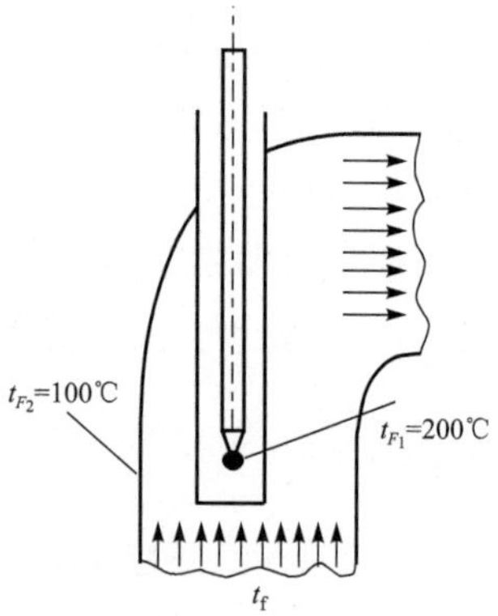

例 6-4-1 附图

气流温度的高低是客观存在的,已在例 6-1-2 中求得 $t_f=231℃$。t_{F_1} 在这里是估算的量,以便确定采取遮热这个改进措施后,对测温准确性的影响。非线性方程组的式(1)和式(3)包含 t_{F_1} 和 t_S 两个未知量。显然 $t_{F_2}<t_S<t_{F_1}<t_f$,已知 $t_f=231℃$

和 $t_{F_2}=100$℃，同时测温误差肯定小于未改进前的 31℃。可通过试算法，最后求出热电偶读数为 $t_{F_1}\approx214.4$℃。即改进后的测温误差由原先的偏低 31℃减小到 16.6℃，或热电偶读数的相对误差由原先的 13.4%降低到$\frac{16.6}{231}=7.2\%$。

严格地说，使用遮热管会带来副作用，即与热电偶接头接触的气体流速有可能受到阻碍，使 α_c 值达不到原先的 40W/(m² · ℃)。如果降低到 30W/(m² · ℃)，重新计算本题，$t_{F_1}\approx211$℃，即热电偶读数将偏低 20℃，相对误差为 8.7%。为了克服这一不利的因素，特别是在测量炉内高温气体温度时，可使用“抽吸式温度计”，如同附图所示，用外加的抽吸装置接通遮热管，迫使少量气流以一定的流速从遮热管流出，以保证 α_c 原有或更高的数值，从而提高测温的准确性。

§6-5 正反射表面之间的辐射换热

以上讨论的仅限于漫发射和漫反射表面之间的辐射换热。角系数 $\varphi_{i,j}$ 的导得，也是以漫发射和漫反射为根据。虽然一般的辐射换热计算照例假定参与辐射换热过程的表面为漫反射体，真实表面却并不是完善的漫反射体，对于大多数工程材料来说，在漫反射的同时还会有“正反射”的影响，表现为有效辐射力沿不同方向的分布多少带有不规则的任意性。这种沿不同方向的分布，对表面粗糙度、污染物的存在等因素相当敏感。正反射或称为“镜反射”，是指符合几何光学的入射角等于出射角的规则反射。真实表面的均方根粗糙度与波长之比(光学粗糙度)将影响表面的反射性质，即同一个表面，对于长波长的射线将趋向于光学“平整面”，表现出更多的正反射性。尽管一个表面在视觉上并非镜面，但有可能对远红外的长波长射线表现为正反射面。

一种简单的物理模型，是把漫发射表面的反射率 R_r 分解成漫反射分量和正反射分量，前者采用脚注 d，后者采用脚注 s 标明，记作

$$R_r = R_{r_d} + R_{r_s} \tag{6-5-1}$$

这样，以前分析的 J_r 也应标注为 J_{r_d}，代表“有效漫辐射力”，或将式(5-1-7)表示成

$$J_{r_d} = \varepsilon E_0 + R_{r_d} G_r \tag{6-5-2}$$

根据式(5-1-9)，表面净辐射能流密度为

$$q_r = \varepsilon E_0 - A_r G_r \tag{6-5-3}$$

式(6-5-2)和式(6-5-3)联解以消去 G_r，则

$$q_r = \frac{A_r}{G_r}\left[\varepsilon E_0\left(1+\frac{R_{r_d}}{A_r}\right) - J_{r_d}\right] \tag{6-5-4}$$

如果按灰体处理，取作

$$\varepsilon = A_r = 1 - R_r \tag{6-5-5}$$

那么式(6-5-4)可被重写为

$$q_r = \frac{\varepsilon}{R_{r_d}}[E_0(\varepsilon + R_{r_d}) - J_{r_d}] \tag{6-5-6}$$

将式(6-5-1)代入式(6-5-5),发现

$$\varepsilon = 1 - (R_{r_d} + R_{r_s}) \tag{a}$$

或

$$\varepsilon + R_{r_d} = 1 - R_{r_s} \tag{b}$$

于是,由式(6-5-6),有

$$q_r = \frac{E_0 - \dfrac{J_{r_d}}{1 - R_{r_s}}}{\dfrac{R_{r_d}}{\varepsilon(1 - R_{r_s})}} \tag{6-5-7}$$

或

$$Q_r = q_r F = \frac{E_0 - \dfrac{J_{r_d}}{1 - R_{r_s}}}{\dfrac{R_{r_d}}{\varepsilon F(1 - R_{r_s})}} \tag{6-5-8}$$

$R_{r_s}=0$ 时,由式(a)可知,$R_{r_d}=1-\varepsilon$,式(6-5-8)将简化为式(6-3-2)。由此可见,有正反射分量时,在辐射传热网络模拟的等效电路图 6-3-1 中,节点的“热势”J_r 将代之以 $\dfrac{J_{r_d}}{1-R_{r_s}}$,表面热阻 $\dfrac{1-\varepsilon}{\varepsilon F}$ 将代之以 $\dfrac{R_{r_d}}{\varepsilon F(1-R_{r_s})}$,而节点与节点之间的热阻 $\dfrac{1}{F_i\varphi_{i,j}}$ 可代之以 $\dfrac{1}{F_i\varphi_{i,j}(1-R_{r_{i,s}})(1-R_{r_{j,s}})}$,或

$$Q_{i\text{-}j} = \frac{\dfrac{J_{r_{id}}}{1 - R_{r_{i,s}}} - \dfrac{J_{r_{jd}}}{1 - R_{r_{j,s}}}}{\dfrac{1}{F_i\varphi_{i,j}(1 - R_{r_{i,s}})(1 - R_{r_{j,s}})}} \tag{6-5-9}$$

当 $R_{r_{i,s}}$ 和 $R_{r_{j,s}}$ 都等于零,即 i、j 两个表面都是漫反射面时,式(6-5-9)就简化为式(6-3-1)。但是,严格地说,只有在 i、j 两个表面的正反射不参与辐射换热的情况下,如两个相互垂直的平面,或者两平面之间的夹角超过 90°时,从一个表面漫发射的能量达到另一个表面、经过正反射不再落回到原表面,式(6-5-9)中的 $\varphi_{i,j}$ 才是不考虑正反射分量所导得的角系数。此时,由漫发射表面 i 达到表面 j 的有效辐射能流将只是 $J_{r_{i,d}}F_i\varphi_{i,j}$,其中被表面 j 正反射掉的为 $J_{r_{i,d}}F_i\varphi_{i,j}R_{r_{j,s}}$,不参与 i、j 两表面之间的辐射换热;同理,由漫发射表面 j 到达表面 i 的有效辐射能流为 $J_{r_{j,d}}F_j\varphi_{j,i}=J_{r_{j,d}}F_i\varphi_{i,j}$,其中被表面 i 正反射掉的为 $J_{r_{j,d}}F_i\varphi_{i,j}R_{r_{i,s}}$,也不参与 i、j 两表面之间的辐射换热,于是

$$Q_{i-j} = J_{r_{i,d}}F_i\varphi_{i,j}(1 - R_{r_{j,s}}) - J_{r_{j,d}}F_i\varphi_{i,j}(1 - R_{r_{i,s}})$$

可整理成式(6-5-9)。虽然式(6-5-9)是有条件的,工程上常用材料的 ε 值大多在 0.8 以上,但这种比较粗糙的近似处理在工程计算中是可被接受的。

作为特例之一,设想最简单的两个相互平行的漫辐射灰体平面。如果两个平面无限大,或者 $F_1=F_2=F$,而且平面尺寸远远超过两平面之间的距离,那么不管两平面为漫反射平面还是正反射平面,从一个平面发射和反射的能流都将落到另一个表面上,$\varphi_{1,2}=\varphi_{2,1}=1$,$Q_{1\text{-}2}$ 总可由式(6-1-9)计算,即

$$Q_{1\text{-}2}=\frac{F(E_{0_1}-E_{0_2})}{\dfrac{1}{\varepsilon_1}+\dfrac{1}{\varepsilon_2}-1} \tag{c}$$

而根据式(6-5-9),利用图 6-3-1 的相应等效电路,则

$$Q_{1\text{-}2}=\frac{E_{0_1}-E_{0_2}}{\dfrac{R_{r_{1d}}}{\varepsilon_1 F(1-R_{r_{1s}})}+\dfrac{1}{F(1-R_{r_{1s}})(1-R_{r_{2s}})}+\dfrac{R_{r_{2d}}}{\varepsilon_2 F(1-R_{r_{2s}})}} \tag{d}$$

由式(b),$R_{r_d}=1-\varepsilon-R_{r_s}$,不难看到

$$\frac{R_{r_d}}{\varepsilon(1-R_{r_s})}=\frac{(1-R_{r_s})-\varepsilon}{\varepsilon(1-R_{r_s})}\equiv\frac{1}{\varepsilon}-\frac{1}{1-R_{r_s}}$$

因此,可把式(d)改写为

$$Q_{1\text{-}2}=\frac{F(E_{0_1}-E_{0_2})}{\left(\dfrac{1}{\varepsilon_1}-\dfrac{1}{1-R_{r_{1s}}}\right)+\dfrac{1}{(1-R_{r_{1s}})(1-R_{r_{2s}})}-\left(\dfrac{1}{\varepsilon_2}-\dfrac{1}{1-R_{r_{2s}}}\right)} \tag{e}$$

当两个平行平面都只能漫反射时,$R_{r_{1s}}=0$ 和 $R_{r_{2s}}=0$,式(e)就简化为式(c)。如果两个平行平面中,有一个只能漫反射,另一个只能正反射,那么式(e)同样简化为式(c)。但另一个极端,当两个平行平面都只能正反射,即 $R_{r_{1d}}=0$ 和 $R_{r_{2d}}=0$,此时,$1-R_{r_s}=\varepsilon$,式(e)将演化为

$$Q_{1\text{-}2}=\varepsilon_1\varepsilon_2 F(E_{0_1}-E_{0_2}) \tag{f}$$

工程上常用材料的 ε_1 和 ε_2 在 0.8 以上时,采用近似式(f)计算 $Q_{1\text{-}2}$ 比由精确式(c)计算 $Q_{1\text{-}2}$ 所得到的结果至多偏低 4%,已能满足工程计算的精度要求。

作为特例之二,设想图 6-1-1(a)中两个同心的无限长圆柱面或两个同心球面,各被处理成灰表面,无论内表面是漫反射面($R_{r_{1s}}=0$)还是正反射面($1-R_{r_{1s}}=\varepsilon_1$),从内表面 F_1 发射和反射的能流都将落到外表面 F_2 上,$\varphi_{1,2}=1$,根据式(6-5-9),利用图 6-3-1 的相应等效电路,式(e)须修正为

$$Q_{1\text{-}2}=\frac{F_1(E_{0_1}-E_{0_2})}{\left(\dfrac{1}{\varepsilon_1}-\dfrac{1}{1-R_{r_{1s}}}\right)+\dfrac{1}{(1-R_{r_{1s}})(1-R_{r_{2s}})}-\dfrac{F_1}{F_2}\left(\dfrac{1}{\varepsilon_2}-\dfrac{1}{1-R_{r_{2s}}}\right)} \tag{g}$$

若外表面 F_2 为漫反射面,则 $R_{r_{2s}}=0$,式(g)将简化为式(6-1-4),或

$$Q_{1\text{-}2}=\frac{F_1(E_{0_1}-E_{0_2})}{\dfrac{1}{\varepsilon_1}+\dfrac{F_1}{F_2}\left(\dfrac{1}{\varepsilon_2}-1\right)} \tag{h}$$

若外表面为正反射面,则 $1-R_{r_{2s}}=\varepsilon_2$,式(g)等号右侧分母中最后一项将消失,即 $Q_{1\text{-}2}$ 与 $\dfrac{F_1}{F_2}$ 的值无关;这在相关文献中已有报道,可按 $\dfrac{F_1}{F_2}=1$ 时的式(c)计算[14]。若外表面为正反射,内表面为

漫反射面，式(g)将简化为式(c)。但在另一个极端，当内、外两表面 F_1 和 F_2 都只能正反射时，式(g)将同样演化为式(f)，而非式(c)。

当具有正反射分量的表面是平面时，也可直接利用平面镜的基本性质，按“成像法”简化辐射换热的分析[15]。参看图 6-5-1，设想四个表面形成的封闭面，只有表面 3 同时具有正反射分量，1、2、4 都只是漫反射面。图中虚线部分表示面 1、2、4 在镜面 3 中的镜像。从表面 1 到表面 2 的热辐射流将包括两部分：①由表面 1 直接漫辐射到达表面 2 的 $J_{r_1}F_1\varphi_{1,2}$；②由表面 1 漫辐射到表面 3 又正反射到达表面 2，这部分如同图 6-5-1 所指明的那样，根据正反射的入射角等于出射角的特点，可以看做是表面 1 在镜面 3 中的镜像 1(3) 漫辐射到表面 2 的 $J_{r_1}F_{1(3)}\varphi_{1(3),2}R_{r_{3s}}$，而且 $F_{1(3)}=F_1$。于是，表面 1 向表面 2 辐射的能流为 $J_{r_1}F_1[\varphi_{1,2}+R_{r_{3s}}\varphi_{1(3),2}]$。同理，表面 2 向表面 1 的辐射能流为 $J_{r_2}F_2[\varphi_{2,1}+R_{r_{3s}}\varphi_{2(3),1}]$。

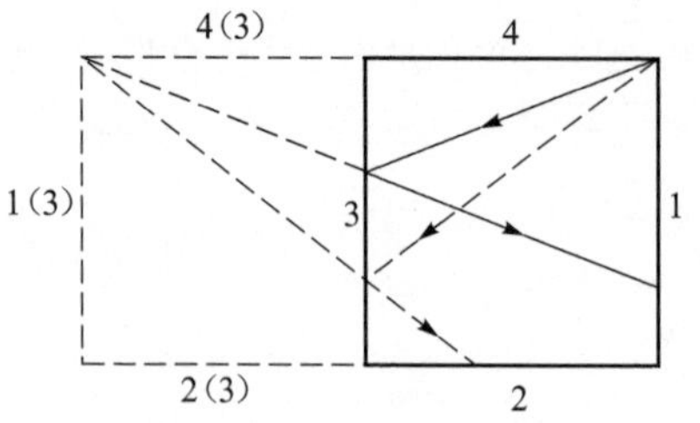

图 6-5-1　仅有“镜面”3 时“成像法”分析原理示意图

注意

$$F_1\varphi_{1,2}=F_2\varphi_{2,1},\quad F_1\varphi_{1(3),2}=F_2\varphi_{2(3),1}$$

则

$$Q_{1\text{-}2}=\frac{J_{r_1}-J_{r_2}}{\dfrac{1}{F_1(\varphi_{1,2}+R_{r_{3s}}\varphi_{1(3),2})}} \tag{6-5-10}$$

考虑 1、2、3、4 各表面之间相互辐射的等效电路，见图 6-5-2。留意：节点 1 与 2、节点 1 与 4、节点 2 与 4 之间的热阻将是式(6-5-10)中等号右边分母的形式。而节点 3 与 1、2、4 之间的热阻仍将是式(6-5-9)等号右边分母的形式，同时 $R_{r_{1s}}$、$R_{r_{2s}}$、$R_{r_{4s}}$ 都是零；节点 3 的热势是 $J_{r_{3d}}/(1-R_{r_{3s}})$。节点 3 之所以显得特别，是因为在这里唯独 $R_{r_{3s}}$ 不是零。作为一种特例，当 $R_{r_{3s}}=0$、表面 3 为完全正反射的镜面时，根据式(6-5-2)，$J_{r_{3d}}=\varepsilon_3E_{0_3}$，在等效电路中仅剩下 J_{r_1}、J_{r_2}、J_{r_4} 三个未知量。

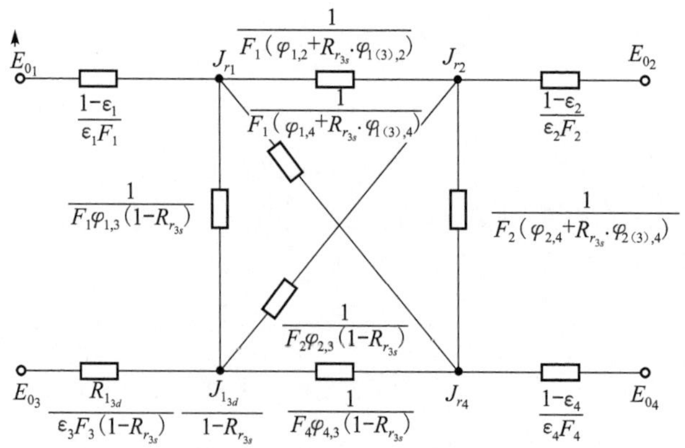

图 6-5-2　相应于图 6-5-1 的辐射网络电路

如果图 6-5-1 中的 1、4 两表面为漫反射面，3 与 2 都是正、漫反射面，那么，如图 6-5-3 所示，由表面 1 辐射的能流可有五种途径达到表面 4：

(1) 直接漫辐射，$J_{r_1}F_1\varphi_{1,4}$；

(2) 经表面 2 的正反射，$J_{r_1}F_1\varphi_{1(2),4}\cdot R_{r_{2s}}$；

(3) 经表面 3 的正反射，$J_{r_1}F_1\varphi_{1(3),4}\cdot R_{r_{3s}}$；

(4) 经表面 2 的正反射到达表面 3，再正反射到达表面 4，$J_{r_1}F_1\varphi_{1(2,3),4}R_{r_{2s}}R_{r_{3s}}$；

(5) 经表面 3 的正反射到达表面 2，再正反射到达表面 4，$J_{r_1}F_1\varphi_{1(3,2),4}R_{r_{2s}}R_{r_{3s}}$。

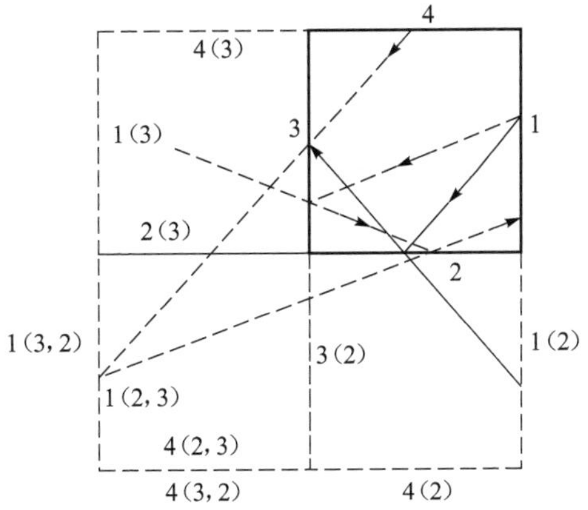

图 6-5-3 有 2、3 两个镜面时，成像法的分析原理

如图 6-5-3 所示，经 1(3,2)通过表面 2，不可能到达表面 4，或 $\varphi_{(13,2),4}=0$；而经 1(2,3)通过表面 3 却可以到达表面 4。于是，表面 1 向表面 4 辐射的能流为

$$J_{r_1}F_1[\varphi_{1,2}+R_{r_{2s}}\varphi_{1(2),4}+R_{r_{3s}}\varphi_{4(3),1}+R_{r_{2s}}R_{r_{3s}}\varphi_{1(2,3),4}]$$

表面 4 向表面 1 辐射的能流为

$$J_{r_4}F_4[\varphi_{4,1}+R_{r_{2s}}\varphi_{4(2),1}+R_{r_{3s}}\varphi_{4(3),1}+R_{r_{2s}}R_{r_{3s}}\varphi_{4(3,2),1}]$$

注意

$$F_1\varphi_{1(3),4}=F_4\varphi_{4(3),1},F_1\varphi_{1(2,3),4}=F_4\varphi_{4(2,3),1}$$

于是

$$Q_{1-4}=\frac{J_{r_1}-J_{r_4}}{\dfrac{1}{F_1[\varphi_{1,4}+R_{r_{2s}}\varphi_{1(2),4}+R_{r_{3s}}\varphi_{1(3),4}+R_{r_{2s}}R_{r_{3s}}\varphi_{1(2,3),4}]}} \tag{6-5-11}$$

同样可以导得

$$Q_{1\text{-}3}=\frac{J_{r_1}-\dfrac{J_{r_{3d}}}{1-R_{r_{3s}}}}{\dfrac{1}{F_1(1-R_{r_{3s}})(\varphi_{1,3}+R_{r_{2s}}\varphi_{1(2),3})}} \tag{6-5-12}$$

也就是说，图 6-5-2 的相应网络电路中，节点 2 的热势要由纯漫反射时的 J_{r_2} 代之以正、漫反射时的 $\dfrac{J_{r_{2d}}}{1-R_{r_{2s}}}$，各节点之间的热阻也应根据式(6-5-11)、式(6-5-12)作相应的更正，如图 6-5-4 所示。作为特例，如果 $R_{r_{2d}}=R_{r_{3d}}=0$，则 $J_{r_{2d}}=\varepsilon_2E_{0_2}$，$J_{r_{3d}}=\varepsilon_3E_{0_3}$。整个网络将只剩下 J_{r_1} 和 J_{r_4} 两个待定的未知量。

如果图 6-5-1 中 1、3 两个相对的表面都具有正、漫反射分量，计算将进一步复杂化而有更多的镜像，得到的解将是级数，但收敛很快[16]。

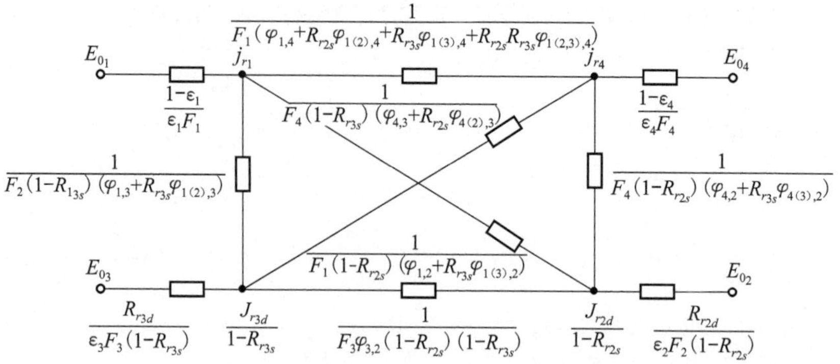

图 6-5-4 相应于图 6-5-3 的辐射网络电路

§ 6-6 通过吸收和透射性介质的辐射换热

参看图 6-6-1，吸收性和透射性介质 m 可以是无反射($R_{r_m}=0$)的吸收性气体，m 的两侧就是固体表面 1 和 2，气体介质将充满 1、2 两表面之间，气层的 $A_{r_m}+D_{r_m}=1$(详见§5-3)。不过，气体的温度往往并不均匀一致，这将使得 A_{r_m}、D_{r_m} 和 ε_m 的值也并非常量。假设气体为辐射连续的灰体，1、2 两表面各自维持 T_1 和 T_2 的等温灰表面，在平行大平板之间不发生气体对流，在暂不考虑气体导热情况下，这是一个一维的典型纯辐射传热问题，受气体吸收辐射热的影响，沿壁面法线方向穿越气层厚度 dx 的辐射热流密度将随光学深度的增加而被削弱。净辐射热流密度 q_{12} 仍可有解析解[1,14]。考虑气体导热时，也已有解析解[17]。这种通过吸收和透射性介质的辐射换热可运用有限差分法得到简便的近似解[17,18]。如同图 6-6-1 所示出的，可把 m 处理成若干个等温的分层，按局域的平衡处理。m 也可以是各种玻璃或透明塑料，有明显的两侧表面，表面能反射，$R_{r_m}\neq 0$ 或 $A_{r_m}+R_{r_m}+D_{r_m}=1$。这种表面具有正、漫反射分量时，$R_{r_m}=R_{r_{md}}+R_{r_{ms}}$。问题还可进一步复杂化而存在正、漫透射，使 $D_{r_m}=D_{r_{md}}+D_{r_{ms}}$。无论有无反射，吸收和透射性介质都具有对射线波长的选择性。

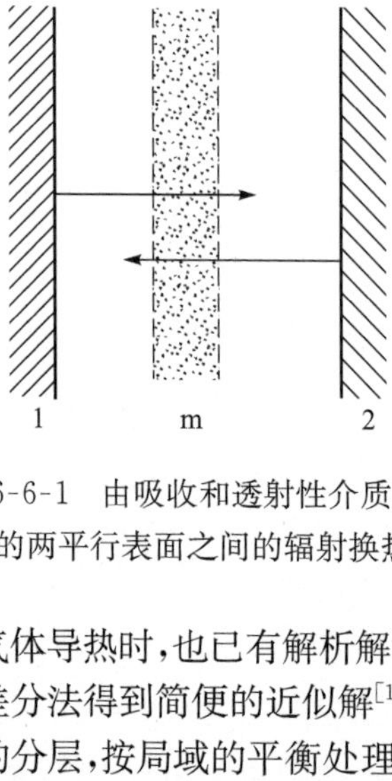

图 6-6-1 由吸收和透射性介质隔开的两平行表面之间的辐射换热

1. 通过吸收性气体的辐射换热

先考虑最简单的情况：由等温吸收性气体介质 m 隔开的两平行平壁之间的辐

射换热。参看图 6-6-1，离开表面 1、透过吸收性气体而达到另一平行大平面 2 的辐射能流为

$$J_{r_1}F_1\varphi_{1,2}D_{r_m}=J_{r_1}F_1\varphi_{1,2}(1-A_{r_m})$$

离开表面 2、透过吸收性气体介质 m 而达到表面 1 的辐射能流为

$$J_{r_2}F_2\varphi_{2,1}D_{r_m}=J_{r_2}F_2\varphi_{2,1}(1-A_{r_m})$$

注意：

$$F_1\varphi_{1,2}=F_2\varphi_{2,1}$$

辐射换热量为

$$Q_{1\text{-}2}=F_1\varphi_{1,2}(1-A_{r_m})(J_{r_1}-J_{r_2})$$

或

$$Q_{1\text{-}2}=\frac{J_{r_1}-J_{r_2}}{\dfrac{1}{F_1\varphi_{1,2}(1-A_{r_m})}} \tag{6-6-1}$$

与此同时，吸收性气体与表面之间的辐射换热量为

$$Q_{m\text{-}1}=F_m\varphi_{m,1}\varepsilon_m E_{0_m}-J_{r_1}F_1\varphi_{1,m}A_{r_m} \tag{6-6-2}$$

初步取作 $\varepsilon_m=A_{r_m}$ 时，有

$$Q_{m\text{-}1}=\frac{E_{0_m}-J_{r_1}}{\dfrac{1}{F_1\varphi_{1,m}\varepsilon_m}} \tag{6-6-3}$$

在气体介质不流动的情况下达到稳定工况时，气体的温度恒定不变，两表面辐射换热过程不会有净热流传给气体介质，于是整个问题的辐射网络图将如图 6-6-2 所示，相当于等效电路从 J_{r_1} 到 E_{0_m} 和 E_{0_m} 到 J_{r_1} 的电流将相同。由于气体的 $R_{r_m}=0$，因此不存在反射辐射。

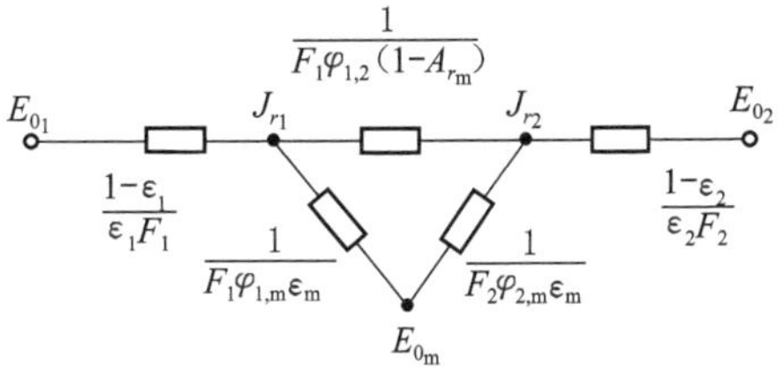

图 6-6-2 由吸收性气体隔开的两平行平壁间辐射换热的网络电路

在上述简单情况下，$\varphi_{1,2}$、$\varphi_{1,m}$ 和 $\varphi_{2,m}$ 都是 1，因此计算大为简化，不难运用串联-并联电阻的模拟电路分析法，消去未知的 J_{r_1} 和 J_{r_2}，直接得到

$$Q_{1\text{-}2}=\frac{E_{0_1}-E_{0_2}}{\dfrac{1-\varepsilon_1}{\varepsilon_1F_1}+\dfrac{1}{F_1(1-A_{r_m})+\dfrac{1}{\dfrac{1}{F_1\varepsilon_m}+\dfrac{1}{F_2\varepsilon_m}+\dfrac{1-\varepsilon_2}{\varepsilon_2F_2}}}} \tag{6-6-4}$$

主要麻烦在于确定吸收性气体的 ε 和 D_r，这些辐射性质的数据不仅取决于气体的温度，还与气层厚度有关。而且严格地说，对于吸收性气体，$\varepsilon_m\neq A_{r_m}$（详见 § 5-3）。

式(6-6-3)应修正为

$$Q_{m\text{-}1}=\frac{\dfrac{\varepsilon_m}{A_{r_m}}E_{0_m}-J_{r_1}}{\dfrac{1}{F_1\varphi_{1,m}A_{r_m}}}\tag{6-6-5}$$

图 6-6-2 的网络图中 E_{0_m} 也应代之以 $\frac{\varepsilon_m}{A_{r_m}}E_{0_m}$，两侧热阻则须分别代之以 $\frac{1}{F_1\varphi_{1,m}A_{r_m}}$ 和 $\frac{1}{F_2\varphi_{2,m}A_{r_m}}$。显然，当气体为透明介质时，$A_{r_m}=0$，$\varepsilon_m=0$，式(6-6-4)将简化为§6-1 中 $F_1=F_2$ 的式(6-1-9)。

如果考虑到气体的实际温度将从与表面 1 接触处的 t_1 变化到与表面 2 接触处的 t_2，可把气体夹层划分为图 6-6-3(a)中 m、n 两个分层，每个分层各维持恒定的等温，那么相应的辐射网络电路将如图 6-6-3(b)所示。很容易理解，$Q_{1\text{-}m}$ 和 $Q_{2\text{-}n}$ 将保持类似于式(6-6-3)的形式。而由表面透过 m、n，达到表面 2 的辐射能流将是

$$J_{r_1}F_1\varphi_{1,2}D_{r_m}D_{r_n}=J_{r_1}\varphi_{1,2}(1-A_{r_m})(1-A_{r_n})$$

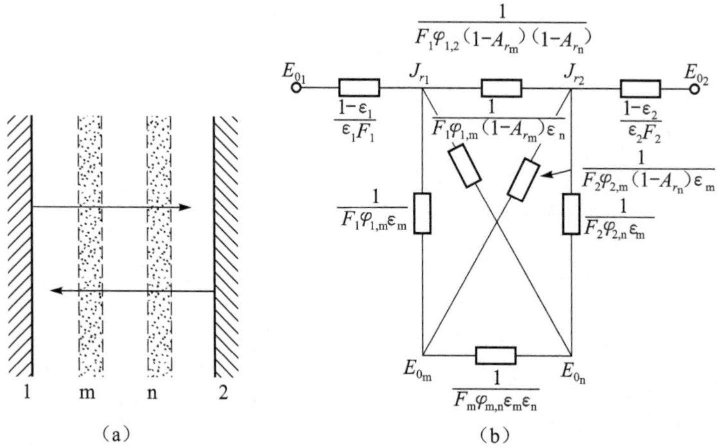

图 6-6-3　由两层吸收-透射性介质隔开的平行大平壁之间的辐射换热网络图

因此，不同于式(6-6-1)的

$$Q_{1\text{-}2}=\frac{J_{r_1}-J_{r_2}}{\dfrac{1}{F_1\varphi_{1,2}(1-A_{r_m})(1-A_{r_n})}}\tag{6-6-6}$$

读者可自己推导出图 6-6-3(b)中所指明的

$$Q_{\mathrm{m\text{-}n}} = \frac{E_{0_{\mathrm{m}}} - E_{0_{\mathrm{n}}}}{\dfrac{1}{F_{\mathrm{m}}\varphi_{\mathrm{m,n}}\varepsilon_{\mathrm{m}}\varepsilon_{\mathrm{n}}}} \tag{6-6-7}$$

分层多，将构成平行平壁之间吸收性气体温度场数值求解的基础。

实际问题还常不限于两个辐射表面，各不同表面之间的气层透射率也可以各不相同，而与相互间的位置、尺寸等几何因素也都有关。特别是在炉膛里，就像前面已提到的，有作为吸热源和辐射受热面重辐射的反射墙，火焰本身是伴随有燃烧过程的发热源，发热的强弱取决于一系列影响燃烧的物理和化学的因素，包括流动混合、辐射换热对火焰温度的影响，火焰的辐射性质要比一般吸收性气体复杂得多（见§5-4）。对这样综合的热物理过程，迄今还未找到公认的严格数量关系式，只有多少带有经验性的近似计算法[2,3]。至于工程上常遇到的吸收性气体如烟气，与外壳等温壁面之间的辐射换热 $\varphi_{g,s}=1$，当壁面为黑体（$\varepsilon_s=1$）时，有

$$Q_{g\text{-}s} = F(\varepsilon_g\sigma_0 T_g^4 - A_{r_g}\sigma_0 T_s^4) \tag{6-6-8}$$

壁面非黑体而能反射一部分所受到的气体投射辐射时，考虑到构成外壳的工程材料的 ε_s 绝大多数处在 0.8～0.95，计算表明[19]，可以简单地近似取作 $\varepsilon_s' \approx \dfrac{1+\varepsilon_s}{2}$，作为兼顾气体辐射影响的有效辐射率，并按下式计算辐射换热量：

$$Q_{g\text{-}s} = \varepsilon_s'\sigma_0 F(\varepsilon_g T_g^4 - A_{r_g} T_s^4) \tag{6-6-9}$$

如果沿用式(1-5-5)或式(6-1-7)，同样引进气体的有效辐射率 ε_g'，取 $\varepsilon_{g,s}=\varepsilon_s'\varepsilon_g'$，把式(6-6-9)表示成

$$Q_{g\text{-}s} = \varepsilon_s'\varepsilon_g'\sigma_0 F(T_g^4 - T_s^4) \tag{6-6-10}$$

则对比式(6-6-10)和式(6-6-9)，可知

$$\varepsilon_g' = \frac{\varepsilon_g - A_{r_g}\left(\dfrac{T_s}{T_g}\right)^4}{1-\left(\dfrac{T_s}{T_g}\right)^4} \tag{6-6-11}$$

2. 通过选择性半透明固体的辐射换热

仍以图 6-6-1 中的 1、m、2 为分析对象，但考虑 $R_{r_{\mathrm{m}}} \neq 0$，而是

$$A_{r_{\mathrm{m}}} + R_{r_{\mathrm{m}d}} + R_{r_{\mathrm{m}s}} + D_{r_{\mathrm{m}}} = 1 \tag{a}$$

继续取作灰体或者准灰体，即

$$\varepsilon_{\mathrm{m}} = A_{r_{\mathrm{m}}} \tag{b}$$

同时，由式(6-5-2)，有

$$J_{r_{\mathrm{m}d}} = \varepsilon_{\mathrm{m}} E_{0_{\mathrm{m}}} + R_{r_{\mathrm{m}d}} G_{r_{\mathrm{m}}} \tag{c}$$

由式(6-5-3)，有

$$Q_{r_{\mathrm{m}}} = F(\varepsilon_{\mathrm{m}} E_{0_{\mathrm{m}}} - A_{r_{\mathrm{m}}} G_{r_{\mathrm{m}}}) \tag{d}$$

联解以上四式,消去 G_{r_m},则得

$$Q_{r_m}=\frac{E_{0_m}-\dfrac{J_{r_{md}}}{1-D_{r_m}-R_{r_m}}}{\dfrac{R_{r_m}}{\varepsilon_m F_m(1-D_{r_m}-R_{r_m})}}\tag{6-6-12}$$

与式(6-5-8)唯一不同的是在这里必须计入介质的透射作用。如果 $D_{r_m}=0$,式(6-6-12)就自然简化为式(6-5-8)。

于是,不同于图 6-6-2,将像图 6-6-4 所表示的,因介质两侧有表面反射辐射,两侧的有效漫辐射强度左侧为 $J_{r_{md}}$,右侧为 $J'_{r_{md}}$。根据式(6-5-9),计入介质 m 的透射作用后,不透明漫反射表面 1($A_{r_m}=0$)至 m 左侧的辐射换热量为

$$Q_{1\text{-}m}=\frac{J_{r_1}-\dfrac{J_{r_{md}}}{1-D_{r_m}-R_{r_m}}}{\dfrac{1}{F_1\varphi_{1,m}(1-D_{r_m}-R_{r_m})}}\tag{6-6-13}$$

至于 $Q_{1\text{-}2}$ 的计算,与式(6-6-1)的思路一样,但 D_{r_m} 不再是 $1-A_{r_m}$,即

$$Q_{1\text{-}2}=\frac{J_{r_1}-J_{r_2}}{\dfrac{1}{F_1\varphi_{1,2}D_{r_m}}}\tag{6-6-14}$$

如果也像反射一样,进一步设想把透射区分为正透射(直透射,如窗玻璃)和漫透射(扩散透射,如毛玻璃),即

$$D_{r_m}=(D_{r_{ms}}+D_{r_{md}})\tag{6-6-15}$$

式(6-6-14)将只代表正透射所引起的辐射换热量 $Q_{1\text{-}2,s}$。由表面 1 辐射的能流到达 m 左侧表面者为 $J_{r_1}F_1\varphi_{1,m}$,经漫透射达到 m 右侧表面者为 $J_{r_1}F_1\varphi_{1,m}D_{r_{md}}$,最后到达表面 2 的辐射能流为 $J_{r_1}F_1\varphi_{1,m}D_{r_{md}}\varphi_{m,2}$。同理,由表面 2 漫透射通过介质 m、最后达到表面 1 的辐射能流为 $J_{r_2}F_2\varphi_{2,m}D_{r_{md}}\varphi_{m,1}$,或

$$Q_{1\text{-}2,d}=\frac{J_{r_1}-J_{r_2}}{\dfrac{1}{F_m\varphi_{m,1}\varphi_{m,2}D_{r_{md}}}}\tag{6-6-16}$$

两平行大平壁之间的辐射换热量将是

$$Q_{1\text{-}2}=Q_{1\text{-}2,s}+Q_{1\text{-}2,d}\tag{6-6-17}$$

因此,在图 6-6-4 的网络中,还应在 J_{r_1} 和 J_{r_2} 之间并联一个热阻 $\dfrac{1}{F_m\varphi_{m,1}\varphi_{m,2}D_{r_{md}}}$。进行这样复杂的计算,需要已知半透明体 m 的正、漫辐射性质的数据资料[20-22]。

例 6-6-1 参看附图,作窥孔用的石英玻璃的辐射性质在不同波长范围内为

$$0<\Lambda<4\mu\text{m},\quad D_r=0.9,\quad \varepsilon=0.1,\quad R_r=0$$
$$4\mu\text{m}<\Lambda<\infty,\quad D_r=0,\quad \varepsilon=0.8,\quad R_r=0.2$$

假定石英玻璃表面漫反射，试求通过窥孔单位面积的辐射热损失 $\frac{Q_{1\text{-}2}}{F_m}$ 或 $F_m=1m^2$ 时的 $Q_{1\text{-}2}$。

［解］ 相对窥孔来说，不仅炉内可当做黑体辐射处理，炉外室壁也同样可以看做是黑体。从炉膛到室壁相当于炉膛空腔和室壁空腔的两个孔口面积 $F_1=F_2=F_m$，而且 1、2 都与 m 两侧面紧挨平行，$\varphi_{1,m}=\varphi_{m,2}=\varphi_{1,2}=1$。辐射网络图就像图 6-6-4 指出的。不过，由于 $\varepsilon_1=\varepsilon_2=1$，$J_{r_1}=E_{0_1}$，$J_{r_2}=E_{0_2}$。同时根据题给条件，$R_{r_{ms}}=0$，并应注意已明确规定了石英玻璃的选择性，在 $0<\Lambda<4\mu m$ 和 $4\mu m<\Lambda<\infty$ 范围内各表现为准灰体的性质，需分开计算。

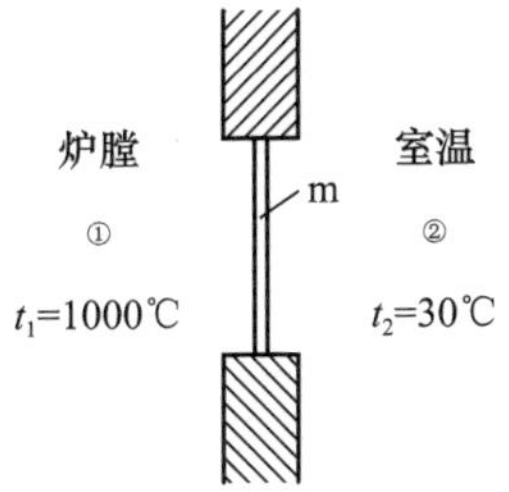

例 6-6-1 附图

已知

$$T_1=1273K;\quad T_2=303K$$
$$E_{0_1}=\sigma_0 T_1^4=1.497\times10^5\,W/m^2$$
$$E_{0_2}=\sigma_0 T_2^4=480.4W/m^2$$

$\Lambda=4\mu m$ 时，$\Lambda T_1=5092\mu m\cdot K$。由表 5-1-2 可查到，$0<\Lambda<4\mu m$ 时，有

$$\frac{\int_0^4 E_{0_1,\Lambda}\,d\Lambda}{E_{0_1}}\approx0.64$$

或

$$E_{0_1,\Lambda=0\sim4\mu m}\approx0.64\times1.497\times10^5=9.58\times10^4(W/m^2)$$

同理

$$E_{0_2,\Lambda=0\sim4\mu m}\approx0.004\times480.4=1.92(W/m^2)$$

于是

$$E_{0_1,\Lambda=4\sim\infty\mu m}\approx0.36\times1.497\times10^5=5.39\times10^4(W/m^2)$$
$$E_{0_2,\Lambda=4\sim\infty\mu m}\approx0.996\times480.4=478.5(W/m^2)$$

(1) 已知：$\Lambda=0\sim4\mu m$ 时，$D_{r_m}=0.9$，$\varepsilon_m=0.1$，$R_{r_m}=0$，图 6-6-4 中各热阻的值为

$$\frac{1}{F_1\varphi_{1,2}D_{r_m}}=\frac{1}{0.9};\quad \frac{R_{r_m}}{\varepsilon_m F_m(1-D_{r_m})}=0$$
$$\frac{1}{F_2\varphi_{2,m}(1-D_{r_m})}=\frac{1}{F_1\varphi_{1,m}(1-D_{r_m})}=\frac{1}{0.1}=10$$

于是，由图 6-6-4 知，相应于等效电路的从炉膛 1 经过窥孔到炉外 2 的辐射换热总热阻将是

$$\frac{1}{\frac{1}{\frac{1}{0.9}}+\frac{1}{\frac{1}{0.1}+\frac{1}{0.1}}}=\frac{1}{0.95}$$

或通过单位面积窥孔的辐射热损失为

$$\frac{Q_{1-2}^{(1)}}{F_m}=\frac{9.58\times10^4-1.92}{\frac{1}{0.95}}=9.1\times10^4(W/m^2)$$

(2) 已知：$\Lambda=4\sim\infty\mu m$ 时，$D_{r_m}=0$，$\varepsilon=0.8$，$R_{r_m}=0.2$。图 6-6-4 中各热阻的值分别为

$$\frac{1}{F_1\varphi_{1,2}D_{r_m}}=\infty$$

$$\frac{R_{r_m}}{\varepsilon_m F_m(1-D_{r_m})}=0.25$$

$$\frac{1}{F_2\varphi_{2,m}(1-D_{r_m})}=\frac{1}{F_1\varphi_{1,m}(1-D_{r_m})}=1.0$$

相应于等效电路的从炉膛 1 经过窥孔到炉外 2 的辐射换热总热阻将是

$$\frac{1}{\frac{1}{\infty}+\frac{1}{1+0.25+0.25+1}}=2.5$$

或

$$\frac{Q_{1-2}^{(1)}}{F_m}=\frac{5.39\times10^4-478.5}{2.5}=2.14\times10^4(\mathrm{W/m^2})$$

(3) $\Lambda=0\sim\infty\mu\mathrm{m}$ 的整个能谱的辐射热损失应为(1)和(2)两部分的总和,即

$$\frac{Q_{1\text{-}2}}{F_m}=9.1\times10^4+2.14\times10^4=1.124\times10^5(\mathrm{W/m^2})$$

§6-7 辐射放热系数和辐射导热系数

辐射传热常常不是一种孤立的现象,而是和对流换热共同发生的。例 6-1-2 和例 6-4-1 已经具体涉及了辐射传热和对流换热复合在一起的计算分析。例 6-1-1、例 6-3-1 和例 6-3-2 都只计算了辐射传热,并没有考虑槽道内通风(包括自然对流)或烟气流动引起的热损失和受热量。辐射传热也可能和导热联合在一起,例 6-6-1 仅仅计算了透过窥孔石英玻璃的辐射热损失,显然还存在着经过石英玻璃导热所损失的热流。通过空气夹层的导热,如果两边壁面温度不同,就总免不了要同时出现透过空气夹层的辐射传热,还会产生由于空气密度差引起的自然对流(详见第 8 章)。

实际计算往往把几种基本传热方式共同作用的结果看做是其中某一种起主要作用的方式所造成,而把其他方式的作用作为附加因素折合成主要方式的特征量予以兼顾。例如,壁面与气体之间的换热照例会有对流换热和辐射换热。气体具有吸收性时,将直接参与辐射传热;气体为透明介质时,除整个外壳等温而不存在净辐射传热之外,壁面可以透过气体层而与其他表面、或从封闭曲面的某部分与温度不同的其他部分之间发生辐射传热。早在 §1-5 中就已指出,由于对流换热量用"总放热系数"α_c 作为特征量进行计算,常引进折算的辐射放热系数 α_r,用总放热系数 $\alpha_0(=\alpha_c+\alpha_r)$同时计入对流换热和辐射传热。§1-5 也已经指明,在大多数情况下,α_c 主要取决于气体流过壁面的运动状况(详见第 7 章),与 t_g、t_s 的关系不显著;而 α_r 则与气体的运动状况无关,却随着 t_g、t_s 的升高而迅速增大。使用辐射放热系数 α_r 这个概念,还能对诸如材料在真空加热炉里被加热一类的导热问题,

把已知表面辐射热的第二类边界条件表示成“辐射比奥数”$Bi_r=\frac{\alpha_r l}{\lambda}$($l$ 代表特征尺寸),从而转换为按第三类边界条件而可直接借用导热图表(见第 4 章)求解。

气体夹层和多孔体的传热(见第 12 章)应在导热同时顾及夹层和孔隙里辐射传热的作用。由于导热的计算形式比较简单,热流正比于温差,习惯上也常把辐射传热看成是附加的影响,引进折算的辐射导热系数 λ_r。例如,对于空气平面夹层,夹层厚度 δ 远小于平面尺寸时,如果两边表面温度分别维持为 t_1 和 t_2,由式(6-1-7),有

$$Q_{1\text{-}2}=\varepsilon_{1,2}\varphi_{1,2}F\sigma_0(T_1^4-T_2^4)$$

令

$$Q_{1\text{-}2}=\frac{\lambda_r}{\delta}F(t_1-t_2)$$

或

$$\lambda_r=\delta\varepsilon_{1,2}\varphi_{1,2}\sigma_0\frac{T_1^4-T_2^4}{t_1-t_2} \tag{6-7-1}$$

注意 $t_1-t_2\equiv T_1-T_2$,则

$$\lambda_r=\delta\varepsilon_{1,2}\varphi_{1,2}\sigma_0(T_1^2+T_2^2)(T_1+T_2)$$

$T_2\to T_1$,即 $\Delta t\to 0$ 时

$$\lambda_r\approx 4\delta\varepsilon_{1,2}\varphi_{1,2}\sigma_0 T_1^3 \tag{6-7-2}$$

由此可见,辐射导热系数将随温度升高而迅速增大,并且与 δ 成比例。即使在普通室温下,厚 0.05m 或 50mm 的空气夹层 λ_r 值也将超过空气导热系数好几倍。加大温差或者升高 t_1,即使抽成真空夹层,也不再是热绝缘体。在此情况下,除了采取§6-4 中介绍过的插入多层金属箔制成遮热板以外,还可以采用导热系数低的多孔填料填充夹层的改进措施。应该看到,实测到的多孔材料的导热系数,实际上已经是包括孔隙辐射传热的折算 λ_r 在内的表观导热系数(见§1-3)。

§6-8 平衡温度

地球上的物体在自然环境中所受到的辐射热总量是太阳辐射和大气层漫辐射之和。后者在晴天的水平地面上,占总量不超过 10%,而在部分有云的天气下却能占 50%,全阴天则几乎占总量的 100%。大气层漫辐射所占的比例,与受射表面的几何特征无关。如果是远离地面的飞行器,或者物体表面倾斜而能“见”到地表面时,还同时受大地辐射的影响。

概括地说,物体在自然环境中得到的净热流密度为

$$q=q_{r_s}+q_{r_a}+q_{r_g}+q_c+q_k+q_r \tag{6-8-1}$$

式中，q_{r_s}、q_{r_a} 和 q_{r_g} 分别代表所吸收的太阳辐射热、大气辐射热和大地辐射热；q_c 和 q_k 各代表对流换热和导热的净得热量；q_r 为物体表面对外辐射散热损失。当 $q=0$ 时，物体的表面温度就达到了所谓的“综合温度”(solar/air temperature)，实际上就是建筑外墙表面在日照影响下的“平衡温度”t_e[23]。

在室内，将受到天花板、地板、周围墙壁和物体的辐射传热，以及室内空气的对流换热和物体自身导热所综合形成的表面平衡温度，也代表人体实际感觉到的温度。由式(6-8-1)知，有风时的 q_c 高于无风时的 q_c，使 q 在有风时高于无风时，从而降低有风时实感温度。这证明：通风包括过道风会引起相对“冷”的感觉，也表明高层建筑必须随高度的增加相应增大建筑的间距以降低过道风对人体舒适度的影响。

太阳辐射的能谱略见表 5-5-1，90％的太阳(辐射)能分布在波长 $\Lambda=0.25\sim3\mu m$ 范围内，而大地辐射和物体表面的辐射能流则主要汇集在红外长波部分。因此，凡对太阳能谱范围吸收率高的物体，其平衡温度也比较高。白漆对太阳辐射来说是极好的反射体(见表 5-5-1)，可是在红外范围和在常温下又表现黑度(辐射率)很高。铝和其他抛光金属面，虽然也是对太阳辐射优良的反射体，但在红外范围和在常温下的黑度不如白漆高，所以白漆的平衡温度最低，比金属表面更低。在炎热地区为了保持室内温度尽可能低，可在屋面上刷各种白漆涂料。

建筑物外墙表面在不同风速下的全天候平均总放热系数 $\bar{\alpha}_0$ 在缺乏具体资料可供精确计算的情况下，可借助图 6-8-1[24] 估算。严格地说，$\bar{\alpha}_0$ 与建筑群、方位、风向、太阳辐射强度、表面情况、时刻等都有关系，不可能有统一的综合关系式。

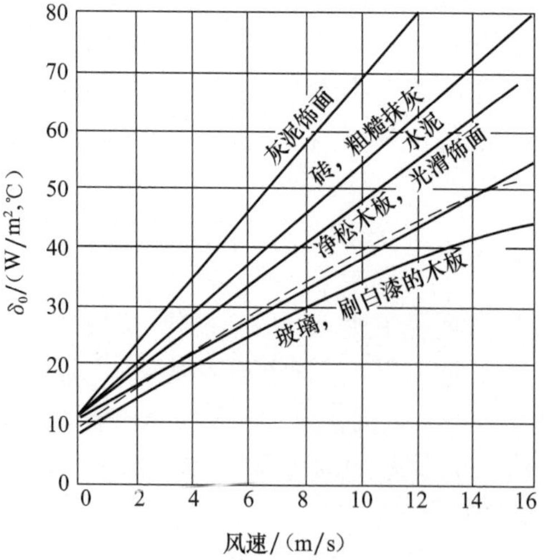

图 6-8-1　全天候不同表面的平均总放热系数

例 6-8-1　试计算例 5-5-1 中的抛光铝表面($A_{r_s} \approx 0.3$)在时钟 14 点整的平衡温度。已知大气温度 t_f 为 10℃，对流换热系数为 $\alpha_c = 10\text{W/m}^2$。

［**解**］　在例 5-5-1 中已求得表面受到日照力为 $G_{r_s} = 958.7\text{W/m}^2$。

$$q_{r_s} = A_{r_s} G_{r_s} = 0.3 \times 958.7 = 287.6(\text{W/m}^2)$$

晴天的大气漫辐射约占总辐射强度的 10%，即

$$q_{r_s} + q_{r_a} = \frac{q_{r_s}}{1-0.1} = 320(\text{W/m}^2)$$

根据题给情况，铝表面在地面上，$q_{r_g} = 0$。

已知大气温度 t_f 为 10℃，铝表面将通过对流换热向周围大气散失热密度为

$$q_c = -\alpha_c(t_e - t_f) = -10(t_e - 10)$$

或

$$q_c = -10(T_e - 283)$$

由表 5-2-1，磨光铝的辐射率可取作 $\varepsilon = 0.04$，于是

$$q_r = \varepsilon\sigma_0 T_e^4 = 0.04 \times 5.7 \times 10^{-8} T_e^4$$

铝表面未被人为导热加热或者冷却，$q_k = 0$。

把所有数据代入式(6-8-1)，并使 $q = 0$，则

$$320 - 10(T_e - 283) - 0.04 \times 5.7 \times 10^{-8} T_e^4 = 0$$

或

$$3150 - 10T_e = 0.228 \times \left(\frac{T_e}{100}\right)^4$$

由试算法，可以求得

$$T_e = 312.8\text{K}, \quad \text{或 } t_e = 39.8℃$$

这比当时当地的大气温度高得多。

直接利用太阳辐射热进行加热或作为动力源，都需要收集和储存太阳能。除了太阳电池直接把实际接收的太阳辐射转换为电能以外，各种太阳能集热器都是通过在日照情况下产生受射表面较高的平衡温度以加热与该平面接触的工质。例如，太阳能热水器的集热器被用来加热与曝光表面接触的静水或流通的水流。显然，这种被加热的水将达到的极限温度不可能超过集热器表面的平衡温度。加热静水可能达到的最高极限温度也只能趋近于集热器表面的平衡温度。集热器表面的平衡温度将受到水的冷却影响，式(6-8-1)中的 q_k 不等于零，而是负值。最简单的平板式太阳能集热器是在集热金属板面上形成空气夹层的玻璃盖箱，利用空气夹层减少对环境的导热和对流散热损失。对于太阳辐射来说，干空气是透明体，玻璃具有很高的透射率(见例 5-2-1)；玻璃对低、常温时的红外辐射不透明，从而产生温室效应，起减小辐射散热损失的作用。常在受日照的集热面上涂上一层黑漆，以提高对太阳辐射的吸收率(见表 5-5-3)。最好选定选择性吸收率在 $\Lambda = 0.3 \sim 2.5\mu\text{m}$ 波带内很高、而在 $\Lambda = 4 \sim 10\mu\text{m}$ 波带内又很低(意味着远红外辐射率很小)的特殊涂层。已成功地在铜表面上沉积很薄的镍黑、铬黑等黑色金属薄膜[25]以吸

收短波辐射能,长波则被薄层透射而为铜表面所吸收和反射。表 6-8-1 给出大气温度为 27℃时集热器表面受日照时的平衡温度 t_e 略值,可供参考。具体的精确值与材料的具体辐射性质、空气夹层厚度、大气温度以及被加热工质对集热表面的冷却情况等都有关系。

表 6-8-1　大气温度 27℃时的平衡温度 t_e　　(单位:℃)

太阳能集热器的类型		G_{r_s}/(W/m²)	
		630	940
平板式	单层玻璃盖板	85	107
	双层玻璃盖板	96	122
	三层玻璃盖板	109	138
镜式	浓集 5 倍	204	270
	浓集 10 倍	333	440
	浓集 20 倍	545	735

太阳能的特点之一是具有分散性,随处都能设法使用。但太阳辐射的能流密度小,平衡温度不高,许多工业上的应用受到限制。为此,发展了聚能技术,利用抛物球面镜形成太阳炉[26],在聚焦面上获得 3330K 的高温,或者利用抛物柱面镜把太阳能聚焦在管面上。参看图 6-8-2[27],太阳辐射以 $\alpha=32'$(0.0093 弧度)的汇聚角将近乎平行的射束投射到抛物面上。当射线沿中心轴线正射在顶点时,将在距顶点 f(相当于抛物球面镜的焦距)处产生直径为 $d=f\alpha$ 的太阳映象,映象区的面积为 $\frac{\pi}{4}d^2=\frac{\pi}{4}(f^2\alpha^2)$(m²)。在该映象区,将同时汇集经由抛物球面上其他地点,如图 6-8-2 中距中心轴 $\rho\sin\theta$ 的地点 1 处反射过来的太阳射束的部分能量。图中表明,地点 1 处的入射角(见 § 5-5)$i=\frac{\theta}{2}$,从地点 1 反射到焦点处的射束被太阳映象面斜截成椭圆(见图 6-8-2 中虚线),面积为 $\frac{\pi}{4}\alpha^2\rho^2/\cos\theta$,太阳映象区仅占该椭圆面积的

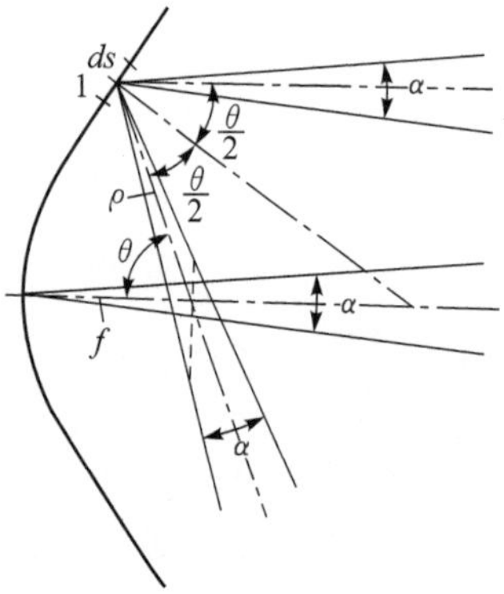

图 6-8-2　抛物球面镜的集能原理示意图

$\frac{\pi}{4}\alpha^2 f^2\Big/\left(\frac{\pi}{4}\alpha^2\rho^2/\cos\theta\right)=\frac{f^2}{\rho^2}\cos\theta$。在地点 1 处的日照力为 $G_{r_i}=G_{r_n}\cos\left(\frac{\theta}{2}\right)$,因此,在距中心轴 $\rho\sin\theta$、沿镜面长度 $\mathrm{d}s$ 所形成的镜面上环状面积 $\mathrm{d}F=2\pi(\rho\sin\theta)\mathrm{d}s$ 接收并反射到太阳映象区的能流将是 $R_r G_{r_i}\mathrm{d}F\frac{f^2}{\rho^2}\cos\theta$。由图 6-8-2 可知:

$$ds = \frac{\rho d\theta}{\cos\left(\frac{\theta}{2}\right)}$$

于是，从$-\theta$到$\theta(\theta\neq 0)$，由整个抛物球面镜聚焦到太阳映象区的能流为

$$Q = \int_0^\theta 2\pi f^2 R_r G_{r_n} \cos\theta \sin\theta d\theta$$

或

$$Q = \pi f^2 R_r G_{r_n} \sin^2\theta \tag{6-8-2}$$

即太阳映象区可能接收到的太阳辐射的能流密度为

$$\frac{Q}{\frac{\pi}{4} f^2 \alpha^2} = \frac{4}{\alpha^2} R_r G_{r_n} \sin^2\theta \tag{6-8-3}$$

除非跟踪太阳方位，否则不可能保持太阳辐射的射束始终直射抛物球面镜，而且制造和装配难免造成抛物面的失真和偏光，实际值无疑将小于式(6-8-2)和式(6-8-3)的计算值。表6-8-1给出大气温度为27℃时，采用不同聚能倍数的镜式太阳能集热器得到的平衡温度略值。

§6-9 辐射能的传递方程

吸收性气体介质在吸收直射辐射能的同时，将产生重辐射。式(5-3-2)只考虑了吸收性气体对射线辐射强度的削弱作用，若也考虑气体容积辐射系数$\eta_{r,\Lambda}\rho$[W/(m^3·球面度·μm)]，(见§5-3)，则式(5-3-2)应修正为

$$-\frac{dI_{\Lambda,s}}{ds} = K_{r,\Lambda}\rho I_{\Lambda,s} - \eta_{r,\Lambda}\rho \tag{6-9-1}$$

这才是辐射能沿s方向传递时，在给定地点(x,y,z)、行程长度为ds的严格能量方程。

原则上，如果不仅仅限于稳定的辐射传递过程，那么$I_{\Lambda,s}$将是地点和时间的函数，即

$$dI_{\Lambda,s} = \frac{\partial I_{\Lambda,s}}{\partial \tau} d\tau + \frac{\partial I_{\Lambda,s}}{\partial x} dx + \frac{\partial I_{\Lambda,s}}{\partial y} dy + \frac{\partial I_{\Lambda,s}}{\partial z} dz$$

或

$$\frac{dI_{\Lambda,s}}{ds} = \frac{\partial I_{\Lambda,s}}{\partial \tau}\frac{1}{c_r} + \frac{\partial I_{\Lambda,s}}{\partial x}\frac{dx}{ds} + \frac{\partial I_{\Lambda,s}}{\partial y}\frac{dy}{ds} + \frac{\partial I_{\Lambda,s}}{\partial z}\frac{dz}{ds} \tag{a}$$

式中，c_r为辐射能的传播速率，即光速。在不考虑散射的情况下，射线在气体介质中依直线传播，所以$\frac{dx}{ds}$、$\frac{dy}{ds}$、$\frac{dz}{ds}$分别代表沿s方向的射线与x、y、z轴向夹角的余弦$\cos(\widehat{s,x})$、$\cos(\widehat{y,s})$、$\cos(\widehat{s,z})$将分别保持为常量。于是，式(6-9-1)可表示为

$$\frac{1}{c_r}\frac{\partial I_{\Lambda,s}}{\partial\tau}+\frac{\partial}{\partial x}[I_{\Lambda,s}\cos(\widehat{s,x})]+\frac{\partial}{\partial y}[I_{\Lambda,s}\cos(\widehat{s,y})]+\frac{\partial}{\partial z}[I_{\Lambda,s}\cos(\widehat{s,z})]$$
$$=-K_{r,\Lambda}I_{\Lambda,s}+\eta_{r,\Lambda}\rho \tag{6-9-2}$$

式(6-9-2)等号两边的每一项都乘以 $d\Omega$,并在全部球空间,即立体角从 $0\sim4\pi$ 积分,得

$$\frac{1}{c_r}\frac{\partial}{\partial\tau}\int_0^{4\pi}I_{\Lambda,s}d\Omega+\frac{\partial}{\partial x}\int_0^{4\pi}I_{\Lambda,s}\cos(\widehat{s,x})d\Omega+\frac{\partial}{\partial x}\int_0^{4\pi}I_{\Lambda,s}\cos(\widehat{s,x})d\Omega$$
$$+\frac{\partial}{\partial z}\int_0^{4\pi}I_{\Lambda,s}\cos(\widehat{s,z})d\Omega=-\int_0^{4\pi}K_{r,\Lambda}I_{\Lambda,s}d\Omega+\int_0^{4\pi}\eta_{r,\Lambda}\rho d\Omega \tag{b}$$

对于各向同性的辐射(漫辐射)场,$I_{\Lambda,s}(=I_{\Lambda,n})$、$K_{r,\Lambda}$、$\eta_{r,\Lambda}$ 都与辐射方向无关。注意:$I_{\Lambda,s}\cos(\widehat{s,x})$ 代表矢量 $I_{\Lambda,s}$ 在 x 轴向的分量,即辐射面积 dF 投影到垂直于 x 轴向时单位辐射面积的辐射强度。对照式(5-1-5),有

$$\int_0^{4\pi}I_{\Lambda,s}\cos(\widehat{s,x})d\Omega\equiv\int_0^{2\pi}I_{\Lambda,s}\cos(\widehat{s,x})d\Omega-\int_0^{2\pi}I_{\Lambda,s}\cos(\widehat{s,-x})d\Omega=E_{\Lambda,x}-E_{\Lambda,-x}$$

$E_{\Lambda,x}$ 和 $E_{\Lambda,-x}$ 分别代表垂直于 x 轴向的单位辐射面积向前辐射和向后辐射时半球空间的单色辐射力。各向同性辐射时,$E_{\Lambda,x}$ 和 $E_{\Lambda,-x}$ 大小相等,方向相反。如果记作

$$q_{e\Lambda,x}=E_{\Lambda,x}-E_{\Lambda,-x}=2E_{\Lambda,x} \tag{c}$$

代表垂直 x 轴向的单位辐射面积的全球空间单色辐射力,那么式(b)就演变为

$$\frac{4\pi}{c_r}\frac{\partial I_\Lambda}{\partial\tau}+\frac{\partial q_{e\Lambda,x}}{\partial x}+\frac{\partial q_{e\Lambda,y}}{\partial y}+\frac{\partial q_{e\Lambda,z}}{\partial z}=-K_{r,\Lambda}\rho4\pi I_\Lambda+4\pi\eta_{r,\Lambda}\rho \tag{d}$$

由式(5-3-18),引进“辐射能的容积密度”

$$U_\Lambda=\frac{4}{c_r}E_\Lambda=\frac{4\pi I_\Lambda}{c_r} \tag{e}$$

式(d)又可最终改写成[28]

$$\frac{\partial U_\Lambda}{\partial\tau}+\frac{\partial q_{e\Lambda,x}}{\partial x}+\frac{\partial q_{e\Lambda,y}}{\partial y}+\frac{\partial q_{e\Lambda,z}}{\partial z}=-K_{r,\Lambda}\rho c_rU_\Lambda+4\pi\eta_{r,\Lambda}\rho \tag{6-9-3}$$

式(6-9-3)明确指出波长为 Λ 时辐射能传递的能流平衡关系①。等号右边代表单位容积气体介质的本身辐射 $4\pi\eta_{r,\Lambda}\rho$ 与所吸收的辐射能流 $K_{r,\Lambda}\rho c_rU_\Lambda$ 的差额,相当于当地气体介质的“单色净辐射能流密度”,可参见式(5-1-9)。应当看到,这个差额代表当地单位容积的辐射能流的增大。除了补偿由于离开元体积 $dV=dxdydz$ 时大于进入该元体积时单位体积能流增量 $\text{div}q_{e\Lambda}=\frac{\partial q_{e\Lambda,x}}{\partial x}+\frac{\partial q_{e\Lambda,y}}{\partial y}+\frac{\partial q_{e\Lambda,z}}{\partial z}$ 之外,将引起当地容积能量密度随时间增升的速率 $\frac{\partial U_\Lambda}{\partial\tau}[W/(m^3\cdot\mu m)]$。

---

① §5-1中已指出:对于指定的波长,就有相应的携带一定能量 e_r 的光子,辐射能流的大小可用光子流来描述。根据建立的光子输运方程,就能比较直观地导出式(6-9-3)。

在锅炉炉膛和燃烧室中出现火焰辐射时(见§5-4),引起气体温度和气体组分的变化,$K_{r,\Lambda}$和$\eta_{r,\Lambda}$都将随地点和时间而变动,即便在稳定情况下仍然随地点改变。文献[3]提出按空间划分,将每个分区看成局域平衡而有相应的定值$K_{r,\Lambda,I}$和$\eta_{r,\Lambda,I}$以及与壁面之间的角系数,并对分区作出规划,以利于求得温度分布的近似解。

若气体介质是透明体,则$K_{r,\Lambda}$和$\eta_{r,\Lambda}$都等于零。按照式(6-9-1),$\frac{dI_{\Lambda,s}}{ds}=0$,$\frac{dI_s}{ds}=0$,辐射强度沿途保持为常量。由式(6-9-3),有

$$\frac{\partial U}{\partial \tau}+\mathrm{div}q_e=0 \tag{6-9-4}$$

或者当地气体的净辐射能流密度q_e为零,即在透明介质的任何地点都保持局部的平衡辐射,此时

$$K_r\rho c_r U_{x,y,z,\tau}=4\pi\eta_r\rho$$

根据式(5-3-17),$\eta_r=K_rI_0$,可见

$$c_rU_{x,y,z,\tau}=4E_{0,x,y,z,\tau}=4\sigma_0T^4_{x,y,z,\tau} \tag{6-9-5}$$

注意,由式(e)同样能直接导得式(6-9-5)。于是,在等温的透明气体中,任何地点辐射能的容积密度势必保持恒定不变。式(6-9-4)也将进一步简化为

$$\mathrm{div}q_e=0 \tag{6-9-6}$$

只要吸收性气体介质的各个地点能保持局域平衡辐射,式(6-9-3)的等号右边为零,式(6-9-4)就能同样适用。

当吸收性气体介质有内热源,如燃烧发热率q_v,以W/m^3计,而且气体的导热量(通过分子、原子、电子、离子等粒子传递的能量总计)和对流传热也有明显的作用时,当地内热源的发热量$q_v dxdydzd\tau$将依靠当地气体介质的净辐射能流($4\pi\eta_r\rho-K_r\rho c_rU$) $dxdydzd\tau$,当地气体沿x、y、z轴向的导热净热量(见§2-1) $\mathrm{div}q_k dxdydzd\tau$或$-\lambda\left(\frac{\partial^2 t}{\partial x^2}+\frac{\partial^2 t}{\partial y^2}+\frac{\partial^2 t}{\partial z^2}\right)dxdydzd\tau$以及当地气体的对流净热量① $\mathrm{div}q_c dxdydzd\tau=\mathrm{div}\left[w\rho\left(c_pt+\frac{1}{2}w^2\right)\right]dxdydzd\tau$传走,若有余量,则反映为微元体积中气体的内能和动能的升高$\left[\frac{\partial}{\partial\tau}w\rho\left(c_vt+\frac{1}{2}w^2\right)\right]dxdydzd\tau$。相应的能量平衡

① 当地气体流速为w,沿x、y、z轴向的分量为u、v、w,当地气体温度为t℃或$T=(t+273)$K,沿流动方向的质量流量为ρwkg/(m² · s),气流所携带的能量将是焓和动能即$\rho w\left(c_pT+\frac{1}{2}w^2\right)$,单位为J/(m² · s)或W/m²,$c_p$为气体的质量比热容。注意$dT\equiv dt$,对于当地微体积元$dxdydz$的各个面,流体的流动面在$d\tau$时间内所引起的对流净热量为

$$\left\{\frac{\partial}{\partial x}\left[\rho u\left(c_pt+\frac{1}{2}u^2\right)\right]+\frac{\partial}{\partial y}\left[\rho v\left(c_pt+\frac{1}{2}v^2\right)\right]+\frac{\partial}{\partial z}\left[\rho w\left(c_pt+\frac{1}{2}w^2\right)\right]\right\}dxdydzd\tau$$

或$\mathrm{div}\left[\rho w\left(c_pt+\frac{1}{2}w^2\right)\right]dxdydzd\tau$。

式为

$$q_v = 4\pi\eta_n\rho - K_r\rho c_r U + \mathrm{div}q_k + \mathrm{div}q_c ++ \frac{\partial}{\partial\tau}\left[w\rho\left(c_v T + \frac{1}{2}\rho w^2\right)\right] \tag{6-9-7}$$

对照式(6-9-3),有

$$4\pi\eta_r\rho - K_r\rho c_r U = \frac{\partial U}{\partial\tau} + \mathrm{div}q_e \tag{6-9-8}$$

把式(6-9-8)代入式(6-9-7),可得

$$q_v = \frac{\partial U}{\partial\tau} + \mathrm{div}q_e + \mathrm{div}q_k + \mathrm{div}q_c + \frac{\partial}{\partial\tau}\left[w\rho\left(c_p T + \frac{1}{2}w^2\right)\right] \tag{6-9-9}$$

或

$$q_v = \frac{\partial U}{\partial\tau} + \mathrm{div}q + \frac{\partial}{\partial\tau}\left[w\rho\left(c_v t + \frac{1}{2}w^2\right)\right] \tag{6-9-10}$$

式中,$q=q_e+q_k+q_c$,代表辐射、导热、对流三种基本传热方式总的热流密度。对于稳定传热过程,式(6-9-10)简化成

$$q_v = \mathrm{div}q \tag{6-9-11}$$

式(6-9-9)或式(6-9-10)是辐射、导热、对流同时起作用时,能量在气体介质内传播的普遍关系式。导热的理论基础早在§2-1和§2-2已阐明,热辐射的理论基础也已在第5章分析过。对流传热的理论基础将在第7章论述。

如果没有内热源,$q_v=0$,而且导热和对流所传递的能流比起辐射所传递的小到可忽略不计,气体的温度场不随时间改变时,式(6-9-9)可简化为式(6-9-6)。这表明:在此情况下,吸收性气体介质在任何地点所有被吸收的辐射能,都将由气体介质的自身辐射保持平衡,可从式(6-9-7)直接看到。另外,在密实固体内部,不存在热辐射和对流传热,固体的$\rho\approx$常量,$c\approx c_p$,而且固体的比热容c只能是温度的单函数或者常量,比焓h也只是温度的单函数,因此有

$$\frac{\partial(\rho c_v t)}{\partial\tau} \approx \rho\frac{\partial h}{\partial\tau} = \rho\frac{\partial h}{\partial t}\frac{\partial t}{\partial\tau} = \rho c_p\frac{\partial t}{\partial\tau}$$

式(6-9-6)将演化为固体导热方程:

$$\rho c_p\frac{\partial t}{\partial\tau} = -\mathrm{div}q_k + q_v \tag{2-1-8}$$

这正是第2～4章分析的主要依据。

还可看到,在液体内部不存在热辐射,或者对完全透明的气体介质来说,将式(6-9-4)代入式(6-9-9),可导得

$$q_v = \mathrm{div}q_k + \mathrm{div}q_c + \frac{\partial(\rho c_v t)}{\partial\tau} + \frac{1}{2}\frac{\partial(\rho w^2)}{\partial\tau} \tag{6-9-12}$$

对于不可压流体,式(6-9-12)很容易演变为式(2-1-16)和式(2-1-7)(详见§7-2关于能量方程的讨论)。

参考文献

[1] E. M. Sparrow and R D Cess. Radiative Heat Transfer. Augmented Edition. New York: McGraw-Hill, 1978.

[2] H. C. Hotrel and A. F. Sarofilm. Radiative Transfer. New York: McGraw-Hill, 1967.

[3] H. C. Hottel//W. H. McAdams. Heat Transmission. 3rd ed. New York: McGraw-Hill, 1954.

[4] E. M. Sparrow. Radiation Heat Transfer between Surface//Advanced in Heat Transfer. New York: Academic Press, 1965.

[5] D. C. Hamilton and W. R. Morgan. N AC A TN 2836, 1952.

[6] M. Jakob. Heat Transfer. New York: John Wiley, 1957.

[7] E. M. Sparrow. J. Heat Transfer, Trans. ASME, 1962, C85: 81.

[8] J. P. Hartnett and W. M. Rohsenow . Handbook of Heat Transfer. New York: McGraw-Hill, 1973.

[9] 机械工程手册编辑委员会. 机械工程手册.. 北京:机械工业出版社, 1978.

[10] J. R. Howell. Catalog of Radiation Configuration Factors. New York: McGraw-Hill, 1982.

[11] A. L. Chapman. Heat Transfer. Macmillan Co, 1960.

[12] H. C. Hottel. Trans. ASME, FSP , 1931, 53: 265.

[13] A. K. Oppenheim. Trans. ASME, 1956, 78: 725-735.

[14] R. Siegel and J. R. Howell. Thermal Radiation Heat Transfer. New York: McGraw-Hill, 1972.

[15] E. M. Sparrow. Radiation Heat Transfer between Surfaces//Advances in Heat Transfer. Academic Press Inc, 1965.

[16] E. M. Sparrow, E. R. G. Eckert and V. K. Jonsson. J Heat Transfer, Trans ASME, 1962, C84: 294-299.

[17] R. Vishente, R. J. Grosh. ASME J. Heat Transfer, 1962, 84: 63-72.

[18] T. M. Shih. Numerical Heat Transfer. Hemisphere Publishing Corp, 1984.

[19] H. C. Hottel and R. B. Egbert. Trans, AICHE, 1942, 38(3): 531.

[20] R. D. Birkebak and E. R. G Echert. J Heat Transfer, Trans ASME, 1965, C87: 85.

[21] K. E. Torrance and E. M. Sparrow. J Heat Transfer, Trans ASME, 1966, C88: 223.

[22] R. G. Hering and T. F. Smith. Int. J Heat and Mass Transfer, 1970, 13: 725.

[23] R. M. E. Diament. Insulation of Building. London: Iliffe Book Ltd, 1955.

[24] B. Gebhart. Heat Transfer. New York: McGraw-Hill, 1961.

[25] H. Tabor. Selective Radiation. Trans. Tusen Conference on Applied Solar Energy, 1957.

[26] G. Benveniste and N. K. Heiester. The Solar Furnace. Mech Engineering, 1956, 78: 915-920.

[27] N. K. Heister, T. E. Tietz, E. Loh , et al. Jet Propulsion, 1957, 27: 507-513.

[28] S. Whitaker. Elementary Heat Transfer Analysis. Pergamon Unified Engineering Series, 1976; S. Whitaker. Fundamental Principles of Heat Transfer. Pergamon, 1977.

第 7 章　对流传热原理

§ 7-1　对流换热的物理基础

前几章的分析和讨论分别集中于导热和辐射传热。导热是指在有温度差异的情况下，常规物质具有接触传热的宏观本能；而辐射传热则是指物质在不同温度下有对外发射不同能谱的电磁波或者射线的本领，由此引起不接触传热的宏观现象。导热和辐射传热在传热机理上显然是两种不同的基本形式。如同 § 1-2 中所指出的，习惯上常把对流传热看做是一种独特的传热形式。当流体以流速 w、温度 t 和比焓 h 通过面积为 $\mathrm{d}F$ 的某个流面时，就会有跨越该流面的能流密度 $q_c=\rho wh$ 或 $q_c\rho wc_pt$ (W/m²)①。举例来说，对于图 1-2-1 中稳定运行的换热器，流体的质量流量为 $G=\rho wf$，f 为流通截面积，流体从进口时的温度 t' 到出口时温度 t'' 所随带的热量出入净差为 $Gc_p(t''-t')$，或者热流体流过换热器所将放出的热流为 $G_1c_{p1}(t'_1-t''_1)$。这个热流，在不考虑换热器散热损失的情况下，应代表通过固体隔离壁面传给冷流体的热流 Q。换热器传热计算的任务就是要根据 Q 设计出换热器所需要配备的传热面积 F，或者针对所选用的换热器，根据热流体和冷流体的进口温度 t'_1 和 t'_2，核算 t''_1 或 t''_2，具体的细节将是第 11 章的讲解内容。但由此可以看到，工程上最具实际意义的对流传热，是相对运动着的流体与所接触的固体壁面之间的换热过程，通常称为对流换热过程，简称放热过程(见 § 1-2)。其实，在前几章里，已经涉及放热过程，只不过先采用 § 1-4 所提出的放热系数 α_c，以所给定的(α_c，t_f)作为第三类边界条件的数学描述。必要时，可按式(1-4-3)计算流体与固体壁面之间的对流换热量，即

$$q_{w_c}=\alpha_c(t_w-t_f)\qquad(\mathrm{W/m^2})\tag{7-1-1}$$

如果流体是气体，还要结合辐射传热，运用总放热系数 α_0(见 § 1-5 和 § 6-7)，作为表达第三类边界条件的手段，即

$$q_w=q_{w_c}+q_{w_r}=\alpha_0(t_w-t_f)\qquad(\mathrm{W/m^2})\tag{7-1-2}$$

此时，实测到的壁面热流密度 q_w 将是对流换热和辐射换热同时起作用的综合结

---

① 比焓 h 是指单位质量物质的焓，属于热力学性质。对于给定的物质，h 只取决于物质的热力学状态。在工程计算中，所涉及的常是焓差 Δh，可以人为地指定参考温度 t_0，如 $t_0=0$℃时，$h_0=0$，于是 $h=c_pt$。这是热力学中所熟知的基本概念。

果。α_c 或者 α_0 可看做是固体表面的“单位热导”，单位为 W/(m^2 · ℃)，其倒数则是固体表面的“单位热阻”，单位为(m^2 · ℃)/W(见 § 1-4)。

式(7-1-1)在形式上确实非常简单，但这种“简单”不过是一种错觉，因为它仅仅给出 α_c 的定义，并未反映对流换热的内在规律性。对流传热的主要特点是：作为传热介质的流体在流动，而且各部分之间有温度差异。从传热机理上着眼，对流传热实际上是处在运动状态下流体的导热。如同式(1-4-4)所指出的，

$$\alpha_c = -\frac{\lambda_f}{t_w - t_f}\frac{\partial t}{\partial y}\bigg|_{y=0} \quad [\mathrm{W/(m^2 \cdot ℃)}] \tag{7-1-3}$$

这里，$t(x,y,z,\tau)$指流体的温度分布，t 为某地点在某时刻的温度；y 为从壁面起算、朝着流体一侧的法向距离；t_w 为壁面温度；t_f 为流体的特征温度，“有界”对流时常被取作流道的截面平均温度，“无界”对流时则取远离壁面处的流体温度 t_∞。由此可见，放热系数 α_c 的值具体取决于流体的导热能力和温度分布，特别是贴近壁面的流体温度梯度，后者与流体的运动情况包括邻近壁面的流体运动状态密切相关。而流体的运动情况表现为流速的高低及其分布，流动的结构是否出现涡旋，显然与促使流体运动的动力、壁面形状和位置、特征尺寸、表面光洁度以及流体的性质等许多因素都有联系。根据流体与所接触壁面的组合情况，流体可以在通过槽道时被加热或者冷却，构成所谓对流换热的“内部问题”；也可以是沿固体表面绕流时被加热或冷却，构成所谓对流换热的“外部问题”。由于平面是曲率半径无限大的曲面，流体沿平板流动时的对流换热成为几何形状最简单的内部问题和外部问题的一种特殊结合。下面将在 § 1-4 的基础上，就对流换热的物理基础作进一步的论述。

1. 流体的性质

流体的特点是具有流动性，各部分之间并非固定不变，而能有宏观的相对位移。常规的流体是气体和液体。不过，超过某一特定的临界流速，气流和液流能使堆积的固体颗粒床松动、出现“流(态)化”，使“固定床”转化为“流化床”。如果再将气流和液流的速度提高到超过“携带速度”，还能夹带固体颗粒而实现流体输送。此时，流速越高，气流和液流能夹带的固体颗粒就越大，数量也就越多(见第 12 章)。气体与液体流过固定床或者流化床时，是在静止或者浮动的固体颗粒“外部”绕流，又是床层复杂通道的“内部”流动。

物质总是无限可分的。然而，液体与气体也和密实固体一样，可以唯象地看做是连续介质。只有高真空或者高层大气中的稀薄气体例外，另见第 14 章。连续介质的温度分布和流速分布都应当是连续函数。物质的性质或者保持常量，或者随温度、压力连续变化，也应是连续函数。但在气、液两相界面上和液体与固体的接触面上，密度显然是不连续的，从界面一侧的一种值跃变到界面另一侧的另一种

值,这种不连续性引起表面张力、表面吸附力等各种表面物理现象,有些将在第 10 章和第 11 章里分析。相界面上的温度梯度也出现不连续性,这在第 2 章分析多层壁的固体导热中就已提到过第四类边界条件。气、固和液、固流化系,以及气流夹带雾沫、液流夹杂不凝气体和互不相融的乳浊液,都属于相界面不连续混杂的两相或者多相流动,需要作特殊的研究处理。这种相际起伏湍动混合,将强化对流的传热率。在更复杂的情况下,当相际存在化学或者物理化学反应时,这种相际起伏的湍动混合还将加速传质(见第 14 章),提高反应率,强化"内热源"的发热率。气、固流化系在对流传热的同时,势必还有辐射传热,而在实验研究中只能测定综合的效果,很难把两者分离开来,这将显然增加基本研究的难度。另外,如果夹带的雾沫和固体颗粒很细,数量不多,分布又比较均匀,或者乳浊液高度混合,那么,仍可近似地按单一气流或液流处理,简单地用修正流体物性数据的方式适当考虑杂质的影响。

根据定义,物质的"可压缩性系数"为

$$K = -\frac{1}{V}\left(\frac{\partial V}{\partial p}\right)_T \qquad (1/\text{bar}) \tag{7-1-4}$$

"体(积)膨胀系数"为

$$\beta = \frac{1}{V}\left(\frac{\partial V}{\partial T}\right)_p \qquad (1/℃) \tag{7-1-5}$$

由热力学通用微分关系式,可导得

$$c_p = c_v + \frac{T\beta^2}{\rho K} \qquad [\text{J}/(\text{kg}\cdot℃)] \tag{7-1-6}$$

固体的可压缩性很小,$\rho \approx$常量,$c_p \approx c_v$,而且基本上只是温度的函数,与所受的压力和体积无关。远离临界态的液体,可压缩性也极微小,流动中的流体密度很少变动。例如对于水来说,水的临界压力为 225.56atm 或 221bar,临界温度为 374.15℃,在通常压力和温度下,β 的数量级为 2×10^{-4} 1/℃,K 的数量级为 5×10^{-5} 1/bar,c_p 与 c_v 只相差大约 0.5%。除了自然对流情况下由密度差异引起的浮升力一项必须计及密度 ρ 随温度的变化外,一般认为液体是"不可压流体",ρ 被当做常量。如果考虑无界自然对流,远离壁面处的流体温度为 t_∞,在某个地点流体的温度为 t 时,浮升力将是

$$A = (\rho_\infty - \rho)g \qquad (\text{N/m}^3) \tag{a}$$

式中,g 代表重力加速度。既然液体的 β 和 ρ 随温度的变化都很小,可近似地把 $\beta\rho$ 看作常量,那么由式(7-1-5)得到

$$-\Delta\rho = \beta\rho\Delta t$$

或

$$A = \beta\rho g(t - t_\infty) \qquad (\text{N/m}^3) \tag{7-1-7}$$

在近临界区,像低温工程领域里的液氦、液氢、液氮等就常工作在这个区,液体的密

度 ρ 尤其是比热容 c_p 经历着一个随温度剧烈变动的特殊阶段，引起对流传热的异变，这将在第 16 章作为专题介绍。

远离临界态的气体，遵循理想气体的状态方程，即

$$\left.\begin{aligned} pv &= \Re T \\ \text{或}\quad \rho &= \frac{p}{\Re T} \end{aligned}\right\} \tag{b}$$

式中，$\Re$ 为气体常数。由式(7-1-5)，容积膨胀系数为

$$\beta = \frac{1}{T} \qquad (1/℃) \tag{7-1-8}$$

而由式(7-1-4)，有

$$K = \frac{1}{p} \qquad (1/\mathrm{bar}) \tag{7-1-9}$$

于是，在中、常温和更高温度下的气体容积膨胀系数将是 10^{-3} 1/℃数量级，比水高 1 个数量级。但若气流速度不超过声速 a_s 的 0.3 倍，亦即无量纲的马赫数 $Ma=\dfrac{w}{a_s}\leqslant 0.3$，如对空气，$a_s=\sqrt{\dfrac{c_p}{c_v}\Re T}$①，在室温下大约 330m/s，当流速 w 不超过 100m/s 时，气体的绝热流动所引起的$\dfrac{\Delta\rho}{\rho}$小到可以忽略不计[1]。这样，$Ma\leqslant 0.3$ 的非绝热流动，只要温差 t_w-t_f 较小，也能被看做是 ρ 为常量的不可压缩流。对于气体的无界自然对流，由式(a)，有

$$A = \rho g\left(\frac{\rho_\infty}{\rho} - 1\right)$$

根据式(b)，有

$$\frac{\rho_\infty}{\rho} = \frac{T}{T_\infty} \tag{c}$$

则气体温度为 t 处的浮升力应是

$$A = \frac{\rho g}{T_\infty}(t - t_\infty) \tag{d}$$

因此，对照式(7-1-8)，只要以 t_∞ 作为参考温度，把 β 取作$\dfrac{1}{T_\infty}$，对远离临界态的理

---

① 近年来，凡遵循 $pv=\Re T$ 的气体，统称为(热学)理想气体，c_p 和 c_v 可以随气体温度变化，$a_s=\sqrt{\left(\dfrac{\partial p}{\partial\rho}\right)_s}$，即小扰动在气体中的传播速度，应把$\dfrac{\partial p}{\partial\rho}$取作定熵流动时的值。当理想气体的 c_p 和 c_v 保持常量，不随温度改变时，专门称之为“量热学理想气体”。而当 $Ma<0.3$ 时，气流的温度变动范围小到 c_p 和 c_v 近似不变时，$a_s=\sqrt{\dfrac{c_p}{c_v}\Re T}$。

想气体来说，式(7-1-17)就是精确的；而对远离临界态的液体来说，由于假定乘积 $\beta\rho$ 是常量，因此式(7-1-7)是近似式。在大温差情况下或者在近临界区，就需要考虑变物性的影响，包括 ρ 随温度的变化在内。

有关气体高速流动时出现“气体动力加热”的现象，将在第 14 章专门分析，并证明可压缩气流更常使用的放热系数可被取作

$$q_{w_c} = \alpha_c(t_w - t_{w,a}) \tag{7-1-10}$$

$t_{w,a}$称为“绝热壁面温度”或气流在壁面上被滞止时的“恢复温度”，其表达式为

$$t_{w,a} - t_f (= T_{w,a} - T_f) = r_T \frac{w^2}{2c_p}$$

(7-1-11)①

式中，“温度恢复系数”r_T 是取决于气体本身性质的无量纲数，通常为 0.8～1(详见第 14 章)。由式(7-1-11)可知，气体的 c_p 数量级为 1kJ/(kg·℃)，气体常速流动时的 $t_{w,a}$趋近于气流温度 t_f。因此，式(7-1-10)可看做是式(7-1-1)的广义式。对于高速气流，可取恢复温度 $t_{w,a}$作为式(7-1-1)中的气体特征温度。应当看到，无量纲的马赫数 Ma 是采用声速衡量气体流速高低的一种判据：$Ma=1$ 表示气体依声速流动；$Ma<1$ 为“亚声速流动”；$Ma>1$ 为“超声速流动”。气流马赫数 $Ma>0.3$ 时，气体的流动不能再视作“不可压流”，而要按“可压缩流”处理。Ma 越高，气流的可压缩性越显著。从这个角度来说，马赫数是气流可压缩性的量度。

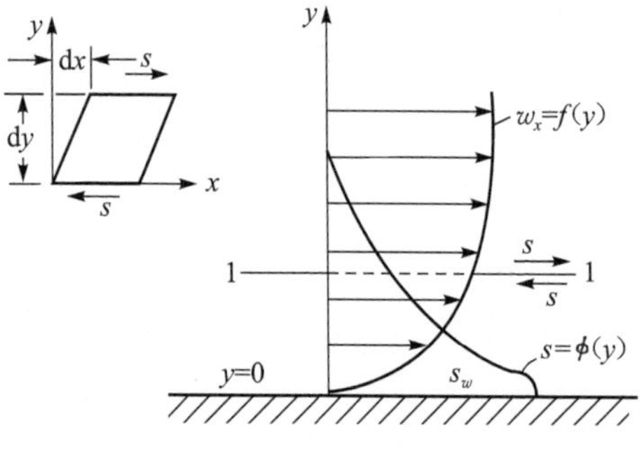

图 7-1-1 黏性流体的剪切应力

实际流体(液体和气体)都具有“黏(滞)性”。作为连续介质流动时，受壁面摩擦的影响，通过黏性反映为流体的流速在接近壁面的方向逐步慢化，降低到在壁面上的流体流速为零，如图 7-1-1 所示。或者说，流体流速不相同的层与层之间，总引起反抗运动的内摩擦力。单位面积所产生的黏性力，如图 7-1-1 中 1-1 流面上的(剪)切应力 s，根据牛顿黏度定律，将与当地的流体速度梯度成正比，或

$$s = \mu \frac{dw_x}{dy} \tag{7-1-12}$$

式(7-1-12)中的比例系数 μ 通常称为流体的“动力黏度”，简称“黏度”或“黏滞系

---

① 注意单位的使用(见 § 1-7-1)，w 的单位为 m/s，c_p 的单位为 J/(kg·℃)。例如，空气的 $r_T\approx 0.85$，$c_p\approx 1\times 10^3$ J/(kg·℃)，当 $w=50$m/s 时，可以求得 $t_{w,a}-t_f\approx 1$℃。

数”，单位是 $\mathrm{N\cdot s/m^2}$（见表1-7-1），$1\mathrm{N\cdot s/m^2}=0.1\mathrm{bar}$。式(7-1-12)实质上是流体“黏度”的定义式。必须留意：图7-1-1中取作稳定流场 $w_x=f(y)$，w_x 只沿 y 轴向变化，若 $w_x=\phi(x,y)$，或者还与时间有关，则式(7-1-12)中的 $\frac{\mathrm{d}w_x}{\mathrm{d}y}$ 应记作 $\frac{\partial w_x}{\partial y}$。

按照牛顿的第二运动定律，力等于动量改变的速率。反抗运动的黏性抵力要由流体层与层之间的动量来克服，由运动较快的分子将动量传给运动较慢的分子，从而在壁面法向即 y 轴向上造成一个平行于壁面，即 x 轴向动量的净传递。对于不可逆流来说，式(7-1-12)可被直接写成动量传递的速率方程：

$$s=-\frac{\mu}{\rho}\frac{\mathrm{d}(\rho w_x)}{\mathrm{d}y}\qquad(\mathrm{N/m^2})\tag{7-1-13}$$

式中，ρw_x 代表单位体积的流体沿 x 轴向的动量，可以称为“动量浓度”；s 将代表图7-1-1中依靠分子迁移运动跨越流面1-1单位面积的动量传递速率；引进的负号用以指明动量朝着动量浓度降低的方向扩散迁移，表现为克服壁面单位表面积上的摩擦阻力即表面切应力 s_w，或

$$s_w=\mu\left.\frac{\mathrm{d}w_x}{\mathrm{d}y}\right|_{y=0}\tag{7-1-14}$$

留意：作为切应力 s 的方向与速度梯度的方向在图7-1-1中表现为相互正交，速度梯度的方向沿着壁面法向，而 s 则顺着壁面方向；作为“动量传递速度”，s 的方向永远朝着动量浓度降低的方向，后者指向壁面法向反方向，即指向 y 减小的方向。因此，在式(7-1-12)和式(7-1-14)中不出现负号，而在式(7-1-13)中必须引进负号，这是由明确的物理意义所决定的。式(7-1-13)也和式(2-1-10)完全类似，可以相互比拟。$\frac{\mu}{\rho}=\nu$ 常称为流体的“运动黏度”，简称“动黏度”；根据式(7-1-13)所揭示的性质，动黏度又称“动量扩散系数”，与“热(量)扩散系数”$a=\frac{\lambda}{\rho c_p}$（见§2-1）的单位相同，都是 $\mathrm{m^2/s}$。

工程上许多比较重要的流体，包括各种气体和液体中从低黏性的水到高黏性的油类都能满足式(7-1-12)，即 $\mu=\frac{s}{\frac{\mathrm{d}w_x}{\mathrm{d}y}}$ 与 $\frac{\mathrm{d}w_x}{\mathrm{d}y}$ 的大小无关，μ 和 $\nu=\frac{\mu}{\rho}$ 都只取决于流体本身的状态，都是流体的物性，这类流体统称为“牛顿流体”。参看图7-1-1的左侧附图，设想 $\mathrm{d}x=w_x\mathrm{d}\tau$，则

$$\frac{\mathrm{d}w_x}{\mathrm{d}y}=\frac{\mathrm{d}}{\mathrm{d}y}\left(\frac{\mathrm{d}x}{\mathrm{d}\tau}\right)=\frac{\mathrm{d}}{\mathrm{d}\tau}\left(\frac{\mathrm{d}x}{\mathrm{d}y}\right)$$

代表剪切形变的速率。这种切应力 s 与速度梯度呈线性关系的规律十分类似于弹性材料的应力与应变成正比的胡克定律，所以，常把牛顿流体看作弹性流体。污泥、流沙、乳浊液、胶体悬浮液、高分子溶液以及熔融的塑料和橡胶等黏稠液体，其“表观黏度”$\mu_a=\dfrac{s}{\dfrac{\mathrm{d}w_x}{\mathrm{d}y}}$也与$\dfrac{\mathrm{d}w_x}{\mathrm{d}y}$有关(见图 7-1-2)，已不再是严格的物性，会受产生流动的外力等因素的影响，甚至还与切应力 s 作用的时间长短有关。这类“塑性流体”称为“非牛顿流体”，可从流动性很好的液体到非常黏稠的半流体，范围广泛，性质差异也相当悬殊，这将在第 16 章作为个别问题讨论(见§16-3)。

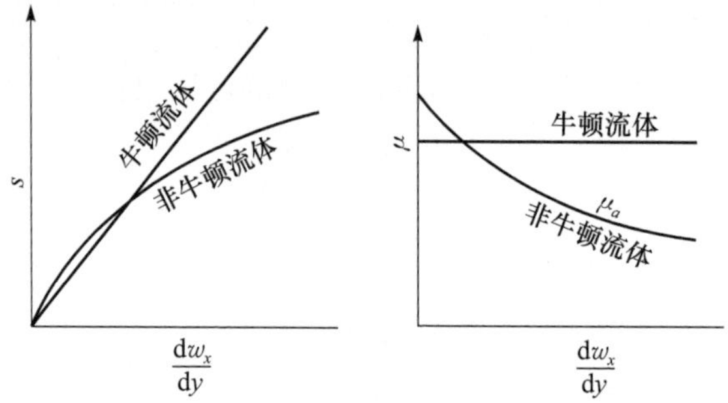

图 7-1-2　两类流体流动切应力特性的示意图

牛顿液体的 μ 和 ν 都主要取决于温度，除非在近临界区，通常与压力无关；气体的 μ 也对压力很不敏感，可以当做只取决于气体的温度，但气体的 ρ 与温度和压力都密切相关，气体的 ν 将与压力成反比。一般来说，液体的 μ 比气体的大，而气体的密度远小于液体，这使得气体的 ν 比液体的大。例如，在大气压力下，水在 20℃时的黏度 μ 的值是空气的 50 倍还多，而空气的动黏度 ν 却接近水的 15 倍，甚至是液态金属汞在 20℃时 ν 值的 100 倍还多。

有关液体和气体的热物性，包括 ρ、c_p、λ 等数据，可从有关手册和专著中查取[2-4]。

2. 流体流动的基本流型

按照运动发生的原因，流体在被界面加热或者冷却时，因自身各部分密度不同引起升沉对流的自由运动即“自然对流”，也可以在外力作用下“受迫流动”而产生“强制对流”；或者两种运动并存，出现复杂的“混合对流”。自然对流放热将在第 8 章专门讨论，强制对流放热则在第 9 章中分析。

在流动结构上，有关流体动力学分析的一个重要方面就是要确定流体的运动状态是层流还是湍流，或者是处于两者之间的过渡流态。图 7-1-3 是用滴管沿轴心线向水流滴入红墨水示踪观察到的流动结构示意图。流速很低时，流体质点只沿平行于管的轴心线的流线流动，没有跨越流线的分速度，如图 7-1-3(a)所示，这种流动状态就是“层流”或流线型流动。提高水的流速，超过某个临界值时，将观察到图 7-1-3(b)所示的质点流动的波动性。再提高水流速度，将观察到图 7-1-3(c)所表示的“紊流”状态，滴入的红墨水迅速扩散到下游整个流通截面，表明有强烈的混合机构存在。这种情况出现在湍急的流动中，所以称为“湍流”，必须防止“紊流”这个名称被错认为毫无规律性的乱流。

层流时，流体各部分的运动都成“层”地平行于壁面，流体层与层之间彼此互不掺混，沿壁面法线方向的热量传递只能依靠流体分子迁移的扩散方式，即宏观的导热现象。而湍流时，则不仅在平行于壁面的方向有对流，而且相邻层次不断扰动混合，像混乱的涡旋运动似的，在壁面垂直方向也有对流作用，动量和能量的传递将不再由分子迁移的扩散过程所控制，主要依靠宏观的涡旋从一个流层向相邻流层随机扩散的过程传递动量和能量。涡旋不断发展和扩散，引起不规则的脉动。只要流动作为整体，不随时间变化，那么尽管各个质点的运动速度沿着流动的纵横方向都在波动，却仍然有一个稳定的平均值。如果在给定地点快速地测量流体的流速，将得到图 7-1-4 中所示的脉动(起伏)，瞬时的流速沿 x 方向的分量可被表示成：

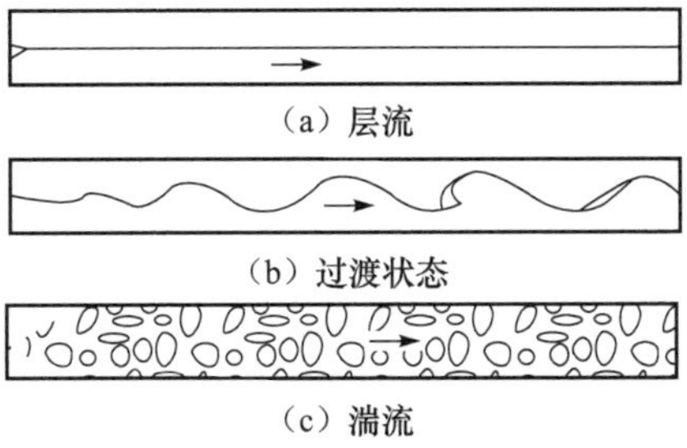

图 7-1-3　流体在管内活动特性的示意图

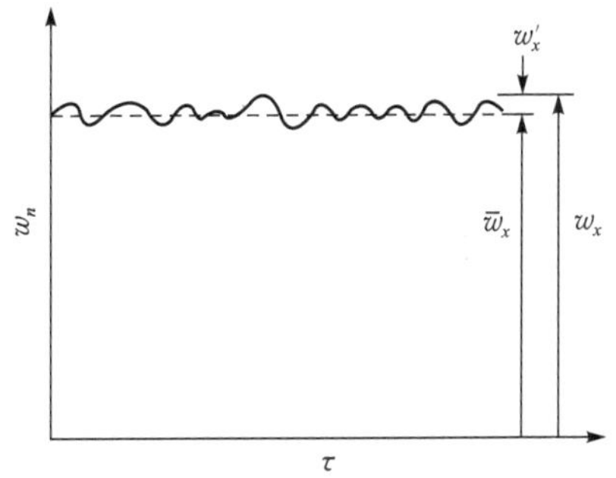

图 7-1-4　湍流时的速度脉动

$$
\left.\begin{aligned}
&w_x = \overline{w_x} + w'_x \\
\text{而且}\quad &\overline{w_x} = \frac{1}{\Delta\tau}\int_{\tau_0}^{\tau_0+\Delta\tau} w_x \, d\tau \\
\text{即}\quad &\overline{w'_x} = 0
\end{aligned}\right\} \tag{7-1-15}
$$

实际上湍动起伏的周期非常短促，式中的 $\Delta\tau$ 表示实际测量的时间间隔，将远超过一次起伏的周期。$\overline{w_x}$ 称为“时均流速”，w'_x 代表实际流速偏离时均值的瞬时起伏量。正是这种速度起伏造成液体的质量迁移，横跨垂直于 y 轴向的流面，引起壁面法向热量传递远胜过分子扩散的导热作用，湍动混合将大大增强热量的传播速率。这清楚地表明，层流和湍流在能量和动量传递的机理上是根本不同的。湍动混合，使相邻流层之间产生附加的动量交换，所以湍流时的流动阻力比层流时大得多。常用"湍动度"Tu 的大小衡量湍动的激烈程度。对于沿平壁流动或者在管内定型流动(见图 7-1-8)时，整体的流动只能顺平板或者沿管的轴心线方向，即时均分流速$\overline{w_y}$和$\overline{w_z}$都为零①，"湍动度"的定义为

$$\mathrm{Tu}=\frac{1}{w_x}\sqrt{\frac{1}{2}(\overline{w'^2_x}+\overline{w'^2_y}+\overline{w'^2_z})} \tag{7-1-16}$$

各向同性湍动时，$\overline{w'^2_x}=\overline{w'^2_y}=\overline{w'^2_z}$，则

$$\mathrm{Tu}=\sqrt{\overline{w'^2_x}}/\overline{w_x} \tag{7-1-17}$$

这里，$\overline{w'^2_x}$代表分流速起伏 w'_x平方的时均值。虽然 w'_x的时均值为零，但只要有起伏，$\overline{w'^2_x}$总是大于零的正值。湍动度 Tu 越小，流动越平稳。

层流与湍流之间有着本质的差别，这很早就已观察到，但从概念上理解它的理论基础是由雷诺奠定的。雷诺[5]最先研究了流体流动的相似性问题(相似原理详见§7-8)并提出：不同的流体，在不同内直径 d 的圆管中，以不同的截面平均流速 w 稳定流动时，只要无量纲雷诺数 $Re=\dfrac{wd}{\nu}$的值相同，在 $1/d$ 相同的对应截面上，就具有彼此完全相似的速度分布，即在几何形状相似的通道中，在任何相对应的地点，流体的流速保持相同的比例；"雷诺数"Re 超过某个临界值 Re_c 时，流动就将从层流转向湍流。雷诺的流动相似律实质上揭示出：在几何形状相似的通道中，要达到彼此流动相似，就必须使受力的情况相似，例如，黏性流动要克服流动阻力以维持流动惯性，反映惯性力与黏性力之比的 Re 值②就必须保持相同。对工业管道来说，$Re_c\approx2100\sim2300$，折中值为 2200，具体取决于表面光洁度，比较粗糙时的 Re_c 偏低。$Re<2100$ 时，在工业管道中总得到层流；Re 越高，流动的湍动性就越大，$Re>10^4$ 时，流动的湍动性将旺盛到自然对流事实上难以产生或不起作用。实际上，雷诺已预测到 Re_c 不是一个固定值，2000 代表工业管道所谓"最低临界雷诺数"的值。超过这个最低临界雷诺数的值，维持层流的稳定性将随着 Re 的增加而减小。为了设法减小流动的各种外来扰动因素的影响，曾实测到 Re 值直到 5×10^4 还是层流的特殊情况，但是这种异常层流的稳定性极小。Re 在 2000 以下的层流，对任何扰动包括进口和管壁粗糙等所引

---

① 严格地说，沿平壁无界流动时，由于边界层的发展(见§7-3)，$w_y\neq0$，而是一个小量。

② 在长 $\mathrm{d}x$ 的一段管道内，产生流速变化 $\mathrm{d}w$，截面流量为 $\rho w\ \frac{\pi}{4}d^2$，惯性力为$\frac{\pi}{4}d^2\rho w(\mathrm{d}w)$，受到的黏性力为 $\pi d(\mathrm{d}x)s=\pi d(\mathrm{d}x)\mu\dfrac{\mathrm{d}w}{\mathrm{d}y}$，两者之比为

$$\frac{1}{4}\ \frac{\rho wd}{\mu}\ \frac{\mathrm{d}w/\mathrm{d}x}{\mathrm{d}w/\mathrm{d}y}\propto\frac{wd}{v}=Re$$

即雷诺数 Re 只是惯性力与黏性力之比的某种量度，并不只等于惯性力与黏性力之比。

起的扰动，都将是从平稳的层流到湍流的过渡状态，可看做是层流稳定性逐步减小、直到消失的过程。

由 Re 可计算出从层流开始向湍流过渡的临界流速 w_c。对工业管道来说，

$$w_c = Re_c \frac{\nu}{d} \qquad (\mathrm{m/s}) \tag{e}$$

流体的动黏度 ν 越高、管道的直径越小时，临界流速越大。水和空气在 20℃时的动黏度分别为 $1.006\times10^{-6}\mathrm{m^2/s}$ 和 $15.06\times10^{-6}\mathrm{m^2/s}$。如果管道内直径为 25mm，$Re_c$ 取作 2300，那么临界流速分别为 0.93m/s 和 1.39m/s。可见，工程上涉及水在管内的受迫流动，照例都是湍流。空气通常也是湍流。但要注意，空气的动黏度随温度升高而加大，高温下，如 1200℃时，$\nu=223.7\times10^{-6}\mathrm{m^2/s}$，管道直径为 10mm，临界流速就能升高到 51.5m/s。油类，特别是在常温范围内被加热时，黏性往往大幅度下降，例如柴油在 20℃时，$\nu=620\times10^{-6}\mathrm{m^2/s}$，在直径 25mm 的圆管内流动时，$w_c=57\mathrm{m/s}$，实际上只能是层流状态。但若油温升高到 80℃，$\nu$ 将降低到 $20\times10^{-6}\mathrm{m^2/s}$，扩大管路直径 d 为 100mm 时，w_c 将减小到 0.46m/s。于是，油速达到 0.5m/s 时，就有可能达到过渡状态的流动特性。

在非圆形管道内流动，或者沿平板流动和绕固体外表面流动时，也同样会出现层流和湍流以及两者之间的过渡状态。此时，计算 $Re=\frac{wl_0}{\nu}$ 的特征长度 l_0，或者取作管道的“当量直径”，或者取作沿平板流动和绕固体外表面流动时的路程长度 l。对有界流动或管和槽内流动时，特征流速 w 照例取作流道截面的平均流速。沿平板流动，或者无界的外部绕流，则取远离壁面的“自由流”或者“来流”的流速 w_∞ 为特征流速。

3. 边界层

流体作为连续介质流动时，在固体壁面上不可能出现滑移，即流体的相对流速在固体壁面上必须为零。如图 7-1-5 所示，壁面摩擦阻力对流体的滞止作用将通过流体的黏性朝着远离壁面的 y 轴向传递，影响的程度则迅速减小。对于无界对流来说，尽管壁面的影响理论上可以传播到离壁无穷远处，但实际上只是在近壁面厚度为 δ 的薄层内才存在着明显的速度梯度。根据式(7-1-12)，可察觉的黏性效应只局限在这个近壁薄层内。这个近壁流体层称为“流体动力学边界层”，简称“(流动)边界层”或“附面层”，也可直观地称为“速度边界层”。(流动)边界层的概念最先由普朗特[6]在 1904 年提出，边界层厚度 δ 被定义为边界层外边缘处的流速已达到 $w_{x,\infty}$ 的 99%。这样，边界层主要把流体的流场划分为两个区：边界层内部为黏性剪切力起作用的流动区；边界层外为流速均匀区，黏性剪切力 s 可略去不计，流动事实上相当于无黏性的“势流”。

无黏性的不可压流体，在流体力学中称为“理想流体”或“完善流体”。边界层以外的不可压流体就是近似的理想流体，只受惯性力、压力和彻体力(在重力场中

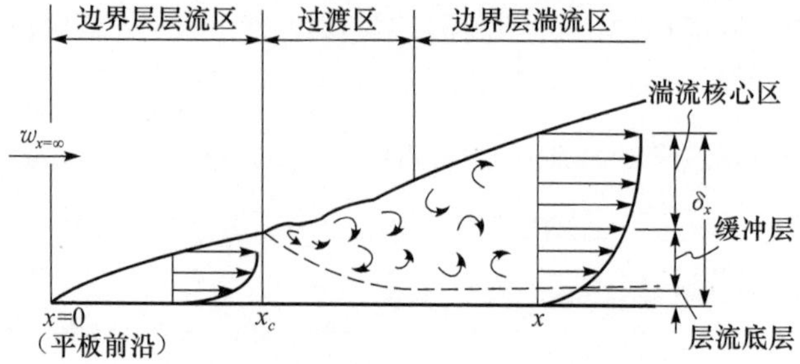

图 7-1-5　流体沿平板流动时的边界层发展示意图

是重力)的作用，由于不可压流体的密度是常量，因此沿任何流线的力的平衡关系可表示为由伯努利[7]提出并被公认为“伯努利方程”①：

$$\frac{1}{2}\rho w^2 + p + \rho g z = 常量 \tag{7-1-18}$$

式中，g 为重力加速度；z 为离基准面的位置高度；$\rho g z$ 代表高 z(m)的液体柱重力对底平面造成的重量压力强度(N/m^2)，称为位高 z 处流体的“位压(强)”。可见，同一条流线上各个地点的“动压”、“静压”和“位压”的总和保持不变，俗称“伯努利定理”。或者说，在重力场中的定温流动，各个地点单位质量的流体动能$\frac{1}{2}w^2$、“流动能”②$pv\left(=\frac{p}{\rho}\right)$和位势能 gz 的总和保持不变。流动保持水平方向时，位压不起变化。位高 z 每变动 1m 所引起的水的位压变化也只是 0.1bar。对于位压不变或者变动不大的工程问题，可把式(7-1-18)简写为

$$\frac{1}{2}\rho w^2 + p = 常量 \tag{7-1-18$'$}$$

就图 7-1-5 所表示的沿平板流动时的情况来说，边界层以外任何地点的势流速度相同，都是 $w_{x\infty} = w_\infty$。于是，根据式(7-1-18′)，边界层以外的压力将处处相等。

参看图 7-1-5，在平板前缘($x=0$)处，流体刚接触壁面，还未来得及发挥出来滞止作用，$\delta=0$。顺平板流动时，沿程受到壁面阻力的连续作用，滞止的影响将逐步向流体内部传播，使边界层沿程不断加厚。边界层越薄，边界层的速度梯度$\frac{dw_x}{dy} \sim \frac{w_{x=\infty}}{\delta}$越大，黏性力的作用越强；$\delta$ 很小时，整个边界层抑制任何涡旋的

---

① 对于可压流体的稳定流动，式(7-1-18)应修正为

$$\begin{cases} \int \frac{dp}{\rho} + \frac{1}{2}w^2 + gx = 常量 \\ dp + \rho w dw + \rho g dz = 0 \end{cases}$$

② 指流体往下游推进的能量，也常称为“推进功”或“流动功”，流动中流体的焓就是内能和流动能的总和，可参看热力学书籍。

产生，边界层呈现层流的流动性质。

x 达到临界值 x_c，或者以沿程长度 x 作为特征尺寸的“局部雷诺数”Re_x 达到临界值$Re_{x_c}=\dfrac{w_\infty x_c}{\nu}$时，$\delta$ 已增大到边界层层流出现不稳定性，而涡旋一旦形成，就具有发展壮大的潜力，引起不规则的脉动，边界层将从层流状态向湍流过渡。Re_{x_c} 的值与来流即边界层外面未受壁面影响的自由流的湍动度 Tu 有关。Re_{x_c} 随 Tu 的减小而增大，但像图 7-1-6 所指出的，在特殊设计的风洞里，可使 Tu 下降到 8×10^{-4} 以下，Re_{x_c} 保持定值而不再增大。

可以认为，沿平板边界层层流的 Re_{x_c} 的上限为 5×10^6，采取壁面糙化或利用栅格等湍流激化措施时，可使 Re_{x_c} 的下限降低到 8×10^4；在通常情况下，例如一般风洞的 Tu≈1%，相应的 $Re_{x_c}\approx5\times10^5$，$Re_x>6\times10^5$ 时，层流边界层要向湍流过渡。这种过渡当然不可能瞬时完成，而是在过渡区开始时产生较长波长的振荡，波动具有不规则形状而变为涡旋，扩散成为具有比较均匀的湍动度的特征。此时，边界层表现为“层流底层”之外还有涡旋的复杂流动结构。就像图 7-1-5 所指明的那样，整个过渡区意味着边界层层流的稳定性逐渐减小，湍流核（涡旋区）逐步扩大，直到边界层发展为完全湍流的性质。边界层为湍流时，核心区的涡旋促成了天然的扰动混合，使速度分布趋于平坦化。而在紧靠壁面的“层流底层”中，流体的流速已降到足够小，保留层流的性质。从核心区的依靠涡旋传递动量和能量到层流底层单纯依靠分子迁移的扩散传递，可以设想存在着一个关于涡旋作用由大到小、逐步消失的中间过渡层，称为“缓冲层”（见图 7-1-7），这就是湍流流动的三层结构假说。有关湍流流动的模型，以后还将进一步具体讨论。

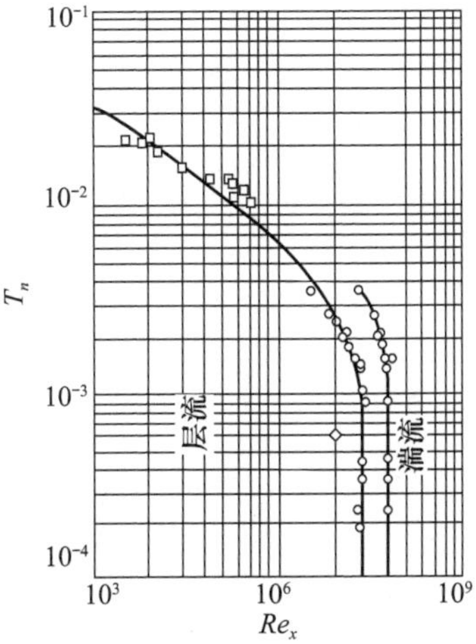

图 7-1-6　沿平板流动时，临界诺数与自由流湍动度之间的关系

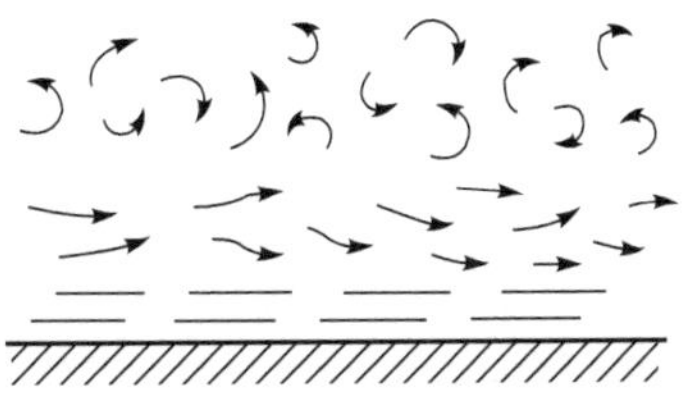

图 7-1-7　靠近固体壁面的湍流流动结构示意图

流体流过管道，例如在图 7-1-8 所示的常截面圆管内流动时，边界层在管道进口处开始形成，但和沿平板无界流动（可看做是在半径无限大的圆管内流动）时不同，轴对称的环状边界层将沿途向圆管轴心线方向发展，最后势必接合在一起，边界层厚度也就达到了它的最大限值 $\delta_{max}=R$，即圆管的内半径。此后，直到流体流出圆管，边界层不可能再发展，维持不变。这种内部流动的边界层发展区称为“进口段”或“初始段”；进口段下游是充分发展区的“定型流动”①。如果以体积流量 $V(m^3/s)$ 除以截面面积 $f(=\pi R^2)$ 得到截面平均流速，即

$$\bar{w}=\frac{1}{f}\int_f w\mathrm{d}f=\frac{V}{f}$$

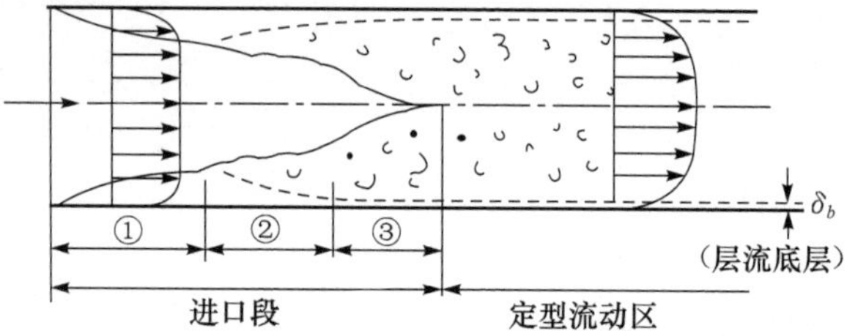

图 7-1-8　流体在圆管内湍流时边界层由层流到湍流的发展过程

①层流边界层发展区；②过渡区；③湍流边界层发展区

且以 $\bar{w}$ 作为特征流速的雷诺数 Re 低于临界值 2100，那么边界层从形成到充分发展时都将保持为层流。在常物性条件下的定型流动，层流速度分布为抛物线形，而 $Re>10^4$ 即达到“旺盛湍流”时的速度分布将接近正截抛物线形（见图 7-1-8 和图 7-1-9），$\frac{\bar{w}}{w_0}$ 则从层流（$Re<2100$）时的 0.5 迅速过渡到湍流（$Re>3000$）时的 0.75～0.9（见图 7-1-10）。除非另作说明，否则湍流时的流速照例都取“时均值”。图 7-1-8 和图 7-1-9 还表明：湍流时，定型流动的层流底层薄到可把层流底层中的速度分布曲线看成是线性的。连续稳定流的管内各个横截面上的流量相等，如果进口横截面上流体的速度分布均匀，那么进口段内环状边界层的沿途发展因近壁流速的减慢，势必有一部分流量要从边界层被排挤到逐渐缩小了的管的轴心区去，迫使边界层外侧的流速 w_0 沿途增大，不存在平板无界流动时的“自由流速”w_∞。因此，根据式（7-1-18′），管内进口段的流动明显不同于沿平板流动时平面边界层的发展，而将沿途出现轴向压力梯度，即

$$\frac{\mathrm{d}p}{\mathrm{d}x}=-\rho w_0\frac{\mathrm{d}w_0}{\mathrm{d}x}\tag{7-1-19}$$

① 有关常截面圆管进口段边界层发展区，包括边界层层流、湍流、从层流向湍流过渡的发展区特性及其系统分析，可分别参见文献[8]～[10]。

但有两个例外：①在紧靠进口端，当环状边界层的厚度远远小于管的半径时，$\frac{dp}{dx} \propto \frac{dw_0}{dx}$事实上小到逼近于零，这与沿平板流动时的情况又趋于一致；②在定型流动区，截面速度分布为 $w=f(r)$，与 x 无关，$\frac{dp}{dx}=0$，沿程压降完全取决于壁面摩擦阻力，表现为线性，即与沿程距离成正比。

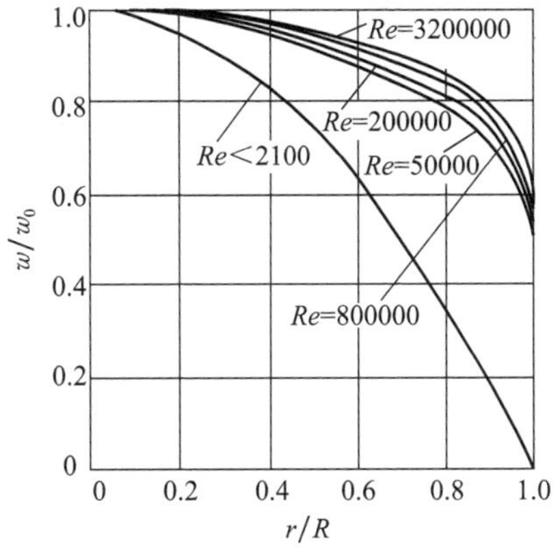

图 7-1-9　圆管内定型流动的速度分布

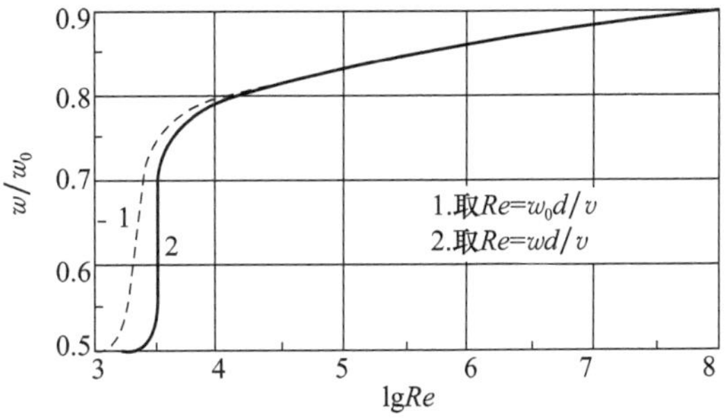

图 7-1-10　圆管内定型流动的速度分布示意图

流体沿凸表面物体绕流时，边界层的性质又有新的特点，即出现边界层"脱离"现象。图 7-1-11 所表示的是逼近"脱离点"时，边界层尚未达到向湍流过渡时的情形。边界层脱离后，贴近外表面处的流体流向与主流方向相反，这种局部地区倒流的形成，通过对主流的干扰产生湍流涡旋。流过流线型物体时，脱离常出现在后侧。例如，横向流过圆柱或圆管时，总在后部形成湍动尾流或称为"尾迹"，卷入尾流中的涡旋动能不会恢复，因此流动的脱离势必伴随较大的压力损失。这表明，有脱离时，压降不再仅仅由于克服表面摩擦所引起，脱离前、后的这种压力差将造成对物体的"曳力"，曳力的大小随脱离点的后移而减小。在脱离点上，$\left.\frac{\partial u}{\partial y}\right|_{y=0}=0$，流线在此与壁面成一定的交角。一般说来，湍流边界层不像层流边界层那样容易脱离，因为湍流边界层里流体质点的动能比较大，而且流向也是杂乱的，在流过"纯体"时，脱离常在相对接近于前边缘处发生[1]。

4. *热边界层*

类似于流动边界层，当流体被壁面加热或者冷却时，在没有接触热阻的情况下，接触壁面的液体温度就是壁面温度。流体温度的分布将限于紧靠壁面的"热边界层"(或称为"温度边界层")里。对于辽阔的无界对流，热边界层的厚度 δ_t 定义

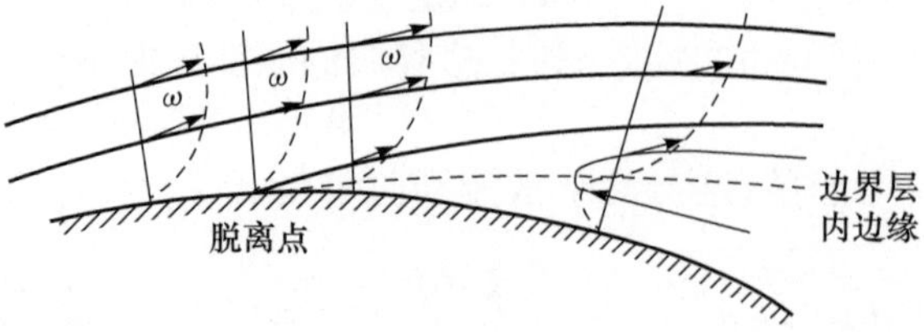

图 7-1-11　凸表面物体外部绕流的边界层脱离现象

为在此边缘上的液体温度已将近 $t_{f\infty}$，相差 1%。因此，事实上热边界层以外可被看做等温区。随着和热表面或冷表面接触距离 x 的延伸，流体的被加热或者冷却将更深入流体内部。热边界层的厚度 δ_t 必然沿途增厚。对于有界对流，如流体在圆管内通过时的放热，也存在"热进口段"或"热初始段"。很容易理解，层流时的层间热量传递，依靠分子扩散的导热作用；湍流时，还有依靠涡旋直接转移热量的更强烈的对流效应，所以湍流边界层里湍流核心区的温度分布无疑将明显地平坦化。还应该看到，如图 7-1-12 所示，热边界层只出现在加热(或冷却)段，平板或圆管的前沿有长度为 x_0 未被加热(或冷却)的绝热段时，热边界层和流动边界层并不同时开始发展。可见，层流还是湍流，有无未加热(冷却)段，是否已经达到定型流动，都将影响放热系数 α_c。湍流时，Re 值高，意味着强烈的湍流交混，从而增大对流换热的能流。

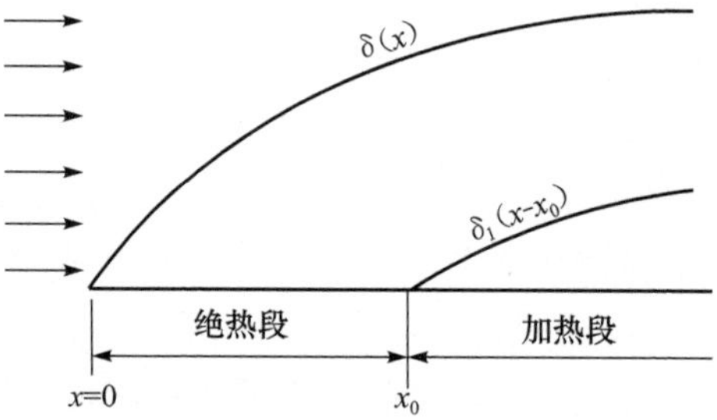

图 7-1-12　沿平板流动时的流动边界层和热边界层

边界层厚度 δ 反映流体动量传递的渗透深度，而热边界层厚度 δ_t 则反映流体热量传递的渗透深度。同样的流动状况，对于不同的液体，δ/δ_t 将取决于液体的两种迁移性质之比 $\dfrac{\nu}{a}=Pr$。流体的"动量扩散系数" $\nu=\dfrac{\mu}{\rho}$ 影响流体的速度分布，而流体的"热(量)扩散系数" $a=\dfrac{\lambda}{\rho c_p}$ 影响流体的温度分布，于是，被命名为无量纲的"普朗特数"①Pr，表征由流体物性所决定的速度分布与温度分布两者之间的内在

① Pr 被命名为"普朗特数"，以纪念普朗特(L. Prandtl)在边界层理论的开创性工作中所作出的贡献。

联系。留意，$Pr=\frac{\mu c_p}{\lambda}$也是流体的物性。远离临界态的气体 Pr 与气体的温度和压力都近乎无关，其值从单原子气体的 0.67、双原子气体的约 0.7 直到三原子和多原子气体的 0.8～1；液体的 Pr 也和液体的压力大小无关，其值从水和其他低黏性液体的 1～20 到高黏性油类的 10^4 数量级；唯有液态金属的导热系数 λ 特别高，动黏度 ν 甚至比水还小，使液态金属的 Pr 值极低，只有 $5\times10^{-3}\sim10^{-2}$ 数量级[11]。因此，热边界层与流动边界层同时开始发展时，或者 δ_t 与 δ 相近，或者 $\delta_t<\delta$，只有液态金属例外，δ_t 将远超过 δ。在这个意义上，液态金属常被专门称为“低 Pr 流体”，液态金属的放热显得比较特殊。

图 7-1-13[11]示出 $Re=10^4$ 的圆管内不同流体定型流动时，充分发展了的截面温度分布：$Pr=1$，无量纲的温度分布与无量纲的速度分布正好一致；Pr 越高，流体的温度变化越多地移向贴壁地区，例如 $Pr\geqslant100$ 的流体，大约 95%的总温降发生在层流底层里，而 $Pr=10^{-3}\sim10^{-2}$的液态金属在层流底层里的温降只占总温降的不到 5%。

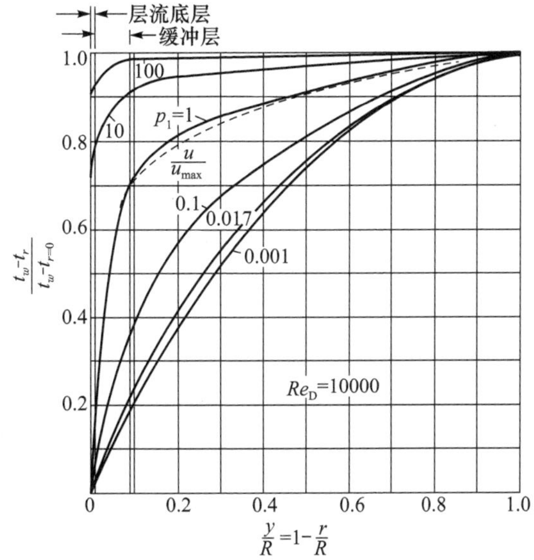

图 7-1-13　圆管内定型流动时的截面温度分布

5. 努赛尔数 Nu

如果把式(7-1-3)无量纲化，并且注意到“特征温度”t_f 或者取作 x 截面上的平均温度，或者如图 7-1-14 所示，取作热边界层以外的流体温度，都与 y 无关，同时引进“定形尺寸”(反映固体壁面几何形状特性的特征尺寸)l_0，则

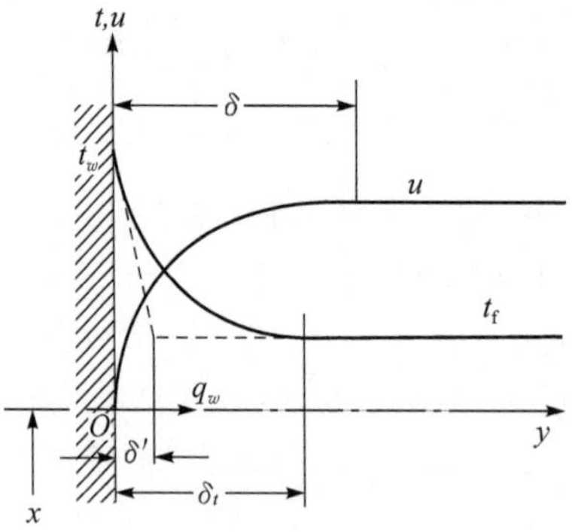

图 7-1-14 关于 Nu 的物理意义

$$\frac{\alpha_c l_0}{\lambda_f}=Nu=\left.\frac{\partial\left(\dfrac{t_w-t}{t_w-t_f}\right)}{\partial\left(\dfrac{y}{l_0}\right)}\right|_{y=+0} \tag{7-1-20}$$

可见，$Nu=\dfrac{\alpha_c l_0}{\lambda_f}$是一个量度给定情况下放热系数 α_c 的无量纲数。已知 Nu 值，也就不难计算出 $\alpha_c=Nu\dfrac{\lambda_f}{l_0}$。

Nu 可以称为无量纲放热系数，国际上已命名为"努赛尔数"①。由式(7-1-20)可知，Nu 表征 $y=+0$ 即流体一侧无量纲温度分布在趋近于壁面处的无量纲梯度；或者改写式(7-1-20)，得到：

$$Nu=\frac{\left.\dfrac{\partial(t_w-t)}{\partial y}\right|_{y=+0}}{\dfrac{t_w-t_f}{l_0}} \tag{f}$$

于是，Nu 是流体与壁面直接接触处的温度梯度与一个特定的参考温度梯度之比。

对流换热是在温差 t_w-t_f 下流体的导热与对流效应共同作用的传热过程，$Nu=\dfrac{l_0/\lambda_f}{1/\alpha_c}$反映流体的导热热阻与对流换热热阻两者之比。静止流体的纯导热过程，Nu 将大于甚至远远超过 1。Nu 值越高，表明在该给定温差下，流道内的热量传递更依靠对流效应。需特别留意，Nu 和 Bi 在形式上容易混淆，却具有严格不同的物理意义。$Bi=\dfrac{\alpha_0 l_0}{\lambda_s}$是指固体内部导热热阻和外部换热热阻之比，不仅所用的 λ_s 是 $y=-0$ 即固体一侧的导热系数，而且 α_0 应是总放热系数，还可同时考虑穿透气体介质的辐射换热；Bi 中的 l_0 指导热的固体特征尺寸，而 Nu 中的 l_0 则指与流体直接接触的固体表面的特征尺寸。

在贴壁薄层中，温度分布趋近于线性，如将该直线引申到 $t=t_f$，得到图 7-1-14 中的厚度 δ'，这也就是 § 1-4 和图 1-4-1 所指出的"(导热)膜层"厚度，于是：

$$\left.\frac{\partial(t_w-t)}{\partial y}\right|_{y=+0}=\frac{t_w-t_f}{\delta'} \tag{g}$$

---

① Nu 被命名为"努赛尔数"，以纪念德国工程师兼学者 W. Nusselt 在 20 世纪早期对放热过程的相似分析及其实验研究的一些理论所作出的开创性贡献。

或将其代入式(f)，则

$$Nu = \frac{l_0}{\delta'} \tag{7-1-21}$$

即式(1-4-5)所指明的：

$$\alpha_c = \frac{\lambda_f}{\delta'} \qquad [\mathrm{W/(m^2 \cdot ℃)}]$$

这样，若要增强对流换热，原则上就应设法减小膜厚 δ'，其实也就是使贴壁处的流体温度变化更陡。因此，在给定温差 $t_w - t_f$ 条件下，应尽可能减小热边界层厚度 δ_t，办法可以是加大流速，增强流动的天然扰动性，或者采取湍流强化措施、人为地加强流动的扰动性，减小流动边界层厚度。表示成无量纲之间的函数时，对于受迫定型流动而无相变时的对流换热，有

$$Nu = f(Re, Pr) \tag{7-1-22}$$

§7-2　流体运动的基本方程

式(7-1-1)是计算对流换热热流密度的基础，实质上也是对流放热系数 α_c 的定义式。只要 α_c 值已知，就不难按式(7-1-1)确定 q_{w_c}。α_c 可由描写壁面上换热的微分方程，即式(7-1-3)求得，但首先必须知道趋近壁面的流体温度梯度 $\left.\frac{\partial t}{\partial y}\right|_{y=+0}$。后者可由§2-1 中的导热微分方程即式(2-1-6)或式(2-1-7)，以及相应的单值性条件(见§2-2)确定。不过，对于流动介质来说，已不能不考虑对流效应，流体的温度场将取决于速度分布。因此，还应该有流体运动的微分方程。

1. 连续性方程

作为连续的单相传热介质，流体的运动必须遵循质量守恒的自然规律。参看图 7-2-1，图中只示出二维质量流，却完全可以类推到三维流动：在 $\mathrm{d}\tau$ 时间内，流出微元体积 $\mathrm{d}x\mathrm{d}y\mathrm{d}z$ 的质量净额为 $\left[\frac{\partial}{\partial x}(\rho w_x)+\frac{\partial}{\partial y}(\rho w_y)+\frac{\partial}{\partial z}(\rho w_z)\right]\mathrm{d}x\mathrm{d}y\mathrm{d}z\mathrm{d}\tau$。这势必引起所考虑的空间对象内密度的下降 $-\frac{\partial \rho}{\partial \tau}\mathrm{d}\tau$，或

$$\left[\frac{\partial}{\partial x}(\rho w_x)+\frac{\partial}{\partial y}(\rho w_y)+\frac{\partial}{\partial z}(\rho w_z)\right]\mathrm{d}x\mathrm{d}y\mathrm{d}z\mathrm{d}\tau = -\frac{\partial \rho}{\partial \tau}\mathrm{d}\tau\mathrm{d}x\mathrm{d}y\mathrm{d}z$$

于是：

$$\left.\begin{aligned} &\frac{\partial \rho}{\partial \tau}+\frac{\partial(\rho w_x)}{\partial x}+\frac{\partial(\rho w_y)}{\partial y}+\frac{\partial(\rho w_z)}{\partial z}=0 \\ \text{或}\quad &\frac{\partial \rho}{\partial \tau}+\mathrm{div}(\rho w)=0 \end{aligned}\right\} \tag{7-2-1}$$

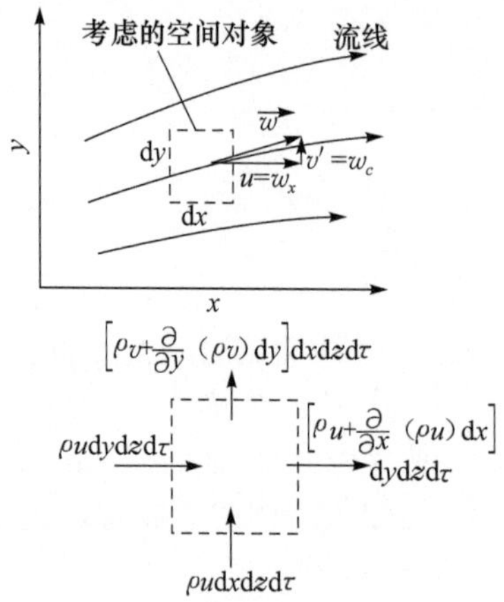

图 7-2-1　关于连续性方程的推导：质量流及其分析（图中只示出二维）

工程上常遇见的是“稳定流动”，即流动情况不随时间变化的“定常流动”。此时，单值性条件不应该出现时间条件，$\frac{\partial\rho}{\partial\tau}\equiv 0$，式(7-2-1)将简化为

$$\mathrm{div}(\rho w)=0 \tag{7-2-2}$$

如果是不可压流体（物理条件），$\rho=$常量，式(7-2-1)还将进一步简化为

$$\frac{\partial w_x}{\partial x}+\frac{\partial w_y}{\partial y}+\frac{\partial w_z}{\partial z}=0$$

或记作：

$$\mathrm{div}w=0 \tag{7-2-3}$$

如同图 7-2-1 所示，空间流速 w 沿坐标轴 x、y、z 的分量也常被标记为 u、v、w。不可压流体的连续性方程为

$$\frac{\partial u}{\partial x}+\frac{\partial v}{\partial y}+\frac{\partial w}{\partial z}=0 \tag{7-2-4}$$

采用圆柱坐标(r,ϕ,z)时，式(7-2-1)可展开为

$$\frac{\partial\rho}{\partial\tau}+\frac{1}{r}\frac{\partial}{\partial r}(\rho r w_r)+\frac{1}{r}\frac{\partial}{\partial\phi}(\rho w_\phi)+\frac{\partial}{\partial z}(\rho w_z)=0 \tag{7-2-5}$$

采用球坐标(r,ϕ,θ)时，式(7-2-1)可展开为

$$\frac{\partial\rho}{\partial\tau}+\frac{1}{r}\frac{\partial}{\partial r}(\rho r^2 w_r)+\frac{1}{r\sin\theta}\frac{\partial}{\partial\theta}(\rho w_\theta\sin\theta)+\frac{1}{r\sin\theta}\frac{\partial}{\partial\phi}(\rho w_\phi)=0 \tag{7-2-6}$$

2. 动量方程

流体连续运动时，除了受质量守恒的约束外，还应遵循牛顿第二定律所反映的动量守恒规律，即作用在流体上的净力等于流体运动的惯性力，相当于单位体积的流体为 $\rho\frac{Dw}{D\tau}$，或者看做是单位时间的动量改变率，包括单位体积流体动量 ρw 的时间变化率$\frac{\partial(\rho w)}{\partial\tau}$与图 7-2-2 所示的单位时间动量出、入迁移的代数和。

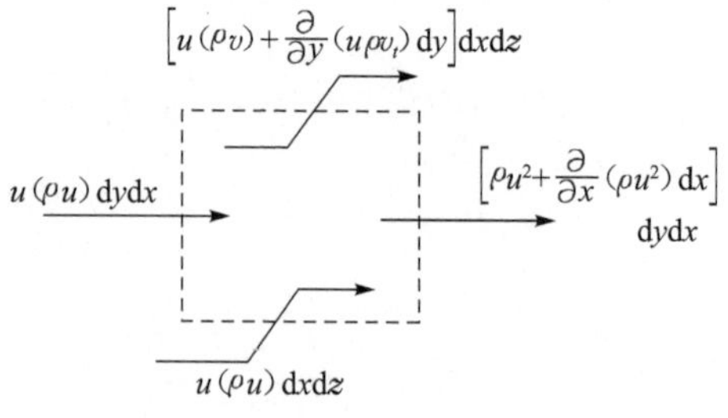

图 7-2-2　单位时间动量出、入迁移示意图（只示出二维）

图 7-2-2 中，流进微元体积左边界面的质量流量为 $\rho u dydz$，单位时间沿 x 轴向进入的动量为 $u(\rho u)dydz$，从右边

面流出时带走更多的 x 轴向动量，净量输出为$\frac{\partial}{\partial x}(u\rho u)\mathrm{d}x\mathrm{d}y\mathrm{d}z$。进入下边面的质量流量为 $\rho v\mathrm{d}x\mathrm{d}z$，单位时间进入的 x 轴向动量为 $u(\rho v)\mathrm{d}x\mathrm{d}z$，而从上边面带走更多的 x 轴向动量，净输出为$\frac{\partial}{\partial y}(u\rho v)\mathrm{d}x\mathrm{d}y\mathrm{d}z$；同理，从前、后两边面沿 x 轴向动量净输出为$\frac{\partial}{\partial z}(u\rho w)\mathrm{d}x\mathrm{d}y\mathrm{d}z$。于是，折合成单位体积的流体，单位时间 x 轴向的动量改变率将是

$$\frac{\partial(\rho u)}{\partial \tau}+\frac{\partial}{\partial x}(u\rho u)+\frac{\partial}{\partial y}(u\rho v)+\frac{\partial}{\partial z}(u\rho w)=\rho\frac{\partial u}{\partial \tau}+u\frac{\partial \rho}{\partial \tau}+u\frac{\partial(\rho u)}{\partial x}$$
$$+u\frac{\partial(\rho v)}{\partial y}+u\frac{\partial(\rho w)}{\partial z}+\rho u\frac{\partial u}{\partial x}+\rho v\frac{\partial u}{\partial y}+\rho w\frac{\partial u}{\partial z}$$

引进连续性方程式(7-2-1)，这个单位时间的 x 轴向动量改变率正是$\rho\frac{Du}{D\tau}$。

对运动中微元体积的黏性流体，需要考虑两类性质的作用力：①处在力场中的“彻体力”(体积力)，例如地球引力场中单位体积的重力 ρg 或者产生自然对流时单位体积的浮升力 A 以及在电磁场里受到的电磁力等；②作用在表面上的力，包括法向和切向的表面切应力。参看图 7-2-3(为了避免图上注解过多而影响图面清晰，未标明与 z 轴垂直的两个表面上的力)，s_{xy} 代表垂直于 x 轴的表面、平行于 y 轴的黏性切应力，p_{xy} 代表垂直于 x 轴的表面、平行于 x 轴的法向应力。静止流体或者无黏性的“理想气体”运动时(表现为均匀速度场)，$p_{xx}=p_{yy}=p_{zz}$，恰恰就是流体的静压 $-p$，负号表示受压缩而不是拉伸；黏性流体流动时，法向应力的出现，并不仅只由于 $-p$，还因体积形变也要受黏性摩擦的影响而产生附加应力。在流体力学中，可以证明[1,12]：

$$\left.\begin{aligned}s_{xy}&=s_{yx}=\mu\left(\frac{\partial v}{\partial x}+\frac{\partial u}{\partial y}\right)\\ s_{xz}&=s_{zx}=\mu\left(\frac{\partial w}{\partial x}+\frac{\partial u}{\partial z}\right)\\ s_{yz}&=s_{zy}=\mu\left(\frac{\partial w}{\partial y}+\frac{\partial v}{\partial z}\right)\end{aligned}\right\}\tag{7-2-7}$$

$$\left.\begin{aligned}p_{xx}&=-p+2\mu\frac{\partial u}{\partial x}-\frac{2}{3}\mu\mathrm{div}w\\ p_{yy}&=-p+2\mu\frac{\partial v}{\partial y}-\frac{2}{3}\mu\mathrm{div}w\\ p_{zz}&=-p+2\mu\frac{\partial w}{\partial z}-\frac{2}{3}\mu\mathrm{div}w\end{aligned}\right\}\tag{7-2-8}$$

如果是无黏性的理想流体，由式(7-2-7)可知，所有切应力都是零；而由式(7-2-8)可知，各个法向应力都等于 $-p$。对于不可压的黏性流体，根据连续性方程式(7-2-3)，

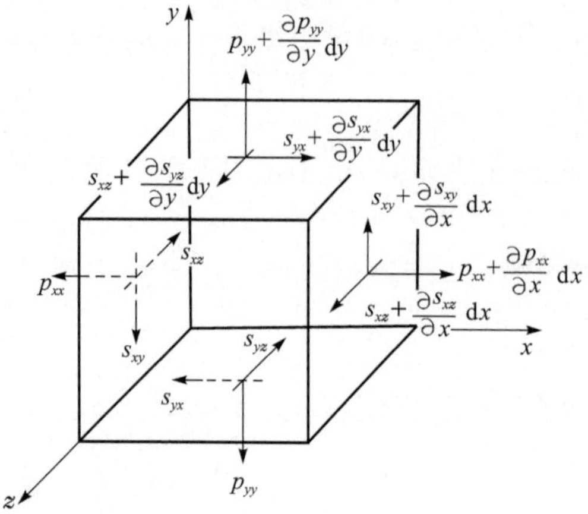

图 7-2-3 作用在微元体积黏性流体上的表面力(未示出垂直于 z 轴的前、后两个面上的力)

$\mathrm{div}w=0$,那么由式(7-2-8),尽管三个法向应力 p_{xx}、p_{yy} 和 p_{zz} 常互不相同,却仍然有:

$$p_{xx}+p_{yy}+p_{zz}=-3p$$

或者说,三个法向应力的算术平均值都等于流体的压强 $-p$,负号表示异向对抗。

由图 7-2-3,注意图中未标明彻体力如重力 $\rho g\,dxdydz$,将不难对 x 轴向写出动量方程:

$$\rho dxdydz\frac{Du}{Dz}=\rho g_x dxdydz+\frac{\partial p_{xx}}{\partial x}dx(dydz)+\frac{\partial s_{yx}}{\partial y}dy(dxdz)+\frac{\partial s_{zx}}{\partial z}dz(dxdy) \tag{a}$$

利用式(7-2-7)和式(7-2-8),则

$$\rho\frac{Du}{D\tau}=\rho g_x-\frac{\partial p}{\partial x}+\frac{\partial}{\partial x}\left[\mu\left(2\frac{\partial u}{\partial x}-\frac{2}{3}\mathrm{div}w\right)\right]+\frac{\partial}{\partial y}\left[\mu\left(2\frac{\partial u}{\partial y}+\frac{\partial v}{\partial x}\right)\right]+\frac{\partial}{\partial z}\left[\mu\left(2\frac{\partial u}{\partial z}+\frac{\partial w}{\partial x}\right)\right] \tag{b}$$

即

$$\rho\frac{Du}{D\tau}=\rho g_x-\frac{\partial p}{\partial x}+\frac{\partial}{\partial x}\left(\mu\frac{\partial u}{\partial x}\right)+\frac{\partial}{\partial y}\left(\mu\frac{\partial u}{\partial y}\right)+\frac{\partial}{\partial z}\left(\mu\frac{\partial u}{\partial z}\right)+\frac{1}{3}\frac{\partial}{\partial x}(\mu\mathrm{div}w) \tag{7-2-9}$$

同理,y 轴向和 z 轴向的动量方程为

$$\rho\frac{Dv}{D\tau}=\rho g_y-\frac{\partial p}{\partial y}+\frac{\partial}{\partial x}\left(\mu\frac{\partial v}{\partial x}\right)+\frac{\partial}{\partial y}\left(\mu\frac{\partial v}{\partial y}\right)+\frac{\partial}{\partial z}\left(\mu\frac{\partial v}{\partial z}\right)+\frac{1}{3}\frac{\partial}{\partial y}(\mu\mathrm{div}w) \tag{7-2-10}$$

$$\rho\frac{Dw}{D\tau}=\rho g_z-\frac{\partial p}{\partial z}+\frac{\partial}{\partial x}\left(\mu\frac{\partial w}{\partial x}\right)+\frac{\partial}{\partial y}\left(\mu\frac{\partial w}{\partial y}\right)+\frac{\partial}{\partial z}\left(\mu\frac{\partial w}{\partial z}\right)+\frac{1}{3}\frac{\partial}{\partial z}(\mu\mathrm{div}w) \tag{7-2-11}$$

式(7-2-9)、式(7-2-10)和式(7-2-11)的等号左边分别表示单位体积的流体流动所需克服的沿 x、y、z 轴向的惯性分力；等号右边的三项分别代表单位体积的流体沿 x、y、z 轴向所受到的重力(或其他彻体力)、非黏性的压力差和黏性净力。压力差取负号，表明流体的运动总朝着流体压强降低的方向。这些描写黏性流体空间运动的动量方程常被称作"纳维-斯托克斯运动方程"①。

不考虑黏性(物理条件)时，式(7-2-9)～式(7-2-11)就自然简化为无黏性流体的欧拉运动方程，或将三个分量方程合并表示成一个矢量方程：

$$\rho \frac{Dw}{D\tau} = \rho g - \mathrm{grad}p \tag{7-2-12}$$

如果沿用惯例，选取垂直向上作为 z 轴向，注意到重力的作用方向永远垂直向下，即沿着 $-z$ 方向，重力沿流线 s 的分力将是 $\rho g\cos(z,s)$ 或 $\rho g\left(-\frac{\partial z}{\partial s}\right)$，因此，沿流线方向将有

$$\rho \frac{\partial w}{\partial \tau} + \rho w \frac{\partial w}{\partial s} = -\rho g \frac{\partial z}{\partial s} - \frac{\partial p}{\partial s} \tag{c}$$

稳定流动时：

$$\frac{1}{2}\frac{\partial(\rho w^2)}{\partial s} + \frac{\partial(\rho g z)}{\partial s} + \frac{\partial p}{\partial s} = 0$$

或沿流线积分，可得

$$\frac{1}{2}\rho w^2 + \rho g z + p = \text{常量}$$

这正是流体流动的伯努利方程式(7-1-18)。

对于黏性不可压流体，由式(7-2-3)，$\mathrm{div}w=0$，式(7-2-9)～式(7-2-11)的等号右边最后一项将消失掉。如果再把 μ 取作常量，式(7-2-9)～式(7-2-11)将进一步简化为最常用的 μ 为常量(物理条件)时不可压流的纳维-斯托克斯方程；当表示为矢量时，记作

$$\rho \frac{D\vec{w}}{D\tau} = \overrightarrow{\rho g} - \mathrm{grad}p + \mu \nabla^2 \vec{w} \tag{7-2-13}$$

式(7-2-13)应被看做 x 轴向、y 轴向与 z 轴向三个具体分量方程的总计，与不可压流的式(7-2-3)一起构成数学上的"封闭"方程组，可用以联解不可压流的 u、v、w 和 p 四个未知量，连同流动的单值性条件，将独立地确定速度场，完全不受实际温度场的影响。而温度场却永远依赖于具体的速度分布，这就使得求解对流换热问题比求解流动问题麻烦。

3. 能量方程

对于高速气流，邻近绝热壁面处气流被滞止，将使动能转化为气体的焓升，引起热边界层中的温度急剧变化(详见第 14 章)。气流携带的能量为焓和

① 1827 年，纳维[13]首先提出不可压黏性流体的动量方程，1845 年经斯托克斯[14]作了充实引申。

动能两者之和，即$\left(c_pT+\frac{1}{2}w^2\right)$①。如果引进“滞止温度”$T_0$ 或者 t_0 和“滞止焓”c_pT_0，令

$$\left.\begin{aligned}c_pT+\frac{1}{2}w^2&=c_pT_0\\c_pt_0+\frac{1}{2}w^2&=c_pt_0\end{aligned}\right\}\tag{d}$$

用以代表每千克气流所随带的能量，那么，滞止温升将是

$$T_0-T(=t_0-t)=\frac{w^2}{2c_p}\tag{7-2-14}$$

不可压流($Ma<0.3$)不会出现这种可察觉的滞止温升，即 $t_0\approx t$②。但被壁面加热或冷却时，除非 t_w 和 t_f 的温差比较小(物理条件)，特别是高黏性的油类，黏度随温度的变化通常不能忽视。在这种情况下，尽管对不可压流，$\mathrm{div}w=0$，式(7-2-9)～式(7-2-11)诸式等号右边的最后一项都将消失掉，也还不能简化成式(7-2-13)。由于不同地点的 $\mu=f(x,y,z,\tau)$是隐函数，速度场与温度场彼此相关，严格的解析解要求运动方程、连续性方程和能量方程联解。

如果是有“相变”(物理条件)的两相流，如液体沸腾和蒸气凝结(见第 10 章)，即使是混合均匀而且每一个相都能当做常物性处理的不可压流，被加热或冷却而引起两相成分比例的改变，折算成单一液流或气流的 ρ、μ、λ、c_p 都不再保持常量，在动量传递和热量传递的同时，还有相际质量传递现象(详见第 11 章)。如果是多组分的反应性流体，如燃烧中的气流，或者导电性流体包括等离子流体在电磁场作用下的流动，除了出现速度分布和温度分布之外，还有“(质量)浓度”的分布(见第 11 章)，热量和物质的迁移与动量传递牵连在一起，需要同时解动量方程、能量方程和传质方程③。

流体运动的能量方程可以直接引用式(6-9-12)，即

$$q_v=\mathrm{div}q_k+\mathrm{div}q_c+\frac{\partial(\rho c_vt)}{\partial\tau}+\frac{1}{2}\frac{\partial(\rho w^2)}{\partial\tau}$$

写成这种形式，能够直接反映导热与对流同时起作用，其中：

---

① 严格地说，还应该有重力场中的位势能 gz(J/kg)。但与高速气流的动能相比，这种位势能在工程计算中常可忽略不计。例如，Δz 达到 50m，位势能的变化也只相当于工业测温仪对流体温度测不准所引起的焓 c_pT 的误差，因此，可看做位势能是常量而不参与能量形式的转化。

② 工程上采用水和低黏性液体的流速常在 2～3m/s 以下，高黏性流体的流速更低至 0.5m/s 以下。采用 SI 时，水的 c_p 值约为 4×10^3J/(kg·℃)。一般液体和气体的 c_p 值约为 4×10^3J/(kg·℃)数量级。因此，对于液体来说，t_0-t 只是 10^{-3}℃数量级；常见的流速在 30m/s 以下的气流，t_0-t 也只是 0.5～1℃，而工业测温仪表的精度为±0.5℃。

③ 解决这类复杂工程问题的分析方法，在国际上形成了新的中间学科热流体工程学(thermo fluid engineering)。

$$\mathrm{div}q_k = \mathrm{div}(-\lambda \mathrm{grad}t) \tag{e}$$

$$\mathrm{div}q_c = \mathrm{div}(\rho w c_p t_0) \tag{f}$$

t_0 为滞止温度，或

$$\frac{\partial(\rho c_v t)}{\partial \tau} + \frac{1}{2}\frac{\partial(\rho w^2)}{\partial \tau} + \frac{\partial}{\partial x}(\rho u c_p t_0) + \frac{\partial}{\partial y}(\rho v c_p t_0) + \frac{\partial}{\partial z}(\rho w c_p t_0)$$
$$= \frac{\partial}{\partial x}\left(\lambda \frac{\partial t}{\partial x}\right) + \frac{\partial}{\partial y}\left(\lambda \frac{\partial t}{\partial y}\right) + \frac{\partial}{\partial z}\left(\lambda \frac{\partial t}{\partial z}\right) + q_v \tag{7-2-15}$$

应当看到，黏性流体的内热源发热率 q_v，除了考虑相变，如单位体积的蒸汽凝结率 $d_s$kg/(m^3 · s)和蒸汽凝结潜热 r_s 即 $d_s r_s$ 或者化学反应热等以外，还包括黏性摩擦的能量耗散即摩擦热 Φ。参看图 7-2-2，单就法向应力 p_{xx} 而言，作用面积为 $dydz$，单位时间作用力点移动距离为 u，作用功率为 $p_{xx}u\,dydz$，即左、右两面法向应力的净功率为$\frac{\partial}{\partial x}(p_{xx}u)dxdydz$。依此类推，作用在微元体积 $dxdydz$ 上所有法向和切向应力的总功率为

$$dxdydz\left[p_{xx}\frac{\partial u}{\partial x} + p_{yy}\frac{\partial v}{\partial y} + p_{zz}\frac{\partial w}{\partial z} + s_{xy}\left(\frac{\partial u}{\partial y} + \frac{\partial v}{\partial x}\right) + s_{yz}\left(\frac{\partial v}{\partial z} + \frac{\partial w}{\partial y}\right) + s_{zx}\left(\frac{\partial w}{\partial x} + \frac{\partial u}{\partial z}\right)\right]$$

引进式(7-2-7)和式(7-2-8)，除以 $dxdydz$，单位体积的表面应力所做功率为

$$-p\mathrm{div}w + \mu\left[2\left(\frac{\partial u}{\partial x}\right)^2 + 2\left(\frac{\partial v}{\partial y}\right)^2 + 2\left(\frac{\partial w}{\partial z}\right)^2 + \left(\frac{\partial u}{\partial y} + \frac{\partial v}{\partial x}\right)^2 + \left(\frac{\partial v}{\partial z} + \frac{\partial w}{\partial y}\right)^2 + \left(\frac{\partial w}{\partial x} + \frac{\partial u}{\partial z}\right)^2 - \frac{2}{3}(\mathrm{div}w)^2\right] = -p\mathrm{div}w + \Phi$$

其中，$-p\mathrm{div}w$ 代表单位体积的流体受压缩的机械功率；Φ 代表克服黏性摩擦的耗散热的功率，表现为单位体积的流体内摩擦发热率，或

$$\Phi = \mu\left[2\left(\frac{\partial u}{\partial x}\right)^2 + 2\left(\frac{\partial v}{\partial y}\right)^2 + 2\left(\frac{\partial w}{\partial z}\right)^2 + \left(\frac{\partial u}{\partial y} + \frac{\partial v}{\partial x}\right)^2 + \left(\frac{\partial v}{\partial z} + \frac{\partial w}{\partial y}\right)^2 + \left(\frac{\partial w}{\partial x} + \frac{\partial u}{\partial z}\right)^2 - \frac{2}{3}(\mathrm{div}w)^2\right] \tag{7-2-16}$$

如果是不可压流体，$\mathrm{div}w=0$，式(7-2-16)等号右边最后一项也就消失掉。

对于不可压流体，ρ=常量，$c_p \approx c_v$，如果是温度的单函数，流动接近于定压，$t \approx t_0$，于是：

$$\rho c_p t + \frac{1}{2}\rho w^2 = \rho c_p t_0 \approx \rho c_p t$$

动能小到可相对忽略不计，式(7-2-15)将简化为下式：

$$\rho\left(\frac{\partial c_p t}{\partial \tau}+u\frac{\partial c_p t}{\partial x}+v\frac{\partial c_p t}{\partial y}+w\frac{\partial c_p t}{\partial z}\right)+\rho c_p t\,\mathrm{div}w$$
$$=q_v+\frac{\partial}{\partial x}\left(\lambda\frac{\partial t}{\partial x}\right)+\frac{\partial}{\partial y}\left(\lambda\frac{\partial t}{\partial y}\right)+\frac{\partial}{\partial z}\left(\lambda\frac{\partial t}{\partial z}\right) \tag{g}$$

引进不可压液体的连续性方程 $\mathrm{div}w=0$ 时，有

$$\rho\frac{Dc_p t}{D\tau}=\frac{\partial}{\partial x}\left(\lambda\frac{\partial t}{\partial x}\right)+\frac{\partial}{\partial y}\left(\lambda\frac{\partial t}{\partial y}\right)+\frac{\partial}{\partial z}\left(\lambda\frac{\partial t}{\partial z}\right)+q_v \tag{7-2-17}$$

在常物性(物理条件)情况下，有

$$\rho c_p\frac{Dt}{D\tau}=\lambda\nabla^2 t+q_v \tag{7-2-18}$$

这也就是式(2-1-7)。

对于高速气流(物理条件)，特别是在接近壁面时的温度极高，可按理想气体处理而有

$$\frac{p}{\rho}=\Re T \tag{h}$$

$$c_p-c_v=\Re \tag{i}$$

或

$$(c_p-c_v)T=\frac{p}{\rho} \tag{j}$$

于是

$$\frac{\partial(\rho c_p T)}{\partial \tau}=\frac{\partial(\rho c_v T)}{\partial \tau}+\frac{\partial p}{\partial \tau} \tag{k}$$

将式(k)代入式(7-2-15)，同时利用式(d)，则

$$\frac{\partial(\rho c_p t_0)}{\partial \tau}-\frac{\partial p}{\partial \tau}+\mathrm{div}(\rho w c_p t_0)=\mathrm{div}(\lambda\,\mathrm{grad}t)+q_v \tag{7-2-19}$$

而

$$\frac{\partial(\rho c_p t_0)}{\partial \tau}\equiv\rho\frac{\partial(c_p t_0)}{\partial \tau}+c_p t_0\frac{\partial \rho}{\partial \tau} \tag{l}$$
$$\mathrm{div}(\rho w c_p t_0)=c_p t_0\,\mathrm{div}(\rho w)+(\rho w\,\mathrm{grad})c_p t_0$$

即

$$\mathrm{div}(\rho w c_p t_0)\equiv c_p t_0\,\mathrm{div}(\rho w)+\rho u\frac{\partial}{\partial x}(c_p t_0)+\rho v\frac{\partial}{\partial y}(c_p t_0)+\rho w\frac{\partial}{\partial z}(c_p t_0) \tag{m}$$

利用可压流的连续性方程式(7-2-1)，式(7-2-19)可被重写为

$$\rho\frac{D(c_pt_0)}{D\tau}=\frac{\partial p}{\partial\tau}+\mathrm{div}(\lambda\mathrm{grad}t)+q_v \tag{7-2-20}$$

不难理解，$\left(\frac{\partial p}{\partial\tau}\mathrm{d}\tau\right)\mathrm{d}x\mathrm{d}y\mathrm{d}z$ 代表流动中的微元体积 $\mathrm{d}x\mathrm{d}y\mathrm{d}z$ 的流体在 $\mathrm{d}\tau$ 时间内所受到的机械功[①]。如果只是单纯的流动，并无活动机件传出外功（物理条件），这部分接受的有用功必定储存为微元体积中流体的内能增量，或者引起动能的加大，表现为质量的积聚和温度的升高以及流速的加快。对于不可压流体，ρ＝常量，t_0 接近于 t，$\frac{\partial p}{\partial\tau}$必趋近零，式(7-2-20)也就转化为式(7-2-17)或常物性（物理条件）情况下的式(7-2-18)。

还应该看到，由式(d)，有

$$\rho\frac{D(c_pt_0)}{D\tau}=\rho\frac{D(c_pt)}{D\tau}+\frac{\rho}{2}\frac{D(w^2)}{D\tau} \tag{n}$$

同时

$$\frac{\partial p}{\partial\tau}\equiv\frac{Dp}{D\tau}-\left(u\frac{\partial p}{\partial x}+v\frac{\partial p}{\partial y}+w\frac{\partial p}{\partial z}\right) \tag{o}$$

气体高速流动时，位势能远小于动能，可略去不计；而且气流的高度湍动性，使边界层里“层流底层”以外的速度分布迅速平坦化。而在很薄的层流底层中，事实上也不可能出现可察觉的压强变化，以致整个边界层截面上的压力将保持与边界层外的压力相同，可由式(7-2-12)并略去其中的重力项，得到：

$$\rho u\frac{Du}{D\tau}=-u\frac{\partial p}{\partial x}$$

$$\rho u\frac{Dv}{D\tau}=-u\frac{\partial p}{\partial y}$$

$$\rho u\frac{Dw}{D\tau}=-u\frac{\partial p}{\partial z}$$

或

$$\frac{\rho}{2}\frac{D(w^2)}{D\tau}=\frac{\rho}{2}\frac{D(u^2+v^2+w^2)}{D\tau}=-\left(u\frac{\partial p}{\partial x}+v\frac{\partial p}{\partial y}+w\frac{\partial p}{\partial z}\right) \tag{p}$$

利用式(n)、式(o)和式(p)，可把式(7-2-20)改写成：

---

① 根据热力学基本概念，流动中单位质量的理想流体对外做功能力是体积膨胀功减去推进净功，或 $p\mathrm{d}V-\mathrm{d}(pV)=-V\mathrm{d}p$。即微元体积 $\mathrm{d}x\mathrm{d}y\mathrm{d}z$ 的流体，在 $\mathrm{d}\tau$ 时间内，在 $\mathrm{d}p=\frac{Dp}{D\tau}\mathrm{d}\tau$ 的作用下，在流动中接受外界的有用功为 $\frac{Dp}{D\tau}\mathrm{d}\tau\mathrm{d}x\mathrm{d}y\mathrm{d}z$。由式(o)和式(p)，对于不可压液体来说，由于流速不大而导致动能的变化很小，$\frac{Dp}{D\tau}\rightarrow\frac{\partial p}{\partial\tau}$。

$$\rho \frac{D(c_p t)}{D\tau} = \frac{Dp}{D\tau} + \mathrm{div}(\lambda \mathrm{grad} t) + q_v \tag{7-2-21}$$

对于不可压流体，式(7-2-21)中的$\frac{Dp}{D\tau}$项也将消失，从而简化为式(7-2-17)或常物性情况下的式(7-2-18)。

§7-3　不可压流体沿平板边界层层流放热的精确解法

选定单相不可压流体平行流过几何条件最简单的平板，在 t_∞＝常量(边界条件)情况下的放热作为数学处理方法的分析对象时，这种单相不可压流体沿平板边界层层流无界对流(物理条件)的放热，是可以分析求解的最简单的情况，而且无论精确或者近似的解析解都能得到。这些解具有一定的实用价值，可被推广用于沿流线型物体流动时处在脱离点以前的情况，或者常截面管和槽道进口段内边界层厚度远远小于截面尺寸时的情况。通过变换，也能使可压液体的流动方程或者流过楔形物体和锥体时的流动方程转化为沿平板流动时的边界层方程[1]。

1. *层流边界层方程*

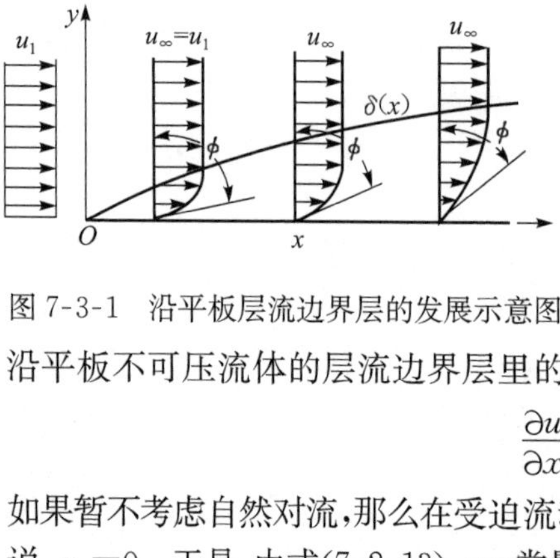

图 7-3-1　沿平板层流边界层的发展示意图

参看图 7-3-1，$\delta = f(x)$，由于边界层沿途在发展，朝着 $+x$ 方向，$\tan\phi = \left.\frac{\partial u}{\partial y}\right|_{y=+0}$逐渐减小，相应的将有部分流体被从边界层挤向主流(“自由流”)中去，在边界层外边缘上势必存在 v_δ，总的流场显然是一个二维场。根据式(7-2-3)，沿平板不可压流体的层流边界层里的连续性方程应为

$$\frac{\partial u}{\partial x} + \frac{\partial v}{\partial y} = 0 \tag{7-3-1}$$

如果暂不考虑自然对流，那么在受迫流动的情况下，重力的影响很小，特别对横平板来说，$g_x = 0$。于是，由式(7-2-13)，μ＝常量时不可压流的动量方程各项的量级分析为

$$\rho\left(\frac{\partial u}{\partial \tau} + u\frac{\partial u}{\partial x} + v\frac{\partial v}{\partial y}\right) = -\frac{\partial p}{\partial x} + \mu\left(\frac{\partial^2 u}{\partial x^2} + \frac{\partial^2 u}{\partial y^2}\right) \tag{7-3-2}$$

$$1 \quad 1 \quad \frac{\delta}{l}\ \frac{l}{\delta} \qquad\qquad 1 \quad \left(\frac{l}{\delta}\right)^2$$

$$\rho\left(\frac{\partial v}{\partial \tau} + u\frac{\partial v}{\partial x} + v\frac{\partial v}{\partial y}\right) = -\frac{\partial p}{\partial y} + \mu\left(\frac{\partial^2 v}{\partial x^2} + \frac{\partial^2 v}{\partial y^2}\right) \tag{7-3-3}$$

$$1 \ \frac{\delta}{l} \quad \frac{\delta}{l}\ 1 \qquad\qquad \frac{\delta}{l} \quad \frac{l}{\delta}$$

这里,引进“边界层”就是从数量级的观点略去 1%的速度变化,把外边缘 $y=\delta$ 处的 $u=0.99u_\infty$ 近似地取作 $u=u_\infty$。运用这种数量级分析,在流动方向上,x 从零到 l,y 则从零到 $\delta=f(x)$,$\delta\ll l$;u 相应地从零到 u_∞,亦即$\frac{u}{u_\infty}$从零到 1;$\frac{\partial u}{\partial x}$的数量级将是$\frac{u_\infty}{l}$,而$\frac{\partial u}{\partial y}$的数量级为$\frac{u_\infty}{\delta}$。这样,$\frac{\partial u}{\partial x}$的数量级相对取作 1 时,$\frac{\partial u}{\partial y}$的相对数量级为$\frac{l}{\delta}\gg 1$。同理,$\frac{\partial^2 u}{\partial x^2}$的数量级为$\frac{u_\infty}{l^2}$,$\frac{\partial^2 u}{\partial y^2}$的数量级为$\frac{u_\infty}{\delta^2}$,$\frac{\partial^2 u}{\partial y^2}$的数量级将是$\frac{\partial^2 u}{\partial x^2}$的$\left(\frac{l}{\delta}\right)^2$倍;与$\frac{\partial^2 u}{\partial y^2}$对比,$\frac{\partial^2 u}{\partial x^2}$完全可被略去不计。就像图 7-3-1 清楚表明的那样,在边界层里,u 沿 y 轴向发生极为明显的变化,远超过沿 x 轴向的变化。而且$\frac{\partial v}{\partial x}\ll\frac{\partial v}{\partial y}$,$\frac{\partial^2 v}{\partial x^2}$更远小于$\frac{\partial^2 v}{\partial y^2}$。根据式(7-3-1),$\frac{\partial u}{\partial x}$和$\frac{\partial v}{\partial y}$应是同一数量级,任何一项都不能略去,否则就会变成一维流场。由于$\frac{\partial u}{\partial x}$的数量级为$\frac{u_\infty}{l}$,$\frac{\partial v}{\partial y}$的数量级为$\frac{v_\delta}{\delta}$,不难发现 v_δ 的数量级只是 u 数量级的$\frac{\delta}{l}$倍$\left(\frac{\delta}{l}\ll 1\right)$,$v_\delta$ 将远小于 u_∞。这些数量级的相对比较,已在式(7-3-2)和式(7-3-3)有关各项的下面注明。不难看到,$\frac{\partial u}{\partial \tau}$的数量级远小于 $u\frac{\partial u}{\partial x}$的数量级,或$\frac{u_\infty}{\tau_0}\ll\frac{u_\infty^2}{l}$,则监测流动情况发生可察觉变异的周期为 $\tau_0\gg\frac{l}{u_\infty}$。例如,$\tau_0\geqslant 20\frac{l}{u_\infty}$时,$\frac{\partial u}{\partial \tau}$就可事实上忽略不计而被看做是“准稳定流场”。用数字来说明,l 长达 1m 的平板,即使 u_∞ 小到 2m/s 的气流,测量的时间间隔 τ_0 超过 10s 而未观察到流速变化时,就应算作准稳定流动。这表明:工程上的“稳定流动”是大量存在的。还必须看到,如果式(7-3-2)和式(7-3-3)中的黏性项不能忽略,$\nu\frac{\partial^2 u}{\partial y^2}$就应该具有和 $u\frac{\partial u}{\partial x}$相同的数量级。可见 $\nu=\frac{\mu}{\rho}$将具有$\left(\frac{l}{\delta}\right)^2$的数量级,或 μ 的数量级远远低于 ρ 的数量级。边界层的出现是实际流体具有黏性的产物,即便是低黏性的流体,例如常温下大气中,干空气的 $\mu\approx 2\times 10^{-5}$kg/(m·s)、$\rho\approx 1.2$kg/m^3,常温下水的 $\rho\approx 10^3$kg/m^3、$\mu\approx 10^{-3}$kg/(m·s),边界层里的黏性力影响就达到了能和惯性力相比的程度。另外还要看到,如果 ρ 相对取作数量级为 1,μ 的相对数量级为$\left(\frac{l}{\delta}\right)^2$,那么,式(7-3-3)中$\frac{\partial p}{\partial y}$的数量级将是$\frac{\delta}{l}\left(\frac{\delta}{l}\ll 1\right)$。这就表明:任何 x 截面上边界层里的静压 p 将近常量,可被取作等于边界层外边缘上的静压值。因此,二维不可压流的层流边界层动量方程可被简化为

$$u\frac{\partial u}{\partial x}+v\frac{\partial u}{\partial y}=\frac{1}{\rho}\frac{\partial p}{\partial x}+\nu\frac{\partial^2 u}{\partial y^2} \tag{7-3-4}$$

式(7-3-1)和式(7-3-4)常被称为“普朗特边界层方程”。边界层贴附在壁面上，边界条件为

$$\left.\begin{aligned} y=0\text{时},\quad & u=0, v=0 \\ y=\delta\text{时},\quad & u=u_\infty \end{aligned}\right\} \tag{7-3-5}$$

如沿平板流动，边界层以外为“势流”，u_∞沿程保持不变，则根据伯努利方程，$\frac{\partial p}{\partial x}=0$，见式(7-1-19)，于是式(7-3-4)可进一步简化为

$$u\frac{\partial u}{\partial x}+v\frac{\partial u}{\partial y}=\nu\frac{\partial^2 u}{\partial y^2} \tag{7-3-6}$$

联解式(7-3-1)、式(7-3-6)和边界条件式(7-3-5)，就能确定边界层的速度分布 $u(x,y)$。不过，采用流函数 ψ，可使式(7-3-1)和式(7-3-6)合并成一个微分关系式，从而给求解带来明显的方便。

2. 流函数 ψ

参看图 7-3-2，对于无湍动的层流来说，流体质点只能沿一定的“流线”，如图中 AB 线，从 a 点移动到邻近的 b 点，所需时间为

$$\mathrm{d}\tau=\frac{\mathrm{d}x}{u}=\frac{\mathrm{d}y}{v}$$

或

$$\frac{\mathrm{d}x}{\mathrm{d}y}=\frac{u}{v} \tag{7-3-7}$$

式(7-3-7)表达了“流线”的特征。

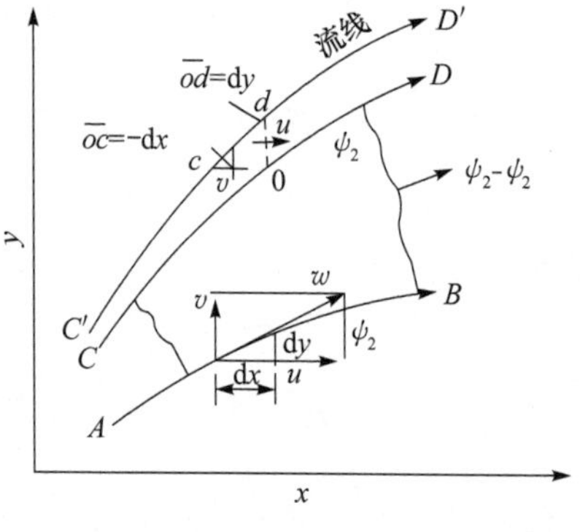

图 7-3-2　二维流场的流线和流函数 ψ

在图 7-3-2 所示的二维流场内，每一条流线代表与纸面垂直的一个“流面”，流体的层流流动绝不能跨越流面。因此，每相邻两流面之间就构成一个特定的“流管”。流管内稳定不可压流的体积流量将沿途保持常量。设想垂直纸面的每米深度，由 CD 和 $C'D'$ 两相邻流面构成的流管，在 O 点处，$v\mathrm{d}x$ 代表图 7-3-2 中经过 Oc 面(深 1m)流进流管的体积流量，而 $u\mathrm{d}y$ 则代表 Od 面流出流管的体积流量，所以流动稳定时，$u\mathrm{d}y+v\mathrm{d}x=0$。或者引进 $\psi(x,y)$，令

$$\frac{\partial\psi}{\partial y}=u,\quad -\frac{\partial\psi}{\partial x}=v \tag{7-3-8}$$

称函数 ψ 为“流(量)函数”，将自动满足不可压流的连续性方程式(7-3-1)。非常明

显，当 CD 与 $C'D'$ 无限逼近、趋于重合时，$d\psi \to 0$。每一条等 ψ 线都将是一条等流线。留意：ψ 是有量纲的，单位为 m^2/s。

引进流函数 $\psi(x,y)$ 后，可把式(7-3-6)改写为

$$\frac{\partial\psi}{\partial y}\frac{\partial^2\psi}{\partial x\partial y}-\frac{\partial\psi}{\partial x}\frac{\partial^2\psi}{\partial y^2}=\nu\frac{\partial^3\psi}{\partial y^3} \tag{7-3-9}$$

这样，式(7-3-6)所包含的 $u(x,y)$ 和 $v(x,y)$ 两个待定函数就被统一成一个待定的流函数 $\psi(x,y)$。

3. 边界层厚度和壁面摩擦阻力

普朗特首先在 1928 年指出：可通过新的变量 $\eta=y\sqrt{\frac{u_\infty}{\nu x}}$，并取 $\psi(x,y)=\sqrt{\nu x u_\infty}\varphi(\eta)$，使二元三阶偏微分方程式(7-3-9)变换为一元三阶微分方程[1]。具体演绎如下：

图 7-3-1 指明了沿平板层流边界层的发展区。边界层以外的势流速度 u_∞ 为常量时，$y/\delta=1$ 的曲线，即边界层的外边缘线就同时代表 $u=0.99u_\infty$ 的流速线。如果势流速度 u_∞ 沿 x 轴向为变量时，在 $y/\delta=1$ 的曲线上，$u/u_\infty=0.99$，仍然是一条相应的等势线，即实际势与参考势之比是个常量。边界层里的速度分布可被表示为

$$\frac{u}{u_\infty}=\phi\left(\frac{y}{\delta}\right) \tag{7-3-10}$$

$\frac{u}{u_\infty}$ 和 y/δ 都是无因次量，$\phi\left(\frac{y}{\delta}\right)$ 也必然无量纲。只要处在层流边界层区，没有向湍流过渡，函数 ϕ 就应该在各个 x 截面上保持通用。当然，湍流和层流所遵循的规律不同，如果出现向湍流过渡，函数 ϕ 将跟着起变化。

在边界层里，不能忽略黏性力的作用。式(7-3-2)中的 $\nu\frac{\partial^2 u}{\partial y^2}$ 将与 $u\frac{\partial u}{\partial x}$ 具有相同的数量级，或 $\nu\frac{u_\infty}{\delta^2}\approx\frac{u_\infty^2}{l}$，由数量级的观点，有

$$\frac{l}{\delta}\approx\sqrt{\frac{u_\infty l}{\nu}}$$

可记作

$$\delta\propto x\Big/\sqrt{\frac{u_\infty x}{\nu}} \tag{a}$$

于是

$$\frac{y}{\delta}\propto\frac{y}{x}\sqrt{\frac{u_\infty x}{\nu}}=\frac{y}{x}\sqrt{Re_x} \tag{b}$$

令

$$\eta=\frac{y}{x}\sqrt{\frac{u_{\infty}x}{\nu}}=y\sqrt{\frac{u_{\infty}}{\nu x}} \tag{c}$$

无因次量 η 是远离平板表面无因次距离 $\frac{y}{\delta}$ 的量度。式(7-3-10)可被重写为

$$\left.\begin{aligned}&\frac{u}{u_{\infty}}=f(\eta)\\ \text{或}\quad &u=u_{\infty}f(\eta)\end{aligned}\right\} \tag{d}$$

取流函数为

$$\psi=\sqrt{\nu x u_{\infty}}\varphi(\eta) \tag{e}$$

可以看到，ψ 与 $\sqrt{\nu x u_{\infty}}$ 同量纲，单位是 m^2/s。$\varphi(\eta)$ 为待定的无量纲函数。由式(7-3-8)，有

$$u=\frac{\partial\psi}{\partial y}=\sqrt{\nu x u_{\infty}}\frac{\partial\varphi(\eta)}{\partial y}=\sqrt{\nu x u_{\infty}}\frac{\partial\varphi(\eta)}{\partial\eta}\frac{\partial\eta}{\partial y}$$

引进式(c)，即 $\frac{\partial\eta}{\partial y}=\sqrt{\frac{u_{\infty}}{\nu x}}$，则

$$u=u_{\infty}\frac{\partial\varphi(\eta)}{\partial\eta}=u_{\infty}\varphi'(\eta) \tag{7-3-11}$$

$\varphi'(\eta)$ 是 $\varphi(\eta)$ 对 η 的一阶导数。对比式(7-3-11)和式(d)，将不难看到 $f(\eta)$ 和 $\varphi(\eta)$ 两个无量纲函数之间的联系为

$$\left.\begin{aligned}&\varphi'(\eta)=f(\eta)\\ \text{即}\quad &\varphi(\eta)=\int f(\eta)\mathrm{d}\eta\end{aligned}\right\} \tag{7-3-12}$$

把式(e)代入式(7-3-9)，可最后整理成

$$\varphi(\eta)\varphi''(\eta)+2\varphi'''(\eta)=0 \tag{7-3-13}$$

这是一个一元三阶常微分方程。根据式(7-3-5)，相应的边界条件转换为

$$\left.\begin{aligned}&\eta=0,\varphi'(\eta)=0,\varphi(\eta)=0\\ &\eta\to\infty,\varphi'(\eta)=1\end{aligned}\right\}① \tag{7-3-14}$$

布莱修斯[15]首先求解了式(7-3-13)，把 $\varphi(\eta)$ 取作 η 的泰勒级数：

$$\varphi(\eta)=C_0+C_1\eta+C_2\frac{\eta^2}{2!}+C_3\frac{\eta^3}{3!}+\cdots \tag{f}$$

---

① 由式(7-3-8)，$v=-\frac{\partial\psi}{\partial x}=\frac{1}{2}\sqrt{\frac{vu_{\infty}}{x}}[n\varphi'(\eta)-\varphi(\eta)]$。$\eta=0$，即 $y=0$ 时，$u=0$，或根据式(7-3-11)，$\varphi'(\eta)=0$。于是，$\eta=0$ 时，$v=0$，就得到 $\varphi(\eta)=0$。$y\to\infty$，即 $\eta\to\infty$ 时，$u\to u_{\infty}$，根据式(7-3-11)，$\varphi'(\eta)=0$。

得到精确的数值解。由于至今还没有找到式(7-3-13)封闭形式的积分解，所以也有人把式(7-3-13)称为“布莱修斯方程”。由式(f)，有

$$\varphi'(\eta)=C_1+\frac{2C_2}{2!}\eta+\frac{3C_3}{3!}\eta^2+\frac{4C_4}{4!}\eta^3+\cdots \tag{g}$$

利用边界条件式(7-3-14)，$C_0=0$，$C_1=0$。把 $\varphi''(\eta)$ 和 $\varphi'''(\eta)$ 以及 $\varphi(\eta)$ 代入式(7-3-13)，则得

$$2C_3+2C_4\eta+\left(\frac{C_2^2}{2!}+\frac{2C_5}{2!}\right)\eta^2+\cdots=0 \tag{h}$$

因 η 值从零到∞，上式都应成立，式中常数项 C_3 和 η，η^2，…每一项的常系数都必须是零。于是，$C_3=0$，$C_4=0$，且

$$\frac{C_2^2}{2!}+\frac{2C_5}{2!}=0,\quad C_5=-\frac{C_2^2}{2}$$

所有不等于零的常系数 C_2，C_5，C_8，C_{11}，…都可以表示成 C_2 的相关式。最后得到：

$$\varphi(\eta)=\frac{C_2}{2!}\eta^2-\frac{1}{2}\frac{C_5}{5!}\eta^5+\frac{1}{4}\frac{11C_2^2}{8!}\eta^8-\frac{1}{8}\frac{375C_2^4}{11!}\eta^{11}+\cdots \tag{i}$$

根据边界条件式(7-3-14)，$\eta=\infty$ 时，$\varphi'(\eta)=1$，可由式(i)确定：

$$C_2=0.332$$

并且计算出：$C_5=-\dfrac{C_2^2}{2}=0.05511$，…，表 7-3-1 汇总了数值计算解。

布莱修斯所得到的沿平板层流边界层的解已被图示为图 7-3-3。图中实验点是后来尼古拉西[17]精确实测的结果，从而论证了理论解的正确性。$y=\delta$ 时，

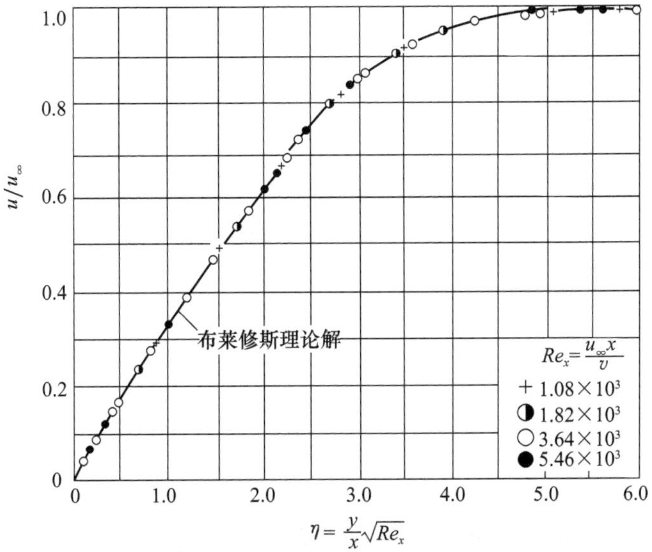

图 7-3-3　平板层流边界层的速度分布

$u=0.99u_\infty$，由图 7-3-3 可知，$\frac{u}{u_\infty}=0.99$ 时的 $\eta=\frac{\delta}{x}\sqrt{Re_x}=5$，或

$$\frac{\delta}{x}=\frac{5}{\sqrt{Re_x}} \tag{7-3-15}$$

式(7-3-15)与原设想的式(a)完全一致，而且证实了 $\delta(x)$ 在 $x=0$ 时为零，随 x 增加而变厚。

表 7-3-1　沿平板边界层层流时的 $\varphi(\eta)$[16]

$\eta=\frac{y}{x}\sqrt{Re_x}$	$\varphi(\eta)$	$\varphi'(\eta)=\frac{u}{u_\infty}$	$\varphi''(\eta)$
0	0	0	0.33 206
0.2	0.00 664	0.06 641	0.33 199
0.4	0.02 656	0.13 277	0.33 147
0.6	0.05 974	0.19 894	0.33 008
0.8	0.10 611	0.26 471	0.32 739
1.0	0.16 557	0.32 979	0.32 301
1.6	0.42 032	0.51 676	0.29 667
2.4	0.92 230	0.72 899	0.22 809
3.2	1.56 911	0.87 609	0.13 913
4.0	2.30 576	0.95 552	0.06 424
4.8	3.08 534	0.98 779	0.02 187
5.0	3.28 329	0.99 155	0.01 591

例 7-3-1　在常压(p=1atm)下，27℃的空气以 $u_\infty=10$m/s 的速度顺平板流过。试计算在离平板前缘 $x=0.1$m 处的边界层厚度。

[解]　在常压下，$t=27$℃时，空气的动黏度为 $\nu=15.68\times10^{-6}\text{m}^2/\text{s}$。因此

$$Re_x=\frac{u_\infty x}{\nu}=\frac{10\times0.1}{15.68\times10^{-6}}=6.38\times10^4$$

Re_x 小于 Re_{x_c}(可取作 5×10^5)，表明 $x=0.1$m 处的边界层为层流。

由式(7-3-15)，有

$$\frac{\delta}{x}=\frac{5}{\sqrt{6.38\times10^4}}=0.0198$$

或边界层厚度为 $\delta=0.002$m。

可见，δ 沿途虽随 x 增大而增厚，$\frac{\delta}{x}$ 却沿途减小，在开始向湍流边界层过渡时降到 $\frac{5}{\sqrt{5\times10^5}}=0.007$。查表 7-3-1 可知，$\eta=5$ 时 $\frac{u}{u_\infty}=0.99155$，$\eta=4.8$ 时 $\frac{u}{u_\infty}=0.98799$，式(7-3-15)中的常数取作 5，已偏高 0.8%，更精确地应取作 4.96。

严格地讲，即使常数取作 4.96，式(7-3-15)也不是真正精确的解，而是略去了式(7-3-2)中 $\mu\frac{\partial^2u}{\partial x^2}$ 一项所得到的解。因此，当 $x\to0$，x 与 δ 达到相同的数量级时，可以预见会出现偏离

式(7-3-15)的实际情况[18]。此外，紧靠平板前缘，除非平板异常薄，否则流体的来流会受到平板厚度的干扰而出现局部湍动。所以，图7-3-3中所引尼古拉西的实测资料是在x超过某限定值以后的观测结果。如果要求$\delta/x\leqslant 0.2$，相当于忽略$\left(\frac{\partial^2 u}{\partial x^2}+\frac{\partial^2 u}{\partial y^2}\right)$中的$\frac{\partial^2 u}{\partial x^2}$所引起的误差小于4%，那么应限制$Re_x\geqslant 625$，或者限制

$$x\geqslant 625\frac{\nu}{u_\infty} \tag{j}$$

气体的ν值约为$10^{-5}\mathrm{m^2/s}$，u_∞小到1m/s时也只要求$x\geqslant 6\mathrm{mm}$。水的ν值大约在$10^{-6}\mathrm{m^2/s}$以下，u_∞小到0.1m/s时，也只要求$x\geqslant 6\mathrm{mm}$。工程上极少遇到这样短的平板，对于工程问题的分析来说，采用式(7-3-15)已足够精确。但在另一方面，研究Re将近1的“低雷诺数流动”与对流换热，成为一个现有边界层理论分析方法失效或者急需改进的特殊领域。这个领域，对某些场合，如第9章所将讨论的热线风速仪、第12章讨论的流化床、第14章涉及的稀薄气流等，都具有明确的现实意义。

由图7-3-3和表7-3-1，还可发现：

$$\left.\frac{\partial\left(\frac{u}{u_\infty}\right)}{\partial\eta}\right|_{\eta=+0}=\varphi''(\eta)\big|_{\eta=+0}=0.332$$

或

$$\left.\frac{\partial u}{\partial y}\right|_{y=+0}=0.332\frac{u_\infty}{x}\sqrt{Re_x} \tag{k}$$

于是，壁面剪(切)应力为

$$s_w=\mu\left.\frac{\partial u}{\partial y}\right|_{y=+0}=0.332\frac{\mu u_\infty}{x}\sqrt{Re_x} \tag{7-3-16}$$

习惯上，也常引用无量纲的壁面局部摩擦阻力系数$C_{f,x}$，即

$$C_{f,x}=\frac{s_w}{\rho u_\infty^2/2}=\frac{0.664}{\sqrt{Re_x}} \tag{7-3-17}$$

在许多工程计算中，往往要计算整个平板的壁面摩擦阻力而引进壁面“平均摩擦阻力系数”$\overline{C}_f$，或沿流动方向的平板全长为l时，有

$$\overline{C}_f=\frac{1}{l}\int_0^l C_{f,x}\mathrm{d}x \tag{l}$$

只要边界层全程保持层流，未向湍流过渡，就可把式(7-3-17)代入式(l)，得到

$$\overline{C}_f=\frac{1.328}{\sqrt{Re_l}} \tag{7-3-18}$$

式中，$Re_l=\frac{u_\infty l}{\nu}$，壁面阻力系数$\overline{C}_f$在液体力学中也常被称为范宁系数(Fanning factor)。

精细的实测数据证实了式(7-3-18)准确地反映$10^4<Re_l<5\times10^5$时的实际

情况。Re_l 达到 5×10^5 后，边界层将向湍流过渡，$10<Re_l<3000$ 时，实验数据被整理为[19]

$$\overline{C}_f=\frac{2.9}{Re_l^{0.6}} \tag{7-3-19}$$

如同图 7-3-4 所指出的，Re_l 越低，实测到的 $\overline{C}_f$ 越偏高于布莱修斯理论式(7-3-18)的计算值。可以认为，式(7-3-18)只提供更精确的解被表示成 $1/\sqrt{Re_l}$ 幂级数时的第一项，随着 $\overline{C}_f$ 的降低，级数第二项 $(1/\sqrt{Re_l})^2=1/Re_l$ 将产生影响，艾梅[20]推导出下式：

$$\overline{C}_f=\frac{1.328}{\sqrt{Re_l}}+\frac{2.326}{Re_l} \tag{7-3-20}$$

修正项使 $\overline{C}_f$ 值从 $Re_l=10^4$ 时升高 2%减小到 $Re_l=10^6$ 时只升高 0.2%。

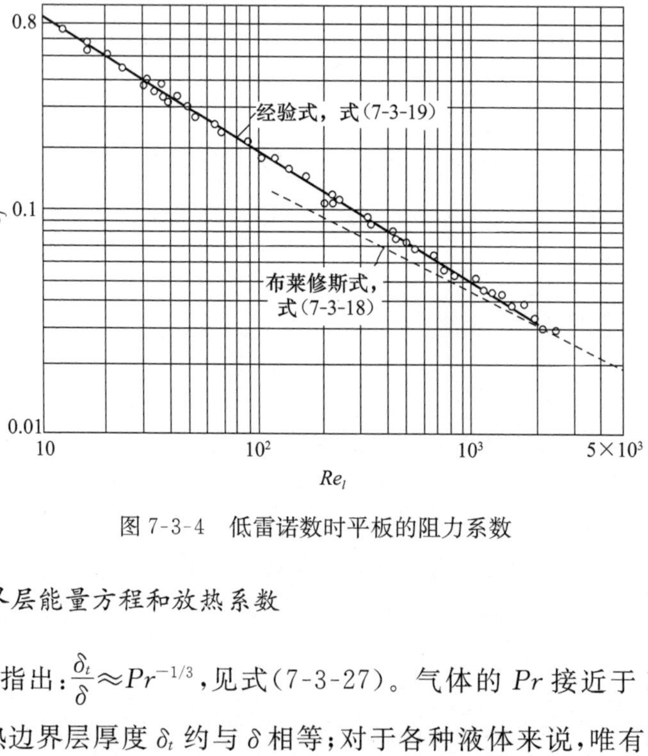

图 7-3-4　低雷诺数时平板的阻力系数

4. 热边界层能量方程和放热系数

§7-1 已指出：$\frac{\delta_t}{\delta}\approx Pr^{-1/3}$，见式(7-3-27)。气体的 Pr 接近于 1，气体与壁面换热时的热边界层厚度 δ_t 约与 δ 相等；对于各种液体来说，唯有液态金属的 $Pr\ll1$，致使 δ_t 明显地超过 δ，使 $\frac{\partial^2 t}{\partial x^2}$ 相对于 $\frac{\partial^2 t}{\partial y^2}$ 的数量级来说，已不能再被忽略不计，或者说，必须考虑微元体积的液态金属沿流动方向(取作 x 轴向)导热净热流 $\left[\frac{\partial}{\partial x}\left(-\lambda\frac{\partial t}{\partial x}\right)\mathrm{d}x\right]\mathrm{d}y\mathrm{d}z$ 项的影响。对于除黏性摩擦热以外没有其他内热源的不可压流体，在常物性情况下，沿平板边界层层流时的平板稳定放热的能量方程，

由于 $\delta_t \leqslant \delta$，同样可以利用数量级分析，把式(7-3-18)简化为

$$\rho c_p\left(u\frac{\partial t}{\partial x}+v\frac{\partial t}{\partial y}\right)=\lambda\frac{\partial^2 t}{\partial y^2}+\Phi \tag{m}$$

根据式(7-2-16)，单位体积不可压流体的黏性摩擦发热率 Φ 为

$$\Phi = 2\mu\left[\left(\frac{\partial u}{\partial x}\right)^2+\left(\frac{\partial v}{\partial y}\right)^2\right]+\mu\left[\left(\frac{\partial u}{\partial y}\right)+\left(\frac{\partial v}{\partial x}\right)\right]^2$$

$$1^2 \qquad\qquad 1^2 \qquad\qquad \frac{l}{\delta} \qquad\qquad \frac{\delta}{l}$$

等号右边 $\mu\left(\frac{\partial u}{\partial y}\right)^2$ 项的值远远超过其他各项，因此，

$$\Phi \approx \mu\left(\frac{\partial u}{\partial y}\right)^2 \tag{n}$$

除了液态金属有可能出现“接触热阻”之外，平板表面温度 t_w 就是流体在 $y=0$ 时的温度。t_w 可以沿平板长度即 x 轴向不均匀分布。若令 $\theta=t-t_w$，则

$$\frac{\partial t}{\partial y}\equiv\frac{\partial\vartheta}{\partial y},\quad \frac{\partial t}{\partial x}=\frac{\partial\vartheta}{\partial x}+\frac{\mathrm{d}t_w}{\mathrm{d}x}$$

于是，平板放热的热边界层能量方程为

$$u\left(\frac{\partial\vartheta}{\partial x}+\frac{\mathrm{d}t_w}{\mathrm{d}x}\right)+v\frac{\partial\vartheta}{\partial y}=a\frac{\partial^2\vartheta}{\partial y^2}+\frac{\mu}{\rho c_p}\left(\frac{\partial u}{\partial y}\right)^2 \tag{7-3-21}$$ ①

对于无界对流，热边界层以外的流体温度 t_∞ 是常量。如果平板保持等温，$\frac{\partial t_w}{\partial x}=0$，$\vartheta_\infty=(t_\infty-t_w)$ 同样也是常量。对于一般工程问题，不可压流体的黏性摩擦热相对比较小，常可忽略不计。于是，t_w 为常量时，式(7-3-21)将进一步简化为

$$u\frac{\partial\vartheta}{\partial x}+v\frac{\partial\vartheta}{\partial y}=a\frac{\partial^2\vartheta}{\partial y^2} \tag{7-3-22}$$

边界条件为

$$\left.\begin{aligned} y=0\ \text{时},\quad & \vartheta=0 \\ y=\delta_t\ \text{时},\quad & \vartheta=\vartheta_\infty \end{aligned}\right\} \tag{7-3-23}$$

---

① 当式(7-3-21)等号右边两项的数量级比较接近，或 $\mu\left(\frac{u_\infty}{\delta}\right)^2>0.05\lambda\frac{\vartheta_x}{\delta_1^2}$，即反映每千克流体的动能 $\frac{u_\infty^2}{2}$ 与受热焓升 $c_p\vartheta_\infty$ 之比的“埃克特数”为 $Ec\left(\equiv\frac{u_\infty^2}{c_p\vartheta_\infty}\right)>\frac{0.05}{Pr}\left(\frac{\delta}{\delta_1}\right)^2$ 时，考虑到 $\frac{\delta}{\delta_1}\approx Pr^{1/3}$，$Ec=\frac{0.05}{Pr^{1/3}}$ 时，才必须考虑摩擦热的作用。例如，对于水来说，$Pr^{1/3}<2$，$c_p\approx4\times10^3$ J/(kg·℃)，即使 ϑ_∞ 小到 1℃，也要 $u_\infty>10$ m/s 时，才需要计及黏性摩擦热所引起的附加影响问题。工程上，极少采用这样高的水流流速。国际上，把 Ec 命名为埃克特数，以表彰当代传热学者 E. R. G. Eckert 对高速气流考虑气动加热影响的主要开创性贡献。

在数值上当 $\nu=a$ 时，即对于 $Pr=1$ 时的流体，式(7-3-22)和式(7-3-23)分别与式(7-3-6)和式(7-3-5)完全类似。由此可见，如果热边界层与流动边界层同时开始形成，温度分布 $\frac{\vartheta}{\vartheta_\infty}=\phi\left(\frac{y}{\delta_t}\right)$ 将与速度分布 $\frac{u}{u_\infty}=f\left(\frac{y}{\delta}\right)$ 相同，或 $\delta_t=\delta$。这就是说，$Pr=1$、无内热源的不可压流体，在不考虑压力梯度 $\left(-\frac{\partial p}{\partial x}\right)$ 和黏性摩擦热的条件下，物理意义不同的两个边界层——液体力学边界层和热边界层彼此重合，动量迁移和热量迁移完全相比拟。气体的 $Pr=0.65\sim1$，这种比拟也是实际存在的。

波尔豪森[21] 利用布莱修斯方程式(7-3-13)求解了等温平板的能量方程式(7-3-22)。仍令：

$$\eta=\frac{y}{x}\sqrt{Re_x}=y\sqrt{\frac{u_\infty}{\nu x}},\quad \varphi(\eta)=\frac{\psi}{\sqrt{\nu x u_\infty}}$$

并且取“无因次过余温度”$\theta=\frac{\vartheta}{\vartheta_\infty}$，可使式(7-3-22)转换为如下一元二阶常微分方程：

$$\frac{\mathrm{d}^2\theta}{\mathrm{d}\eta^2}+\frac{Pr}{2}\varphi(\eta)\frac{\mathrm{d}\theta}{\mathrm{d}\eta}=0 \tag{7-3-24}$$

相应边界条件为

$$\left.\begin{aligned}\eta=0\ \text{时},\quad &\theta=0\\ \eta=\infty\ \text{时},\quad &\theta=1\end{aligned}\right\} \tag{7-3-25}$$

由式(7-3-24)，不难发现：

$$\frac{\mathrm{d}\theta'}{\mathrm{d}\eta}=\frac{Pr}{2}\varphi(\eta)\theta'$$

或 θ 对 η 的一阶导数 θ' 为

$$\ln\theta'=-\frac{Pr}{2}\int_0^\eta\varphi(\eta)\mathrm{d}\eta+C_1$$

亦即

$$\theta'=C_2\mathrm{e}^{-\frac{Pr}{2}\int_0^\eta\varphi(\eta)\mathrm{d}\eta} \tag{o}$$

再积分，则得

$$\theta=C_2\int_0^\eta\mathrm{e}^{-\frac{Pr}{2}\int_0^\eta\varphi(\eta)\mathrm{d}\eta}\mathrm{d}\eta+C_3 \tag{p}$$

根据边界条件式(7-3-25)，$\eta=0$ 时，$\theta=C_3=0$；$\eta=\infty$时，

$$C_2=\frac{1}{\int_0^\infty\mathrm{e}^{-\frac{Pr}{2}\int_0^\eta\varphi(\eta)\mathrm{d}\eta}\mathrm{d}\eta} \tag{q}$$

因此，边界层里的温度分布为

$$\theta=\frac{\vartheta}{\vartheta_\infty}=\frac{\int_0^\eta \mathrm{e}^{-\frac{Pr}{2}\int_0^\eta \varphi(\eta)\mathrm{d}\eta}\mathrm{d}\eta}{\int_0^\infty \mathrm{e}^{-\frac{Pr}{2}\int_0^\eta \varphi(\eta)\mathrm{d}\eta}\mathrm{d}\eta} \tag{7-3-26}$$

由式(o)，还能看到：

$$\theta'\mid_{\eta=0}=C_2 \tag{r}$$

波尔豪森具体计算了不同 Pr 值时的 C_2（见表 7-3-2）和温度分布（见图 7-3-5）。Pr 从 0.6 到 15，可近似地得到：

$$\frac{\delta_t}{\delta}=Pr^{-1/3} \tag{7-3-27}$$

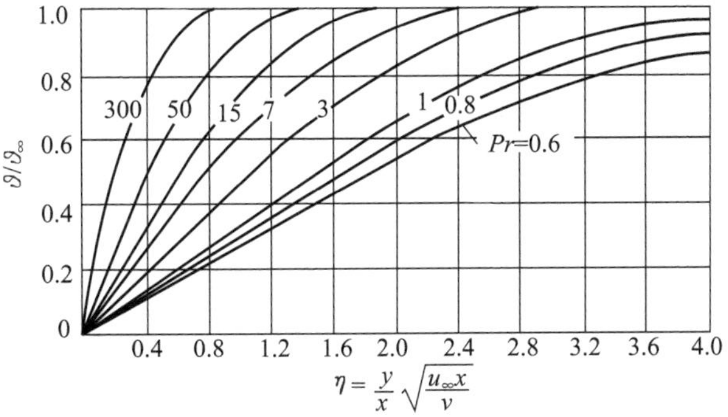

图 7-3-5　不可压流体沿等温平板边界层稳定层流放热时的温度分布

图 7-3-5 中所有不同 Pr 值的曲线，都可被聚拢成一条曲线，如图 7-3-6 所示；该曲线恰恰就是图 7-3-5 中 $Pr=1$的曲线。

由图 7-3-6 可知，

$$\frac{\mathrm{d}\theta}{\mathrm{d}(\eta Pr^{-1/3})}=Pr^{-1/3}\theta'\mid_{\eta=0}=0.332 \tag{s}$$

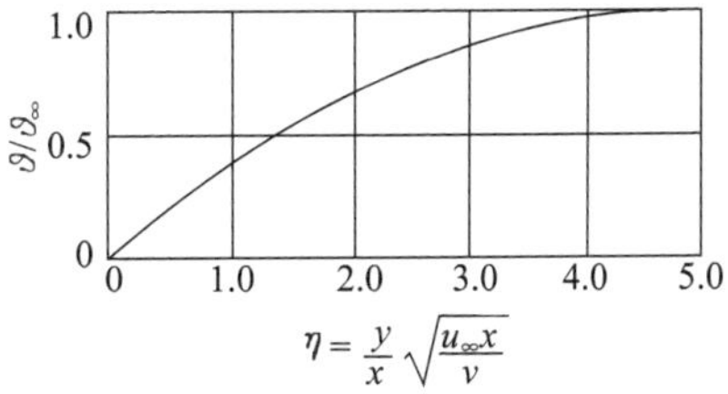

图 7-3-6　t_w=常量，不可压流体沿平板边界层稳定层流放热时温度分布的无因次综合

表 7-3-2　无量纲系数 $C_2=f(Pr)$的值

Pr	0.6	0.7	0.8	0.9	1.0	1.1	7	10	15
C_2	0.276	0.293	0.307	0.320	0.332	0.344	0.645	0.730	0.835

对比式(r)和式(s)，则

$$\theta'\mid_{\eta=0}=C_2=0.332Pr^{-1/3} \tag{t}$$

或

$$\left.\frac{\partial t}{\partial y}\right|_{y=+0} = 0.332\frac{Re_x^{1/2}Pr^{1/3}}{x}\vartheta_\infty \tag{u}$$

于是，根据式(7-1-3)，在 x 处的局部放热系数为

$$\alpha_x = \frac{\lambda}{t_w - t_\infty}\left.\frac{\partial t}{\partial y}\right|_{y=+0} = 0.332\frac{\lambda}{x}Re_x^{1/2}Pr^{1/3} \tag{v}$$

亦即

$$Nu_x = 0.332Re_x^{1/2}Pr^{1/3} \tag{7-3-28}$$

注意：$Re_x=\frac{u_\infty x}{\nu}$，随着热边界层厚度 δ_t 从 $x=0$ 时为零沿途增厚，$\alpha_c \propto 1/\sqrt{x}$将依次下降。还必须看到，式(7-3-27)适用于 $Pr \geqslant 0.6$，因此，式(7-3-28)也将限于 $Pr > 0.6$ 和 $Re_x < Re_{x_c}$。$Re_x > Re_{x_c}$，边界层不再保持层流；至于液态金属，Pr 的指数不是 1/3，而是 1/2(见§7-4)。

工程计算中，常直接采用 $x=0\sim l$ 的平均放热系数 $\bar{\alpha}_c$(见§1-4)。由于 ϑ_∞ 是常量，根据式(1-4-7)，有

$$\bar{\alpha}_c = \frac{1}{l}\int_0^l \alpha_{c_x}\,\mathrm{d}x \tag{w}$$

把式(v)代入式(w)，则

$$\bar{\alpha}_c = 2\alpha_{c_{x-l}}$$

或

$$\overline{Nu} = 0.664Re_l^{1/2}Pr^{1/3} \tag{7-3-29}$$

可见，沿流体流动方向，平板长度越短，α_c 和 $\bar{\alpha}_c = 2\alpha_c$ 越大。

令

$$\frac{Nu}{RePr} = \frac{Nu}{Pe} = St \tag{7-3-30}$$

即令

$$Pe_x = Re_xPr_x = \frac{\rho c_p u_\infty x}{\lambda}$$

$$St = \frac{\alpha_c}{\rho c_p u_\infty}$$

Pe 和 St 被分别命名为“贝克来(Péclet)数”和“斯坦顿(Stanton)数”。Pe 表示流体的对流传热能力与流体的导热能力之比；流速越高，导热系数越小时，这个比值越大，说明流体对流传递热量的作用将越显著。St 则表示流体和壁面之间实际换热能力与流体的对流传热能力之比。对比式(7-3-28)和式(7-3-17)，或对比式(7-3-29)和式(7-3-18)，可得到：

$$\begin{cases} St_xPr^{2/3} = \dfrac{1}{2}C_{f,x} \\ \overline{St}Pr^{2/3} = \dfrac{1}{2}\overline{C}_f \end{cases} \tag{7-3-31}$$

$Pr=1$ 时，

$$\begin{cases} St_x = \frac{1}{2}C_{f,x} \\ \overline{St} = \frac{1}{2}\overline{C}_f \end{cases} \tag{7-3-32}$$

式(7-3-32)是由平板的具体分析解导得热量迁移和动量迁移完全相比拟的最简单的表达式，这正是适用于 $Pr=1$ 的著名"雷诺比拟式"。对不可压流体沿微曲表面绕流，或者流过常截面管和槽道的定型流动区 $\frac{\partial p}{\partial x}=0$ 时，式(7-3-32)也将同样适用。这是雷诺[22]最早在 1874 年就提出的可推广用于湍流放热的比拟关系式(详见§7-5)。

$Pr\neq1$ 时，常把式(7-3-31)中的 $StPr^{2/3}\left(\equiv\frac{Nu}{RePr^{1/3}}\right)$ 记作 j_H[23]，称为"柯尔朋传热因子"，从而使式(7-3-31)转化为式(7-3-32)的相同形式，俗称"柯尔朋比拟式"(见§7-5)，即

$$j_H = \frac{1}{2}C_f \tag{7-3-33}$$

§7-4 边界层近似分析解法

§7-3 已根据§7-2 中所导得的数学表达式，对不可压流体沿平板边界层层流时的稳定放热作了精确解析处理。可以看到，动量微分方程和能量微分方程都是变系数的偏微分方程，甚至对于最简单的几何条件和边界条件，如等温平板，求解起来也相当麻烦。这种精确解析的困难性，促进了近似分析解法的发展。就像§3-2 和§4-3 中已重复提到的积分方程近似解法一样，本节将阐明冯·卡门[24]建议引进的"边界层动量积分方程"和"边界层能量积分方程"及其运用[1]。对不可压流体，沿平板边界层层流稳定放热时的近似分析解可与§7-3 的精确解相对比。

1. 边界层动量积分方程

参看图 7-4-1，对于 ρ 为定值的不可压流体的二维流动，设想垂直纸面每米深度，通过 1-2 面进入对象空间(图中有阴影的 1234 部分)的质量流量比通过 3-4 面流出的质量流量少 $\rho\frac{\partial}{\partial x}\left(\int_0^l u\mathrm{d}y\right)\mathrm{d}x$。这必须由经过 2-3 面流进相同数量的质量流量来补足。于是，单位时间进、出对象空间的动量净额将是

$$u_\infty\rho\frac{\partial}{\partial x}\left(\int_0^l u\mathrm{d}y\right)\mathrm{d}x-\rho\frac{\partial}{\partial x}\left(\int_0^l u^2\mathrm{d}y\right)\mathrm{d}x$$

其中,第一项代表单位时间由 2-3 面进入的动量,u_∞ 仅能是 x 的函数,$\int_0^l u\mathrm{d}y$ 也已经是定积分,都与 y 无关。因此,

$$u_\infty\rho\frac{\partial}{\partial x}\left(\int_0^l u\mathrm{d}y\right)\mathrm{d}x \equiv \rho\frac{\mathrm{d}}{\mathrm{d}x}\left(\int_0^l u_\infty u\mathrm{d}y\right)\mathrm{d}x - \rho\left(\int_0^l u\mathrm{d}y\right)\frac{\mathrm{d}u_\infty}{\mathrm{d}x}\mathrm{d}x$$

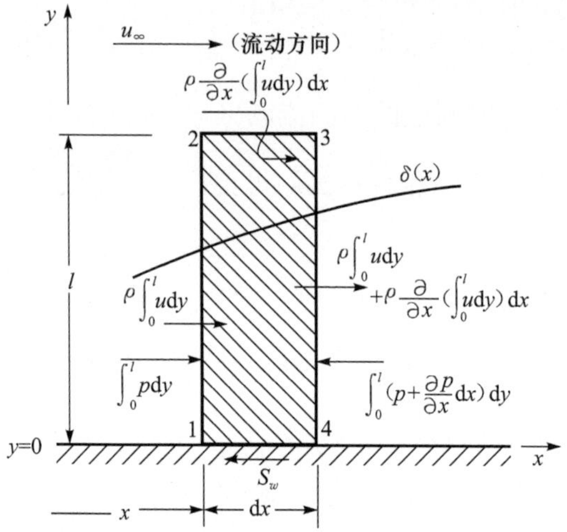

图 7-4-1 边界层的动量分析(z 轴向取作 1m 深度)

重力常常忽略不计,或者说,在通常情况下,不可压流的边界层厚度 δ 不足以引起 p 沿 y 轴向出现可察觉的变化。这样,对象空间的流体所受到的净作用力,就只是单位时间所得到的净动量,以克服壁面摩擦阻力 $S_w\mathrm{d}x$(考虑图 7-4-1 中与纸面垂直的 z 轴向为 1m 深度)和 1-2、3-4 两侧上的总压力差$\frac{\partial}{\partial x}\left(\int_0^l p\mathrm{d}y\right)\mathrm{d}x$ 的代数和。至于 2-3 面,已处在边界层之外,上、下两侧的 $u=u_\infty$,不存在黏性阻力。既然 p 沿 y 轴向保持相同,由伯努利方程式(7-1-19),

$$\frac{\partial}{\partial x}\left(\int_0^l p\mathrm{d}y\right)\mathrm{d}x = \left(\int_0^l \frac{\mathrm{d}p}{\mathrm{d}x}\mathrm{d}y\right)\mathrm{d}x = -\rho\frac{\mathrm{d}u_\infty}{\mathrm{d}x}\left(\int_0^l u_\infty\mathrm{d}y\right)\mathrm{d}x$$

于是,

$$\rho\frac{\mathrm{d}}{\mathrm{d}x}\int_0^l (u-u_\infty)u\mathrm{d}y + \rho\frac{\mathrm{d}u_\infty}{\mathrm{d}x}\int_0^l (u_\infty - u)\mathrm{d}y = S_w$$

边界层本身就是一个近似的概念,忽略了边界层以外,直到无界对流时无穷远处总共 1%的流速变化。取作:$y\geqslant\delta$ 时,$u\equiv u_\infty$。所以,上式势必演变为

$$\rho\frac{\mathrm{d}}{\mathrm{d}x}\int_0^\delta (u-u_\infty)u\mathrm{d}y + \rho\frac{\mathrm{d}u_\infty}{\mathrm{d}x}\int_0^\delta (u_\infty - u)\mathrm{d}y = S_w \tag{7-4-1}$$

这就是不可压流的“卡门动量积分方程”。

常令 $u_\infty \delta^* = \int_0^\delta (u_\infty - u)\mathrm{d}y$，即

$$\delta^* = \int_0^\delta \left(1 - \frac{u}{u_\infty}\right)\mathrm{d}y \tag{7-4-2}$$

称为边界层“位移厚度”或“排挤厚度”，其意义见图 7-4-2。令

$$u_\infty^2 \delta^{**} = \int_0^\delta (u_\infty - u)u\mathrm{d}y$$

即

$$\delta^{**} = \int_0^\delta \left(1 - \frac{u}{u_\infty}\right)\frac{u}{u_\infty}\mathrm{d}y \tag{7-4-3}$$

称为边界层的“动量厚度”，δ^*、δ^{**} 和 δ 一样，都只能随 x 改变，与 y 无关。引进 δ^* 和 δ^{**} 后，式(7-4-1)可写作：

$$\frac{\mathrm{d}}{\mathrm{d}x}(u_\infty^2 \delta^{**}) + u_\infty \frac{\mathrm{d}u_\infty}{\mathrm{d}x}\delta^* = \frac{S_w}{\rho} \tag{7-4-4}$$

这里引用的是常见于书籍中的推导方式，物理意义明确易懂。实际上，完全可用数学方法直接从已建立起来的运动微分方程包括连续性方程和纳维-斯托克斯方程导得①式(7-4-1)。对于不可压流体的二维流动，由式(7-3-1)，注意到 $y=0$ 时 $v=0$，则

$$v = -\int_0^y \frac{\partial u}{\partial x}\mathrm{d}y \tag{a}$$

把式(a)和伯努利方程式(7-1-10)代入式(7-3-4)，并且从 $y=0$ 积分到 $y=l(>\delta)$，可得到：

$$\rho\int_0^l \left[u\frac{\partial u}{\partial x} - \frac{\partial u}{\partial y}\left(\int_0^y \frac{\partial u}{\partial x}\mathrm{d}y\right) - u_\infty \frac{\mathrm{d}u_\infty}{\mathrm{d}x}\right]\mathrm{d}y = \int_0^l \frac{\partial}{\partial y}\left(\mu\frac{\partial u}{\partial y}\right)\mathrm{d}y \tag{b}$$

已知：

$$\mu\frac{\partial u}{\partial y}\bigg|_{y\geqslant\delta} = 0,\quad \mu\frac{\partial u}{\partial y}\bigg|_{y=+0} = -S_w$$

由分步积分，且由 $y=0$ 时 $u=0$，$y\geqslant\delta$ 时 $u=u_\infty$，得

$$\int_0^l \frac{\partial u}{\partial y}\left(\int_0^y \frac{\partial u}{\partial x}\mathrm{d}y\right)\mathrm{d}y = u_\infty\int_0^l \frac{\partial u}{\partial x}\mathrm{d}y - \int_0^l u\frac{\partial u}{\partial x}\mathrm{d}y \tag{c}$$

还应看到，u_∞ 与 y 无关，而 u 则与 y 有关，即

$$\frac{\mathrm{d}}{\mathrm{d}x}\int_0^l (u_\infty - u)u\mathrm{d}y \equiv \int_0^l (u_\infty - u)\frac{\partial u}{\partial x}\mathrm{d}y + \int_0^l u\frac{\mathrm{d}u_\infty}{\mathrm{d}x}\mathrm{d}y - \int_0^l u\frac{\partial u}{\partial x}\mathrm{d}y \tag{d}$$

于是，式(b)可最后整理成式(7-4-1)。

如果沿平板流动，或者沿微曲表面流动，边界层未脱离前(见图 7-4-3)，$\frac{\partial u_\infty}{\partial x}=0$，

① 有关圆管进口段的二维轴对称环状边界层动量积分方程，也同样可用这里介绍的数学方法，直接从柱坐标连续性方程和纳维-斯托克斯方程导得，见文献[7]。

则式(7-4-1)又可简化为

$$\rho\frac{\mathrm{d}}{\mathrm{d}x}\int_0^{\delta}(u_{\infty}-u)u\mathrm{d}y=S_w \tag{7-4-5}$$

按照§3-2所介绍的积分方程法，只要合理地假定边界层里速度分布的多项式，就可以利用动量积分方程确定边界层厚度δ和在特定几何条件与流动情况下的壁面摩擦阻力。所假定的速度分布型线越准确，计算结果就越符合实际。经验表明，即使是使用粗略假设的速度分布型线，也会得到比较可信的结果(见例7-4-1)。正是这个原因，这种近似分析方法已成为工程分析中的有力工具。

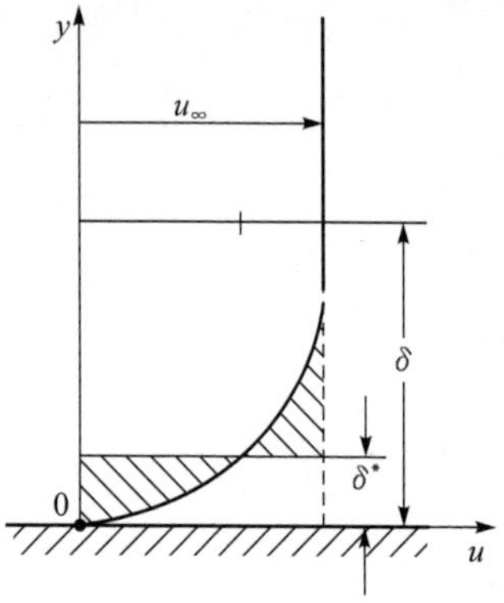

图7-4-2　边界层的位移厚度

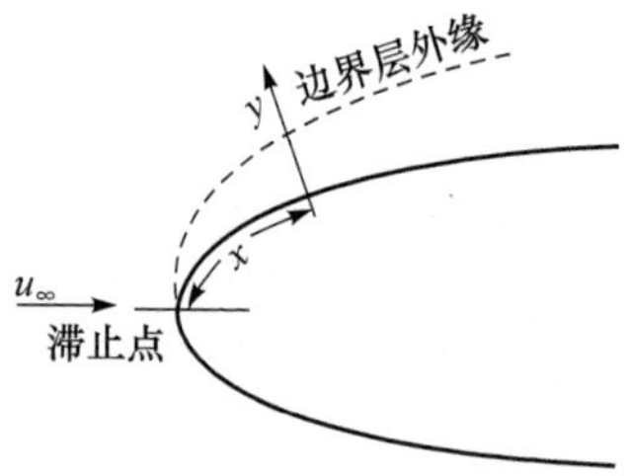

图7-4-3　绕曲表面流动，边界层未脱离前的坐标取法

例7-4-1　试计算不可压流体沿平板边界层稳定层流时的δ和u_{∞}。

［**解**］　取

$$\frac{u}{u_{\infty}}=A+B\left(\frac{y}{\delta}\right)+C\left(\frac{y}{\delta}\right)^2+D\left(\frac{y}{\delta}\right)^3+\cdots \tag{1}$$

系数A、B、C、D可根据已知的边界条件确定。例如，已知$y=0$时$u=0$，式(1)中的$A=0$。如果式(1)中的多项式只取作线性关系，就仅剩下$B\left(\frac{y}{\delta}\right)$一项，根据已知的另一个边界条件，即$y=\delta$时$u=u_{\infty}$，将不难确定式(1)中的$B=1$，从而得到最粗糙的速度分布型线为

$$\frac{u}{u_{\infty}}=\frac{y}{\delta} \tag{2}$$

即假定边界层层流时边界层里的速度按直线分布。这样，由式(7-1-14)，有

$$S_w=\mu\frac{\partial u}{\partial y}\bigg|_{y=+0}=\mu\frac{u_{\infty}}{\delta} \tag{3}$$

将式(2)和式(3)代入式(7-4-5)，同时注意到$u_{\infty}=$常量和$\delta=f(x)$，则

$$\rho u_{\infty}^2\frac{\mathrm{d}}{\mathrm{d}x}\int_0^{\delta}\left(1-\frac{y}{\delta}\right)\frac{y}{\delta}\mathrm{d}y=\mu\frac{u_{\infty}}{\delta}$$

或

$$\rho \frac{u_\infty^2}{6} \frac{d\delta}{dx} = \mu \frac{u_\infty}{\delta}$$

于是

$$\int_0^\delta \delta d\delta = \frac{6\nu}{u_\infty} \int_0^x dx$$

即

$$\frac{\delta}{x} = \frac{3.464}{\sqrt{Re_x}} \tag{4}$$

和布莱修斯精确解的式(7-3-15)相比较，这个非常粗糙的近似解也不过偏低了$\frac{4.96-3.464}{4.96} \approx 30\%$。

考虑到：速度分布在边界层外边缘处带有渐近性质，即 $y=\delta$ 时$\frac{\partial u}{\partial y}=0$；而且根据长期观测的结果，公认接近壁面的速度分布为线性，即 $y=+0$ 时$\frac{\partial^2 u}{\partial y^2}=0$。和 $y=\delta$ 时 $u=u_\infty$ 的已知条件一起，可以求解式(1)中的 B、C、D，或

$$\frac{u}{u_\infty} = \frac{3}{2} \frac{y}{\delta} - \frac{1}{2} \left(\frac{y}{\delta} \right)^3 \tag{5}$$

埃克特[25]根据式(5)，即边界层里的速度分布型线取作立方抛物线时，由式(7-4-5)求得

$$\delta d\delta = \frac{140}{13} \frac{\nu x}{u_\infty} \tag{6}$$

或

$$\frac{\delta}{x} = \frac{4.64}{\sqrt{Re_x}} \tag{7-4-6}$$

如果注意到多数实测数据只准确到大约±10%以内，那么式(7-4-6)这个近似解仅仅比精确解的$\frac{\delta}{x}$值偏低不到 7%，这在工程计算中已经能够满足需求。

实际上，工程计算更注意的是壁面对流体流动的阻力。将式(5)代入式(7-1-14)，不难计算出：

$$S_w \left(\equiv C_{f,x} \frac{\rho u_\infty^2}{2} \right) = \mu \frac{3}{2} \frac{u_\infty}{\delta} \tag{7}$$

或

$$C_{f,x} = \frac{0.646}{\sqrt{Re_x}} \tag{7-4-7}$$

$$\bar{C}_f = \frac{1}{l} \int_0^l C_{f,x} dx = 2C_{f,x=l} \tag{8}$$

这样计算的 $C_{f,x}$ 和 $\bar{C}_f$，都只比布莱修斯精确解，即由式(7-3-17)和式(7-3-18)分别计算的值偏低不到 2.7%。

尽管采用最粗糙的速度分布式(2)所计算的 δ 偏低 30%，但是由式(3)和式(4)联解，可求得

$$C_{f,x} = \frac{0.577}{\sqrt{Re_x}} \tag{9}$$

只比精确值偏低 11%。

由例 7-4-1 还能看到：精确解的一个重要意义是可用来评定近似解的可靠性。

2. 热边界层能量积分方程

运用卡门对流动边界层处理的方法，或者运用直接对能量微分方程式(7-2-18)进行积分的数学方法，可导得不可压流体二维稳定流动在不考虑黏性摩擦热情况下的热边界层能量积分方程。仍参看图 7-4-1，$l>\delta_x$ 时，由于流动中不可压流体每千克质量所携带的能量为比焓 $h=c_pT$，单位时间内，质量流量为 $\rho\int_0^l u\mathrm{d}y$ 的流体由 1-2面进入对象空间所随带的能量为 $\rho c_p\int_0^l uT\mathrm{d}y$，由 3-4 面流出时带走了更多的能量，能流净额为 $-\rho c_p\dfrac{\partial}{\partial x}\left(\int_0^l uT\mathrm{d}y\right)\mathrm{d}x$；由 2-3 面补充到对象空间的质量流量所随带的能流为 $\rho c_pT_\infty\dfrac{\partial}{\partial x}\left(\int_0^l u\mathrm{d}y\right)\mathrm{d}x$，由 1-4 面通过黏附在壁面上的流体导热单位时间传入对象空间的热量为

$$q_w\mathrm{d}x=-\lambda\left.\frac{\partial t}{\partial y}\right|_{y=+0}\mathrm{d}x$$

根据能量守恒原则，在稳定工况下，如果流体无内热源，那么，包括不考虑黏性摩擦热时，对象空间从各个面所得到或失去的能量必须平衡，或

$$-\rho c_p\frac{\partial}{\partial x}\left(\int_0^l uT\mathrm{d}y\right)\mathrm{d}x+\rho c_pT_\infty\frac{\partial}{\partial x}\left(\int_0^l u\mathrm{d}y\right)\mathrm{d}x+q_w\mathrm{d}x=0 \tag{e}$$

其中，T_∞不仅与 y 无关，而且对于无界对流来说，T_∞也不随 x 改变，或者虽是有界对流，但热边界层还在发展，热边界层以外的流体温度将保持常量不变，相当于热边界层之外存在 T_∞。于是，式(e)可改写为

$$\rho c_p\frac{\partial}{\partial x}\int_0^l(T-T_\infty)u\mathrm{d}y=q_w$$

注意：$\int_0^l(T-T_\infty)u\mathrm{d}y$ 是定积分，与 y 无关。于是，有

$$\rho c_p\frac{\mathrm{d}}{\mathrm{d}x}\int_0^l(T-T_\infty)u\mathrm{d}y=q_w \tag{f}$$

引进 $\vartheta=t-t_w$，则

$$T-T_\infty\equiv t-t_w=\vartheta-\vartheta_\infty$$

且 $y\geqslant\delta_t$ 时，有

$$\vartheta=\vartheta_\infty$$

t_∞或者维持常量，或者只是 x 的函数，t_w 和 ϑ_∞都不是 y 的函数。这样，式(f)演变为

$$\rho c_p\frac{\mathrm{d}}{\mathrm{d}x}\int_0^l(\vartheta-\vartheta_\infty)u\mathrm{d}y=q_w=-\lambda\left.\frac{\partial\vartheta}{\partial y}\right|_{y=+0} \tag{7-4-8}$$

式(7-4-8)原则上可适用于任何热边界条件。不过，t_w＝常量时，ϑ_∞ 才不随 x 改变。这表明，热边界条件 $\vartheta_\infty = f(x)$ 将具体影响温度分布和放热系数 α_c。

根据定义，局部热流为

$$q_w = \alpha_{c_x}(t_{w_x} - t_\infty) = -\lambda \frac{\partial \vartheta}{\partial y}\bigg|_{y=+0} \tag{g}$$

把式(g)代入式(7-4-8)，有

$$\rho c_p \frac{\mathrm{d}}{\mathrm{d}x}\int_0^{\delta_t}(\vartheta - \vartheta_\infty)u\mathrm{d}y = \alpha_{c_x}\vartheta_\infty \tag{7-4-9}$$

不可压流体顺平板流动时，$u_\infty \equiv$ 常量。但 t_∞＝常量时，ϑ_∞ 才保持不随 x 改变。因此，只要 t_w＝常量，由式(7-4-9)，同时根据定义式(7-3-30)，得

$$St_x \frac{\alpha_{c_x}}{\rho c_p u_\infty} = \frac{\mathrm{d}}{\mathrm{d}x}\int_0^{\delta_t}\left(\frac{\vartheta}{\vartheta_\infty} - 1\right)\frac{u}{u_\infty}\mathrm{d}y \tag{7-4-10}$$

$\dfrac{u}{u_\infty}$ 和 $\dfrac{\vartheta}{\vartheta_\infty}$ 分别作为 $\dfrac{y}{\delta}$ 和 $\dfrac{y}{\delta_t}$ 的函数一旦确定，就可由式(7-4-10)计算出

$$St_x = \frac{Nu_x}{Re_x Pr}$$

如果令

$$\int_0^{\delta_t}\left(1 - \frac{\vartheta}{\vartheta_\infty}\right)\frac{u}{u_\infty}\mathrm{d}y = \delta^{***} \tag{7-4-11}$$

并称之为热边界层的“能量厚度”①，则式(7-4-8)也可改写为

$$\frac{\mathrm{d}}{\mathrm{d}x}(u_\infty \vartheta_\infty \delta^{***}) = a\frac{\partial \vartheta}{\partial y}\bigg|_{y=+0} \tag{7-4-12}$$

或者由式(7-4-10)，t_w＝常量时，有

$$St_x = -\frac{\mathrm{d}\delta^{***}}{\mathrm{d}x} \tag{7-4-13}$$

δ^{***} 显然只是 x 的函数，而与 y 无关。

例 7-4-2　试求不可压流体沿等温平板边界层层流时的稳定放热系数。

---

①　在文献[1]中，称 δ^{***} 为“焓厚度”，以区别于“能量耗散厚度”，后者表达式为

$$\delta_\phi = \int_0^\delta \frac{u}{u_\infty}\left(1 - \frac{u^2}{u_\infty^2}\right)\mathrm{d}y$$

文献[26]把式(7-3-4)等号两边各乘以 u，然后积分，注意到 $-\dfrac{1}{\rho}\dfrac{\partial p}{\partial x} = u_\infty \dfrac{\partial u_\infty}{\partial x}$，并且根据式(7-3-1)，有 $v = -\int_0^y \dfrac{\partial u}{\partial x}\mathrm{d}y$，最后导得

$$\mu\int_0^\delta \left(\frac{\partial u}{\partial y}\right)^2 \mathrm{d}y = \frac{\rho}{2}\frac{\mathrm{d}}{\mathrm{d}x}(u_\infty^3 \delta_\phi)$$

在需要考虑黏性摩擦热影响时，可在式(7-4-10)等号两边增添新的一项：$\dfrac{1}{2}c_p\dfrac{\mathrm{d}}{\mathrm{d}x}(u_\infty^3\delta_\phi)$。

［解］ 取

$$\frac{\vartheta}{\vartheta_\infty}=A_t+B_t\left(\frac{y}{\delta_t}\right)+C_t\left(\frac{y}{\delta_t}\right)^2+D_t\left(\frac{y}{\delta_t}\right)^3+\cdots \tag{1}$$

类似于例 7-4-1 的题解，热边界条件为

$$\begin{cases} y=0\text{ 时}, & \vartheta=0 \\ y=\delta_t\text{ 时}, & \vartheta=\vartheta_\infty, \quad \dfrac{\partial\vartheta}{\partial y}=0 \end{cases}$$

根据长期观测的结果，公认接近壁面的温度为线性，即 $y\to 0$ 时$\dfrac{\partial^2\vartheta}{\partial y^2}\to 0$。

最后求得

$$\frac{\vartheta}{\vartheta_\infty}=\frac{3}{2}\left(\frac{y}{\delta_t}\right)-\frac{1}{2}\left(\frac{y}{\delta_t}\right)^3 \tag{2}$$

于是，

$$q_w\left(\equiv -\lambda\frac{\partial\vartheta}{\partial y}\bigg|_{y=+0}\right)=-\lambda\vartheta_\infty\,\frac{3}{2}\,\frac{1}{\delta_t} \tag{3}$$

将式(2)和例 7-4-1［解］的式(5)一起代入式(7-4-8)，等号左边的积分给出：

$$-\vartheta_\infty u_\infty\int_0^{\delta_t}\left(1-\frac{\vartheta}{\vartheta_\infty}\right)\frac{u}{u_\infty}\mathrm{d}y=-\vartheta_\infty u_\infty\left(\frac{3}{20}\,\frac{\delta_t^2}{\delta}-\frac{3}{280}\,\frac{\delta_t^4}{\delta^3}\right)$$

或者令 $\zeta=\dfrac{\delta_t}{\delta}$，上述积分值为$-\vartheta_\infty u_\infty\delta\left[\dfrac{3}{20}\zeta^2\left(1-\dfrac{1}{14}\zeta^2\right)\right]$。由式(7-3-27)，$\zeta\approx Pr^{-1/3}$，$Pr\geqslant 1$ 时，$\zeta\leqslant 1$，括号中第二项相对可略去不计。例如，$Pr=1$、2、10 时，由此引起的误差分别为偏大 7.14%、4.5%、1.5%。气体的 $Pr=0.65\sim 1$，ζ 有可能达到 1.154，略去括号中第二项引起的误差也未超过 7.5%。因此，液态金属除外时，由式(7-4-8)，有

$$-\rho c_p u_\infty\,\frac{\mathrm{d}}{\mathrm{d}x}\left(\frac{3}{20}\vartheta_\infty\delta\zeta^2\right)=q_w \tag{4}$$

式中，已考虑了不可压流体沿平板流动时 $u_\infty=$常量，将式(3)代入式(4)，有

$$\frac{3}{20}u_\infty\left[\vartheta_\infty\,\frac{\mathrm{d}}{\mathrm{d}x}(\zeta^2\delta)+\zeta^2\delta\,\frac{\mathrm{d}\vartheta_\infty}{\mathrm{d}x}\right]=\frac{3}{2}a\vartheta_\infty\,\frac{1}{\delta\zeta}$$

或

$$\frac{1}{10}u_\infty\left[\left(\zeta^3\delta\,\frac{\mathrm{d}\delta}{\mathrm{d}x}+2\zeta^2\delta^2\,\frac{\mathrm{d}\zeta}{\mathrm{d}x}\right)+\zeta^3\delta^2\,\frac{1}{\vartheta_\infty}\,\frac{\mathrm{d}\vartheta_\infty}{\mathrm{d}x}\right]=a \tag{5}$$

其中，a 为流体的导温系数或热扩散系数，即 $a\equiv\dfrac{\lambda}{\rho c_p}$。

对于等温平板，$t_\infty=$常量，ϑ_∞也将保持不随 x 改变，即$\dfrac{\mathrm{d}\vartheta_\infty}{\mathrm{d}x}=0$。于是，式(5)简化为

$$\frac{1}{10}u_\infty\left(\zeta^3\delta\,\frac{\mathrm{d}\delta}{\mathrm{d}x}+2\zeta^2\delta^2\,\frac{\mathrm{d}\zeta}{\mathrm{d}x}\right)=a \tag{6}$$

而在例 7-4-1 中，已求得式(7-4-6)，即

$$\left.\begin{aligned} \delta\,\frac{\mathrm{d}\delta}{\mathrm{d}x}&=\frac{140}{13}\,\frac{\nu}{u_\infty} \\ \text{和}\qquad \delta^2&=\frac{280}{13}\,\frac{\nu x}{u_\infty} \end{aligned}\right\} \tag{7}$$

把式(7)代入式(6)，注意到$\frac{\nu}{a}=Pr$，则得

$$\frac{14}{13}Pr\left(\zeta^3+4x\zeta^2\frac{d\zeta}{dx}\right)=1$$

亦即

$$\zeta^3+\frac{4}{3}x\frac{d(\zeta^3)}{dx}=\frac{13}{14}\frac{1}{Pr} \tag{8}$$

若令 $\zeta^3=\varphi$，则式(8)将变换为

$$\varphi+\frac{4}{3}x\frac{d\varphi}{dx}=\frac{13}{14}\frac{1}{Pr} \tag{9}$$

一个特解为

$$\varphi=\zeta^3=\frac{13}{14Pr}$$

或

$$\zeta=\frac{\delta_t}{\delta}=0.976Pr^{-1/3} \tag{7-4-14}$$

这和波尔豪森[20]得到的式(7-3-27)十分吻合。至于齐次式

$$\varphi+\frac{4}{3}x\frac{\partial\varphi}{\partial x}=0$$

的通解，可试用 $\varphi=x^n$，这样，

$$x^n+\frac{4}{3}x(nx^{n-1})=0$$

从而确定 $n=-\frac{3}{4}$。因此，式(8)的全解为

$$\zeta^3=\frac{13}{14Pr}+C^{-3/4} \tag{10}$$

参看图 7-1-12，从平板前缘起的绝热段长度为 x_0，$x\leqslant x_0$ 时 $\delta_t=0$，即 $x=x_0$ 时$\zeta=0$，可由式(10)确定积分常量为

$$C=-\frac{13}{14Pr}x_0^{3/4}$$

最终的解为

$$\frac{\delta_t}{\delta}=\zeta=0.976\,Pr^{-1/3}\sqrt[3]{1-\left(\frac{x_0}{x}\right)^{3/4}} \tag{7-4-15}$$

可以看到，$x_0=0$ 时，式(7-4-15)就简化为适用于热边界层和流动边界层同时开始形成的式(7-4-14)的场合。

由式(3)，有

$$q_w=-\lambda\vartheta_\infty\frac{3}{2}\frac{1}{\delta_t}=\alpha_c(t_w-t_\infty) \tag{11}$$

于是

$$\alpha_c=\frac{3}{2}\lambda\frac{\delta}{\delta_t}\frac{1}{\delta}$$

或

$$Nu_x = \frac{\alpha_c x}{\lambda} = \frac{3}{2}\frac{1}{\delta_t/\delta}\frac{1}{\delta/x} \tag{12}$$

将式(7-4-6)和式(7-4-15)同时代入式(12)，得

$$Nu_x = 0.332\frac{Pr^{1/3}}{\sqrt[3]{1-\left(\frac{x_0}{x}\right)^{3/4}}}Re^{1/2} \tag{7-4-16}$$

这样，$x_0=0$ 时，也得到了波尔豪森精确解的式(7-3-28)。

还可以指出：在图 7-1-14 和式(7-1-21)中都曾引用早在图 1-4-1 中提出的"导热膜厚"δ'，在这里，不难发现，

$$\frac{\vartheta_\infty}{\delta'} = \left.\frac{\partial\vartheta}{\partial q}\right|_{y=+0} = \frac{3}{2}\frac{\vartheta_\infty}{\delta_t}$$

即

$$\delta' = \frac{2}{3}\delta_t \tag{13}$$

根据式(7-1-21)，有

$$Nu_x = \frac{x}{\delta'} \tag{14}$$

液态金属除外时，与 x 相比，热边界层厚度显得很小，δ'更小，但与 δ_t 属于相同数量级。可见，非液态金属受迫沿平板流动时的 Nu_x，即使边界层层流时，也将是一个数量级为 10^1 或者更大的无量纲数。

§7-3 和例 7-4-2 的题解都具体处理了热边界条件为 t_∞＝常量时不可压流体沿平板边界层层流的放热。不过，在例 7-4-2[解]中，已提出 $t_\infty\neq$常量时边界层近似分析的方法，即根据给定的 $t_w=f(x)$，由于 t_∞不随 x 改变，可以确定$\frac{\mathrm{d}\vartheta_\infty}{\mathrm{d}x}=-\frac{\mathrm{d}t_w}{\mathrm{d}x}$，由例 7-4-2中的式(5)运算求解。相关文献中也提出过多种不同的处理非等温平板的近似方法[27]。不同的壁面温度分布，对不可压流体顺平板流动放热产生两方面的作用：影响温度分布型线和热边界层厚度。改变热边界层厚度，是显而易见的。至于温度分布型线，例如 q_w 为常量时，就会增添一个新的关系条件式：$\lambda\left.\frac{\partial\vartheta}{\partial y}\right|_{y=+0}$＝常量，当然，这并不改变例 7-4-2 中导出式(2)所采用的条件式$\left.\frac{\partial^2\vartheta}{\partial y^2}\right|_{y=+0}=0$。$q_w$＝常量，或者已知 $q_w=\varphi(x)$时，可以利用式(7-4-8)求解。

应当看到，对流换热的热边界条件只能有 $t_w=f(x)$和 $q_w=\phi(x)$两类。t_w＝常量时，ϑ_∞不随 x 改变，q_w 则随热边界层的增厚而单调下降，可看做是 $q_w=\phi(x)$的一种特殊情况。而 q_w＝常量时，q_w 不沿流动方向减小，贴近壁面处的流体被强迫加热而使 t_w 明显升高，从而使$\left.\frac{\partial t}{\partial y}\right|_{y=+0}$超过 t_w＝常量时的值。这表明：q_w＝常量时的 α_{c_x} 可以比 t_w＝常量时高约 30%；不过，随着 $\delta_t(x)$的加厚，处在边界层里的流体数量增多，热容量加大，将使壁面温度的变化平缓，两种不同热边界条件下 α_{c_x} 的

差异也就因之逐渐减小[8]。

3. 液态金属沿等温平板边界层层流时的放热

边界层动量积分方程式(7-4-5)以及例 7-4-1 中所得到的结果，都将完全适用于液态金属。以液态金属作为冷却剂在高温回路中长期运行后，容易氧化，影响液态金属的物性，而且在与固体表面接触处会出现特殊的表面物理现象而使传热恶化。对于纯净的液态金属来说，热边界层能量积分方程式(7-4-8)以及 t_w = 常量时的式(7-4-10)将同样适用。但液态金属的动黏度 ν 远远低于其他流体，$Pr \ll 1$，大约在 $5\times10^{-3}\sim0.22$，以致 $\delta_t \gg \delta$。在 $\delta \leqslant y \leqslant \delta_t$ 的热边界层里，绝大部分的流速 $u \approx u_\infty$。一种最粗糙的初步近似处理，就是在积分方程式(7-4-8)和式(7-4-10)中，把 u 当做 u_∞，看做是“柱塞流”，可导得相当满意的 St_x 值。自然，不能把这个 $u = u_\infty$ 的假说用来计算 δ 和 S_w，仅限用于液态金属的 δ 和 Nu。

对于液态金属沿等温平板边界层层流时的稳定放热，例 7-4-2 中的式(1)、式(2)、式(3)都保持不变，但取 $\dfrac{u}{u_\infty} = 1$ 时，式(7-4-8)等号左边的积分值给出：

$$-\vartheta_\infty u_\infty \int_0^{\delta_t} \left(1 - \frac{\vartheta}{\vartheta_\infty}\right) \frac{u}{u_\infty} \mathrm{d}y = -\frac{3}{8} \vartheta_\infty u_\infty \delta_t$$

或由式(7-4-8)，得到

$$\frac{3}{8} \vartheta_\infty u_\infty \frac{\mathrm{d}\delta_t}{\mathrm{d}x} = \frac{3}{2} a \frac{\vartheta_\infty}{\delta_t}$$

亦即

$$\int_0^{\delta_t} 2\delta_t \mathrm{d}\delta_t = \int_{x_0}^{x} \frac{8a}{u_\infty} \mathrm{d}x$$

$$\delta_t = \sqrt{\frac{8a}{u_\infty}(x - x_0)} \tag{h}$$

或

$$\frac{\delta_t}{x} = \frac{2.828}{Pe_x^{1/2}} \sqrt{1 - \frac{x_0}{x}} \tag{7-4-17}$$

式中，$Pe_x (\equiv Re_x Pr) = \dfrac{u_\infty x}{a}$ 为“贝克来数”，见式(7-3-30)。在没有绝热段的情况下，$x_0 = 0$，由式(7-4-17)，导得

$$\frac{\delta_t}{x} = \frac{2.828}{Pe_x^{1/2}} \tag{7-4-18}$$

和非金属流体一样，流动边界层厚度可由式(7-3-15)或例 7-4-1[解]中的近似式(7-4-6)计算。$x_0 = 0$，即热边界层和流动边界层同时开始形成时，根据式(7-3-15)和式(7-4-18)，有

$$\left.\begin{aligned}\frac{\delta}{\delta_t} &= \frac{4.96}{2.828}Pr^{1/2} = 1.75Pr^{1/2}\\ \text{或}\quad \frac{\delta_t}{\delta} &= 0.57Pr^{-1/2}\end{aligned}\right\}\tag{7-4-19}$$

$Pr\approx 10^{-2}$ 时，$\frac{\delta_t}{\delta}\approx 5.7$。这表明，液态金属确实不同于其他流体，$\delta_t$ 远超过 δ，而且式(7-4-19)在形式上也和式(7-3-27)或式(7-4-15)不一样。

仿照例 7-4-2[解]相同的方式，不难从将式(7-4-17)和式(7-3-15)代入例 7-4-2[解]中式(12)导得液态金属顺平板边界层层流时，

$$Nu_x = 0.53\frac{Pe_x^{1/2}}{\sqrt{1-\frac{x_0}{x}}}\tag{7-4-20}$$

或 $x_0=0$ 时，

$$Nu_x = 0.53Re_x^{1/2}Pr^{1/2}\tag{7-4-21}$$

可以看到，对于液态金属，式(7-4-20)和式(7-4-21)中 Pr 的指数已从其他流体的 1/3 改变为 1/2。这说明，式(7-3-31)和柯尔朋比拟式(7-3-33)并不能准确适用于液态金属。

§7-5　湍流时热量传递与动量传递的比拟

流体稳定层流时，流体的温度、流速、静压等在每一地点都有一定的恒值，流体的质点遵循着特定的流线移动。热量和动量跨越流线的传递只能依靠分子的扩散。这种横跨流线的迁移是如此的小，注入的颜料将显示出流线而觉察不到扩散的实际存在。湍流时，如图 7-1-7 所指出的，存在着强烈的混合机构，瞬时流线参差起伏，使注入的颜料很快就扩散成一大片，直到下游的整个流体全被染上色。这种混合机构，即质点与质点之间的湍动混合作用，使湍流时的流动阻力和对流放热系数要比层流时高得多。由于问题的复杂性和测量湍动混合技术上的困难性，有关湍流机理的研究，尽管一个世纪以来进行了长期不断的探索，却仍然是当前物理界所关注的重大方面。为了能简明介绍湍流理论的基础，将仅限于常物性的不可压流，以便讨论流场时，可以不必同时考虑温度场的影响。

雷诺[28]详细探讨了不可压流的纳维-斯托克斯方程式(7-2-13)用于湍流的问题。以 x 轴向分量为例，有

$$\frac{Du}{D\tau}\equiv\frac{\partial u}{\partial\tau}+u\frac{\partial u}{\partial x}+v\frac{\partial u}{\partial y}+w\frac{\partial u}{\partial z}\tag{a}$$

对于不可压流，利用连续性方程式(7-2-3)，有

$$\mathrm{div}w\left(\equiv\frac{\partial u}{\partial x}+\frac{\partial v}{\partial y}+\frac{\partial w}{\partial z}\right)=0\tag{b}$$

流速 u 随时间 τ 的总变化率$\dfrac{Du}{D\tau}$还须顾及不同轴向动量变化的影响，记作

$$\frac{Du}{D\tau}=\frac{\partial u}{\partial \tau}+\frac{\partial(u^2)}{\partial x}+\frac{\partial(uv)}{\partial y}+\frac{\partial(uw)}{\partial z} \tag{c}$$

雷诺[28]根据式(7-1-15)，把瞬时值取作时均值与瞬时起伏值的代数和，即

$$\left.\begin{aligned} u=\bar{u}+u',\quad v=\bar{v}+v' \\ w=\bar{w}+w',\quad p=\bar{p}+p' \end{aligned}\right\} \tag{d}$$

工程上测量的时间有效值常远超过起伏周期，若式(d)的等号两边都取时均值，则有

$$\bar{u}=\overline{\bar{u}+u'}=\bar{u}+\overline{u'}$$

而

$$\overline{u'}=0,\quad \overline{v'}=0,\quad \overline{w'}=0,\quad \overline{p'}=0$$

雷诺由式(b)导出不可压湍流的连续性方程为

$$\left.\begin{aligned} \frac{\partial \bar{u}}{\partial x}+\frac{\partial \bar{v}}{\partial y}+\frac{\partial \bar{w}}{\partial z}=0 \\ \frac{\partial u'}{\partial x}+\frac{\partial v'}{\partial y}+\frac{\partial w'}{\partial z}=0 \end{aligned}\right\} \tag{7-5-1}$$

即时均速度分量与瞬时起伏速度分量都符合式(7-2-3)。

由于

$$u^2=(\bar{u}+u')^2=\bar{u}^2+2\bar{u}u'+u'^2$$

有

$$\overline{u^2}=\overline{(\bar{u}+u')^2}=\bar{u}^2+\overline{u'^2}$$

其中，

$$\overline{u'^2}\neq 0,\quad \overline{v'u'}\neq 0,\quad \overline{w'u'}\neq 0$$

通过这种运算，雷诺由式(7-2-13)导得 x 轴向分量式为

$$\rho\frac{D\bar{u}}{D\tau}=\rho g_x-\frac{\partial \bar{p}}{\partial x}+\mu\nabla^2\bar{u}-\rho\frac{\partial\overline{u'^2}}{\partial x}-\rho\frac{\partial\overline{(v'u')}}{\partial y}-\rho\frac{\partial\overline{(w'u')}}{\partial z} \tag{7-5-2}$$

或

$$\rho\frac{D\bar{u}}{D\tau}=\rho g_x-\frac{\partial \bar{p}}{\partial x}+\frac{\partial}{\partial x}\left(\mu\frac{\partial \bar{u}}{\partial x}-\rho\overline{u'^2}\right)+\frac{\partial}{\partial y}\left(\mu\frac{\partial \bar{u}}{\partial y}-\rho\overline{v'u'}\right)+\frac{\partial}{\partial z}\left(\mu\frac{\partial \bar{u}}{\partial z}-\rho\overline{w'u'}\right) \tag{7-5-3}$$

式(7-5-3)就是雷诺导出的不可压湍流沿 x 轴向分量的动量方程，是对纳维-斯托克斯方程式(7-2-13)的修正。除了瞬时值 u、v、w、p 一概代之以相应的时均值以外，增加了三项，每一项都包含起伏速度分量 u'、v'、w'。不难发现，根据式(7-2-7)和式(7-2-8)，$\mu\nabla^2\bar{u}$ 给出具有不同时均速度的流体层之间分子扩散的黏性应力，而式(7-5-2)等号右边的最后三项则给出湍动起伏所将引起的外加应

力，可记作 s_t，并被命名为"雷诺应力"，具体包括一项法向湍动应力和两项切向湍动应力，即

$$\left.\begin{aligned} s_{t_{xx}} &= -\rho\overline{u'^2} \\ s_{t_{yx}} &= -\rho\overline{v'u'} \\ s_{t_{zx}} &= -\rho\overline{w'u'} \end{aligned}\right\} \tag{7-5-4}$$

不可压流体沿平板边界层湍流时，对于时均值来说是二维流场。不但式(7-5-3)等号右边第二项与最后一项消失掉，而且第三项与第四项相比，小到可以略去不计。在不考虑重力影响的情况下，式(7-5-3)将简化为

$$\rho\frac{D\bar{u}}{D\tau} = \frac{\partial}{\partial y}\left(\mu\frac{\partial\bar{u}}{\partial y} - \rho\overline{v'u'}\right) \tag{7-5-5}$$

若仿效黏性切应力的表达式(7-1-12)，把雷诺应力记作①

$$s_{t_{yx}} = (-\rho\overline{v'u'}) = \rho\varepsilon_M\frac{\partial\bar{u}}{\partial y} \tag{7-5-6}$$

则式(7-5-5)又可改写为

$$\rho\frac{D\bar{u}}{D\tau} = \frac{\partial}{\partial y}\left[(\mu + \rho\varepsilon_M)\frac{\partial\bar{u}}{\partial y}\right] \tag{7-5-7}$$

或沿平板边界层稳定湍流时，有

$$\bar{u}\frac{\partial\bar{u}}{\partial x} + \bar{v}\frac{\partial\bar{u}}{\partial y} = \frac{\partial}{\partial y}\left[(\nu + \varepsilon_M)\frac{\partial\bar{u}}{\partial y}\right] \tag{7-5-8}$$

这就和边界层稳定层流时的式(7-3-6)形式相一致，所不同的是，只把速度分量改取时均值，并且用湍动动量扩散的 $\nu+\varepsilon_M$ 置换层流时的动黏度 ν。式(7-5-6)中引进的 ε_M 称为"湍动黏度"或"动量的湍动交换系数"，是一个可和动黏度相比拟的表观量，只能是正值。不过，ν 和 μ 是流体的物性量，只取决于流体本身，黏性的影响主要表现在速度梯度大的贴壁薄层里；而 ε_M 则取决于流动中流体混合的强弱程度，与距壁面的地点有关，将在从湍流核心到层流底层的中间过渡区——"缓冲层"(见图 7-1-7)里逐渐减小到层流底层时的零值(另见§7-7)。要想根据式(7-5-8)真正进行量的计算，还必须找到 ε_M 与流动情况之间的数量关系。普朗特[30]的"混合长度"理论(详见§7-7)，就是在这方面取得的一个早期的重要突破，至今还被广泛地直接或加以修正地用来分析固体壁面包括沿平板与管和槽道的湍流流动。

沿平板边界层湍流时，参看图 7-5-1，相邻流层按不同流速 $\bar{u}=f(y)$ 流动，质点的时均流速为 $\bar{u}$，向上起伏移动的 $v'>0$。进入较大时均流速层时，相当于具有一个相对负速，或 $u'<0$。反之，质点向下起伏移动时，$v'<0$，落到具有较小时均流速层里，相当于具有一个相对正速，或 $u'>0$。跨越的质量流为单位时间、单位体

① 布辛奈斯库[29]最初提出雷诺应力时，引进的所谓"混合系数"就是这里的 $\rho\varepsilon_M$。

积 $\rho v'$，相对引进的动量迁移为单位时间、单位面积 $-\rho v'u'$，这将造成垂直于 y 轴向的平面上、平行于 x 轴向的"表观湍动切应力"或所谓雷诺应力 $s_{t_{yx}}$ 的时均值为

$$s_{t_{yx}} = -\frac{1}{\Delta\tau}\int_{\tau_0}^{\tau_0+\Delta\tau}\rho v'u'\mathrm{d}\tau = -\rho\overline{v'u'}$$

式中，v' 和 u' 永远异号，所以 $\overline{v'u'}$ 将是一个负值。必须看到，层流时的切应力是一种真实存在的黏性应力，而湍动时的表观湍动切应力只是引进用以表明湍动起伏所造成的附加动量迁移效应。湍流切应力的时均值可以表示成黏性应力与表观湍动切应力两者之和，即

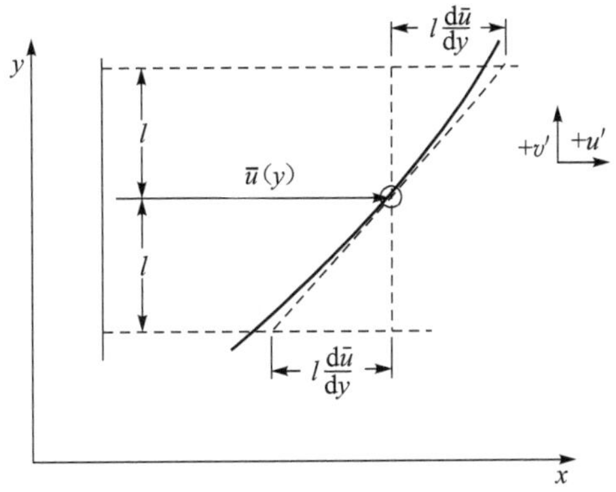

图 7-5-1 动量迁移的"混合长度"概念

$$s_{yx} = \rho(\nu + s_M)\frac{\mathrm{d}\bar{u}}{\mathrm{d}y} \tag{7-5-9}$$

由图 7-5-1，注意图中 $\bar{u}=f(y)$，仅限 y 轴向变化，若湍动起伏距离为 l，则

$$\overline{|u'|} \approx l\left(\frac{\mathrm{d}\bar{u}}{\mathrm{d}y}\right) \tag{e}$$

普朗特从 v' 和 u' 处于同一数量级的假设出发，取 $\overline{|v'|}\approx\overline{|u'|}$，导出

$$-\overline{v'u'} \propto l^2\left(\frac{\mathrm{d}\bar{u}}{\mathrm{d}y}\right)^2$$

普朗特[30]令

$$-\overline{v'u'} = l^2\left(\frac{\mathrm{d}\bar{u}}{\mathrm{d}y}\right)^2 \tag{f}$$

称 l 为湍动**混合长度**。于是，由式(7-5-6)，并且考虑到 s_M 为正值，就得出

$$s_M = l^2\left|\frac{\mathrm{d}\bar{u}}{\mathrm{d}y}\right| \tag{7-5-10}$$

或

$$s_M = -\overline{v'l} \tag{g}$$

普朗特关于混合长度的理论[30]，应该算作是一种物理的假说，引进了另一个度量湍动混合强弱的未知量 l，并没有直接提供 s_M 的大小，但通过混合长度 l 却把湍动混合作为动量迁移和热量迁移内在的联系揭示出来[1]。对于湍流换热，把瞬时温度表示成：

$$t = \bar{t} + t'$$

沿 y 轴向的传热速率将包含两部分：①分子扩散的热量迁移速率为 $-\rho c_p a\dfrac{\partial\bar{t}}{\partial y}$，负

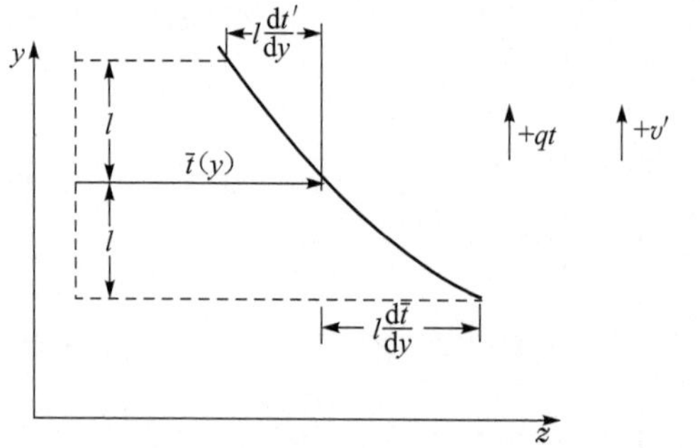

图 7-5-2　能量迁移的混合长度概念

号表示朝向温度降低的方向，$\frac{\partial \bar{t}}{\partial y}$为负值；②参看图 7-5-2，由于湍动混合所产生的附加能量迁移速率为 $q_t=\rho c_p \overline{v't'}$，记作：

$$q=-\rho c_p\left(a+\varepsilon_T \frac{d\bar{t}}{dy}\right) \tag{7-5-11}$$

其中，ε_T 称为"能量的湍动交换系数"或"湍动热扩散系数"，是一个可和流体热扩散系数 a（"导温系数"）相比拟的表观量。于是，不可压流体沿平板边界层稳定湍流时的能量方程将是

$$\bar{u}\frac{\partial \bar{t}}{\partial x}+\bar{v}\frac{\partial \bar{t}}{\partial y}=\frac{\partial}{\partial y}\left[(a+\varepsilon_T)\frac{\partial \bar{t}}{\partial y}\right] \tag{7-5-12}$$

这和不考虑黏性摩擦热、边界层稳定层流时的式(7-3-21)形式一致，所不同的是，仅仅把温度和速度分布改取时均值，同时用 $a+\varepsilon_T$ 置换层流时的 a。当 t_w＝常量时，引进 $\bar{\vartheta}=\bar{t}+t_w$，式(7-5-12)可被改写为

$$\left.\begin{aligned}&\bar{u}\frac{\partial \bar{\vartheta}}{\partial x}+\bar{v}\frac{\partial \bar{\vartheta}}{\partial y}=\frac{\partial}{\partial y}\left[(a+\varepsilon_T)\frac{\partial \bar{\vartheta}}{\partial y}\right]\\ \text{或}\quad&\bar{u}\frac{\partial \bar{\vartheta}}{\partial x}+\bar{v}\frac{\partial \bar{\vartheta}}{\partial y}=\frac{\partial}{\partial y}\left[\left(\frac{\nu}{Pr}+\frac{\varepsilon_M}{Pr_t}\right)\frac{\partial \bar{\vartheta}}{\partial y}\right]\end{aligned}\right\} \tag{7-5-13}$$

式(7-5-8)和式(7-5-13)，只要都转换为柱坐标，将同样适用于等截面管道的定型流动区，因为这时$\frac{\partial \bar{p}}{\partial x}$也等于零。

图 7-5-2 中假定 $\bar{t}$ 只是 y 的函数，$\overline{|t'|}\approx -l\frac{\partial \bar{t}}{\partial y}$。于是

$$-\overline{v't'}=l^2\frac{d\bar{u}}{dy}\frac{d\bar{t}}{dy}\quad \text{或}\quad \varepsilon_T=l^2\left|\frac{d\bar{u}}{dy}\right| \tag{h}$$

即 $\varepsilon_T=-\overline{v'}l$。

这样，根据普朗特混合长度的假说，对比式(h)和式(g)，显然，$\varepsilon_M=\varepsilon_T$，或无量纲的"湍动普朗特数"$Pr_t\left(\equiv\frac{\varepsilon_M}{\varepsilon_T}\right)$的值恰好等于 1。普朗特所提出的这种湍流换热模型肯定过于简单，例如，在湍流边界层的贴壁层流底层中，更严格地会在无限逼近壁面时不存在湍动混合，ε_M 和 ε_T 都应为零，而且湍动起伏的大小完全具有偶然性，为此发展出湍动统计理论[31,32]，但实验检验表明，利用简单的混合长度模型进行分析的结果至少在定性上是正确的。不同的实测结果发现：汞在管内湍流被加

热时，$\frac{\varepsilon_T}{\varepsilon_M}\left(=\frac{1}{Pr_t}\right)$可从 1 变化到 1.6，或 Pr_t 从 1 变化到 0.625，而且与 Re 以及离管壁的无因次距离 y/R 都有关系[33]；气体的 $Pr_t\approx 0.7$。后来的一些研究者同样指出，Pr_t 的值与流体的 Pr 高低近乎无关，但还不是一个常数，并且与距壁面的无因次距离 y/R 有关[34]。尽管根据温度分布和速度分布的实验资料，边界层流动的 Pr_t 比较接近于 0.7，尾流时的 Pr_t 比较接近于 0.5，但实际计算的经验表明：把 Pr_t 简单地取作 1，常常是可接受的。

式(7-5-11)除以式(7-5-9)，得到

$$\frac{q}{s}=-c_p\frac{a+\varepsilon_T}{\nu+\varepsilon_M}\frac{\mathrm{d}\bar{t}}{\mathrm{d}\bar{u}} \tag{7-5-14}$$

既然 Pr_t 可取作 1，$\varepsilon_T=\varepsilon_M$，$Pr=1$ 时 $a=\nu$，式(7-5-14)可被简化为

$$\frac{q}{s}=-c_p\frac{\mathrm{d}\bar{t}}{\mathrm{d}\bar{u}} \tag{7-5-15}$$

而在层流底层中，$\varepsilon_T=0$，$\varepsilon_M=0$，$t'=0$，$u'=0$，$v'=0$，只要 $Pr=1$，总能得到式(7-5-15)。

很容易理解，$Pr_t=1$ 和 $Pr=1$ 时，如果 $t_w=$常量，式(7-5-8)和式(7-5-13)以及相应的边界条件将完全类似，这表明：$\frac{\bar{u}}{\bar{u}_\infty}=f\left(\frac{y}{\delta}\right)$和$\frac{\bar{\vartheta}}{\bar{\vartheta}_\infty}=\varphi\left(\frac{y}{\delta_t}\right)$将是相同的函数。在热边界层和流动边界层同时开始形成的情况下，$\delta=\delta_t$，而且

$$\frac{\partial\left(\frac{\bar{\vartheta}}{\bar{\vartheta}_\infty}\right)}{\partial\left(\frac{y}{\delta_t}\right)}=\frac{\partial\left(\frac{\bar{u}}{\bar{u}_\infty}\right)}{\partial\left(\frac{y}{\delta}\right)}$$

即在同一个 x 截面上，有

$$\left.\begin{aligned}&\frac{\mathrm{d}(\bar{\vartheta}/\bar{\vartheta}_\infty)}{\mathrm{d}(\bar{u}/\bar{u}_\infty)}=1\\ \text{或}\quad&\\ &\frac{\mathrm{d}\bar{\vartheta}}{\mathrm{d}\bar{u}}=\frac{\bar{\vartheta}_\infty}{\bar{u}_\infty}\end{aligned}\right\} \tag{i}$$

$t_w=$常量时，式(7-5-15)可改写为

$$\frac{q}{s}=-c_p\frac{\mathrm{d}\bar{\vartheta}}{\mathrm{d}\bar{u}} \tag{7-5-16}$$

将式(i)代入式(7-5-16)，可见 $t_w=$常量、$Pr_t=1$ 和 $Pr=1$ 时，有

$$\frac{q}{s}=-c_p\frac{\bar{\vartheta}_\infty}{\bar{u}_\infty}=\text{常量}=\frac{q_w}{s_w} \tag{j}$$

在 x 截面上，有

$$\left.\begin{aligned}q_w&=\alpha_{c_x}\bar{\vartheta}_\infty\\ s_w&=\frac{1}{2}C_{f,x}\rho\bar{u}_\infty^2\end{aligned}\right\}$$

由式(j)将同样导得雷诺比拟式(7-3-32),即

$$St_x\left(\equiv\frac{\alpha_{c_x}}{\rho c_p\bar{u}_\infty}\right)=\frac{1}{2}C_{f,x} \tag{7-5-17}$$

式(7-5-17)是依据 $Pr=1$ 得到的,气体的 $Pr=0.65\sim1$,基本上符合这个条件。层流时,不存在"Pr 的值究竟有多大"的问题,所以式(7-5-17)将严格适用于层流。对于湍流,由于 Pr_t 取作 1 而使式(7-5-17)带有近似性。不过,边界层湍流时,湍动混合使温度分布平坦化,热边界条件对对流放热的影响远不如层流时明显,无论 $t_w=$ 常量或 $q_w=$ 常量,雷诺比拟式(7-5-17)对 $Pr\approx1$ 的不可压流体都将成立。液态金属除外时,$\delta_t\approx\delta\ll x$,热边界层和流动边界层都很薄,可以认为 $\frac{q}{s}$ 与 $Pr=1$ 时相仿,允许近似地取作 $\frac{q}{s}\approx\frac{q_w}{s_w}$。因此,湍流的实验数据证实,对于 $Pr\neq1$ 的非液态金属,仍可把雷诺比拟式(7-5-17)经验地修正为柯尔朋比拟式(7-3-33),即

$$j_H(\equiv St_xPr^{2/3})=\frac{1}{2}C_{f,x} \tag{7-5-18}$$

$Pr\approx1$ 时,式(7-5-18)将自然演化为式(7-5-17)。

对流换热和壁面对流体流动的摩擦阻力之间存在着可比拟的关系,这在工程技术界特别容易引起人们的兴趣。原因是,可利用比较容易进行的阻力试验的数据合理地预计放热系数。有关湍流传热理论的发展,包括对雷诺比拟的修正,将在§7-7 中作进一步介绍。

§7-6 不可压流体沿平板边界层湍流时的放热

实际应用热量传递与动量迁移的比拟式,必须首先知道壁面摩擦阻力系数 $C_{f,x}$。布莱修斯[35]精细地分析和概括了已有的关于不可压流体在圆管内定型湍流、$3\times10^3\leqslant Re\left(=\frac{\bar{w}D}{\nu}\right)\leqslant1\times10^5$ 时壁面阻力的实验数据,得到如下的经验式:

$$C_f\left(=\frac{s_w}{\frac{1}{2}\rho\bar{w}^2}\right)=\frac{0.079}{Re^{1/4}} \tag{7-6-1}$$

这里,w 按惯例表示湍流的时均速度;$\bar{w}$ 则代表截面平均速度的时均值。普朗特[36]根据其导得管内湍流速度分布的 1/7 次方规律。由于是定型流动,卡门最早提出[24]可将其看做是边界层厚度为 $\delta=R$,把式(7-6-1)改写为顺平板湍流时的下式:

$$s_w=0.0395\rho\bar{w}^2\left[\frac{\nu}{\bar{w}(2\delta)}\right]^{1/4}$$

由图 7-1-10 中的曲线 2，当 $Re=3\times10^3\sim1\times10^5$ 时，可折中取 $\bar{w}/w_0=0.81$[1]，当做常量①。这种定型流动与无界平板流一样，$\frac{\partial p}{\partial x}=0$，$w_0$ 相当于顺平板流动时的时均流速 u_∞，则

$$\left.\begin{aligned} s_w &= 0.028\rho u_\infty^2\left(\frac{\nu}{u_\infty\delta}\right)1/4 \\ \text{或}\quad C_{f,x} &= \frac{0.046}{Re_\delta^{1/4}} \end{aligned}\right\} \tag{7-6-2}$$

其中，$\delta=f(x)$ 是尚待确定的不可压流体沿平板边界层湍流时边界层厚度。与式(7-6-2)相对应的边界层里的速度分布为

$$\frac{u}{u_\infty}=\left(\frac{y}{\delta}\right)^{1/7} \tag{7-6-3}$$

式(7-6-3)不适用于贴壁时，否则，如同图 7-6-1 中贴壁的虚线所表示的，$s_w\left(\propto\left.\frac{\partial u}{\partial y}\right|_{y=+0}\right)$将趋于无限大。事实上，逼近壁面时，涡旋将消逝。因此，普朗特[30]首先提出湍流边界层里存在着层流底层的两层结构，如图 7-6-1 所示。贴壁的层流底层 δ_b 里，速度分布为线性，s_w 具有定值。

图 7-6-2 示出实测到的湍流边界层速度分布[37]，证实了普朗特[30]曾建议的：在湍流核心区，$u=ky^{1/7}$，即式(7-6-3)中的 $u_\infty/\delta^{1/7}=u/y^{1/7}$存在比例常数 k，或

$$\lg u=\frac{1}{7}\lg y+\lg k$$

在对数坐标图(见图 7-6-2)上成为一条斜率为 1/7 的直线。而在层流底层，$u\propto y$，在对数坐标图上成为一条斜率为 1 的直线。实测表明，存在着一个从层流底层向湍流核心区过渡的“缓冲层”区 AB，层流底层和缓冲层一起构成两层结构的边界层。图 7-6-2 中用 DD 线区分层流底层和缓冲层。“湍动度”将从层流底层的零值过渡到湍流核心区的 Tu。不过，由图 7-6-2 可知，层流底层和缓冲层总共也不超过几毫米厚。如果不用来计算 s_w，作为一级近似，可像图 7-6-1 所表示的，看做整个边界层里的速度分

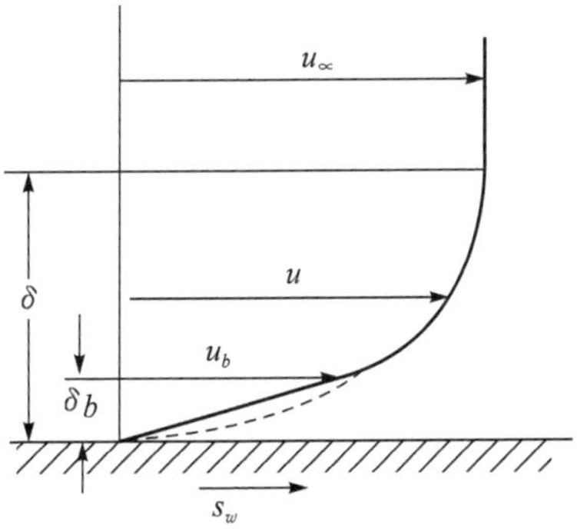

图 7-6-1　湍流边界层的速度分布“两层结构”模型

① 参看图 7-6-1，如果近似地看做整个速度分布都符合 1/7 次方规律，可以导得常物性时的 $\frac{\bar{w}}{w_0}=0.817$[10]。

布全部遵循式(7-6-3)。实验确认[38],式(7-6-2)适用于 $Re_{x_c}<Re_x<10^7$ 的情况。

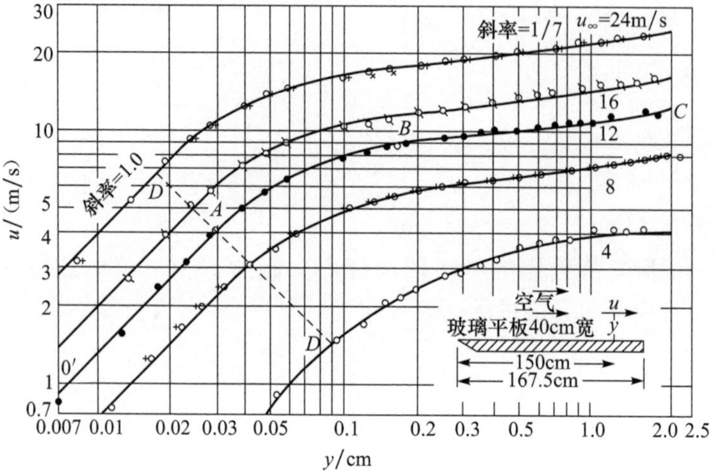

图 7-6-2　不可压流体沿平板边界层湍流时边界层速度分布

就像式(7-5-8)所指明的,只要把流速改用时均值,湍流边界层的动量积分方程仍将是式(7-4-5),或

$$\frac{\mathrm{d}}{\mathrm{d}x}\int_0^\delta (u_\infty - u)u\mathrm{d}y = \frac{s_w}{\rho} \tag{7-6-4}$$

将式(7-6-2)和式(7-6-3)同时代入式(7-6-4),则

$$\frac{\mathrm{d}}{\mathrm{d}x}\left(\frac{7}{72}\rho u_\infty^2\delta\right) = 0.023\rho u_\infty^2\left(\frac{\nu}{u_\infty\delta}\right)^{1/4}$$

即

$$\delta^{1/4}\mathrm{d}\delta = 0.236\left(\frac{\nu}{u_\infty}\right)^{1/4}\mathrm{d}x$$

积分后,得到

$$\delta = 0.377\left(\frac{\nu}{u_\infty}\right)^{1/5}x^{4/5} + C \tag{7-6-5}$$

式中,C 为待定的积分常量。

参看图 7-1-5,观测结果表明:在靠近平板前缘的一段,即 $x \leqslant x_c$ 时,总出现层流边界层,$x=x_c$ 处,才开始向湍流边界层过渡。但普朗特[39]的分析指出:如果式(7-6-5)中的积分常量 C 取作零,即设想从平板前缘起就开始出现湍流边界层,那么所计算的 $\overline{C}_f$ 与实测结果相符合(见图 7-6-3)。按照这种经验处理方法,式(7-6-5)将简化为

$$\frac{\delta}{x} = \frac{0.377}{Re_x^{1/5}} \tag{7-6-6}$$

把式(7-6-6)代回式(7-6-2)，则得

$$C_{f,x} = 0.0587 Re_x^{-1/5} \tag{7-6-7}$$

或

$$\overline{C}_f = \frac{1}{l}\int_0^l C_{f,x}\mathrm{d}x$$

即

$$\overline{C}_f = 0.074\, Re_l^{-1/5} \tag{7-6-8}$$

这与图 7-6-3 中 d 所示出的人为地加大来流湍动度以加速平板边界层向湍流转变的实验结果相一致。

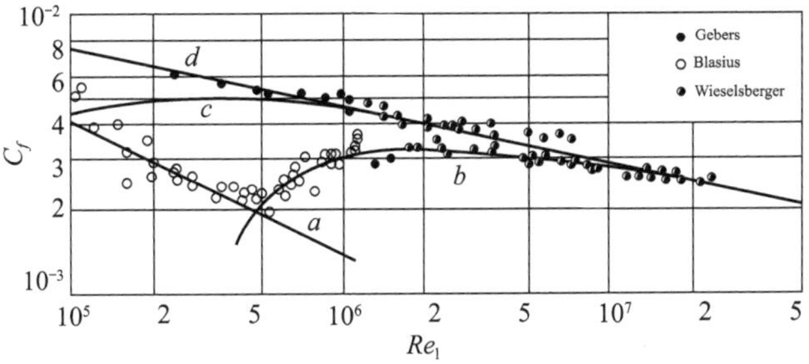

图 7-6-3　不可压流体沿平板边界层层流-湍流时的平均阻力系数

a. 布莱修斯层流式(7-3-18)；b. 式(7-6-12)，$Re_{x_c}=5\times10^5$，$A=1700$；

c. 式(7-6-12)，$Re_{x_c}=8.5\times10^4$，$A=300$；d. 式(7-6-8)

根据柯尔朋比拟式(7-5-18)，由式(7-6-7)和式(7-6-8)，可得

$$Nu_x = 0.0294 Pr^{1/3} Re_x^{0.8} \tag{7-6-9}$$

$$\overline{Nu} = 0.037 Pr^{1/3} Re_l^{0.8} \tag{7-6-10}$$

空气的 $Pr=0.7$，因此，空气沿平板或者绕微曲凸表面流动，$Re_{x_c}<Re_x<10^7$ 时，式(7-6-10)将简化为

$$\overline{Nu} = 0.032 Re_l^{0.8} \tag{7-6-11}$$

根据图 7-6-3，或者对比式(7-6-8)和式(7-3-18)，由于 Re_{x_c} 通常高于 10^5，从平板前缘($x=0$)到“转变点”($x=x_c$)一段平板阻力，按式(7-6-8)计算，将明显超过实际边界层层流时的式(7-3-18)的指示值。特别在流速 u_∞ 比较小、来流湍动度比较低的情况下，当边界层层流的长度 x_c 占平板全长主要部分时，简单按式(7-6-8)计算的平板阻力偏大太多，应加以修正。即 $Re_{x_c}<Re_x<10^7$ 时，有

$$\overline{C}_f = 0.074 Re_x^{-1/5} - \frac{x_c}{l}(\overline{C}_{f湍,0-x_c} - \overline{C}_{f层,0-x_c}) \tag{a}$$

注意到

$$\frac{x_c}{l} \equiv \frac{Re_{x_c}}{Re_l}$$

上式可表示为

$$\overline{C}_f = 0.074Re_l^{-1/5} - \frac{Re_{x_c}}{Re_l}(0.074Re_{x_c}^{-1/5} - 1.328Re_{x_c}^{-1/2}) \tag{b}$$

普朗特把式(b)记作

$$\overline{C}_f = 0.074Re_l^{-1/5} - \frac{A}{Re_l} \tag{7-6-12}$$

其中

$$A = 0.074Re_{x_c}^{0.8} - 1.328Re_{x_c}^{0.5} \tag{c}$$

A 只取决于 Re_{x_c} 的值。$Re_{x_c} < 5\times10^5$ 时，普朗特建议采用 $A=1700$，计算的结果与实验数据相吻合，如图 7-6-3 所示。于是，根据柯尔朋比拟式(7-5-18)，有

$$\overline{Nu} = 0.037Pr^{1/3}\left(Re_l^{0.8} - \frac{A}{0.074}\right) \tag{7-6-13}$$

Re_{x_c} 取作 5×10^5 时，Re_{x_c} 在 Re_l 和 10^7 之间变化

$$\overline{Nu} = 0.037Pr^{1/3}(Re_l^{0.8} - 23000) \tag{7-6-14}$$

这和一些重要的实验资料[40-44]相一致，见图 7-6-4。图中，已同时给出层流时式(7-3-29)在 $Pr=0.7$ 时的曲线。

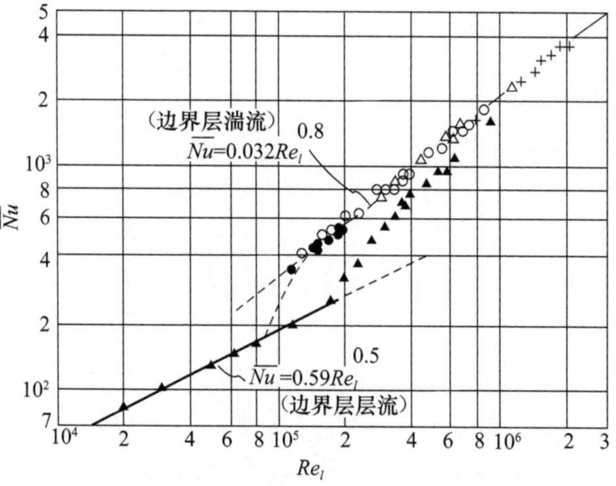

图 7-6-4　空气顺等温平板流动时的对流换热

○. W. Jürges 数据；●. A. Frank 数据；△. F. Elias 数据＋Б. C. Петухов 数据；

▲. G. V. Parmoles 和 R. G. Huebscher 数据

必须看到，图 7-6-3 和图 7-6-4 中有关 $\overline{C}_f$ 和 $\overline{Nu}$ 理论式的导出，都假设为常物性。实际上，流体的物性包括 Pr 在内，都不是严格的常量，而是随温度有所变化的。因此，对比实验资料，出现“定性温度”的选定问题，把物性量取作这个参考温

度时的值，在该特定的温度范围内当做常量看待。对于等温平板，可以采用边界层平均温度，也就是图 7-1-14 中(导热)膜层平均温度 $t_m=\frac{1}{2}(t_w+t_\infty)$ 作为定性温度。习惯上，常取 t_∞ 作为定性温度。这纯粹是经验性的，但对于不可压流体，在中等程度的温度变化范围($t_\infty \sim t_w$)内，处理结果已被证实是令人满意的。

如果从平板前缘起，有一段长 x_0 的绝热段(见图 7-1-12)，相当于壁面温度维持为 t_∞，然后从 $x=x_0$ 起突然改变为另一个壁面温度 t_w，随后保持沿程不变时，可以导得[45]

$$Nu_x = 0.0294 Pr^{1/3} Re_x^{0.8}\left[1-\left(\frac{x_0}{x}\right)^{39/40}\right]^{-7/39} \tag{7-6-15}$$

若 $x_0=0$，式(7-6-15)就简化为式(7-6-9)。x_0/x 越小，即 x 越大于 x_0，修正系数 $\left[1-\left(\frac{x_0}{x}\right)^{39/40}\right]^{-7/39}$ 越小，并趋近于极限 1。很容易理解，有绝热段时，热边界层要从 x_0 处才开始发展，因此，在 x 处的 δ_t 显然比没有绝热段($x_0=0$)时减薄，这就使得 Nu_x 将有所提高；但是，也要看到，有绝热段时，$0\sim x_0$ 这一段实际上并没有放热效应，折算到 $0\sim x$ 整个平板的 $\overline{Nu}$ 势必反而减弱。也有推荐使用 $\left[1-\left(\frac{x_0}{x}\right)^{9/10}\right]^{-1/9}$ 作为式(7-6-15)中的修正系数[27]，其值将比式(7-6-15)中原修正系数的值小。

还应该指出，由式(7-6-6)，湍流边界层的厚度正比于 $x^{0.8}$；而由式(7-3-15)，层流边界层的厚度正比于 $x^{0.5}$。显然，湍流边界层的厚度远比层流边界层发展得快。然而，如图 7-6-4 中所表明，对比式(7-6-10)和式(7-3-29)，湍流边界层的传热系数却远比层流边界层的高，或者说，热阻反而比较小。这是由于涡旋的连续混合作用，直接造成宏观规模的冷、热温度不同的流体团的对流传热，层流底层成为非金属流体与壁面之间对流换热的主要热阻。参看图 7-6-1，有

$$s_w\left(\equiv \mu\frac{\partial u}{\partial y}\bigg|_{y=+0}\right)=\mu\frac{u_b}{\delta_b} \tag{d}$$

而 $s_w \equiv C_{f,x}\frac{1}{2}\upsilon u_\infty^2$，并且由式(7-6-3)，有

$$\frac{u_b}{u_\infty}=\left(\frac{\delta_b}{\delta}\right)^{1/7} \tag{e}$$

联解式(d)和式(e)，同时引用式(7-6-7)和式(7-6-6)，则得

$$\frac{\delta_b}{x}=\frac{72}{Re_x^{0.9}} \tag{7-6-16}$$

$$\frac{u_b}{u_\infty}=\frac{2.12}{Re_x^{0.1}} \tag{7-6-17}$$

这表明，δ_b 正比于 $x^{0.1}$，反比于 $u_\infty^{0.9}$，层流底层厚度随 x 的增加只稍微变厚，并没有随主流速度 u_∞ 的加大而迅速减薄而使对流放热显著增强；$u_b \propto u_\infty^{0.9}$，但 u_b/u_∞ 变动不大。

§7-7　湍流传热理论的进展

$Pr\neq 1$ 时，除经验地引进柯尔朋传热因子，采用柯尔朋比拟式(7-3-33)和式(7-5-18)以外，已由普朗特[46]、卡门[47]、马丁奈里[11]、戴斯勒[48]等先后从理论上

发展了对雷诺比拟(见§7-5)的改进。马丁奈里[11]、莱翁[49]等对 $Pr\ll 1$ 的液态金属在 q_w=常量的圆管内受迫流动时的对流换热做出了重要修正;而戴斯勒[48]则探索了高 Pr 和变物性的影响,并对圆管进口段效应提供了数值计算的结果。这些修正的系统介绍可参阅文献[12]的第15、16章。

式(7-5-9)和式(7-5-11)是湍流传热理论的计算基础。注意:$\dfrac{\nu}{a}=Pr\left(=\dfrac{\mu c_p}{\lambda}\right)$,$\dfrac{\varepsilon_M}{\varepsilon_T}=Pr_T$,则

$$s=(\mu+\rho\varepsilon_M)\frac{\mathrm{d}u}{\mathrm{d}y} \tag{7-7-1}$$

$$q=-c_p\left(\frac{\mu}{Pr}+\frac{\rho\varepsilon_M}{Pr_T}\right)\frac{\mathrm{d}t}{\mathrm{d}y} \tag{7-7-2}$$

或

$$\frac{q}{s}=-c_p\frac{\dfrac{\nu}{Pr}+\dfrac{\varepsilon_M}{Pr_t}}{\nu+\varepsilon_M}\frac{\mathrm{d}t}{\mathrm{d}u} \tag{7-7-3}$$

即

$$\int_{t_w}^{t}\mathrm{d}t=-\frac{1}{c_p}\int_0^u\frac{q}{s}\frac{\nu+\varepsilon_M}{\dfrac{\nu}{Pr}+\dfrac{\varepsilon_M}{Pr}}\mathrm{d}u \tag{7-7-4}$$

这里的 u 和 t 都照例指时均值。如果改写式(7-7-1)为

$$\varepsilon_M=\frac{s}{\rho}\frac{\mathrm{d}y}{\mathrm{d}u}-\nu \tag{7-7-5}$$

根据已知的阻力数据和速度分布,可由式(7-7-5)计算出 ε_M。由 Pr_t 确定 ε_T 后,可由式(7-7-2)或式(7-7-4)计算温度分布。根据温度分布,将不难求得对流放热系数。

§7-5已清楚地指出:湍流混合作用在无限逼近壁面时消失。普朗特引进了湍流边界层的两层结构:在层流底层中,$\varepsilon_M=0$,$\varepsilon_T=0$,流层之间的动量传递和热量传递只依靠纯粹的分子扩散作用,$\dfrac{\nu+\varepsilon_M}{a+\varepsilon_T}\to\dfrac{\nu}{a}=Pr$,式(7-7-3)将演化为式(7-5-15)。$t_w$=常量时,$\dfrac{\mathrm{d}t}{\mathrm{d}u}=\dfrac{\mathrm{d}\vartheta}{\mathrm{d}u}$,在逼近壁面极薄层流底层中,$\dfrac{\mathrm{d}\vartheta}{\mathrm{d}u}\to\dfrac{t_w-t_b}{u_b}$,可见$\dfrac{q}{s}\to\dfrac{q_w}{s_w}$。因此,由式(7-7-4),有

$$t_w-t_b=\frac{1}{c_p}\frac{q_w}{s_w}Pru_b \tag{a}$$

t_b 和 u_b 各指层流底层外边缘即 $y=\delta_b$ 处的流体温度和流速。而在湍流核心,普朗特设想湍动混合作用远超过分子扩散,导热的作用与对流相比,可被忽略,即

$\frac{\nu+\varepsilon_M}{a+\varepsilon_T}\to\frac{\varepsilon_M}{\varepsilon_T}=Pr_t$，$Pr_t$ 是和 Pr 相比拟的无因次表观量。普朗特[30]根据雷诺 1874 年提出的"湍流时的热量传递和动量传递是由同一个传递机理起作用"的假设，取作 $Pr_t=1$，具体提出了湍动混合长度理论。普朗特假定：$\frac{q}{s}$不仅在层流底层里，在湍流核心区也近似保持常量，即

$$\frac{q}{s}\approx\frac{q_w}{s_w}$$

这对于 δ_t 小于或者将近 δ 的非金属流体是适用的。于是，由式(7-7-4)，有

$$t_b-t_\infty=\frac{1}{c_p}\frac{q_w}{s_w}(u_\infty-u_b) \tag{b}$$

把式(a)和式(b)相加，以消去未知的 t_b，就得到"普朗特比拟式"：

$$St_x=\frac{C_{f,x}}{2}\frac{1}{1+\frac{u_b}{u_\infty}(Pr-1)} \tag{7-7-6}$$

当 $Pr=1$ 时，普朗特比拟式(7-7-6)就演化为雷诺比拟式(7-5-17)。对于不可压流体顺平板边界层湍流时，$\frac{u_b}{u_\infty}$可由式(7-6-17)计算。

泰勒提出了涡旋传递理论[50]，独立地导出式(7-7-6)。所以，式(7-7-6)也称为"普朗特-泰勒比拟式"，把雷诺比拟式推广应用到 $Pr\neq1$ 的不可压湍流。实验证实，式(7-7-6)对水一类低黏性的非金属液体($Pr<20$)是适用的。

卡门由考察边界层流动的二维动量方程存在相似性解的条件出发，从理论上导得湍流混合长度为[51]

$$l=n\left|\frac{\frac{\mathrm{d}u}{\mathrm{d}y}}{\frac{\mathrm{d}^2u}{\mathrm{d}y^2}}\right| \tag{7-7-7}$$

式中，n 是一个无量纲数，常称为"卡门常数"，其值为 0.4。这就具体揭示出湍混合长度与时均流速 u 的本身大小无关，仅与流速分布的函数即与空间位置有关。这也已被推广用于可压缩流[52]。把式(7-7-7)代入式(7-5-10)，则有

$$\varepsilon_M=n^2\left(\frac{\frac{\mathrm{d}u}{\mathrm{d}y}}{\frac{\mathrm{d}^2u}{\mathrm{d}y^2}}\right)^2\left|\frac{\mathrm{d}u}{\mathrm{d}y}\right| \tag{7-7-8}$$

把式(7-5-10)代入式(7-7-1)而有

$$s=\mu\frac{\mathrm{d}u}{\mathrm{d}y}+\rho l^2\left(\frac{\mathrm{d}u}{\mathrm{d}y}\right)^2 \tag{c}$$

在湍流核心区，流速分布已平坦化，黏性很少起作用，式(c)可实际被看做

$$s \approx s_t = \rho l^2 \left(\frac{\mathrm{d}u}{\mathrm{d}y}\right)^2 \tag{d}$$

而根据式(7-5-4)，有

$$\sqrt{\frac{s_t}{\rho}} = \sqrt{|\overline{u'v'}|} \tag{e}$$

这表明：$\sqrt{\dfrac{s_t}{\rho}}$具有速度的量纲。考虑到层流底层非常薄，$s \approx s_w$。卡门假定整个湍流边界层横截面上的 s 近似为常量，特别是对低黏性流体，u_∞ 又比较高，δ 较小时，可取作 $s \approx s_w$，并且引用“摩擦(阻力)速度”v_f，定义为

$$v_f = \sqrt{\frac{s_t}{\rho}} \tag{7-7-9}$$

用以衡量式(e)所指出的由于湍动起伏而传递动量的强弱程度。于是，由式(d)，有

$$\frac{\mathrm{d}u}{\mathrm{d}y} \approx \frac{v_f}{l} \tag{f}$$

对比式(f)和式(7-7-7)可发现，存在着一个内在的隐函数关系：l 依变于 y①。这和普朗特所设想的$l = ny$相一致。事实上，普朗特由式(f)积分，导得了对数速度分布，利用实验数据推算出比例常数 $n=0.4$。由此可见，ε_M 也同样随 y 增大而增大。

令 $u^+ = \dfrac{u}{v_f}$和 $y^+ = \dfrac{v_f y}{\nu}$分别代表无量纲速度和无量纲的距壁面距离。在层流底层里，沿用普朗特理论，认为是纯粹层流，$\varepsilon_M = 0$，由式(7-7-1)，不难导得

$$u^+ = y^+ \tag{7-7-10}$$

根据实验资料，卡门[53]导得了通用速度分布，见图 7-7-1 中实线。y^+ 从 0 到 5，为层流底层；根据式(7-7-10)，$u_b^+ = y_b^+ = 5$。y^+ 从 5 到 30，被划为缓冲层，有

$$u^+ = 5\left(1 + \ln\frac{y^+}{5}\right) = -3.05 + 5\ln y^+ \tag{7-7-11}$$

$y^+ = 30$ 时，有

$$u^+ = 5(1 + \ln 6) = 14$$

$y^+ > 30$ 时，为湍流核心区，有

$$u^+ = 5.5 + 2.5\ln y^+ \tag{7-7-12}$$

卡门进一步改进了普朗特比拟式，发展了三层结构模型，提出在层流底层与湍流核心区之间再分出一个缓冲层，认为在缓冲层里，对流的湍动混合与传递和分子扩散传递同时起相应的作用。对于缓冲层，由式(7-7-5)，可以记作：

---

① 由简单的量纲关系，可以认为 $l \sim y$。于是，由式(f)而有

$$\frac{\mathrm{d}u}{\mathrm{d}y} \propto \frac{v_f}{y}$$

$v_f = \sqrt{S_w/\rho}$显然与 y 无关，因此$\dfrac{\mathrm{d}^2 u}{\mathrm{d}y^2} \propto \dfrac{1}{y^2}$。将其代入式(7-7-6)，同样得到了原假定的 $l \propto y$。

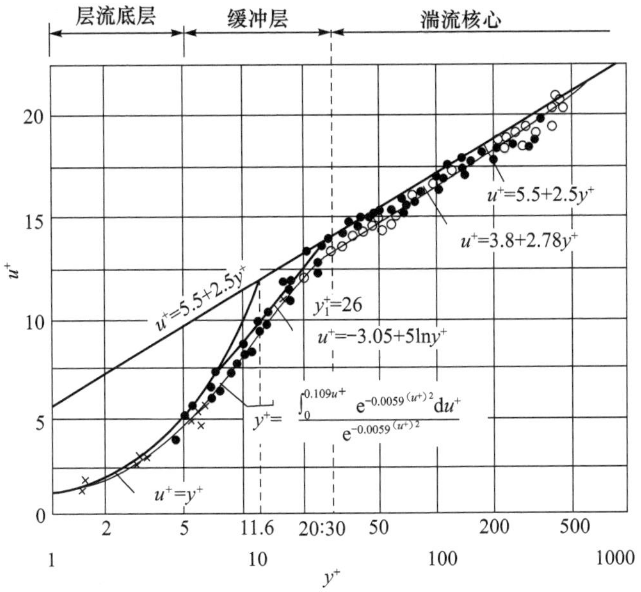

图 7-7-1　边界层湍流时的通用速度分布：$u^+=\phi(y^+)$

实线：卡门通用速度分布，三层结构模型；虚线：戴斯勒速度分布，二层结构模型 $y_1^+=26$

$$\varepsilon_M = \nu\left(\frac{dy^+}{du^+} - 1\right) \tag{7-7-13}$$

根据式(7-7-11)，缓冲层的

$$\frac{du^+}{dy^+} = \frac{5}{y^+}$$

因此

$$\varepsilon_M = \nu\left(\frac{5}{y^+} - 1\right) \tag{g}$$

卡门保留了普朗特比拟的原假定 $Pr_t=1$，即 $\varepsilon_T=\varepsilon_M=\varepsilon$。如果取作$\frac{q}{s}\approx\frac{q_w}{s_w}$①，可使式(7-7-4)改写成

① 普朗特和卡门的原文献以及一般书籍中引用时，都假定 q 和 s 各保持与 y 无关，即 $q\approx q_w$ 和 $s\approx s_w$，这显然与实际不完全符合，特别是对于管内定型流动，常取作$\frac{S}{S_w}=\frac{r}{R}$和$\frac{q}{q_w}=\frac{r}{R}$，即沿径向各呈线性关系。本书尝试统一改用$\frac{q}{s}\approx\frac{q_w}{s_w}$，这实际上也包括取 $q\approx q_w$ 和 $s\approx s_w$ 的特例，并改由式(7-7-4)、而不是直接由式(7-7-2)积分，同样也导得了普朗特比拟式(7-7-6)和卡门比拟式(7-7-14)，从而弥合了这个矛盾。

$$\int_{t_w}^{t}\mathrm{d}t=-\frac{1}{\rho c_p}\frac{q_w}{\frac{s_w}{\rho}}\int_0^u\frac{\nu+\varepsilon_M}{\frac{\nu}{Pr}+\frac{\varepsilon_M}{\nu}}\mathrm{d}u^+ \tag{h}$$

引用式(7-7-9),则

$$\frac{t_w-t}{q_w}=\frac{1}{\rho c_p}\frac{1}{\sqrt{\frac{s_w}{\rho}}}\int_0^{u^+}\frac{1+\frac{\varepsilon_M}{\nu}}{\frac{1}{Pr}+\frac{\varepsilon_M}{\nu}} \tag{7-7-14}$$

式(7-7-14)等号左边,根据式(1-3-10),恰恰就是从壁面($y^+=0$)到 y^+ 的流体层放热的"单位热阻"。卡门分别处理了三层结构每一层热阻:对于层流底层,$\varepsilon_M=0$,u^+ 从 0 到 $u_b^+=5$,由式(7-7-14),有

$$\frac{t_w-t_b}{q_w}=\frac{1}{\rho c_p}\frac{5Pr}{\sqrt{\frac{s_w}{\rho}}} \tag{i}$$

对于湍流核心区,即 y^+ 从 30 到 δ^+,相应于 u^+ 从 $5(1+\ln6)$ 到 u_∞^+,如为非金属流体,可以不考虑分子扩散作用,由式(7-7-14)导得

$$\frac{t_t-t_\infty}{q_w}=\frac{1}{\rho c_p}\frac{1}{\sqrt{\frac{s_w}{\rho}}}\left[\frac{u_\infty}{\sqrt{\frac{s_w}{\rho}}}-5(1+\ln6)\right] \tag{j}$$

t_t 代表缓冲层与湍流核心交换处的时均温度;对于缓冲层,将式(g)代入式(7-7-14),可得

$$\frac{t_b-t_t}{q_w}=\frac{1}{\rho c_p}\frac{1}{\sqrt{\frac{s_w}{\rho}}}\int_{u_b^+}^{u_t^+}\frac{\frac{y^+}{5}}{\frac{1}{Pr}+\left(\frac{y^+}{5}-1\right)}\mathrm{d}u^+$$

注意到 $\mathrm{d}u^+=\frac{5}{y^+}\mathrm{d}y^+$,则

$$\frac{t_b-t_t}{q_w}=\frac{1}{\rho c_p}\frac{1}{\sqrt{\frac{s_w}{\rho}}}\int_{y_b^+=5}^{y_t^+=30}\frac{1}{\frac{1}{Pr}+\left(\frac{y^+}{5}-1\right)}\mathrm{d}y^+$$

即

$$\frac{t_b-t_t}{q_w}=\frac{1}{\rho c_p}\frac{1}{\sqrt{\frac{s_w}{\rho}}}5\ln(5Pr+1) \tag{k}$$

式(i)、式(j)、式(k)相加,则

$$\frac{t_w-t_\infty}{q_w}=\frac{\frac{u_\infty}{\sqrt{s_w/\rho}}+5(Pr-1)+5\ln\left(\frac{5Pr+1}{6}\right)}{\rho c_p\sqrt{s_w/\rho}} \tag{l}$$

由于

$$St_x \equiv \frac{q_w}{\rho c_p u_\infty (t_w - t_\infty)}$$

因此

$$St_x = \frac{\dfrac{s_w}{\rho u_\infty^2}}{1 + \sqrt{\dfrac{s_w}{\rho u_\infty^2}}\left[5(Pr-1) + 5\ln\dfrac{5Pr+1}{6}\right]} \tag{m}$$

沿平板流动时，有

$$\sqrt{\frac{s_w}{\rho}} = \sqrt{\frac{C_{f,x}}{2}}u_\infty \tag{n}$$

于是

$$St_x = \frac{C_{f,x}/2}{1 + 5\sqrt{\dfrac{C_{f,x}}{2}}\left\{(Pr-1) + \ln\left[1 + \dfrac{5}{6}(Pr-1)\right]\right\}} \tag{7-7-15}$$

当 $Pr=1$ 时，卡门比拟式(7-7-15)也和普朗特-泰勒比拟式(7-7-6)一样，简化为雷诺比拟式(7-5-17)。参看图 7-7-2，实验资料表明，三层结构的卡门比拟式对 Pr 直到 50 的非金属流体是相当成功的。

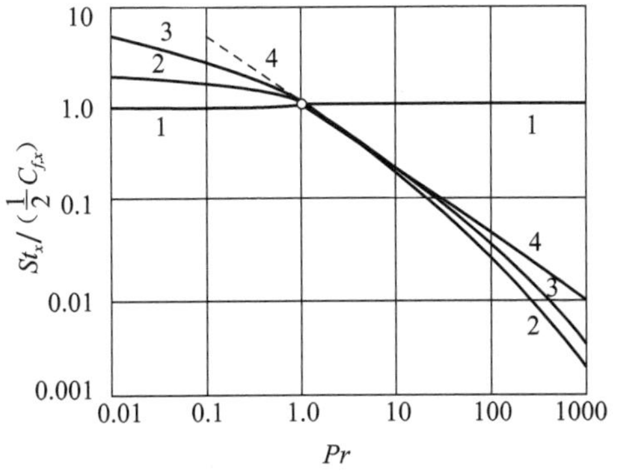

图 7-7-2　不同比拟式的比较

1-1 线：雷诺比拟式(7-5-17)；2-2 线：普朗特比拟式(7-7-6)；3-3 线：卡门比拟式(7-7-15)；4-4 线：实验资料验证的近似式(7-6-9)

从雷诺比拟发展到卡门比拟，都假定 $Pr\left(\equiv\frac{\varepsilon_M}{\varepsilon_T}\right)=1$。其实，只要 Pr_t 能取作常量，即使不等于 1，也不会使湍流传热计算复杂多少。例如，鲁比辛[54]修改普朗特比拟式为

或

$$\left.\begin{aligned} Nu &= \frac{\frac{1}{2}\frac{Pr}{Pr_t}Re_x C_{f,x}}{1+\frac{u_b}{u_\infty}\left(\frac{Pr}{Pr_t}-1\right)} \\ St_x &= \frac{\frac{1}{2}C_{f,x}\frac{1}{Pr_t}}{1+\frac{u_b}{u_\infty}\left(\frac{Pr}{Pr_t}-1\right)} \end{aligned}\right\} \tag{7-7-16}$$

德赖斯特[55]修正型卡门比拟式为

$$St_x = \frac{\frac{1}{2}C_{f,x}\frac{1}{Pr_t}}{1+5\sqrt{\frac{C_{f,x}}{2}}\left\{\left(\frac{Pr}{Pr_t}-1\right)+\ln\left[1+\frac{5}{6}\left(\frac{Pr}{Pr_t}-1\right)\right]\right\}} \tag{7-7-17}$$

实际上是用$\frac{Pr}{Pr_t}$代替原普朗特比拟式和卡门比拟式中的Pr，但仍保持$St=Nu/RePr$的原定义。当$Pr_t=1$时，式(7-7-16)和式(7-7-17)就分别简化为式(7-7-6)和式(7-7-15)。

卡门比拟式(7-7-15)及其修正式(7-7-17)都未考虑湍流核心区的分子扩散作用，而对于液态金属来说，由于导热系数高，式(7-7-2)中$\frac{\mu}{Pr}$相对于$\frac{\rho\varepsilon_M}{Pr_t}$而言，不能略去不计。马丁奈里[11]沿用卡门比拟的三层结构和通用速度分布，只是对湍流核心，也和缓冲层一样处理，根据湍流核心区的速度分布式(7-7-12)，由式(7-7-13)得

$$\frac{\varepsilon_M}{\nu} = \frac{2}{5}y^+ - 1 \tag{o}$$

由式(7-7-14)重新确定式(j)，最后整理成“马丁奈斯比拟”式。对低Pr值的液态金属而言，马丁奈斯比拟被证实是一个有效的重要修正。这是由于$Pr=10^{-3}\sim10^{-2}$时，$\delta_t\gg\delta$，如图7-1-13已揭示的，对流放热的热阻绝大部分是在湍流核心的缘故。

参看图7-1-13，随着Pr的增大，对流放热热阻的主要部分逐渐移向近壁地区。$Pr\geqslant100$的流体，占总温降的95%将发生在层流底层里。图7-7-1表明，在缓冲层和层流底层相邻接的部位，卡门通用速度分布y_b^+取作11.6的普朗特二层结构模型虽合理，却仍然明显偏高。看来，在所谓的层流底层里，也还不能完全避免涡旋的侵入，只有在$y=0$即壁面上，ε_M和ε_T都严格为零值。高Pr流体，即高黏性同时又是低导热系数的流体，将更加复杂，因为涡旋消逝的机理是由壁面摩擦、通过黏性传递而起作用的。戴斯勒[48]提出了没有纯层流底层的、新的两层结构模型：在$y^+<y_1^+$的贴壁薄层中，假定

$$\varepsilon_M = n^2 uy \tag{7-7-18}$$

$y^+>y_1^+$，则保留卡门混合长度关系式(7-7-8)。根据实验资料，可取$y_1^+=26$、$n=0.109$和$n=0.36$。由此导得的无量纲速度分布，已在图7-7-1中表示成虚线。戴斯勒[56]提出如下半经验式：

$$\frac{\varepsilon_T}{\varepsilon_M}\left(=\frac{1}{Pr_t}\right) = 0.000153Pe[1-\exp(-0.000153Pe)] \tag{7-7-19}$$

其中，$Pe\equiv PrRe$。对于低Pr的液态金属，Pr_t还多少与Pe有关；随着Pr增大，Pr_t将逐渐趋近于高Pr时的1。戴斯勒利用式(7-7-19)，根据式(7-7-18)和把n取作0.36的式(7-7-8)计算了

液态金属的湍流放热系数，与实验结果很好吻合。戴斯勒假定 $Pr_t=1$ 和 $y_1^+=26$ 的两层结构模型，用数值计算的方式计算常物性和考虑变物性时高 Pr 流体的湍流放热系数，得到了与实验相一致的结果。

总之，利用由速度分布计算湍流放热的各种比拟关系式，除受各比拟式本身推导过程涉及的假设条件的局限性之外，还必须要有：①准确的无量纲速度分布式 $u^+=\phi(y^+)$；②$Pr_t\left(=\dfrac{\varepsilon_M}{\varepsilon_T}\right)$的正确知识。有关边界层理论的进展已有新的综述和讨论[57]。尽管实用计算常取作 $Pr_t=1$，但是实验资料表明：Pr_t 与流动状况有关，如绕流固体凸表面的尾流可以小到 0.5。有关不可压流体流过管和槽道的湍流放热的计算，将在第 9 章里再次讨论；有关高速可压气流的湍流放热计算，可参看第 14 章。

§7-8　量纲分析和相似原理

评价对流放热系数的大小，可有四类基本方法[58]：①量纲分析法或相似分析法与实验的结合，即在相似理论指导下的直接实验研究法；②边界层微分方程组连同单值性条件的精确数学解；③边界层积分方程的近似分析解；④利用热迁移、动量迁移和质量迁移之间类比的比拟解法。这四类方法都对理解对流传热做出贡献。每一类方法都有其应用范围的局限性。实质上，这四类方法可被进一步归纳为两类：实验的方法和理论的方法。“边界层”使能量传递、动量传递和质量传递的方程得到相当大的数学简化，提供了解析的可能性，并使边界层理论的发展早于大型电子计算机的出现。

数学求解只限于物理现象比较明晰、已有严格的数学模型（包括微分方程和单值性条件的描写）可供解析求解或数值计算的场合。由于这个前提，外加积分技术的限制，只能对层流作出精确解，还限于简单的几何条件（见 §7-3）。实用上，主要发展了利用积分方程的近似解法。湍流机理至今没有得到公认精确的数学表述，引用时均值只是一种近似的有效处理方式（见 §7-5 和 §7-6）。湍动混合，可以在统计力学的基础上作出描述，但湍动交换的机理还不足以用来精确地数学表达温度场，然而已发展到可用简化的模型来表述的程度。由于流动现象的动量迁移过程是多少能见的，或者是易感觉到的，所以比拟解法即物理模拟解法，用来分析研究湍流放热过程（见 §7-5 和 §7-7）是很有效的一种途径。不过，数学解包括比拟解，往往过于繁复，只是近年来由于通用电子计算机的推广应用，才有了较大的进展。

数学解牵涉到明确的假设条件，这些假设条件或假说的发现和形成则依赖于对物理现象的实验观测。这些假设条件或假说的适用性可以直接或间接地被实验检验，这对促进现象的深化理解既是必要的，也是极为重要的。特别是，精确解还能用以检验近似解的可靠程度，为发展计算技术提供了对比的标准。不难发现，沿平壁边界层层流时，精准的实验数据主要用来检验理论计算的结果；而对于湍流边界层来说，可靠的实验数据仍是建立和发展理论的基础，理论的作用主要在于提供原则地解释现有数据的一些系统方法，以利于数据的综合并合理地外推到无实验资料的场合。湍流放热理论严重依赖于实验数据综合的根本原因，就在于人们对湍流时的能量、动量和质量传递机理的物理基础至今还远未了解清楚。

对于许多复杂的物理过程，工程设计资料主要取自实验。在实验技术所许可的精确度范围内，所获得的具体实验数据应该是可靠的，实验的精确度总能被确定，并使它符合实际的要求。然而，任何特定实验所能得到的结果都有其局限性，决不能随便应用到和实验条件有差别的场合。例如，空气沿等温平板流动，维持平板温度 t_w 不等于空气温度 t_∞ 时，可由实验确定不同流速 u_∞ 下的平均放热系数 $\bar{\alpha}_c$，图示成 $\bar{\alpha}_c=\varphi(u_\infty)$。这个经验函数将只适用于空气，而且实验是针对长度为 l 的特定平板得到的，因此具有它的特殊性。如果根据各实验工况整理成图 7-6-4 中的

$$\overline{Nu} = \Phi(Re_l)$$

就显示出空气沿平板或微曲表面流动时对流换热规律的普遍性。具体的个性（u_∞、l、t_f 和 t_w）将影响具体 Re_l 值和相应的 $\overline{Nu}$ 值，从而得到各该特定情况下的 $\bar{\alpha}_c$。空气的 $Pr\approx0.7$，各种气体的 Pr 都在 0.65 至 1 的范围内，由空气得到的上述经验函数可被相当近似地推广应用到其他气体，倘若进一步把气体的实验工况整理成 $\dfrac{\overline{Nu}}{Pr^{1/3}}=\varphi(Re_l)$，那么，所得到的经验函数也将同样适用于非金属液体。这意味着，流体沿平板或微曲表面流动时，在不出现压力梯度的情况下，客观存在着如下关系式：

$$\overline{Nu} = \Psi(Re_l, Pr) \tag{7-8-1}$$

对于给定的流体，如空气，已知 Pr 时，式(7-8-1)势必转化为

$$\overline{Nu} = \Phi(Re_l) \tag{7-8-2}$$

对于无量纲函数 Ψ 和 Φ，当边界层层流时，在§7-3 和§7-4 中已通过理论分析的途径得到精确解和近似解；边界层湍流时，通过壁面阻力的实验资料，可用比拟解法找到半经验解(见§7-6)，当然，也可以经由实验途径找到相对应的 Re_l 值和 $\overline{Nu}$ 值，用标绘的办法确定无量纲函数 Ψ 和 Φ。应该看到，式(7-8-2)实际上表明：

$$\bar{\alpha}_c = f(u_\infty, l, \lambda, \nu) \tag{a}$$

对于特定流体，如空气，λ 和 ν 取决于流体的温度(由 t_w 到 t_∞)，可以根据实验时的具体参考温度即所谓“定性温度”从热物性数据图表中查取。把实验数据按式(7-8-2)、而不是简单按式(a)整理时，将使变量从 5 个减少到只有 2 个，这对有目的地组织实验，节省实验工作量，加快实验研究的进度，更好地反映内在的规律性，显然具有极大的现实指导意义。

物理定律和描述物理现象的数理方程所表达的是相关物理量之间的客观关系，与人为的单位制无关。或者说，只有相同单位数才能相加减，因此，构成物理方程的每一项都必须具有相同的量纲。这就从量纲的原则指出：任何物理现象都能表示成有关物理所组成的无量纲数之间的内在关联式。白金汉[59]讨论了"物理相似"系统，提出并证明了"Π 定理"：设某个物理过程涉及 n 个物理量，有 m 个基本量，即有 $n-m$ 个"导来量"，每个导来量的量纲都将由该 m 个基本量的量纲组合而成，即有 Π_1、Π_2、…，Π_{n-m} 共 $n-m$ 个无量纲的纯数，必定有：

$$F(\Pi_1, \Pi_2, \cdots, \Pi_{n-m}) = 0 \tag{7-8-3}$$

拉法尔[58]提供了式(7-8-3)的严格证明，也可参看文献[80]中简明的阐释和应用示例。以式(a)为例，共有 $n=5$ 个物理量，其中：λ 的量纲或写作单位为 W/(m · ℃)，可由 $\bar{\alpha}_c$ 的量纲[单位为 W/(m² · ℃)]和 l 的量纲(单位为 m)导得，即$[\lambda]=[\bar{\alpha}_c]^1[l]^1$，或$\dfrac{\alpha_c l}{\lambda}$为无量纲数；$\nu$ 的量纲(单位为 m²/s)可由 u_∞ 的量纲(单位为 m/s)和 l 的量纲导得，即$[\nu]=[u_\infty]^1[l]^1$，或$\dfrac{u_\infty l}{\nu}$为无量纲数。可见，式(a)可有 $n-m=5-2=2$ 个无量纲数，即

$$\Pi_1 = \frac{\alpha_c l}{\lambda}(\equiv \overline{Nu}), \quad \Pi_2 = \frac{u_\infty l}{\nu}(\equiv Re_l)$$

于是

$$F(\overline{Nu}, Re) = 0 \tag{b}$$

可被改写成另一种形式，即式(7-8-2)。对于不同流体，还有导温系数 a 也会影响 $\bar{\alpha}_c$，从而使涉及的物理量增加到 6 个，可是 a 与 ν 量纲相同，即$[a]=[\nu]^1$，或$\dfrac{\nu}{a}$($\equiv Pr$)成为第三个新增加的无量纲数 Π_3，最后导得式(7-8-1)。

如果有明确的关于物理现象的数学描述，如 § 7-2 中提到的不可压流体沿平板流动时对流换热的微分方程组和单值性条件，就不难列出影响过程的各个物理量，写成式(a)的函数形式，那么，利用量纲分析的方法推导出无量纲数，在数学上是相当容易的，得到了广泛的应用。在还不能给出确切的数学描述时，可凭经验(实际观察现象的结果)列出各个相互有影响的物理量，同样能利用量纲分析法以导出无量纲数。但是，当由于疏忽而遗漏了任何一个实际起作用的物理量时，就会少导出一个 Π_3，使空气和水、油的实验数据点在对数坐标图上标绘时离散化，综合不起来；或者错列进实际上多余、并不起作用的物理量，从而导出过多的、实际上不起作用的 Π_i。在这些情况下，量纲分析的结果当然是不可信的或者是不完全可信的。

"任何物理现象都存在着无量纲数之间的函数关系"这一点，还能从相似性原理给出更深刻的物理解释。这种有关相似现象的学说，已发展成系统的理论——"相似理论"[61,62]。"相似"的概念首先出现在几何学里，并且早为人们所熟知。

1848 年,伯特兰[63]最先对力学现象严格地确定了"物理相似"的基本性质。雷诺给出用无量纲数 Re 表达流体在管道内稳定流动的相似性,在这个意义上,Re 成为判别流体流动形态的"相似准则",每一个 Re 值都将代表流动相似的一群现象。于是,实验数据按无量纲数整理时,每一个具体的实验工况实际上已被看做是一群相似工况中的一个典型实例,特殊性同时反映出普适的共性。

在任何两个几何相似的空间 I 和 II 里,总存在着一个个相对应的地点,如点 A_{I} 和 A_{II}、点 B_{I} 和 B_{II}、点 C_{I} 和 C_{II} 等;这些相对应的地点之间,构成相对应的线段,如$\overline{A_{\mathrm{I}}B_{\mathrm{I}}}$和$\overline{A_{\mathrm{II}}B_{\mathrm{II}}}$、$\overline{A_{\mathrm{I}}C_{\mathrm{I}}}$和$\overline{A_{\mathrm{II}}C_{\mathrm{II}}}$、$\overline{B_{\mathrm{I}}C_{\mathrm{I}}}$和$\overline{B_{\mathrm{II}}C_{\mathrm{II}}}$等,所有相对应线段的长度都将保持同一个比例——长度"相似倍数"c_l,即

$$\frac{\overline{A_{\mathrm{II}}B_{\mathrm{II}}}}{\overline{A_{\mathrm{I}}B_{\mathrm{I}}}} = \frac{\overline{A_{\mathrm{II}}C_{\mathrm{II}}}}{\overline{A_{\mathrm{I}}C_{\mathrm{I}}}} = \frac{\overline{B_{\mathrm{II}}C_{\mathrm{II}}}}{\overline{B_{\mathrm{I}}C_{\mathrm{I}}}} = c_l \tag{c}$$

相似倍数 c_l 不能等于零,因为任何图形无限缩小时,最终都将变成一个点,从而失去相似的原意。$c_l=1$ 的两个几何相似的空间图形就构成完全相同的重复图形。除去零以及它的倒数∞和 1 以外,改变 c_l 的值,可以得到一系列彼此相似的图形,或者说某个图形将是另一个图形的比例放大或缩小。如果选定本身的某个参考长度作为"相对测量"的长度单位,如图形 I 取$\overline{A_{\mathrm{I}}B_{\mathrm{I}}}$、图形 II 取相对应的$\overline{A_{\mathrm{II}}B_{\mathrm{II}}}$作为"单位长度",则根据式(c),有

$$\left.\begin{aligned} \frac{\overline{A_{\mathrm{II}}C_{\mathrm{II}}}}{\overline{A_{\mathrm{II}}B_{\mathrm{II}}}} &= \frac{\overline{A_{\mathrm{I}}C_{\mathrm{I}}}}{\overline{A_{\mathrm{I}}B_{\mathrm{I}}}} \\ \frac{\overline{B_{\mathrm{II}}C_{\mathrm{II}}}}{\overline{A_{\mathrm{II}}B_{\mathrm{II}}}} &= \frac{\overline{B_{\mathrm{I}}C_{\mathrm{I}}}}{\overline{A_{\mathrm{I}}B_{\mathrm{I}}}} \end{aligned}\right\} \tag{d}$$

……

这表明,图形 I 和相似图形 II 将在"相对测量单位"的基础上统一成为同一个图形。正是这后一个图形,代表包括图形 I 以及一切与它相似的图形的通用图示。

如果是稳定现象,能用来描述现象的每一个物理量都将保持不随时间改变,当然就无所谓"相对应"的瞬间。对于不稳定现象,例如从一种稳定状态到另一种稳定状态的中间过渡过程,总共经历的时间为 $\Delta\tau$ 时,可以把开始发生变化的时刻相对取作计时的始点,即 $\tau_{\mathrm{I}}=0$,现象 II 所经历的时间 τ_{II}与现象 II 所经历的时间 τ_{I} 保持一定的时间比例 $c_\tau=\dfrac{(\Delta\tau)_{\mathrm{II}}}{(\Delta\tau)_{\mathrm{I}}}$时,称为处在"相对应的瞬间";或者以 $\Delta\tau$ 作为相对测量的时间单位时,相对应的瞬间是指$\dfrac{\tau_{\mathrm{II}}}{(\Delta\tau)_{\mathrm{II}}}=\dfrac{\tau_{\mathrm{I}}}{(\Delta\tau)_{\mathrm{I}}}$。

凡发生在几何相似空间中的两个物理现象,如果每一个同名的物理量 φ_i 在任何相对应的地点和相对应的瞬间都各保持一定的比例 c_{φ_i}(放大或缩小),就说这两个现象为物理相似,c_{φ_i} 称为 φ_i 量的"相似倍数"。改变 c_{φ_i} 的值,只要 c_φ 不是零或∞,就可以得到一系列彼此相似的现象。图 7-7-1 所表示的恰恰就是以参考速度 v_f 作为相对测速单位和以$\dfrac{u}{v_f}$作为相对测量距表面距离的单位时无量纲通用速度分布图。沿大平板的无界流动是一种最简单的流动空间,总能满足几何相似的前提。不可压流体的 $\rho=$常量,如果 μ 可被当做常物性处理,那么,任何不可压流体

沿大平板边界层湍流时，都能保持"流动相似"，它们的速度分布将在相对测量单位的基础上统一成为同一个通用图形，见图 7-7-1。

必须看到，物理相似("现象相似")只限于用同一类物理量作相同数学描述的所谓"同类现象"。如果仅仅描述的形式相同，如不可压流的层间动量传递速率方程式(7-1-12)与层间导热速率方程(傅里叶定律的表达式)在形式上相一致，但是相对比的量却在物理含义上截然不同，那么这种"数学相似"的非同类现象只能称为相"比拟"或"模拟"(或称为"类似")，而不是"相似"(见§1-6、§3-6、§7-5)。所涉及的相模拟各物理量之间的"模拟比例"(见§3-6 和§4-1)就相当于这里所提出的相似现象——同一个物理量在相对应地点和相对应瞬间成比例的"相似倍数"。

当力学现象 I 和 II 都是不可压流体沿大平板稳定流动时，都应遵循边界层层流时的式(7-3-6)，或者边界层湍流时用 $\nu+\varepsilon_M$ 置换 ν 的式(7-5-8)，写作：

$$u_{\mathrm{I}}\frac{\partial u_{\mathrm{I}}}{\partial x_{\mathrm{I}}}+v_{\mathrm{I}}\frac{\partial u_{\mathrm{I}}}{\partial y_{\mathrm{I}}}=\nu_{\mathrm{I}}\frac{\partial^2 u_{\mathrm{I}}}{\partial y_{\mathrm{II}}^2} \tag{e}$$

$$u_{\mathrm{II}}\frac{\partial u_{\mathrm{II}}}{\partial x_{\mathrm{II}}}+v_{\mathrm{I}}\frac{\partial u_{\mathrm{II}}}{\partial y_{\mathrm{II}}}=\nu_{\mathrm{II}}\frac{\partial^2 u_{\mathrm{II}}}{\partial y_{\mathrm{II}}^2} \tag{f}$$

这两个力学现象相似时，应保持

$$\frac{u_{\mathrm{II}}}{u_{\mathrm{I}}}=\frac{v_{\mathrm{II}}}{v_{\mathrm{I}}}=c_w,\quad \frac{x_{\mathrm{II}}}{x_{\mathrm{I}}}=\frac{y_{\mathrm{II}}}{y_{\mathrm{I}}}=c_l,\quad \frac{\nu_{\mathrm{II}}}{\nu_{\mathrm{I}}}=c_\nu$$

将这些比例关系代进式(f)，可得式(f)的相似变换式为

$$\frac{c_w^2}{c_l}\left(u_{\mathrm{I}}\frac{\partial u_{\mathrm{I}}}{\partial x_{\mathrm{I}}}+v_{\mathrm{I}}\frac{\partial u_{\mathrm{I}}}{\partial y_{\mathrm{I}}}\right)=\frac{c_w}{c_l^2}c_\nu\nu_{\mathrm{I}}\frac{\partial^2 u_{\mathrm{I}}}{\partial y_{\mathrm{I}}^2} \tag{g}$$

式(g)和式(e)都是表示 u_{I}、v_{I}、x_{I}、y_{I}、ν_{I} 之间的相互关系，而这两式完全一致的条件是

$$\frac{c_w^2}{c_l}=\frac{c_w}{c_l^2}c_\nu$$

或

$$\frac{c_w c_l}{c_\nu}=1 \tag{h}$$

三个有联系的物理量的相似倍数 c_w、c_l、c_ν 中只能有两个彼此独立。这表明：两现象相似时，各相关物理量的相似倍数之间受物理定律的制约，常被公理化为"相似指标恒等于 1"。于是，仍以式(h)为例，根据相似倍数的含义，可改写为

$$\frac{u_{\mathrm{II}}l_{\mathrm{II}}}{\nu_{\mathrm{II}}}=\frac{u_{\mathrm{I}}l_{\mathrm{I}}}{\nu_{\mathrm{I}}} \tag{i}$$

式中，l 为平板长度。或者说，不可压流体沿平板稳定流动相似时，必具有力(学)相似的条件，而有相同的 Re_l：$Re_l<Re_{x_c}$ 时，边界层维持层流；$Re_l\geqslant Re_{x_c}$ 时，边界层将向湍流转变。注意，式(e)和式(f)的等号两边各乘以 ρ 时，左边为惯性力，右边

为黏性力。力的具体分配势必影响流体的运动，而式(h)实际上表示两个流动现象相似时，在任何相对应的地点惯性力与黏性力的比，即 Re_x 值必须保持相等。

相似转换的分析方法是建立在所被研究的物理现象有着明确无误的数学模型的基础上的。对于大多数物理现象来说，这种数学描写是由微分方程或微分方程组，以及给出相应的单值性条件所组成。例如，式(h)中相似指标 $\frac{c_w c_l}{c_\nu}$ 等于 1 的导出和相对应地点 $x=l$ 处雷诺数 Re_l 保持相等即式(i)的导出，都是以式(7-3-6)和式(7-5-8)的派生式(e)和式(f)为根据的。作为相似理论的基本定理，已被证明[64]：直接从微分方程、连同单值性条件的数学描述所导得的无量纲数，永远与微分方程的积分解所能导得的无量纲数完全一致。因此，相似理论使我们能够不用积分而直接从微分方程导得有关的无量纲数，根据“Π 定理”确定式(7-8-3)的客观存在。对于考虑变物性或者边界条件比较复杂的一些对流换热，微分方程的积分求解常遇到技术上的困难，不得不采取各种近似的简化，因此，所得到的计算结果需要相似理论指导下的实验数据的验证，间接确定近似计算分析的有效性。如果现象的物理本质还不清楚或者不够肯定，要作出严谨的数学描述显然是不可能的，此时，量纲分析就成为寻求无量纲数的唯一可行的方法。例如，从量纲分析可导出无量纲的弗劳德数 $Fr=\frac{gl}{w^2}$，表示重力对横向流速 w 的影响，这对模拟载重的船舶和飞行器的航行就很有用。如果研究的混合流体各部分密度不同或者在温度变化时引起密度变化，就很难测定 w，可由 $FrRe^2$ 消去 w，并考虑密度的变化而得到无量纲的阿基米德数 $Ar=\frac{\Delta\rho}{\rho}\cdot\frac{gl^2}{v^2}$，代表浮升力的作用影响。

按照相似原理，对于不可压流体沿平板稳定流动时的对流换热，在保证几何相似的模型中，只要流体受到的惯性力与黏性力之比在任何相对应的地点都保持相同，如 $x=l$ 处的 Re_l 相等，速度场将相似，意思是说：在任何相对应地点的速度永远保持同一比例 c_w，无量纲的速度场将统一成为一个图形。Pr 表征温度分布与速度分布之间的联系。于是，在几何相似的模型中，当具有同样 Pr 值的不可压流体保持相等的 Re_l 的流动情况时，温度将彼此相似，即在任何相对应地点的温度永远保持同一比例 c_t，无量纲的温度场将统一成为一个图形。这样，根据式(7-1-19)，$\overline{Nu}$必定相等。$\overline{Nu}$是否相等，在此作为判别对流换热是否相似的准则。可见，图 7-6-4 中所图示的式(7-8-2)，表明空气在不同的 Re_l 值下都各有相应的$\overline{Nu}$值，反映了空气沿平板流动时放热的客观规律性；而图中曲线上每个点都各代表一个相似群，尽管 u_∞、l、ν 不同，$\bar{\alpha}_c$ 的具体值可以不一样，但是，只要 Re_l 相等，就会有相同的 Nu。相似理论赋予每一个无量纲数 Π_i 作为判别现象相似准则数的物理意义。

相似理论，只能指明式(7-8-3)包括图7-6-4所反映的具体式(7-8-2)必然存在。相似理论确定了凡相似的现象，在任何相对应的地点和相对应的瞬间，同名的无量纲数（"相似数"，如雷诺数、普朗特数和努赛尔数）各保持相等。因此，图7-6-4中，曲线上每个点各代表一个相似群。不同的点，虽然属于同类现象，却并不相似，相互之间的具体联系与相似理论毫不相干，纯粹决定于现象自身的规律性。所以，相似理论不是一种独立的科学研究方法，不能仅仅依靠相似分析直接揭示出无量纲数之间究竟存在何种函数关系。正是在这个角度上，相似理论不同于通常所谓的"理论"，而是指导有效地安排实验和分析整理实验结果的方法论，以减少实验研究的盲目性。

无论是量纲分析还是相似分析，都在于找到式(7-8-3)中所应包括的一个个Π_i所包含的一切量，改变这些量的值，得出Π_1、Π_2，…，Π_{n-m}的一系列不同的对应值，便可据以标示出函数F。习惯上，常把式(7-8-1)标绘在对数坐标图上，即经验地取作指数函数：

$$\overline{Nu} = C Re_l^n Pr^m \tag{7-8-4}$$

对于特定的Pr，$CPr^m = C_1$，式(7-8-4)演化为

$$\overline{Nu} = C_1 Re_l^n \tag{7-8-5}$$

当C、n和m为常量时，式(7-8-5)将在对数坐标图上表现为一条直线，或

$$\lg \overline{Nu} = \lg C_1 + n \lg Re_l \tag{7-8-6}$$

直线的斜率为n，直线被延伸到$Re_l = 1$时的纵坐标值为C_1；在$\lg \overline{Nu} \sim \lg Re_l$坐标图上，不同的$Pr$将反映为斜率相同的平行线。这种指数关系式对处理实验数据的适用与否，取决于各个数据点是否位于对数坐标图同一条直线上。如果各个实验点在对数坐标图上排列成曲线，那么，通常就用近似的折线来取代该曲线，各个不同线段上的C_1和n值各取不同的常量。例如在图7-6-4中，实验点表明：对于粗糙平板来说，边界层层流式在Re_l达到8.5×10^4就不再适用，$Re_l \geqslant 1.1 \times 10^5$时就可以采用边界层湍流时的$\overline{Nu} = 0.032 Re_l^{0.8}$；对于比较光滑的平板来说，边界层湍流过渡，将延后到$Re_l \approx 1.75 \times 10^5$，直到$Re_l \approx 1 \times 10^6$才完成这个过渡，在过渡区即$Re_l = 1.75 \times 10^5 \sim 1 \times 10^6$，可近似地采用另一个经验指数函数式。这也清楚地指明：相似理论并没有给出通解，只是在相似条件所限定的范围内使实验数据能够被综合起来。因此，所得到的经验式将仅仅限用于被综合过的实验数据资料特定的无量纲数数值范围内。例如图7-6-4中，综合成经验式$\overline{Nu} = 0.032 Re_l^{0.8}$的各数据点的$Re_l$最高标值为$2 \times 10^6$，如果没有近似解的式(7-6-11)的支持，就决不能随意外推而把它应用到Re_l超过2×10^6的场合。有关相似理论指导下实验研究传热传质过程的实际应用，还将在以后各章中进一步阐述。

相似理论不但发展成为物理实验的科学基础，也开辟了用模型试验①研究各种不同工程设备的可能性[61]。相似理论不仅仅是指导实验的进行和实验数据的综合及其推广应用的方法论，还被用来启示微分方程的组成及其求解。例如§4-3中，可由导热微分方程与边界条件写出温度分布的参量式，导出 $f(\Pi_1,\Pi_2)=0$，即 $\Pi_1=\vartheta/\vartheta_1$ 是 $\Pi_2=\dfrac{x}{\sqrt{a\tau}}$ 的函数，引进新的独立变量 $\xi=\dfrac{x}{2\sqrt{a\tau}}$，用换元法使导热微分方程由偏微分方程转换为常微分方程，从而得到精确解——式(4-3-1)。再例如§7-7中所提到的，卡门从相似原理导得了湍流理论的混合长度表示式(7-7-7)。这些都说明，相似理论已经成为理论物理所不可缺少的工具之一。

参考文献

[1] H. Schlichting. Boundary Layer Theory. 6th ed. Translated by J. Kestin. New York: McGraw-Hill, 1968.

[2] N. B. Vargaftik. Tables on the Thermophysical Properties of Liquids and Gases in Normal and Dissociated States. New York: John Wiley, 1975.

[3] J. P. Hartnett and W. M. Rohsenow. Handbook of Heat Transfer. New York: McGraw-Hill, 1973.

[4] 童景山. 流体热物性学——基本理论与计算，北京：中国石油出版社，2008.

[5] O. Reynolds. Phil. Trans. Royal Soc. (London), 1883, 174A: 935.

[6] L. Prandtl//Proc. 3rd International Math. Congress, Heidelberg, 1904.

[7] D. Bernoulli. Hydrodynamics. Argentorati, 1738.

[8] 王补宣. 力学学报，1963，6(1)：38-52.

[9] 王补宣. 高等学校自然科学学报，机械-动力版，1965，5(试刊)：482-496.

[10] 王补宣. 机械工程学报. 1965，13(4)：68-72.

[11] R. C. Martinelli. Trans. ASME, 69: 947-959, 1947.

[12] J. G. Kundsen and D. L. Katz, Fluid Dynamics and Heat Transfer, Chap. 2. New York: McGraw-Hill, 1958.

[13] M. Navier. Mém. De l Académic, 1827, 6: 389.

[14] G. G. Stokes. Trans. Cambridge Phil. Soc., 1845, 8: 287.

[15] H. Blasius. Z. Math. und Phys., 1908, 56: 1.

[16] L. Howarth//Proc. Royal Soc., London, 1938, A164: 547.

[17] J. Nikuradse. Laminare Reibungsschichten an der Längsangeströmten Platte (Monograph). Zentrale f. wiss. Berichtswessen, Berlin, 1942.

[18] G. . F. Carrier and C. C. Lin(林家翘), Quarterly of Appl. Math., 1948, 6: 63.

[19] Z. Janour. NACA TM1316, 1951.

[20] I. Imai. J. Aero. Sci., 1957, 24: 155.

① 可参阅文献[61]的第9章"热设备的模化"。

[21] E. Pohlhausen. ZAMM(Z. Angew. Math. und Meth.),1921,1:115.
[22] O. Reynolds//Proc. Manchester Lit. Phil. Soc. ,1874,14:7-12.
[23] A. P. Colburn. Trans. AICHE,1933,29:174-210.
[24] T. V. Karman. ZAMM. 1:233-252,1929.
[25] E. B. G. Eckert. Introduction to Heat and Mass Transfer. New York:McGraw-Hill,1950.
[26] K. Wieghardt. Ing. -Arch. ,1948,16:231.
[27] E. R. G. . 埃克尔特和 R. M. 德雷克. 传热与传质. 徐明德译. 北京:科学出版社,1965.
[28] O. Reynolds. Phil. Trans. Roy. Soc. (London),1895,186A:123.
[29] J. Boussinesq. Theory de lécoulemout tourbillant. Mem. Pre. per. div. Sav. XXIII, Paris, 1877.
[30] L. Prandtl. ZAMM,5:136,1925.
[31] T. V. Kárman//Proc. Nat. and Sci. ,Washington. 1948,34:530-539.
[32] J. O. Hinze, Turbulence: An Introduction to Its Mechanism and Theory. New York: McGraw-Hill,1959.
[33] S. E. Isakoff and T. B. Drew,IME and ASME//Proc. General Discussion on Heat Transfer,1951,405-409.
[34] W. H. Corcoran,F. Page,et al. IEC(Industrial and Engineering Chemistry),1952,44:401; H. Ludwieg,Z. Flugwissenschaften,1956,4:73-81.
[35] M. Blasius,Mitt. Forschungsarb. 1913,131:1-40.
[36] L. Prandtl. Ergeb. Aerodyn. Versuchanstalt Göttingen,1927,3:1.
[37] B. G. van der Hegge-Zijinen. Measurements of the Velocity Distribution in the Boundary Layer along a Plane Surface. I. Waltmann,Delft,1924.
[38] F. Schultz-Grunow. Luftfahrt-Forsch,1940,17:239-246.
[39] L. Prandtl,Ergeb. Aerodynamischen Versuchsanstalt Göttingen,1927,3:4.
[40] W. Jürges. Gesundh. Ing. ,Beiheft 1924,19:1.
[41] A. Frank. Gesundh. Ing. ,1929,52:541.
[42] F. Elias. NACA TM 613,1931.
[43] G. V. Parmalee and R. G. Huebscher. Heating,Piping,Air Conditioning. 1947,19:115.
[44] Б. С. Петухов и др. ,ЖТФ,24(10),1954.
[45] M. W. Rubesin. NACA TM 2345,1951.
[46] L. Prandtl. Z. Physik,1910,11:1072.
[47] T. V. Kárman,Trans. ASME,1939,61:705-710.
[48] R. G. Deissler. NACA TN 2138, 1950; Trans. ASME, 1951, 73: 101; NACA TN 3016, 1953;Trans. ASME,1954,76:73-85.
[49] R. N. Lyon. Chemical Engineering Progress. 1951,47:75-79.
[50] G. I. Taylor. Phil. Trans. ,1915:A215:1//Proc. Roy. Soc. ,London,1932:A135:685.
[51] T. V. Kárman. NACA TM 611,1931.
[52] C. C. Lin(林家翘)and S. F. Shen. NACA TN 2542/2543,1951.

[53] T. V. Kármann. J. Aero. Sci. ,1934,1:1.
[54] M. W. Rubesin,NACA TN 2917,1953.
[55] E. R. van Driest. Jahrb. der Wiss Ges. f. Luftfahrt,1954,66.
[56] R. G. Deissler. NACA RM E52F05,1952.
[57] A. Kluwik ed. Recent Advanced in Boundary Layer Theory,New York:Springer-Verlag,1998.
[58] H. L. Langhaar. Dimensional Analysis and Theory of Models. New York:John Wiley,1951.
[59] E. Buckingham,Phys. Rev. 1914,4:345.
[60] K. Д. 伏斯克列显斯基. 传热学计算及习题集. 王补宣译. 北京:高等教育出版社,1965.
[61] M. A. 米海耶夫. 传热学基础. 王补宣译. 北京:高等教育出版社,1958.
[62] M. B. 基尔皮契夫. 相似理论. 沈自求译. 北京:科学出版社,1955.
[63] J. Bertrand. Joun. de l'ècole polytechnique,1848.
[64] П. К. Конаков. И36,АН СССР,ОТН,1949.

索 引

（按汉字笔画排序）

五画

七画

八画

九画

十画

十一画